“十二五”职业教育国家规划教材
经全国职业教育教材审定委员会审定

全国高等职业教育医疗器械类专业
国家卫生健康委员会“十三五”规划教材

供医疗器械类专业用

医用X线机应用与维护

第2版

主　编　**徐小萍**
副主编　**赖胜圣**

编　者（以姓氏笔画为序）

王衍子（山东医学高等专科学校）
刘聪智（上海西门子医疗器械有限公司）
俞洁莹（上海健康医学院）
洪国慧（江苏医药职业学院）
祝寻寻（江苏省徐州医药高等职业学校）
徐小萍（上海健康医学院）
谢　平（湖北中医药高等专科学校）
赖胜圣（广东食品药品职业学院）

人民卫生出版社

图书在版编目（CIP）数据

医用X线机应用与维护/徐小萍主编. —2版.
—北京:人民卫生出版社,2018
ISBN 978-7-117-25806-7

Ⅰ.①医… Ⅱ.①徐… Ⅲ.①X射线诊断机-应用-高等职业教育-教材②X射线诊断机-维修-高等职业教育-教材 Ⅳ.①TH774

中国版本图书馆CIP数据核字(2018)第099193号

医用X线机应用与维护

第2版

主　　编：徐小萍
出版发行：人民卫生出版社(中继线 010-59780011)
地　　址：北京市朝阳区潘家园南里19号
邮　　编：100021
E - mail：pmph @ pmph. com
购书热线：010-59787592　010-59787584　010-65264830
印　　刷：北京虎彩文化传播有限公司
经　　销：新华书店
开　　本：850×1168　1/16　**印张：**23　**插页：**9
字　　数：541千字
版　　次：2011年8月第1版　2018年11月第2版
2024年6月第2版第7次印刷(总第13次印刷)
标准书号：ISBN 978-7-117-25806-7
定　　价：63.00元

全国高等职业教育医疗器械类专业
国家卫生健康委员会“十三五”规划教材
出版说明

《国务院关于加快发展现代职业教育的决定》《高等职业教育创新发展行动计划(2015—2018年)》《教育部关于深化职业教育教学改革全面提高人才培养质量的若干意见》等一系列重要指导性文件相继出台,明确了职业教育的战略地位、发展方向。同时,在过去的几年,中国医疗器械行业以明显高于同期国民经济发展的增幅快速成长。特别是随着《关于深化审评审批制度改革鼓励药品医疗器械创新的意见》的印发、《医疗器械监督管理条例》的修订,以及一系列相关政策法规的出台,中国医疗器械行业已经踏上了迅速崛起的“高速路”。

为全面贯彻国家教育方针,跟上行业发展的步伐,将现代职教发展理念融入教材建设全过程,人民卫生出版社组建了全国食品药品职业教育教材建设指导委员会。在指导委员会的直接指导下,经过广泛调研论证,人民卫生出版社启动了全国高等职业教育医疗器械类专业第二轮规划教材的修订出版工作。

本套规划教材首版于2011年,是国内首套高职高专医疗器械相关专业的规划教材,其中部分教材入选了“十二五”职业教育国家规划教材。本轮规划教材是国家卫生健康委员会“十三五”规划教材,是“十三五”时期人卫社重点教材建设项目,适用于包括医疗设备应用技术、医疗器械维护与管理、精密医疗器械技术等医疗器类相关专业。本轮教材继续秉承“五个对接”的职教理念,结合国内医疗器械类专业领域教育教学发展趋势,紧跟行业发展的方向与需求,重点突出如下特点:

1. 适应发展需求,体现高职特色　本套教材定位于高等职业教育医疗器械类专业,教材的顶层设计既考虑行业创新驱动发展对技术技能型人才的需要,又充分考虑职业人才的全面发展和技术技能型人才的成长规律;既集合了我国职业教育快速发展的实践经验,又充分体现了现代高等职业教育的发展理念,突出高等职业教育特色。

2. 完善课程标准,兼顾接续培养　本套教材根据各专业对应从业岗位的任职标准优化课程标准,避免重要知识点的遗漏和不必要的交叉重复,以保证教学内容的设计与职业标准精准对接,学校的人才培养与企业的岗位需求精准对接。同时,本套教材顺应接续培养的需要,适当考虑建立各课程的衔接体系,以保证高等职业教育对口招收中职学生的需要和高职学生对口升学至应用型本科专业学习的衔接。

3. 推进产学结合,实现一体化教学　本套教材的内容编排以技能培养为目标,以技术应用为主线,使学生在逐步了解岗位工作实践、掌握工作技能的过程中获取相应的知识。为此,在编写队伍组建上,特别邀请了一大批具有丰富实践经验的行业专家参加编写工作,与从全国高职院校中遴选出的优秀师资共同合作,确保教材内容贴近一线工作岗位实际,促使一体化教学成为现实。

4. 注重素养教育,打造工匠精神　在全国“劳动光荣、技能宝贵”的氛围逐渐形成,“工匠精神”在各行各业广为倡导的形势下，医疗器械行业的从业人员更要有崇高的道德和职业素养。教材更加强调要充分体现对学生职业素养的培养，在适当的环节，特别是案例中要体现出医疗器械从业人员的行为准则和道德规范，以及精益求精的工作态度。

5. 培养创新意识，提高创业能力　为有效地开展大学生创新创业教育，促进学生全面发展和全面成才，本套教材特别注意将创新创业教育融入专业课程中，帮助学生培养创新思维，提高创新能力、实践能力和解决复杂问题的能力，引导学生独立思考、客观判断，以积极的、锲而不舍的精神寻求解决问题的方案。

6. 对接岗位实际，确保课证融通　按照课程标准与职业标准融通、课程评价方式与职业技能鉴定方式融通、学历教育管理与职业资格管理融通的现代职业教育发展趋势，本套教材中的专业课程，充分考虑学生考取相关职业资格证书的需要，其内容和实训项目的选取尽量涵盖相关的考试内容，使其成为一本既是学历教育的教科书，又是职业岗位证书的培训教材，实现“双证书”培养。

7. 营造真实场景，活化教学模式　本套教材在继承保持人卫版职业教育教材栏目式编写模式的基础上，进行了进一步系统优化。例如，增加了“导学情景”，借助真实工作情景开启知识内容的学习；“复习导图”以思维导图的模式，为学生梳理本章的知识脉络，帮助学生构建知识框架。进而提高教材的可读性，体现教材的职业教育属性，做到学以致用。

8. 全面“纸数”融合，促进多媒体共享　为了适应新的教学模式的需要，本套教材同步建设以纸质教材内容为核心的多样化的数字教学资源，从广度、深度上拓展纸质教材内容。通过在纸质教材中增加二维码的方式“无缝隙”地链接视频、动画、图片、PPT、音频、文档等富媒体资源，丰富纸质教材的表现形式，补充拓展性的知识内容，为多元化的人才培养提供更多的信息知识支撑。

本套教材的编写过程中，全体编者以高度负责、严谨认真的态度为教材的编写工作付出了诸多心血，各参编院校为编写工作的顺利开展给予了大力支持，从而使本套教材得以高质量如期出版，在此对有关单位和各位专家表示诚挚的感谢！教材出版后，各位教师、学生在使用过程中，如发现问题请反馈给我们（renweiyaoxue@163.com），以便及时更正和修订完善。

人民卫生出版社

2018年3月

全国高等职业教育医疗器械类专业
国家卫生健康委员会“十三五”规划教材
教材目录

序号	教材名称	主编	单位
1	医疗器械概论(第2版)	郑彦云	广东食品药品职业学院
2	临床信息管理系统(第2版)	王云光	上海健康医学院
3	医电产品生产工艺与管理(第2版)	李晓欧	上海健康医学院
4	医疗器械管理与法规(第2版)	蒋海洪	上海健康医学院
5	医疗器械营销实务(第2版)	金　兴	上海健康医学院
6	医疗器械专业英语(第2版)	陈秋兰	广东食品药品职业学院
7	医用X线机应用与维护(第2版)*	徐小萍	上海健康医学院
8	医用电子仪器分析与维护(第2版)	莫国民	上海健康医学院
9	医用物理(第2版)	梅　滨	上海健康医学院
10	医用治疗设备(第2版)	张　欣	上海健康医学院
11	医用超声诊断仪器应用与维护(第2版)*	金浩宇	广东食品药品职业学院
		李哲旭	上海健康医学院
12	医用超声诊断仪器应用与维护实训教程(第2版)*	王　锐	沈阳药科大学
13	医用电子线路设计与制作(第2版)	刘　红	上海健康医学院
14	医用检验仪器应用与维护(第2版)*	蒋长顺	安徽医学高等专科学校
15	医院医疗设备管理实务(第2版)	袁丹江	湖北中医药高等专科学校/荆州市中心医院
16	医用光学仪器应用与维护(第2版)*	冯　奇	浙江医药高等专科学校

说明:*为“十二五”职业教育规则教材,全套教材均配有数字资源。

全国食品药品职业教育教材建设指导委员会
成员名单

前　言

《医用 X 线机应用与维护》针对全国高等职业教育医疗器械类专业编写。从应用型人才培养的现实性要求出发，本教材编写注重：①知识的系统性和连贯性，对 X 线成像原理和 X 线机各主要部件与整机原理、结构、典型电路进行讲解和分析；②内容的实用性，贴近生产、服务和应用第一线，通过分析典型机型结构和电路、典型故障的判断和解决方法、X 线机的性能检测方法、X 线机的安装维护维修要点等，达到理论与实践的融会贯通。

本教材自 2011 年 8 月出版以来，填补了国内此类教材的空白，被全国开设医疗器械相关专业的各高职院校选用，切实满足了专业教学的需求，同时也成为很多行业从业人员知识积累、业务提升的学习资料，受到了广泛好评。本教材还入选了教育部"十二五"职业教育国家规划教材。

随着科技进步及先进技术的广泛应用，医用 X 线机更新换代速度越来越快，短短几年中，老机型已不见踪影，而高频数字化 X 线机已全面普及。为完善教材的适用性，编写组广泛听取了各使用单位和任课教师的意见，为教材的修订做充分的准备。同时，我们始终关注医疗器械行业特别是医用 X 线机领域的发展现状，与行业专家进行广泛的交流，力求掌握一流的技术资料和行业一线的应用情况，以使修订后的教材能更贴近生产和使用一线的实际，能紧跟行业的发展步伐。

参与本书修订的人员仍由全国各类院校的专业教师和企业的资深工程师组成，根据在教学第一线收集的教材使用信息，以及深入行业一线收集的第一手资料，对教材进行了较大幅度的调整和全面细致的修订。同时，本次编写还为课程的教与学专门配套了同步练习题和 PPT 教程。

本书由徐小萍担任主编，赖胜圣担任副主编，各章节编写分工如下：祝寻寻（第一章），王衍子（第二章），洪国慧（第三章），俞洁莹（第四、七章），谢平（第五章），徐小萍、赖胜圣（第六章），刘聪智、王荣华（第八章）。本书也参考了有关医疗器械书籍和资料，在此一并感谢。

本书修订过程中得到上海健康医学院、加拿大 CPI 公司、上海西门子医疗器械有限公司的大力支持以及行业专家的关心和指导，在此深表感谢！同时，我们要特别致谢上海西门子医疗器械有限公司的黄勇高级工程师、北京艾凯尔医学仪器有限公司的张芳铭工程师等，他们在本次编写过程中给予了很大支持。

本书编写的宗旨是提供先进、实用的教学资源，也能为行业一线的各类从业人员提供一本实用的参考书，为医疗器械行业的发展做出一份贡献。也欢迎读者继续提供宝贵资源和各类意见建议。

编者

2018 年 3 月

目　　录

实训部分 321

第一章

医用 X 线机概论

学习目标

1. 掌握 X 线的本质和特性、X 线成像的基本原理和 X 线产生的条件。
2. 熟悉 X 线机的各种类型和结构特点及 X 线的防护。
3. 了解 X 线机的发展简史和临床应用。

X 线可以用于医学检查中无创地观察患者的内部结构,其发现在人类历史上有极其重要的意义,为自然科学和临床医学开辟了一条崭新的道路,给人类历史和科技发展带来深远的影响。同时 X 线成像技术的发展,也推动着临床诊断技术和治疗技术的发展和进步。

导学情景

情景描述:

新学期新气象,小红顺利考入了心仪的学校。学期开始,学校安排了入学体检。众多的体检项目中有一个 X 线胸片检查项目。该项检查是在体检车里进行的,不痛不痒,检查非常快,一站就好了。小红很好奇,这一站能查出来什么呢?

学前导语:

相信很多同学都会有这样的体检经历吧。其实,上面讲到的小红在体检车里接受的胸部 X 线摄影检查,就是利用 X 线作为临床检查手段进行成像的过程。X 线具有穿透人体并成像的功能,通过本章的学习,将带领大家认识 X 线的本质和特性,分清楚不同 X 线机的种类,及它与其他医学成像方法的区别。相信学完本章后,小红同学的疑惑就迎刃而解了。

第一节　X 线基本知识

一、X 线的发现

1895 年 11 月 8 日,德国物理学家伦琴(Wilhelm Conrad Roentgen,1845—1923,如图 1-1)研究气体在高度真空下的放电现象时,采用一个类似克鲁克斯管的仪器,于玻璃外层套一层薄纸板以防光线外泄,在黑暗中使一块氰化铂钡溶液浸过的纸屏风于距离仪器 2m 远处发生显著的荧光。因此,伦琴认为在仪器中发出一种能透过不透明物质而又看不见的射线,当时对这种射线的性质不了解,便借用数学上的未知数“X”来表示，起名叫 X 射线或称 X 线，此名一直沿用到现在。伦琴的这一伟大发现震撼了全世界，掀开了世界科技史上重要的一页。接着，他又为其夫人拍摄了手骨照片，这是世界上第一幅 X 线照片。鉴于他对人类做出的巨大贡献，1901 年 12 月 10 日，他成为首届诺贝尔物理学奖获得者。世人为纪念他的不朽功绩，又将 X 线称为“伦琴射线”。

图 1-1　德国物理学家伦琴

二、X 线的产生机制

X 线是由高速运动的电子撞击物质突然受阻时而产生的。它的产生须具有下列条件：①足够数量的高速运动的电子；②有一个能经受高速电子撞击而产生 X 线的靶；③有一个高真空度的空间，以使电子在强电场加速时不受气体分子阻挡，同时保证灯丝不致被氧化而烧毁。

X 线管是一个高度真空的热阴极二极管。钨丝作为阴极，钨靶（或钼靶）作为阳极。阴极钨丝产生大量电子，电子在高压电场的作用下向阳极加速运动，高速运动的电子撞击阳极靶面时受阻，99% 以上的能量变为热能，仅有小于 1% 的能量通过两种方式即韧致辐射和特征辐射，产生 X 线。

（一）韧致辐射

韧致辐射又称连续辐射，它是由高速电子与靶原子核相互作用时产生的。

图 1-2 是韧致辐射示意图。能量为 E 的电子撞进靶原子核附近，在核电场的作用下，改变了运动速度和方向，能量变为 $E\text{-}h\nu$ 而离开碰撞点。在此过程中，该电子损失的能量 $h\nu$ 变为韧致辐射。由于被加速的电子束中各电子的速度不一样，亦即各电子在高压电场中获得的能量不一样，同时与原子核作用的情况也有区别，损失的能量当然各不相同，因此，韧致辐射具有连续的能量分布，从而形成 X 线的连续能谱。

（二）特征辐射

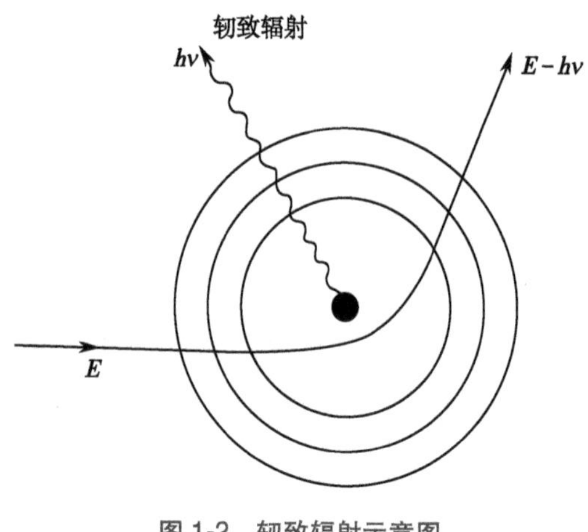

图 1-2　韧致辐射示意图

特征辐射又称标识辐射。它是由高速电子与靶原子的轨道电子相互作用时发生电子跃迁而产生的。

特征辐射如图 1-3 所示。能量为 E 的电子撞击到靶原子轨道电子时，假设打出了一个 K 层电子（简称 K 电子），损失能量为 ΔE。ΔE 一部分用于克服 K 电子同核的结合能，另一部分变为 K 电子离开原子后的动能 E_1。由于 K 电子被击脱，出现 K 空位，则外层电子跃迁来填充空位，其多余能量就以 K 系特征辐射释出。由于原子各层能级差是一定的，所以 K 系特征辐射的能量就是特定的。依此类推，如果相互作用涉及 L 层电子，同样产生 L 系特征辐射。特征辐射的谱线各有一定的波长，完全由靶原子的结构特性决定。

X 线能谱是由连续分布的韧致辐射上叠加特征辐射谱线所构成，如图 1-4 所示。

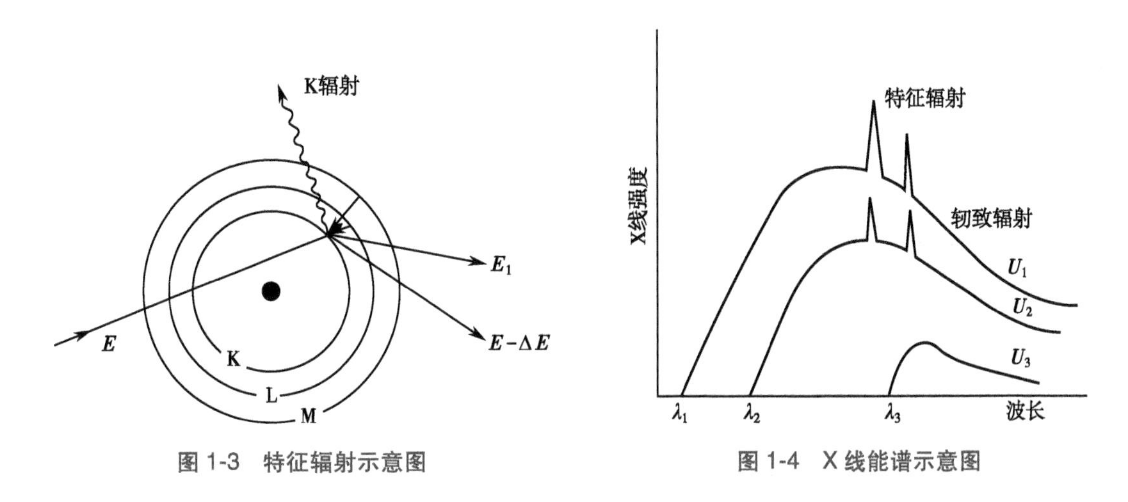

图 1-3　特征辐射示意图　　图 1-4　X 线能谱示意图

在 X 线的透视和摄影中，特征辐射只占约 5%，韧致辐射是主要的。实验证明，X 线的强度与管电流、管电压和阳极靶物质的原子序数等相关。管电流越大，管电压越高，靶物质的原子序数越高，则产生的 X 线强度就越大，反之就小。

三、X 线的质与量

X 线的强度是指垂直于 X 线传播方向上单位面积在单位时间内所通过的光子数目和能量乘积的总和。所以，X 线的强度是由光子数和光子能量两个因素决定的。在实际应用中，我们通常用“质”和“量”来表示 X 线的强度。质是指光子所具有的能量，量是指线束中的光子数。

X 线的穿透力即 X 线的质，取决于 X 线的能量。能量越大，波长越短，穿透力越强，X 线的质越硬，故称硬射线。反之，能量越低，波长越长，穿透力越弱，X 线的质越软，称软射线。X 线能穿透物质，但也能被物质吸收，物质吸收 X 线的能力与该物质的性质、结构有关。一般原子序数高的物质密度大，吸收的 X 线多，透过性差；相反，原子序数低的物质透过的 X 线多。物质越厚，吸收的 X 线越多，透过的 X 线就越少；相反，物质越薄，吸收的 X 线越少，而透过的 X 线就越多。

阴极灯丝加热产生的电子，在阴阳两极高压电场作用下，向阳极高速运动，形成的电流，称为管电流。X 射线管的阴、阳极之间的工作电压称为管电压。

可用 X 线管的管电流与 X 线曝光时间的乘积（mAs）来反映 X 线的量，用 X 线管的管电压（kV）来反映 X 线的质。

四、X 线的本质和特性

X 线在本质上与无线电波、红外线、紫外线及 γ 射线一样，同属电磁辐射，且具有波动性和粒子性。X 线的波长介于紫外线和 γ 射线之间，为 $10^{-4}\sim10$nm。医用诊断 X 线的波长为 $8\times10^{-3}\sim3.1\times$

10^{-2}nm(相当于管电压40~150kV时产生的X线)。X线不为磁场所偏转,是一束中性的光子流,组成一束X线的每个光子都具有一定的能量,并以光速沿直线传播,服从光的反射、折射、散射和衍射的一般规律。

由于X线的能量高,除了具备光的一般性质外,还有以下基本特性:

(一)穿透作用

普通光线(可见光)波长较长、能量很小,当照射在物质上时,大部分被物质所吸收,一部分被反射,不能透过物质。而X线因波长短、能量大,照射在物质上时,仅一部分被物质吸收,大部分经由原子间隙而透过,其穿透能力与波长成反比。由于X线能穿透人体,因此能将其应用于人体内部器官结构和功能的检查。

X线穿透物质的能力与该物质的密度有关。密度大,对X线吸收多;密度小,吸收少。密度小的物质,如人体肺组织、水、金属铝等,X线容易透过,而骨骼、铜、铅等密度大的物质,X线则不易透过。

(二)荧光作用

X线是肉眼不可见的,但当它照射某些物质时却能激发出荧光,这类物质称为荧光物质,如磷、铂氰化钡、钨酸钙、硫化锌镉等。荧光物质受到X线照射,其原子被激发或电离,当恢复基态时,便放射出位于电磁波谱中可见光和紫外线之间的荧光。X线机上的荧光屏、增感屏、影像增强器的输入屏,都是利用这一特性制成的。测定辐射量的闪烁晶体和荧光玻璃,也是利用X线的荧光作用制造的。荧光的强弱与X线量成正比,这种作用是应用X线作透视的基础。

(三)电离作用

具有足够能量的X线光子不仅能击脱物质原子轨道上的电子,使该物质产生一次电离,而且脱离原子的电子又与其他原子相碰,还会产生二次电离。气体分子被电离,其电离电荷容易收集,我们可用气体分子电离电荷的多少来测定X线的照射量。电离作用是X线剂量测量的基础。

(四)感光作用

X线和普通可见光一样,具有光化作用,可使照相乳剂感光,因此被应用在人体及工业制品的X线摄影检查。胶片感光的强弱与X线量成正比。X线照射人体时,因人体各组织的密度不同,穿过人体的X线量也不同,胶片上所获得的感光度不同,从而获得X线的影像。感光作用是应用X线作胶片摄影检查的基础。

(五)生物效应

X线是一种电离辐射。生物细胞经一定量的X线照射后,会产生抑制、损害甚至坏死。因此,X线因电离作用而对人体的生物效应是应用X线作放射治疗的基础。

X线对人体的生物效应主要是损害作用,其损害程度与吸收的X线量成正比。微量X线对机体无明显影响,超过一定剂量将引起明显但可恢复的变化,大量X线照射则导致严重的、不可恢复的损害。因此,必须注意安全防护。

五、X 线的防护

X 线照射人体将产生一定的生物效应。若接触的 X 线量超过容许辐射量，就可能产生损害。由于 X 线设备的改进，高千伏技术、影像增强技术、高速增感屏和快速 X 线感光胶片的使用，X 线辐射量已显著减少，但是仍应注意，尤其应重视对孕妇、小儿患者和长期接触射线的工作人员的防护。

放射防护的方法和措施有以下几个方面：

1. 技术方面　可以采取屏蔽防护和距离防护原则。前者使用原子序数较高的物质，如用铅或含铅的物质，作为屏障以吸收掉不必要的 X 线，也可使用一定厚度的墙壁进行 X 线的屏蔽。后者利用 X 线量与距离平方成反比这一原理，通过增加 X 线源与人体间距离以减少辐射量，是最简易有效的防护措施。

2. 患者方面　应选择恰当的 X 线检查方法，每次检查的照射次数不宜过多，除诊治需要外也不宜在短期内作多次重复检查。在投照时，应当注意照射范围及照射条件。对照射野相邻的性腺，应用铅橡皮加以遮盖。

3. 放射线工作者方面　应遵照国家有关放射防护卫生标准的规定制定必要的防护措施，正确进行 X 线检查的操作，认真执行保健条例，定期监测放射线工作者所接受的剂量。直接透视时要戴铅橡皮围裙和铅橡皮手套，并利用距离防护原则，加强自我防护。

点滴积累

1. X 线的产生需要三个条件：①足够数量高速运动的电子；②经受高速电子撞击的靶面；③真空环境。
2. X 线的穿透力即为 X 线的质，X 线的量是指光子的数量。 可用 X 线管的管电压（kV）来反映 X 线的质，用 X 线管的管电流与 X 线曝光时间的乘积（mAs）来反映 X 线的量。
3. X 线特性有穿透作用、荧光作用、电离作用、感光作用、生物效应。

第二节　医用 X 线技术与其他医学影像技术

医学影像技术是指为了医疗或医学研究，对人体或人体某部分，以非侵入方式获得内部组织结构影像的技术与处理过程，从而显示患者身体内部结构的影像，揭示有无病变及对病变进行定性或定量分析，是现代医学极其重要的一个分支，也是现代医学中发展最快，取得成就最多的一部分。现代医学影像技术可分为两大类，即医学影像诊断技术和医学影像治疗技术，而医学影像诊断技术主要有以下几种类型：X 线成像技术、计算机断层成像技术、磁共振成像技术、超声成像技术、核医学成像技术、热成像技术、光学成像技术、医用内镜成像技术等。

其中 X 线成像技术是医院放射科的起源，也是医学影像技术的基础和重要内容之一。

一、医用 X 线成像技术

X 线自发现开始就应用于医学临床，首先是用于骨折和体内异物的诊断，以后又逐步用于人体各部分的检查。随着临床医学的发展以及影像诊断技术自身的需要，均要求诊断用 X 线机不但要输出功率足够大，而且还要具有专门的功能，使机器专用化。

（一）X 线透视

X 线透视是很多 X 线设备（如胃肠机、C 型臂等）所具有的一项很重要的功能。所谓透视，是利用 X 线具有穿透作用和荧光作用这两大特性，借助成像设备而实现的一种诊断方法。通常，又分为普通透视和胃肠钡剂透视。

1. 普通透视　是指直接利用人体不同组织间的密度差异，或正常组织与病变组织间的密度差异，形成具有天然对比的影像而进行诊断的方法。现在常用到的是数字化透视技术（digital fluorography，DF），数字化透视有两种，一种是用影像增强器加摄影机来进行信号的采集然后成像，另一种是用平板探测器（flat panel detector，FPD）进行信号的采集成像。

2. 胃肠钡剂透视　是借助于硫酸钡造影剂（钡剂）而进行的一种检查手段。

由于软组织相互之间缺乏天然对比，消化道组织与其他软组织又有重叠结构，普通透视往往达不到诊断目的，故需要能吸收 X 线的硫酸钡，方能形成具有明显对比的影像，对疾患作出诊断。

（二）X 线摄影

X 线摄影是 X 线穿过被检查部位后照射到 X 线接收装置上，接收装置将带有影像信息的 X 线转换成图像。然后根据 X 线图像进行病理诊断的一种方法。

传统的 X 线摄影是以胶片为成像介质，该成像方式具有分辨率低，X 线辐射剂量大，不方便存储等缺点，已经被淘汰。计算机放射成像技术（computed radiography，CR），是利用影像板（imaging plate，IP）感光后在荧光物质中形成潜影，将带有潜影的 IP 板置入读出器中用激光束进行精细扫描读取，再由计算机处理得到数字化图像，经数字/模拟转换器转换，在监视器荧光屏上显示出灰阶图像。因此，CR 的成像最大特点可以在原有的 X 线机上实现数字化，而不用更换原有的机器，只要配备激光扫描仪和 IP 板就可以了。但是由于 CR 是一种间接的转换和间接的读出方式，并不是 X 线摄影的全面数字化，是产生数字化 X 线摄影（digital radiography，DR）的过渡产品，近年来逐步淘汰，被 DR 取代。DR 通过平板探测器的使用，将传统的胶片 X 线影像或者 IP 板成像改为真正的数字化记录，显示与存储。

1. 普通摄影　是指 X 线穿过被检查部位后，直接照射到装有 X 线的影像接收装置，形成影像的摄影方法，主要有 CR 和 DR 两种。

2. 胃肠摄影　又称点片摄影，是专为摄取消化道病变影像而采用的一种摄影方式。

胃肠 X 线机上设有胃肠摄影装置。在进行消化道钡剂透视的过程中，若发现有诊断价值或需要记录的病变时，可立即切换到胃肠摄影模式进行胃肠摄影。由于人的胃肠在不停地蠕动，而这种摄影能适时记录透视中所观察到的病变，因此有利于提高胃肠疾病诊断的准确性。

以上两种 X 线摄影是医疗诊断设备中常用的功能，也是诊断 X 线机在临床中常用的功能，只是由于机器型号不同，其自动化程度、操作方法也有较大的区别。

（三）数字减影血管造影技术

数字减影血管造影技术（digital subtraction angiography，DSA）是常规血管造影术和计算机图像处理技术结合的产物。由于普通的血管造影图像会有其他人体结构（如骨骼，肌肉等）的影像重叠现象，若想单独观察血管成像非常困难。DSA就是将同部位、同体位的血管造影片与蒙片进行光学减影，从而获得仅有血管的图像，其他非血管的背景均被消除。

（四）其他X线成像技术

专用X线机，一般指专为某种检查或只适合人体某部位检查而设计并安放于相应科室的一类X线机。此类机通常体积小、功率小、电源要求不高。现在，临床上常用的有：牙科X线机、床边X线机、乳腺摄影X线机、手术X线机、口腔全景摄影X线机等。随着时间的推移、使用目的的增多，专用X线机的种类还会不断地被研发、增加。

1. 牙科X线机　安装于牙科，专用于拍摄牙片的X线机，如图1-5。

（1）机器特点：

1）固定式

①采用组合机头：使X线管和高压变压器合二为一，紧凑且缩小体积，易于搬运，便于牙齿检查。

②采用特制遮线筒：此种遮线筒小，呈圆锥形，指向性好，有利于对准受检牙；同时，缩小了照射野，有利于X线的防护。

③采用灵活平衡曲臂：平衡曲臂是支持X线机头的。平衡曲臂由2节或3节构成，使X线机头活动自如：可伸、可缩、可升、可降，并可固定，满足不同高度、不同部位的牙检要求。

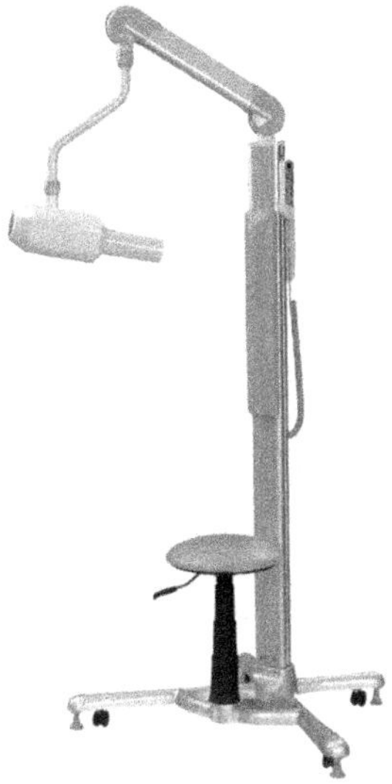

图1-5　牙科X线机

2）便携式

大小略大于单反相机，使用电池供电，可调节拍摄参数，方便移动使用。

（2）临床应用：牙科用X线机的容量小，控制台也很简单，管电压调节范围在50~70kV，管电流为6~10mA。由于使用范围固定，所以使用条件仅以门齿、犬齿和臼齿而制定。有的机器直接以这三种用途而设钮，选用与所预置牙齿相符合的钮，摄影条件也就自动预置好了。也有的机器管电压和管电流都是固定的，只有时间可调，以适应不同牙齿的摄影需要。摄影时，在患者体位固定后，仅移动X线机头就可以对任一牙齿进行摄影。

2. 口腔全景摄影X线机　是把呈曲面分布的颌部展开排列在一张X线胶片上的摄影方法，也是一种体层摄影，所以也叫曲面断层片。其机器结构如图1-6。

（1）机器特点

1）全景片：拍摄方式为旋转成像。机器通过模拟人牙弓曲线的走向旋转拍摄，将该曲线范围内的组织投照至成像设备（胶片或探测器）。一般可选投照区域：前牙、磨牙、下颌升支及颞颌关节。少数设备还可模拟上颌窦曲线，可拍摄上颌窦底的图像。

2）头颅测量片：为了对头颅、咬颌部进行X线测量，多数口腔全景摄影机架都配用测量摄影专用组件。它由横臂和装于其远端的头颅固定装置、X线片托（或CCD、CMOS探测器）等组成，近端固

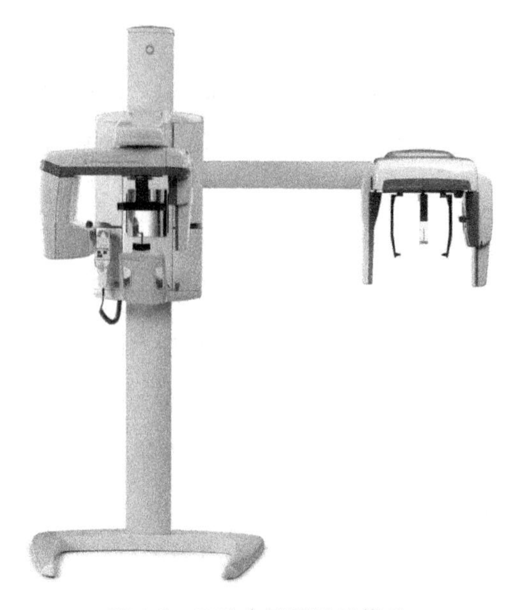

图 1-6　口腔全景摄影 X 线机

定在支架的升降滑架上，片托中心在 X 线中心线水平。焦片距在 150cm 以上，可方便进行头颅正、侧位水平摄影。头颅测量片的图像效果类似于 X 线平片。

（2）临床应用：全景图像可用于查看颌面部和头颈部 30 多种解剖结构，拍摄模式一般包含：成人全景、儿童全景、颞颌关节片、头颅侧位片、头颅正位片，头颅侧位片和正位片常用于牙齿正畸中，用于测量和判断患者的畸形类别程度。

3. 床边 X 线机

（1）机器特点：用于到病房对患者进行床边 X 线检查。

此类 X 线机电源要求不太高。为适应可移动性的要求，全机安置在流动车架上，车架上装有控制盘和高压发生器，设有立柱和横臂以支持 X 线管，工作时，X 线管能在患者体位固定的情况下，适应各种部位和位置的投照要求，如图 1-7。

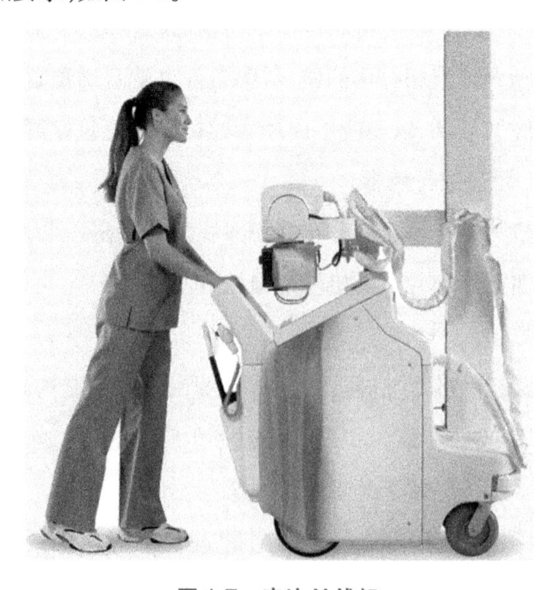

图 1-7　床边 X 线机

由于车架较重,车架多设电机驱动装置;电机电源由电瓶提供,采用两种方式供电:①电瓶供电式,满足院内无电源供给的情况;②电容充放电式,用于院内有电源的情况。

(2) 临床应用:一般在病房内流动使用,检查的患者多为病情较重而不能走动者;可用于骨关节骨折与脱位的整复、异物的摘取,也可用于胸部、腹部、头颅等其他病变部位的X线检查等。

4. 乳腺摄影X线机　因为之前其阳极靶面由金属钼制成,所以也称钼靶X线机。

(1) 机器特点:使用钼靶或者钨靶X线管,配有乳腺摄影专用支架。如图1-8。

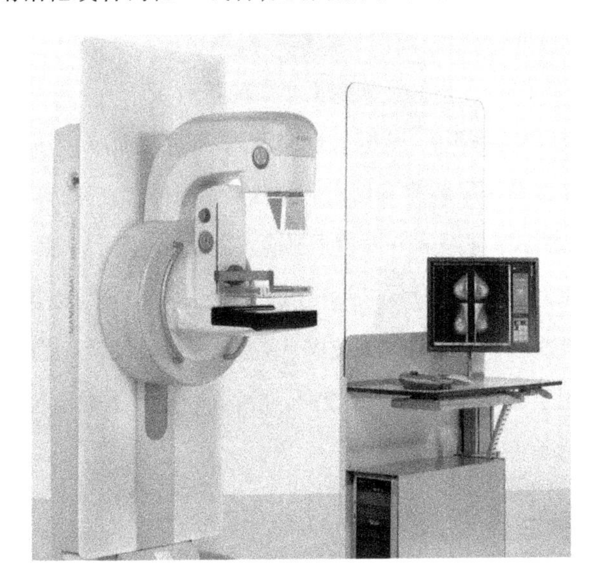

图1-8　乳腺摄影X线机

(2) 临床应用:乳腺摄影X线机主要用于对女性乳腺做X线摄影检查,也可用于非金属异物和其他软组织(如血管瘤、阴囊等)的摄影。摄影管电压调节在20~50kV(一般小于40kV)。

5. 手术用X线机

(1) 机器特点:因用于对整个手术过程进行观察(也可摄影),故要求机器体积要小、影像要清晰、防护要好,如图1-9。

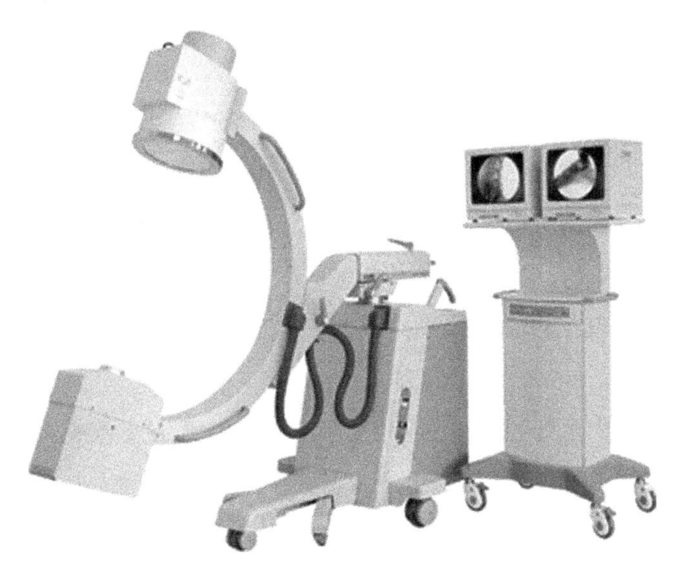

图1-9　手术用X线机

1）高压发生器：由于手术用X线机容量不大，高压变压器多采用中频变压器、组合机头方式，使其体积小、重量轻，也使得机头置于手术台下或肢体之间时方便灵活。手术用X线机有时也用以进行直接摄片。手术用X线机输出功率较小，一般为90kV、40mA以下。

2）X线影像接收系统：手术用X线机多配用0.127~0.178m影像增强器。增强器与电视摄像机间使用光导纤维直接耦合方式，使图像质量得到提高。手术中由于观察目标较固定，持续时间又长，为减少患者受照剂量，一般配有电视存储装置。每次透视后的最后一幅图像都保留在监视器上，直到下次透视才被刷新。

3）车架：可移动性和C形臂是手术用X线机车架的特点。

由于手术用X线机的输出功率不大，整机重量较轻，车架也较简单，为人力推动式，故能在需要时定位在地板上。C形臂的两端分别安装着X线管和增强摄像组件，由于两者是过C形臂圆心相对安置的，故C形臂处于任何状态，X线中心线都正对增强器输入屏中心。摄片时，片盒支架安装在增强器前，片盒中心正置于X线中心线上。C形臂由安装在台车上的支架支持。支架可以携带C形臂做升降、前后、左右及沿人体长轴方向作倾斜等运动，并能在支架支撑下绕患者长轴转动，各动作都可通过操作进行锁止。

（2）临床应用：主要用于急诊或手术中的透视，如对异物进行透视定位、观察骨折复位过程和内固定情况、检查结石手术后是否有残存等。

二、其他医学影像成像技术

医学影像发展至今，除了X线成像技术以外，还有其他的成像技术，并发展出多种的技术应用。

（一）计算机断层成像技术

计算机断层成像（computed tomography，CT），它是用X线束对人体进行断层扫描，取得信息，经计算机处理而获得的重建图像，是数字成像而不是模拟成像。它开创了数字成像的先河。CT所显示的断层解剖图像，其密度分辨力优于X线图像，使X线成像不能显示的解剖结构及其病变得以显影，从而显著扩大了人体的检查范围，提高了病变检出率和诊断的准确率。CT作为首先开发的数字成像技术大大促进了医学影像学的发展。

（二）磁共振成像技术

磁共振成像（magnetic resonance imaging，MRI）是利用原子核（目前主要是氢核）在磁场内表现出对射频能量共振吸收与释放过程中产生的信号，经空间编码、重建而获得影像的一种技术。MRI成像技术有别于CT扫描，它不仅可行横断面，还可行冠状面、矢状面以及任意斜面的直接成像；另一方面，磁共振成像克服了X线电离辐射对人体损害的不足，其具有多参数、多方位、大视野、对软组织分辨力高等特点。但MRI成像也有其局限性：如成像速度慢，对钙化灶和骨皮质病灶不够敏感，图像易受多种伪影影响等。

近年磁共振分子影像学的兴起极大地推动了影像医学的发展，使影像医学从对传统的解剖、生理功能的研究，深入到了分子和细胞水平的变化，对新的医疗模式的形成和人类健康有非常深远的影响。

（三）超声成像技术

超声成像（ultrasound，US）是用超声探头向人体内发射超声波，并接收由人体组织反射的回波信号，根据其所携带的有关人体组织的信息，加以检测、放大等处理，并显示出来的一种成像技术。超声成像因其成像速度快，可适时观察运动脏器，非常适合于心脏、大血管及胆囊的显示和测量；因无辐射性，更适用于孕妇的追踪和复查。但因超声波受气体与骨骼的阻碍，不适合于肺、消化道及骨骼检查；而且图像的重复性与准确性在一定程度上依赖于操作人员对探头的操作。

（四）核医学成像技术

核医学成像（nuclear medical imaging，NMI）又称放射性核素成像系统，所检测信号是摄入体内的放射性核素所放出的射线，图像信号反映放射性核素的浓度分布，显示形态学信息和功能信息。核医学成像与其他影像学成像具有本质的区别，其影像取决于脏器或组织的血流、细胞功能、细胞数量、代谢活性和排泄引流情况等因素，而不是组织的密度变化。它是一种功能性影像，由于病变过程中功能代谢的变化往往发生在形态学改变之前，故核医学成像也被认为是最具有早期诊断价值的检查手段之一。核医学中主要检查手段有 γ 照相机、单光子发射型计算机体层成像（single photon emission computed tomography，SPECT）与正电子发射型计算机体层成像（positron emission tomography，PET）。核医学成像的优点是特异性好，是代谢、功能和分子成像，能够用于早期诊断；其缺点是空间分辨率差，病理和周围组织的相互关系很难准确定位。

上述这些成像技术，各有所长，又各有所短，不可互相代替。但是在骨骼，胃肠、血管及乳腺等检查方面，X 线设备仍然保持着不可替代的优势。X 线技术与其他影像技术相互补充，更加丰富了临床医学诊断与治疗技术。

知识链接

各类影像成像方式的异同

成像方式	X 线摄影	X 线 CT	ECT	MRI	超声
信息载体	X 射线	X 射线	γ 射线	一定频率的电磁波	超声波
成像信息	根据生物体密度不同对 X 线吸收情况	根据生物体密度不同对 X 线吸收情况	生物组织对标记有放射性核素药物的吸收能力与代谢情况	质子密度，弛豫时间，化学位移等	根据生物体特性阻抗不同，超声回波采集情况
骨像干扰	有	有	有	无	有
图像特征	形态结构信息，反应组织的物理特性，不能进行功能成像	形态学信息，反应组织的物理特性，不能进行功能成像	生理学信息，可以进行功能成像，但是形态结构信息较差	生理学信息，可以进行功能成像，同时形态结构信息较好	形态结构信息
对患者的危害	有放射线外照射	有放射线外照射	有同位素放射性内照射	无放射性照射	无放射性照射

点滴积累

1. X 线机的临床应用非常广泛，如透视、摄影、血管造影等，以及牙科 X 线机、乳腺摄影 X 线机、手术 X 线机等专用 X 线机。
2. 除了 X 线成像技术之外，其他医学影像技术应用也非常广泛，如 CT、磁共振、超声、核医学等。

第三节　医用 X 线机的组成及分类

一、医用 X 线机的组成

医用 X 线机根据诊断目的不同，机型也不同，结构差异很大，但其基本组成可分为以下五大部分：高压发生器，X 线管，X 线成像装置，机械和辅助装置及控制系统。

（一）高压发生器

高压发生器主要是给 X 线管提供高压，给 X 线管阴极提供灯丝电压的装置。根据高压发生器的工作频率来划分，发生器可分为：工频高压发生器、中频高压发生器、高频高压发生器。由于高频 X 线高压发生器具有 X 线性能稳定，成像质量及效率高；曝光定时精确，曝光时间的重复率高，可实现超短时曝光；kV 和 mA 的控制精度大大提高等优点，目前使用较多的高压发生器是高频高压发生器。

（二）X 线管

X 线管是产生 X 线的装置，主要由 X 线管管芯和管组件组成。根据 X 线管的阳极是否可以旋转，X 线管可以分为固定阳极 X 线管和旋转阳极 X 线管。

（三）X 线成像装置

X 线成像装置采用对 X 线敏感的能量探测器，把 X 线转换为电信号，最终转换成影像。成像装置有很多种形式的探测器，一般可以分为传统成像装置和数字化成像装置。

1. 传统成像装置　传统 X 线成像装置包括两大类，一类以荧光屏、X 线胶片系统为载体的形式；另一类是基于电视系统的 X 线成像装置，该系统包括影像增强器，电视系统等。

2. 数字化成像装置　数字成像装置由探测器和显示器组成，目前常用探测器有 IP 板、平板探测器等多种形式，再由图像系统对探测器产生收集到的信号信息进行数字化处理及图像重建和显示。

（四）机械和辅助装置

是指为满足临床诊断需要而设计的各种与 X 线发生装置、X 线接收和成像装置配套的机械和辅助装置。主要有：支持 X 线管用的各种机械装置，如天轨、地轨、立柱、悬吊架等；安置患者进行 X 线检查用的各种检查床，如摄影床、诊视床、体层床等；支持 X 线接收装置的各种机械装置，如胸片架，片车等。图 1-10 是几种常见的 X 线管支持装置。

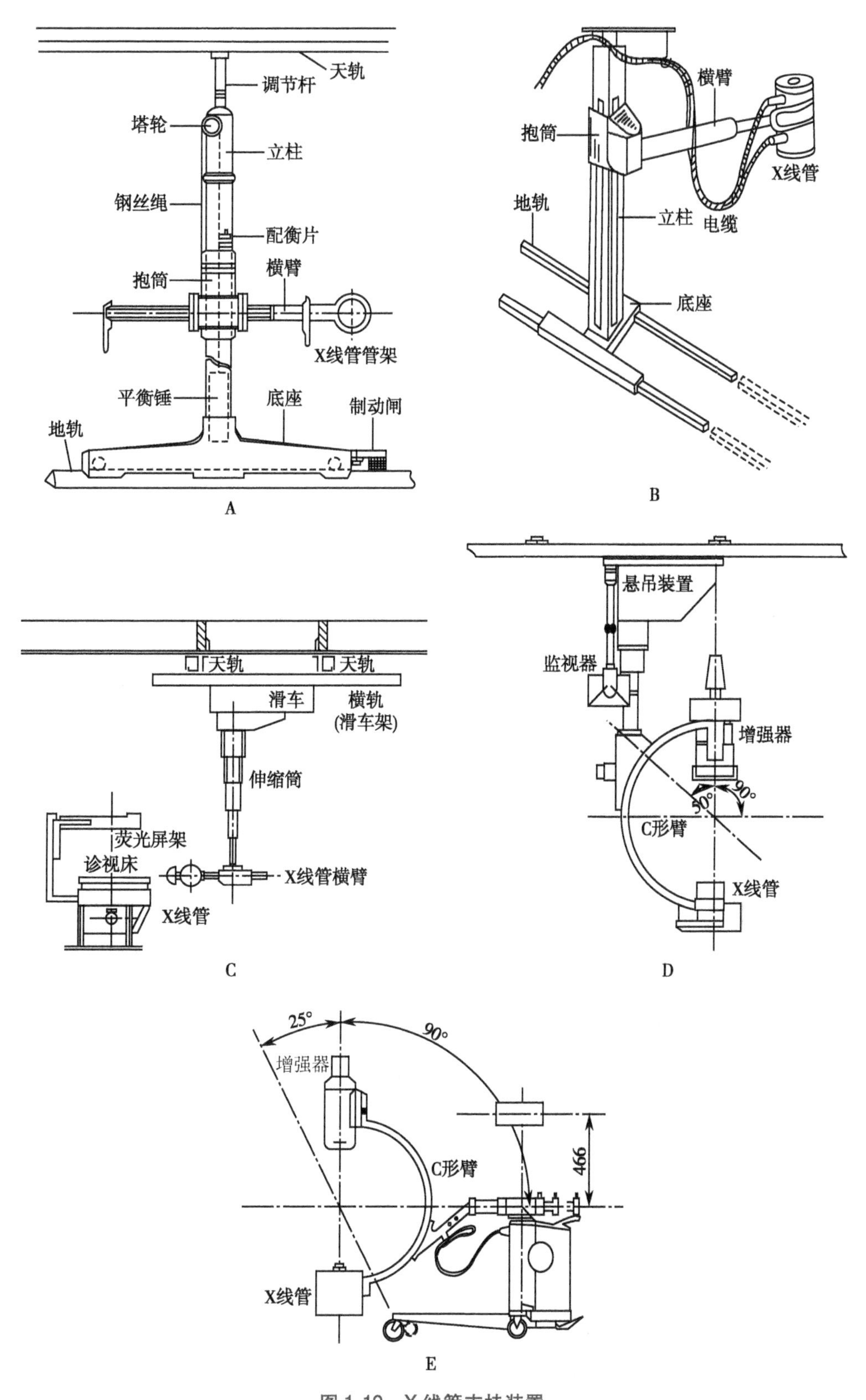

图 1-10　X 线管支持装置

A. 天地轨立柱式支持装置；B. 双地轨立柱式支持装置；C. X 线管悬吊装置；D. 悬吊式 C 形臂支持装置；E. 落地式 C 形臂支持装置

（五）控制系统

X 线机控制系统主要用于实现诊断床的运动控制、成像点片控制和其他辅助装置控制和指示功能。

将上述各部分有机组合在一起，就组成了一台完整的 X 线机。图 1-11 是 X 线机基本组成方框图。

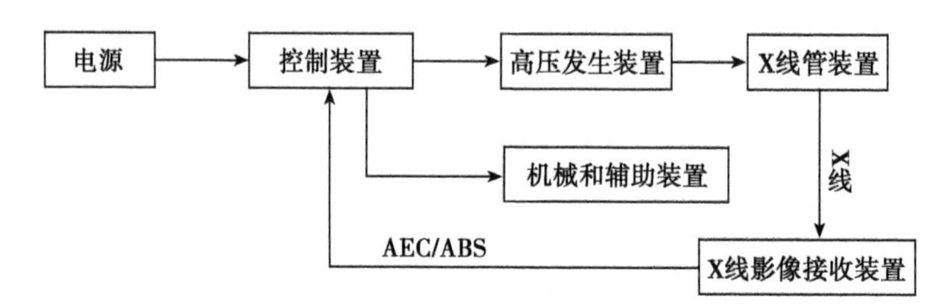

图 1-11　X 线机基本组成方框图

二、医用 X 线机的分类

医用 X 线机按其使用目的可分为诊断和治疗两大类。

（一）诊断用 X 线机

指利用 X 线透过人体所形成的各种影像如荧光影像、照片影像、电视影像等，对疾病进行诊断的 X 线机。此类 X 线机通常又以结构形式、最大输出功率和使用范围的不同分为多种类型。

1. 按结构形式分类

（1）携带式 X 线机：如图 1-12 所示。这种 X 线机重量轻、装卸方便、结构简单、输出功率小、便于携带，各部件可分别包装于背包内或手提箱中，且对供电电源要求不高，一般工频电源即可使用。该机因输出功率小，只能做透视和较薄部位摄影。这种 X 线机因大多达不到防护要求，目前已很少生产、使用。

（2）移动式 X 线机：如图 1-13 所示。这种 X 线机体积小、结构紧凑，X 线高压发生装置及辅助装置紧凑地组装在机座上。机座带有滚轮或装有电力驱动装置，可由人力或电力驱动在病房移动，方便卧床患者进行床边透视和摄影检查。如配有影像增强器和 X 线电视系统，还可进行手术监视和“介入性”治疗。

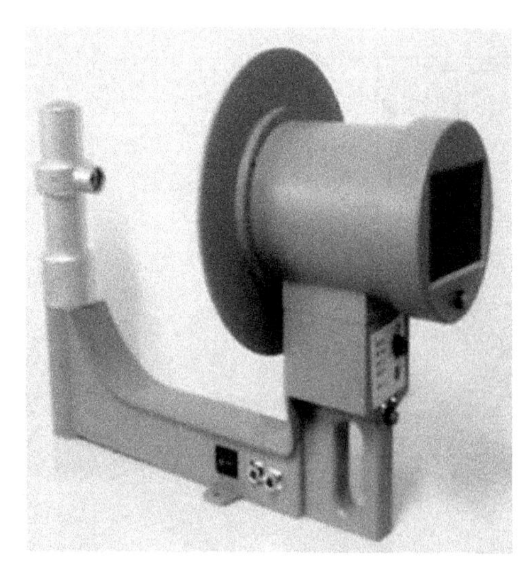

图 1-12　携带式 X 线机

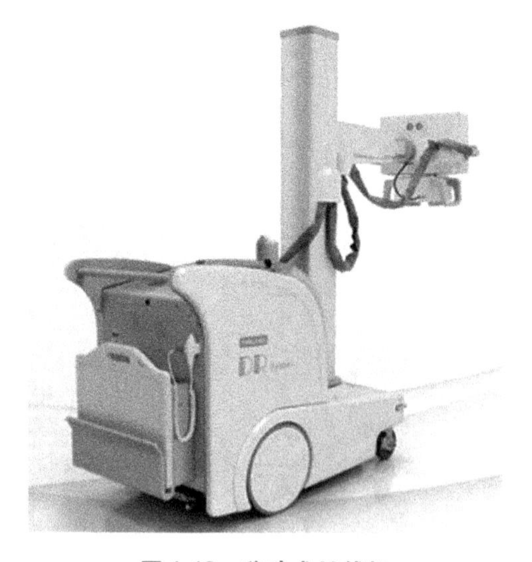

图 1-13　移动式 X 线机

（3）固定式X线机：如图1-14所示。这种X线机配有大功率X线管，结构较为复杂，功能较多，可做透视、摄影、胃肠摄影等检查。此种X线机部件多而重，必须固定在专用机房内使用。

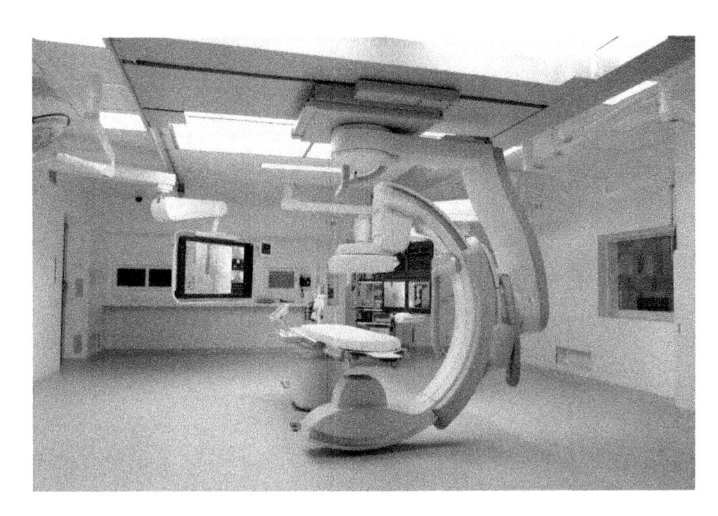

图1-14　固定式X线机

2. 按最大输出功率分类　是指按X线管的标称功率分类，如10kW、20kW、50kW、80kW等。习惯上又以X线管允许通过的最大管电流的大小分类。

（1）小型X线机：最大管电流在100mA以下的X线机。

（2）中型X线机：最大管电流在200~500mA的X线机。

（3）大型X线机：管电流在500mA以上的X线机。

3. 按使用范围分类

（1）综合性X线机：是指具有透视和摄影等多种功能，适合做各种疾患检查的X线机。常用的X线机多属此类。

（2）专用X线机：是为适应某些专科疾患检查而设计的X线机，并配有专科疾患检查的各种辅助设备。如乳腺摄影X线机、牙科X线机、泌尿科专用X线机、心血管造影X线机等。

尽管各种诊断X线机在产生X线、基本结构、基本电路、基本部件上均大致相同，但各种机器的设计及机械辅助装置却因功能不同而异。同样，其他专科诊断X线机依据其“专科”功能，配备具有专门用途的相关设备。

边学边练

指出摄影用X线机与透视用X线机的联系与区别，请见“实训一　X线机的认识与操作”。

（二）治疗用X线机

利用X线的生物效应，对疾患进行治疗的X线机。通常按其用途分为三类。

1. 接触治疗机　主要用于治疗皮肤表面或体腔浅层的疾患。其管电压可在10~60kV之间调整，X线穿透力较低，照射面积小。

2. 表层治疗机　主要用于较大面积的皮肤或浅层疾患的治疗。其管电压在60~140kV之间，

X 线穿透力较强。

3. 深部治疗机　主要用于组织深部疾患的治疗。其管电压在 180～250kV 之间，X 线穿透力很强。

点滴积累

1. X 线机基本组成包括：X 线高压发生装置，X 线管，X 线成像装置，机械和辅助装置及控制系统。
2. 治疗用 X 线机随着治疗深度增加，管电压增加，X 线穿透力也增强。
3. X 线机根据其种类及应用的不同，机器的设计及机械和辅助装置就会不同。

第四节　医用 X 线机的发展

X 线机的发展是随着其他科学技术的发展而不断改进和发展的。由于近代电磁学、无线电学、电子学等科学技术的发展，机械制造逐步精密，以及电子工程、影像转换等新技术的出现，特别是电子计算机的飞速发展，促进了 X 线设备日新月异的发展和改进，使之成为包括多学科理论、知识和技术的综合性医疗设备。迄今，X 线机经历了几个重大发展阶段。

一、X 线机的初期和提高阶段

初始阶段的 X 线机十分简陋，电池供电给感应线圈产生高压，用裸线输送给裸露的离子 X 线管，没有防电击和防辐射的措施，胶片盒由患者自己抱在胸前，X 线图像质量很差，操作不方便，也不安全。

由于高真空技术的发展，第一个高真空热阴极、固定阳极 X 线管于 1913 年研制成功。1915 年，高压变压器和高压整流管相继使用，使产生的 X 线质量有了很大程度的改善和提高。1927 年，旋转阳极 X 线管研制成功，由于其焦点小、输出功率高，改善了 X 线的图像质量。

之后，X 线机的结构向更完善、更精密、多功能和自动化方向发展。除主要电路有较大改进和提高外，各种预示电路、稳压电路、保护电路也相继完善。高压发生装置普遍使用单相全波整流方式，高压电缆由裸露式发展为防电击式。机械和辅助设备结构更加灵活多样，操作更加简便。对 X 线的防护措施也得到加强。

二、X 线机的影像增强器阶段

20 世纪 50 年代，出现了影像增强器，于是闭路电视被应用于 X 线机。影像增强电视系统的应用使 X 线机发生了一场革命性变化，改变了 X 线图像的显示方法，将医生从暗室检查和辐射现场解放出来。60 年代，隔室操作多功能检查床出现并在之后得到广泛使用，胃肠透视检查进入遥控时代。

与此同时，X 线发生器主机有了改进，广泛采用高压硅堆整流器；20 世纪 60~70 年代，自动控制、程序控制技术得到使用，控制电路采用新型的电子器件、数字技术、集成电路、自动监视、检测装置和计算机系统等；采用逆变方式的 X 线高压发生装置实用化后，逆变频率不断提高，加之计算机技术的使用，使系统经历了脱胎换骨的变化。

另外，配套的机械结构也更精密和灵活，出现了悬吊架、C 形臂、U 形臂，并制造出多轨迹断层床、带片库胃肠检查床、血管造影床、多功能摇篮床、自动换片机、高压注射器和自动限束器等装置。

三、X 线机的数字化阶段

从 X 线被发现到之后的 70 余年时间里，X 线成像方式一直是模拟成像，透视、摄影是观察人体内部结构的唯一手段。记录图像的胶片，集影像的探测、显示、传输和存储功能于一身。

20 世纪 80 年代初，CR 技术开始推广应用，CR 使用 IP 板采集 X 线摄影信息，计算机处理成像，具有图像宽容度大的特点，使 X 线成像（特别是普通 X 线摄影）数字化成为可能，为全数字化 X 线成像奠定了良好的基础。20 世纪 90 年代中期，随着 X 线实时高分辨率平板探测器（FPD）的问世，数字 X 线成像（DR）设备逐步兴起，并逐渐广泛应用于临床诊断，使普通 X 线摄影得到了飞跃的改善和提高。

数字减影血管造影（DSA）临床应用于 80 年代。最初人们希望用于实现静脉注射对比剂获得动脉影像，但却感到比较困难，而心血管专用 X 线机也是最复杂、最庞大的 X 线系统。数字化心血管造影设备给人们提供了许多方便：微创、实时成像、对比分辨率高、安全、简便，所以 DSA 技术很快得到大力发展。DSA 的软件功能代替了笨重的快速换片机和控制使用都十分复杂的电影摄影机，心血管 X 线机从此得以简化。平板探测器的应用也使 DSA 成像方式发生了根本性的改变，平板探测器取代了影像增强电视系统，使所获取的原始图像质量更高，同时采取了许多新的图像处理方法与技术，从而使最终的数字 X 线图像质量得到了很大的改善和提高。另外，所需要的 X 线剂量明显降低，减少了患者和医生所受的辐射剂量。

综上，随着医疗信息数字化的发展，X 线影像数字化的普及已成为必然趋势，模拟图像将被高清晰度的数字图像所取代，DR、DSA 将成为临床应用的主要机型。

点滴积累

1. 随着医疗数字化信息化的发展，数字化 X 线机将成为主流机型。
2. 数字 X 线机将向更小的辐射剂量，更清晰的图像质量及更智能化的方向发展。

目标检测

1. X 线的产生机制有哪些？
2. 什么是 X 线的质与量？

3. X 线的本质及常见特性是什么？

4. 常见的 X 线机有哪些分类？

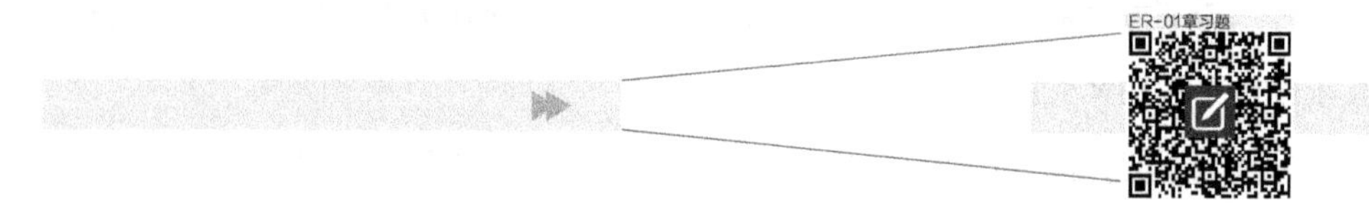

第二章

ER-02章PPT

X线源组件

学习目标

1. 掌握固定阳极X线管、旋转阳极X线管、X线管管套和限束器的结构、特性及各部件的作用。

2. 熟悉诊断X线管的规格及常见故障。

3. 了解特殊X线管的结构特点和用途。

X线管是X线机将电能转化为X线能量、产生X线的核心元件。自X线被发现、应用以来,X线管的结构、性能经历了不断改进的过程。从世界上第一只气体电离式X线管问世开始,X线管一直向着大功率、小焦点和专业化方向发展。其结构不断改进,先后出现了固定阳极X线管、旋转阳极X线管以及各种特殊X线管。

本章主要介绍医用诊断X线源组件的结构、特性及常见故障等知识,对特殊X线管作简要介绍。

导学情景

情景描述:

2015年4月的一天,风和日丽。某医院X线摄影室外走廊上,人们正排队等待拍片检查。这时分诊护士通知机器故障,暂停检查。5分钟后,两个工程师背着工具包进入机房。一番检测之后,工程师确认是X线管故障,需要马上更换新管,以尽快恢复机器正常运行。

学前导语:

上述事件中提到的拍片检查需使用X线作为成像源进行临床成像。除了X线摄影检查,乳腺摄影、钡餐检查、血管造影等多项临床检查中都要使用X线成像设备,这些诊断成像设备中都必须设置X线源组件,它是各类X线成像设备的核心部件。本章我们将学习常用的诊断X线源组件的结构、特性及安装,了解特殊X线管的特点。

第一节 固定阳极X线管

固定阳极X线管,也称静止阳极X线管,由阳极、阴极和玻璃管壳三部分组成,如图2-1所示。

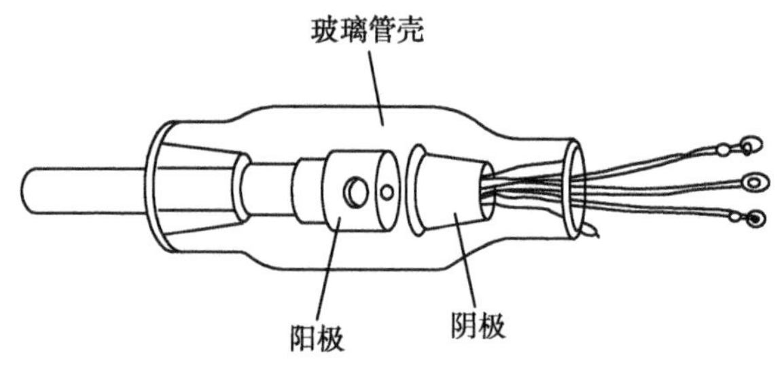

图 2-1　固定阳极 X 线管

一、构造

（一）阳极

阳极由阳极头、阳极柄、阳极罩三部分组成(图 2-2)。阳极的作用有:①阻挡高速运动的电子束,使其撞击靶面产生 X 线;②将曝光时产生的热量经阳极柄传导出去;③吸收二次电子和散乱射线。

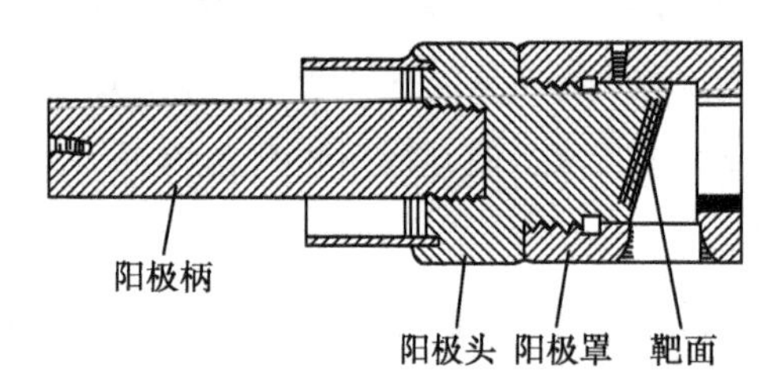

图 2-2　固定阳极 X 线管的阳极结构

1. 阳极头　阳极头由钨靶面和铜体组成。靶面承受阴极电子的轰击,产生 X 线。曝光时,只有不到 1%的电子束动能转换为 X 线能,其余动能均转化为热能而使靶面工作温度很高。因此靶面材料常选用产生 X 线效率高且熔点高的金属钨,称为钨靶。但是钨的散热性能不佳,为此常将厚度 1.5~3mm 的钨用真空熔焊的方法焊接到导热能力较强的无氧铜体上。这样阳极头在高效率地产生 X 线的同时,也具备了良好的散热能力。

2. 阳极柄　阳极柄是阳极引出管外的部分,由普通铜(紫铜)制成。它与阳极头连接,浸泡在高压绝缘油中。其作用是将阳极头的热量传导到绝缘油中,热量在油中扩散,从而提高了阳极的散热能力。另外,阳极柄还有输送高压至阳极和固定 X 线管的作用。

3. 阳极罩　阳极罩又名阳极帽,用含有一定比例钨的无氧铜制成,套在阳极头上。阳极罩上面有两个窗口:正对阴极的窗口是高速运动的电子束轰击靶面的入口;侧面正对靶面中心的窗口是向外辐射 X 线的出口,有的 X 线管在该出口上加装金属铍片,以吸收软 X 线,降低受照者皮肤剂量。

当阴极电子束高速轰击靶面产生 X 线时,靶面因反射而释放出部分电子,称为二次电子。二次电子的危害有:①撞击到玻璃管壳内壁上,使玻璃温度升高而产生气体,降低管内真空度;②部分二次电子附着在玻璃壁上,使玻璃壁负电位增加,造成管壁电位分布不均匀,产生纵向应力,易致玻璃管壁的损坏;③二次电子没有经过聚焦,当它经玻璃壳反射再次轰击靶面时,会产生散射 X 线而使 X 线影像清晰度下降。阳极罩固定在阳极头上,与阳极电位相同,故可吸收二次电子,它能吸收 50%~

60%的二次电子。

此外，阳极罩还可吸收部分散射X线，从而保护X线管和提高成像质量。

（二）阴极

阴极由灯丝、聚焦槽、阴极套和玻璃芯柱组成（图2-3），主要结构是灯丝和聚焦槽。阴极的作用是发射电子，并经聚焦形成一定形状和大小的电子束。

1. 灯丝　灯丝的作用是产生电子。钨在高温下具有一定的电子发射能力，熔点较高、延展性好、便于拉丝成形、抗张力性好、蒸发率低和在强电场下不易变形等优点，因此灯丝常用钨制成，并绕制成螺旋管状。

根据热电子发射原理，在灯丝上加上电压就产生灯丝电流，钨丝温度会逐渐上升，至一定温度值（约2100K）时开始发射电子。发射电子的数量取决于灯丝温度的高低，对于给定的灯丝，在一定范围内，灯丝温度越高，发射电子的数量越大。所以调节灯丝电压，也就调节了灯丝温度，调节了发射电子的数量，调节了管电流，调节了X线量。

灯丝温度与电子发射能力成非线性关系（图2-4），由图中可知，当灯丝温度升高到一定数值后，灯丝才开始发射电子，但发射量不大。当温度从2400K升至2600K时，灯丝温度增加很小（200K），电子发射量却增加数倍（从约150mA/cm²猛增到800mA/cm²，即增加了5倍多）。这个特点要求在调整管电流时，应特别小心，特别是调节大mA档时，更要小心谨慎，每次调整幅度一定要小，以免灯丝烧断损坏X线管。X线管灯丝加热电压随X线管的型号不同而有所差异，一般为交流5~10V，电流多为3~6A，也有高达9A以上者。在更换X线管时，应按新管规格，调整灯丝加热电压。

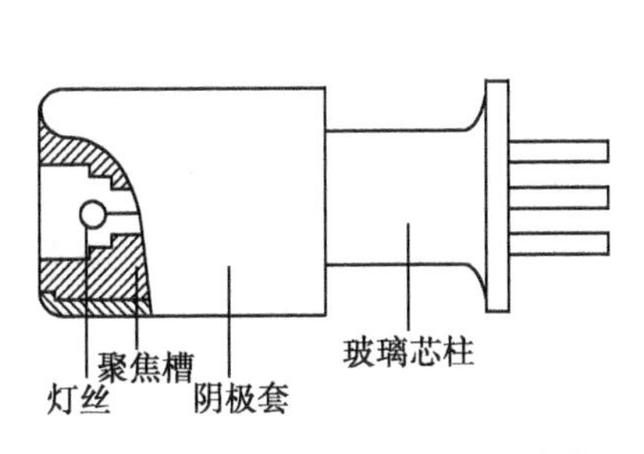

图2-3　固定阳极X线管阴极结构

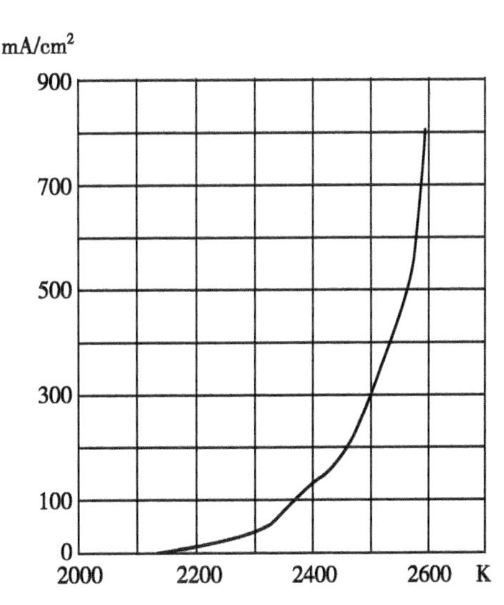

图2-4　灯丝电子发射特性曲线

灯丝加热电压越高、燃亮时间越长、累积温度越高，钨丝蒸发越快，灯丝寿命越短。如果灯丝电流比额定值升高5%，灯丝寿命将会缩短一半。所以X线管的灯丝电流应严格限制在额定值以下，使用时要尽量缩短灯丝的燃亮时间。比如灯丝的加热方式常设计成预热增温式，即在曝光前的准备阶段灯丝处于低温预热状态，曝光前瞬间增温到预置管电流所需的额定温度，以此来延长灯丝的寿命。

现在常用的双焦点X线管根据不同功率与焦点的关系，在阴极上装有两根长短、粗细不同的螺旋管状灯丝(图 2-5)。长、粗的灯丝为大焦点灯丝,其截面积大,加热电压相对较高,单位时间内发射电子数量多,形成的管电流大;短、细的灯丝为小焦点灯丝,其截面积小,单位时间内发射电子数量少,形成的管电流小。其阴极有三根引线,其中一根为公用线,另外两根分别为大、小灯丝的另一端引线。

2. 聚焦槽　聚焦槽又名阴极头、聚焦罩、集射罩,它是由纯铁或铁镍合金制成的长方形槽,其作用是对钨丝发射的电子进行聚焦。灯丝加热后产生大量电子,在没有高压作用时,电子聚集在灯丝周围形成电子云。这些电子云被称为空间电荷,它会阻止电子进一步发出。当在阴阳两极加高压时,电子在强电场作用下飞向阳极,由于电子之间相互排斥,致使外围电子向四周扩散呈发散状,尤其是低管电压时这种现象更显著。为使电子束聚焦成束状飞向阳极,将灯丝安装在直形凹槽或阶梯形凹槽中心,灯丝的一端与聚焦槽相连,获得相同的负电位,灯丝附近形成一个对称的静电场。在此电场作用下,灯丝前方发射的电子先发散后会聚撞至靶面上,形成主焦点;灯丝侧面发射的电子先发散,后会聚再发散撞至阳极靶面上形成副焦点。图 2-6 为阶梯形凹槽的电子聚焦轨迹,图中实线代表灯丝前方电子的运动轨迹,形成主焦点;虚线代表灯丝侧后方电子的运动轨迹,形成副焦点。

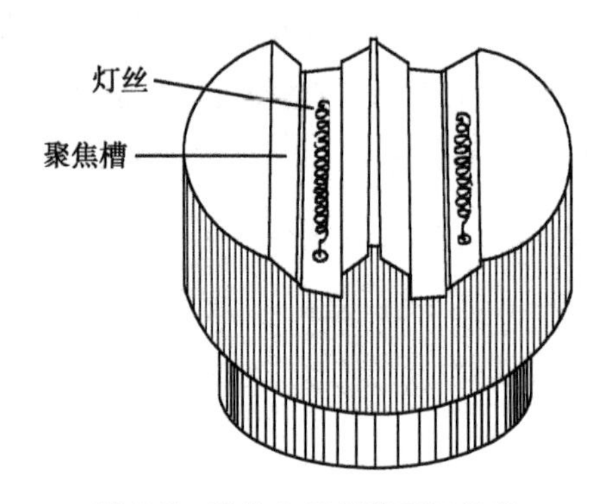

图 2-5　双焦点 X 线管阴极结构

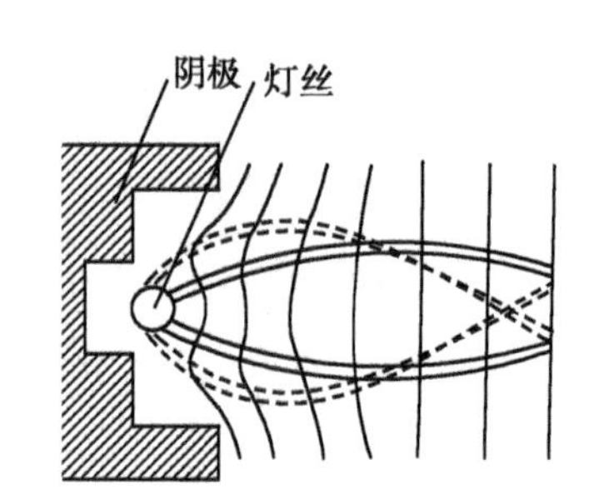

图 2-6　阶梯形凹槽的电子聚焦轨迹

聚焦罩还可防止二次电子造成的危害。自整流 X 线机中,阳极过热时会从阳极反射出电子,它会轰击灯丝致其断路;或轰击玻璃壳使管壳出现破裂。有了聚焦罩,就能将大部分阳极反射出的电子吸附到罩上,保证灯丝和玻璃壳的安全。

（三）玻璃管壳

玻璃管壳由耐高温、绝缘强度高、膨胀系数小的钼玻璃制成,其作用是:①支撑阴极与阳极,保证其几何中心正对,即灯丝中心与靶面中心正对;②保持管内真空度,一般其真空度应保持在 1.33×10^{-5}Pa 以下,装入管内的所有零件都必须经过严格清洗去油和彻底除气(通常采用高频真空加热抽气),以保证阴极电子能畅通无阻地到达阳极。

X 线管工作时阳极的温度很高,玻璃管壳和阴、阳两极金属的膨胀系数不同,两者不宜直接焊接,故在二者之间镶嵌可伐圈,它是由含 54%铁、29%镍、17%钴组成的合金圈,它的膨胀系数介于二者之间,与钼玻璃膨胀系数相近,从而避免因温度变化造成结合部分玻璃出现的裂隙或碎裂情形,导致真空度下降。有的 X 线管还将 X 线出口处玻璃加以研磨,使之略薄,以减少玻璃对 X 线的吸收。

（四）固定阳极 X 线管的缺点

固定阳极 X 线管结构简单,制造成本低,但是存在以下缺点:

1. X 线管的负载容量受到限制，即 X 线管能承受的电负载（管电压、管电流和曝光时间）增加不了。

2. 高速电子撞击靶面面积受限制，即焦点面积不能很小，降低了 X 线胶片的清晰度。

3. 连续负载工作受限制，曝光时金属的温度达到一定值以后，会使散热率降低，因而连续工作时间短。

基于以上特点，固定阳极 X 线管常用在小型 X 线机、某些治疗 X 线机中。

二、X 线管的焦点

在 X 线成像系统中，X 线管的焦点对成像质量影响很大。X 线管的焦点分为实际焦点和有效焦点两种。

（一）实际焦点

实际焦点是阴极电子在阳极靶面上的实际轰击面积。因 X 线管的灯丝绕制成螺旋管状，其发射的电子经聚焦后轰击在靶面上的形状就成为长方形，故实际焦点又称为线焦点。

实际焦点的形状是由灯丝的形状决定的，由于灯丝位于聚焦槽内，聚焦槽的作用是使电子被聚焦，故实际焦点的大小，主要取决于槽的形状、宽度及灯丝位于槽中的深度。目前我国生产的 X 线管大多采用单槽或阶梯槽结构。从实验可知，这类阴极形状在灯丝前沿形成的等位面（线）曲率，使发射电子在灯丝径向形成既发散又会聚的三个区域，因而电子束截面上的强度分布（束流密度）不均匀，形成双峰分布或多峰分布，见图 2-7。在同样焦点尺寸的情况下，焦点中央辐射强度越强（呈高斯分布），其影像分辨力越高；其次为矩形分布；最差为双峰分布。诊断用 X 线管的焦点一般是双峰分布。

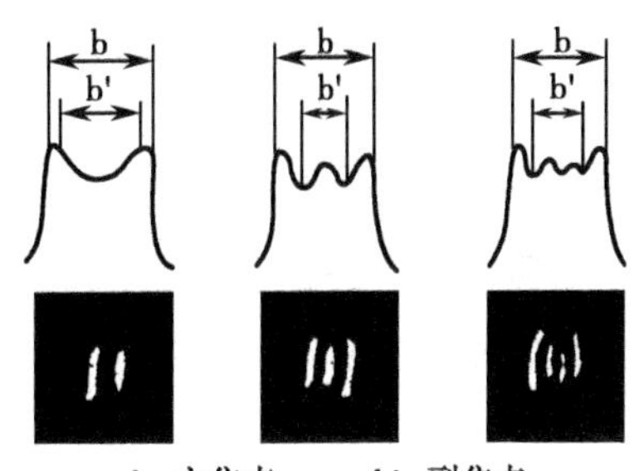

图 2-7　X 线辐射强度分布

（二）有效焦点

有效焦点是指实际焦点在空间各个投射方向上的投影，是用来成像的 X 线面积。有效焦点中垂直于 X 线管长轴方向上中心的投影称为标称有效焦点或有效焦点的标称值。实际焦点与有效焦点的关系如图 2-8 所示。

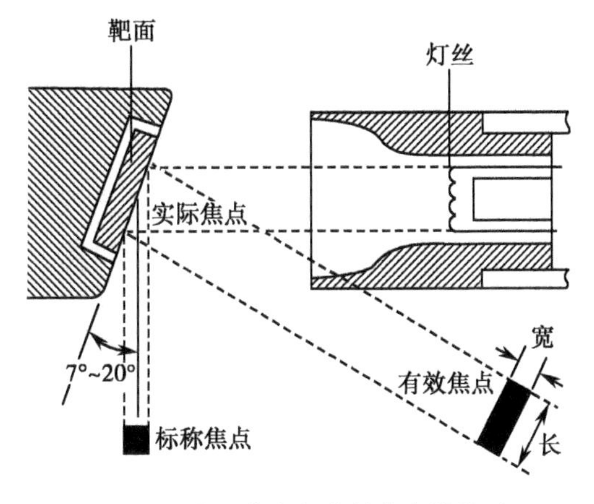

图 2-8　实际焦点与有效焦点的关系

电子束所轰击的靶面与阳极头横截面之间的夹角称为阳极倾角(一般为7°~20°)。由于阳极倾角的存在,实际焦点的宽等于有效焦点的宽,而标称有效焦点的长为:实际焦点的长×sinθ(θ 为阳极倾角)。如有一阳极倾角为 19°的固定阳极 X 线管,实际焦点长为 5.5mm,宽为 1.8mm,则该 X 线管的标称有效焦点的长为:5.5×sin19° = 5.5×0.3256 ≈ 1.8mm,宽度不变,即标称有效焦点近似为1.8mm×1.8mm 的正方形。

国际电工委员会(International Electrotechnical Commission,IEC)规定,有效焦点的标称值采用无量纲制表示,如 1.0、1.2,但目前其标注方法仍用习惯标注法,如 1.0mm×1.0mm、1.2mm×1.2mm 等。

(三) X 线强度的空间分布

诊断用 X 线管的阳极靶较厚,称为厚靶 X 线管。当高能电子轰击靶面时,由于原子结构的“空虚性”,入射高速电子不仅与靶面原子相互作用辐射 X 线,而且还穿透到靶物质内部的一定深度(电子每穿过 50pm 的深度,则损失 10keV 能量),不断地与靶原子作用,直至将电子的能量耗尽。因此,除了靶表面辐射 X 线外,在靶的深层(如图 2-9 中的 O 点),也能向外辐射 X 线。由图 2-9 可见,从 O 点辐射出去的 X 线,愈靠近 OC 方向,穿过靶的厚度愈厚,靶本身对它的吸收也愈多;愈靠近 OA 方向,靶对它吸收愈少。因此,愈靠近阳极一侧 X 线辐射强度下降得愈多;而且靶角 θ 愈小,下降的程度越大。这种愈靠近阳极,X 线强度下降得愈多的现象,就是所谓的“足跟”效应,也称阳极效应。由于诊断用 X 线管倾角 θ 小,X 线能量不高,足跟效应非常显著。

从 X 线管窗口射出的有用 X 线束,经实验测量,其强度分布是不均匀的,普遍存在阳极效应现象。在图 2-10 中,若规定与 X 线管长轴垂直方向中心线(0°)的强度为 100%,从其他不同角度方向上的强度分布情况看,阳极效应十分明显。

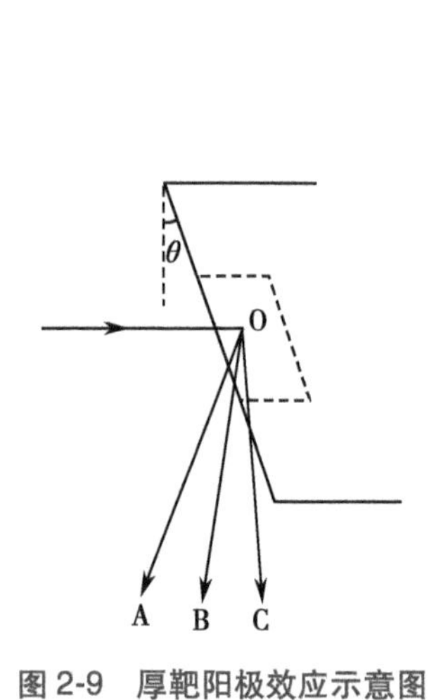

图 2-9　厚靶阳极效应示意图

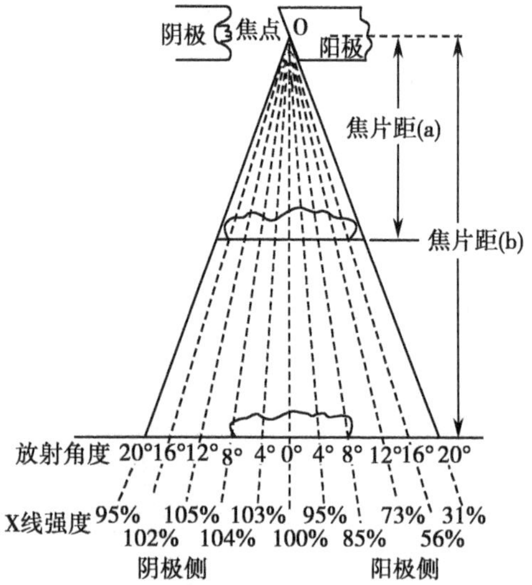

图 2-10　X 线强度分布

在放射工作中,应注意阳极效应的影响。例如,拍片时应使肢体长轴与 X 线管长轴平行,并将厚度大、密度高的部位置于靠近阴极端,这样就可使胶片的感光量较为均匀,获得好的影像质量。另外,应尽量使用中心线附近强度较均匀的 X 线束摄影。例如,在 1 次拍片中使用的焦片距较小(即

图 2-10a)，投照部位横跨中心线左右各 20°，其两端的强度差为 95%－31%＝64%。如此大的差别，将使这张照片的阳极效应十分明显。若把焦片距拉大(即图 2-10b)，则投照部位横跨中心线左右各 8°，其两端的强度之差仅为 104%－85%＝19%，显然这张照片的阳极效应程度较小。

（四）焦点的方位特性

X 线呈锥形辐射，在照射野不同方向上所投影的有效焦点尺寸是完全不相同的，如图 2-11 所示。在 X 线管长轴上，趋向阳极端有效焦点小，趋向阴极端有效焦点大；若投影方向偏离 X 线管轴线和电子入射方向组成的平面，有效焦点的形状会出现失真；在 X 线管横轴上，左右两边焦点大小相等。因此，在实际摄影中应注意保持实际焦点中心、X 线输出窗中心及投影中心三点一线，即 X 线中心线应对准摄影部位中心。

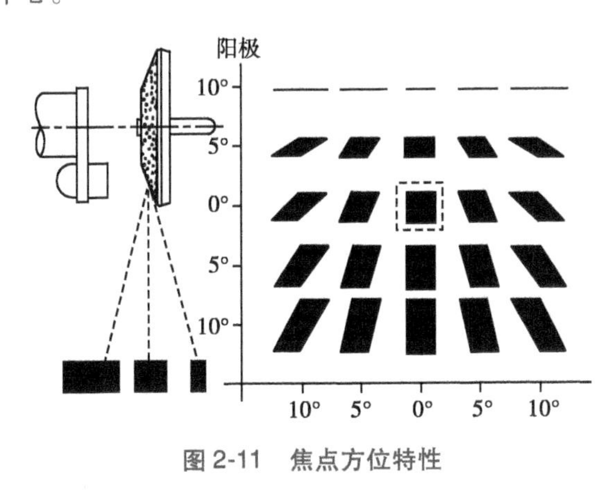

图 2-11　焦点方位特性

（五）焦点增胀

工作中当选择管电流较大时，灯丝产生的电子数量较多，电子间向外的排斥力增大，在阳极靶面上的轰击面积就增大，有效焦点也就增大，这种现象称为焦点增胀。用针孔照相法拍摄的焦点像如图 2-12 所示，图中可见：管电压一定时，焦点增胀的程度视管电流的大小而定；管电压对焦点增胀的影响较小，甚至出现管电压升高而焦点尺寸略显缩小的趋势。因此，有效焦点的大小与投影方位及管电流大小有关，焦点增胀的程度主要由管电流而定，且随焦点而异，一般小焦点增胀幅度大。

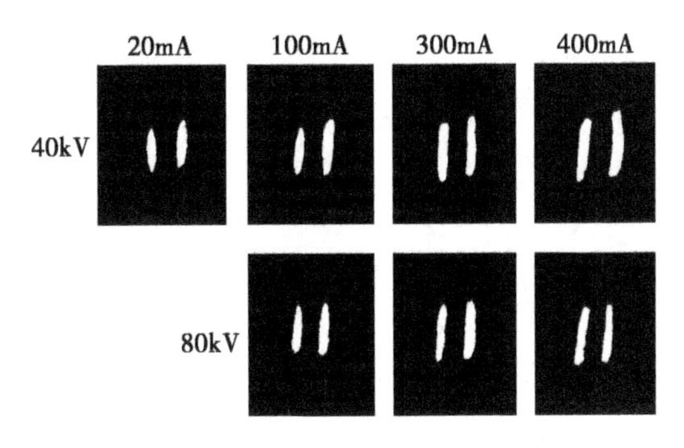

图 2-12　焦点增胀的拍摄图像

综上所述，有效焦点的大小与实际焦点、X 线强度的空间分布、投照方位、管电流和管电压的大小有关。因此在测定有效焦点的标称值时，IEC 规定，投照方位为垂直于 X 线管的长轴方向，管电流值为其最大值的 50%，管电压一般取 75kV(最大管电压为 100～125kV)作为针孔照相的条件。

（六）焦点大小与成像质量的关系

从提高成像质量的角度来讲，总希望有效焦点越小越好。有效焦点越小，成像质量越高。减小有效焦点可通过减小阳极倾角来实现，但阳极倾角太小，X 线投照方向上的 X 线量将大量减少，所以阳极倾角要合适，固定阳极 X 线管的阳极倾角一般为 15°~20°。另外可通过减小实际焦点的面积来减小有效焦点，但钨靶单位面积承受的功率能力很小，一般为 200W/mm^2，对于固定阳极 X 线管来说，实际焦点面积减小后，X 线管的功率（容量）也随之减小。由于这一矛盾，固定阳极 X 线管的功率难以提高，为此，在单焦点 X 线管的基础上生产出了双焦点 X 线管，对于低曝光量的部位采用小焦点摄影可提高图像质量。1929 年旋转阳极 X 线管的出现很好地解决了这对矛盾。

点滴积累

1. 固定阳极 X 线管结构简单，制造成本低，但负载容量低，散热率低，成像清晰度差。
2. X 线管的焦点分实际焦点和有效焦点两种。 有效焦点越小，成像质量越高，但 X 线管阳极单位面积承受的功率能力小。
3. X 线管存在阳极效应，即“足跟”效应。 实际放射工作中，患者体位摆设时要注意使用均匀的 X 线束，以此保证较好的图像质量。

第二节　旋转阳极 X 线管

旋转阳极 X 线管也是由阳极、阴极和玻璃管壳组成（图 2-13），与固定阳极 X 线管相比，除阳极结构有明显差别外，阴极和玻璃管壳相差不大。

旋转阳极 X 线管的阳极靶是一个可以高速旋转的圆盘，灯丝及聚焦槽偏离 X 线管长轴中线而正对阳极靶环轨迹中心。曝光时，高速电子轰击的不再是靶面的固定位置，而是一个转动的环形面积，见图 2-14。电子轰击所产生的热量，被均匀地分布在转动的圆环面积上。这样实际轰击点的尺寸不变、空间位置不变，而实际轰击的面积因阳极旋转而大大增加，使热量分布面积大大增加，从而较大地提高了 X 线管的功率；同时可适当减小阳极倾角，使有效焦点进一步减小。旋转阳极 X 线管最突出的优点就是瞬时负载功率大，焦点小。目前旋转阳极 X 线管的功率多为 20~50kW，高者可达 150kW，而有效焦点多为 1~2mm，微焦点可达 0. 05~0. 3mm，从而大大提高了影像的清晰度。

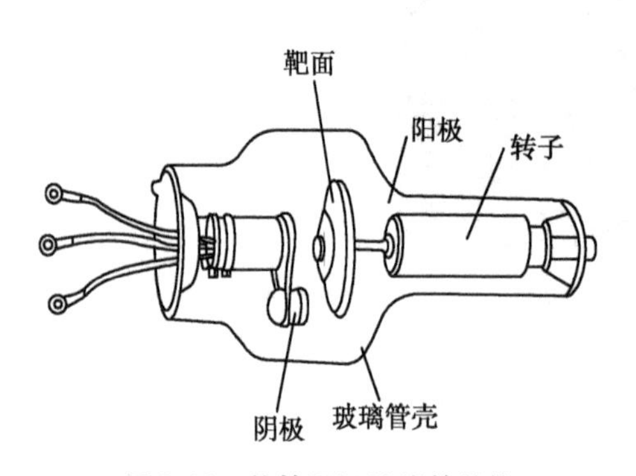

图 2-13　旋转阳极 X 线管结构

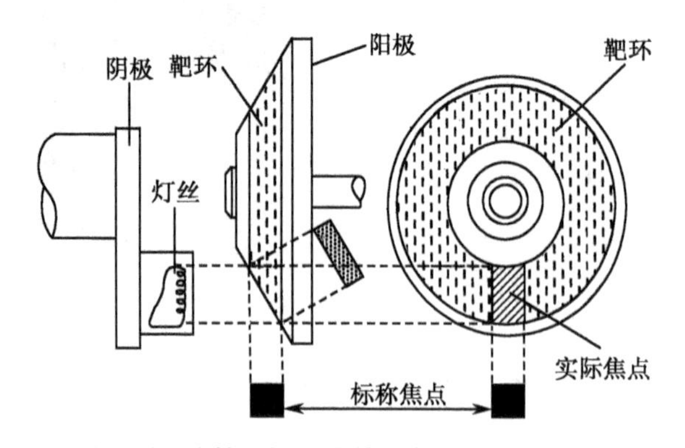

图 2-14　旋转阳极 X 线管焦点与热量分布面积

旋转阳极 X 线管的阳极主要是由靶面、转子、转轴、轴承套座、玻璃圈等组成的，见图 2-15。

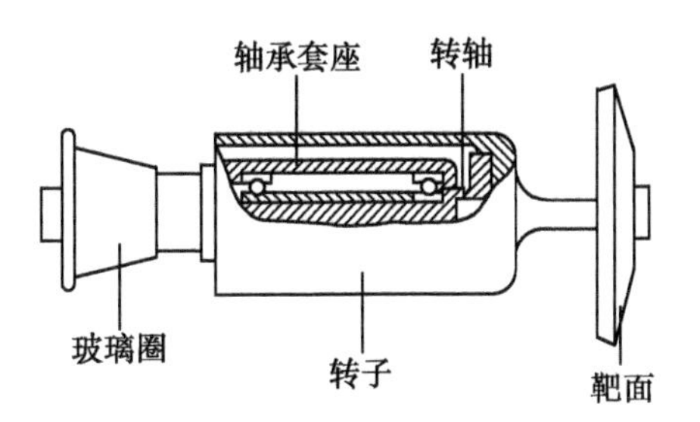

图 2-15　旋转阳极 X 线管的阳极结构

一、靶面

靶盘为直径在 70～150mm 之间的单凸状圆盘，中心固定在转轴上，转轴的另一端与转子相连，要求有良好的运动平衡性；靶面倾角在 6°～17.5°之间。以前采用纯钨制成靶盘，其热容量较小、散热性和抗热胀性都比较差。所以在交变热负荷的使用条件下，由于表面与内层之间温差产生的热应力，容易使靶面产生裂纹；而钨在 1100℃以上又会发生再结晶，靶面使用不长时间就会出现表面龟裂、粗糙，造成 X 线输出强度下降。现在采用铼钨合金（含 10%～20%铼）做靶面，钼或石墨做靶基制成钼基铼钨合金复合靶或石墨基铼钨合金复合靶（图 2-16），铼钨合金靶面晶粒变细、抗热胀性提高、再结晶温度上升，使靶面龟裂情况减轻。有的还在靶盘上开几条径向的细膨胀缝以消除机械应力，如图 2-17。

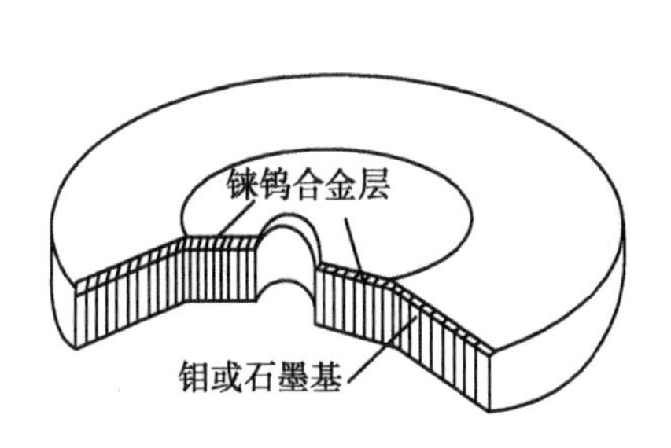

图 2-16　合金复合靶结构图

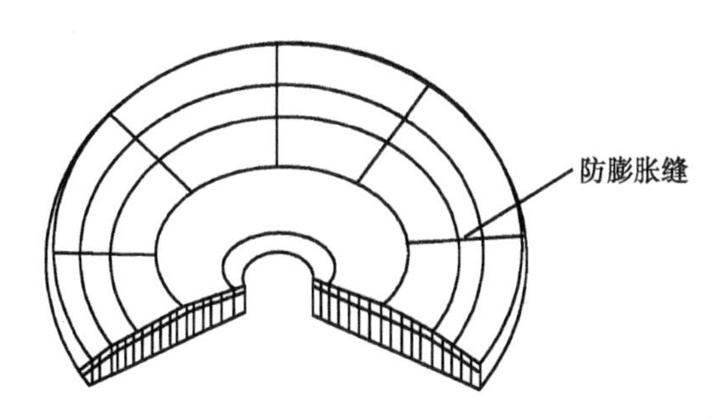

图 2-17　消除机械应力的阳极靶面

在相同使用条件下，曝光 2 万次，铼钨合金靶和纯钨靶比较，输出剂量下降分别是 13%和 45%。铼钨合金靶与纯钨靶的剂量对比曲线见图 2-18。由图可见，铼钨合金靶面明显优于纯钨靶面。钼和石墨与金属钨相比，热容量大（石墨的比热比钨的比热约大 10 倍）、散热率高（石墨的辐射系数接近 1，导热系数与钨、钼相近），而质量比钨要小，这样的靶体重量轻而热容量大，有效地提高了 X 线管连续负荷的能力。

旋转阳极 X 线管工作时产生的热量主要靠热辐射散热。阳极靶盘表面积较大，其热量先辐射到玻璃管壁，再传导到周围的绝缘油中去。为了防止热量向轴承方向传导，连接轴承和靶盘的钼杆做得较细。

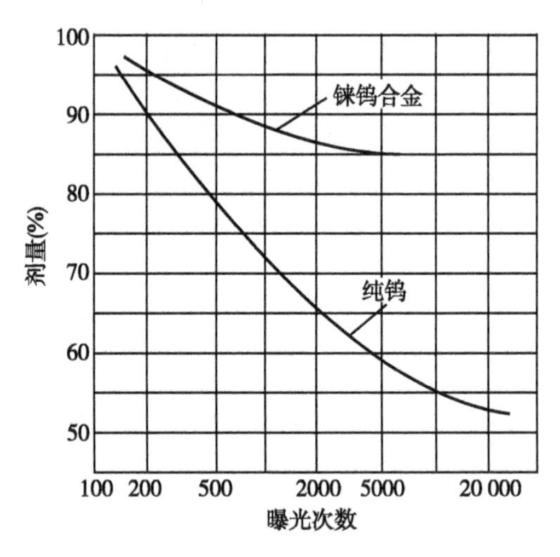

图 2-18　铼钨靶面与纯钨靶面剂量对比曲线

二、转子

转子是由无氧铜制成的,通过钼杆与靶盘连为一体,转子转动时,带动靶盘转动。转子表面经过黑化处理后,可提高热辐射能力 1 倍。其结构和原理与小型单相异步电机相似,只是转子在 X 线管内,定子线圈装在 X 线管的外面。转轴装入由无氧铜或纯铁制成的轴承套中,两端装有轴承。低速 X 线管实际转速约为 2800r/min(f= 50Hz),高速管一般为 8500r/min(f= 150Hz),转速越高,电子束在某点停留的时间越短,靶面温度差越小,X 线管的功率就越大。当然,转速的提高须考虑转子的运动平衡、轴承等因素。

旋转阳极 X 线管的功率是指阳极转速达到额定值时的功率。也就是说,必须在阳极转速达到额定值时(需要约 0.8~1.2s 的启动时间),才能加管电压产生 X 线,否则会造成靶面立即熔化损坏。因此,使用旋转阳极 X 线管的 X 线机都设有旋转阳极启动及延时保护装置。

曝光结束断电后,转子由于惯性会进行很长时间的静转(从切断启动电机电源开始到转子停转),一般为数分钟甚至几十分钟。静转是无用的空转,会产生噪声并对轴承产生一定的磨损。因此,曝光结束后应立即对转子制动,这样可减轻轴承的磨损,大大延长轴承的寿命。对高速管来说,制动可使转子迅速越过临界转速(引起共振的临界转速为 5000~7000r/min),避免 X 线管损坏。对于低速管,如果静转时间低于 30s,就说明轴承已明显磨损。

轴承装在其套座内,轴承系统的工作温度很高,所以选用耐热合金钢制成。为避免过多的热量传导到轴承上,常将阳极端的转轴外径做得较细或用管状钼杆,以减少热传导。少量来自阳极靶的热量大部分通过转子表面辐射出去。可见,旋转阳极 X 线管的散热方式不同于固定阳极 X 线管,其阳极靶面上产生的巨大热量主要依靠热辐射进行散热,散热效率低,连续负荷后阳极热量急剧增加。为防止 X 线管损坏,当代 X 线机设有管头温度保护装置,当管套温度高于 70℃ 时会切断曝光,以保护 X 线管。为保证轴承的转动性能,轴承内需注入固体材料润滑,如二硫化钼、银、铅等。

边学边练

指出诊断 X 线管的结构、作用并判断其外观质量,请见“实训二　X 线管认知、常见故障分析与维护”。

点滴积累

1. 旋转阳极X线管的阳极结构与固定阳极X线管的不同，包括靶面、转子两部分。
2. 旋转阳极X线管的突出优点是瞬时负载状态焦点小、功率大。
3. 曝光结束后，应采取制动措施以减轻静转对转子的损坏。

第三节　X线管的特性与参数

X线管的特性和参数因X线管的型号不同而不同，只有熟悉、掌握各种X线管的特性曲线、电参数和构造参数后，才能正确地使用X线管，并在参数允许的范围内，最大限度地发挥X线管的效能。

一、X线管的特性

（一）阳极特性曲线（$I_a \sim U_a$）

阳极特性曲线是指X线管灯丝加热电流恒为一定值时，管电压U_a与管电流I_a的关系曲线。

X线管阴极灯丝发射的电子大致可分为三个区域：①灯丝前方发射出来的电子，它们在高压电场的作用下飞往阳极，其运动不受阻碍；②灯丝侧方发射出来的电子，它们在飞向阳极的空间发生交叉后到达阳极，其运动受到一定的阻力；③灯丝后方发射出来的电子，由于电子之间较大的相互排斥作用以及灯丝的阻挡作用，导致电场力作用微弱，因此这部分电子在管电压较低时会滞留在灯丝的后方。将灯丝侧、后方的电子，特别是后方的电子称为“空间电荷”。随着管电压的升高，空间电荷逐渐飞向阳极。

由于空间电荷的存在，X线管的阳极特性表现为图2-19中的曲线状态。I_f为灯丝加热电流，U_a为管电压，I_a为管电流。由图可知，当灯丝加热电流为I_{f1}时，曲线可以分为两段：①OA_1段，此时由于管电压较小，灯丝附近存在着大量的空间电荷。随着管电压升高，空间电荷不断克服运动阻力飞向阳极，飞往阳极的电子数目随之增加，即管电流随管电压升高而增大，这段曲线反映了空间电荷起到了主导作用。实验表明，管电流与管电压的2/3次方成比例，这部分曲线中管电压较小，可近似看为直线，管电流与管电压成正比，故该段曲线所在的区域称为比例区；②A_1B_1段，此段表明随着管电压的增加，管电流无明显上升而趋于恒定，这是因为管电压升高以后，基本上所有的空间电荷都已飞往阳极，所以管电流不再随管电压的上升而增加，将此段称为饱和区。

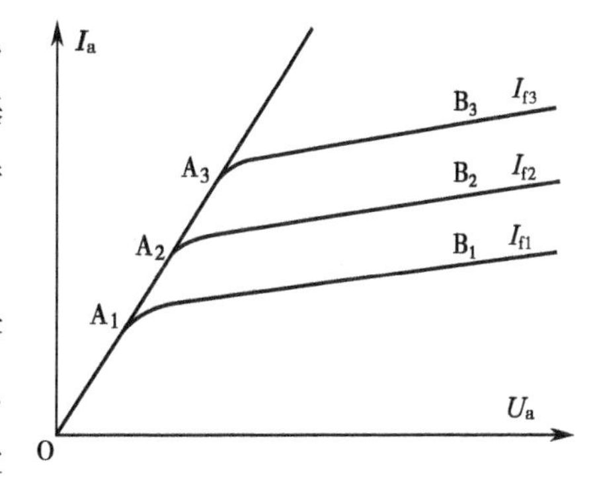

图2-19　X线管阳极特性曲线

图中可知，在饱和区中管电流趋于定值，其大小取决于灯丝加热电流，不再随管电压变化而变化，表现为管电流与管电压无牵制影响。利用这一特性，在X线机电路设计上对管电流和管电压实行单独调节，以获得不同质和量的 X 线。

当灯丝加热电流从 I_{f1}增加到 I_{f2}时，灯丝发射电子的数目增加，所以空间电荷的数量也相应增加，相同管电压下，管电流变大；同时由于空间电荷增多，使管电流达到饱和的管电压必将增大，因此图中达到饱和点的位置上升，其特性由 OA_2B_2段曲线表示。同理，当灯丝加热电流从 I_{f2}增加到 I_{f3}时，其特性由 OA_3B_3段曲线表示。

实际工作中，X 线管的阳极特性曲线因受阴极附近电场不均匀、阴极灯丝温度分布不均匀等因素的影响，与上述的理论曲线不完全一样。主要区别是在进入饱和区后，管电流仍随管电压升高而略有增加，为此在 X 线机中采用空间电荷补偿装置来对空间电荷的影响进行补偿，使管电流和管电压单独调节，互不影响。

（二）灯丝发射特性曲线（$I_a \sim I_f$）

灯丝发射特性是指在一定管电压下，管电流 I_a与灯丝加热电流 I_f之间的关系特性。图 2-20 是 XD51 型 X 线管大焦点灯丝在单相全波整流电路中的灯丝发射特性曲线。由图中可知，受到空间电荷的影响，要获得同一管电流，管电压为 100kV 时比 60kV 时所需的灯丝加热电流低；在同一灯丝加热电流时，管电压为 100kV 时的管电流较 60kV 的大。

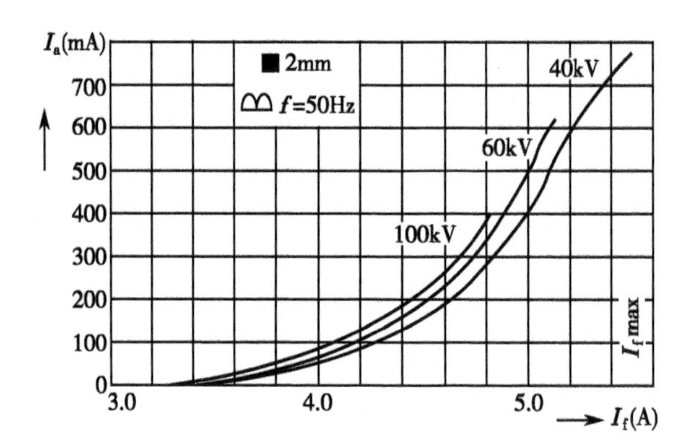

图 2-20　XD51 型 X 线管大焦点灯丝发射特性曲线

二、X 线管的电参数

电参数是指 X 线管电性能的规格数据，常见的有灯丝加热电压、灯丝加热电流、最高管电压、最大允许功率、热容量等。这些数据在使用和维护 X 线管时必须严格遵守。

（一）最高管电压

最高管电压是指允许加在 X 线管两端的最高电压峰值，单位是千伏（kV）。最高管电压值的大小是由 X 线管的生产制造参数所决定的。在工作中如果加在 X 线管两极间的电压峰值超过了此值，就会导致管壁放电，甚至击穿损坏。

（二）最大管电流

最大管电流是指 X 线管在一定管电压和一定曝光时间内曝光所允许的最大电流平均值，单位是毫安（mA）。在生产、安装调试及维修中调整管电流时均不得超过该值，否则将引起 X 线管靶面过热及灯丝寿命缩短，造成 X 线管损坏。

（三）最长曝光时间

最长曝光时间是指 X 线管在一定管电压和一定管电流条件下曝光所允许的最长时间，单位是秒（s）。工作中 X 线曝光时间若超过此值，X 线管将因累积热量过多导致靶面过热损坏。

（四）X 线管的容量

X 线管的容量又称为负荷量，是指 X 线管在安全使用条件下单次曝光或连续曝光所能承受的最大负荷。由于高速电子流的能量 99%以上转换成热能，阴极电子轰击靶面的部分温度升高很快，此温度超过一定值时，将导致靶面熔化而损坏 X 线管。负荷量重点标注的是单次曝光的容量。对于旋转阳极 X 线管来说，可以从这样几个方面增大容量：①增大高速电子撞击靶面的面积；②减小靶面倾角；③增加阳极转速；④增大焦点轨道半径；⑤减小管电压波形的纹波系数。

1. X 线管容量的计算　X 线管的容量常用输入电功率表示，其计算公式为

$$P=UI/1000(\mathrm{kW})$$

式中 P 为 X 线管的负载功率（容量），单位是千瓦（kW）；U 为管电压的有效值，单位是千伏（kV）；I 为管电流的有效值，单位是毫安（mA）。

根据公式可知，X 线管的容量为管电压与管电流的乘积。而在实际使用中，X 线管的容量除与管电压和管电流有关外，还与曝光时间及整流方式有关，它不是一个固定值。单次曝光时间增加，阳极的累积热量必然增加，为保护 X 线管，其容量必须减小；连续摄影因为阳极热量的积累，后续摄影时允许的容量会变小；透视时一般时间较长，再配合点片，要求 X 线管的容量最小。整流方式不同，高压波形就不同，其管电压峰值与有效值、管电流平均值与有效值均不等，例如在单相全波整流电路中，管电压有效值=0.707×管电压峰值，管电流有效值=1.1×管电流平均值。在单相整流电路中当曝光时间为 1s 时，全波整流方式、半波整流方式、自整流方式的容量比例关系依次为 10∶7∶5。

2. X 线管的标称功率　由于 X 线管的容量不是一个固定值，在使用中为了方便对 X 线管容量进行标注和比较，通常将在一定的整流方式和一定的曝光时间下 X 线管的最大负荷称为 X 线管的标称功率，以此来对 X 线管的容量进行标注，又称为代表容量或额定容量。

固定阳极 X 线管的标称功率是指在单相全波整流电路中，曝光时间为 1s 时所能承受的最大负荷量。例如 XD4-2·9/100 型 X 线管的标称功率为小焦点 2kW，大焦点 9kW。

旋转阳极 X 线管的标称功率是指在三相全波整流电路中，曝光时间为 0.1s 时所能承受的最大负荷量。例如 XD51-20·50/125 型 X 线管的标称功率为小焦点 20kW，大焦点 50kW。

3. 瞬时负荷与连续负荷容量的表示方法　X 线机的曝光时间在数秒以内的负荷为瞬时负荷，因此摄影和短时间透视属于瞬时负荷，长时间的透视为连续负荷。工作中为了防止超过 X 线管的允许负荷，在 X 线机说明书中对 X 线管的容量都有明确标注。

（1）瞬时负荷容量标注方法：常用规格表或负荷特性曲线表示，一般固定阳极 X 线管用规格表来标注，旋转阳极 X 线管多用特性曲线来标注。表 2-1 是国产 XD4-2·9/100 型固定阳极 X 线管大焦点规格表，表中标明了在一定管电压和一定曝光时间下所允许的最大管电流值。不同的生产厂家，其特性曲线绘制方式也不同，但原理是一致的。

表 2-1　XD4-2・9/100 型 X 线管规格表(4.3mm×4.3mm)

管电压	不同曝光时间(s)下的管电流(mA)												
(kV)	0.06	0.1	0.16	0.20	0.32	0.5	0.8	1.0	1.6	2.0	3.2	6.0	8.0
50	500	450	400	380	340	300	270	250	220	200	170	130	110
55	460	410	380	350	310	275	240	230	210	185	150	120	100
60	420	375	345	320	280	250	220	210	180	170	140	105	90
65	390	350	310	290	260	230	200	190	170	155	130	100	85
70	360	320	290	270	240	220	190	180	150	145	120	90	80
75	330	300	260	250	225	200	180	170	145	135	110	85	75
80	300	270	240	230	210	190	170	160	135	125	105	80	70
90	280	250	220	210	190	170	150	140	120	110	95	70	60
100	250	225	200	190	170	150	130	120	110	100	85	65	55

图 2-21 是 XD51-20、50/125 型旋转阳极 X 线管大焦点的负荷特性曲线。横轴表示曝光时间，纵轴表示管电流，管电压为参变量，曲线下方为可使用范围区域，上方为超过负荷量的区域。它可以直接表明在一定整流形式、管电压和管电流条件下，所允许的最长曝光时间。这对安装和调试 X 线机十分有用。X 线管型号不同，其特性曲线也不同；同一只 X 线管，其大、小焦点的瞬时负荷特性曲线也不同；整流方式变化时，X 线管的瞬时负荷特性曲线亦将发生变化。

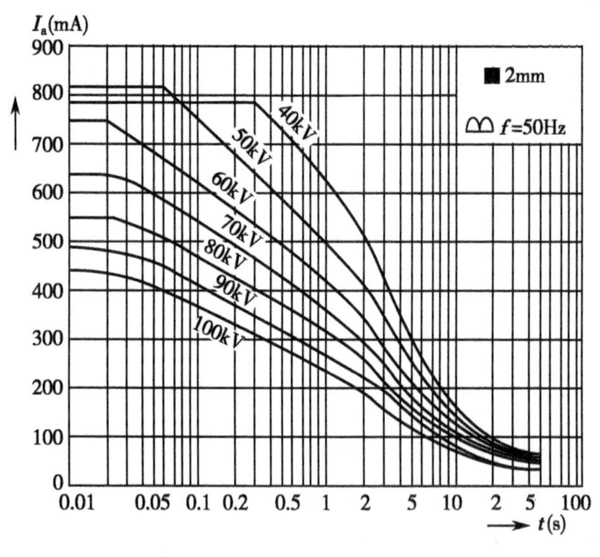

图 2-21　XD51-20・50/125 型 X 线管负荷特性曲线

X 线管负荷量规格表及特性曲线表示了管电压、管电流和曝光时间三者间的互相限制关系。X 线机生产厂家据此制定出最高额定使用条件表载入说明书，并在整机电路中设计一套容量保护电路，当单次摄影选择的曝光条件过高，超过 X 线管的最大允许负荷时，摄影不能进行。

实际工作中，X 线机的外电源常有波动现象，X 线机本身以及测量仪表存在误差，因此我国规定 X 线机的各参数允许存在一定范围的误差。在使用 X 线管的规格表或特性曲线时必须考虑这些误差因素的影响,确保X线管的安全。

(2)连续负荷的容量标注方法:在X线机说明书中对X线管连续负荷的容量一般有两种标注方法:①限定连续使用时的最大功率,如限定某X线管的规格为200W连续使用;②限定管电压、管电流,如限定某X线管的规格为100kV、2.5mA连续使用。

(五)生热和冷却特性曲线

X线管的负荷特性曲线只表明一次曝光的安全容量,而工作中多次曝光的累积性温升和散热关系,用X线管的生热和冷却特性曲线来标注更为合理。

1. X线管的热容量 X线管在工作时,阳极靶面将产生很多热量,在生热的同时伴随着散热,如果生热快、散热慢,阳极就会积累热量。其他条件一定的情况下,阳极积累的热量越多,散热速率就会越大。单位时间内阳极靶面传导给介质的热量称为冷却速率(又称散热速率)。X线管处于最大冷却速率时,阳极靶面允许承受的最大热量称为热容量。热容量的单位是焦耳(J),即

$$1J=1kV(有效值)\times1mA(有效值)\times1s$$

热容量的单位目前还常用热单位(heat unit,HU)表示,其计算公式为

$$1HU=1kV(峰值)\times1mA(平均值)\times1s$$

单相全波整流方式下,两者的换算关系为:1HU=0.77J。

不同高压整流方式的X线机因整流后的波形不同,X线管的热容量就不相同,故计算阳极产生的热量应乘以修正系数,见表2-2。

表2-2 不同整流方式的X线管热容量计算公式

高压整流形式	计算公式	备注
单相全波整流、半波整流、自整流	HU=kVp×mA×s	高压电缆长度超过6米,在管电流小于10mA时,应乘以系数1.35
三相六波整流	HU=kVp×mA×s×1.35	
三相十二波整流(恒压)	HU=kVp×mA×s×1.41	
电容充放电式	$HU=C(E_1^2-E_2^2)\times0.7$	E_1为放电前电压,E_2为放电后压,C为高压电容(μF)

2. 生热特性曲线 这是表示X线管工作时,阳极热量增加的速率(生热速率)与曝光时间之间的关系曲线(图2-22),即图中三条上升的曲线。根据这个关系可以确定X线管在不同生热速率下,可连续与断续工作的时间。如果一只X线管累积热量达到它的最大允许热量,应停止工作,待冷却一段时间后才能再次使用。否则,会导致靶面熔化损坏。图中横坐标代表曝光时间,纵坐标代表阳极靶面的累积热量,纵坐标上的110 000HU是阳极累积热量的极限值,即热容量,使用时不得超过此值;图中500HU/s的生热曲线是最大容许连续负载线,表示在此负荷条件下,经过7.5min阳极累积热量达到最大值。生热的同时伴随着冷却,如果此时阳极的散热率也处于最大值(500HU/s),则生热和冷却保持相对平衡。理论上讲,在此极限情况下X线管可以连续使用,但实际工作中应留有余地。

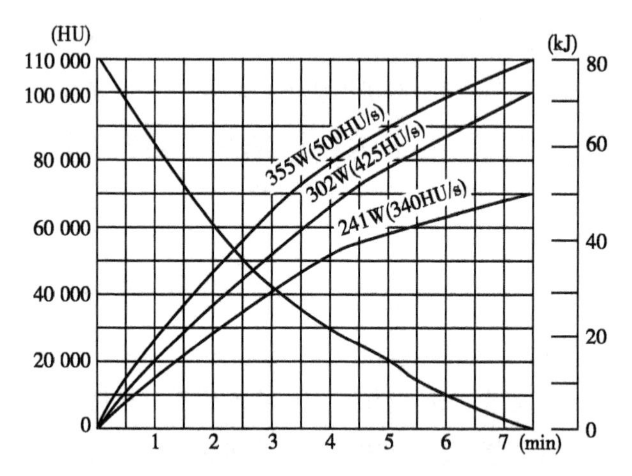

图 2-22　XD51 型 X 线管生热及冷却特性曲线

3. 冷却特性曲线　图 2-22 中下降的曲线即为冷却特性曲线，此时横坐标代表冷却时间，纵坐标仍代表累积的热量。这是表示 X 线管曝光停止后，阳极累积热量的散发与冷却时间之间的关系曲线。从曲线中看出，要将 110 000HU 的热量全部散去，冷却到最低点，所需时间为 7.5min。从曲线上还可以看出，透视时只要曝光条件不大于 500HU/s 的生热速率，长时间连续透视，也不会超出X 线管的最大允许热容量。

以上分析的是 X 线管在空气中的生热和冷却特性，将 X 线管装入管套后其生热和冷却特性曲线有所不同(图 2-23)。由图可知，最大允许热容量为 130 万 HU，较原来增加近 11 倍；但是冷却速率却下降了，要将 130 万 HU 的热量完全散去需要持续 210min，此时最大冷却速率是 320HU/s(无风扇助冷)，比 500HU/s 小得多。

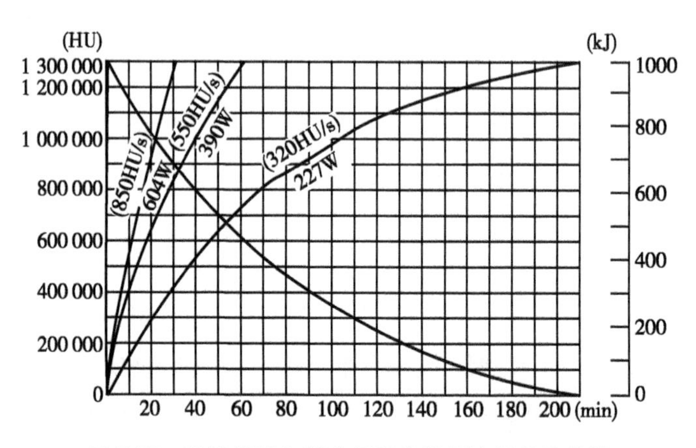

图 2-23　X 线管装入管套后的生热及冷却特性曲线

4. X 线管冷却　从 X 线的转换效率我们知道，X 线管在负荷时必须散热，否则会导致 X 线管过热而停止工作。因此，X 线管的散热问题必须引起足够重视，各个厂家都采取了多种措施对 X 线管散热。早期散热方式主要有绝缘油的对流循环及在管套外边装风扇，使管套附近的空气流动冷却。现在 X 线成像设备(DAS、CT 等设备)中使用热交换器冷却：热交换器由油泵或水泵、弹性软管、散热器和风扇构成。油泵或水泵、散热器和风扇装在密封容器内，弹性软管将密封容器和 X 线管组件连接起来(一进一出)。X 线管工作时，热交换器开始制冷，循环泵也开始工作，将已制冷的油或水送到X线管组件,将来自管套的热油或水带回制冷,如此反复循环。

三、X线管的构造参数

凡由X线管的结构所决定的非电性能的规格或数据都属于构造参数,例如阳极靶面倾斜角度、有效焦点尺寸、重量、管壁的滤过当量、冷却和绝缘方式、旋转阳极X线管阳极转速、最大允许工作温度等。这些参数在X线管的技术数据手册中一般都标明,更换X线管时应当仔细查验。

点滴积累

1. 熟悉X线管的阳极特性、灯丝特性、电参数(最高管电压、最大管电流、最长曝光时间、容量即热容量)和构造参数(X线管尺寸),对于我们顺利开展放射工作和维护设备是必须的。
2. X线管损坏以后,更换新管时需要与原管的型号及参数一致。

第四节 特殊X线管

前面介绍了固定阳极X线管和旋转阳极X线管的一般结构,除此以外,还有许多特殊结构、特殊用途的X线管,它们的代表是金属陶瓷大功率X线管、软X线管和三极X线管。

一、金属陶瓷大功率X线管

外壳用硬质玻璃制成的X线管,进行连续大功率摄影时,往往由于玻璃壁击穿而损坏。这是因为X线管刚开始使用时玻璃是绝缘体,阳极靶面反弹和释放出来的二次电子有相当部分轰击到管壁上,而附着上去的电子一时不会全部消失,阻止后续电子继续附着到玻璃壁上,使玻璃免受大量高速电子轰击和侵蚀;随着X线管使用时间增长,灯丝蒸发和阳极靶面龟裂边缘处的钨蒸发,将使玻璃壁上附着一层钨的沉积物,高速电子对玻璃壁的轰击侵蚀就不能避免,最后导致玻璃被击穿,使X线管损坏。为了消除钨沉积层这一影响,延长X线管寿命,近年来研制出了一种金属陶瓷大功率旋转阳极X线管。

金属陶瓷大功率X线管阴极和阳极靶盘与普通旋转阳极X线管类似,见图2-24。只是玻璃壳改为由金属和陶瓷组合而成,金属和陶瓷之间用铌(Nb)接合,用铜焊接。金属部分位于X线管中间部位并接地,以吸收二次电子,对准焦点处开有铍窗以使X线通过。金属靠近阳极一端嵌入玻璃壳中,金属靠近阴极一端嵌入陶瓷内,管中的玻璃与陶瓷部分起绝缘作用。金属部分接地,消除了钨沉积层导致玻璃管壳损坏的危险,所以可将灯丝加热到较高温度,以提高X线管的负荷;管壁上的电场和电位梯度也保持不变,还可在低kV条件下使用较高的mA进行摄影,曝光条件的选择自由度更大。

大功率陶瓷绝缘X线管,见图2-25。其结构特点为:大直径(120mm)复合靶盘、小阳极倾角(9°~13°)。阳极在两端有轴承支撑的轴上旋转,用陶瓷绝缘,装在接地的金属管壳内,管壳装在钢制管套中。工作时还需使用一个外接的热交换装置:热交换器由插在充油管套内的导管构成回路,通过导管使油从管套返回热交换器，被冷却后用泵循环到管套内。这种 X 线管的焦点尺寸为 0.6mm×1.3mm 或 0.5mm×0.8mm，前者阳极倾角为 13°，后者阳极倾角为 9°，阳极转速为 8000r/min。

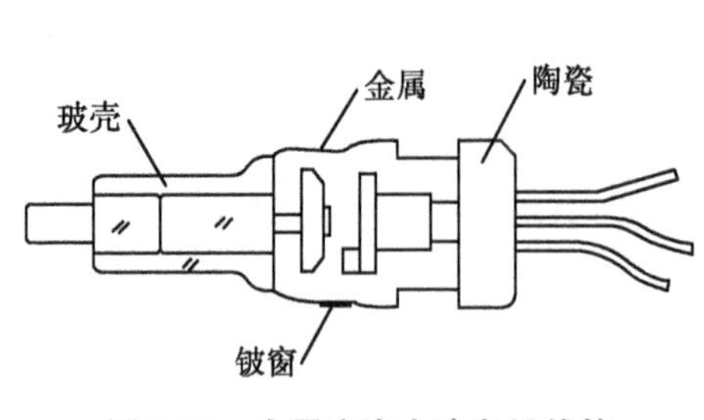

图 2-24　金属陶瓷大功率 X 线管

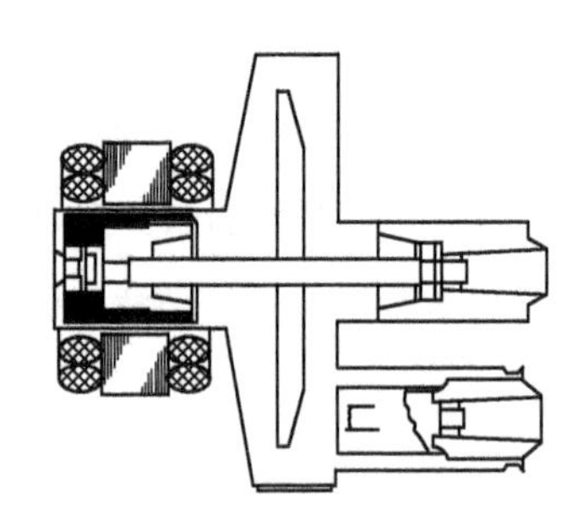

图 2-25　大功率陶瓷绝缘 X 线管

二、软 X 线管

对乳腺等软组织进行 X 线摄影时，用普通 X 线管得不到满意的效果；为提高 X 线影像的对比度，必须使用大剂量的软 X 线。因此，一般使用软 X 线管来产生软 X 线，软 X 线管与一般 X 线管相比，有如下区别：

（一）铍窗

软 X 线管的输出窗口一般是用铍（原子序数为 4）制成的，其 X 线吸收性能低于玻璃，固有滤过很小，大量的软 X 线极易通过铍窗，但患者皮肤吸收的剂量也相当大。

（二）钼靶

软 X 线管的阳极靶材料一般是由钼（原子序数为 42，熔点为 2622℃）制成的。临床实验证明，软组织摄影时最适宜的 X 线波长是 0.06~0.09nm。而钼靶 X 线管在管电压高于 20kV 时，除辐射连续 X 线外，还能辐射出波长为 0.07nm 和 0.063nm 的特征 X 线。摄影时主要是利用特征 X 线，一般要加上 0.03mm 的钼片对波长小于 0.063nm 的硬 X 线进行选择性吸收将其滤除。同时，波长大于 0.07nm 的较软 X 线被钼靶本身吸收，余下的 X 线正好适用于软组织摄影。

（三）极间距离短

普通 X 线管的极间距离为 17mm 左右，而软线管的极间距离一般只有 10~13mm。由于极间距离缩短，在相同灯丝加热电流情况下，软 X 线管的管电流比一般 X 线管的管电流要大。另外，软 X 线管的最高管电压不超过 60kV。

目前有许多厂家推出了双靶面（双角度）乳腺摄影 X 线管，这些双靶面有用钼和铑或钨制成的，也有用钼合金的，同时都配有铝、钼、铑等滤过板，通过预曝光可以自动选择。

三、三极 X 线管

三极 X 线管是在普通 X 线管的阴极与阳极之间加一个控制栅极，它的作用是控制 X 线的发生和停止，故又称为栅控 X 线管。三极 X 线管的其他结构与普通 X 线管相同，只是阴极的结构比较特殊，见图 2-26。在聚焦槽中装有灯丝，灯丝前方装有栅极和聚焦极，灯丝与聚焦极之间相互绝缘，栅极电位就加在灯丝和聚焦极之间。

三极 X 线管的控制原理，如图 2-27。当栅极加上一个对阴极而言是负电位（2～5kV）或负脉冲电压时，可使阴极发射的热电子完全飞不到阳极上，形不成管电流，不会产生 X 线；当负电压或负脉冲消失时，阴极发射的热电子在阳极与阴极之间的强电场力作用下飞向阳极，形成管电流，从而产生 X 线。由于电脉冲信号无机械惯性延时，控制灵敏，可以实现快速脉冲式 X 线曝光，摄影时频率可达 200 帧/秒。

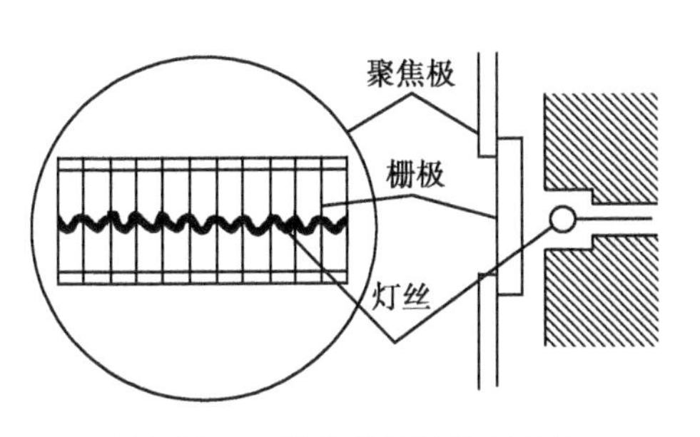

图 2-26　三极 X 线管的阴极结构

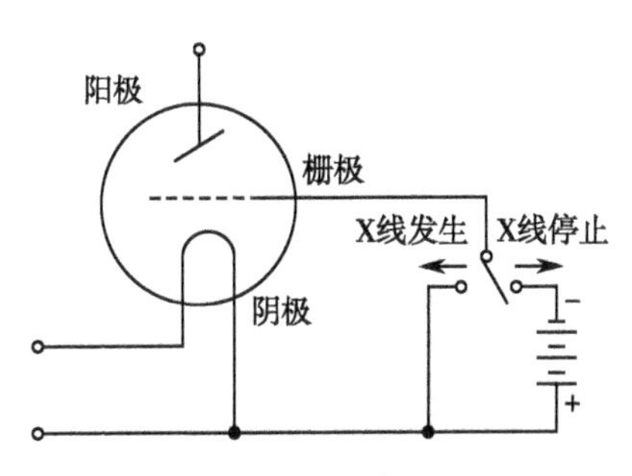

图 2-27　三极 X 线管的控制原理

有时还可制成一个没有实体栅极而有特殊形状的聚焦槽，见图 2-28，它也具有三极 X 线管的栅控特性，通过负偏压可以控制 X 线管的电子流，当负偏压较小时，将有一部分电子飞向阳极，并能聚焦起来形成很窄的电子束，以获得很小的焦点。例如，给阴极加一个小于 X 线管截止电压的负偏压（比如-400V），那么该负偏压将使阴极发射的电子聚焦，从而可获得 0.1mm×0.1mm 的微焦点；若负偏压值再小一点，可获得更小的焦点，这就是微焦点 X 线管的工作原理。

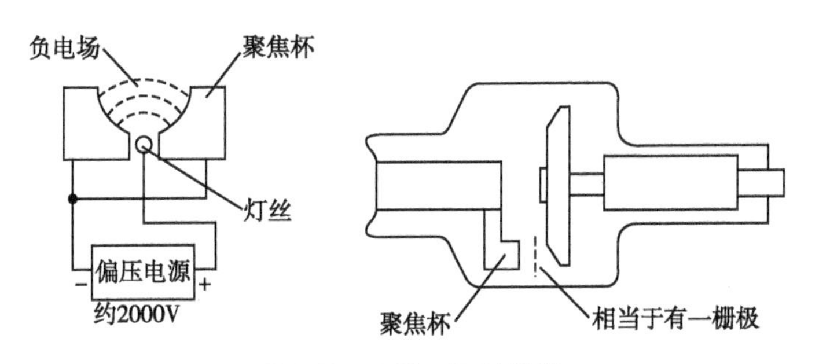

图 2-28　无栅三极 X 线管

三极 X 线管的灯丝发射特性差，不能产生大的管电流，但现在已能制造最大管电流可达数百 mA 的三极 X 线管，X 线脉冲持续时间可短到 1～10ms。三极 X 线管主要应用在 DSA、X 线电视、电容充放电 X 线机等方面。

点滴积累

1. 金属陶瓷大功率 X 线管解决了普通 X 线管管壳易损坏（容易形成钨沉积层，电子撞击管壳导致破裂）的问题。
2. 为适应乳腺等软组织摄影的需要，开发出软 X 线管。 它的主要特点是铍窗、钼靶、极间距离短。
3. 三极 X 线管比普通 X 线管多出一个栅极，用于控制 X 线的发生和停止。 它主要用在快速脉冲式曝光及获得微焦点 X 线束方面。

第五节　X 线管管套

X 线管管套是放置 X 线管的一种特殊容器，现代 X 线管管套均为防电击、防散射、油浸式。其结构常随用途不同而有所差别。

一、固定阳极 X 线管管套

固定阳极 X 线管管套主体由薄钢板或铝等金属制成（图 2-29）。管套内壁裱贴一层铅皮，以吸收放射窗口以外的 X 线。整个管套内注满绝缘油，作绝缘和冷却用。注油孔多在窗口附近或管套两端，也有的以窗口兼用作注油孔。管套的一端或两端装有耐油橡皮膨胀器，以适应工作中油温的变化引起的热胀冷缩，防止管套内油压增加。管套中部对应阳极部位开一个圆口，是 X 线射出的窗口，称为放射窗口。此处装有透明的有机玻璃制成的凹底形窗口，以使此处的油层变薄，减少油层对 X 线的吸收。通过窗口可以观察 X 线管灯丝的亮度。为了避免焦点以外 X 线的射出，有些管套的窗口处还装有杯状的铅窗。管套体部近两端处法线式或切线式装有两只高压插座，以将高压引入管套内。X 线管被阳极、阴极支架固定在管套正中，其靶面焦点中心正对放射窗口中心。X 线管阴极引线接到阴极高压插座上，阳极柄与阳极高压插座机械相连接高压。管套两端的金属端盖内壁也衬有一层防护用的铅皮。

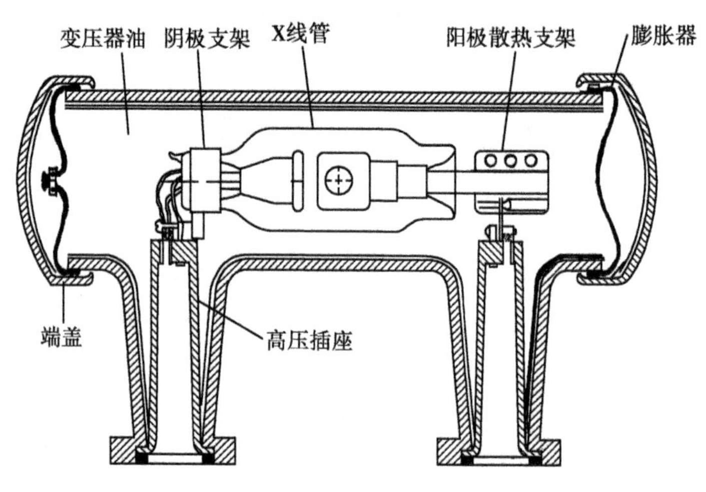

图 2-29　固定阳极 X 线管管套

二、旋转阳极 X 线管管套

旋转阳极 X 线管管套与固定阳极 X 线管管套结构基本相同，只是在阳极端内设阳极定子线圈，其引线接线柱在阳极端内层封盖上，便于与启动器引线连接，并与高压间应相互绝缘，见图 2-30。

另外，有的管套内设有微动开关，当 X 线管混合负载大、工作时间长时，油温过热，油体积膨胀而压缩金属波纹管或膜片而使微动开关动作，致使曝光不能进行，防止 X 线管因积累性过负荷损坏。待油温减小后，作用在微动开关上的压力消失，波纹管或膜片复位，曝光可继续进行。有些大功率 X 线管的管套，在阳极玻璃壳外壁或管套外壁放置一个温度传感器，当过热时，自动切断高压，以保护 X 线管。

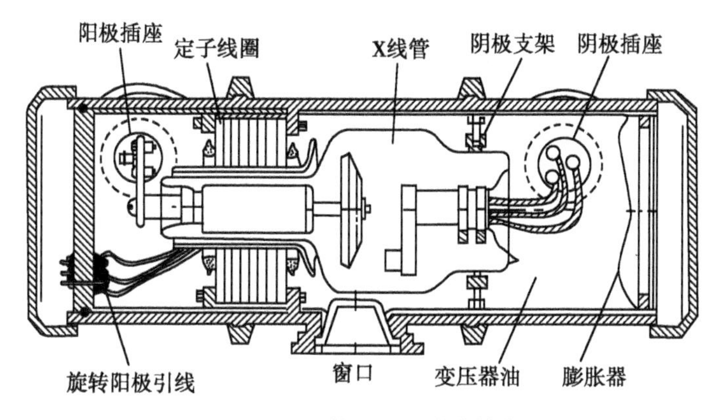

图 2-30　旋转阳极 X 线管管套

三、组合机头

为使小型 X 线机轻便，将 X 线管、高压变压器和灯丝变压器等共同组装在一个充满变压器油的密封容器中，称组合机头。其外形多呈圆筒状，无高压电缆、高压插座，结构简单，见图 2-31。

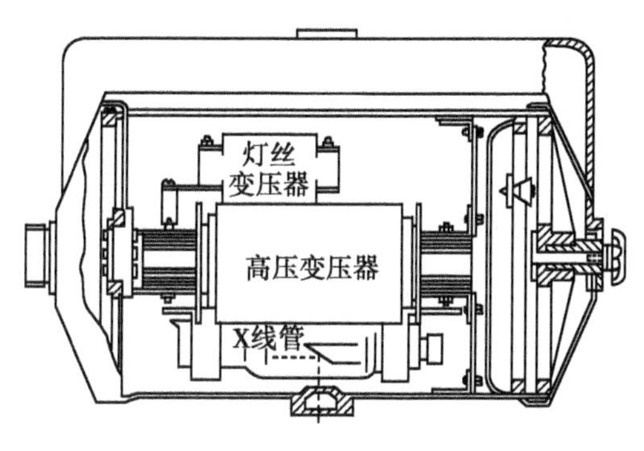

图 2-31　组合机头结构

20 世纪 80 年代出现的逆变 X 线机，高压变压器、灯丝加热变压器、高压整流器体积成倍减小，已能将中频机的高压发生器和 X 线管装在一起，形成了新一代的大功率组合机头。

边学边练

认识固定阳极 X 线管管套、旋转阳极 X 线管管套及组合机头，进行 X 线管的装卸训练。请见“实训二　X 线管认知、常见故障分析与维护”。

点滴积累

1. 现代 X 线管管套的特点是防电击、防散射、油浸式。
2. 旋转阳极 X 线管管套内有旋转阳极启动装置——定子线圈，这是它与固定阳极 X 线管管套的区别。
3. 组合机头内无高压插座、高压电缆，结构简单。

第六节　X 线管装置常见故障

本节介绍常见 X 线管结构的故障表现和原因分析。任何一方面的损坏都宣告 X 线管寿命的终结。X 线管是不可维修的，故使用时更要小心维护。

一、阳极靶面损坏

靶面损坏表现为靶面光滑程度不一，进而出现粗糙、裂纹或凹凸不平等现象，靶面损坏后 X 线的输出量呈现不同程度地降低。产生靶面损坏的常见原因有：①容量保护电路调整不当或出现故障等造成 X 线管负荷保护功能欠缺，瞬时负荷过载阳极过热；②连续工作过久，未注意间隙冷却导致靶面累积热量超过其热容量，致使钨靶面熔化；③旋转阳极 X 线管保护电路故障，在阳极不转动或转速过低的情况下曝光，使阳极靶面损坏；④散热装置的散热性能下降等。

二、X 线管灯丝断路

X 线管灯丝断路后，表现为无 X 线发生。常见原因有：①灯丝随着使用年限的增加而不断蒸发，灯丝寿命自然耗尽而断裂；②灯丝加热电路故障导致加热电流过高，使灯丝烧断；③X 线管进气，灯丝通电后氧化烧断；④X 线管其他故障导致灯丝断裂。

三、玻璃管壳故障

玻璃管壳的常见故障是在其表面出现镜面反射。故障出现的原因是使用不当或使用日久，由于灯丝和阳极靶面的钨蒸发，在玻璃管壳内壁上积聚一层很薄的钨，形成“镜子”一样的反射面。此时将导致 X 线的输出量降低，玻璃的绝缘性能下降，造成高压放电，最终导致 X 线管损坏。玻璃管壳易碎，剧烈震荡及碰撞也会导致 X 线管管壳破裂。

四、真空度不良

真空度不良又称为漏气或进气，较为常见。真空度不良可能因管外进气或管内金属逸出气体所致，分为以下两种情况：

1. 轻度真空度不良　表现为透视时，影像清晰度降低；摄影时，影像变淡，出现穿透力不足的改变，提高管电压曝光，影像清晰度反而下降。卸下 X 线管管套窗口外部件，加高压时透过有机玻璃窗口可见轻微的淡蓝色辉光，并随管电压的增高而加强。

2. 严重真空度不良　表现为曝光时机器过载声明显，保险丝熔断，mA 表指针上冲至满刻度，电压表指针大幅度下跌。透视时，荧光微弱或无荧光；摄影时，出现白片。卸下 X 线管套窗口组件，作冷高压试验，透过有机玻璃窗口可见管内充满蓝紫色辉光。

五、旋转阳极转子故障

旋转阳极 X 线管的转子故障通常有两种：

1. 转速降低　表现为转动噪声明显增大，静转时间减少。转速降低后有可能导致曝光时靶面损坏。产生的原因常为转子的轴承长期转动而逐渐磨损或变形，导致摩擦力增加。

2. 转子卡死　转子卡死指的是旋转阳极的供电电路正常，因转子本身的机械原因导致阳极不转，该故障极少见。当出现此种故障后，可用高于额定启动电压 1~2 倍的电压进行瞬时启动来恢复转动，若没有效果则须更换 X 线管。

六、X 线管管套常见故障

1. 管套漏油　管套漏油是 X 线管管套的常见故障，表现为在使用中有油自管套某处渗出。通过有机玻璃窗口可看到管套内有数量不等的气泡，管套内气泡存留，加高压时会发生不同程度的高压放电。产生管套漏油的常见部位及原因有：①管套窗口的有机玻璃开裂，窗口橡胶垫圈老化变形；②管套两端端盖的膨胀器老化；③高压插座封口处橡胶垫圈老化或紧固不牢；④管套铸件或焊接处有沙眼；⑤其他原因导致的管套、端盖变形。

2. 管套内高压放电　管套内高压放电时可以听到程度不等的放电声，管电压愈高，放电声愈大，严重时伴随保险丝的熔断。产生高压放电的主要原因有：①管套内绝缘油的耐压值过低，绝缘油内有杂质、水分或油量不足；②管套内导线移位、焊接点接触不良、导体变形靠近带电体等；③高压插座的插孔与插头的插脚接触不良、插座内绝缘填充物不足、有空气隙等。

点滴积累

1. X 线管的常见故障：阳极靶面损坏、灯丝短路、玻璃管壳上出现镜面反射、真空度不良及转子卡死等。
2. 管套的常见故障：管套漏油、高压放电等。

第七节　限束器

限束器也称“遮线器”、“缩光器”或“束光器”，如图 2-32 所示。它安装在 X 线管套放射窗口上，用于 X 线检查中，根据图像接收装置的大小或解剖感兴趣区域来调节 X 线照射野，遮去不必要的原发 X 线，并阻挡漏射线和散射线。

行业标准对限束器的性能有如下要求：

1. 限束器启闭应轻便、灵活、可靠，并能调节出任意大小的矩形照射野。

2. 当胃肠检查摄影装置拉到距床面最远处，将限束器关至最小时，荧光屏上的照射野应不大于 20mm×20mm。

3. X 线照射野中心与光照射野中心的偏差及它们各自边缘的偏差应在 X 线管焦点至受像面距离的 2%以内。

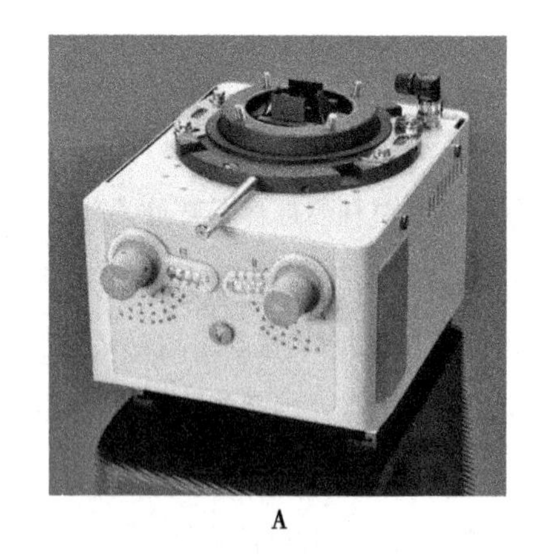

A

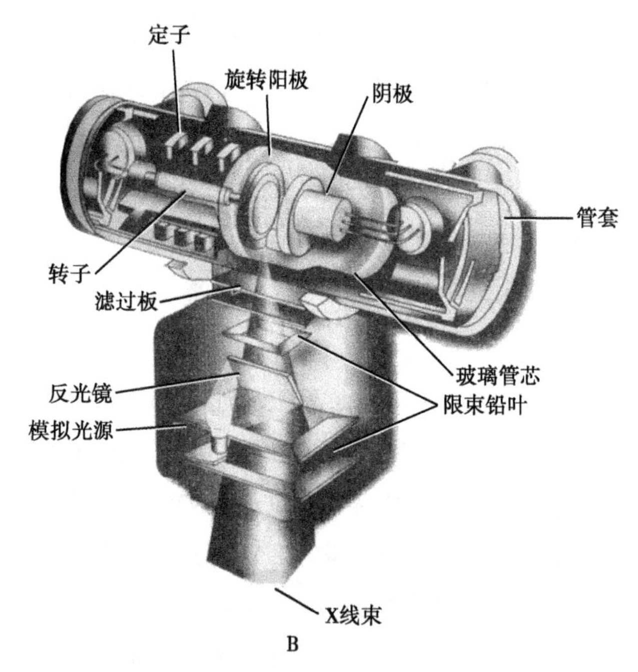

B

图 2-32　限束器外观图

一、原理

（一）限束器工作原理

限束器就是利用可调间隙的铅叶，控制由 X 线管窗口射出的有用射线束的大小，遮去不需要的原发射线，从而改变实际使用的 X 线照射野。

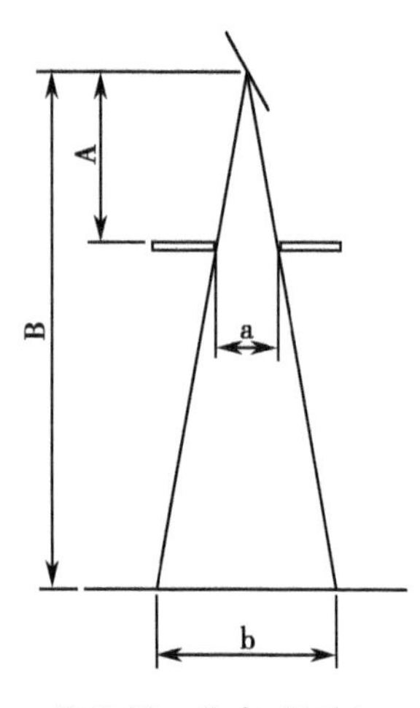

图 2-33　焦点、铅叶与照射野的关系

X 线管焦点、铅叶的位置和开合程度以及照射野三者之间的关系如图 2-33 所示。其间的尺寸比例关系是 A/B = a/b。其中，A 是焦点到铅叶的距离；B 是焦点到成像面距离；a 是铅叶开启大小；b 是照射野大小。

目前使用的限束器一般都具有多层遮线铅叶，它们是对应确定的点-铅板距设计的，有共同的照射野，限束效果较好。

从图 2-34 可以看出，在一定的焦点尺寸和源像距（Source Image Distance，SID）下，限束装置离 X 线窗口越远，图像的边缘阴影越小，即图像的几何锐利度越好。因此，限束器中下层铅叶相对于上层铅叶更有助于减小图像的边缘阴影。这也是为什么分割摄影时要在暗盒前面直接放置分割板（也称光阑板）的原因，其目的即是让各幅分割片之间的边缘清晰易辨。

（二）模拟光照射野原理

X 线是肉眼不可见的射线，因此无法预知限束器铅叶开启的大小是否符合成像区域的实际需要，必须采用一定的方法以预示照射野的范围。于是，在限束器内安置一个可见光源来模拟 X 线管焦点的位置，通过反光镜将光线反射至成像面，以可见光照射野来预示 X 线照射野，从而可以根据所需照射野来调节铅叶的开启程度。其原理如图 2-35 所示。

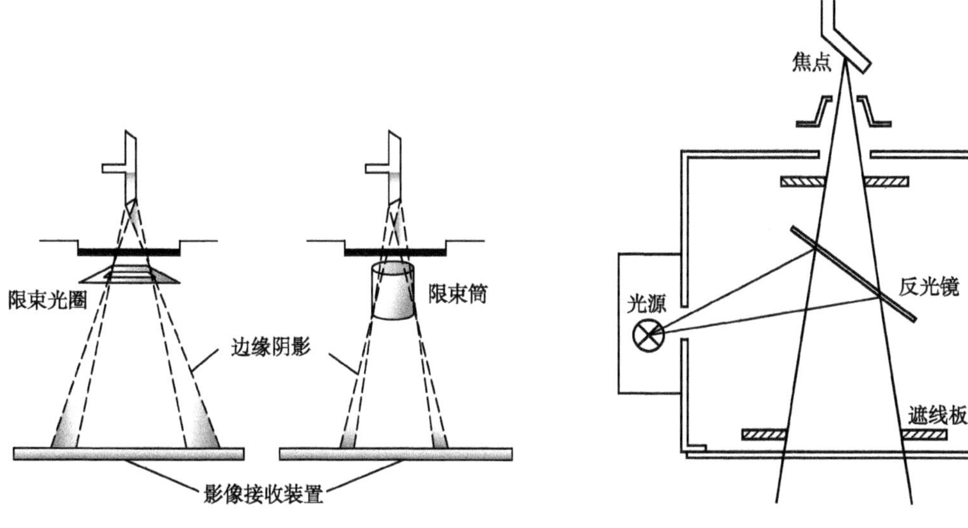

图 2-34　限束装置位置与图像锐利度的关系　　图 2-35　模拟光照射野原理

要使模拟光照射野能正确反映 X 线照射野，X 线焦点、模拟光源和反光镜三者的位置是至关重要的。这三者的位置关系是：模拟光源和 X 线焦点的位置必须是以反光镜为对称中心轴而相互对称。

二、结构

（一）铅叶结构

由限束器铅叶形成的照射野有方形和圆形之分，起到的遮效果和用途也有所不同，而方形和圆形铅叶结构也是不一样的。

1. 方形铅叶　用 2 对能开闭的铅叶分 2 层垂直排列而成。每对铅叶决定一个方向照射野的尺寸。控制 2 对铅叶的开闭程度，就改变了照射野的大小和形状。同一层 2 片铅叶总是以 X 线中心线为轴对称开闭的，其驱动结构如图 2-36 所示。电动变速箱输出轴上安装小齿轮，与扇形齿轮 1 直接啮合，同轴上有扇形齿轮 2，再传给扇形齿轮 3。扇形齿轮 2 和 3 分别连接叶片架，从而带动铅叶的开闭。图中只显示了一个方向的铅叶。

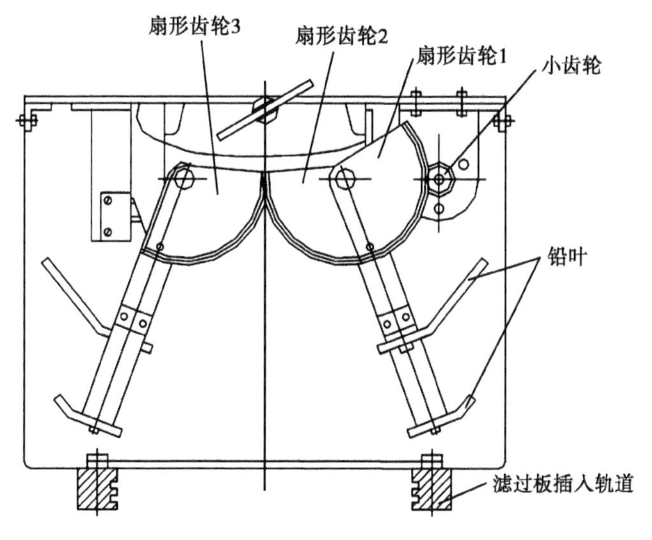

图 2-36　铅叶驱动结构

为了提高遮线效果，通常限束器同一方向上由多层铅叶组成，同一方向的铅叶同步开闭，只是它们到焦点的距离不同，开闭的幅度也不同，下组铅叶摆幅较大。同一方向上的多层铅叶形成同一照射野。

2. 圆形铅叶　具有圆形铅叶的限束器只在配用影像增强器的透视装置中使用，可以使圆形照射野与影像增强器的圆形输入屏相符合，从而提高照射野的利用率，同时减少患者的受照范围。通常所见为叶瓣式结构，如图 2-37 所示。叶瓣式圆形铅叶可以电动操纵，实现照射野直径的连续变化，多在心血管设备中使用。

（二）模拟光源结构

限束器的模拟光源采用卤钨灯泡，具有体积小、发光效率高、色温稳定、几乎无光衰、寿命长等优点。但其工作温度较高，因此必须采取隔热措施，即在卤钨灯的周围安装保护散热板，防止将高温传递给附近的零部件（特别是铅叶）而导致其熔化。

卤钨灯泡有一定的使用寿命，更换时必须注意其安装位置的准确性，不然会引起指示误差。灯泡的更换方式是：①切断限束器电源；②拆除背部盖板；③取走灯泡的保护散热板；④小心取下旧灯泡；⑤换上新灯泡；⑥确保灯泡的针脚完全插入灯座里；⑦检查模拟光照射野和 X 线照射野的一致性；⑧可通过调节螺钉来调节灯座的位置，以保证一致性要求，如图 2-38 所示，旋动水平（A⟷B）方向调节螺钉和垂直（C⟷D）方向调节螺钉。

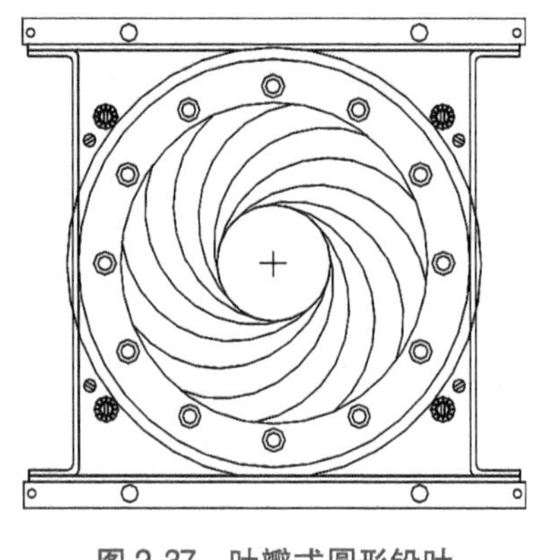

图 2-37　叶瓣式圆形铅叶

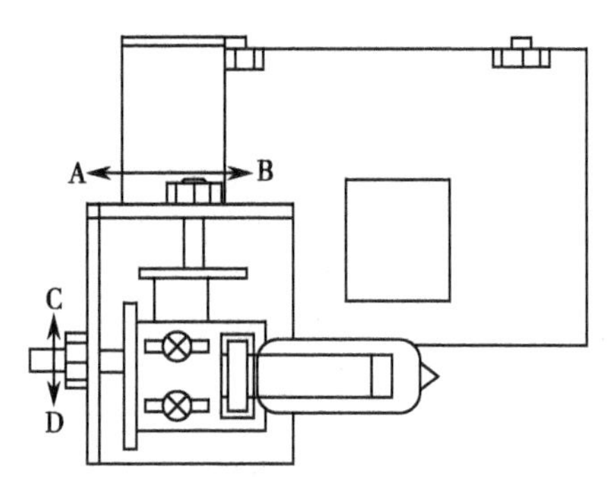

图 2-38　灯座位置调节方法

限束器上设有控制指示灯通断的开关，现在大多采用定时装置，开启后到达预定时间（一般设置为 20~30 秒）自动关断，这样可减少操作步骤，避免遗忘，从而延长灯泡寿命。

（三）反光镜固定结构

反光镜在限束器中是一个重要部件，它的位置正确与否，直接影响到模拟光照射野是否正确。反光镜的安装位置可以调节，如图 2-39 所示，反光镜左右两边各装上转轴，要求同轴。反光镜可在转轴的槽内作横向移动，用紧定螺钉固定。转轴插入底板上的凹槽内，用压板固定。松开压板后，可使转轴在凹槽内转动，从而调节反光镜的安装角度。转轴也可在凹槽内移动，以此调整反光镜的纵向位置。

反光镜是一片很薄的镜片，一般用塑料制成，表面真空镀膜，起到镜面的作用。反光镜要求表面平整，反射效率要求达到 80%~90%，而因其放置于 X 线照射路径上，所以要求其对 X 线的吸收率应小于0.5~1mm铝当量。铝当量(mm Al)是将一定厚度的铝板与其他材料比,若对X线具有相同的衰减效果,则铝板的厚度就是滤过材料的铝当量。

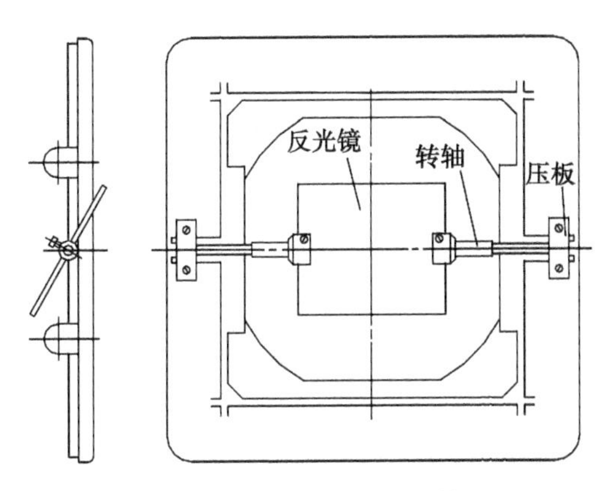

图2-39　反光镜固定结构

（四）外壳结构

限束器的外壳操作面板上设有纵横向铅叶开闭旋钮(手动)或按钮(电动)、指示刻度以及模拟光开启按钮,如图2-40所示。

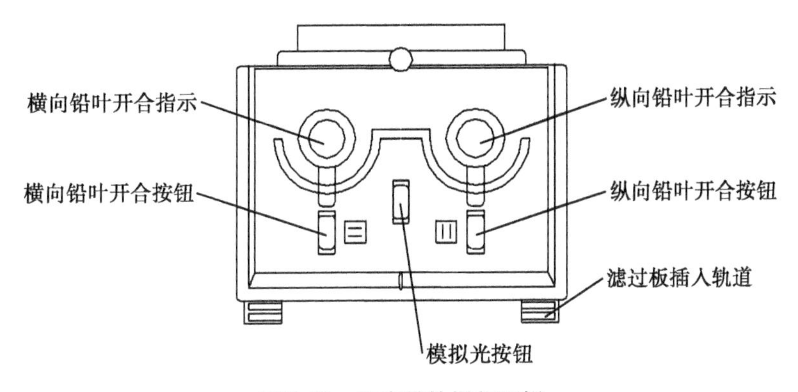

图2-40　限束器的操作面板

从图2-40中可以看到,限束器还设有滤过板更换轨道,当拍摄骨骼等密度较高的组织时,需要附加滤过板,用于滤除较软的原发射线。

除了限制照射野,限束器的另一个重要作用是阻挡漏射线。限束器外壳一般由薄钢板制成,内表面四周覆有铅板,可以阻挡漏射线。

限束器有2个可选附件:①中心定位灯(图2-41);②标尺。中心定位灯用于限束器与成像装置的对中,而标尺则用于测量焦点至成像面的距离,在移动X线机中,标尺的作用十分重要。

（五）连接座结构

限束器作为一个部件,用专用连接件,即连接座与X线管套窗口部分配合固定。其安装平面与X线管套窗口法兰盘相配合,既能可靠组合,又能在使用中转动一定范围,如图2-42所示。

图中1是与X线管连接的法兰盘,通过其上4个孔2与X线管套窗口法兰盘用螺钉连接;3是与限束器固定的法兰盘,通过压板4与限束器固定。从法兰盘3的侧面槽中将4个紧定螺钉拧入法兰盘1的侧面槽中,从而达到限束器和X线管连接的目的。同时,也可微调两者的对中。

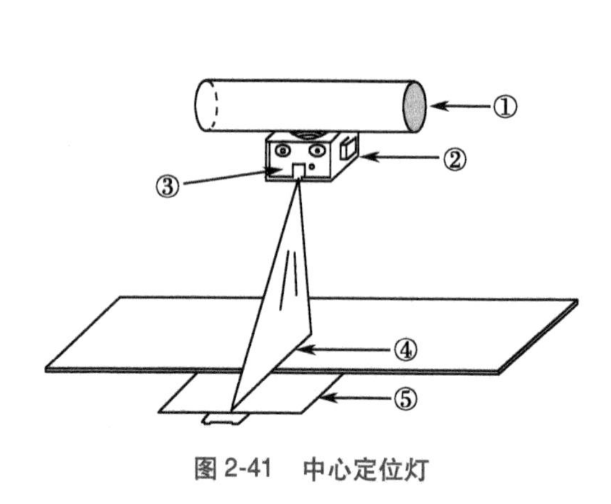

图 2-41　中心定位灯

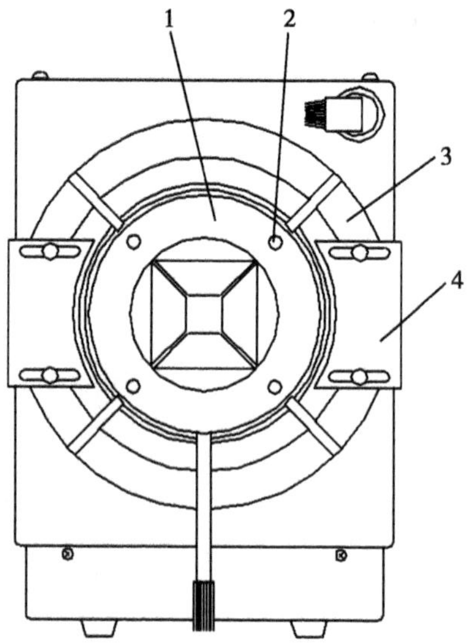

图 2-42　连接座结构

当限束器模拟光灯泡和反光镜位置固定后，就要求它与 X 线管连接后，X 线管的焦点位置必须符合模拟光照射野原理，即焦点至限束器安装平面的距离必须符合要求，各种限束器在使用说明书中都给出了这个距离数据。图 2-43 给出了 X 线管焦点至法兰盘连接面的要求距离 L，如果不能达到这个要求，则可以通过增减垫片来满足，垫片的外形尺寸和连接孔位置与连接法兰一致。一些限束器或 X 线管的附件中会包含若干片垫片。

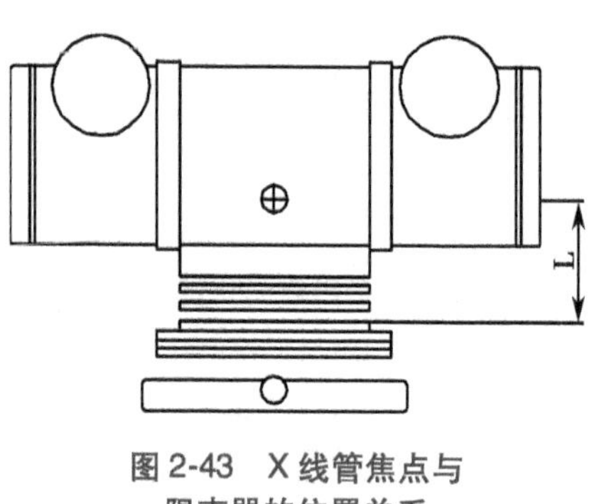

图 2-43　X 线管焦点与限束器的位置关系

三、分类

限束器有手动式、电动式和全自动式三种。手动式多用于摄影，电动式多用于透视，全自动式常用于胃肠摄影。手动式和电动式限束器的限束原理和结构基本相同，只是用于调整铅叶开闭的动力不同。

（一）手动式

手动限束器直接用人工手动开闭限束器的铅叶。如图 2-44 所示，调节旋钮和限束器面板上分别设有 SID 尺寸和照射野尺寸指示刻度，当旋钮转到某一角度，对应于不同的 SID，照射野的大小是不同的。这样，在照射野指示灯点亮之前就可以大致调准预定距离上所需的照射野大小。正确使用可以缩短亮灯时间。

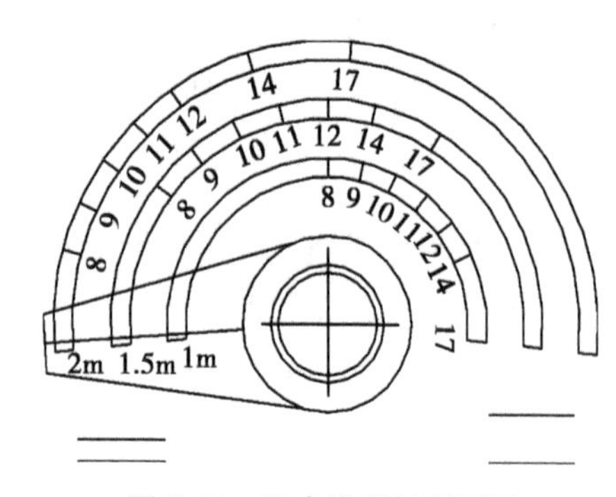

图 2-44　限束器照射野预示

（二）电动式

电动限束器多用于透视装置，便于远距离控制。电动限束器结构与手动限束器基本相同，只是铅叶开闭的动力是由微型直流电机提供。控制电机的正反转及运转时间，即可将照射野调整到所需尺寸。电动限束器照射野的调节既可在限束器面板上进行，也可在遥控操作台上进行控制。在铅叶关闭和最大张开位设有限位开关,自动限位保护。

用于透视的电动限束器,因需在透视状态下随时调整照射野的大小而无需照射野预示和灯光指示。但兼作摄影的胃肠床配用的电动限束器,应设有照射野预示和灯光指示系统。

（三）全自动式

全自动限束器的基本结构与电动式相同,只是在内部设有铅叶状态检测装置,多用电位器作为检测铅叶位置的元器件。

全自动限束器多用于透视,它可以随着 SID 的改变自动保持照射野的大小。胃肠透视装置中,设有 SID 检测装置。在照射野控制信号上叠加距离修正信号,当 SID 减小时,限束器开大一些;SID 增大时,限束器关小一些。

胃肠摄影时,全自动限束器自动转换成所选胶片规格和分割方式所对应的照射野尺寸。当一定规格的胶片暗盒送入点片装置后,片规将会被自动识别,控制系统发出相应的控制信号给限束器,使照射野自动跟踪到与片规相适应的大小。在某个片规下选择某个分割片程序时,照射野也会自动跟踪到相应的大小。

在 DSA 系统中,为了避免肺野高透亮区干扰心脏部分的低亮度区域,往往需要使用半透 X 线的滤过片来平衡整个图像的反差。高端血管造影设备往往使用 2～3 片可以旋转、可以改变遮挡范围的半滤过片,使介入治疗手术能方便实施,如图 2-45 所示。

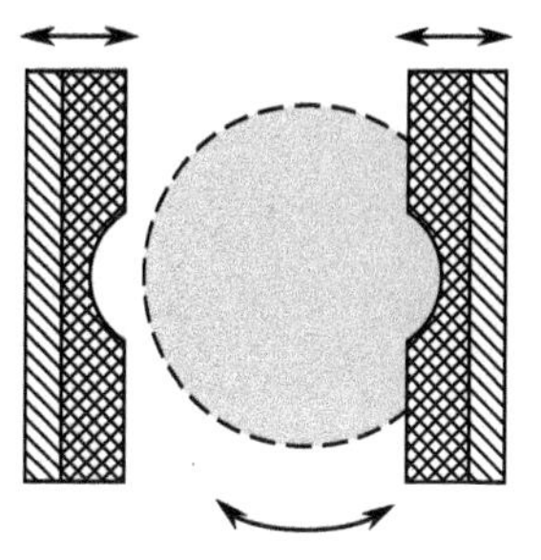

图 2-45　用于血管造影设备的半滤过片

点滴积累

1. 限束器能调节 X 线照射野，遮去不必要的原发 X 线，并阻挡漏射线和部分散射线。
2. 限束器是由外壳、模拟光源、铅叶、反光镜和连接座组成。
3. 限束器分为手动式、电动式和全自动式三种。

知识链接

其他 X 线管

X 线管的种类较多。 除了诊断 X 线机用 X 线管之外，还有一些其他类型的 X 线管，比如 CT 用到的大功率 X 线管、治疗用 X 线管等。 以下做一个简单的介绍。

CT 机的 X 线管同常规 X 线管一样，是高真空器件，由提供热电子发射的阴极和接受电子束撞击发生 X 线的阳极构成。 CT 扫描是连续的、大功率的工作状态，对 X 线管的连续使用能力出了很高要求。即要求 X 线管的阳极具有很高散热率。 各个厂家都采用了多种方法来提高阳极的散热效率。

1. 阳极接地 X 线管　传统 X 线高压发生器采用中心接地方式。 这样，高压发生器和高压电缆的耐压只是 X 线管两端电压的一半，降低了对高压器件的绝缘要求。 阳极接地 X 线管的阴极对地电压即 X 线管两端的电压。 这增加了对高压器件的绝缘要求。 但阳极接地可以使阳极做的与金属外壳很近，增加了辐射散热速率；同时，较重的靶盘采用双轴承支撑方式，可直接支持在金属外壳上，绝缘油从转轴中心通过，进一步提高了散热率。 这种 X 线管的阳极散热率可达 1. 37MHU/min。

2. 阳极直冷式 X 线管　X 线管的旋转阳极靶盘即是管壳的一部分，阳极靶盘朝向阴极的一侧在真空中，接受电子束撞击发生 X 线，其背面直接浸泡在绝缘油中，能够直接得到油冷却，如图 2-46 所示。所有的旋转轴承位于金属真空环境外，工作时，整个 X 线管转动。发射电子的阴极位于 X 线管阴极端的轴心，电子束受阳极电位和管外偏转线圈产生的磁场调控，按固定方向运动撞击在阳极盘的窗口一侧。可以说是旋转的 X 线管，固定的电子束，即得到固定的焦点。这种 X 线管的阳极散热速率可达到 4.7MHU/min，基本上不再有阳极的热量积累。事实上，其阳极热容量接近于无穷大。即使在最大负荷条件下，阳极仍可以在 20s 内冷却下来，极大地提高了连续使用能力。

3. 飞焦点 X 线管　飞焦点 X 线管是在 X 线发生时，阴极发出的电子束在管外偏转线圈产生的磁场或电场控制下，沿靶盘焦点轨迹方向以一定频率，往返移动一定距离，在两个位置交替发生 X 线。每一位置（焦点）X 线的发生，即形成一次投影和数据采集。相对于旋转扫描，飞焦点的位置变化要快得多，飞焦点的使用增加了一倍的数据量，提高了图像质量。也有采用飞焦点是沿扫描架 z 轴方向移动，则会对层面的位置产生影响，如图 2-47 所示。

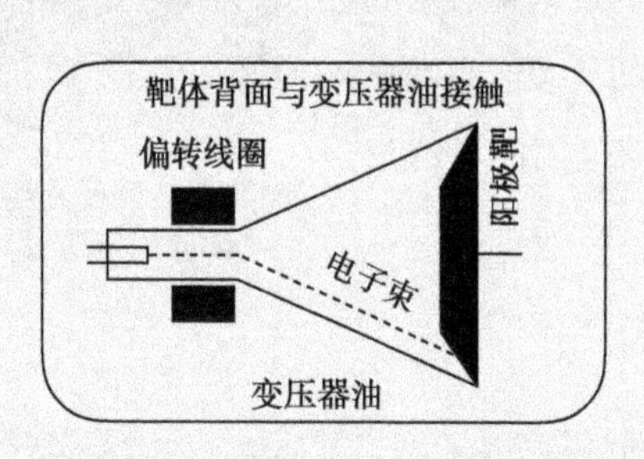

图 2-46　阳极直冷式 X 线管示意图

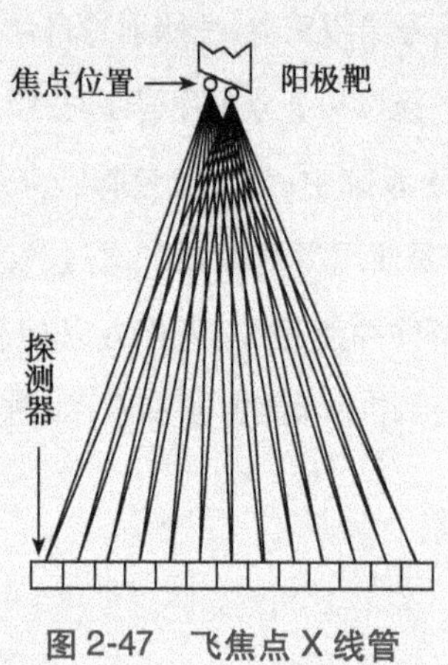

图 2-47　飞焦点 X 线管

目标检测

1. 固定阳极 X 线管的阳极是如何散热的？
2. 简要说明灯丝加热电压与 X 线量之间的关系。
3. 比较说明旋转阳极 X 线管的优点。
4. 简要说明“XD4-2・9/100”和“XD51-20・50/125”X 线管型号标识的内容。
5. 简述 X 线管靶面损坏的常见原因。
6. 旋转阳极 X 线管为何设置转子制动装置？

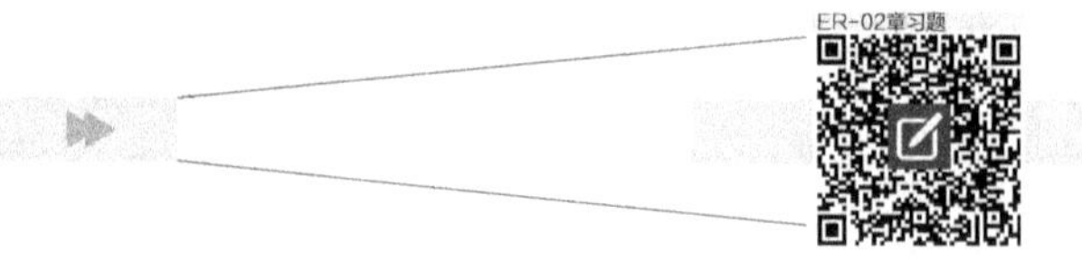

第三章

工频 X 线机

学习目标

1. 掌握工频 X 线机功能，及其电路设计原理、电路分析。
2. 熟悉工频 X 线机的各部分组成构造及检测方法。
3. 了解相同单元的不同设计理念和实现方法。

X 线在医疗领域的使用历史中，从最初的透视、拍片机到目前使用的高频 DR、乳腺机、数字胃肠、DSA 等，虽然随着电子技术与计算机技术的发展，其管理和控制的集成化、智能化、自动化程度逐渐增强，但其基本单元电路的作用是不变的。本章从工频 X 线机基本电路着手，着重介绍工频 X 线机中典型机型的基本电路及其功能，并对常见故障进行简要分析。

导学情景

情景描述：

今天是小泓在医院设备科实习的第一天。下午，师傅说："走，放射科有台老古董坏了，我们去看看。"小泓非常兴奋，师傅把小泓带到一个机房，小泓看见一台时代久远的 X 线机，机房角落有一个巨大的金属箱子，操作台上有几个大的旋钮。师傅一打开操作台外壳，里面露出密密麻麻的各类走线，还有很多大小不一的继电器、接触器。小泓疑惑了，这 X 线机怎么看着与众不同呢？

学前导语：

上述情景中，小泓碰到的是一台工频 X 线机。工频 X 线机在 X 线机发展过程中占据了很长的一段历史。虽然工频 X 线机相对高频 X 线机而言体积庞大、控制不精确，但其单元电路功能与结构对于理解 X 线工作原理还是有价值的。本章我们将学习工频 X 线机的定义、整机电路结构及各单元电路的工作原理，熟悉其常见故障现象及分析。

第一节 工频 X 线机概述

一、工频 X 线机电路的基本要求

工频 X 线机是相对于高频 X 线机的一个概念，我们通常将高压变压器频率高于 400Hz 以上的 X 线机统称为变频 X 线机，按照频率的高低又分为中、高频 X 线机。而工频 X 线机的高压变压器工作

频率是 50/60Hz，其体积笨重并且控制精度低，但是其基本设计理念却是高频设备的基石。因容量和厂家的不同，设计的电路结构有一定的区别，但是其基本功能是相似的。工频 X 线机电路需满足以下功能：

（一）产生 X 线管的管电流且可调

该电路是由灯丝加热变压器产生一个可调的低电压、大电流电源给 X 线管灯丝加热。不同型号的 X 线管灯丝加热电压是不同的，一般电压为几伏至十几伏（AC）。操作人员根据患者检查的需要确定 X 线管管电流值，达到控制 X 线量的要求。

（二）产生 X 线管的管电压且可调

该电路由高压变压器产生一个大功率、可调节的高电压给 X 线管。一般 X 线管管电压的调节范围在 40～150kV，输出功率在几百瓦至几十千瓦。操作人员根据患者检查的需要确定 X 线管管电压值，达到控制 X 线质的要求。

（三）准确控制 X 线的产生时间

又称为限时电路，控制 X 线管高压接通和切断的时间。操作人员根据患者检查的需要控制 X 线的产生与停止。

（四）程序控制与保护

为了协调 X 线机各部分电路正常有序地工作，需要有相应的整机控制电路；旋转阳极 X 线管还必须有相应的旋转阳极启动及延时保护电路；为了 X 线管的安全和延长使用寿命，还需要有相应的保护电路，如 X 线管容量保护、过电压保护、过电流保护、冷高压保护等。

二、工频 X 线机的单元电路

根据上述工频 X 线机基本电路功能，一台工频 X 线机一般应具有下列基本电路：

（一）电源电路

该电路是指 X 线机控制台内的自耦变压器电路，是 X 线机的总电源，为 X 线机各基本电路提供所需要的电源。为了稳定自耦变压器的输出电压，使其保持在所需的范围内，该电路还设有电源电压表和电源电压调节器、输入电压选择器、电源内阻补偿装置、熔断器等。

（二）灯丝加热电路

又称为管电流调节电路，分为灯丝变压器初级电路和灯丝变压器次级电路。灯丝加热电路的功能是为 X 线管灯丝提供可调节和可控制的加热电压，使 X 线管灯丝产生一定量的发射电子，同时在管电压的作用下，飞往阳极，从而获得所需的管电流。

（三）高压变压器初级电路

又称管电压调节电路。工频 X 线机高压变压器初级电路是由自耦变压器次级线圈和高压变压器初级线圈构成的回路，由 kV 调节器、kV 指示器、交流接触器（或晶闸管）和 kV 补偿电路等组成。

（四）高压变压器次级电路

该电路是由高压变压器次级线圈和 X 线管构成的回路。毫安表串联在高压变压器次级中心接地点，直接测量管电流的大小。高压变压器次级电路包括高压整流器、高压交换闸等。

（五）旋转阳极控制和X线管容量保护电路

旋转阳极控制包括启动、延时、运转、保护和制动5个工作过程；X线管容量保护电路是为了保证X线管始终工作在额定功率下，避免操作失误、机器故障或其他原因造成X线管损坏。

（六）控制电路

目的是控制X线按设置的条件准确地产生与停止。控制电路是X线机各基本电路中结构最复杂、不同机型差异最大的一部分电路。通常有：透视控制、各种摄影控制、曝光时间控制等。

不同型号的X线机整机电路结构不同，有的甚至差别较大，但都包括上述基本电路。它们之间的相互关系如图3-1所示。

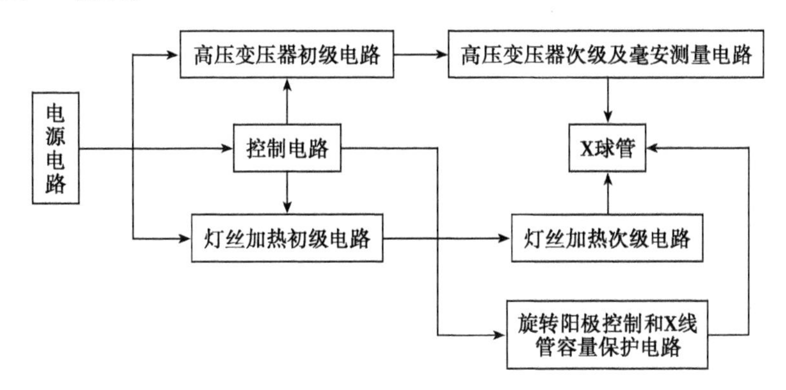

图3-1　工频X线机基本电路关系图

点滴积累

1. 工频X线机的基本功能：产生X线管的管电流并可调，产生X线管的管电压并可调，准确控制X线的产生时间，程序控制与保护。
2. 工频X线机的基本电路有电源电路、灯丝加热电路、高压变压器初次电路、高压变压器次级电路、旋转阳极控制和X线管容量保护电路及控制电路等。

第二节　高压发生装置

工频高压发生装置包括高压发生器、高压电缆、X线管、控制线路等，其作用是：①为X线管提供管电压；②为X线管灯丝提供加热电压；③完成多管X线机的管电压及灯丝加热电压的切换。本节主要介绍高压发生器及高压部件的结构、特点、作用及常见故障。

高压发生器主要由高压变压器、灯丝加热变压器、高压整流器、高压交换闸、高压插头与插座、变压器油组成（图3-2）。

高压发生器箱体用钢板制成方形或圆形，箱内充满变压器油。变压器油的作用是绝缘与散热。箱体接地，以防高压电击危险。高压发生器通过高压电缆与X线管连接。

小型X线机一般采用组合机头，中型以上的X线机高压变压器体积较大，需单独设置高压油箱。大型X线机的高压发生器采用三相供电。近年来，随着中高频逆变技术的开发，使高压变压器和灯丝加热变压器的体积可以很小，整个油箱的容积缩小，方便了生产、运输及安装使用。

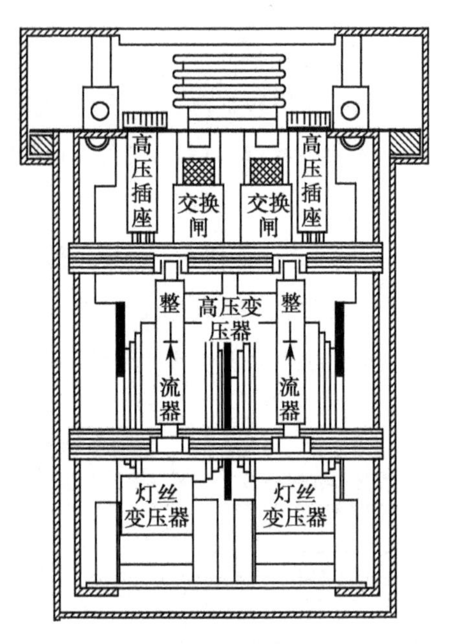

图3-2　高压发生器内部结构

一、高压变压器

在X线发生装置中,高压变压器的作用是产生交流高压,其输出经整流后为X线管提供管电压。它是一个初、次级线圈匝数比很大的升压变压器。

(一)高压变压器的结构

高压变压器由铁芯、初级线圈、次级线圈及夹持紧固件等组成,其结构如图3-3所示。

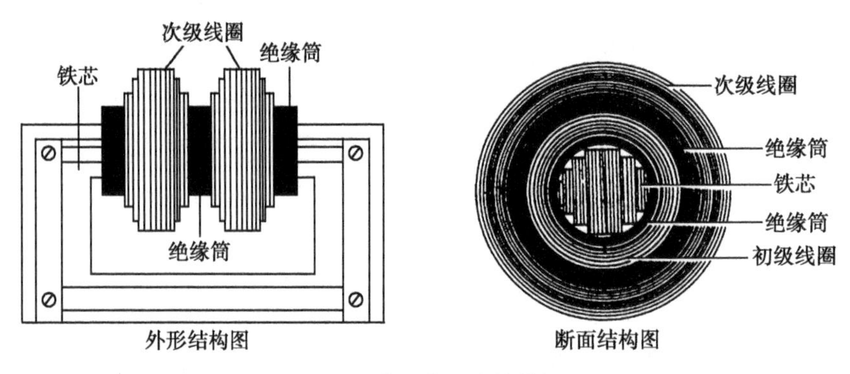

图3-3　高压变压器结构图

1. 铁芯　铁芯的作用是给磁通提供通路,多采用闭合式导磁体。如图3-4所示。

2. 初级线圈　初级线圈的工作特点是电压不高,负载时电流大,摄影时瞬间电流可达数十至上百安培。因此,变压器初级线圈采用的导线要有足够线径、机械强度要高。

有的高压变压器将初级线圈绕制成两个后,串联或并联在一起使用(图3-5)。注意两个线圈的首尾端接线不能接错,否则磁通将因反向抵消而无输出。

3. 次级线圈　为提高效率,高压变压器的初、次级线圈通常绕在铁芯的同一个臂上,次级线圈绕在具有一定厚度且有足够的机械强度和绝缘性能的绝缘筒上,绝缘筒套在初级线圈上,兼作初、次级间的绝缘。

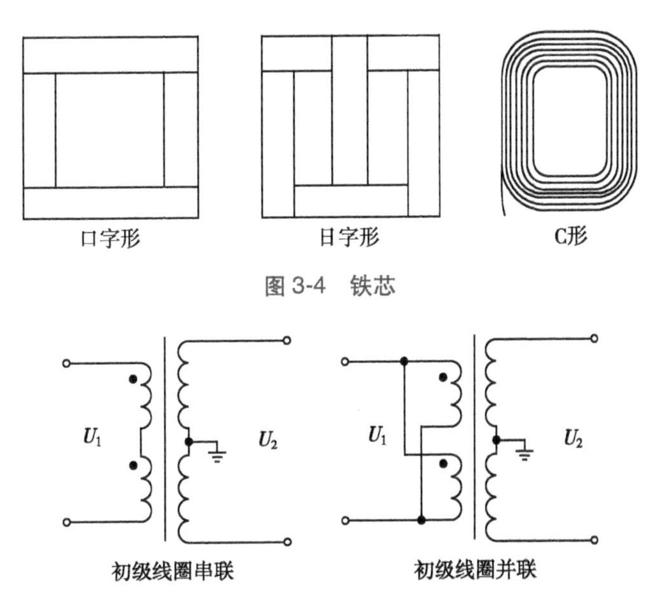

图 3-4　铁芯

图 3-5　高压变压器初级线圈接线方式

高压变压器次级线圈输出电压高(40 ~ 150kV),但是负载时流过线圈的电流很小,一般在1000mA 以下,故绕制次级线圈所用的导线多采用线径较小的高强度漆包线。因输出电压高,所以其绕制线圈的总匝数多达数万匝或数十万匝,从里到外绕制成若干层。各层的绕线匝数不同,最里面的一层绕线匝数最多,从里向外各层的绕线匝数依次减少,绕制完后整个线圈呈阶梯形(图 3-6)。

次级线圈通常绕成匝数相同的两个(或 4 个)线圈,两个线圈的始端接在一起并接地,该处位于线圈的最里层,距离初级线圈最近,故其电位最低。两个次级线圈的末端就是高压变压器的输出端。有的高压变压器在初、次线包之间绝缘筒上放置一层不闭合的薄铜片隔开,并将铜片接地,以防高压初、次级间击穿时对机器和人身产生损害。

4. 次级线圈的中心接地　诊断用 X 线机高压变压器的次级线圈通常绕成参数相同的两个线圈,两个线圈的始端连接在一起,并将此中心点接地,称为高压次级中心接地,又叫次级线圈的中心接地,目的是降低高压绝缘要求。

高压变压器次级中心接地后,该中心的电位就与大地相同,为零电位,这样两个次级线圈的另一根输出线对中心点的电压就为两根输出线间电压的一半(图 3-7),降低了高压变压器、高压电缆的绝缘要求,所以称为工作接地。

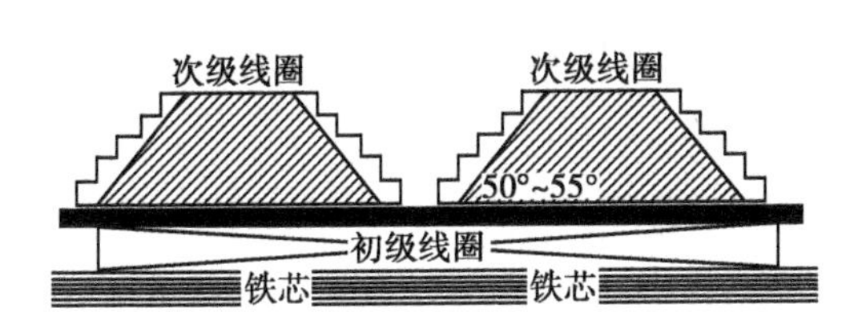

图 3-6　高压变压器次级线圈剖面图

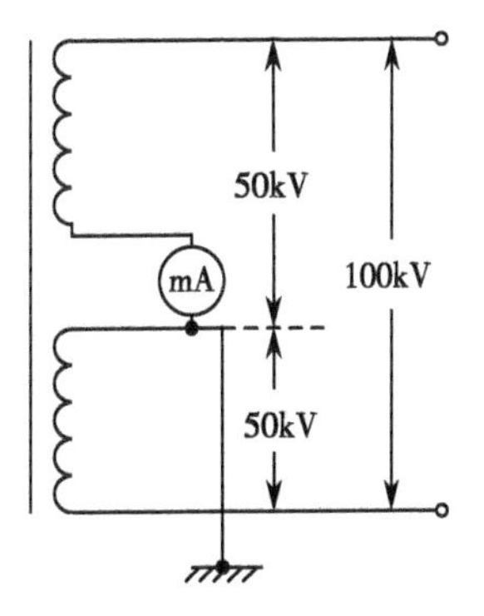

图 3-7　次级线圈中心接地

由于高压变压器次级中心点电位为零，就可以在此处串接指示管电流的毫安表，并可将毫安表安全地安装在控制台面板上，为防止毫安表测量电路断路故障而使中心点电位升高，特设有保护装置。多数X线发生装置都是在该中心点两根引出线的接线柱上并联一对放电针或一个充气放电管。

（二）高压变压器的工作原理

X线机高压变压器工作原理与普通变压器相同，其工作遵循下述基本原理：

1. 变压比　在理想状态下，初、次级电压和线圈匝数之间的关系为

$$U_1/U_2=N_1/N_2=K \tag{3-1}$$

式中，U_1 为初级电压；U_2 为次级电压；N_1 为初级线圈匝数；N_2 为次级线圈匝数；K 为变压器的变压比。可见，初、次级电压与匝数成正比。K 是变压器的重要参数之一。

2. 能量守恒　当高压变压器本身的能量损耗忽略不计时，根据能量守恒定律，初级输入功率等于次级输出功率。

$$\text{即 } P_1=U_1I_1;P_2=U_2I_2;U_1I_1=U_2I_2 \tag{3-2}$$

式中，P_1 为初级输入功率；P_2 为次级输出功率。

高压变压器的工作特点是初级电流大，次级电压高，这就是高压变压器次级线圈线径细、初级线圈线径粗的原因。为保证电源压降不超过允许值，大功率高压变压器对电源内阻的要求也更高。而小功率高压变压器，因初级电流较小，对电源内阻的要求也可适当放宽。

对于大功率高压变压器，工作时初级回路中流过的电流很大，这就要求电源内阻要小，以保证电源压降不超过允许值，从而保证电压预示的准确性。对于小功率高压变压器，工作时初级回路中电流较小，对电源内阻的要求也可适当放宽。

3. 空载电流　当高压变压器空载时，初级线圈会有一很小的电流 I_0 通过，该电流称为空载电流，是衡量变压器质量的标准之一。对于给定的高压变压器而言，I_0 一定，其值越小越好。

（三）高压变压器的特点

X线发生装置因工作状态的不同，与普通变压器比较，其高压变压器具有以下特点：

1. 变压比大　诊断用X线发生装置输出电压高，一般为40～150kV左右。高压变压器的变压比因厂家、机器型号的不同而有差异，一般有1∶200、1∶300、1∶500或1∶600等。

2. 连续工作负荷小、瞬时工作负荷大　一般情况下，当X线发生装置工作在透视方式时，其管电流为0.5～5mA，管电压为40～110kV，输出功率只有数百瓦，属于连续低负荷工作状态。当工作在摄影方式时，管电流可高达数百毫安至上千毫安，其输出功率达数十千瓦，但工作时间短，仅为0.001～10s，属瞬时高负荷工作状态。因此，设计、制造诊断用X线发生装置的高压变压器时，与温升有关的参数可以忽略不计，从而缩小体积。

3. 浸在变压器油中使用　变压器油的作用是绝缘和散热。

根据以上特点，诊断用X线发生装置高压变压器的要求是：绝缘性能好，负载压降小，性能稳定，机械强度大，结构紧凑，尽量缩小体积。

（四）高压变压器的常见故障

1. 次级高压对地击穿　表现为机器出现过载声、控制台面板上的电压表及千伏表指针下跌、毫安表指针上冲、高压发生器箱内有放电声。故障现象的程度随击穿程度的不同而不同，且随管电压增大而加剧，严重时熔断器烧断。故障出现后，次级输出很低或无输出，表现为透视时荧光暗淡或无荧光，摄影效果很差或曝光量严重不足。

2. 次级线圈局部短路　表现为：轻微时，透视荧光屏先亮后逐渐变暗，呈现穿透力不足现象；严重时，电压降增大，机器过载声明显，甚至熔断器烧断，无 X 线产生。

3. 次级线圈断路　表现为通高压时往往通过断点处放电而形成通路，高压发生器内可能听到"吱吱"放电声，透视时荧光屏上荧光闪动。

二、其他高压部件

其他高压部件主要是灯丝加热变压器、高压整流器、高压交换闸、高压电缆、高压插头与插座和变压器油等。

（一）灯丝加热变压器

X 线机的灯丝加热变压器，有用于 X 线管灯丝加热和高压整流管灯丝加热两种。随着高压整流管被高压硅整流管所替代，已不再需要高压整流管灯丝加热变压器。同普通变压器一样，灯丝加热变压器是利用互感原理制作的降压变压器。它为 X 线管灯丝提供约 5~15V 的加热电压，使灯丝获得 10A 以下的加热电流。对于双焦点 X 线发生装置，必须设置两个灯丝加热变压器为两个灯丝单独供电，分别称为大焦点灯丝变压器和小焦点灯丝变压器。

1. 灯丝加热变压器的结构　灯丝加热变压器由铁芯、初级线圈和次级线圈组成（图 3-8）。

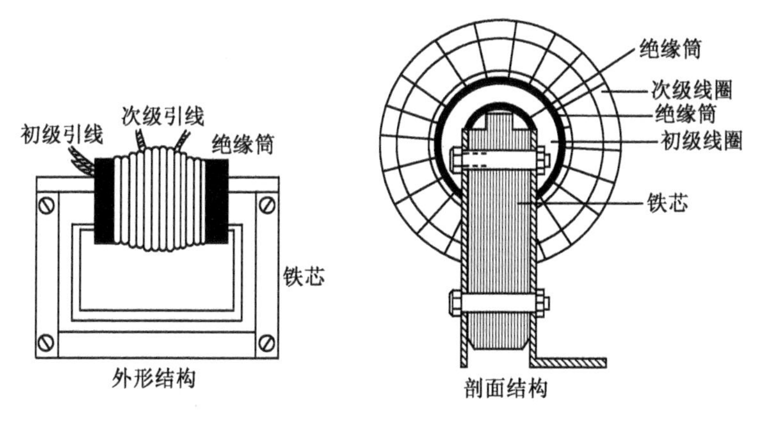

图 3-8　灯丝变压器外形及剖面图

灯丝变压器初级线圈工作电流较小，故绕制所用的导线线径较细，总匝数约为 800~1000 匝。为提高效率，次级线圈与初级线圈绕在铁芯的同一个臂上，初、次级线圈之间用绝缘筒隔开。灯丝变压器次级工作电流较大，多用直径为 0.81~2.1mm 的纱包或玻璃丝包圆铜线，分 2~3 层绕制，总匝数为数十匝。

2. 对灯丝加热变压器的要求

（1）具有足够的容量：X 线管灯丝工作在两种状态，开机后即处于预热状态，曝光按钮按下时瞬时增温到额定温度的工作状态，这两种状态均属连续负荷工作。因此，灯丝加热变压器必须具有足够的容量，才能提供稳定的加热电压给X线管灯丝。

（2）初、次级线圈之间绝缘良好：灯丝加热变压器初级电压约在100~200V之间，次级在5~15V之间，初、次级电压并不高。但由于灯丝加热变压器次级的公共端线与高压变压器次级的一端相接，当高压变压器工作时，灯丝加热变压器次级也处于高电位下。因此，灯丝加热变压器的初、次级线圈间必须具有足够的绝缘强度，以防次级高压向初级低压侧产生击穿现象，损坏低压元件，危害人身安全。一般灯丝加热变压器初、次级线圈之间的绝缘强度要达到高压变压器最高输出电压的一半以上。

3. 灯丝加热变压器的常见故障

（1）高压击穿：指次级线圈侧的高电位对低压侧的初级线圈击穿。这种故障时有发生，现象与高压变压器高压击穿现象类似。

（2）断路或接触不良：表现为灯丝不能正常加热。断路时，灯丝不能燃亮，无X线发生。若断路点发生在双焦点X线管灯丝变压器次级的公用线路上，则表现为X线管大、小灯丝同时燃亮，但亮度较暗，不能正常发射电子，X线发生甚微或无X线产生。

（二）高压整流器

高压整流器是一种将高压变压器次级输出的交流高压变为脉动直流高压的电子元件。

高压变压器次级输出的交流高压，如果直接加到X线管两端，正半周时，产生X线；负半周时，阳极比阴极电位低，阴极发射的电子飞不到阳极，X线管不产生X线。这种利用X线管本身的整流作用整流的X线机称为自整流X线机。很显然，自整流X线机不能充分发挥X线管的效率。同时，因负半周无X线产生，逆电压很高，容易导致高压电缆等高压元器件击穿损坏。因此，除小型X线机采用自整流方式外，现代中型以上X线机都设有高压整流电路，利用高压整流元件，将高压变压器输出的交流高压变成脉动直流高压。此脉动直流高压的正加到X线管的阳极，负加到X线管的阴极。这样，无论正半周还是负半周，X线管都能产生X线，克服了自整流X线机的缺点。

1. 高压整流器的结构　目前，高压整流器均采用高压硅整流器，也称高压硅堆。其外形及内部结构如图3-9所示。内部是用单晶体硅做成的多个二极管（PN结）用银丝逐个串联而成，外壳用环氧树脂封装，高压硅整流器的两端设置有与管内相接的多种结构的引出线端，以便根据需要装上不同形式的插脚。

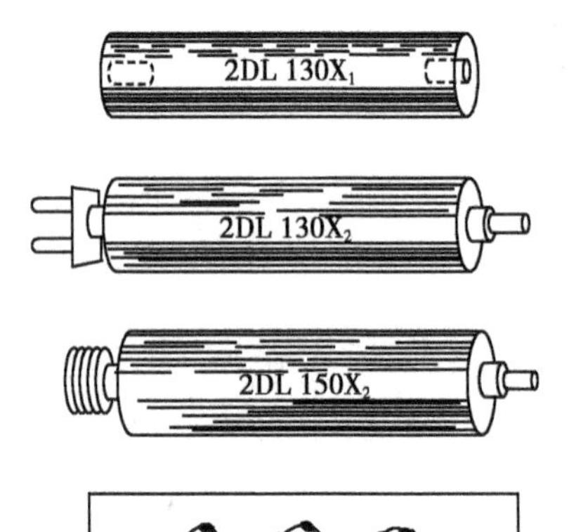

图3-9　高压硅整流器外形及内部结构

在使用中，高压硅整流器要浸入变压器油中，油温不得超过70℃。加在硅整流器上的反向峰值电压不得超过额定值，以防击穿。

国产高压硅整流器的型号为2DL系列，其主要性能参见表3-1。

2. 高压整流器的常见故障　高压整流器的常见故障是内部断路和高压击穿。在单相全波整流电路中，相对的一个或两个整流管断路后，透视时荧光屏亮度降低，电流指示约为正常值的一半；相邻的两个整流管断路后，将无X线产生。高压整流管击穿后，表现为透视或摄影时，机器发出明显过载声，电压表指针跌落，毫安表指针上冲，严重时达到满刻度，X线微弱或无X线。

表3-1 高压硅整流器型号及参数

高压硅整流器型号	工作电压（kV）	最高测试电压（kV）	正向电压（V）
$2DL100X_2$	100	150	≤120
$2DL130X_1$	130	195	≤150
$2DL130X_2$	130	195	≤150
$2DL130X_3$	130	195	≤150
$2DL150X_1$	150	225	≤180
$2DL150X_2$	150	225	≤180
$2DL150X_3$	150	220	≤180
$2DL180X_1$	180	270	≤200
$2DL180X_2$	180	270	≤200
$2DL180X_3$	180	270	≤200

高压硅整流器内部断路和高压击穿，外表难以判断，可用代替法逐一检查。对其内部是否断路的判断，可用兆欧表检查。

（三）高压交换闸

为适应不同检查方式的需要，一些较大功率的X线机，设置有两个或两个以上的X线管。如双床双管，一个X线管安装在诊视床上作透视和点片摄影用；另一个X线管安装在立柱或悬吊装置上，作摄影及特殊检查用。两个X线管共用一个高压发生器，所以必须设置一个切换装置，把高压发生器产生的X线管灯丝加热电压和管电压进行切换，输送到选用的X线管上。这种切换装置称为高压交换闸。高压交换闸动作频繁，结构上要求具有很高的绝缘强度和机械强度，能够承受管电压电路的最高电压值，以防高压击穿。

常用的高压交换闸有继电器式和电动机式两种。

1. 继电器式高压交换闸 这是目前使用最广泛的一种交换闸。其结构包括铁芯、吸合线圈、衔铁和带有触点的高压绝缘臂，接点浸泡在高压发生器箱内的变压器油中。一般由两组高压交换闸组成，一组作为X线管阳极交换，实现正高压的切换；另一组作为X线管阴极交换，实现负高压和灯丝加热电压的切换。两组高压交换闸同步工作，将高压发生器输出的管电压和灯丝加热电压送给所选的X线管。

图3-10是双管X线机的高压交换闸电路，透视时不给高压交换闸线圈J供电，其常闭触点接通诊视床X线管供电电路，将管电压和灯加热电压输送给X线管XG_1。摄影时给线圈J供电，常闭触点断开，切断XG_1供电电路；常开触点闭合，接通立柱或悬吊装置X线管供电电路，将管电压和灯丝加热电压输送给X线管XG_2。

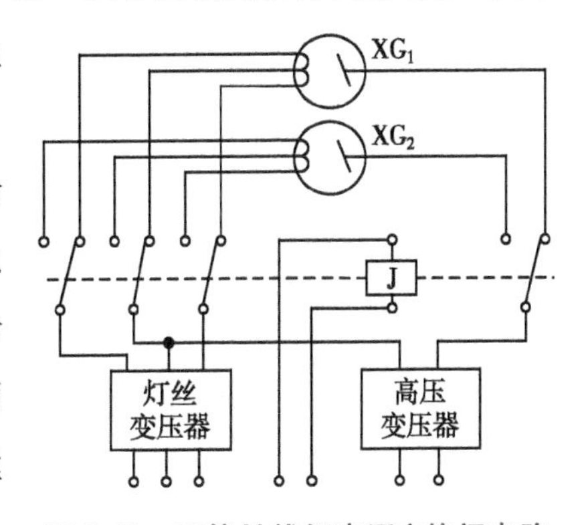

图3-10 双管X线机高压交换闸电路

2. 电动机式高压交换闸　电动机式高压交换闸是用一个小型可逆电动机做动力，经齿轮变速后，带动一根带有触点的高压绝缘杆往复运动，使触点与高压插座上相应的触点接触。为控制电动机的转向和使触点接触良好，在恰当的位置上精确设置限位开关，当触点与高压插座上的触点紧密接触后，限位开关被压开，自动切断电动机电源，使其停转。

3. 高压交换闸的常见故障

（1）绝缘臂漏电击穿：绝缘臂表面不洁或变压器油有杂质、水分和老化，均可使绝缘臂表面的绝缘强度降低，从而产生沿面放电。此时能听到高压发生装置内有“嘶嘶”或“啪啪”的放电声，毫安表指针颤动或上甩。

（2）触点接触不良：高压交换闸长期工作后，其触点弹性减低、变形或移位，出现触点接触不良现象。当阳极或阴极高压触点出现接触不良时，会听到高压发生器箱中有放电声，控制台上毫安表指针不稳等现象。当供给灯丝加热电压的触点接触不良时，加热电压降低，出现X线微弱或无X线发生。

（3）引线断路：由于活动触点连接引线一起活动，引线断路时有发生。多出现在引线焊接处，高压引线断路将无管电压输出。若断线出现在大、小焦点引线上，将分别表现为一个灯丝不亮。若断线出现在灯丝公共引线上，将表现为大、小灯丝同时亮，但亮度不足。

（四）高压电缆

除组合机头式的X线发生装置之外，大、中型X线机中，高压发生器和X线管组件是分离的。高压电缆将高压发生器与X线管组件连接在一起，其作用就是将高压发生器产生的高压和灯丝加热电压输送给X线管。对高压电缆的基本要求是耐高压、柔软、抗拉、直径小和轻便。

1. 高压电缆的结构　X线机的高压电缆，按芯线的排列方式不同，可分为同轴高压电缆和非同轴高压电缆两种，如图3-11所示。同轴式三层芯线围绕中心一个点，非同轴式三根芯线并行排布。它们的基本结构大致相同，由以下几个部分组成。

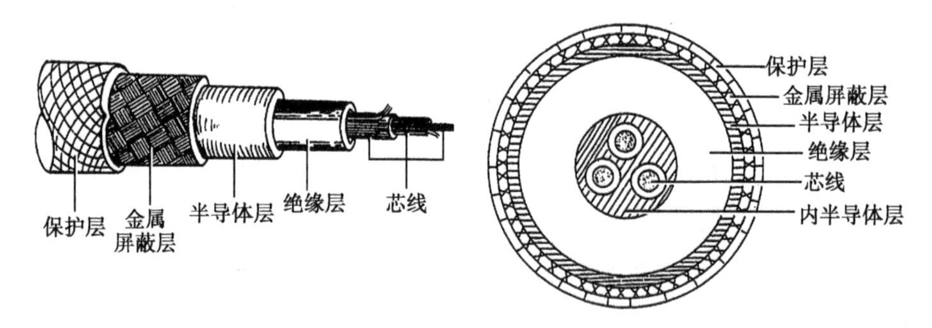

图3-11　同轴式及非同轴式高压电缆结构

（1）导电芯线　位于高压电缆最内层，它直接承载高压和灯丝电流通过。每根芯线由多股细铜丝组成，外包绝缘橡皮。其绝缘要求应能经受50Hz、1000V的交流电试验5分钟不击穿。电缆芯线的数目有二芯、三芯和四芯等。二芯的电缆用于单焦点X线管，三芯的电缆用于双焦点X线管，四芯的电缆用于特殊X线管，如三极X线管、三焦点X线管。以三芯电缆应用最为广泛。

（2）高压绝缘层　包裹在芯线外，是高压电缆的主要绝缘层，由橡胶与化学原料配制而成，呈灰白色，厚度在4.5~20mm之间。它的作用是使芯线的高压对地绝缘。高压绝缘层橡皮应紧密结实，具有良好的机械强度和韧性,能在一定范围内弯曲无损。高压绝缘层的耐压要求视不同型号而定,一般介于50~200kV之间。

(3) 半导体层　紧贴于绝缘层上,是由半导体材料与橡胶制成,呈灰黑色,厚度为1~1.5mm。它的作用是消除绝缘层外表面与金属屏蔽层之间的静电。

当电介质(绝缘体)受到外电场作用时,其分子将被极化,形成电偶极子,并按外电场方向排列,从而使电介质两侧与外电场的垂直表面上出现等量的正负电荷(图3-12A)。这些电荷因受到原子核的束缚而不能离开电介质,故称为束缚电荷。外电场越强,极化程度越大,所产生的束缚电荷量就越多。当外电场撤去后,电介质又恢复到原来状态。

高压电缆工作在直流高压下,受到高压静电场作用的绝缘层就如同上述受到外电场作用的电介质一样。以阳极电缆为例,靠近芯线的内表面出现负电荷,外表面出现正电荷。当紧贴在绝缘层表面的金属屏蔽层与绝缘层接触良好时,两者之间无静电产生,但当两者之间接触不良出现空隙时,此处的正电荷与金属屏蔽层之间形成静电场(图3-12B),使两者之间的空气电离,甚至产生静电放电。空气电离产生的臭氧会加速绝缘层橡胶老化,破坏其绝缘性能。为防止这种现象发生,在绝缘层与金属屏蔽层之间加一层半导体层。由于半导体材料内的电子移动,使接触不良处不能形成高压静电场,从而防止了静电场引起的有害影响。

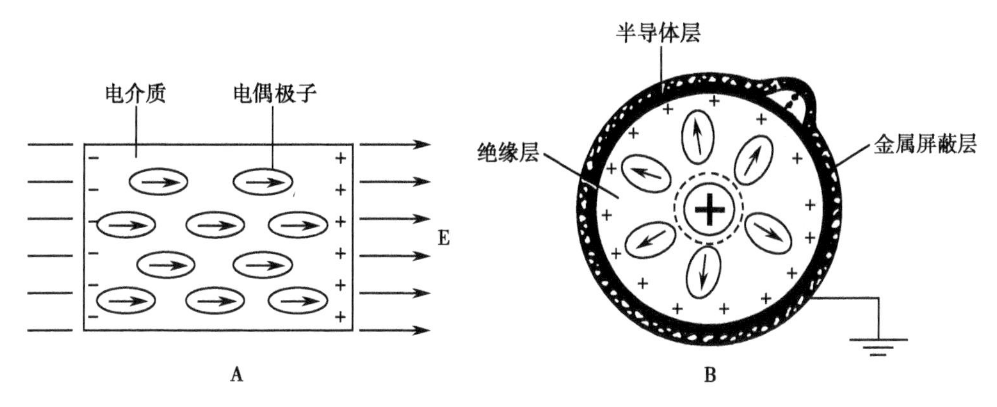

图3-12　半导体层的作用示意图

在非同轴电缆结构中,芯线与绝缘层间的电场分布不均匀,在芯线凸起的地方电荷密度大,电势能高,容易引起此处电缆击穿,因此紧贴芯线外表面加一层半导体层,称为内半导体层,使电场分布均匀。同轴电缆因电场分布是均匀的,不必设内半导体层。

(4) 金属屏蔽层　由直径不大于0.3mm的镀锡铜丝编织而成,编织密度不小于50%,围绕半导体层紧贴其上,在电缆的两端与高压插头的金属喇叭口焊接在一起,借固定环紧固接地。金属屏蔽层的作用是:当电缆发生高压击穿时,导电芯线的高压便与金属屏蔽层短路,高电位迅速直接入地,防止电击操作者或患者,保护人身安全。

(5) 保护层　是高压电缆的最外层,一般用塑料制成,包裹在电缆外部。其作用是加强电缆的机械防护,减少外部损伤,并防止有害气体、油污和紫外线对电缆的危害。

2. 高压电缆的使用　高压电缆在使用中应防止过度弯曲,其弯曲半径要大于电缆直径的5~8倍,以免损坏绝缘层,降低绝缘强度。平时要加强保养,保持电缆干燥、清洁,避免油污和有害气体的侵蚀。

高压电缆芯线与金属屏蔽层之间形成等效电容，该电容量虽小（约为 200pF/m），但由于管电压很高，故电容上的电流不可忽视。在全波整流 X 线机中，因电容电流会使 mA 指示偏大，故在透视 mA 测量电路中需设置电容电流补偿电路。

3. 高压电缆的常见故障

（1）高压电缆击穿：击穿指的是电缆绝缘层遭到破坏，芯线与金属屏蔽层之间形成短路。击穿部位大多发生在高压插头附近，特别是 X 线管组件侧的插头。电缆击穿的故障表现为机器出现明显过载声、电压表及千伏表指针下跌、毫安表指针冲顶满刻度、熔断器熔断。击穿点附近可闻到不同程度的焦臭味。

（2）电缆芯线断路：电缆在使用过程中因过度弯曲、弯折频繁，引起芯线断路。2~3 根芯线同时断路的可能性很小，多为一根芯线断路。阳极电缆 1~2 根芯线断路，一般无影响。在阴极电缆，若一根芯线断路，则相应焦点灯丝不亮；若公用芯线断路，则大小焦点同时燃亮，但亮度较暗，X 线甚微或无 X 线产生。

（3）电缆芯线短路：阳极电缆发生芯线短路无任何影响，不易发现。若发生在阴极电缆，轻者使灯丝加热电压降低，X 线量减少或输出不稳。严重时，灯丝不能正常点亮，无 X 线发生，同时，灯丝加热电路及灯丝加热变压器出现程度不等的发热甚至烧毁。

（五）高压插头与插座

由于高压电缆较长，为了生产、运输及安装方便，将高压电缆制成可以拆卸的方式。在电缆两端采用灌注的方式装接高压插头，在高压油箱上盖和 X 线管管套上分别装配有高压插座。安装时，只要将高压电缆两端的插头分别插入对应的高压插座内，即可完成高压发生器与 X 线管的连接。

1. 插头与插座的构造　高压插头与插座工作在高压下，故其耐压要求很高，多采用机械强度高、绝缘性能好的压塑材料或橡胶压制成圆管状，如图 3-13。

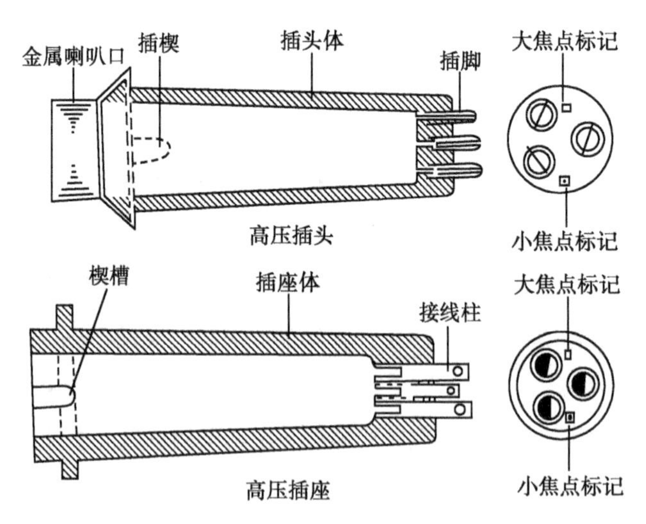

图 3-13　高压插头与插座结构

高压插座的底部有三个压铸的铜制接线柱，接线柱上端钻有 1cm 深的圆孔，供高压插头上的插脚插入。高压插头的头端压铸有三个铜制插脚，每个插脚的根部钻有一个小的引线孔，导电芯线由此孔伸出，并焊接在插脚根部的槽沟内。高压电缆与高压插头间的空隙部分，用松香和变压器油等配好的绝缘填充物灌满，以提高绝缘强度。高压插头底端镶有铜制喇叭口，以便与高压电缆金属屏蔽层焊接，并通过高压电缆固定环和高压发生器或X线管的外壳相连接。金属喇叭口可以改善接地处的电场分布，不使电力线过于密集。

2. 高压插头与插座的连接　为了保持良好的绝缘，不致产生沿面高压放电，高压插头插入插座前，要将插头与插座用乙醚或四氯化碳清洁处理。有必要时，还要用电吹风作干燥处理。插入时，用脱水凡士林或硅脂作填充剂，以排出插座内的空气。

高压插头三个插脚呈等腰三角形排列，插入时要注意插脚的方位。插紧时，插脚就会紧密地与插座的接线柱接触。此时，不可强力扭转，以免损坏插脚。为了正确插入和防止高压插头转动，目前多在插座口处铸有一楔槽，高压插头尾侧铸有相应的插楔，插入时插楔对准楔槽，用压环固定即可。压环也保证了电缆外金属屏蔽层的可靠接地。

（六）常用绝缘材料

X线发生装置高压部件在加工生产和使用及维修中常用的绝缘材料有变压器油、电容器纸、塑料、电缆纸、黄蜡绸等。

1. 变压器油　变压器油又称高压绝缘油，它是从石油中提炼出来的一种矿物油，呈浅黄色，主要用于高压发生器箱体内和X线管管套内，起绝缘和散热作用。

X线发生装置用的变压器油，电介质强度是其主要指标，必须对其进行耐压试验。油中不能含有水分、悬浮物和杂质，否则会严重影响它的电性能。

高压发生器用油耐压要求大于30kV/2.5mm，组合机头和X线管管套内用的油耐压要求大于40kV/2.5mm，该值是按照国家标准的油杯对变压器油进行耐压试验的测试值。油杯标准是：杯内电极圆平面直径为25mm，极间平行距离为2.5mm，圆平面上缘与油面的距离不小于15mm，如图3-14所示。

变压器油长期使用后，由于受到电场、光线、高温、氧化、水分、触媒（如铜、铁、尘垢等）的影响，特别是因金属的催化作用使油氧化成有机酸，其性能会逐渐降低，电介质强度明显下降，此种现象称为变压器油老化。变压器油老化后必须换新油，有条件的可以采用过滤法将油再生处理后使用。

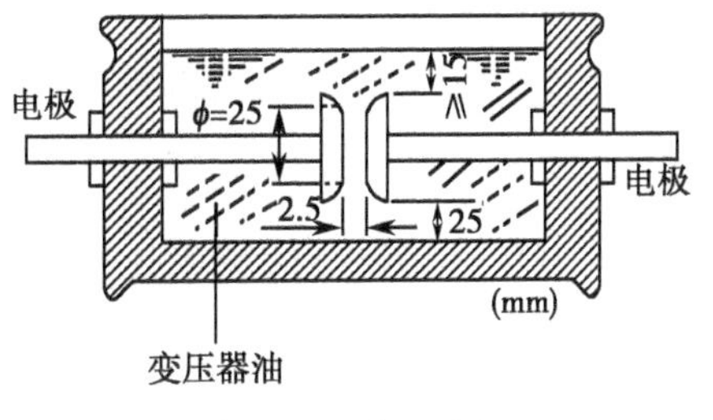

图3-14　高压油杯

在维修中存放变压器油时，必须放在清洁、干燥的容器中密封保存，切勿长期暴露在空气中，以防吸潮。

2. 其他绝缘材料

（1）电容器纸：高压变压器线圈的层间绝缘多用此种纸。它由纯纤维素制成，经石蜡或石油浸渍后使用。电容器纸结构均匀，不含杂质，密度很高，对空气的渗透极小。厚度极薄，一般为0.006~0.02mm。其介电常数较大，击穿强度较高。使用中要注意：电容器纸在110~120℃时显著氧化，机械强度显著降低；在150~160℃时，纤维素分解、烧焦而破坏。

（2）塑料：具有很好的机械强度和绝缘性能，能够制成各种形状，满足多种需求。塑料在X线发生装置上的应用十分广泛，常用的塑料有：①酚醛压塑粉具有优良的绝缘性能和良好的物理性能，主要用于X线发生装置的高压插头、插座和旋转阳极X线管的阳极座等；②聚丙烯具有特殊的刚性和较好的耐热性，可在100℃以上使用，电介质强度为22kV/2.5mm～26kV/2.5mm，主要用于X线发生装置的灯丝变压器的初、次级间的绝缘套；③尼龙6俗称卡普隆或锦纶，它具有较高的强度、耐热性、硬度、耐磨性且弹性较好，冲击强度高，熔点低，电介质强度为17.4kV/2.5mm～20kV/2.5mm。一般用于组合机头内作高压支撑元件。

除上述外，X线发生装置中还常用电缆纸和黄蜡绸等物质作绝缘材料。

边学边练

掌握高压发生器的功能与构造，练习相关元器件的简单拆装，了解高压面板上的相关测试点与含义。请见“实训三　高压发生装置认知与故障分析”。

点滴积累

1. 高压发生器的作用：①为X线管提供管电压；②为X线管灯丝提供加热电压；③完成多管X线机的管电压及灯丝加热电压的切换。
2. 高压发生器的基本组成有：高压变压器、灯丝加热变压器、高压整流器、高压插头与插座、变压器油等，对于多管X线机，还需有高压交换闸。

第三节　电源电路

一、电源电路基本功能

电源电路用作对整机的电源供给。其基本功能包括：自耦变压器供电回路和电源通断控制两个部分。这个部分机件较大、导线较粗。主要包括：闸刀开关、保护装置、电源接触器、自耦变压器、电源指示仪表和电源内阻补偿装置等。

供电方式有220V与380V两种，并留有不同的接线位。又因电源电压有一定的波动范围，故而设备需要有电源电压调节电路。调节方式一般有两种：手动调节或自动调节。

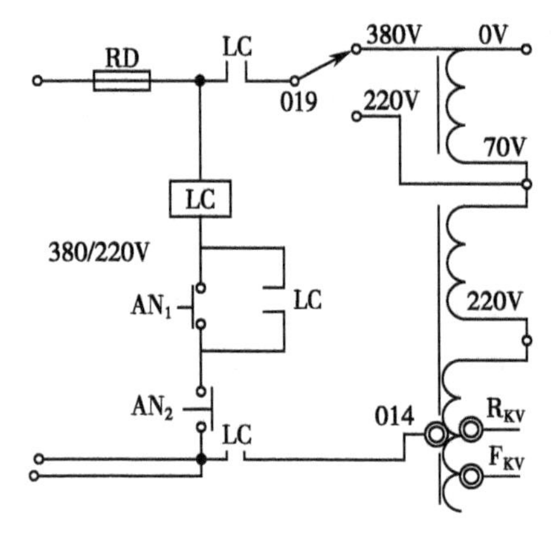

图3-15　电源电压手动调节

手动调节工作原理：依据变压器工作原理，在自耦变压器次级取出一个固定电压，并通过电源电压指示表显示在控制台面板上，若该数值偏离正常允许误差范围，则调节电源电压调节旋钮，通过导绳牵动电源电压调整碳轮，从而改变初级线圈匝数而改变次级输出电压值，手动将电源指示表数值调至正常允许区域内。如图3-15所示。

自动调节工作原理：从自耦变压器次级取出一采样

值,与基准数值进行比较,偏差后调整电机工作,带动电源电压调整碳轮运转,直至采样值与基准值相同,调节过程结束。调整框图如图3-16所示。

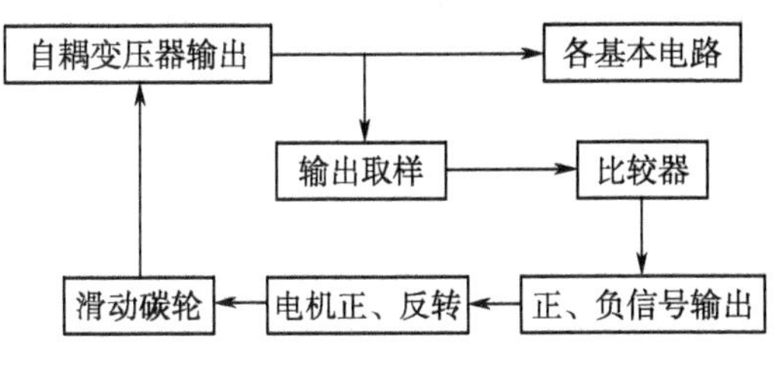

图3-16　电源电压自动调整框图

电源内阻依据国家标准,正常工作要求电源电压为 E_a,负载时电源电压降为 E_b,负载因素为 $E_a/E_b \leqslant 1.2$,计算出最大负载时 $\Delta U/E_a \leqslant 16.67\%$。从而根据不同的供电方式提出对应的电源内阻要求,并依据该电源内阻要求设有电源内阻适配装置。

二、典型电源电路分析

以F30-ⅡD型200mA X线机电源电路为例分析。

(一)电路结构

图3-17为F30-ⅡD型200mA X线机的电源电路,供电电压为220V或380V两种方式。机器出厂时,电源连接方式是380V(图中实线);若要改为220V(图中虚线)供电时,将输出接线板 DZ_{1-2}、DZ_{1-4} 和 DZ_{1-5} 与外电源连接的实线切断,改为相应的虚线连接。

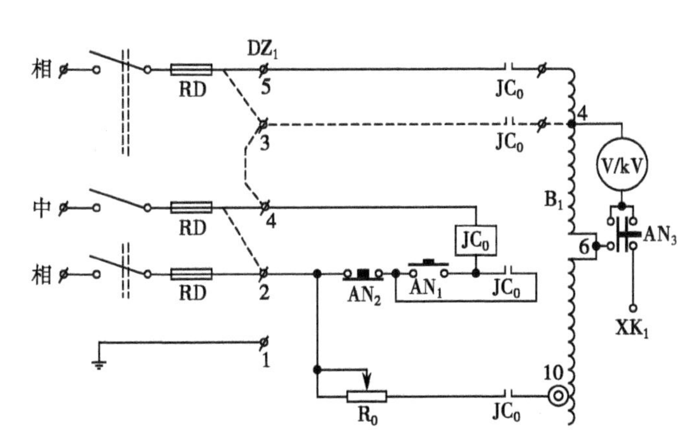

图3-17　F30-ⅡD型X线机电源电路

该机的电源电路由自耦变压器 B_1、按钮开关 AN_1(通)和 AN_2(断)、交流接触器 JC_0、电源电压表、指示按钮 AN_3 等组成。在结构上采用一对按钮开关(AN_1 和 AN_2)控制电源接触器(JC_0),通过电源接触器控制自耦变压器(B_1)的接通和断开。

(二)电路分析

1. 电源为380V供电时　电源接触器 JC_0 工作电路(按下控制台上的电源通按钮 AN_1 时)是:

相(380V)→RD→DZ_{1-2}→AN_2→AN_1(松开按钮后 JC_0 自控)→JC_0 线圈→DZ_{1-4}→RD→中。

自耦变压器B的工作电路是:

相(380V)→RD→DZ_{1-2}→R_0→JC_0→B_{1-10}(碳轮)→B_1→JC_0→DZ_{1-5}→RD→相(380V)。

2. 电源为220V供电时　电源接触器JC_0工作电路(按下控制台上的电源通按钮AN_1时)是:

中(0V)→RD→DZ_{1-2}→AN_2→AN_1(松开按钮后JC_0自控)→JC_0线圈→DZ_{1-4}→DZ_{1-3}→RD→相(220V)。

自耦变压器B的工作电路是:

中(0V)→RD→DZ_{1-2}→R_0→JC_0→B_{1-10}(碳轮)→B_1→B_{1-4}→JC_0→DZ_{1-3}→RD→相(220V)。

(三)常见故障分析

1. 电源电路故障表现　正常X线机按下开机按钮后,应听到电源接触器吸合声,电源指示灯亮,电压表有读数且可调等;尤其自耦变压器带电时,有轻微的工作声。否则,任何一处异常表现均可认为有故障存在,如电源接触器不得电、面板仪表无显示、不能自锁等。

2. 电源电路故障检查　根据电源电路的工作原理,设计出电源电路故障检查步骤,然后逐一检查,确定故障所在。电源电路检查步骤为:外电源开关→机器开关→电源接触器线圈→电源接触器触点→自耦变压器线圈→指示灯或电压表。

边学边练

练习电源电路常见故障排除。请见“实训四　工频X线机电源电路调试及维修”。

点滴积累

1. 电源电路的基本功能为将外电源引入机器内部,并给各单元电路提供其所需的工作电压。基本组成有:熔断器、电源接触器、自耦变压器、电源电压检测显示与调节装置,辅助有电源内阻补偿器等。
2. 根据国家规定,空载时电源电压值/负载时电源电压值≤1.2。按照不同的供电方式计算出对应的允许电源内阻数值,并做出具体要求。过大则改善电源条件,过小则要有对应的调节装置,以防后期的kV补偿偏差过大。

第四节　旋转阳极启动及保护电路

一、旋转阳极电路原理

相比固定阳极X线管,旋转阳极X线管具有焦点小、输出功率大的优点。旋转阳极X线管的工作时序是:快速启动→启动检测→运转→延时→曝光→制动。

(一)快速启动

旋转阳极必须达到额定转速后才能产生X线,否则,阴极电子将会集中撞击在阳极靶面导致焦点面过热熔化而造成管子损坏。所以,必须要有一套旋转阳极的启动电路,要求在曝光前很短时间内(中速管0.8~1.2s,高速管2.4s)将转动惯量很大的转子系统由静止达到额定转速(中速管2800r/min,高速管8500r/min)。对电路而言,要求提供很大的启动电流,使启动电容足够大或启动电压足够高,以便输出很大的启动转矩。

（二）延时装置

延时装置是为了保证一定的启动时间，以便在阳极达到额定转速后才可以送出曝光开始信号。同时延时时间内，灯丝增温完成，控制电路状态切换完成。

常用延时器类型有继电器式和电子电路式，目前集成电路延时器因延时精度高被广泛采用。

（三）降压装置

阳极一旦达到额定转速后，在曝光期间应该将启动状态的高压切换为工作状态的低压，以适应阳极的启动转矩大、运转转矩小的特点。由于考虑到曝光时间很短，有的机器也采用启动和工作状态处于同一电压值。

（四）保护装置

保护装置是不可缺少的，以避免阳极未转动或转速不够而加压曝光导致X线管损坏。最常见的方式是在定子回路中设置电流、电压继电器或互感器进行检测和保护。

（五）制动装置（低速管选用、高速管必用）

为减少阳极轴承磨损，延长使用寿命，曝光结束后，阳极应在很短的时间内停止转动，故而设置制动装置。其工作原理是在曝光结束、定子工作电压断开后，立即有一脉动直流流经工作线圈，产生一个制动力矩，使阳极迅速停止转动，几秒钟后，将此脉动直流电流自动切断。

对于高速管，制动装置是必不可少的。因为转子系统的机械共振频率一般为5000～7000r/min，制动装置将使转子尽可能快的通过这一临界转速，以避免出现共振导致X线管损坏。同时对于旧型X线管，旋转阳极的转向也需要加以注意。

二、典型旋转阳极启动、延时与保护电路分析

以F30-ⅡF型200mA X线机旋转阳极启动、延时与保护电路为例分析。

（一）电路结构

如图3-18所示，图中JC_6为启动继电器，DD_2为阳极旋转电机，B_6为电流互感器，B_8为电压互感器，两者的次级连接在保护电路中，C_6为移相电容。

（二）旋转阳极工作过程

1. 旋转阳极启动　摄影时，控制电路JC_2工作（或点片时JC_4工作），JC_6得电工作，旋转阳极电机DD_2得电，阳极启动。

JC_6的工作电路是：

0V→RD_4→JC_6线圈→JC_2触点//JC_4触点→130V。

启动线圈的工作电路是：

0V→RD_4→启动线圈→C_{6A}//C_{6B}//B_8→JC_2触点//JC_4触点→130V。

运转线圈的工作电路是：

0V→RD_4→运转线圈→B_6→JC_6(11、12)→130V。

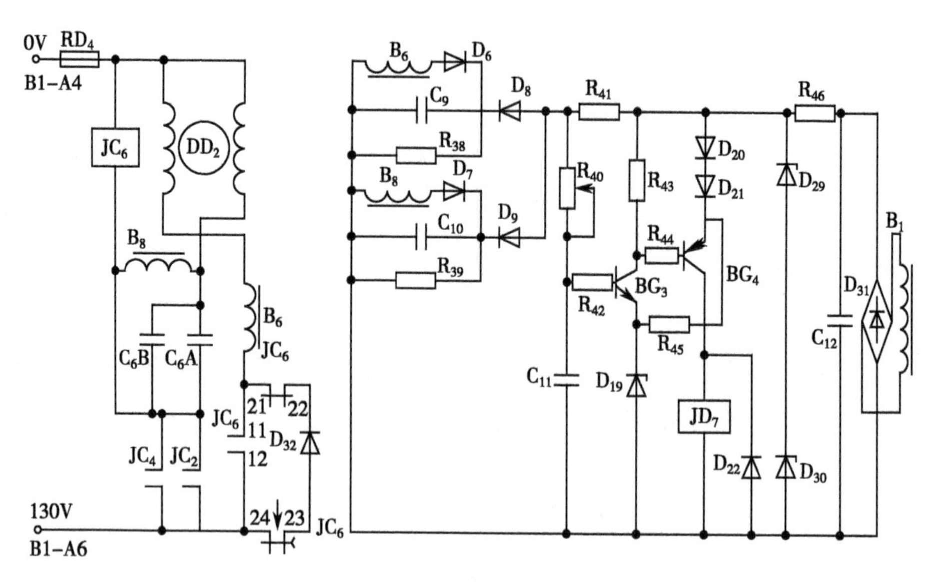

图 3-18　F30-ⅡF型X线机旋转阳极电路

2. 旋转阳极延时　B_1的独立线圈产生40V交流电，经D_{31}整流、C_{12}滤波、R_{46}限流、D_{29}与D_{30}稳压后，作为BG_3、BG_4与JD_7工作的稳压电源。正常工作情况下，互感器B_6和B_8初级流过额定电流，则次级感应的电流经整流、滤波后，在R_{38}和R_{39}两端输出一较高电压，使D_8和D_9截止。稳压电源经R_{41}、R_{40}向C_{11}充电，当电容C_{11}的端电压超过一定值时（设计为9V），BG_3导通（发射极电压设计为7.5V），BG_4导通并放大信号，JD_7工作，控制电路中JD_7触点闭合，曝光可进行。C_{11}的充电时间就是延时时间，调整R_{40}在0.8～1.2秒内设定一时间值。

3. 保护工作过程　如果旋转阳极启动电路发生故障不能正常工作，则B_6和B_8次级无感应电流或感应电流不足，在R_{38}和R_{39}两端形成的电压就很低，D_8和D_9就导通，将C_{11}旁路而不能正常充电，BG_3基极电位低于其发射极电位，BG_3截止，BG_4截止，JD_7不工作，曝光不能进行，从而起到保护X线管的作用。

4. 旋转阳极制动工作过程　摄影结束，JC_6失电，JC_6快接点（11、12）断开，电源经JC_6缓放接点（23和24）、D_{32}、JC_6的常闭接点（21和22）、B_6给工作线圈提供一脉动直流电，转子制动。JC_6的缓放接点（23和24）经6秒延时后自动断开，电路恢复原来状态。

制动电压施加电路为：

130V→JC_6（23、24）→D_{32}→JC_6（21、22）→B_6→线圈→RD_4→0V。

（三）常见故障判断方法分析

1. 定子线圈的判断方法　对于启动线圈与运转线圈阻值不同的旋转阳极而言，三点两两测三组阻值，阻值最大的空余点为公共端，与公共端分别测量另两点，阻值大的为启动线圈端，小的为运转线圈端。此法对两线圈阻值相同的并不适用。以防旋转阳极出现反转、功率降低导致转速不够的情况损伤球管。

2. 旋转阳极检测与保护电路　阳极是否转动以及对应的检测电路是否正常工作，如对应的检测继电器是否动作或检测信号是否在允许范围内等。

3. 检测装置及信号　对应于程控设备，相关的启动、维持以及检测信号数值范围均需要加以观察或检测。

点滴积累

1. 旋转阳极X线管的基本工作时序为：快速启动→启动检测→运转→延时→曝光→制动。
2. 为了防止阳极在没有达到额定转速前曝光发生而导致X线管因过热而损坏的事件发生，设备中必须配有对应的检测保护装置，一般均在定子线圈中设有电压或电流检测装置加以保护。
3. 旋转阳极接线时应严格注意接线顺序，对应的六线通常为工作线圈（MAIN）、启动线圈（AUX）、公共端（COMMON）、两个温控线（SW）与一根接地线（E），以防接错后导致阳极转向相反、功率不足导致转速不够的潜在危险因素。

第五节 灯丝加热电路

一、灯丝加热电路的功能及组成

通过X线管的管电流决定了X线的辐射量，它对诊断和治疗质量起着决定性影响。管电流是由灯丝热电子发射而成，灯丝温度将直接影响管电流的大小。所以对任何X线管灯丝加热电路的基本要求是可调和稳定。具体来说主要有以下几个特点：

（一）稳压电源

从灯丝发射特性曲线得知，灯丝加热电路对电压的稳定性要求高，故而灯丝加热电路设有一个稳压电源，一般采用磁饱和谐振式稳压器，此种稳压电源稳定度能达±1%，基本能满足管电流稳定的要求，但是其对频率变化十分敏感，故而也有使用电子稳压器的。

（二）大功率毫安调节电阻

在灯丝初级中串联有可调电阻，以作为管电流选择。对透视而言，管电流很小，一般在几个毫安以下，但要求在高压下连续可调，故该电阻阻值应可以连续变化；对摄影而言，管电流较大，且曝光时不可调节，故应分段可调。

（三）空间电荷抵偿变压器

在灯丝初级电路中要设置空间电荷抵偿器，以抵偿由于空间电荷效应而造成的管电流受管电压变化而引起的变化。因空间电荷的存在，管电流随管电压上升而上升的现象，对应的措施是随着管电压的上升，让灯丝加热电压有所下降，不同的毫安，补偿不同；不同的kV变化大小相同区域，如50~60kV与70~80kV，抵偿也应有所不同，理想状态直至空间电荷完全消失后不用再抵偿。

（四）灯丝预热与增温

X线管灯丝温度越高，点亮时间越长，灯丝消耗就越快，寿命就越短。为了保证X线管灯丝有足够的发射电子数量，延长X线管的寿命，大多数X线机的灯丝电路都设计为预热增温式，即在灯丝加热初级电路中串入一个大功率电阻，开机后灯丝变压器所得的初级电压经该电阻分压后给灯丝预热；当按下曝光开关第一档时，电路将该电阻全部或部分短路，瞬间提升灯丝加热电压，保证在曝光期间 X 线管管电流的输出量。

（五）冷高压保护装置

X 线管灯丝不加热而在其两端加上管电压称为冷高压。冷高压对 X 线管具有巨大的破坏作用，需要设计相关的保护电路，对工作中因 X 线机故障导致冷高压时，切断控制电路，以达到保护 X 线管的目的，该电路称为冷高压保护电路。电路的形式随机型的不同而不同，基本原理是：在灯丝初级电路串联一个检测元件，当出现灯丝加热回路断路时，该元件检测出异常电信号，经相关电路处理后去控制电路，切断后续工作程序。

结构模式：交流稳压器→空间电荷抵偿装置→管电流调节电阻→灯丝变压器→X 线管灯丝。

二、典型灯丝加热电路分析

（一）F30 型 30mA X 线机灯丝加热初级电路分析

1. 电路结构 小型 X 线机多采用容量较小的单焦点 X 线管，电路设计简单实用，其灯丝加热电路不设稳压装置和空间电荷抵偿装置，由自耦变压器直接供电，开机后灯丝即被正常加热。图 3-19 是 F30 型 30mA X 线机的 X 线管灯丝加热初级电路。电路中可调电阻 R_4 和电位器 W 串联在灯丝变压器 B_3 的初级电路中，构成透视灯丝加热调节电路；R_4 将透视管电流限定为最大 5mA，旋动 W 即可在 5mA 内连续调节透视管电流值。摄影灯丝加热电路由半可调电阻 R_3 与灯丝变压器 B_3 初级串联而成，调节 R_3 上的抽头，确定摄影时的最大管电流值（30mA）。

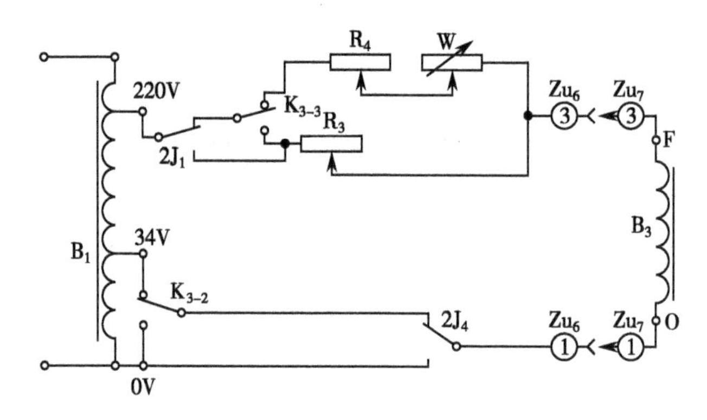

图 3-19 F30 型 30mA X 线机灯丝加热初级电路

透视与摄影电路的切换，由技术交换开关 K_3 完成。点片电路的切换，由点片预备继电器 2J 的触点 $2J_1$ 和 $2J_4$ 完成。34V 起摄影电压补偿作用。

2. 电路分析 技术交换开关 K_3 置于透视位，透视灯丝加热电路为：

（B_1）34V→K_{3-2}→$2J_4$（常闭）→$Zu_6$①→$Zu_7$①→O→B_3→F→$Zu_7$③→$Zu_6$③→W→R_4→K_{3-3}→$2J_1$（常闭）→（B_1）220V。

技术交换开关 K_3 置于摄影位，摄影丝加热电路为：

（B_1）0V→K_{3-2}→$2J_4$（常闭）→$Zu_6$①→$Zu_7$①→O→B_3→F→$Zu_7$③→$Zu_6$③→R_3→K_{3-3}→$2J_1$（常闭）→（B_1）220V。

继电器 2J 工作，点片摄影灯丝加热电路为：

(B_1)0V→$2J_4$(常开)→$Zu_6$①→$Zu_7$①→O→B_3→F→$Zu_7$③→$Zu_6$③→R_3→$2J_1$(常开)→(B_1)220V。

(二) F30-ⅡD型200mA X线机灯丝加热初级电路分析

1. 电路结构 中型以上X线机配用的X线管多数为容量较大的双焦点旋转阳极管,由于大、小焦点功率不同,分别采用大、小焦点两个灯丝变压器供电,两者共用一个稳压器。图3-20为F30-ⅡD型200mA X线机的灯丝加热初级电路。图中B_{11}为稳压器,B_4和B_3分别为大、小焦点灯丝变压器,B_{10}为空间电荷抵偿变压器,R_3和R_6为透视管电流调节电阻,R_7和R_8为摄影管电流调节电阻,XK_1为摄影管电流选择器,大、小焦点灯丝变压器均由稳压器B_{11}供电。透视时,稳压器输出的电压经R_3、R_6及R_7加于小焦点灯丝变压器B_3初级线圈的两端,调节电位器R_3的阻值,可改变透视管电流的大小。小焦点摄影时,稳压器输出的电压经空间电荷抵偿变压器B_{10}的次级线圈及R_7加在小焦点灯丝变压器B_3初级线圈的两端,调节R_7的阻值,使输出管电流达到30mA。大焦点摄影时,稳压器输出的电压经空间电荷抵偿变压器B_{10}的次级线圈及R_8,加在大焦点灯丝变压器B_4初级线圈的两端,通过选择R_8上的4个抽头,分别选定输出管电流为50mA、100mA、150mA及200mA。

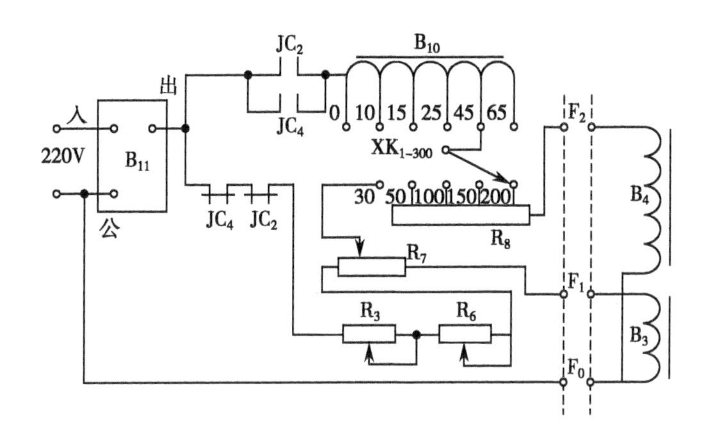

图3-20 F30-ⅡD型200mA X线机的灯丝加热初级电路

2. 电路分析 透视电路工作为:

B_{11}(公)→F_0→B_3→F_1→R_7→R_6→R_3→JC_2(常闭)→JC_4(常闭)→B_{11}(出)。

XK_1置于30mA档,按下手开关,透视与摄影交换接触器JC_2工作,小焦点30mA摄影电路工作为:

B_{11}(公)→F_0→B_3→F_1→R_7→XK_{1-300} 30mA档→B_{10}→JC_2(常开)→B_{11}(出)。

XK_1置于50~200mA任一档,按下手开关,透视与摄影交换接触器JC_2工作,大焦点50~200mA摄影电路工作为:

B_{11}(公)→F_0→B_4→F_2→R_8(50~200mA)→XK_{1-300}→B_{10}→JC_2(常开)→B_{11}(出)。

XK_1置于所需毫安档,拉动点片手柄,JC_4工作,点片摄影准备电路为:

B_{11}(公)→F_0→B_4→F_2→R_8→XK_{1-300}→B_{10}→JC_4(常开)→B_{11}(出)。

(三) 灯丝加热电路故障分析

灯丝加热电路包括了控制台、高压发生器、电缆与X线管,X线管灯丝加热初级电路检查步骤为：自耦变压器次级→熔断器→电源稳压器→大焦点初级或小焦点初级。故障发生时，首先考虑高压发生器面板上 F_0、F_1、F_2 之间电压是否正常，对于双管位 X 线机而言，可以利用高压交换闸的切换功能，检测电缆与 X 线管的性能。也可以直接观察灯丝工作状态。

常规的工频 X 线机，灯丝保护电路有对应的继电器动作加以配合，对该继电器的工作状态进行检查后，可以确认灯丝初级状态是否正常，如果检查不过，分析故障原因是灯丝初级还是保护电路后，再加以处理。

对于程控设备，相关的检测信号是否完成，可以对对应的输出信号进行检测后，缩小故障范围。

边学边练

掌握灯丝加热电路的基本组成及回路，练习灯丝加热电路常见故障排除。请见“实训五　管电流控制系统调试及维修”。

点滴积累

1. 灯丝加热电路分为初级与次级电路两部分组成，初级电路的基本组成为：稳压装置、空间电荷抵偿装置、大功率可调电阻、检测装置与灯丝加热变压器初级。次级电路的基本组成为：灯丝加热变压器次级、阴极电缆与 X 线管灯丝。
2. 因空间电荷效应，将导致管电流随着管电压的上升而上升，解决的方案为：在管电压上升的同时，将灯丝加热变压器初级电压进行下降微调，最后实现管电流不因管电压的改变而改变。空间电荷的补偿不仅仅跟管电压有关，同时也跟管电流的大小有关，管电流越大，空间电荷越多，对应的抵偿也应该越多。

知识链接

谐振式磁饱和稳压器工作原理

谐振式磁饱和稳压器是在磁饱和稳压器的基础上发展起来的。磁饱和稳压器是一种特殊的变压器。它的铁芯和普通变压器不同，初级一侧的铁芯截面积较大，称非饱和铁芯；次级一侧的铁芯截面积较小，称饱和铁芯，如图 3-21 所示。

磁饱和稳压器的基本原理是利用铁芯磁化曲线的非线性特点，在输入电压低于正常值时，稳压器和普通变压器一样，次级输出按初次级线圈匝数比的关系升高或降低电压。随着输入电压的升高，初级线圈铁芯中的磁通量不断增加，而次级线圈铁芯由于截面积小于初级线圈铁芯，通过铁芯的磁通量不能增加而达到饱和，多余的磁通量通过空气而泄漏，称为漏磁。绕在饱和铁芯上的线圈由于没有磁通的变化，产生的电压也就基本无改变，这样稳压器次级的输出电压就不再随初级电压的变化而改变，达到稳定输出的目的。但此种稳压器输出电压仍不够稳定，特别是为了使次级线圈铁芯的磁通达到饱和，需要从电源中吸收很大的磁化电流，增加了电源的能量损耗，稳压器的工作效率不高。

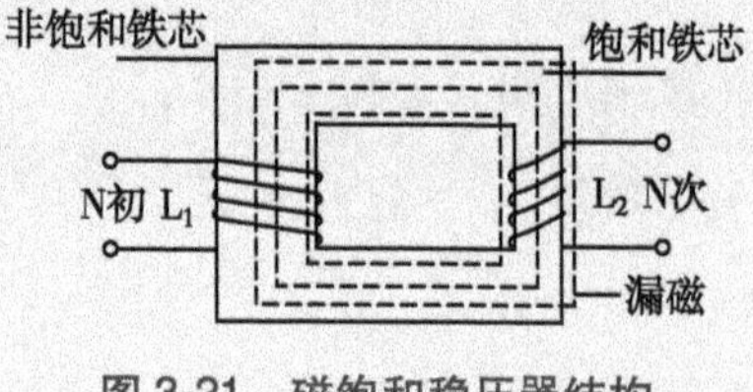

图 3-21　磁饱和稳压器结构

谐振式磁饱和稳压器的结构是在磁饱和稳压器的基础上，在非饱和铁芯上加一个与 L_1 线圈绕向相反、和 L_2 线圈串联并可调节的补偿线圈 L_3，在饱和铁芯上加一个由 L_4C 组成的谐振电路，构成谐振式磁饱和稳压器。如图 3-22 所示。

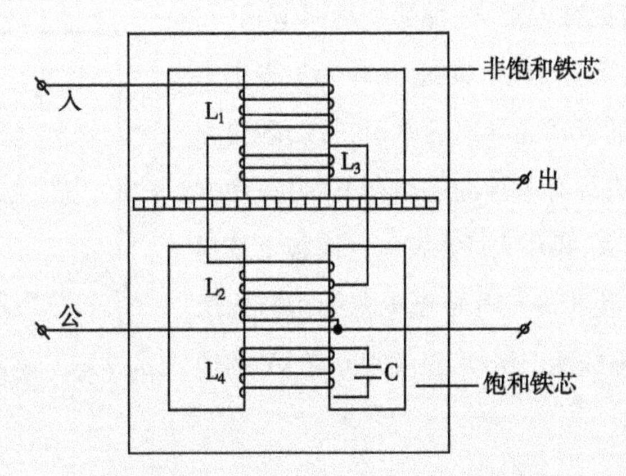

图 3-22　谐振式磁饱和稳压器结构

谐振式磁饱和稳压器的稳压性能较好，当电源电压变化在±20%时，输出电压的波动不超过±1%。但对电源频率要求很严格，必须和 LC 的振荡频率相同。一般国产 X 线机在出厂时，已按 50Hz 的电源频率调好 LC 振荡电路。因此，在电源频率不稳、高于或低于 50Hz 时，LC 谐振电路不工作，稳压器失去稳压作用，其输出电压随频率变化而变化。当电源频率升高时，输出电压升高；电源频率下降时，输出电压也降低。

在现代 X 线设备中，除了使用谐振式磁饱和稳压器保证灯丝加热电压的稳定外，还采用了晶体管电子稳压器和高频逆变技术，可根据管电流的变化情况随时调节高频逆变器的输出，调整 X 线管灯丝加热电压，灯丝发射的电子得到修正，使管电流更稳定。

第六节　高压电路

高压变压器是一个升压变压器，产生 40~150kV 高压，供给 X 线管作为管电压。高压电路以高压变压器为分界点，分为高压初级电路与高压次级电路两部分。

一、高压初级电路功能

高压初级电路是对高压变压器供电，这部分主要解决三个问题：kV 调节、kV 控制（含 kV 补偿）和 kV 预示。

（一）kV 调节

高压调节的方式有：改变高压变压器初级输入电压、改变高压变压器初级线圈匝数、改变高压变压器次级线圈匝数或改变串联在高压初级电路上主可控硅的输入电流波形，即改变可控硅的导通角实现调节的。

此处主要讲解调节初级电压方式。如图3-23所示，自耦变压器B_1采用滑动调压式，R_{KV}为管电压调节碳轮，碳轮在自耦变压器线圈的裸露面上滑动，从自耦变压器上取出不同数值的电压供给高压变压器初级，使次级得到不同数值的管电压。这种调节方法连续细致，为大多数中型及以上X线机所采用。碳轮的移动有两种方法：一种是手动调节式，在X线机控制台面板上设置管电压调节旋钮，操作人员根据工作的需要旋动旋钮，旋钮的运动经导绳的牵引，带动碳轮在自耦变压器线圈上滑动，完成管电压的连续调节；另一种方法是电机带动的自动调节式，操作人员在控制台面板上选择升或降kV，控制台内部产生指令信号控制电机的正转或反转，带动碳轮在自耦变压器线圈上滑动，以实现升降kV的连续调节。

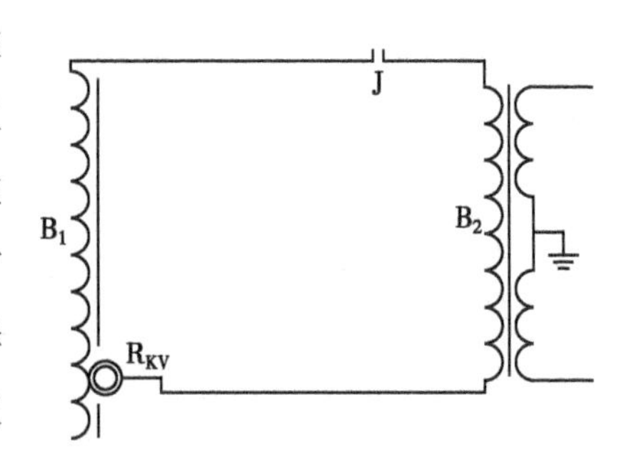

图3-23　管电压连续调节式示意图

（二）kV控制

因为X线管的工作模式是灯丝先增温到一定程度再加高压，所以实际上高压控制就是X线的产生与停止。常用的高压控制方式主要分为接触器控制法与电子零相位控制法。

由于摄影是瞬间大负荷工作状态，当高压突然接通或断开时，将会产生超过额定值数倍的冲击浪涌电流和过电压，称为突波。在高压次级，高于正常电压数倍的突波会造成高压器件绝缘破坏、击穿，在接触器触点间产生较强的电弧，使触点熔蚀而损坏，甚至将触点熔粘在一起而不能断开电路，造成X线管损坏。所以，防止突波是高压初级电路"通"、"断"控制时必须采取的一项控制措施。X线机管电压的控制常用以下两种方法：

1. 接触器控制法　如图3-24所示，在高压初级供电回路中串接一对以上的接触器触点，接触器的工作受控制电路控制。当接触器J线圈得电时，其常开触点闭合，接通高压初级电路。J线圈失电时，常开触点断开，切断高压初级电路。接触器控制法防止突波的措施是：将接触器的一对常开触点J(3、4)，串接上一个功率较大(25～30W)、阻值较小(3～10Ω)的线绕电阻R，并调J(3、4)和J(5、6)两对触点间的运动间隙。工作原理是：当接触器线圈得电工作时，J(5、6)与J(3、4)先闭合，瞬间后J(1、2)闭合，J(3、4)支路被短路，高压初级进入正常工作状态；曝光结束时，J(1、2)触点先断开，瞬间后J(3、4)和J(5、6)断开，电路复原；常开触点J(3、4)和J(5、6)先接通后断开，在电路接通和断开的瞬间，输入电压被电阻R分压而降低，起到了降压灭弧作用。此种控制方法的优点是电路结构简单。

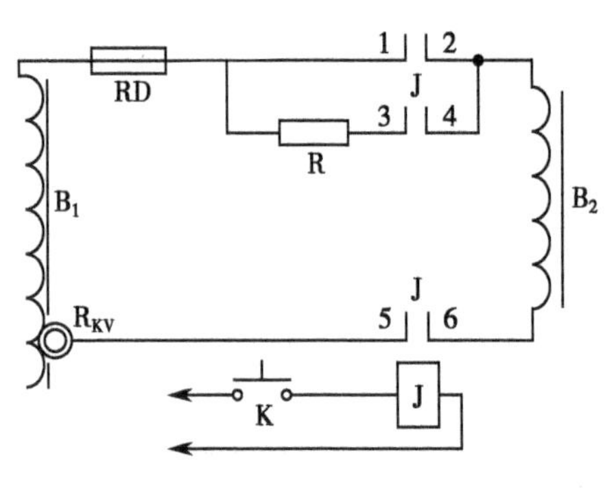

图3-24　接触器控制法电路

2. 电子零相位控制法　由于接触器受固有动作时间影响，不能在短时内完成数次"闭合"与"断开"的动作，尤其是接触器缺乏时序和状态的判断力，负载时接触器的闭合与断开，其触点间会产生较大的电弧放电。因此，目前中、大型工频X线机已广泛采用晶闸管组成的

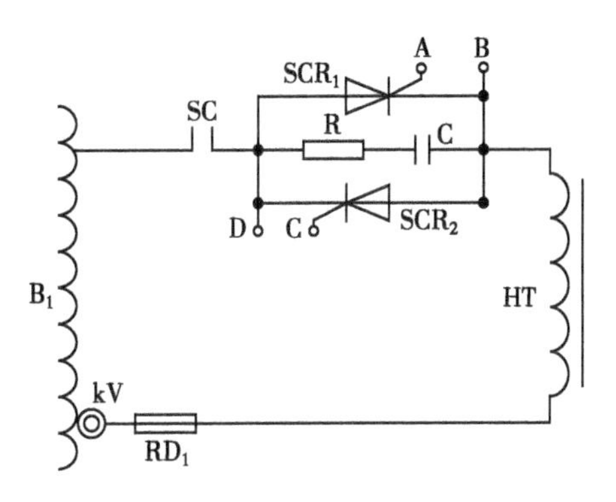

图 3-25　电子零相位控制法高压初级电路

零相位控制电子无触点开关取代接触器。其工作原理如图 3-25 所示，2 个晶闸管 SCR_1 和 SCR_2 组成反向并联电路，当 A-B、C-D 间无触发信号时，电路呈关闭状态，高压变压器 HT 不得电；在曝光准备时，接触器 SC 触点首先闭合，此时 SCR_1 和 SCR_2 未导通工作，SC 触点闭合瞬间无电弧放电；接到曝光指令后，控制电路在输入电压过零点时，发出 A、B 端和 C、D 端触发信号，使 SCR_1 或 SCR_2 导通，高压初级接通时电压很小，有效地防止了突波。电路设计上使 SC 的触点闭合提前可控硅 0.8 秒，是为了防止晶闸管发生失控时，利用 SC 切断高压初级电路使 HT 断电；曝光结束时，控制电路产生的零相位控制脉冲信号消失，A、B 端和 C、D 端触发信号消失，根据晶闸管的工作特性，在 SCR_1 和 SCR_2 两端交流波形过零点时自行关断，在高压初级电路断开时，避免了突波的产生。

晶闸管的工作特性：当阳极和控制极相对阴极而言均为正电位时导通；一旦导通后，控制极失去作用，要使其截止必须将阳极电位降低到一定值、或加反向电压，方可截止。

（三）kV 预示

曝光前，需要将即将产生的 kV 值准确的预示出来，若等曝光时进行测量，电压高、时间短，不容易实现。原理是根据高压变压器的变比，将空载时的高压初级电压换算成负荷时相对应的次级高压值，并加以 kV 补偿，使预示的 kV 值尽可能与实际产生的 kV 值一致。常用的预示方法有刻度盘预示法和电压表预示法。

（四）kV 补偿

由于电源内阻、自耦变压器阻抗与高压变压器的阻抗的存在，在曝光的瞬间，主电路会产生较大压降，从而使得实际产生高压小于预示电压值，且随曝光条件不同，压降也不同（毫安越大，补偿越多）。解决的措施是进行管电压补偿，补偿的基本原理是：先计算出各档位管电流在曝光时所产生的电压降落值，然后将测得的初级空载电压值减去该不同档管电流产生的电压降落值后再预示。

常用的补偿方法有两种：电阻式补偿法和变压器式补偿法。

1. 电阻式 kV 补偿电路　电阻式 kV 补偿电路的具体方法是在预示回路中根据不同的管电流，串入一适当的降压电阻，电阻上降落的数值正好等于该档需要补偿的数值，使 kV 表指示降落该档补偿的数值。如图 3-26 所示，把千伏表通过毫安选择器与一组阻值不同的电阻相连接，当管电流从低档向高档调节时，千伏表所串联的电阻阻值也随之由小变大，千伏表的指数就随管电流的增加而降低，补偿了不同管电流档负载时对管电压的影响。

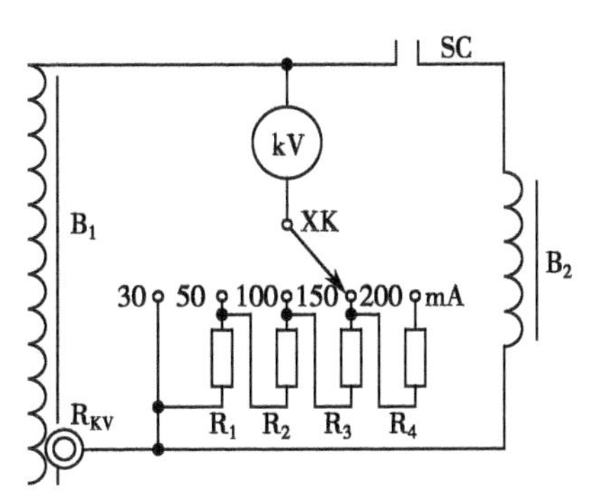

图 3-26　电阻式 kV 补偿电路

2. 变压器式 kV 补偿电路　kV 补偿的原理同上，它既能对不同管电流负荷时的压降进行补偿，又能对不同管电压负荷时的压降进行补偿，其效果当然更好。如图 3-27

所示，B_{12}是千伏补偿变压器；电阻 R_2 与电源电压调节碳轮 V 联动补偿电源网络及自耦变压器的电压降；K_1 及摄影管电压调节碳轮 R_{KV}共同补偿高压电路的电压降及不同毫安档的电压降；B_1 是补偿变压器，其输出电压相位与变压器 B_{12}相反起补偿作用。

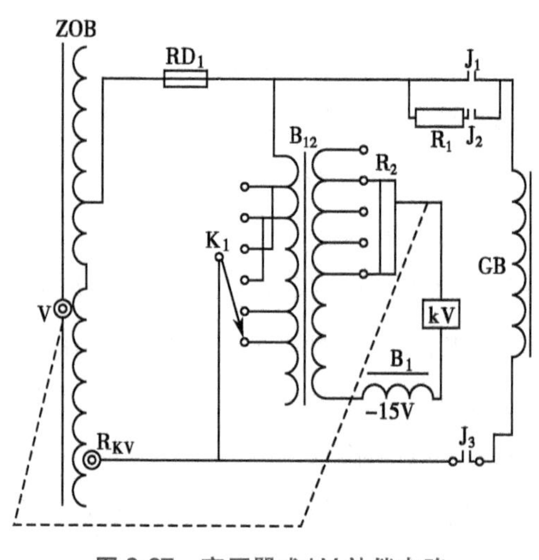

图 3-27 变压器式 kV 补偿电路

（五）逆电压衰减装置

对于高压自整流式的小型 X 线机，高压变压器次级产生的交流高压直接加到 X 线管的阴、阳两极。交流高压正半周时，正高压加在 X 线管的阳极，负高压加在阴极，X 线管内有电流通过，X 线正常发生。交流高压负半周时，正高压加在 X 线管的阴极，负高压加在阳极，X 线管内无电流通过，无 X 线发生。正向电压的半周，X 线管导通，有电路压降产生；而逆电压的半周，X 线管截止，高压回路无压降，使逆电压远大于正向电压，这种逆电压的存在容易引起高压电路所涉及元部件的击穿；同时，因正高压加在 X 线管的阴极，灯丝发射的电子回打在阴极端，易造成阴极过热损坏。为了有效地抑制逆电压，需设置逆电压衰减装置。如图 3-28 所示，具有单向导电特性的硅二极管 ZB 和一个可调电阻 R 并联组成，串联在高压初级电路中，在 X 线管正向导通的半周，高压初级电流主要经硅二极管 ZB 通过，ZB 上的压降很小，对高压值没有影响；在 X 线管截止的半周，高压初级电路经电阻 R 降压后供给高压变压器初级的电压值降低，高压次级所产生的高压也相应地降低，起到了逆电压衰减的作用。

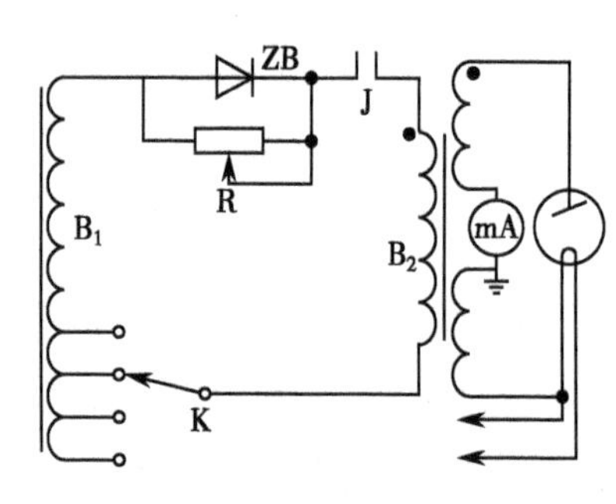

图 3-28 逆电压衰减装置

二、常用高压初级电路分析

（一）F30 型 30mA 自整流式 X 线机高压初级电路分析

1. 电路结构 如图 3-29 所示，K_2 为 kV 调节器，其 kV 值由控制台面板上的刻度盘预示，无 kV 补偿装置。R_2 与 ZB 组成逆电压衰减装置，$1J_1$ 和 $1J_2$ 为高压控制接触器触点，R_1 为防突波电阻，$2J_2$ 和 $2J_4$ 为点片预备继电器触点。当高压接触器 1J 工作后，触点 $1J_1$ 和 $1J_2$ 闭合，接通高压初级电路。

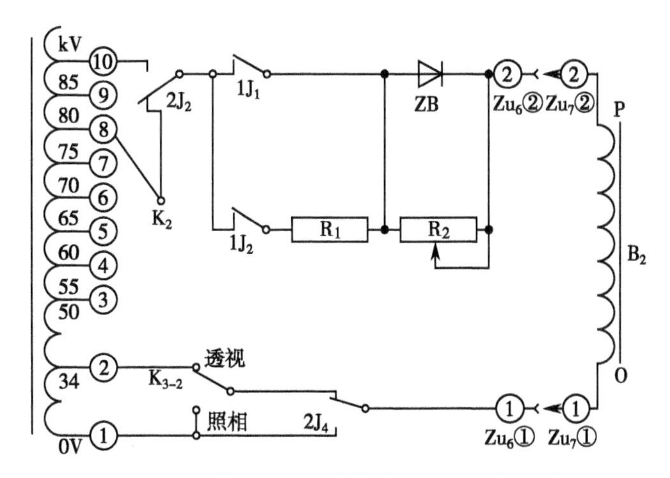

图 3-29 F30 型 30mA X 线机高压初级电路

2. 电路分析 技术交换开关 K3 置于透视位，透视电路为：

34V→K_{3-2}→$2J_4$(常闭)→$Zu_6$①→$Zu_7$①→O→B_2→P→$Zu_7$②→$Zu_6$②→ZB(负半周经过 R_2)→$1J_1$(瞬间先经 R_1→$1J_2$)→$2J_2$(常闭)→K_2→B_1。

技术交换开关 K_3 置于摄影位，摄影电路为：

0V→K_{3-2}→$2J_4$(常闭)→$Zu_6$①→$Zu_7$①→O→B_2→P→$Zu_7$②→$Zu_6$②→ZB(负半周经过 R_2)→$1J_1$(瞬间先经 R_1→$1J_2$)→$2J_2$(常闭)→K_2→B_1。

2J 工作，触点 $2J_2$ 和 $2J_4$ 接通 85kV 摄影电路，点片摄影电路为：

0V→$2J_4$(常开)→$Zu_6$①→$Zu_7$①→O→B_2→P→$Zu_7$②→$Zu_6$②→ZB(负半周经过 R_2)→$1J_1$(瞬间先经 R_1→$1J_2$)→$2J_2$(常开)→B_1(85kV)。

(二) F30-ⅡF 型 200mA X 线机高压初级电路分析

1. 电路结构 如图 3-30 所示，自耦变压器采用滑轮调节方式，摄影和透视管电压分别由 F_{KV} 和 R_{KV} 滑轮调节。熔断器 RD_1(30A)和 RD_2(5A)分别在摄影和透视初级电路中起保护作用。JC_1 是透视高压控制接触器，在透视初级回路中串入电阻 R_2，提高 X 线管的稳定性。R_1 为摄影防突波电阻，由于 JC_3(5、6)触点间隙比 JC_3(3、4)触点间隙小，因此当 JC_3 得电吸合时，JC_3(5、6)触点先闭合，因串入电阻 R_1 降压，故加到高压变压器初级两端的电压很低，避免高压接入时产生的突波。瞬间后 JC_3(3、4)触点闭合将 R_1 短路，进入正常工作状态。

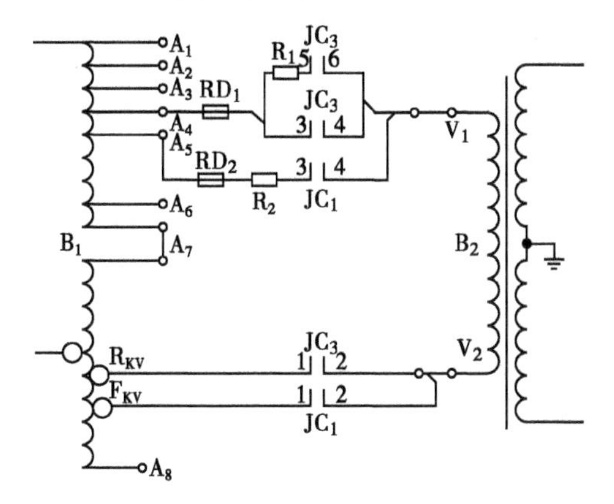

图 3-30 F30-ⅡF 型 200mA X 线机高压初级电路

2. 电路分析　控制电路中 JC_1 工作，其常开触点闭合，透视高压初级得电，回路为：

F_{KV}→JC_1(1、2)→V_2→B_2→V_1→JC_1(3、4)→R_2→RD_2→A_5。

控制电路中 JC_3工作，其常开触点闭合，摄影高压初级得电，回路为：

A_4→RD_1→JC(3、4)[瞬间先经过 R_1→JC_3(5、6)]→V_1→B_2→V_2→JC_3(1、2)→R_{KV}。

三、高压次级及管电流测量电路

高压变压器次级电路是指高压变压器次级线圈至 X 线管两端所构成的闭合回路。由于 X 线管电流的测量必须要串入高压次级回路中进行，故高压变压器次级电路和管电流测量电路要一起分析。高压次级及管电流测量电路的主要元件有：高压变压器次级、高压整流元件、高压交换闸、高压电缆、X 线管和毫安测量表。小型 X 线机多采用半波自整流电路，中型 X 线机多采用单相全波整流电路，大型 X 线机采用三相整流电路。

（一）高压次级及管电流测量电路

X 线机高压的整流方式有半波自整流、单相全波整流、三相全波整流及倍压整流方式。

1. 半波自整流及管电流测量（如图 3-31）。

2. 单相全波整流及管电流测量（如图 3-32）。

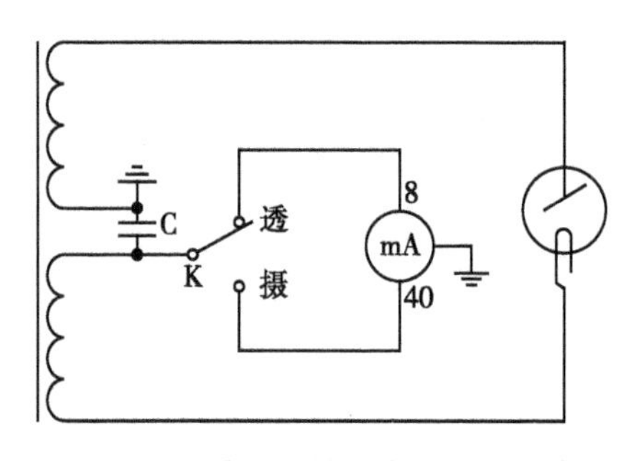

图 3-31　半波自整流高压次级电路

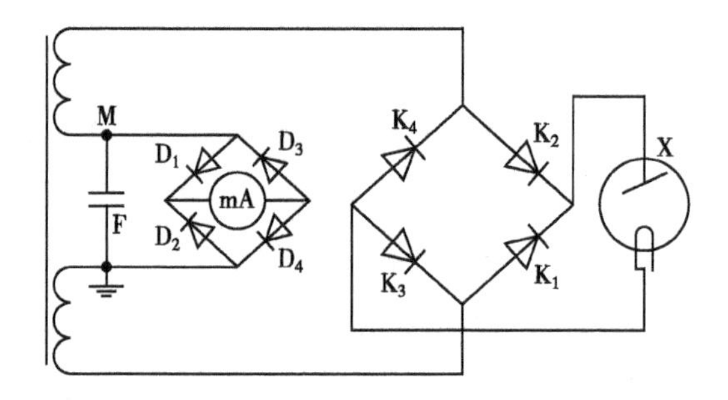

图 3-32　单相全波整流及管电流测量电路

3. 三相整流及管电流测量　三相整流电路与单相整流电路相比较的优点：在相同的 kV 和 mA 条件下所产生的 X 线中软射线少，X 线有效输出量大，高压波形平稳。

（1）三相六波整流及管电流测量：电路结构形式如图 3-33 所示。管电流测量如图 3-34 所示，其中性点与单相全波整流电路一样，流过的是交流电流，所以需要经全波整流后再进行管电流测量。图中的 6 个整流二极管构成低压整流，整流后供毫安表测量用。

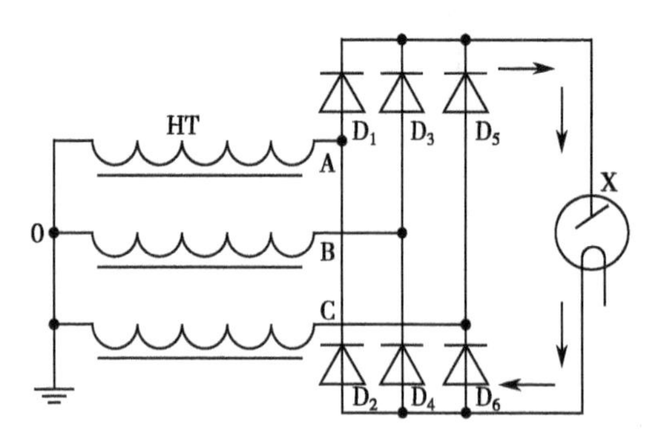

图 3-33　三相六波整流电路

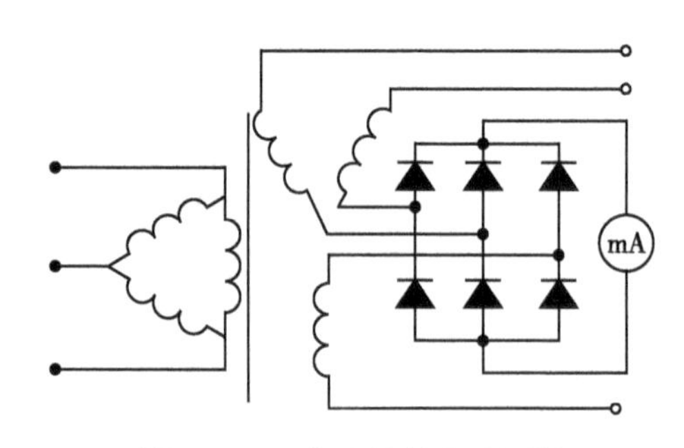

图 3-34　三相六波管电流测量

（2）三相双重六波整流及管电流测量（图 3-35）

（3）三相十二波整流及管电流测量（图 3-36）

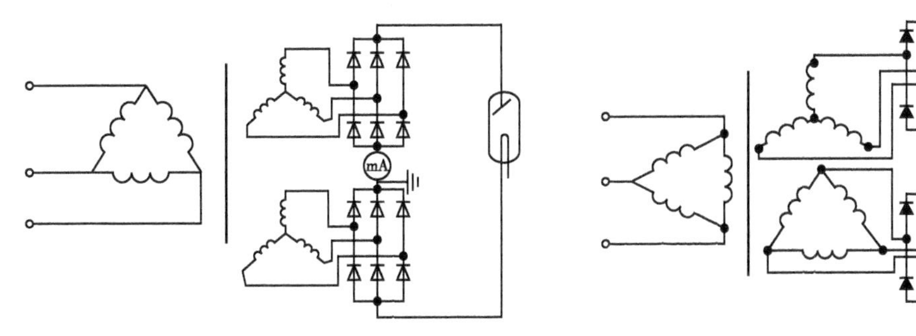

图 3-35　三相双重六波整流及管电流测量　　图 3-36　三相十二波整流及管电流测量

（4）三相双重十二波整流及管电流测量（图 3-37）

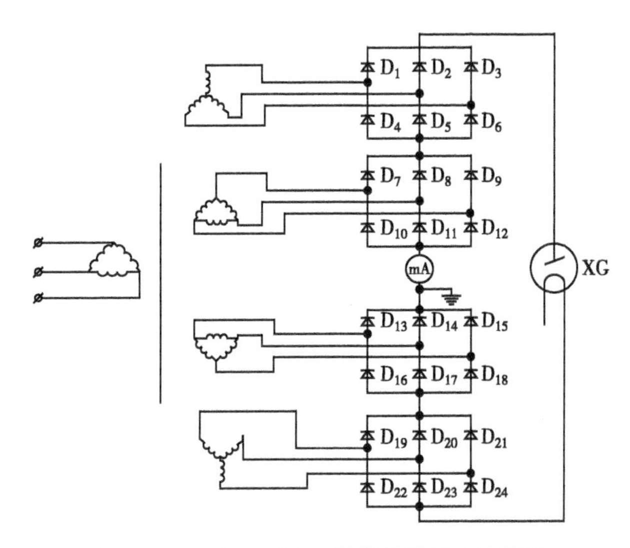

图 3-37　三相双重十二波整流及管电流测量

4. 倍压整流电路　如图 3-38 所示。为了获得更高的直流高压，通常使用倍压整流电路。倍压原理是：设高压变压器次级电压 U_T按正弦波交变，当 U_T为上正下负（正半周）时，整流管 D_2 导通，D_1 截止，变压器次级输出电压向电容器 C_2 充电；当 U_T为上负下正（负半周）时，整流管 D_1 导通，D_2 截止，变压器次级输出电压向电容器 C_1 充电。电容器 C_1 和 C_2 端电压的极性对负载 X 线管来说是串联相加的，则 C_1 与 C_2 上电压叠加得到 $U_a = Uc_1 + Uc_2$。电路中输出直流电压的最大值是高压变压器次级电压最大值的 2 倍（2 倍压）。也就是说，高压变压器次级电压仅为直流输出电压的一半，这样可降低高压变压器的绝缘要求，深部治疗 X 线机和中频诊断 X 线机常采用这种整流电路。

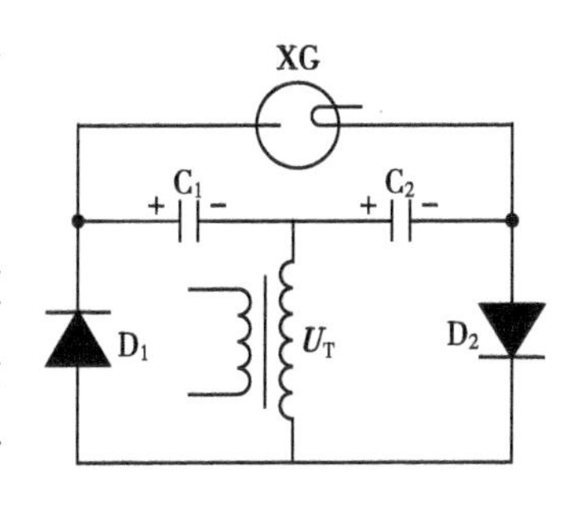

图 3-38　倍压整流电路

5. 毫安秒表的管电流测量　实际工作中，当曝光时间很短（一般低于 0.5 秒）时，由于毫安表指针的运动起摆惰性，出现指示不准确的现象，故在管电流测量电路中增设了毫安秒表，用于短时间曝光时管电流量的测量。一般 X 线机设计为：在低毫安、长时间档曝光时，用毫安表指示管电流；在高毫安、短时间档曝光时，用毫安秒表指示管电流与时间的乘积，称为管电流量，即毫安秒（mAs）。工作原理如图 3-39 所示，M 点与高压次级中心相连，$D_1 \sim D_4$ 为毫安表及毫安秒表测量用的低压整流桥，整流后的电压经 409 线输出，FJb 为摄影准备继电器。透视时，FJb 不工作，其常闭触点接通 413 线毫安表电路，指示透视管电流。摄影时，FJb 工作，其常闭触点打开，常开触点闭合接通 410 线时间选择器支路，K 为摄影时间选择器，当摄影曝光时间大于 0.3 秒时，410 线接通 412 线，用毫安表测量管电流；当摄影曝光时间为 0.3 秒及以下时，410 线接通 411 线，用毫安秒表测量。

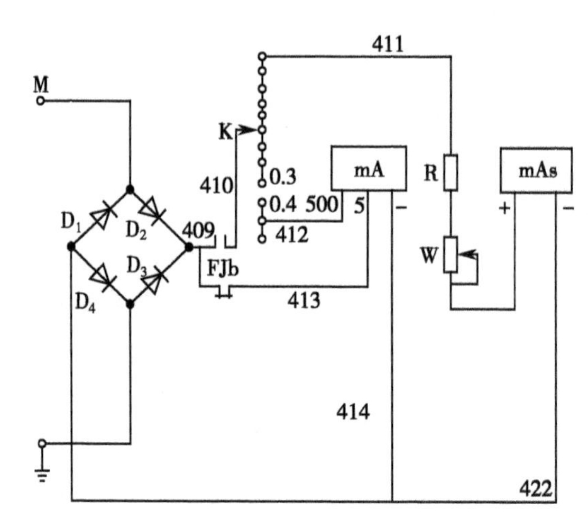

图 3-39　毫安表及毫安秒表测量电路

前期 X 线机产品使用的是冲击式毫安秒表，目前产品常使用保持式电子毫安秒表和数字式毫安秒表。

（二）电容电流抵偿

在高压次级电路中，高压变压器次级线圈匝与匝之间、匝与地之间和高压电缆芯线与地之间，均存在一定的分布电容，这些电容并接在一起，其容量一般可达数百皮法，如图 3-40 所示。曝光时，高压变压器次级线圈产生交流高压施加在该等效电容上形成充放电电流，称为电容电流。此电容电流的大小随 kV 值的增高而增大，一般可达数毫安之多。在半波自整流电路中，交流的电容电流对直流毫安表无影响，但在全波整流电路中，电容电流和 X 线管电流一起进入低压整流器整流成直流进入毫安表，使其读数增大。摄影时，管电流较大，几毫安的电容电流对其影响甚微，可以忽略不计。由于透视管电流较小，一般为 2～3mA，其影响较大，必须采取措施加以抵偿。常用两种抵偿方法：一种是电阻抵偿法，在毫安表整流器输入端或毫安表两端并联一个分流电阻，使其分流的电流值恰好等于电容电流值，这样毫安表的读数就等于实际的管电流值，即可消除电容电流对毫安表读数的影响；另一种是变压器抵偿法，在高压变压器初级线圈侧的铁芯上附加一个

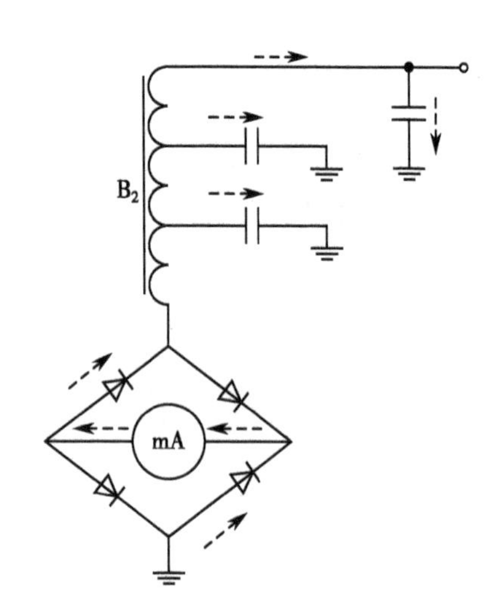

图 3-40　电容电流示意图

匝数不多的独立线圈，该线圈的输出电压随管电压的改变而变化，经整流、调节后成为与电容电流大小相等而方向相反的抵偿电流来抵消电容电流。

四、常见高压次级及管电流测量电路分析

（一）F30型30mA X线机高压次级及管电流测量电路分析

1. 电路结构　如图3-41所示，高压变压器B_2、灯丝变压器B_3和X线管共同封装在组合机头内。X线管直接连接高压变压器B_2次级输出的两端，灯丝变压器B_3的次级与高压变压器次级一端相连，毫安表串联在高压变压器次级中心接地点。

2. 电路分析　当X线管阳极为正、阴极为负时，X线管内有电流通过，X线产生，其电路为：

B_2次级下(+)→X线管阳极→X线管阴极→B_2次级上→M→$Zu_7$④→$Zu_6$④→毫安表→$Zu_6$⑤→$Zu_7$⑤→接地点→B_2次级下。

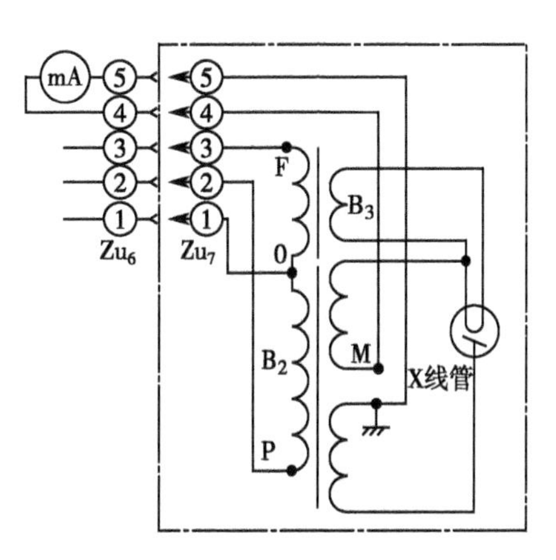

图3-41　F30型30mA X线机高压次级及管电流测量电路

当X线管阴极为正、阳极为负时，X线管内无电流通过，无X线产生。

（二）F30-ⅡD型200mA X线机高压次级及管电流测量电路分析

1. 电路结构　如图3-42所示，高压初级与自耦变压器接通，高压次级电路产生直流高压加在X线管两端，即发生X线，串联在高压次级中心的毫安表指示管电流值。高压变压器次级输出的交流高压，经4只高压整流器D_{51}～D_{54}组成的全波桥式整流电路，整流成为直流高压供给X线管。D_1～D_4组成低压桥式整流，供毫安表测量用。G_8为辉光放电保护管。在毫安表电路中设置由R_9和D_5组成的电容电流抵偿器。B_3和B_4为灯丝变压器次级。

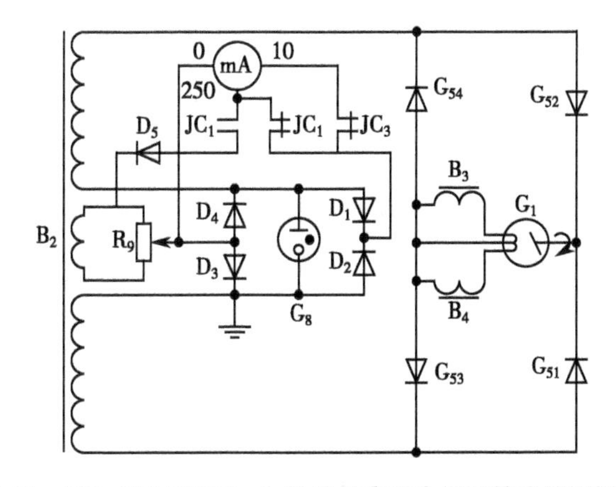

图3-42　F30-ⅡD型200mA X线机高压次级及管电流测量电路

2. 电路分析

(1) 透视：透视接触器JC_1工作后，高压初级电路接通，高压次级线圈产生交流高压。当高压变压器B_2次级产生的交流高压上正下负时，透视高压次级电路：

B_2(上)→G_{52}→G_1→G_{53}→B_2(下)→接地→D_2→JC_3(常闭)→表10mA档位→毫安表→表公共端(0)→D_4→B_2(上)。

当高压变压器B_2次级产生的交流高压上负下正时,透视高压次级电路:

B_2(下)→G_{51}→G_1→G_{54}→B_2(上)→D_1→JC_3(常闭)→表10mA档位→毫安表→表公共端(0)→D_3→接地→B_2(下)。

透视接触器JC_1工作后,一对常开触点闭合,接通该电路所连接的毫安表250mA档。电阻R_9上的分压经D_5整流后,反向流进毫安表,起抵偿作用。电容电流抵偿电路为:

R_9分压→表公共端(0)→毫安表→表250mA档位→JC_1(常开此时闭合)→D_5→R_9上端。

(2)摄影:摄影接触器JC_3工作后,高压初级电路接通,高压次级线圈产生交流高压。JC_3常闭触点断开,切断毫安表10mA量程,透视接触器JC_1的常闭触点接通毫安表250mA量程。当高压变压器B_2次级产生的交流高压上正下负时,摄影高压次级电路如下:

B_2(上)→G_{52}→G_1→G_{53}→B_2(下)→接地→D_2→JC_1(常闭)→表250mA档→毫安表→表公共端(0)→D_4→B_2(上)。

当高压变压器B_2次级产生的交流高压上负下正时,摄影高压次级电路为:

B_2(下)→G_{51}→G_1→G_{54}→B_2(上)→D_1→JC_1(常闭)→表250mA档→毫安表→表公共端(0)→D_3→接地→B_2(下)。

五、高压电路故障分析

高压电路包括:X线管高压初级电路、X线管高压次级电路、X线管灯丝次级电路、X线管管电流测量电路、高压整流电路等。高压电路的电压通常在40~125kV之间,故障检查必须注意的是:①高压电路故障的检查危险性大,检查人员必须经过专业学习和训练方可进行,否则,擅自动手后果不堪设想;②在检查高压电路故障前,必须首先排除低压电路方面的故障。

X线管高压初级电路故障检查步骤为:自耦变压器次级→透视或摄影高压初级→千伏预示→透视或摄影接触器(或晶闸管)触点→高压初级线圈。

高压初级电路,在控制台内有对应送往发生器面板V_1、V_2的接线点,检测该电压时,首先应将V_1、V_2点卸下后并对地短接,而后在手闸二档按下后,应该有对应的依据kV大小调整而改变数值的电压出现,或用220V两组灯泡串联后连接此处,调整kV大小可以明确观察到对应的亮度变化。

高压次级电路判断,双管位球管可以利用高压交换闸的功能交换切位加以判断,注意旋转阳极的端子对应交换,以保证X线管的安全。或将电缆加以更换,以及做高压输出实验等加以验证高压的有无。

(一)高压电路故障表现

在确定低压各电路无异常时,X线机电源接通并选择恰当曝光参数后,踩下脚闸或按下手闸无X线产生,便可确定高压电路存在故障。高压电路存在故障还伴有其他表现,如曝光时出现毫安表指示异常、橡胶塑料烧焦气味、高压发生器或X线管内有放电声、高压电缆击穿、高压电缆头无高压输出等。

(二)高压电路故障检查

根据高压所涉及的电路,设计出检查步骤图,然后逐一检查便可查出故障所在。图3-43为高压电路检查步骤示意图。

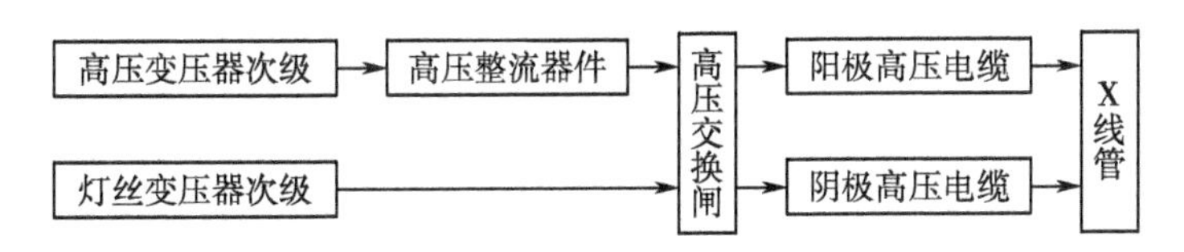

图 3-43　高压电路检查步骤示意图

边学边练

掌握高压初级电路的控制方式，练习常见故障排查。请见“实训六　管电压控制电路调试及维修”。

点滴积累

1. 因电源内阻、自耦变压器内阻、高压变压器初次级内阻等的存在，在负载瞬间，网电电压的下降将导致实际的kV值低于预示的kV值的现象，故而要进行kV补偿。
2. 因高压变压器次级线圈匝与匝之间、匝与地之间和高压电缆芯线与地之间，存在一定的分布电容，故而存在着几个毫安级别的电容电流，这个电流对摄影影响不大，但在透视时，必须加以抵偿，以防出现测量数值与实际数值偏差过大的现象。

第七节　容量保护电路

一、容量保护电路设计原理

X线管容量保护电路是根据X线管的瞬时负载特性设计的，X线管瞬时负载的大小主要由管电压、管电流及曝光时间三参数的综合值来决定，若三参数的联锁值超过了额定阈值，保护电路输出信号切断控制电路，截止X线的发生，同时给出声、光报警指示，以防曝光条件过大损伤X线管（只对一次性过载有效，多次连续曝光需注意间隔时间）。

在三钮制控制的中型以上X线机中，管电压、管电流和曝光时间是独立调节的，因此容量保护电路采用管电流、管电压和曝光时间的三参量相互联锁的电路；一旦超过特性曲线的限定值时，保护电路将使曝光不能进行，并有过载信号显示。

二、典型容量保护电路分析

（一）F30-ⅡD型200mA X线机容量保护电路分析

1. 电路结构　如图3-44所示，F30-ⅡD型200mA X线机的容量保护电路以R_{26}为界分为信号输入电路和开关电路两部分。信号输入电路由空间电荷补偿变压器次级的一个独立线圈B_{10}(3、4)、毫安选择器XK_1、电位器R_{30}～R_{37}、时间选择器XK_2和整流器(D_{11}～D_{14})、C_4组成，开关电路主要由晶体三极管BG_1和BG_2、继电器JD_{12}等组成。

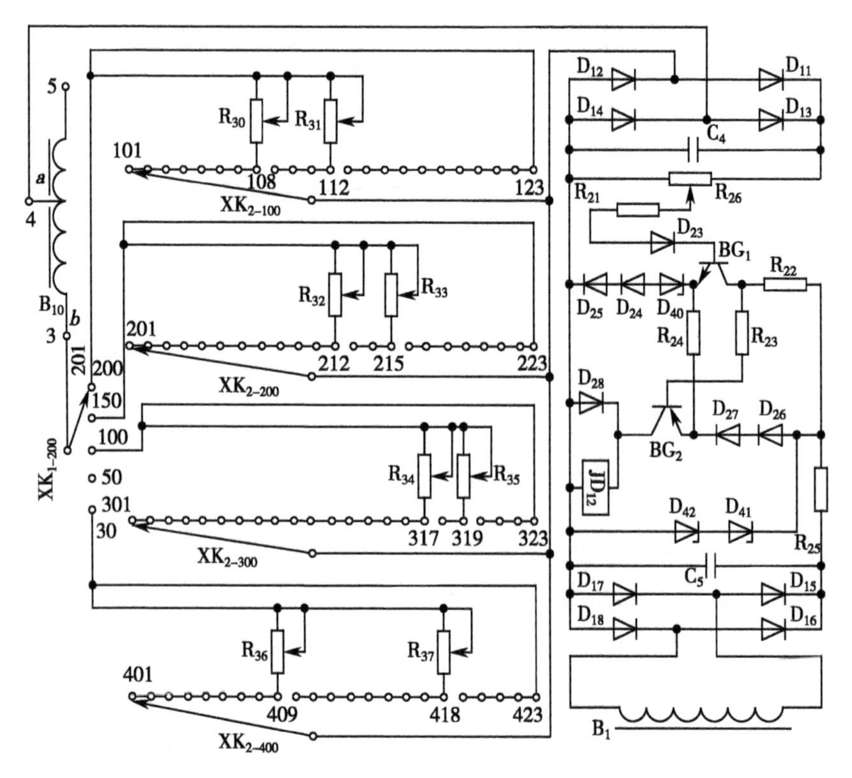

图 3-44 F30-ⅡD 型 200mA X 线机容量保护电路

2. 工作原理分析

(1) 信号输入电路：B_{10}的初级并联在高压变压器初级两端，次级感应的电压与摄影管电压成正比关系。此电压通过 XK_1(30~200mA 任一档)、R_{30}~R_{37}和 XK_{2-100}~XK_{2-400}任一档后，经 D_{11}~D_{14}和 C_4 整流滤波为直流电压，加到 R_{26}上作为开关电路的输入信号。由于不同的管电流所允许的最高管电压和最长曝光时间不同，为了在 R_{26}上得到相同的临界电压(9V)输出，必须对 R_{30}~R_{37}各电位器进行恰当调整，并与不同曝光时间(XK_2)联动，因此，电阻 R_{26}上的直流输出电压反映了摄影管电压、管电流和曝光时间三参量的联锁值，并受其联锁控制。

(2) 开关电路：B_1 是自耦变压器的一个独立线圈，为开关电路提供 40V 交流电压，经 D_{15}~D_{18}整流，C_5 滤波，R_{25}、D_{41}和 D_{42}稳压后，作为开关电路的工作电源；此电源经 R_{24}和稳压管 D_{40}(2CW21B)进行 2 次稳压后作为 BG_1 发射极基准电压。因 D_{40}具有正温度系数，当温度升高时，其电压略有升高，为使 BG_1 基准电压保持稳定，设置了具有负温度系数的二极管 D_{24}和 D_{25}作温度补偿。为了设置 BG_2 合适的工作点，在其发射极上串入 D_{26}和 D_{27}，降低 BG_2 发射极电位，使其发射极与基极间的电压不致过高，使 JD_{12}继电器可靠工作。为防止 JD_{12}继电器在导通与断开交换时，线圈产生的反向电流对 BG_2 的冲击，设置了 D_{28}保护。R_{21}为限流电阻。D_{23}为 BG_1 基极提供保护。JD_{12}为控制继电器，其常闭触点接入曝光控制电路，常开触点接入过载指示灯电路。

当所选摄影条件的联锁值在额定容量(允许范围)内时，R_{26}上输出的直流信号电压经 R_{21}、D_{23}加到 BG_1 基极，低于 BG_1 发射极基准电压(7.9V)，三极管 BG_1 截止，BG_2 就截止，继电器 JD_{12}不工作，曝光可以进行，过载指示灯不亮。

当所选摄影条件的联锁值超过额定容量范围时，R_{26}上输出的直流信号电压经 R_{21}、D_{23}加到 BG_1 基极高于 BG_1 发射极基准电压，BG_1 和 BG_2 相继导通，继电器 JD_{12}动作，其常闭触点断开，切断曝光控制电路，曝光不能进行，其常开触点闭合，过载指示灯点亮。

（二）KB-500 型 500mA X 线机容量保护电路分析

1. 电路结构　该机容量保护具有千伏-毫安-时间三联锁保护、千伏过载保护、毫安过载保护，如图 3-45 所示。

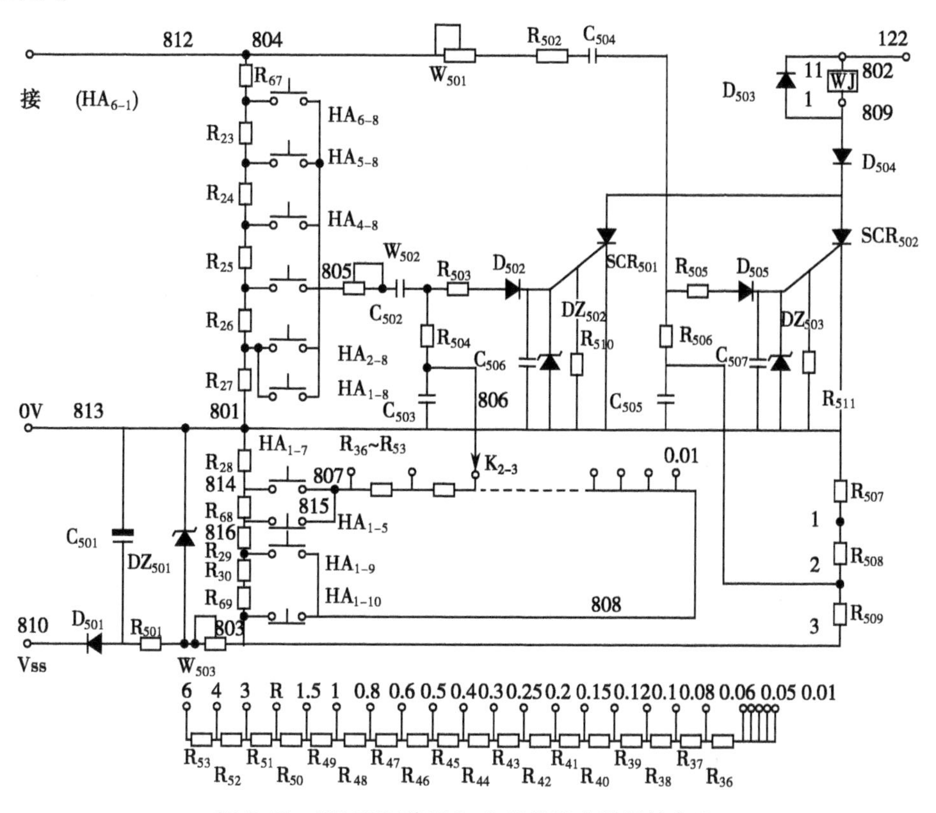

图 3-45　KB-500 型 500mA X 线机容量保护电路

2. 电路分析

（1）千伏-毫安-时间三联锁保护电路：当操作者选择条件超过允许值时，该电路起作用，保护 X 线管。工作原理为：代表曝光时间长短、大小不同焦点的一直流负压作为基准电压存贮在 C_{503}上；来自千伏表两端（与千伏值成正比）的电压经 R_{67}和 $R_{23}\sim R_2$（与管电流有关）分压后，代表 kV 和 mA 的正电压信号叠加在该基准电压上；当曝光条件过载时，其值大于晶闸管 SCR_{501}的触发电压，SCR_{501}导通，WJ 工作，进行过载保护；否则，曝光条件未过载，WJ 不工作。

基准电压的获得与调整：基准电压是 C_{503}两端、可控硅 SCR_{501}的负极性触发电压，其值越大，SCR_{501}就越不易被触发导通，即机器允许的 kV×mA 值就越大。来自自耦变压器的交流电 Vss 经 D_{501}半波整流、C_{501}滤波及 DZ_{501}稳压后得到上正下负的直流电压，此电压经 W_{503}调整后加到分压电阻 R_{28}、R_{68}、R_{29}、R_{30}及 R_{69}上。小焦点摄影时，按下 HA_1，807 和 808 线间取出的电压较高（负值小）；反之，大焦点摄影时，不按下 HA_1，807 和 808 线间取出的电压则较低（负值大）。可见，该电压代表了大小焦点信号电压，它又经时间电阻 $R_{36}\sim R_{53}$，由时间选择器 K_{2-3}取出加到 C_{503}，曝光时间越长，K_{2-3}

越往左,806 线取出电压越高,反之则较低(代表时间信号)。由以上分析可知:实质上,806 线取出的负电压代表了焦点大小和时间长短的联锁信号,该基准电压在相同曝光时间下,选择小焦点摄影时,基准电压较高,允许的 kV×mA 值较小;同理,相同焦点下选择长时间曝光时,基准电压较高,允许的 kV×mA 也较小。图中的 W_{503}用来调整基准电压负值范围。

信号电压的获得与调整:来自 kV 表两端的电压(代表 kV 的高低,且与 kV 成正比)加到电阻 R_{67}、R_{23} ~ R_{27}上,千伏越高,加入的电压就越高,反之则低。通过 HA_{1-8} ~ HA_{6-8}选择不同的管电流,实质是取出不同的电压值(代表 mA 信号,且与 mA 值成正比),该代表 kV、mA 的正电压信号经 W_{502}调整,通过 C_{502}与存贮在 C_{503}上的基准负电压叠加后,经 R_{503}及 D_{502}加到 SCR_{501}触发极。

显然,加在 SCR_{501}触发极上的电压高低取决于 kV、mA、s 及焦点大小的联锁综合值。当曝光条件过载时,该电压足以触发 SCR_{501}使其导通,过载保护继电器 WJ 工作,切断摄影控制电路,曝光不能进行。W_{502}用来调整过载保护的灵敏度。DZ_{502}保护晶闸管,防止触发电压过高时损坏 SCR_{501}。

(2) kV 过载保护电路:当操作人员选择的 kV 值高出本机额定值(125kV)时,该电路中 WJ 工作,切断摄影控制电路起到保护作用。

基准电压的获得与调整:经 W_{503}调整后的直流负压加到分压电阻 R_{507}、R_{508}及 R_{509}上。根据使用 X 线管的最高额定电压可以选取 1、2 和 3 点作为基准电压,它们分别对应的最高电压为 100kV、125kV 和 150kV。本机使用的 X 线管最高使用电压为 125kV,故从 2 点取出电压加在 C_{505}上作为基准电压,该负电压值是固定不变的。

信号电压的获得与调整:来自千伏表两端的电压(与 kV 值成正比)经 W_{501}、R_{502}、C_{504}与上述的基准负电压叠加后,通过 R_{505}、D_{505}加至 SCR_{502}的触发极。当操作者选择的管电压大于 125kV 时,该叠加电压足以触发 SCR_{502}使其导通,过载保护继电器 WJ 工作,kV 过载保护。当选择的管电压低于 125kV 时,该电压不能触发导通。

(三) 常见故障分析

在传统的工频 X 线机中,将设备调至过载状态后,检测采样信号与基准信号数值后,观察容量保护继电器工作状态;或检测对应的采样门工作状态。在程控设备中,取消了本电路,由程序设置进行控制即可。

边学边练

掌握容量保护电路的设计原理,练习过载与不过载以及临界状态的检测。请见“实训七　过载保护系统参数调试及维修”。

点滴积累

1. 容量保护电路仅对一次性过载有效,对于累积性过载,一方面需要注意连续曝光时的时间间隔,另一方面需要有温控装置对 X 线管油温进行监测加以防护。
2. 容量保护电路的设计原理为:根据 kV、mA 与 s 的大小,取出一个对应的变量与一个预设数值进行比较,在曝光发生之前加以判断控制是否允许曝光。或用双变量,其中一个变量与两个因素有关,另一个变量与第三个因素有关。

知识链接

自动降落式负载

常用于带有自动曝光控制功能的X线机中，在对运动器官进行动态摄影时，为减少动态模糊，要求尽可能降低曝光时间，所谓自动降落式负载，就是以最大允许功率进行曝光，以后按照X线管瞬时功率曲线连续自动降低曝光条件。自动降落式负载存在的最大问题是因负载的降低，将导致kV补偿不准、管电压上升漂移现象，并且在工频X线机中无法得到彻底的跟踪解决。

第八节 限时器电路与整机控制电路

一、限时器电路

限时器的作用是控制X线曝光时间的长短。控制方法有两种：一种是触点法，将限时器的控制触点串接在高压接触器的线圈电路中，用控制高压接触器的工作时间来达到控制曝光时间；另一种是无触点法，晶闸管串接在高压初级回路中，用限时器产生的触发信号控制晶闸管的导通时间，从而控制高压初级回路的接通和断开时间，即曝光时间。

限时器分为简单晶体管限时器、集成电路限时器以及光电管式、电离室式自动曝光限时器。

（一）简单晶体管限时器

1. 简单晶体管限时器的工作原理 利用电容器充放电来控制开关晶体管的通断，达到控制X线曝光时间的目的。这种限时器体积小、精度高，用于各种X线机中。

2. 简单晶体管限时器的电路分析 图3-46是简单晶体管限时器电路图，其中RX与C_1组成充电电路，UJT为单结晶体管，SCR为晶闸管，S_1为手闸。

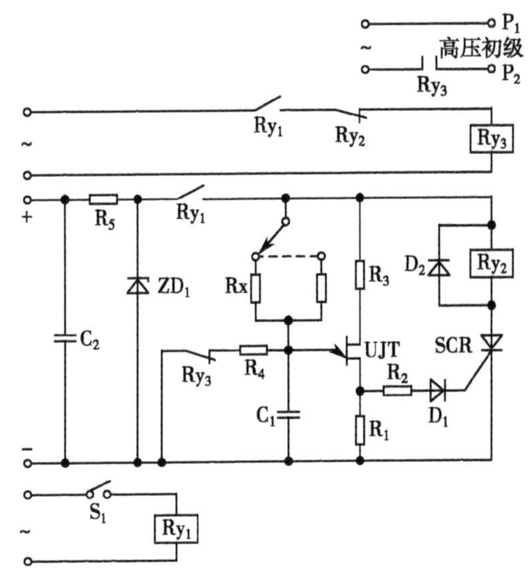

图3-46 简单晶体管限时器电路图

（二）单结晶体管和三端双向可控硅的限时电路

1. 电路结构　如图 3-47 所示。

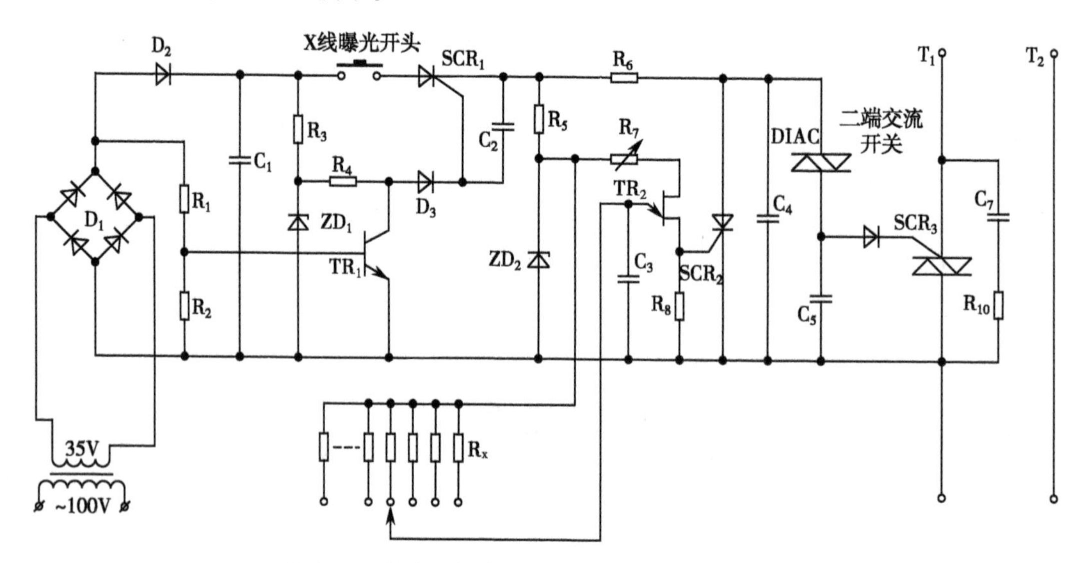

图 3-47　单结晶体管和三端双向可控硅的限时电路

2. 电路分析　当电源接通后，在电源变压器次级产生 35V 交流电压，经 D_1 全波桥式整流、D_2 和 C_1 滤波、R_3 和 ZD_1 稳压后，获得稳定的直流电。经 D_1 全波桥式整流后的脉动直流，通过 R_1 及 R_2 构成的分压器分压后送给晶体管 TR_1 的基极，在 TR_1 的集电极上产生和交流电源零相位一致的脉冲（图 3-48）。当曝光手开关闭合时，可控硅 SCR_1 的阳极便加上了直流电压，在交流电源过零时，晶体管 TR_1 集电极输出的窄脉冲使可控硅 SCR_1 触发导通；直流电源经 SCR_1、通过 R_6 给电容 C_4 充电，当 C_4 充电电压达到交流开关（DIAC）的反转电压时，交流开关导通，给 C_5 充电，C_5 充电电压为双向可控硅 SCR_3 控制极提供触发信号，使其导通，曝光开始。C_4 通过交流开关对 C_5 放电后，其两端电压下降，导致 DIAC 截止，C_4 将再次充电，如此便形成振荡，产生大约 2kHz 的振荡电压；这个振荡电压输送到三端双向可控硅 SCR_3 的控制极，使 SCR_3 连续导通，X 线持续产生。曝光开始的同时，SCR_1 输出的直流电通过 R_5、限时电阻群 RX 给 C_3 充电，当 C_3 两端电压达到单结晶体管 TR_2 峰点电压时，TR_2 导通，促使 SCR_2 导通，加在 DIAC 和 C_5 上的直流电压被短路，SCR_3 因控制极失去触发脉冲信号在交流电源过零时截止，曝光停止。各点波形见图 3-49。

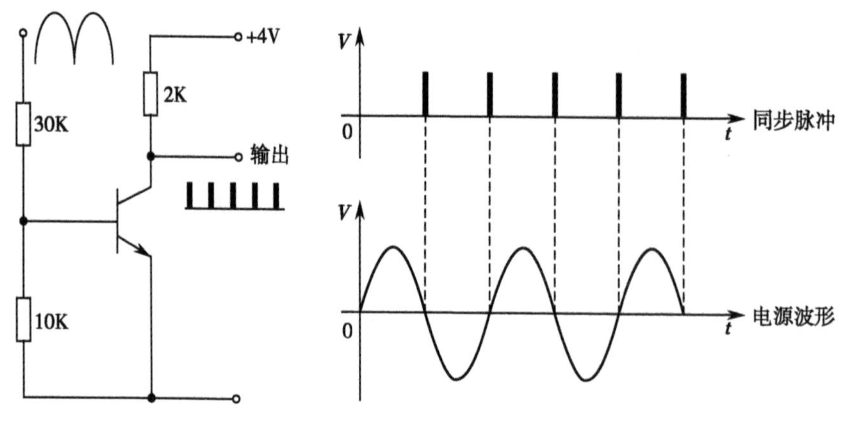

图 3-48　同步发生电路及波形

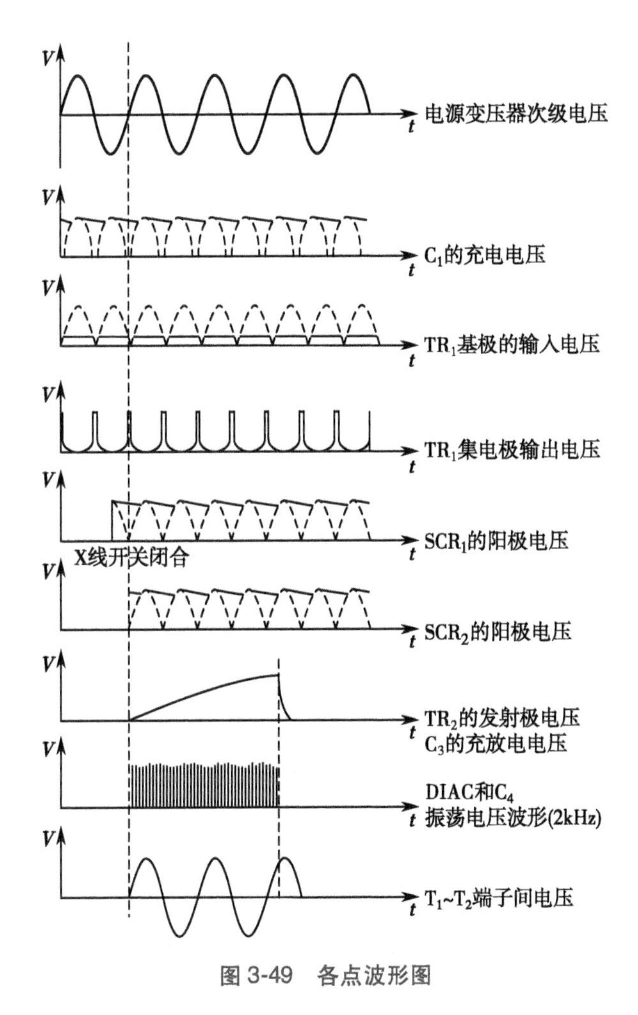

图 3-49　各点波形图

（三）JSB-23 型限时器电路

1. 电路结构　国产多种 X 线机采用的 JSB 系列限时器作为定时器。该限时器是由电源、限时电路和限时保护电路三部分组成的，如图 3-50 所示。利用摄影曝光时间控制继电器 J 的常开触点控制摄影高压接触器，达到控制曝光时间的目的。

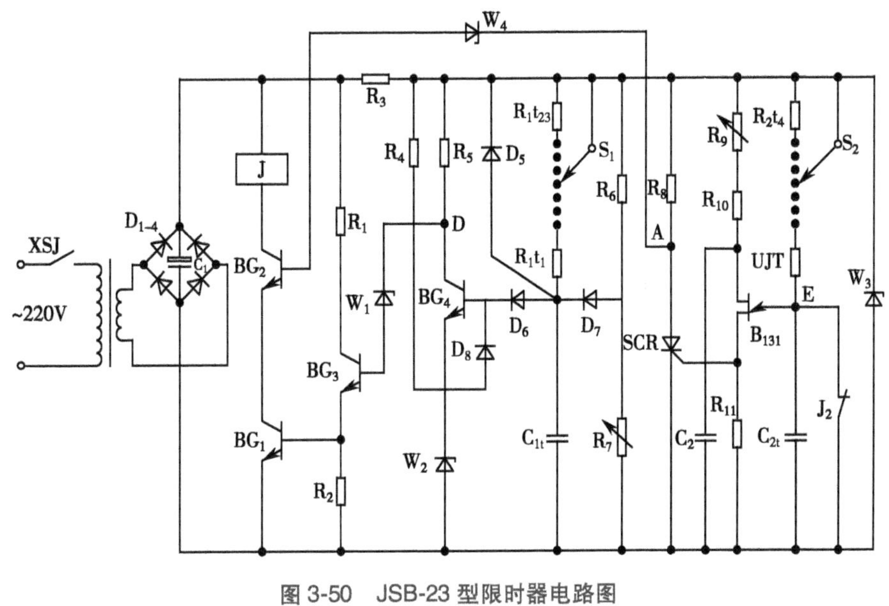

图 3-50　JSB-23 型限时器电路图

2. 电路分析

(1) 电源电路:按下曝光手闸PA,经0.8秒延时XSJ闭合后,磁饱和稳压器输出的220V稳定交流电压加到限时电路电源变压器上,经降压、整流、滤波后获得24V直流电源。

(2) 限时电路:按下摄影曝光手闸→延时电路工作(1.2秒后)→限时电路得电→A点正电位;这时,限时电容C_{1t}两端的电压为0V→BG_4基极电位为0V→BG_4截止→D点高电位(13V)→BG_3导通→BG_1和BG_2饱和导通→继电器J线圈得电→J常开触点闭合→曝光开始。曝光开始后,24V直流电压经曝光时间选择器S_1和限时电阻群R_1t_1~R_1t_{23}中的选定电阻对限时电容C_{1t}充电,使BG_4基极电位升高。限时时间到达时,BG_4基极电位升高至7.2V以上→BG_4饱和导通→D点电位下降至6.5V→稳压管W_1截止→BG_3截止→BG_1截止→J线圈失电→J常开触点打开→曝光结束。松开手闸,限时电路断电,C_{1t}所充电荷经D_5、R_6、R_7放电,为下次曝光做好准备。

(3) 限时保护电路:曝光开始后,继电器J的常闭接点断开→24V直流电压经限时保护选择器S_2和限时保护电阻R_2t_1~R_2t_4中的选定电阻对电容C_{2t}充电→E点电位升高(当E点电位升高到一定值时,单结晶体管UJT导通)→可控硅SCR导通→A点电位降为0V→W_4截止→BG_2截止→J失电→曝光停止,确保限时电路发生故障时,切断高压接触器停止曝光。

二、整机控制电路

X线机的控制电路,是对X线机具有的技术功能如透视、普通摄影、滤线器摄影、体层摄影、胃肠(点片)摄影等,进行操作并控制其X线发生和停止的连锁电路。通常,X线机有几种技术功能,就有几条与其对应的电路进行控制。因此,控制电路是结构最复杂、元件量多、差异性最大的一部分电路。X线机的控制电路也是反映X线机技术水平和科技发展的核心部分。

(一) 基本控制方式

X线机的控制方式按临床使用目的分为透视控制和摄影控制。

1. 中、小型X线机透视控制方式 中、小型X线机透视控制方式基本相同,将脚闸或开关与一个交流接触器串联组成控制电路,交流接触器常开触点串于透视高压初级电路,通过控制接触器的吸合和释放,即控制了X线的发生与停止。其控制程序是:脚闸或开关(闭合或打开)→透视交流接触器(吸合或释放)→触点(闭合或打开)→高压初级电路(接通或断开)→X线(发生或停止)。

2. 中型以上X线机摄影控制方式 中型以上X线机摄影X线管已全部使用旋转阳极X线管,其控制应满足旋转阳极X线管的需要。电路的工作原理是:用手开关发出指令,经一系列连锁控制电路,使高压控制元件或电路工作,接通高压初级电路,X线管产生X线;至预定时间自动切断高压初级电路,停止X线产生。一般程序是:

手开关发出指令→摄影预备电路接通→摄影预备继电器工作→旋转阳极启动电路和灯丝加热电路接通→旋转阳极启动、灯丝增温→延时电路工作→0.8~1.2秒后高压控制电路和限时电路工作→高压接触器触点闭合→X线产生→至限时器预定时间切断高压接触器电路→切断高压初级电路→

曝光结束→松开手开关后电路复原。

（二）小型 X 线机控制电路举例

1. F30 型 X 线机的控制电路结构　图 3-51 是 F30 型 X 线机的控制电路，1J 是透视、摄影共用高压接触器，受脚闸或手按计时器（机械限时器）控制。2J 是点片预备继电器，受点片动作开关 K_4 控制，K_3 是技术交换开关。

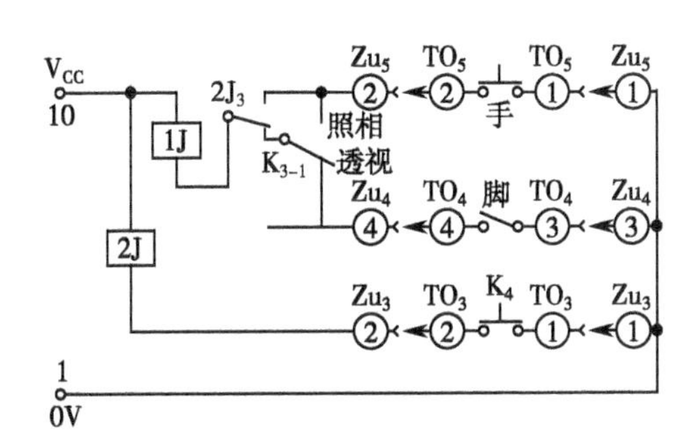

图 3-51　F30 型 X 线机的控制电路

2. 电路分析　技术交换开关 K_3 置透视位，踩下脚开关，1J 工作。透视电路为：

0V→$Zu_4$③→$TO_4$③→脚开关→$TO_4$④→$Zu_4$④→K_{3-1}→$2J_3$（常闭）→1J→Vcc。

技术交换开关 K_3 置摄影位，按下手按计时器，1J 工作。摄影电路为：

0V→$Zu_5$①→$TO_5$①→手按计时器→$TO_5$②→$Zu_5$②→K_{3-1}→$2J_3$（常闭）→1J→Vcc。

动作开关 K_4 闭合，2J 工作，触点闭合，接通点片摄影预备电路：

0V→$Zu_3$①→$TO_3$①→K_4→$TO_3$②→$Zu_3$②→2J→Vcc。

2J 工作后，按下手按计时器，1J 工作，并接通高压电路，X 线发生。摄影电路为：

0V→$Zu_5$①→$TO_5$①→手按计时器→$TO_5$②→$Zu_5$②→$2J_3$（常开）→1J→Vcc。

（三）中型 X 线机控制电路举例

中型 X 线机具有透视、点片、普通摄影、滤线器摄影多种功能。控制电路就是实现各种功能的切换和互锁。

1. 中型 X 线机控制电路原理说明　由于透视和摄影是两种不同的工作方式，为了避免两种工作方式混淆，通常在透视接触器线圈回路中串入一摄影准备接触器的常闭触点。当摄影时，此接触器吸合，常闭触点打开，使透视无法进行。为了同一目的，在透视接触器线圈回路中还串联一点片摄影开关，当片匣暗盒送出进行点片摄影时，此开关即自行断开，机组由透视状态转为点片摄影状态，透视便无法进行。有些双 X 线管的诊断 X 线机，在开机的同时即进行 Ⅰ、Ⅱ 台次的切换。为避免 Ⅰ、Ⅱ 台同时工作，在透视接触器线圈回路中还串联 Ⅰ、Ⅱ 台交换接触器的一对常开触点。

点片摄影是在钡剂透视过程中，当发现有诊断价值的病灶位置时，需要拍片记录的一种适时摄影。点片摄影装置一般与透视系统组合成为统一结构，有的结构复杂，有的结构简单。较简单的一种是在荧光屏侧设置一胶片夹，并预先把胶片装入增感屏暗盒内，需要点片摄影时，将胶片夹迅速拉进荧光屏后面，按下摄影按钮进行曝光。为了提高影像的清晰度，有些点片摄影装置还设置一滤线栅。片夹的移动可手动或电动，到位后可用按钮控制摄影的进行，也可自动完成。在进行点片摄影时，必须把点片摄影装置锁止，以防止曝光过程中移动，增加移动模糊度；锁止的方式有手动和电磁制动。有些较先进的点片摄影装置还设有 X 线自动限野、床面板上下、左右电驱动和数字显示曝光次数等技术。因此，点片摄影控制电路必须满足以下要求：①能够迅速地由透视状态转到摄影准备状态，这里包括 X 线管由小焦点到大焦点的切换（如用大焦点摄影）和该焦点灯丝增温预热，旋转阳极 X 线管旋转阳极的启动和延时；②当电路切换至点片摄影工作状态后，透视电路即自行断开；③在点片摄影曝光前，点片架必须锁止牢固。

滤线栅置于人体与胶片之间，用于滤除散射线。安装滤线栅的机构称为滤线器，在曝光过程中使滤线器作单向或往复移动，可消除由滤线栅对图像造成的铅条阴影。这种活动滤线器目前多制成电动凸轮式或弹簧振动式结构。为了保证曝光是在滤线栅有效的振动时进行，要求滤线器必须在接通高压前开始振动，曝光结束后再停止振动。

2. KFⅡ-200 型 X 线机控制电路分析

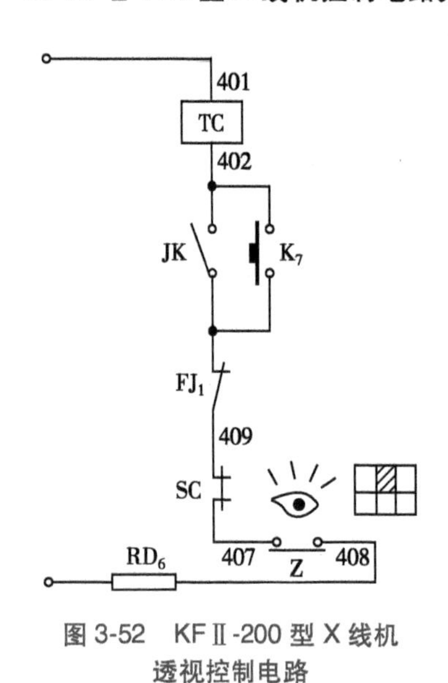

图 3-52　KFⅡ-200 型 X 线机透视控制电路

（1）透视控制电路：透视控制电路用来控制透视高压接触器的“通”和“断”，达到控制高压的产生和停止。图 3-52 是 KFⅡ-200 型 X 线机透视控制电路。工作过程如下：

透视时，将管电流选择器 Z 的透视档按下，使其闭合，这时 DSZ 点片摄影暗盒框应在右边原始位置。踏下脚开关 JK 或按下 DSZ 点片摄影装置上的按钮 K_7，透视高压接触器 TC 线圈得电工作，高压接通，X 线发生。FJ_1 是辅助继电器，当暗盒托盘一旦离开原始位置进行点片摄影时，此继电器得电工作，触点打开，透视无法进行。同样，在回路中串联摄影高压接触器的一常闭触点 SC，摄影时透视也无法进行。如果管电流选择器中的透视档未被按下，也不能进行透视。这样互相制约作用，避免工作差错。

（2）点片摄影控制电路：图 3-53 是 KFⅡ-200 型 X 线机点片摄影控制电路，点片摄影时，管电流选择器 Z 设置在透视档位。当暗盒托盘一旦离开准备位，点片摄影准备接触点 ZK 接通，则摄影准备接触器 WC 的线圈得电工作，其触点闭合，于是：①切断小焦点灯丝加热回路；②接通大焦点 100mA 档；③辅助继电器 FJ_1和 FJ_2 得电工作。FJ_1的吸合使其串接在透视高压接触器 TC 线圈回路中的常闭触点打开。FJ_2 的吸合使旋转阳极启动电路得电，X 线管阳极旋转，经 1 秒后延时继电器 KJ 得电工作，阳极达到正常转速。当暗盒盘移动到定位块定位后，使点片摄影曝光按钮 SX 接通，限时电路 JSB 得电接通，然后摄影高压接触器 SC 得电吸合，X 线产生。到达预置曝光时间，JSB 触点断开，SC 断电，曝光结束，暗盒托盘送回到原始位置，SX、ZK 断开，电路恢复到透视状态。

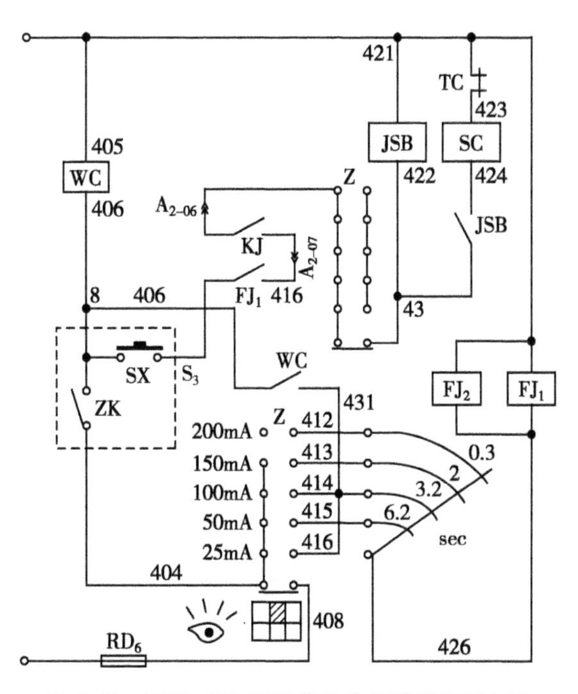

图 3-53　KFⅡ-200 型 X 线机点片摄影控制电路

（3）普通摄影控制电路：图 3-54 是 KFⅡ-200 型 X 线机普通摄影控制电路。普通摄影控制工作步骤为：①应把普通摄影与滤线器摄影交换开关 K_2 放到普通摄影标记位置，管电流选择器 Z 设置在 25～200mA 中的任何一档，并预置好管电压和曝光时间；②按下手闸第一档 SK_1 后，辅助继电器 FJ_1 和 FJ_2 得电工作，使旋转阳极启动电路得电，X 线管阳极旋转，过 1 秒后，延时继电器 KJ 工作，阳极达到正常转速；③接着按下手开关第二档 SK_2，限时电路 JSB 得电工作，高压接触器 SC 得电吸合，X 线发生；④达到预置曝光时间，JSB 触点断开，SC 断电，曝光结束；⑤松开手开关，电路恢复到起始状态。

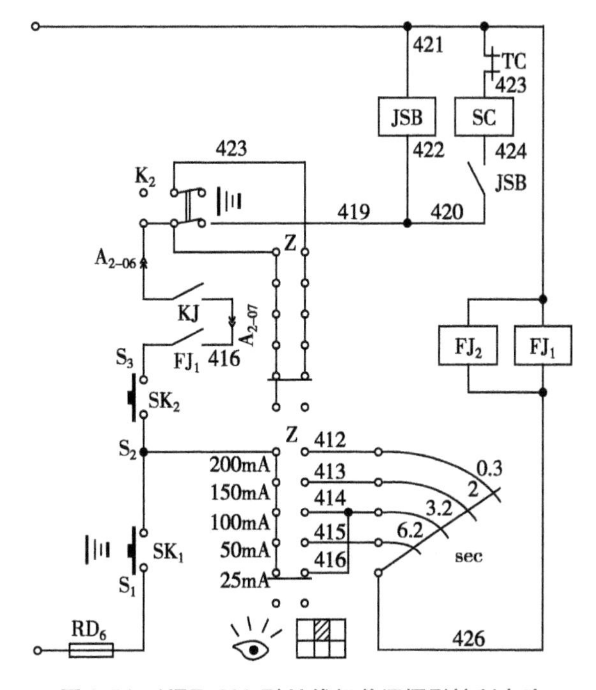

图 3-54　KFⅡ-200 型 X 线机普通摄影控制电路

（4）滤线器摄影控制电路：图 3-55 是 KFⅡ-200 型 X 线机滤线器摄影控制电路。滤线器摄影控制工作步骤为：①应把普通摄影与滤线器摄影交换开关 K_2 设置在活动滤线栅标记位置，管电流选择器已设置在 25~200mA 中的某一档，并预置好管电压和曝光时间；②按下手开关第一档 SK_1 后，辅助继电器 FJ_1 和 FJ_2 得电工作，使旋转阳极启动电路得电，X 线管阳极旋转，经 1 秒后，延时继电器 KJ 工作，阳极达到正常转速；③接着按下手开关第二档 SK_2，滤线器启动线圈 QJ 得电，滤线器开始移动，到达一定位置后，将继电器 QJ_1 的两常开触点压合，使 QJ_1 线圈得电并自持，同时又将 QJ 的线圈电路断电，滤线器在弹簧的作用下作往复振动；④与滤线器工作的同时，限时电路 JSB 得电接通，高压接触器 SC 得电吸合，X 线产生；⑤达到预置曝光时间，JSB 触点断开，SC 断电，曝光结束；⑥稍后，滤线器振动停止，松开手开关，电路恢复至起始状态。

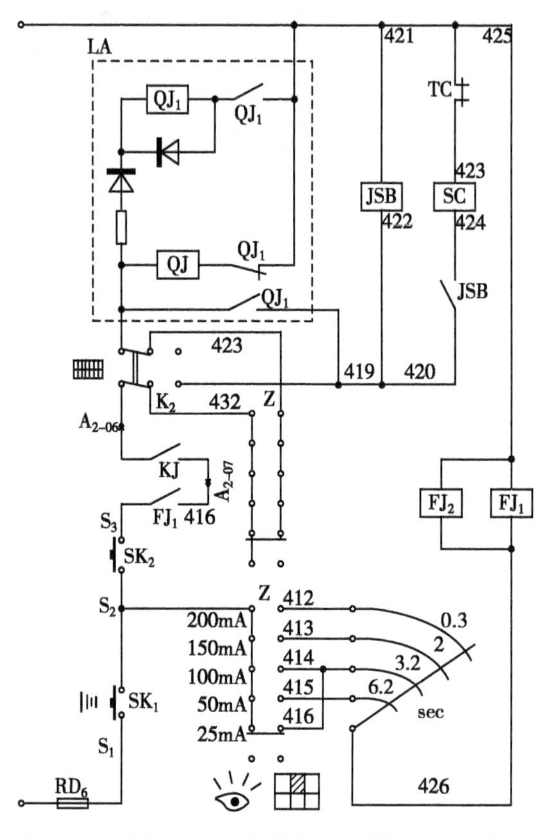

图 3-55　KFⅡ-200 型 X 线机滤线器摄影控制电路

边学边练

熟悉整机控制流程，练习控制电路常见故障排除问题。请见“实训八　X 线机空载调试”。

（四）控制电路常见故障与检查

1. 控制电路故障表现　X 线机的控制电路包括透视控制电路、摄影控制电路、限时控制电路和诊视床控制电路等。控制电路的起端是各种开关或按钮，终端是高压接触器或晶闸管。因此，正常状态下，踩下脚闸或操纵手闸曝光时，透视或摄影高压控制接触器线圈两端应有电压并能听到触点的吸合声，或者高压晶闸管的控制极有触发电压；旋转阳极 X 线管，应该能听到旋转阳极的启动和运转声等。一旦听不到高压控制接触器的吸合声、高压晶闸管的控制极无触发电压、听不到旋转阳极的运转声以及限时异常或熔断器烧断等，皆可判定控制电路发生了故障。

2. 控制电路故障检查　控制电路是各种机型差异最大的一部分。因此，进行故障分析检查时，应结合具体电路的工作原理，制定检查程序，逐一检查，最终查出故障所在。图3-56为控制电路的通用检查程序图。

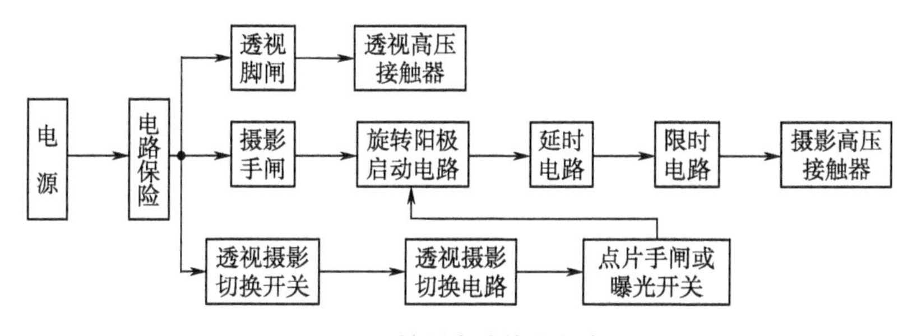

图3-56　控制电路检查程序图

点滴积累

1. 小型X线透视机：因所需曝光kV、mA较小，多使用功率较小的固定阳极的小规格管芯，并将管芯和高压发生器置于同一个密封容器内，通过脚闸控制。多用于术中的关节透视曝光，因球管到影像增强器距离较短，进而实现低剂量高清图像的采集。
2. 工频X线机的基本控制时序均包括：按下手闸一档预备开关→灯丝增温、旋转阳极启动→对灯丝与旋转阳极进行检测→曝光准备到位；按下手闸二档曝光开关→高压初级接通、曝光开始，同时限时器开始工作→到达设定时间，切断高压，曝光终止；松开手闸→灯丝停止增温、旋转阳极停止转动。

目标检测

1. 画图说明工频X线机的基本电路由哪几个部分组成并说明各部分电路之间的相互关系。
2. 什么是空间电荷补偿？
3. 为什么要管电压预示？
4. 为何要对旋转阳极启动进行保护？
5. 工频X线机管电压测量的原理是什么？
6. 简要说明X线管灯丝加热电路故障判定依据、故障检查程序。
7. 简要说明高压初级电路故障判定依据、故障检查程序。
8. 简要说明控制电路故障判定依据、故障检查程序。

第四章

高频 X 线机

学习目标

1. 掌握高频 X 线机的工作原理、组成结构，掌握逆变电路工作原理，掌握高频 X 线机的管电压、管电流等主要电路构成。

2. 熟悉高频 X 线主机的安装调试技术、空间电荷补偿的措施及管电流校准的方法，熟悉高频 X 线主机电气安装连线及调试方法。

3. 了解使用调试软件调试高频 X 线机的方法。

医用 X 线机是探测人体内部信息的窗口，高频 X 线机通过逆变器为 X 线管提供产生 X 线所需的可调直流高压及灯丝加热电源。高频 X 线机以高性能及安全性高等优势已成为发展趋势。

本章主要介绍高频 X 线机的工作原理、组成结构，逆变电路工作原理。并以 Indico100 发生器为例，介绍高频 X 线机的管电压、管电流等主要电路构成，主机的安装、调试方法。

导学情景

情景描述：

2010 年 2 月末，某高校影像专业的学生小明获得了某大型医疗器械公司的实习机会，并被安排到 X 线机安装调试岗位实习。上岗的第一天就跟着带教工程师调试高压发生器，当看到与课本上完全不一样的高压发生器时，好学的小明忙拿出教材比对着。带教工程师告诉小明，教材上的是工频 X 线机，而需要调试的是高频 X 线发生器，工作原理与结构完全不一样。

学前导语：

高频 X 线发生器利用逆变技术提高高压变压器及灯丝变压器的工作频率，通过脉冲频率调制或脉冲宽度调制，以达到调节 X 线机的管电压及管电流输出的目的。本章我们将带领同学们学习高频 X 线机的工作原理、组成结构、电气安装、调试，以及主要电路的故障判断与排除。

第一节　高频 X 线机概述

一、高频 X 线机的构成

医用 X 线机是通过测量透过人体的 X 线来实现成像，由于人体不同组织对 X 射线的吸收不一样，穿过人体后的 X 射线强度就会有差异，基于这一原理，医用 X 线机成为能探测人体内部信息的窗口。医用X线机主要由四大部分组成:X线的发生、图像系统、辅助装置,以及能将上述各部分有机整合在一起组成一台完整X线机的控制部分。

X线发生部分主要是由X线管和高压发生器组成,X线管将电能转化为X线能量而产生X线,高压发生器是为X线管提供产生X线所需的直流高压及为X线管灯丝提供加热电源使其发射电子。不同X线检查目的需要不同的X线质和量,这就需要X线高压发生器能调节X线管电压、管电流及辐射加载时间等工作参数,同时为保证X线管的正常工作及使用寿命而采取一系列保护措施。

按高压发生器中的高压变压器工作频率来划分,可将X线高压发生器分为工频高压发生器(50Hz)、中频高压发生器(50~20kHz)和高频高压发生器(20kHz以上)。早期的X线机都是工频X线机,即X线机的高压变压器的工作频率是网电源频率。随着电力电子技术的发展及医疗诊断对X线设备的要求不断提高,高频X线机成为发展趋势。

高频X线发生器的工作原理是把工频网电源整流、滤波转换为平滑直流,再由逆变器把直流转化成频率为几万到几十万赫兹的交流电,提供给高压变压器的初级,再由高压变压器升压,然后通过高压整流装置,把高频高压交流电转换为高压直流,送到X线管的阳极和阴极之间,X线管电压值是通过控制逆变器的脉冲频率或脉冲宽度来实现调整的。高频X线发生器给X线管提供的灯丝加热电流是由灯丝逆变器来实现调整的,通过调整灯丝加热电流来实现X线管电流的控制。

高频X线机采用实时闭环反馈电路来控制管电压和管电流,所以控制精度较高。图4-1是高频X线机主要电路构成及主电路相关点波形。

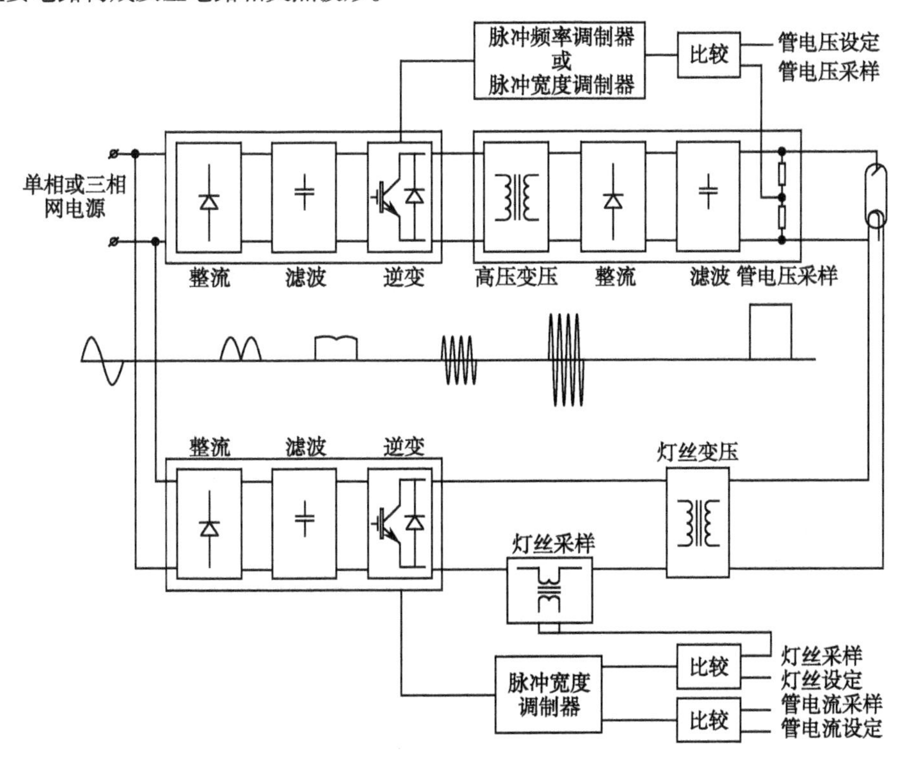

图4-1　高频X线机主要电路构成及相关点波形

图 4-2 是高频 X 线发生装置框图，图中虚线方框内是高频高压发生器部分。从框图中可以看出，主电路部分由整流电路、主逆变器、高压变压器、高压整流电路组成。灯丝电路由灯丝逆变器、灯丝变压器组成。控制及驱动电路由主电路逆变器控制及驱动电路、灯丝逆变器的控制及驱动电路、旋转阳极 X 线管的阳极定子驱动和控制电路、自动曝光控制（AEC）电路、透视图像自动亮度控制（auto brightness control，ABC）也有称自动亮度控制（auto brightness stable，ABS）电路等。另外，在发生器运行时，与外部电路的信号传输由接口电路完成。操作面板的作用是曝光参数的设置及相关信息的显示，是人机对话的窗口。

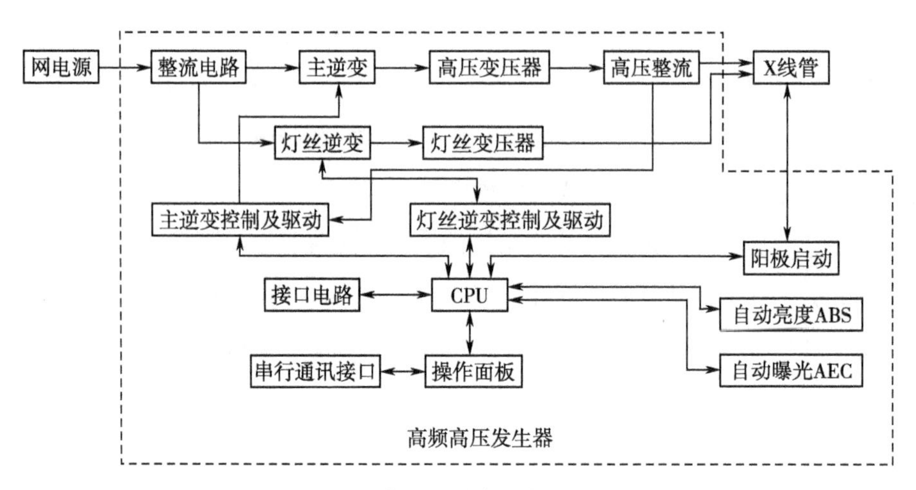

图 4-2　高频 X 线发生装置框图

在调试时，有些高频发生器可以通过操作面板上的通讯口或发生器柜内控制板上的通讯口与外部计算机通讯，通过专用的调试软件对发生器进行设置和调试。

二、高频 X 线机的特点

与工频 X 线机比较，高频 X 线机具有以下的特点。

（一）X 线性能稳定

射线的穿透力即 X 线的质是由 X 线管靶物质、滤过及所加的管电压大小决定的，普通 X 线机通常通过调整管电压来调节射线的质。在 X 线发生时，如管电压有波动，X 线的质不稳定，影响图像的质量。

工频 X 线机输出的高压波动大，从而产生脉动的 X 线。工频 X 线机的高压整流电路常采用单相半波整流、单相全波整流、三相全波六峰整流和三相全波十二峰整流，输出的脉动率分别为 100%、100%、13.4%和 3.4%。其中低于 40kV 的高压所产生的射线对成像没有任何帮助，却增大了受照者的吸收剂量。要想得到一定的辐射剂量获得理想的图像，需要延长曝光时间。

高频 X 线机输出管电压波形近似于恒定直流电压，射线性能稳定，成像效率高，因而具有以下优点。

1. 曝光时间短　恒定的直流高压，使得 X 射线输出剂量稳定，软射线成分较少，射线的利用效率较高，从而可以缩短曝光时间。

2. 成像质量高　X 线输出剂量稳定,成像清晰;曝光时间短,减少运动模糊,成像质量提高。

3. 受照者吸收剂量小　对成像不利的软射线成分少,曝光时间短,减少了受照者吸收剂量。

（二）曝光定时精确

高频 X 线机曝光定时精确,因而曝光时间的重复率高,并可实现超短时曝光。

工频 X 线机是以可控硅或接触器作为曝光接通与关断的开关元件,而接触器的开通或关断是由触点的机械动作实现,短时间曝光精度难以控制,近年来,虽由响应时间较快的可控硅来代替接触器作为曝光接通与切断的开关元件,但接触器或可控硅的切断要与电源频率同步进行;当交流电相位没有达到或接近"过零点"时,接触器或可控硅就不能切断电源,使短时间曝光的重复率变差,在短时间的自动曝光系统中,更不能按最佳瞬间及时切断高压。采用逆变技术的 X 线高频发生器输出的是波形近似于恒定的直流高压,所以,短时曝光不受电源同步影响,曝光定时精确,曝光时间的重复率高。

X 线机超短时曝光取决于高压波形的上升沿,高频 X 线机高压波形上升沿很陡,最短曝光时间可达 1 毫秒。工频 X 线机的高压波形按工频正弦波变化,上升沿缓慢,较难实现超短时曝光。

（三）体积小和重量轻

1. 高压变压器的体积小和重量轻　普通变压器的感应电动势与工作频率、线圈匝数和铁芯截面积之间的关系为

$$\frac{E}{f \cdot N \cdot S} = \text{常数} \tag{4-1}$$

式中:E 为电动势,f 为变压器工作频率,N 为线圈匝数,S 为铁芯截面积。

由式 4-1 可见,若变压器工作频率 f 提高几千倍,线圈匝数 N 和铁芯截面积 S 的乘积即可缩小几千倍,而使分母保持不变,这样可以大大减小高压变压器的体积。

2. 高压整流电路简单　大功率的工频 X 线机为了抑制软射线,需要减小高压输出的脉动率,其高压变压器的次级采用三相全波整流电路,复杂而庞大。高频 X 线机的高压变压器工作频率提高后,在高压变压器次级只需采用简单的单相全波整流或倍压整流电路,滤波电路只要使用小容量的高压电容器就可以有效抑制高压波形中的脉动量,高压整流滤波电路简单。

3. 省去笨重的自耦变压器　工频 X 线机是通过自耦变压器调节管电压的,而高频 X 线机主电路使用逆变电路,通过改变逆变频率或脉冲宽度来调节管电压,从而省去笨重的自耦变压器。

4. 控制电路体积小　高频 X 线机使用微机控制,集成化程度高,控制电路体积减小。

（四）管电压和管电流的控制精度高

工频 X 线机大多以管电压预示及补偿来确定曝光时的管电压值。管电压预示即在 X 线管未加负载(空载)时,先测量高压初级电压,再根据高压变压器的变压比,计算出高压次级电压,预先将本次曝光 X 线管可能加载的管电压指示出来。管电压补偿是用某种方法预先增加高压变压器的初级电压,以补偿空载与负载时的管电压差。但曝光开始后,为防止加载高压后由于自耦变压器调节碳

轮在大电流的情况下移动而产生电弧，同时由于曝光时间短，碳轮驱动系统的机械惯性跟不上电信号的变化，故在曝光期间碳轮必须处于静止状态，管电压即使有反馈，也不能进行闭环实时调整。这时候，由电源电压波动或其他因素造成的输出高压变化便无法补偿，使实际管电压值与所要求的期望值有偏差。

为提高管电流的精度，工频 X 线机的管电流调节电路需要配置稳压电源，同时由于空间电荷效应的影响，灯丝电路还要对空间电荷进行补偿，尽管采取很多措施，管电流实际值与设定值之间仍有较大误差。

高频 X 线机的管电压和管电流的控制使用闭环控制电路，管电压、管电流及灯丝电流有实时的测量电路，并由比较电路把所测定的值与设定值相比较，如果有差别的话，由控制电路对参数进行快速调整，直到管电压、管电流及灯丝电流的设定值与实际测量值一致。管电压和管电流的控制精度大大提高，同时参数重复性也提高了。

（五）对电源要求低

高频 X 线机高压变压器的初级电源是由逆变器把直流转换成高频率的交流电，而逆变器所需的直流电能便于储存，如果是电源条件差的地区使用，可以利用能够储存直流电能的储能装置，使 X 线机在野外、自然灾害、战争等恶劣条件下能正常工作。

对于使用电网电源的移动 X 线机来讲，为了使其不受使用场合电网电源的限制，提高使用效率，一般采用单相插座来供电，而通常单相插座输出的最大电流为 16A，那么网电源能输出的最大功率为 3.5kW，对工频移动 X 线机来讲，其最大的输出功率仅为 3.5kW，而高频 X 线机主电路可以在整流后使用大容量的电容储能，在不出射线的时候，给大电容充分充电，而在曝光的瞬间，不仅可以使用插座提供的网电源电能，而且还能使用大容量电容所储存的电能，其输出功率可以大大提高到几十千瓦。

由于高频 X 线机的管电压和管电流采用闭环控制，网电源电压的波动对其控制精度影响不大，相对于工频机来讲，高频 X 线机对电源电压的稳定性要求低。

（六）智能化程度高

高频 X 线机全部使用微机控制，智能化程度高，可以实现参数的实时监控，并能进行故障检测和报警；与数字化图像系统的接口更迅速、可靠，有利于 X 线影像的数字化发展。

由此可见，高频 X 线机与工频 X 线机相比，更安全、有效。所以，国外发达国家已淘汰工频 X 线机，有很多国家已规定不可使用工频 X 线机。在国内，特别在大、中城市，高频 X 线机替代工频 X 线机已成为一种趋势，我国高频 X 线机的技术也日趋成熟，生产高频 X 线机的企业也渐渐增多。

点滴积累

1. 高频 X 线机管电压、管电流是通过逆变器来实现调整的。
2. 高频 X 线机与工频 X 线机相比有 X 线性能稳定、曝光定时精确、体积小和重量轻、管电压和管电流的控制精度高、对电源要求低、智能化程度高等特点。

第二节　直流逆变电源

一、相关概念

1. 高频 X 线机主电路低压部分　主要由整流电路及逆变电路组成。

（1）整流电路：由交流电能到直流电能的变换称为整流（或称 AC/DC 变换），能实现这一功能的电路称整流电路。

（2）逆变电路：由直流电能到交流电能的变换称为逆变（或称 DC/AC 变换），能实现这一功能的电路称逆变电路。

2. 电力电子器件的分类　根据电力电子器件开关控制特性分为以下三类：

（1）不控型器件：指无控制极的二端器件，如功率二极管，由于无控制极，器件不具有可控开关性能。

（2）半控型器件：指有半控控制极的三端器件，这类器件控制极只能控制器件开通而不能控制器件关断，所以称其为半控型器件。晶闸管及其大部分派生器件属这一类。

（3）全控型器件：指有全控控制极的三端器件，这类器件控制极既能控制器件开通又能控制器件关断，所以称其为全控型器件。可关断晶闸管、功率晶体管、功率场效应晶体管和绝缘栅双极型晶体管都属于这一类器件。

3. 逆变电路常用的功率开关管　目前在 X 线机的逆变电路中较常用的功率开关管有功率场效应晶体管和绝缘栅双极型晶体管，功率场效应晶体管（metal oxide semiconductor field effect transistor，MOSFET）属电压全控、单极型半导体器件，外部有三个电极，分别是栅极 G、源极 S 和漏极 D，电气符号如图 4-3 所示；绝缘栅双极型晶体管（insulated gate bipolar transistor，IGBT），属电压全控、双极型半导体器件，外部有三个电极，分别是门极 G、集电极 C 和发射极 E，电气符号如图 4-4 所示。

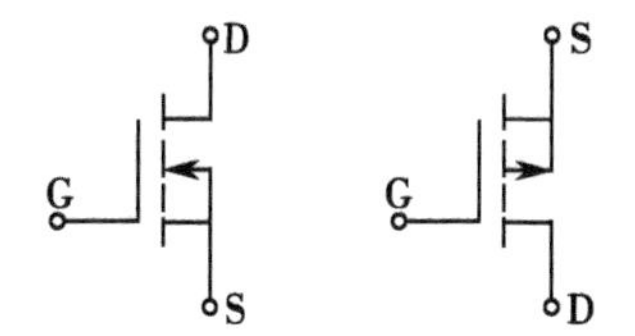

图 4-3　MOSFET 电气符号图

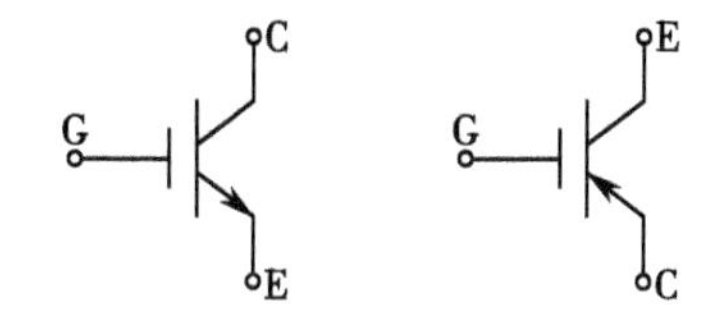

图 4-4　IGBT 电气符号图

4. 逆变电路的分类　可按逆变主电路的结构、逆变器的控制方式等分类。

（1）按逆变主电路的结构可分为：单端式、单桥式、全桥式，由于 X 线机的输出功率较大，一般为几十千瓦，主电路通常会采用全桥逆变电路，灯丝电路会采用全桥逆变电路或单桥式逆变电路。

（2）按逆变器的控制方式可分为：脉冲频率调制（pulse frequency modulation，PFM）和脉冲宽度调制（pulse width modulation，PWM）。脉冲频率调制是通过改变逆变器的工作频率，来改变负载输出阻抗以达到调节输出功率的目的。脉冲宽度调制是通过改变逆变器工作频率的脉冲宽度,来改变输出电压的有效值以达到调节功率的目的。高频 X 线机主电路有些是采用脉冲频率调制,也有些是采用脉冲宽度调制,国内最早研制生产的高频 X 线机主电路逆变器大都使用脉冲宽度调制,灯丝逆变电路通常采用脉冲宽度调制。

5. 软开关 为了减小逆变器开关管的损耗,提高开关频率,利用由电感、电容及功率开关管等组成的电路产生谐振,使开关管在进行开通动作或关断动作时,自身的电压或电流为理想的零状态,此时的功率开关定义为软开关(soft switching)。软开关分为零电压开关和零电流开关,在功率开关管开通或关断过程中,加在开关管上的电压为零,称为零电压开关(zero voltage switching,ZVS);在功率开关管开通或关断过程中,通过开关管上的电流为零,称为零电流开关(zero current switching,ZCS)。

6. 电力电子器件辅助电路 辅助电路包括:控制电路、驱动电路等。

(1)控制电路:其功能是根据输入和输出的要求产生主电路所需的大功率电子器件的通断控制信号。

(2)驱动电路:其功能是根据控制电路给出的通断控制信号,提供大功率电子器件足够的驱动功率,以确保大功率开关管迅速可靠地开通和关断。

高频 X 线机一般采用 MOSFET 或是 IGBT 作为逆变电路的功率开关管。开关管的控制端,即门极或栅极提供控制信号的电路称为门极驱动电路或栅极驱动电路。为了执行所需的逆变,逆变装置的控制电路必须在规定的时刻送出控制信号,驱动电路的功能就是将该控制信号变成适于驱动相应开关管的电压或电流信号。MOSFET 与 IGBT 属于电压驱动型器件,在通常情况下,电压驱动型比电流驱动型驱动功率小,电路结构简单,可以实现高频的开关动作。

驱动电路的设计一般应该考虑以下一些要求:①驱动电路应保证驱动功率开关器件完全的导通和关断。导通时,通态压降小;关断时漏电流小。要使 MOSFET、IGBT 开通必须给门极或栅极加上正电压。去掉该门极或栅极电压后,MOSFET、IGBT 就关断,为了高速关断 MOSFET、IGBT,以及防止关断期间的误动作,通常会加一个负偏压。②驱动电路的设计应该根据功率开关器件的开关性能,考虑改善器件的开关特性和减小器件的开关损耗。③由于开关管器件所在的主电路电位与控制电路的电位不同,所以两者之间需要隔离,通常采用脉冲变压器或光电耦合器进行相互隔离。所以,驱动电路的作用是将控制电路输出的控制信号隔离、放大以驱动功率开关器件。④实际驱动电路的设计还应该考虑提高抗干扰性能,防止器件误导通和误关断。

二、直流电源

由外部电源供电的高频 X 线机,其逆变电路所需的直流电源一般由外部电源经整流后获得,而储能式高频 X 线机是由储能装置提供直流电源。

单相电源供电的高频 X 线机,其整流电路一般为单相全波整流电路或单相倍压整流电路,而三相电源供电的高频 X 线机的整流电路一般为三相全波整流电路。交流电源经整流后,再经平滑电容滤波,可得到近似于恒定的直流电压。

（一）单相全波整流滤波电路

如图 4-5 所示，单相全波整流滤波电路由 4 个整流二极管 $D_1 \sim D_4$ 组成，在理想状态下，假定输入的电压为正弦交流电 u_1，当交流电处于正半周期时，D_1、D_2 导通，电流从 D_1 到负载，再流到 D_2，在负载上的电压方向是上正下负，当交流电处于负半周时，D_3、D_4 导通，电流从 D_3 到负载，再流到 D_4，在负载上的电压方向也是上正下负，在整个周期内 D_1、D_2 与 D_3、D_4 轮流导通，在工作时，不管交流电是在正半周期或负半周，对负载来说，流入负载的电流方向永远相同，为上正下负。

空载时或当滤波电容很大而负载较小时，整流滤波后直流输出电压值为交流输入电压的峰值，即输入电压有效值的$\sqrt{2}$倍，如下式：

$$U_2 = \sqrt{2}U_1 \tag{4-2}$$

式中：U_1 为输入交流电压 u_1 的有效值，U_2 为输出直流电压值。

我国的电网电源单相供电电压的有效值为 220V，单相全波整流滤波后为较平滑的直流电，电压值为：$U_2 = \sqrt{2}U_1 = 311\text{V}$。

（二）单相倍压整流电路

如上所述，使用单相电源供电的高频 X 线机，单相 220V 的电压经整流滤波后，直流电压值约为 300 多伏，如果高频 X 线机输出功率大的话，这一直流电压值就偏低，通常采用倍压整流电路来提高直流电压值，倍压整流电路由二极管和电容组成，其工作原理是利用二极管的整流和单向导通作用，将较低的直流电压分别存在多个电容器上，然后将它们按相同的极性串联起来，而得到成倍的直流电压，使整流滤波后的电压升高。高频 X 线机的主电路整流常采用单相倍压整流电路，如图 4-6 所示，在理想状态下，假定输入的电压为正弦交流电 u_1，有效值为 U_1，其峰值为$\sqrt{2}U_1$，当输入电压 u_1 为正半周时，二极管 D_1 导通，向电容 C_1 充电，充电的电压值为$\sqrt{2}U_1$，极性为上正下负，当输入电压 u_1 为负半周时，二极管 D_2 导通，向电容 C_2 充电，充电的电压值也为$\sqrt{2}U_1$，极性为上正下负，负载上的电压值为 C_1 和 C_2 上的电压之和，因而倍压整流后的输出电压为

$$U_2 = 2\sqrt{2}U_1 \tag{4-3}$$

式中：U_1 为输入电压的有效值，U_2 为输出直流电压值。

如果单相网电源供电的电压有效值为 220V，那么，倍压整流滤波后的电压值为：$U_2 = 2\sqrt{2}U_1 = 622\text{V}$。

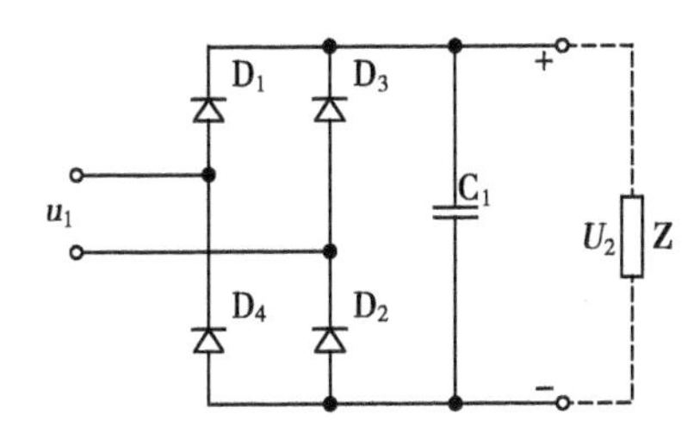

图 4-5　单相全波整流滤波电路

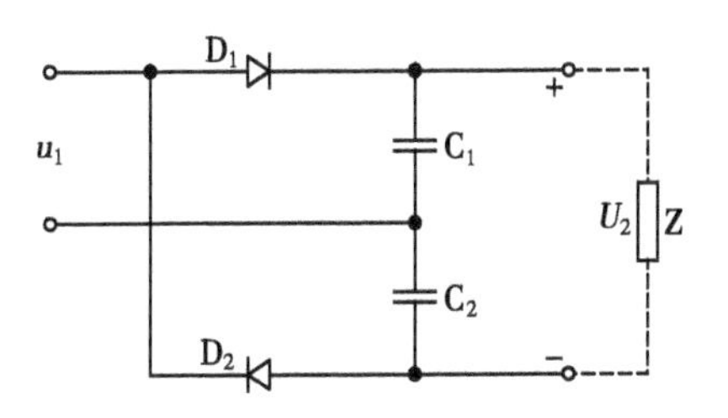

图 4-6　单相倍压整流电路

（三）三相全桥整流滤波电路

三相电源供电的高频 X 线机主电路的整流电路采用三相全桥整流。如图 4-7 所示的三相全桥整流滤波电路，电路共有六臂，每臂由一个整流二极管器件组成，各上臂器件 D_1、D_3、D_5 的阴极皆联接于一点，称为共阴组，按图 4-7 画法可简称为上组；各下臂器件 D_4、D_6、D_2 的阳极皆联接于一点，称为共阳组，简称为下组。三相电网分别联接于上下臂中点，即电网 A 相连接于 D_1 的阳极和 D_4 的阴极，B 相连接于 D_3 的阳极和 D_6 的阴极，C 相连接于 D_5 的阳极和 D_2 的阴极。

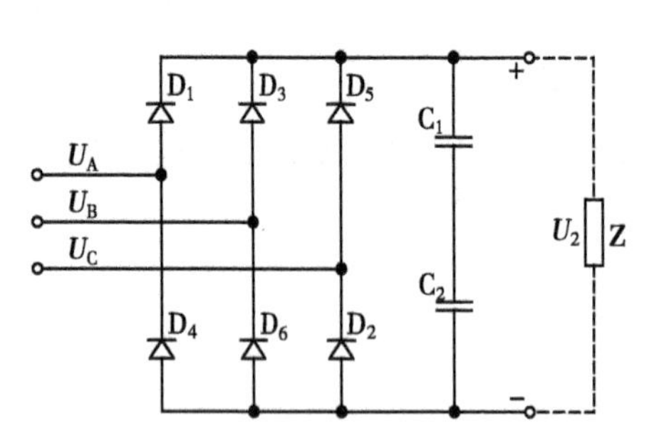

图 4-7　三相全桥整流滤波电路

根据理想电源条件，三相电网相电压的瞬时值为

$$U_A=\sqrt{2}U\sin\omega t \tag{4-4}$$

$$U_B=\sqrt{2}U\sin\left(\omega t-\frac{2}{3}\pi\right) \tag{4-5}$$

$$U_C=\sqrt{2}U\sin\left(\omega t+\frac{2}{3}\pi\right) \tag{4-6}$$

式中：U_A、U_B、U_C 为三相网电源的瞬时值，U 为网电源相电压的有效值。

负载上的整流电压为线电压，在任何瞬间，其中两相的线电压瞬时值最大时，这两相的整流二极管导通，上下组各一个，整流电流从相电压瞬时值最高的那一端点流出至负载，再回到相电压瞬时值最低（负）的那一相，每一个器件导通角度为 120°，波形如图 4-8 所示。

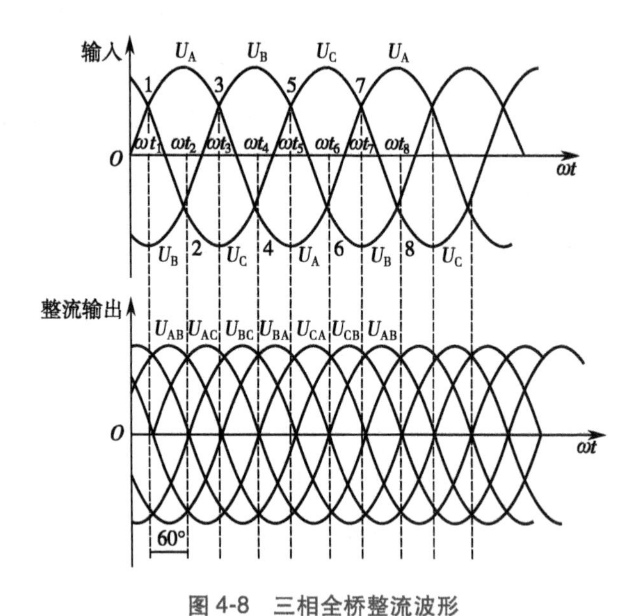

图 4-8　三相全桥整流波形

同样，当滤波电容很大而负载较小时，整流滤波后直流输出电压的有效值为交流输入的峰值，即输入线电压有效值的$\sqrt{2}$倍，如下式：

$$U_2=\sqrt{2}U_{AB} \tag{4-7}$$

式中：U_{AB}为输入线电压的有效值，U_2 为输出直流电压值。

我国网电源三相供电的线电压有效值为 380V，那么，三相全桥整流滤波后的电压值为：$U_2=\sqrt{2}$

$U_{AB}=537V$。

目前,桥式整流电路常使用由整流二极管集成的整流模块,使用整流模块的单相全波整流滤波电路如图 4-9 所示,三相全桥整流滤波电路如图 4-10 所示。

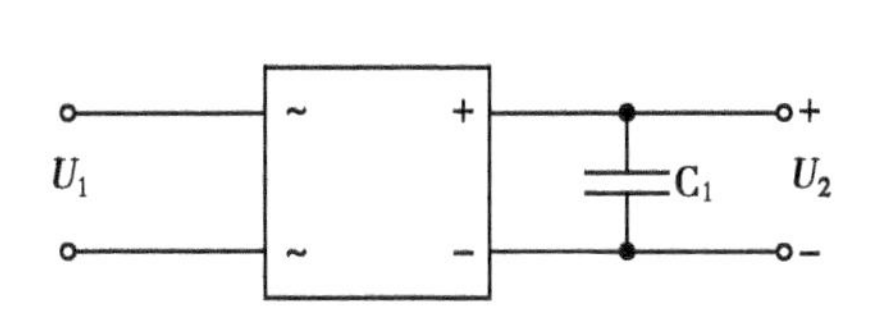

图 4-9　使用整流模块的单相全波整流滤波电路

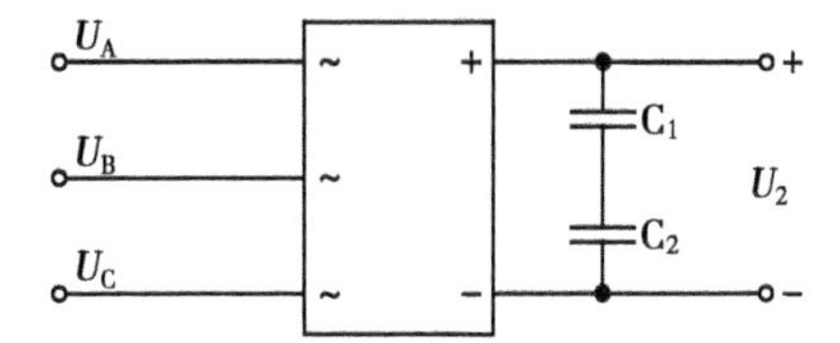

图 4-10　使用整流模块的三相全桥整流滤波电路

网电源经整流后,直流电压值高达几百伏,如三相全桥整流电路的输出为 500 多伏,大容量电容器的耐压值一般都在 500V 以下,因而常采用两个电容串联的方式来降低对电容器的耐压要求。同样,有些高频发生器使用容量较小的滤波电容器,把电容器并联使用,以提高其容量。

（四）网电源的接通和关断

1. 网电源的接通　由外部电源供电的高频 X 线机,在网电源与整流滤波电路接通的短时间内,由于输入滤波电容迅速充电,合闸浪涌电流较高,最大合闸电流为

$$I_P=\frac{U_P}{R_S} \tag{4-8}$$

式中:I_P 为最大合闸电流,U_P 为三相整流桥输出最大电压峰值,R_S 为输入滤波回路内阻;

通常 R_S 较小,因此 I_P 很大,远远大于稳态输入电流。大的浪涌电流不仅会引起电源开关接点的熔接,也会使输入保险丝熔断,在浪涌电流出现时所产生的干扰也会给其他相邻的用电设备带来妨碍。就电容器和整流器本身而言,多次、反复地经受大电流冲击,性能将会逐渐劣化,因此要限制浪涌电流。

高频 X 线机限制浪涌电流的方法主要有串接限流电阻的软启动电路。电路结构如图 4-11 所示,其工作原理是:当开机时,继电器 K_2 先合上,网电源通过限流电阻 R_1,R_2 送入到整流器,由于直接加载到整流电路的电流被限制了,因而限制了浪涌电流;滤波电容 C_1,C_2 开始预充电,当电容 C_1,C_2 上的电压上升到一定值后,预充电检测和控制电路使主继电器 K_1 闭合,把限流电阻旁路,网电源电压直接送到整流器,继续给滤波电容充电。

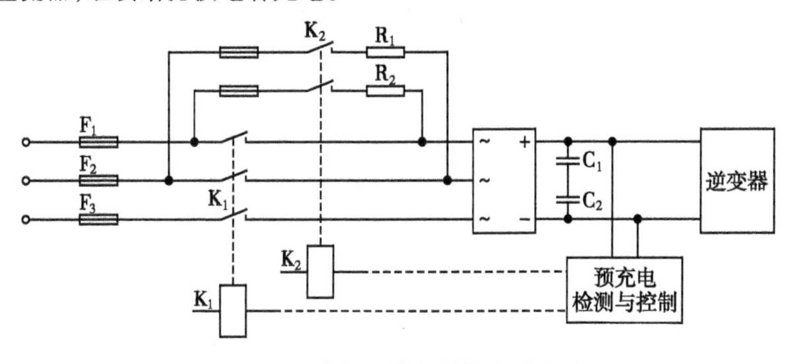

图 4-11　高频 X 线机的软启动电路

有些高频X线机还在网电源的进线端加装滤波电感，进一步减少了瞬时大电流的冲击，同时也减小高频X线机主电路逆变器对外部电源的影响。

2. 网电源的关断 当高频X线机主电路与外接网电源断开后，存留于平滑滤波电容中的电荷是非常危险的，电路中必须有外接的放电电路，把留存于电路中的剩余电荷放掉。高频X线机滤波电容的放电电路常采用放电电阻，其电路结构如图4-12，放电电阻通过一个开关器件并联于滤波电容两端。工作原理是：在开机后，使用继电器等开关器件把放电电阻从电容器的放电回路中断开。而关机后，再把放电回路接通，使滤波电容的电压通过放电回路释放。图4-12高频X线机滤波电容的放电电路的开关器件使用继电器的常闭触点，开机后，控制电压送到继电器线圈，线圈得电，常闭触点断开，切断电容与放电电阻的通路；当外界电源断开后，继电器线圈失电，继电器常闭触点闭合，组成RC放电电路，剩余电荷由放电电阻消耗。电容器上的电压一般需要几分钟才能放电至安全电压水平。所以，在检修发生器时要注意安全，即在断开发生器主电源后，要等几分钟后，才能检修主回路，以免被剩余电荷击伤。

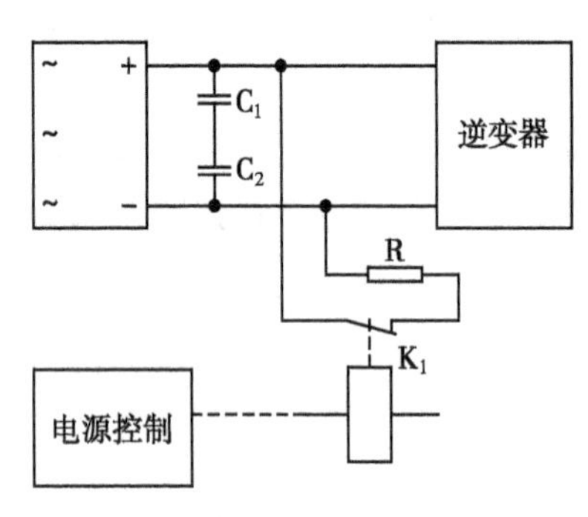

图4-12 高频X线机滤波电容关机放电电路

三、高频X线机的逆变器

（一）逆变器

在高频X线机中，一般把提供高压变压器初级电源的逆变器称为主逆变器，而把提供给灯丝变压器初级电源的逆变器称为灯丝逆变器。主逆变器常采用脉冲宽度调制或脉冲频率调制来实现管电压的调节，灯丝逆变器常采用脉冲宽度调制来实现灯丝电流的调节，从而达到调节管电流的目的。

由于高频X线机的输出功率较大，主逆变器通常采用全桥式逆变电路。

图4-13A是单相全桥电压型逆变器电路模型，图中的VD_1~VD_4是理想的开关元件，E为理想电压源。其工作过程如下：当VD_1、VD_4导通，且VD_2、VD_3关断时，负载Z上的电压为$+E$；当VD_1~VD_4都关断时，负载Z上的电压为0；当VD_2、VD_3导通，且VD_1、VD_4关断时，负载Z上的电压为$-E$，这是就是一个控制周期。接下来，VD_1、VD_4与VD_2、VD_3轮流交替导通与关断，负载Z上就会出现电压为$+E$、0或$-E$的交流电，如图4-13B所示。1秒内电压交替转换的次数就是负载上的交流频率。

在高频X线机的发展初期，逆变器中开关元件的开通和关断都是硬开通和硬关断，也就是开关器件在两端存在电压的情况强行开通，或在开关器件存在大电流的情况下强行关断，这样的开通或关断过程将会伴随着较大的能量损耗，即所谓的开关损耗。电路工作状态一定时，开关管开通或关断一次的损耗也一定，因此开关频率越高，开关损耗就会越大，所以，当时的X线机逆变频率只能控制在几千赫兹。随后发展起来的软开关技术，即通过一些辅助器件，在保证开关器件两端的电压等于零时再将开关器件开通，称之为零电压开关；或是在开关器件中流过的电流等于零时再将开关器件的关断，称之为零电流开关。这种开关方式显著地减小开关损耗，可以大幅度提高开关频率，减小高压变压器体积及重量，为高频X线发生器的小型化创造了条件。

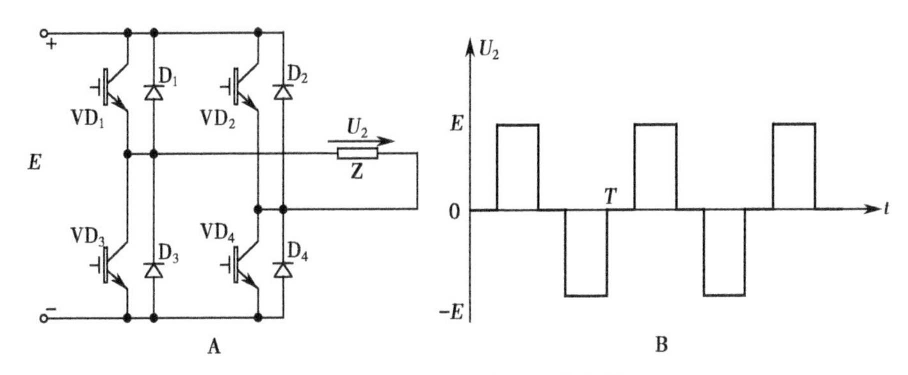

图 4-13　单相全桥电压型逆变器
A. 单相全桥电压型逆变器电路；B. 负载上的电压波形

为了提高逆变频率，高频 X 线机主逆变器常采用谐振逆变器，并能实现软开关技术；另外由于主逆变器的输出功率范围较大，因而常采用串联谐振逆变器。目前，在高频 X 线机的逆变电路中，一般采用 MOSFET 或是 IGBT 作为逆变电路的功率开关管，其中 MOSFET 有高的开关速度，但同时也有较大的寄生电容，断开时在外电压作用下寄生电容充满电，如果在开通前不将这部分电荷放掉，则会消耗于器件内部，这就是容性开通损耗。为了减少或消除这种损耗，功率场效应管适合采用零电压开通方式（ZVS）。IGBT 关断时电流拖尾导致较大的关断损耗，如果在关断前使通过它的电流为零，则可以显著降低开关损耗，因此，IGBT 适合采用零电流（ZCS）关断方式。

高频 X 线机的主逆变电路的控制方法有两种，一种是串联谐振逆变电路的 PFM 控制方式，即采用脉冲频率来控制高压回路的输出功率，国内市场上的进口高频发生器常采用这种控制方法；另一种是 PWM 控制方式，即采用脉冲宽度来控制高压回路的输出功率，早期国内高频发生器生产商较多采用这种控制方法。

（二）脉冲频率调制的串联谐振逆变器

1. 串联谐振逆变器的谐振频率　高频 X 线机主电路的串联谐振电路可用图 4-14 所示的等效电路表示，由电源 E、负载电阻 R、电感 L 和电容 C 构成串联谐振电路，从电源端向右看到的电路阻抗 Z 为

$$Z=R+j\left(\omega L-\frac{1}{\omega C}\right) \tag{4-9}$$

式中：Z 为串联谐振电路阻抗，R 为负载电阻，L 为电感，C 为电容；

那么，阻抗 Z 的模为：$|Z|=\sqrt{R^2+\left(\omega L-\frac{1}{\omega C}\right)^2}$，当 $\omega L=\frac{1}{\omega C}$，即 $|Z|=R$ 时，电路发生谐振。所以，电路谐振角频率为

$$\omega_0=\frac{1}{\sqrt{LC}} \tag{4-10}$$

式中：ω_0 为谐振角频率，L 为电感，C 为电容；

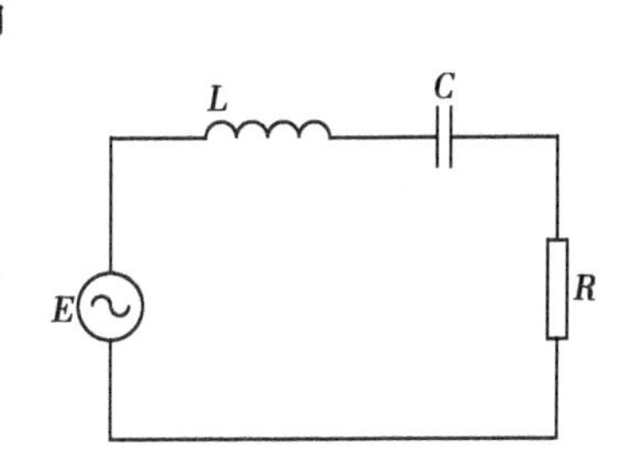

图 4-14　串联谐振电路

电路谐振频率为

$$f_0=\frac{1}{2\pi\sqrt{LC}} \tag{4-11}$$

式中：f_0 为谐振频率，L 为电感，C 为电容；

2. 脉冲频率调制的逆变器工作原理　依据式 4-9，图 4-14 电路中加在负载 R 上的功率为

$$P=R\cdot|I|^2=\frac{R\cdot E^2}{|Z|^2}=\frac{R\cdot E^2}{R^2+\left(\omega L-\frac{1}{\omega C}\right)^2} \tag{4-12}$$

式中：P 为负载 R 的功率，E 为电路电源，R 为负载电阻，L 为电感，C 为电容；

当 $\omega=\omega_0=\frac{1}{\sqrt{LC}}$ 时，则 $Z=R$，阻抗最小，负载 R 可得到最大功率。

从式(4-12)中各参数之间的关系可以得出串联谐振电路功率与角频率的关系，如图 4-15 所示，在图中，L、C 为定值，即 ω_0 一定时，在不同负载电阻 R 下，串联谐振负载电阻的输出功率随着逆变器工作频率的变化而变化，也就是当角频率 ω 变化时，即频率 f 变化时，可以调节加到负载 R 上的功率。对于一个恒定的输入电压，当逆变器的工作频率与负载谐振频率偏差越大时，负载电阻 R 上的输出功率就越小；反之，当两者越接近时，输出功率就越大。采用脉冲频率调制的串联谐振型 X 线机逆变电路，正是利用了上述原理，通过改变功率开关管的通断频率来调节功率的输出。

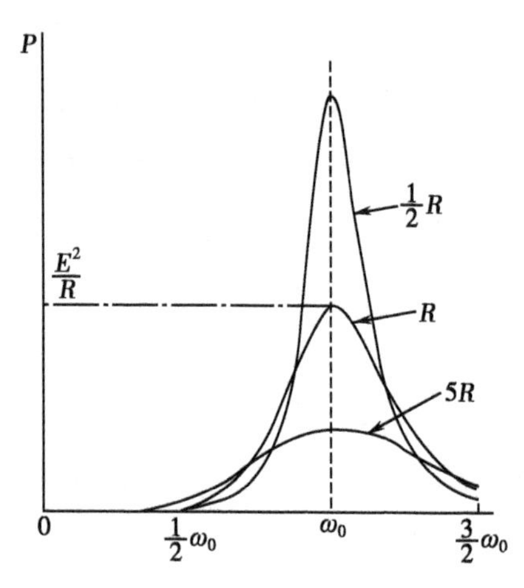

图 4-15　串联谐振电路功率与角频率之间的关系

脉冲频率调制的串联谐振型逆变方式可以分为以下两种情况，一是工作频率在谐振频率之下的逆变器，频率越高越接近谐振频率，输出的功率就越高；另一种是工作频率在谐振频率之上的逆变器，频率越低越接近谐振频率，输出的功率就越高。

3. 串联谐振逆变电路的工作过程　三相电源供电的串联谐振逆变电路如图 4-16 所示，其电源由不可控三相整流桥整流后，经大电容 C_1、C_2 滤波获得平稳的直流电压，逆变电路为了续流，在每个功率开关管上反向并联了一个二极管 $D_1\sim D_4$。

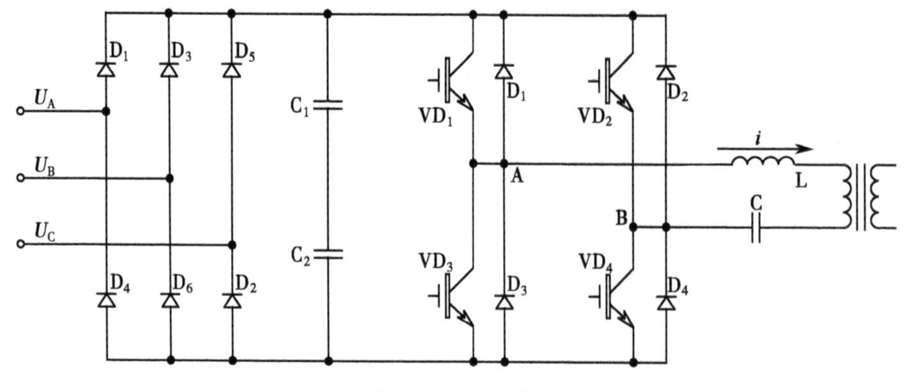

图 4-16　高频 X 线机串联谐振逆变电路

在 $T_0 \sim T_1$ 期间，逆变电路中的开关元件 VD_1、VD_4 导通，导通时间为 $\pi \cdot \sqrt{LC}$，流过谐振电感 L、高压变压器的初级线圈、谐振电容 C 的电流 i 的波形如图 4-17 中 $T_0 \sim T_1$ 期间的波形所示，电流为正弦波形。在 T_1 时刻，VD_1、VD_4 关断，此时电容 C 上的充电电压为输入直流电压的 2 倍，则在 $T_1 \sim T_2$ 期间，贮存在电容 C 内的能量会通过 D_1、D_4 释放。在 $T_3 \sim T_4$ 期间，逆变电路中的开关元件 VD_2、VD_3 导通，导通时间也为 $\pi \cdot \sqrt{LC}$，流过谐振电容 C，高压变压器的初级线圈、谐振电感 L 的电流 I 如图 4-17 中 $T_3 \sim T_4$ 期间的波形所示，电流同样为正弦波形。在 T_4 时刻，VD_2、VD_3 关断。在 $T_4 \sim T_5$ 期间，贮存在谐振电容 C 内的能量通过 D_2、D_3 释放。在 $T_3 \sim T_5$ 期间的电流波形与 $T_0 \sim T_2$ 期间一样，只是方向相反。由于 IGBT 的关断时刻都是在初级电流等于 0 的时刻，故此电路工作在零电流状态。图 4-17 及图 4-18 所示的是高压变压器初级电流，图 4-17 是工作频率为 $f<\frac{1}{2}f_0$ 电流波形，此时电流是断续的；图 4-18 是工作频率为 $\frac{1}{2}f_0<f<f_0$ 时的电流波形，此时电流波形是连续的。

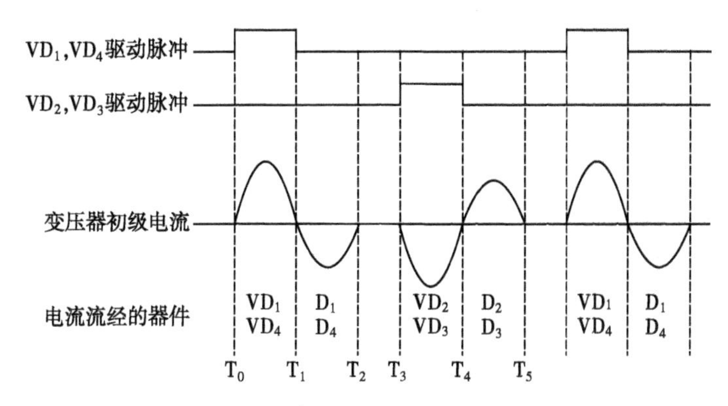

图 4-17　$f<\frac{1}{2}f_0$ 串联谐振逆变电流波形

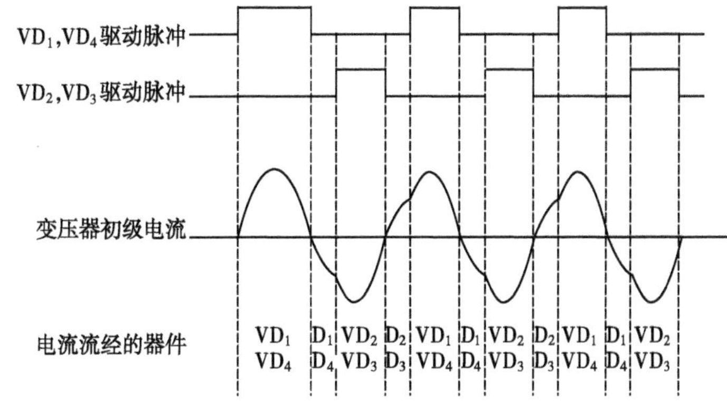

图 4-18　$\frac{1}{2}f_0<f<f_0$ 串联谐振逆变电流波形

（三）脉冲宽度调制的逆变器

脉冲宽度调制也就是所谓的占空比调制，即逆变器输出的频率不变，通过调节控制脉冲的宽度来改变输出值的大小，图 4-19A 是逆变器主电路，在一个开关周期的前半周期，VD_1 和 VD_4 导通，导通时间为 T_{ON}，如果一个周期为 T，占空比为 D，那么 $D=\frac{2T_{ON}}{T}$，假设 $VD_1\sim VD_4$ 为理想开关管，没有通态的压降，那么变压器的初级电压 U_{AB} 等于逆变器输入电压 U_1，即 $U_{AB}=U_1$；在后半周期，VD_2 和 VD_3 导通，导通时间也为 T_{ON}，变压器的初级电压 $U_{AB}=-U_1$；当 $VD_1\sim VD_4$ 都截止时，$U_{AB}=0$。当工作频率不变，也就是周期 T 一定时，如果调节开关管的导通时间 T_{ON}，也就是调节占空比就可以调节电压 U_{AB} 的有效值。图 4-19B 是占空比小的电压输出波形，图 4-19C 是占空比大的电压输出波形。

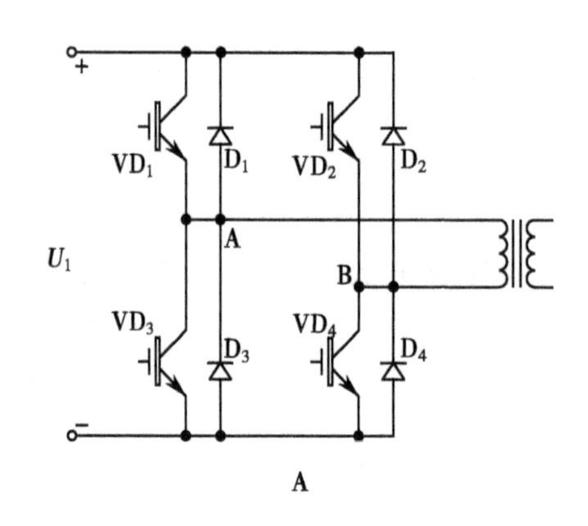

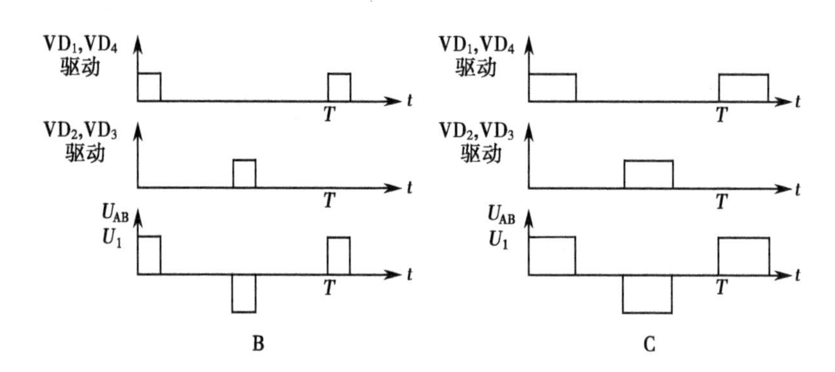

图 4-19　脉冲宽度调节原理
A. 逆变主电路；B. 占空比低的电压输出波形；C. 占空比高的电压输出波形

点滴积累

1. 由外部电源供电的高频 X 线机，其逆变电路所需的直流电源一般由外部电源经整流后获得，常用整流电路为单相全波整流、单相倍压整流及三相全桥整流。
2. 由外部电源供电的高频 X 线机与电网电源接时通时软启动保护电路来限制合闸时的浪涌电流；与外接网电源断开时，通过外接放电电路把留存于滤波电容中的剩余电荷放掉。
3. 脉冲频率调制（PFM）是通过改变逆变器的工作频率，来改变负载输出阻抗以达到调节输出功率的目的；脉冲宽度调制（PWM）是通过改变逆变器工作频率的脉冲宽度，来改变输出电压的有效值以达到调节功率的目的。

第三节 高频高压发生器主要电路

一、电源电路

（一）上电控制及电源分配电路

1. 上电控制 上电控制电路要具备以下功能：①外部网电源送到发生器电源输入端，但主电源继电器没有合上时，系统要给电源上电控制电路提供电源；②要有电源合上开关动作的保持电路，当开关松开后，能保持电源合上的状态，使其有自保功能，通常由带自保的继电电路组成，也可以是具备自保功能的其他电路，如 Indico100 发生器的上电控制电路，使用三个三极管构成上电自保功能；③能包含紧急按钮的接入点。

下面介绍 Indico100 发生器的上电控制，如附图 1，在外部电网电源与发生器可靠连接后，网电源的交流 380V 通过发生器电源输入板的保险丝 F_1 和 F_2，送到变压器 T_2 的初级；如附图 3，变压器 T_2 次级电压通过发生器接口板的整流电路获得低压直流电源+24V。如附图 4，发生器接口板的 DS_1 点亮，DS_1 指示发生器与外部电网电源的连接情况。

附图 4 是 Indico100 发生器系统上电控制电路，在控制台面板上的 ON（开）和 OFF（关）按钮通过相应接口连接到发生器接口板，Indico100 发生器的接口板上也包含电源 ON（开）和 OFF（关）按钮 S_2 和 S_1，用来开机和关机，这些按钮与在操作面板上的电源按钮并联。按下任意一个 ON 按钮，发生器接口板上的 Q_2 的基极转换为低电平，使 Q_2 导通，使 Q_3 的基极的电平高于发射极，Q_3 导通，Q_3 的集电极保持低电平，在 ON 开关松开后，Q_3 的集电极反过来使 Q_2 的基极保持为低电平，Q_2、Q_3 保持导通，达到开通自保目的。

Q_3 的集电极通过 D_{16} 连接到 K_2 和 K_3 的线圈，如果，JW1 脚和 2 脚短接，Q_3 的集电极也通过 D_{16} 连接到 K_1 的线圈，当 S_3 在 NORMAL 的位置上，继电器 K_1、K_2 和 K_3 吸合；如附图 3，在发生器接口板上的低压直流电源（+5V、±12V、±15V、±24V）有效。发生器 CPU 在检测到直流电源+5V 后，发出 P/S ON（Power Supply ON）命令，发生器正常上电。

如附图 4，当接口板上 S_3 在 LOCKOUT 的位置上，发生器不能正常上电。这一措施是为设备维修设置的，一般 X 线机是隔室操作的，在维修发生器柜时，把接口板上 S_3 切换到 LOCKOUT 的位置上，可以防止操作间内其他人员的误操作而引发维修人员触电事故及设备损坏。

如附图 4，按下任一个 OFF 按钮，发生器接口板上 Q_1 导通，这将阻断 Q_2，也阻断 Q_3。也就使发生器接口板 K_2、K_3 停止吸合，如果 JW1 脚和 2 脚短接，K_1 也停止吸合。这样，就关闭了发生器接口板的直流电源，完成了发生器的电源关闭过程。

如附图 4，接口板上的接线端 J_{17-1} 和 J_{17-2} 是紧急按钮的接入点，在发生器出厂时，J_{17-1} 和 J_{17-2} 之间有短接跳线，当需要接入紧急按钮时，除去 J_{17-1} 和 J_{17-2} 之间的短接跳线，并把紧急按钮两端接在 J_{17-1} 与 J_{17-2} 上即可。

2. 电源分配 当发生器上电后，如上所述，发生器接口板的 K_1、K_2、K_3 闭合。

如附图 3 所示，当发生器接口板的 K_2 闭合后，变压器 T_2 次级输出的交流电通过发生器接口板上 F_3、F_4 和整流元件 D_1 建立直流电源，有±24V、±15V、±12V、+5V。当发生器接口板的 K_1 闭合后，由变压器 T_2 次级提供的交流 110V 和 220V 在发生器接口板上建立。

发生器接口板给发生器 CPU 板提供直流电源±15V、±12V、+5V。在发生器 CPU 板上的发光二极管 DS_{33}指示+5V 电源，DS_{36}、DS_{37}指示±15V 电源，DS_{38}、DS_{39}指示±12V 电源。

发生器接口板给工作间接口板提供交流 110V 和 220V，直流+24V 电源。

发生器接口板给 AEC 板提供±24V，±12V 直流电源。

当发生器接口板的 K_3 闭合后，24V 直流电源也送到控制台面板。这 24V 直流电源产生面板电路所需的+5V、-15V 直流电源。

在发生器接口板的 J_{17-3}和 J_{17-4}输出+24V 直流电源，其最大电流为 100mA，用户可以根据需求选用。

当发生器接口板上的+5V 电源建立后，发生器 CPU 得电，并开始工作。如附图 2，发生器 CPU 板上的 DS_{34}、DS_{35}指示电源上电状态，这里 DS_{34}点亮指示电源已供电。得电后，CPU 执行启动自诊断程序，输出数据（bit 0），经过数据锁存缓冲和驱动电路（由 U_{27}、U_{19}、U_{16}组成）给发生器 CPU 板上的光耦 U_{17}加电压，并使 Q_4 导通，经由限流电阻 R_{27}、R_{32}，给附件板的 J_{5-3}和 J_{5-4}加上约 24V 直流电压。如附图 1，附件板 J_{5-3}和 J_{5-4}上的 24V 直流电压送到电源输入板，使 K_1、K_2 吸合，K_2 的触点把线电压接通到电源辅助变压器 T_1，T_1 是自耦变压器，T_1 给风扇和在高压油箱中的 X 线管 1 和 X 线管 2 的选择线圈提供 120VAC 电源，并给 X 线管阳极定子提供启动及运行电压，根据不同类型的 X 线管的需求，T_1 的输出可以进行设置，旋转阳极的低速启动电压可以设置为交流 120V 或 240V 电压，运行电压可以设置为交流 52V，或 73V，或 94V。

如附图 2 所示，变压器 T_1 的次级给附件板提供低电压的交流电。附件板的各直流电源建立，通过 F_3、F_4 和整流元件 D_{32}建立±35V；通过 F_1、F_2、整流元件 D_{33}、U_4、U_5 和 U_6 建立±12V 直流电源。

附件板给灯丝板提供灯丝逆变器所需的直流±35V 电源，以及灯丝板控制电路所需的±12V 直流电源。

附件板给控制板提供±12V 直流电源，并由控制板内的电路生成自身所需的+5V 电源。控制板还把±12V 直流电源送到双速启动板，双速启动板内的电路生成自身所需的+5V 电源。

3. 信号的传输　如附图 2，在使用双 X 线管的系统中，当选择 X 线管 2 时，CPU 通过控制板使附件板上的 J_{1-6}拉到低电位，如附图 1，这样电源输入板的 K_3 将闭合，给高压油箱内 X 线管 1/X 线管 2 选择继电器的线圈提供 120V 交流电源，使其吸合；同时电源输入板的 X 线管 1/X 线管 2 选择信号也传输给低速启动板的 J_{2-9}。

如附图 1 所示，如果直流母线电容没能正常充电，由电源输入板检测到信号，并由 U_1 送到附件板，附件板产生软启动出错信号（SOFT START FAULT SIGNAL）。如附图 2，这信号反馈给附件板的 U_{3A}，如果软启动出错存在，这个信号为低电平。同时，在附件板的 U_{3C}和 U_{3D}监控在板上的±12V 供电，如果±12V 的任一电平低于预设值，U_{3C}和 U_{3D}的输出转换为低电平。如果 U_{3A}、U_{3C}、U_{3D}的输出其中之一为低电平，会点亮 D_1，并给控制板发送出错信息。

如附图1所示，当电源输入板上的主继电器 K_5 吸合，附件板上的 J_{5-7} 保持低电平。如附图2所示，这个逻辑低信号供给控制板，通过附件板送到双速启动板，同时也使控制板的 Q_{16} 导通，进而导通发生器CPU板的光耦 U_9，并通过 U_{24} 让CPU监控，同时 U_9 也驱动CPU板的指示灯 DS_9 和 DS_{10}，主接触器闭合时，DS_9 点亮指示。

（二）母线电容的充电与放电

发生器上电几秒后，发生器的CPU发出P/S ON（Power Supply ON）命令，附件板上的 J_{5-3} 和 J_{5-4} 之间有DC+24V电压。如附图1所示，在正常的状态下，附件板上的继电器 K_1 保持打开状态，电源输入板的 K_2 吸合，并使电源输入板的 U_3 激活；U_3 激活后，电源输入板的 Q_2 导通，使电源输入板的继电器 K_1 吸合，在电源输入板上的 DS_6 指示 K_2 的吸合，DS_7 指示 K_1 的吸合。

当电源输入板的 K_1 吸合后，线电压通过软启动限流电阻送到整流器 D_1 的输入端，给直流母线电容预充电。充电情况通过电源输入板的直流母线预充电检测电路（由 R_5～R_8、D_3 组成）检测，检测输出送到 U_1。

当直流母线预充电正常时，电源输入板上 U_1 的发射极被抬高到+6V。U_1 的发射极连接到附件板的软启动保护电路，如果直流母线电容预充电正常，在附件板上的 K_1 保持打开，并由 D_3 发光指示。预充电约20秒后，软启动驱动电路（由 U_{3B}、Q_6 等组成）将发出交流接触器闭合的信号，点亮附件板上的 D_2 来指示主接触器的闭合，并通过附件板上的 J_{5-7} 输出一个逻辑低电平信号给CPU板；交流接触器闭合的信号同时也送到电源输入板，电源输入板上的 DS_4 被点亮，并闭合电源输入板的主电源接触器 K_5，网电源电压直接送到整流器 D_1 的输入，整流后产生直流母线电压送到逆变板，由逆变板产生可调高频电压，送到高压变压器初级。

如果直流母线电容没能正常预充电，电源输入板的 U_1 把出错信号送到附件板，软启动保护电路使附件板的 K_1 吸合。使电源输入板的 K_1 断开而打开软启动充电通道，但容许 K_2 通过附件板的 R_1、R_2 吸合。附件板上的 K_1 吸合，造成附件板上的 Q_6 不能导通，使电源输入板的 K_5 不能吸合，并使附件板的 J_{5-7} 保持高电平，提示发生器CPU主接触器没有闭合。

当发生器关机后，发生器接口板的直流电压失去，发生器CPU板的直流电压也失去，发生器电源输入板继电器 K_1 和 K_2 的线圈失电，继电器 K_1 和 K_2 打开，线电压将从供电辅助变压器 T_1 断开，附件板的直流电压也失去。当电源输入板的+12V电源失去后，电源输入板的 U_2 将关断，直流母线通过 R_{16}～R_{19} 与放电电路接通，滤波电容上的剩余电荷快速释放。

二、管电压控制与调节

（一）高频X线机管电压的控制与调节原理

调节管电压就能有效地调节X线的质，由于人体各组织部位密度、厚度的差异很大，这就要求X线机必须有一个可调范围很宽的管电压，以满足人体各部位对X线穿透力的要求，通常诊断用X线机管电压的调节范围为40～150kV（除了乳腺摄影机外）。

工频X线机是通过调整自耦变压器输出的电压，也就是调整高压变压器的初级电压，来实现管电压的调节。高频X线机采用控制主逆变器的脉冲宽度或脉冲频率来实现管电压的调节，并使用闭环控制电路以实现精确的管电压控制。闭环控制电路就是采用高压采样电路实时检测输出的管电压值，即实测管电压，并通过比较电路与设定的管电压值相比较，如果有差别的话，则改变主逆变器的脉冲宽度或脉冲频率，直到实测管电压与设定的管电压值相一致。当驱动电路向主逆变器发出驱动脉冲，逆变电路有输出，导致高压的产生；当驱动脉冲撤销，则高压停止输出。因而主逆变器的驱动信号能控制管电压的产生与停止，由此可见，可以在主逆变器的驱动电路中增加一个高压驱动控制信号来控制加载时间。除此之外，高压驱动信号还可以用于故障的保护控制，即在曝光过程中一旦有较严重的故障出现而需要立即停止 X 线时，可以通过去除高压驱动控制信号实现高压的快速移除，以达到中断曝光的目的。图 4-20 为管电压控制与调节原理框图。

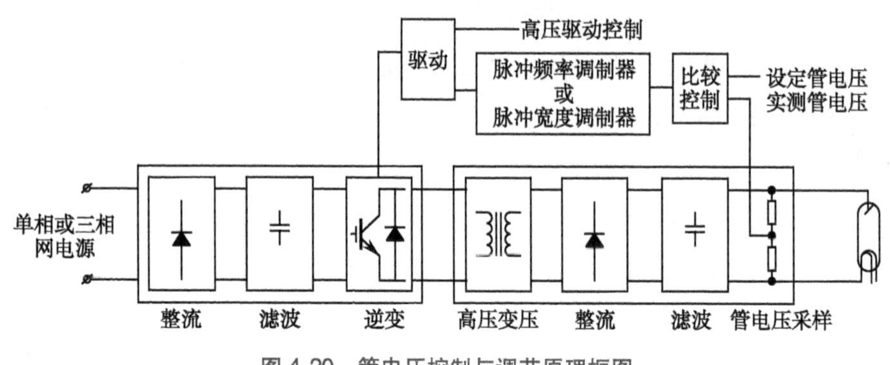

图 4-20　管电压控制与调节原理框图

与高频 X 线机的管电压输出相关的电路有：网电源整流滤波电路、脉冲宽度调制或脉冲频率调制的主逆变器、高压变压器、高压整流电路。经高压整流后的直流高压通过高压电缆送到 X 线管的阴阳两级，主逆变器的脉冲宽度调制或脉冲频率调制由管电压的控制电路实现。

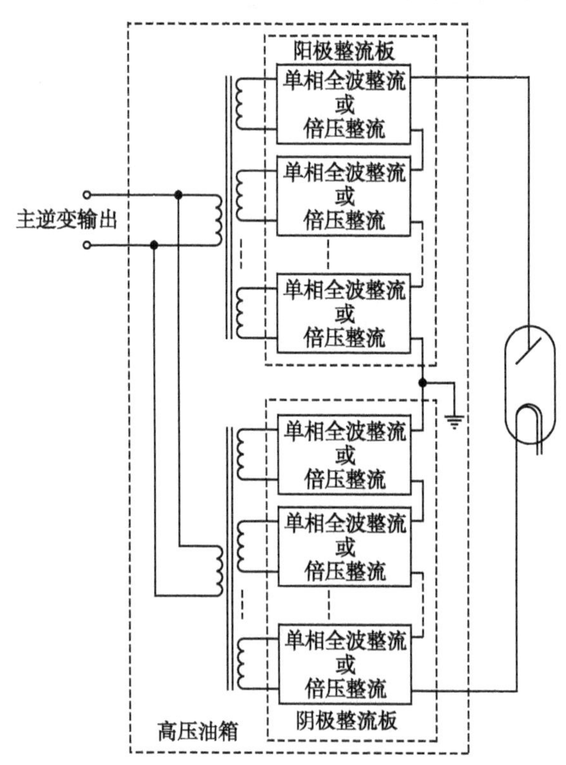

图 4-21　高频发生器高压电路

（二）高频 X 线机高压电路

逆变器输出的高频电压送到高压变压器的初级，经高压变压器升压后，输出高频高压交流电压，一些高频高压发生器使用两套高压变压器和高压整流电路，把变压整流后的直流电压串联，正极接 X 线管阳极，负极接 X 线管阴极，中性点接地，而每套高压变压器的次级线圈有多组，这些次级线圈的输出分别经单相全波整流或倍压整流后再串联，可以降低高压器件的耐压要求，高频发生器高压电路如图 4-21 所示。

（三）Indico100 发生器管电压控制与调节

1. 管电压的检测电路　高压发生器输出的直流高压值高达几十千伏以上，为了保证电路的安全性及控制信号通常为直流低压的实际需求，把采样信号以一定的比例缩小，将其转换成几伏或十几伏的直流电压,为达到上述目的,通常采用串联分压电路,就是用两个或几个高阻抗电阻相互串联,根据串联电路分压的工作原理,确定适当的缩放倍数,得到合适的采样电压。

如附图7是Indico100发生器管电压采样电路,阳极和阴极电路各自都有分压采样电路获得阳极和阴极的管电压采样值,采样电压送到控制板的J_9。

如附图5,控制板J_{9-5}~J_{9-8}的阳极和阴极管电压采样信号送到U_{12A}和U_{12B},管电压反馈值的缩放刻度由R_{215}调节,阳极和阴极的反馈信号由U_{16B}总和后送到各控制点。U_{12A}和U_{12B}的输出信号通过R_{220}、R_{221}、D_{92}、D_{93}检测阳极过电压信号和阴极过电压信号,过电压出错信号的处理在本单元的保护电路部分有叙述。

2. 管电压的调节与控制 Indico100发生器管电压的调节是通过脉冲频率调整来实现的,逆变器工作频率高于谐振频率,所以频率越高,输出的管电压越低。如附图5所示,当系统所有的状态满足曝光条件时,CPU发出所需的管电压预置值,并由发生器CPU板的D/A转换器U_{22}转换为模拟信号,再由U_{14A}缓冲,由控制板的U_{13A}反转,并与从U_{16B}来的管电压反馈信号一起,送到由U_{13B}、U_{21A}组成的差分放大器,差分放大器输出调节电压用来调节管电压,这个调节电压与预置电压和反馈电压之间的差值成正比例,这一调节电压由U_{21B}缓冲,并提供给电压控制震荡器(voltage controlled oscillator, VCO)。VCO产生所需的脉冲来决定驱动控制信号,使逆变器的输出频率改变,用来调节发生器输出功率,进而达到调节管电压的目的。

从VCO输出的两组脉冲分别送到与非门U_{24A}和U_{24B}。U_{24A}和U_{24B}的另一个输入是高压驱动控制信号,如果所有条件都允许X线曝光,并有曝光指令,高压驱动控制信号为高电平,让脉冲控制信号正常输出,并由U_{26A}和U_{26B}反向,提供给主逆变器的驱动电路;一旦产生需要阻止曝光的状况,高压驱动控制信号为低电平,阻止脉冲控制信号输出,撤除了管电压。

如附图4,控制板上的脉冲控制信号送给驱动电路,控制板上的门极驱动电路把控制信号转换为高频门驱动脉冲,并送到逆变板,用来驱动全桥逆变电路的MOSFET功率管,高频门脉冲提供给在三块逆变板的MOSFET功率管。

如附图6,Indico100发生器根据输出功率的大小使用一块、两块或三块逆变板。功率越大,使用的逆变板的数量越多,80kW和100kW的发生器使用三块逆变板,当发生器在低功率运行时,控制板的继电器K_2使3号逆变板的驱动器无效,仅允许两块逆变板工作。

如附图5,发生器CPU板的U_{14A}输出的是管电压设定信号,U_{15A}的输出是管电压实时反馈信号,这两个信号由高压检测电路(由U_{30D}、Q_6等组成)比较,当实际的管电压值超过设定值的75%时,高压检测电路产生"高压有输出"信号,这个信号送给数字影像系统,使图像采集控制与曝光同步。

3. 高压电路 Indico100发生器高压电路如附图7,高压油箱内有阳极和阴极部分,阳极和阴极部分各自有一套高压变压器和高压倍压板,每套高压变压器的次级线圈有两组,这些次级线圈的输出分别经倍压整流后再串联。阳极电路部分产生X线管阳极电压,电压值为0~+75kV,阴极电路部分产生X线管阴极电压,电压值为0~-75kV,中心点接地。

4. 保护电路 由于主逆变器的工作频率很高,输出的功率很大,一旦出错,可能会损坏逆变器的功率开关管,所以,在管电压的控制与调节电路中包含电路出错的保护电路,主要有高压变压器的初级过电流保护、管电压过高保护、逆变器短路出错的保护等，使电路在存在上述故障时能快速反应，保护逆变器。以下是 Indico100 发生器的相关保护电路。

（1）高压变压器的初级过电流保护：如附图 5 所示，在控制板上，高压变压器的初级电流从 T_1 采样，通过 D_{27} ~ D_{30} 整流成一个电压值与高压变压器初级电流成比例的反馈信号，送到 U_{21A} 的输入端，当反馈值超过高压变压器初级电流正常值的限值时，U_{21A} 限制控制脉冲产生，从而限制了管电压。这个电流限制信号同样反馈给 U_{15}，如果检测到过大的高压变压器初级电流，U_{15} 将产生一个出错脉冲，出错脉冲由 U_{32D} 和 U_{33D} 锁存、检测和反转，再点亮 D_{70}，并经由 D_{66} 把 U_{33E} 的输入拉低，这使 U_{33E} 的输出为高，U_{33E} 的输出是"发生器准备好"检测器逻辑或门的一个输入，出错信号一旦存在，在控制电路的作用下，抑制逆变器的门驱动，这可以在高压变压器初级过电流的情况下，预防逆变器的损坏。

（2）管电压过高的保护：如附图 5 所示，在控制板上 U_{16B} 输出的管电压反馈信号经由控制板的 U_{16A}，发生器 CPU 板的 U_{15A}、U_{15B} 及 A/D 转换器 U_{37} 传送给 CPU，在曝光期间，发生器 CPU 板检测电压输出。管电压反馈信号也发送到管电压检测器和锁存（由 U_{31}、U_{32A}、U_{33A} 组成），当有过高的管电压产生，使 D_{69} 点亮，并使 U_{33E} 的输出为高，如前所述，当 U_{33E} 的输出是高电平时，抑制逆变器门极驱动，这可以在管电压过高的情况下，预防逆变器的损坏。

（3）逆变器短路出错的保护：发生器控制板包含防止逆变器短路出错的保护电路，如果短路出错存在，如附图 4，在三块逆变板上的电流检测变压器产生一个电流脉冲，反馈给控制板的 J_{14-1} 和 J_{14-3}、J_{15-1} 和 J_{15-3}、J_{16-1} 和 J_{16-3}，如附图 5，由控制板上的比较电路分别检测逆变器短路的出错信号，并锁存和反向，三个逆变器的短路出错信号分别会点亮各自的出错指示灯 D_{80}、D_{81} 和 D_{82}；只要有一个出错信号就会把逻辑或电路（由 D_{87}、D_{88}、D_{89}、U_{35C} 组成）的输出拉低，并使 U_{33E} 输入降低，把 U_{33E} 的输出拉高，如前所述，当 U_{33E} 的输出是高电平时，抑制逆变器的门驱动，这可以在逆变器短路出错的情况下，阻止高压的产生，预防逆变器的损坏。

驱动 U_{33E} 的锁存出错信号由 RESET 指令复位。

边学边练

指出高频 X 线机管电压控制电路的组成要素，查阅高频 X 线机安装维修手册能识别管电压控制电路故障，并排除。请见"实训九　高频 X 线机管电压控制电路调试"。

三、管电流控制与调节

（一）高频 X 线机管电流控制与调节原理

管电流调节与灯丝控制　X 线的量是由流过 X 线管阴阳极之间的电流时间积决定的，也就是由管电流和加载时间决定的，因而管电流是影响 X 线剂量的重要因素之一。管电流是阴极灯丝电子在高压的作用下从阴极移动到阳极靶面形成的电子束电流。管电流的大小是由 X 线管灯丝加热后发射的电子数量决定的。而发射的电子数量是由 X 线管灯丝温度决定的，灯丝温度越高，发射的电子数量越多，管电流就越大。而 X 线管灯丝的温度是由灯丝加热电流决定的，所以，灯丝加热电流是决定管电流的主要因素之一。

灯丝驱动电路是为X线管灯丝提供加热电源的电路，因为它可实现管电流的控制与调节，所以又称为管电流控制与调节电路。按灯丝变压器的初级线圈端和次级线圈端的电路，可分为灯丝初级电路和灯丝次级电路，X线管灯丝电流是由灯丝变压器的次级提供的，灯丝次级电路较简单，由灯丝变压器的次级线圈、X线管阴极灯丝、阴极的高压电缆组成，调节X线管电流的方法通常是采用改变灯丝变压器初级电压或电流值。

高频X线机的灯丝初级电路大多采用逆变电路，通过控制逆变器功率管的门极触发脉冲宽度来控制灯丝变压器的初级电流，进而控制灯丝变压器的次级电流，以达到控制和调节X线管阴极灯丝电流的目的。所以，灯丝电流的控制和调节是通过逆变器脉冲宽度调制来实现的。

灯丝加热控制是由灯丝逆变器电路与驱动电路实现的。当驱动电路向灯丝逆变器发出驱动脉冲，灯丝逆变电路就会产生输出，则灯丝得到加热；此时若加载管电压，就可产生管电流，并产生X射线；当驱动脉冲撤销，逆变电路停止输出，灯丝停止加热。因而可以通过灯丝逆变器的驱动与否能控制X线管灯丝是否加热。

高频X线机的管电流是实时反馈控制，其控制可以分为以下两种方式：一种是仅用灯丝电流的闭环反馈来实现控制，如图4-22即为其控制原理框图，由于灯丝变压器的次级回路中存在负高压，因而通常情况下灯丝电流的采样点放在灯丝变压器的初级。

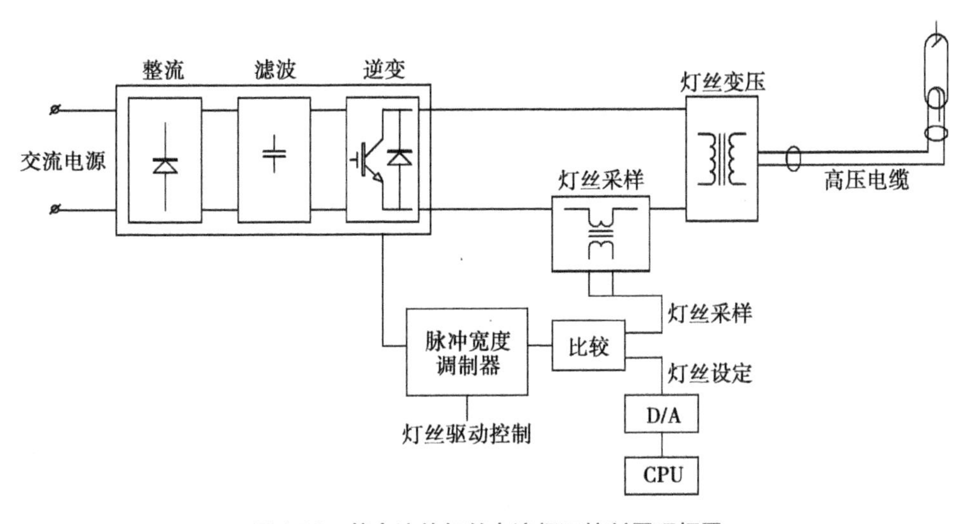

图4-22 管电流的灯丝电流闭环控制原理框图

另一种是由管电流及灯丝电流的双闭环反馈来实现控制，这种方式还可细分为以下两种情况：其一是内环的灯丝电流反馈及外环的管电流反馈都是由硬件组成，具有响应速度较快的特点。一般在曝光的准备阶段，管电流还没有产生，主要由灯丝电流的反馈控制起作用，即内环起作用；而后随着高压的加载，管电流的产生，可以通过管电流的反馈进行灯丝加热的控制，即外环起作用，由此可以保持管电流的稳定输出，图4-23为其控制原理框图；其二是内环灯丝电流的反馈是硬件实现的，而外环的管电流反馈控制是由CPU实现，有软件参与控制，故响应速度较慢。这种控制方式在短时（几毫秒）曝光时，管电流的准确性主要依赖于曝光准备期间灯丝加热电流设定值的准确性。而曝光时间较长时，当 CPU 检测到管电流实际值与设定值有偏差时，调整灯丝电流的设定值，直到管电流实测值与设定值一致，图 4-24 为其控制原理框图。

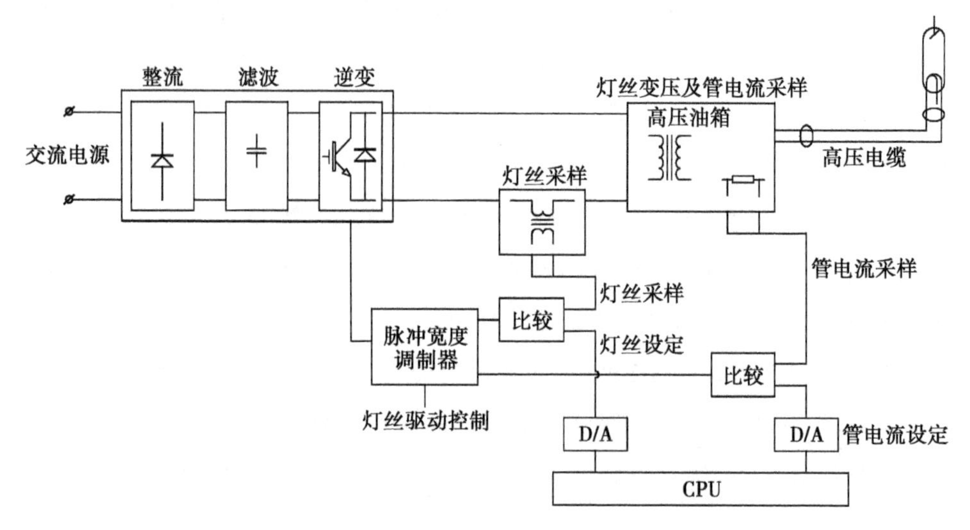

图 4-23　管电流及灯丝电流双闭环控制原理框图

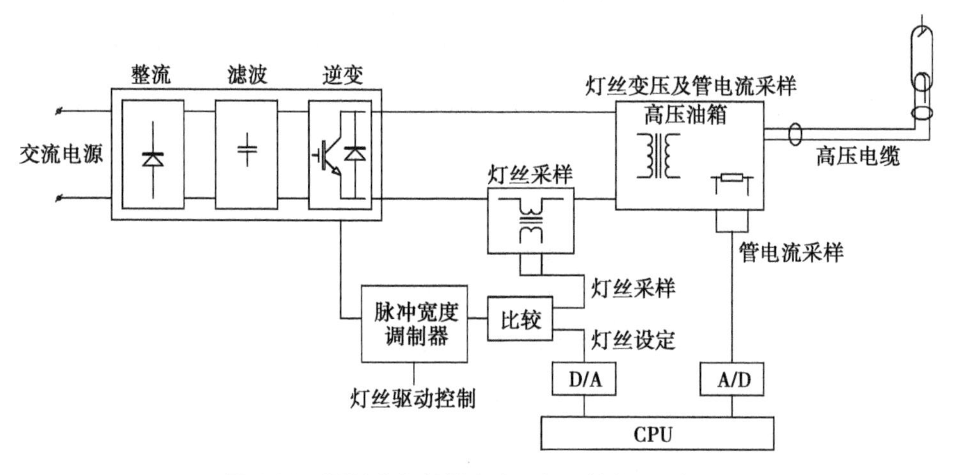

图 4-24　CPU 参与的管电流双闭环控制原理框图

双焦点的 X 线管应有两个灯丝变压器（大焦灯丝变压器和小焦灯丝变压器）分别为大焦灯丝和小焦灯丝提供电源。不过对于灯丝驱动电路，一些功能简单的 X 线机如普通摄片机，仅使用一套灯丝驱动电路即可，通过切换装置来实现大焦灯丝和小焦灯丝的加热切换，较常用的切换装置为继电器。一些功能较多的 X 线机，由于要尽量减小在焦点切换后灯丝的加热时间，也就是减小曝光准备时间，在一个焦点处于工作状态时，另一个焦点希望能保持在预热状态，所以这样的系统就需要两套灯丝驱动电路，分别驱动大小两个焦点的灯丝变压器初级。

（二）管电流的校准

由于空间电荷的作用，X 线管灯丝加热电流不是决定管电流的唯一因素，管电流的大小还与管电压有关。图 4-25 是某一型号 X 线管的灯丝发射特性曲线图，从图中可以看出，灯丝电流在 4.9A 时，当管电压为 40kV 时，管电流约为 120mA，当管电压为 80kV 时，管电流约为 200mA。由此可见，由于空间电荷效应的存在，管电流是由灯丝加热电流和管电压共同决定的。不同型号的 X 线管的灯丝发射特性曲线是不一样的，对于同一个 X 线管的不同焦点灯丝发射特性曲线也是不一样的，所以对 X 线管空间电荷补偿的程度需要通过实际情况确定。

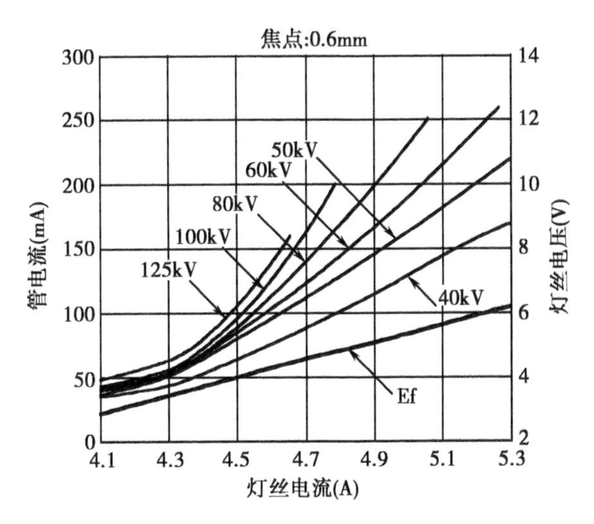

图 4-25　X 线管的灯丝发射特性曲线图

不同于工频 X 线机采用空间电荷补偿变压器来实现空间电荷的补偿，高频 X 线机是用软件来实现空间电荷补偿的。其具体的方法是：将当前使用 X 线管的灯丝发射特性以曲线或表格的方式存放在存储器中，根据操作者在操作面板上设定的管电流和管电压值，参照存放在存储器中的曲线或表格自动计算出或查找出所需灯丝电流的设定值，并将此数值送到灯丝驱动板来控制灯丝加热。然而，由于 X 线管个体差异、所用高压电缆的个体差异、高压电缆的连接情况等因数，同一型号 X 线管的灯丝发射特性也有个体差异，所以为了提高管电流参数的精度，要对管电流进行校准。各种型号的高频发生器都有各自的校准方法，主要分手动和自动两大类。

较普遍的手动管电流校准方法是：发生器先设定一些较关键的管电压及管电流校准点，并在设定的校准点曝光，使用管电流测试仪表来测量曝光时实际的管电流值，或在曝光时测量管电流测试点输出的电压值，来推算实际的管电流值，如果测试值与设定值有偏差时，通过一定方式修正相关点灯丝电流的设定值，并重复上一步工作，直到实际测定的管电流值与设定值之间的误差在允许范围内；更换一个校准点，重复上述步骤，直到所有校准点的管电流值在允许的误差范围内。在管电流校准过程中，高频发生器管电流参数修正的方式通常是更改发生器存储器内的参数值。发生器根据上述校准值，即在关键点上管电压管电流所需的灯丝电流设定值，对单一个体 X 线管的灯丝发射特性曲线进行微调修正，以提高管电流的输出精度。

较先进的是管电流自动校准方式，具体方法是选择一些管电压节点，一般在管电压的整数值上，如：50kV、60kV、80kV、100kV 及 120kV，在最小管电压节点上，从静态灯丝电流开始，发生器给 X 线管提供一定量的灯丝电流，再由发生器检测此灯丝电流下的管电流值，逐步提高灯丝电流，直到这一管电压值相对应的最大管电流输出值为止；逐步提高管电压节点值，重复以上过程，直到完成最高管电压节点上管电流的检测。在发生器的存储器中，形成一个数据表，存入一定管电压及灯丝电流下对应的管电流值。由于有较多的校准点，能对 X 线管的灯丝发射特性曲线进行较完整的修正。在整个自动校准状态下要求连续曝光，虽然每次曝光有一定的时间间隔，但累计曝光次数有几十乃至上百次，为保护发生器功率元件及 X 线管，因而要求每次曝光时间短，并且发生器的管电流检测电路能快速、准确地测试实时的管电流值，对发生器控制电路的要求较高。

无论是手动还是自动校准，校准时检测到的管电压及管电流值并不是连续的，操作者所要求的管电压和管电流参数不会正好在校准点上，发生器的软件会通过某种算法，比如插值法获得相应的灯丝电流设定值。

（三）Indico100 发生器管电流控制与调节

1. 检测与反馈电路 Indico100 发生器管电流控制与调节方式是管电流与灯丝电流的双闭环控制，内环灯丝电流的反馈控制是硬件实现的，外环的管电流反馈控制是由 CPU 实现的，有软件参与控制，因而需要灯丝变压器初级电流、管电流的检测与反馈，同时为了方便用户随时检验管电流及电流时间积，设置了用户管电流测试点。

（1）灯丝变压器初级电流的检测：附图 10 右侧是 Indico100 发生器灯丝板电路图，在灯丝变压器的初级电流送到灯丝变压器以前，先送到变压器 T_1 的初级，引出灯丝变压器初级电流的检测信号，变压器 T_1 次级电压由 D_{12}、D_{13}、D_{27}和 D_{28}整流，送给由 U_7等元件组成的转换电路，并由 U_{4A}输出经矫正后的灯丝电流反馈值，反馈比例为 1V = 1A 的灯丝电流，有两块灯丝板的发生器分别检测大焦点和小焦点灯丝变压器初级电流。

（2）管电流检测电路：如附图 9，在曝光时，X 线管电流流过高压阳极和阴极倍压板间的串联电阻，这些电阻上的电压与 X 线管的管电流成正比，电阻上的电压为管电流反馈值，阳极管电流反馈电压经过高压油箱盖板的 J_{3-1}和 J_{3-2}，送到发生器控制板上的 J_{9-1}和 J_{9-2}，管电流反馈电压值设定比例约为 0.4V = 100mA 的阳极电流。阴极管电流反馈经过高压油箱盖板的 J_{3-4}和 J_{3-3}，送到发生器控制板上的 J_{9-4} 和 J_{9-3}，阴极管电流反馈仅用于阴极过电流检测。

如附图 9，在发生器控制板上的 J_{9-1}和 J_{9-2}的阳极管电流采样信号送到微分放大电路 U_{6B}的输入，U_{6B}的输出送到 U_9和 U_{30B}的输入，U_{30B}的输出是摄影时的管电流反馈电压值，反馈值可以由 R_{216}矫正，设定比例为 1V = 100mA。这个反馈值送到发生器 CPU 板，由 CPU 监控，如附图 10 左侧电路所示。

U_{6B}的输出也送到 U_9的输入，U_9是高增益的放大器，提供透视管电流反馈电压值，反馈值由 R_{212}矫正，并由 R_{213}调整，透视时管电流反馈电压值设定比例为 1V = 2.5mA，透视时的管电流反馈值送到发生器 CPU 板，由 CPU 监控，如附图 10 左侧电路所示。

（3）用户管电流测量电路：如附图 9，在高压油箱内，阳极高压板输出的需接地一端，连出一个接线端 E_{18}到油箱盖板上，阴极高压板输出的需接地一端，也连出一个接线端 E_{17}到油箱盖板上，油箱盖板上的 E_{17}、E_{18}是用户管电流测试点，在正常使用状态下，E_{17}、E_{18}之间有金属短接片，用户需要测试管电流时，首先断电，断电后去掉管电流测试接点 E_{17}、E_{18}的短接片，再把测量仪器串接在 E_{17}、E_{18}间。在测量工作完成后，把管电流测量仪器从测量点移去后，要把管电流测试接点 E_{17}、E_{18}之间的短接片重新安装好。

2. 灯丝电流的调节与控制 Indico100 发生器的管电流控制与调节方式是管电流与灯丝电

流的双闭环控制，内环的灯丝电流反馈控制是硬件实现的，外环的管电流反馈控制是由CPU软件控制实现的。如果系统正常，在管电流校准后的一段时期内，灯丝电流的设定值比较准确，外环的管电流控制基本不起作用，因而CPU一般不会更改灯丝电流的设定值，或更改的幅度不大，灯丝电流较稳定。

如附图8所示，当CPU接收到一个曝光准备指令，CPU发出灯丝电流设定值，并有发生器CPU板上的D/A转换器U_{18}或U_{22}把数字量转化为模拟值，具体为1V=1A的灯丝电流。

有两块灯丝板的发生器，CPU板上的U_{22}和U_{18}分别输出大小焦点灯丝电流的设定电压值。有一块灯丝板的发生器，CPU板上的U_{22}输出灯丝电流的设定电压值。大、小焦点的电压值由U_{14B}和U_{14D}缓冲，再经由发生器CPU板的J_{10}和J_3，经过控制板，发送给灯丝板的J_2，小焦灯丝驱动信号送到灯丝板的J_{2-7}、J_{2-8}；大焦灯丝驱动信号送到灯丝板的J_{2-5}、J_{2-6}。

如附图10所示，灯丝电流设定值送到灯丝板的U_{1B}，U_{1B}的输出与最大灯丝电流限制值在U_{1A}上比较，把灯丝电流限定在最大灯丝电流限制值以下，灯丝板JW_1的不同跳接点可以设置灯丝电流上限在5.5或6.5A上。

U_{1B}输出的灯丝电流设定值送到差分放大器U_{4B}的输入，与灯丝电流的反馈电压比较，当灯丝电流设定值高于反馈值，U_{4B}的输出升高，U_3输出的脉冲宽度加大。

脉宽调制器U_3驱动全桥逆变器，灯丝逆变器由功率管MOSFET Q_6、Q_7、Q_{12}、Q_{13}组成，功率管MOSFET把±35V直流电压转换为高频交流电来驱动灯丝变压器的初级，灯丝逆变频率约40kHz，如附图9左上角的电路所示，灯丝变压器的次级的输出由阴极的高压电缆送到X线管，驱动X线管的灯丝。

如果是单灯丝板的发生器，如附图8所示，CPU板的U_{27}输出大、小焦选择指令。在大焦点时，U_{27}的输出是低点平，点亮DS_{24}，在小焦点时，U_{27}的输出是高点平，点亮DS_{25}。大、小焦选择信号由U_{19}和U_{16}缓冲，驱动控制板上的U_1，U_1的输出送到检测电路（由U_{11C}、Q_2等组成），检测电路的输出是大、小焦选择信号。当选择大焦点时，U_1的输出是低点平，大、小焦选择信号电平经反转拉高后，使灯丝板上的K_1断开，灯丝逆变器的输出切换到大焦点灯丝变压器初级。当选择小焦点时，灯丝板上的K_1吸合，逆变器的输出切换到小焦点灯丝变压器初级。

CPU监控灯丝板上的K_1线圈控制信号电平，这一信号通过控制板上J_{3-11}送到Q_3的基极，当选择小焦点时，此信号为逻辑高电平，驱动控制板上的Q_3使其导通；当选择大焦点时，保持Q_3阻断。Q_3驱动发生器CPU板的光耦U_{10}，U_{10}的输出经由U_{24}由CPU监控。

3. 保护电路　Indico100发生器管电流调节与控制电路有如下保护电路：①灯丝电流过低的保护；②管电流过高的保护；③本节前面已介绍的最高灯丝电流限制电路。

（1）灯丝电流过低的保护：如附图10所示，在灯丝板上，由U_{4A}输出的灯丝变压器初级电流反馈值送到U_{2B}的输入，如果灯丝电流低于最小灯丝电流限制值1.7A，即灯丝电流的反馈值小于1.7V时，表示灯丝出错，U_{2A}的输出电压下降，Q_1阻断，使灯丝板的J_{2-10}为高电平，这一信号送到控制板的J_{3-10}。

如附图8，控制板J_{3-10}上的灯丝出错信号送到“发生器准备好”检测器逻辑或门的一个输入脚，当有故障时，使“发生器准备好”和“曝光允许”信号无效，来抑制主电路逆变器的驱动。灯丝出错信号也阻断控制板的 Q_{15}，Q_{15} 的输出送到发生器 CPU 板上的光耦 U_7，U_7 的输出驱动灯丝故障状态指示灯 DS_{13}、DS_{14}，当灯丝出错时 DS_{14} 点亮，正常时 DS_{13} 点亮，U_7 的输出同时送到缓冲器 U_{24}，U_{24} 的输出送到 CPU，由 CPU 监测过低灯丝电流的出错信号。

（2）管电流过高的保护：如附图 9，控制板上 U_{6B} 输出的管电流反馈电压送到过电流探测器（由 U_{18} 等组成），在管电流过流的情况下，阳极过电流探测器的输出是低电平，点亮 D_{72}，并经由 D_{65} 把 U_{33E} 的输入拉低，使 U_{33E} 的输出为高电平。如前所述，U_{33E} 的输出是“发生器准备好”检测器逻辑或门的一个输入。当阳极过电流时，在控制电路的作用下，抑制主逆变器的门极驱动，这可以在阳极过电流的情况下，预防逆变器的损坏。

在发生器控制板上的 J_{9-4} 和 J_{9-3} 的阴极管电流反馈电压送到微分放大器 U_{6A}，U_{6A} 的输出送到阴极过电流探测器（由 U_{17} 等组成）及阴极过电流锁存和逻辑反向电路（由 U_{32B}、U_{33B} 组成），在阴极过电流的状态下 U_{33B} 的输出是低电平，点亮 D_{71}，并经由 D_{64} 把 U_{33E} 的输入拉低，如上面所述，在阴极过电流时，抑制主逆变器的门极驱动。

管电压调节与控制中所述的“阳极过电压”信号也反馈给阳极过电流探测电路，因而，当阳极过电压时，也将抑制主逆变器的门极驱动。同样，“阴极过电压”信号也反馈给阴极过电流探测电路，当阴极过电压时，也将抑制主逆变器的门极驱动。

阳极和阴极高电流及高电压故障的锁存信号可用“RESET”指令复位。

过高管电压和过高管电流故障信号用或逻辑连在一起，并定义为“HV/mA”故障，如附图 8 所示，这个故障信号反馈给控制板的 Q_{14} 的基极。在“HV/mA”出错期间，Q_{14} 会关闭，也阻断发生器 CPU 板上的光耦 U_8，U_8 的输出经由 U_{24} 由 CPU 监控。U_8 的输出同时驱动 DS_{11}、DS_{12}，在“HV/MA”故障情况下点亮 DS_{12}，正常情况下点亮 DS_{11}。

4. 管电流及灯丝电流的监控　CPU 不仅监控上述的出错信号，也监控管电流及灯丝电流。如附图 8 所示，大小焦点的灯丝电流反馈值由灯丝板的 J_{2-1}、J_{2-2}、J_{2-3}、J_{2-4} 送出，经过控制板送到 CPU 板。如附图 10，这些信号由发生器 CPU 板接口 J_{3-11} 和 J_{3-3}、J_{10-32} 和 J_{10-13}，送到发生器 CPU 板。灯丝电流反馈信号在发生器 CPU 板经由微分放大器 U_{30B} 和 U_{30A}，再由 A/D 转换器 U_{37} 处理，由 CPU 监控。

如附图 9 所示，摄影管电流反馈电压（1V = 100mA）通过控制板的 J_{1-11} 和 J_{1-30} 送到发生器 CPU 板的 J_{10-11} 和 J_{10-30}；透视管电流反馈电压（1V = 2.5mA）通过控制板的 J_{2-1} 和 J_{2-9} 送到发生器 CPU 板的 J_{3-1} 和 J_{3-9}。如附图 10 所示，摄影和透视管电流反馈信号再送到 U_{15C} 和 U_{23A}，U_{15C} 和 U_{23A} 的输出送到 A/D 转换器 U_{37}，U_{37} 的输出反馈给 CPU，由 CPU 监控。曝光时，CPU 使用管电流反馈信号完成管电流的实时反馈控制，在校准时，CPU 记录所需校准点的管电流值。

边学边练

指出高频 X 线机管电流控制电路的组成要素，高频 X 线机空间电荷补偿的方式及管电流校准，查阅高频 X 线机安装维修手册能识别灯丝控制电路故障，并排除。请见“实训十　高频 X 线机管电流控制电路调试”。

四、旋转阳极的定子驱动及保护电路

（一）X 线管的旋转阳极

X 线管的焦点越小，成像质量越高，但由于散热问题，焦点小的 X 线管的输出功率就小。而旋转阳极 X 线管很好地解决这一矛盾，高速运动的电子束轰击靶面所产生的热量被均匀地分布在转动的圆环上，散热面积增大，从而提高了 X 线管的输出功率。

旋转阳极的工作原理与小型的单相异步电机相似，由转子及定子组成，与靶同轴的转子安装在 X 线管的玻璃罩内，而定子在玻璃罩外。转子是由无氧铜管制成，当定子线圈产生旋转磁场时，转子便开始转动。

单相电动机定子上有两个线圈，一个是工作线圈，另一个是启动线圈，也可称为主线圈和副线圈，这两个线圈在空间互差 90°。要正常旋转，要求启动线圈中的电流与工作线圈中的电流在时间相位上相差 90°，如果工作线圈和启动线圈使用同一电源供电，则可采用在启动线圈上串联电容的办法来满足这一要求，这个电容称之为移相电容或剖相电容。

接线原理如图 4-26 所示，假定工作线圈的电流 $i_A=\sin\omega t$，那么要求启动线圈的电流 $i_B=\sin(\omega t+90°)$，电源电压 U_1 及工作线圈中的电流 i_A 与启动线圈中的电流 i_B 的向量图如图 4-27 所示，只要合理选择移相电容参数，便能使工作线圈中的电流 i_A 与启动线圈中的电流 i_B 相位相差 90°，分相后电流波形如图 4-28 所示。

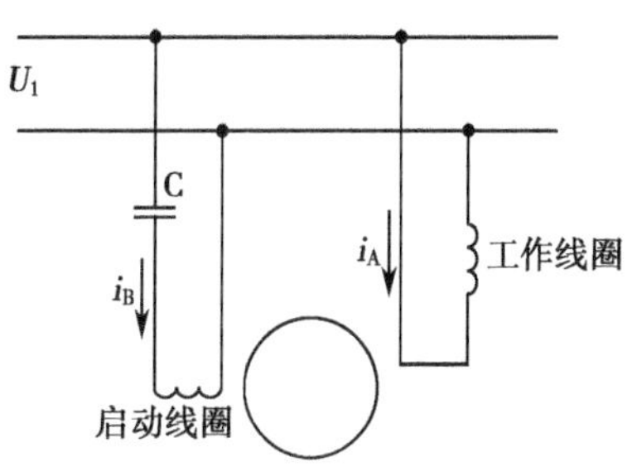

图 4-26　旋转阳极定子接线原理图

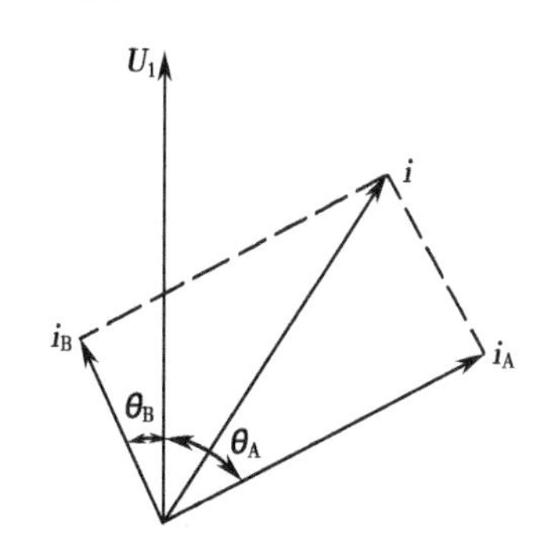

图 4-27　旋转阳极定子线圈电流向量图

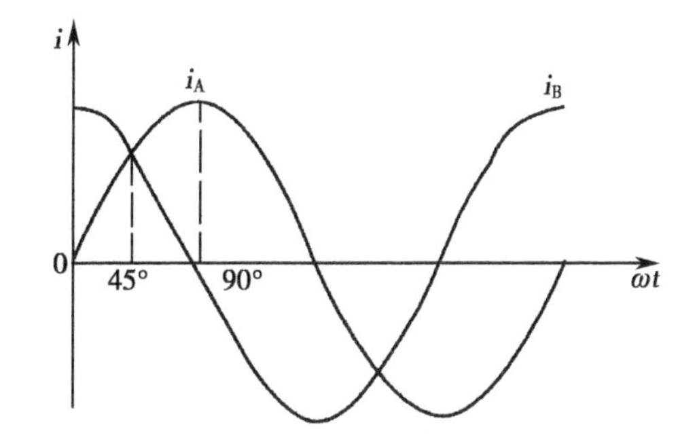

图 4-28　旋转阳极定子线圈电流波形

阳极转速可用下式计算

$$n=\frac{60f}{p} \tag{4-13}$$

式中：n 为转速，单位为 r/min，f 为定子供电电源的频率，p 为定子线圈产生磁场的磁极对数；X 线管的定子磁极对数通常为 1。当电源频率为 50Hz 时，其阳极转速理论值为 3000r/min，实际转速为 2800r/min 左右。

由于转子转速越高，高速电子束停留在靶面某一点的时间越短，热量越不容易聚集，X 线管的输出功率可以越大。在大型 X 线机中，为了提高 X 线管的功率，使用高速 X 线管，即采用三倍频率

150Hz 的驱动电源来提高阳极转速,其阳极转速的理论值为 9000r/min,实际转速可高达 8000r/min 左右。有些国家工频电源的频率为 60Hz,所以一些进口发生器提供的旋转阳极定子的三倍频率电源为 180Hz,低速时阳极转速的理论值为 3600r/min,高速时阳极转速的理论值超过 10000r/min。高速 X 线管对转子的动平衡及轴承的要求很高。高速 X 线管在高速旋转时对轴承等零件的损耗更大,发生器通常在低功率运行时,即较小参数值曝光时,让高速 X 线管阳极在低速旋转;在高功率运行时,即在较大参数值曝光时,发生器控制 X 线管阳极高速旋转。因而,通常高速 X 线管要使用双速启动电路控制。

为了加大启动转矩,也可加一较高的定子启动电压,待旋转阳极正常运转后再将此电压降低,即提供一个电压较低的转子维持电压;不过也有些 X 线机,在低速启动控制中,启动电压和维持电压采用同一数值的电压,但在运行时提供一断续的维持电压。

旋转阳极 X 线管的功率是基于阳极转速达到额定值时的功率,如果在阳极转速尚未达到额定值时曝光,将会造成热量聚集,会使 X 线管的靶面熔化而造成损坏。因此,使用旋转阳极 X 线管的 X 线机均设有旋转阳极启动保护电路。一般在工作线圈中串联一个电流继电器或电流互感器,以监测工作线圈是否有足够的启动电流流过;在启动线圈串接的电容器两端并联一个电压继电器或电压互感器,以监测启动线圈是否有足够的启动电流流过,以确定阳极充分旋转。不过也有些电路在工作线圈和启动线圈分别串联一个电流继电器或电流互感器,以监测启动线圈是否有足够的启动电流流过。只有当工作线圈和启动线圈工作电流均正常时,经过 1 秒左右的启动延时,使旋转阳极达到规定的转速后,才允许 X 线机曝光。

(二) Indico100 发生器低速驱动电路

电源辅助变压器 T_1 提供定子启动电源和运行电源,如附图 11 所示,在低速启动板上启动电源和运行电源及电源公共点分别连接熔断器 F_1、F_2、F_3。

在设备正常情况下,控制板生成“高压允许”信号,并送到附件板上的 D_{17} 的阴极,这信号和“X 线管 1、X 线管 2 不匹配和 X 线管过热”信号,以及“12VDC、软启动故障”信号一起在 Q_{15} 的基极组成“或逻辑”,如果这三个信号都是高电平,也就是如果“高压允许”信号存在,没有“X 线管 1、X 线管 2 不匹配和 X 线管过热”故障信号,没有“12VDC、软启动”故障信号存在,便启动 Q_{15},使低速启动板的 K_1 线圈得电。K_1 是保护继电器,在正常情况下闭合,如果上述任意故障存在,K_1 失电断开,使阳极启动电路与 X 线管阳极定子线圈断开。

当有“曝光准备”操作时,“曝光准备”指令送到在附件板上的启动和运行逻辑电路,其输出把附件板上的 J_{4-11} 电平拉低,给低速启动板的 U_2 加压,开始启动周期。

完成启动周期后,启动和运行逻辑电路把附件板上的 J_{4-11} 电平拉高,关闭低速启动板上的 U_2。在 U_2 关闭 100 毫秒后,附件板上 J_{4-12} 电平被拉低,给低速启动板的 U_1 加压,开始运行周期。

Q_2 和 Q_1 是三端双向可控硅开关元件,当给 U_2、U_1 加电压,Q_2 和 Q_1 在交流电流过零点触发,触发时如同低电阻开关而导通,Q_2 连接定子启动电压,Q_1 连接定子运行电压。

电源公共线经由保护继电器 K_1 连接到定子线圈公共线的接线端子(COMM)。由 Q_2 和 Q_1 控制的启动或运行电压送到保护继电器 K_1 的触点、启动电压经由 K_3 的线圈和 K_4 的触点送到工作绕组;

运行电压经由 K_2 的线圈、移相电容 C_3、K_4 的触点送到启动绕组。

K_4 用来切换选择 X 线管 1 或 X 线管 2。K_3 和 K_2 是电流感应继电器，当定子工作绕组、启动绕组电流超过预设限制，K_3 和 K_2 分别闭合，当 K_3 和 K_2 都闭合时，附件板上的 Q_3 的基极为高电平，这会启动 Q_3，并启动控制板上的 Q_{18}。

工作绕组、启动绕组电流正常，不存在定子故障，控制板上的定子故障线（J_{5-10}）会是低电平，这是"发生器准备好"探测器逻辑电路的其中一个输入。在定子故障情况下，"发生器准备好"和"高压驱动控制"信号立刻去除，抑制管电压的产生。当 CPU 探测到定子故障，去除"高压允许"和"曝光准备"信号，低速启动板上的保护继电器 K_1 失电断开，启动及运行电源与定子线圈之间开路。

如果不存在定子故障，控制板上的 Q_{18}启动，信号通过控制板的 J_{1-1}和 J_{1-20}及发生器 CPU 板上的 J_{10-1}，J_{10-20}送到发生器 CPU 板，如附图 12，发生器 CPU 板上的 U_5 将导通；反之 U_5 阻断。CPU 经由 U_{24}监控 U_5 的输出，另外，DS_{20}指示定子正常，DS_{21}指示定子有故障。

（三）Indico100 发生器双速驱动电路

如果 X 线机配置高速 X 线管，CPU 根据曝光预置参数的功率来确定 X 线管阳极需要低速启动还是高速启动。如附图 13 所示，CPU 经由发生器 CPU 板的 U_{27}输出低速启动或高速启动指令，U_{27}的输出驱动发生器 CPU 板的指示灯 DS_8和 DS_7，DS_8指示高速启动，DS_7指示低速启动。低速启动或高速启动指令经由缓冲和驱动电路（由 U_{19}和 U_{16}组成），送到双速启动板的 U_{12}，双速启动板的 CPU 监控 U_{12}的输出，并基于 U_{12}的状态来控制低速或高速启动。

电源输入板上的发生器主接触器 K_5 闭合信号经由 R_{94}送到控制板上的 Q_7的发射极，当主接触器 K_5 闭合时，这信号是低电平，当有"曝光准备"指令时，Q_7的发射极启动双速启动板的 U_{13}。而"曝光准备"命令由曝光控制电路形成，送到控制板的 D_{47}的阴极。当没有"曝光准备"指令时，D_{47}的阴极是低电平，启动 Q_7，在 Q_7的作用下，双速启动器的 U_{13}的阴极保持高电平，保持 U_{13}的阻断。反之，在"曝光准备"状态时，U_{13}启动。双速启动器 CPU 监测 U_{13}的输出，当 U_{13}的输出是低电平，开始阳极的启动周期。

在控制板的 J_{4-16}是 X 线管 1、X 线管 2 选择信号，当选择了 X 线管 2，J_{4-16}是低电平，给双速启动板的 U_{14}加压，双速启动器 CPU 监测 U_{14}的输出，并根据 U_{14}的电平状态选择 X 线管 1 或 X 线管 2。"曝光准备"开始后，当选择 X 线管 1 时，双速启动板的 K_1 闭合，当选择 X 线管 2 时，双速启动板的 K_2 闭合。在阳极启动时，只要 K_1 或 K_2 闭合，K_4 就会闭合。阳极不需启动时，K_4 把阳极启动电压与定子线圈的公共接线端（COMM）隔离开来。

双速启动器主电路是由 Q_1、Q_2、Q_3、Q_4（IGBT 功率开关元件）组成的逆变器，它产生定子线圈所需的 60Hz 或 180Hz 的阳极定子电流，逆变器的直流电源输入是主电路的直流母线电压。双速启动器 CPU 经由 IGBT 的驱动电路（由 U_1 ~ U_{10}和 T_1 ~ T_4 等组成），来控制逆变器。双列直插式组装（dual In-line package，DIP）开关 SW_1 和 SW_2 确定所有定子驱动参数，这些参数是启动电压，启动时间，运行电压，刹车电压和刹车时间等。

逆变器的输出送到定子线圈接线端，由 K_1 和 K_2 选择 X 线管 1 或 X 线管 2，K_{1-A}和 K_{2-A}切换工作线圈电流，K_{1-B} 和 K_{2-B}切换启动线圈电流。因为逆变器工作频率不同时，所需要的启动移相电容值不同，当 K_3 打开时，选择高速启动，仅有高速移相电容串联在工作线圈电路；K_3 闭合时，选择低速启动，把低速移相电容和高速移相电容并联。

在逆变器的输出送到定子线圈以前，工作线圈和启动线圈电流通过电流感应继电器 K_5 和 K_6 的线圈，当流过的电流超过预设值，电流继电器 K_5 和 K_6 的触点闭合，双速启动板的 Q_5 启动，Q_5 的输出由双速启动器板的 CPU 检测，如果检测出定子电流故障，CPU 将在双速启动板的 J_{1-10}上输出高电平。信号反馈给“发生器准备好”探测器逻辑电路。故障状态将立即去除“发生器准备好”和“高压驱动控制”信号，抑制管电压的输出，同时，双速启动器 CPU 打开双速启动板的 K_4 及 K_1 或 K_2，去除定子驱动。

定子故障信号也送到控制板 Q_{18}的基极，如果没有定子故障，Q_{18}的基极为低电平，这会启动发生器 CPU 板上的 U_5；反之 U_5 阻断。发生器 CPU 经由 U_{24}监控 U_5 的输出。U_5 的输出驱动 DS_{20}及 DS_{21}，DS_{20}指示无定子故障，DS_{21}指示有定子故障。

点滴积累

1. X 线机的上电控制电路要具备以下功能：①外部网电源送到发生器电源输入端，但主电源继电器没有合上时，系统要给电源上电控制电路提供电源；②要有电源合上开关动作的保持电路；③包含紧急按钮的接入点。
2. 高频 X 线机主逆变器常采用脉冲宽度调制或脉冲频率调制来实现管电压的调节，灯丝逆变器常采用脉冲宽度调制来实现灯丝电流的调节，从而达到调节管电流的目的。
3. 高频 X 线机旋转阳极的工作原理与小型的单相异步电机相似；旋转阳极 X 线管的功率是基于阳极转速达到额定值时的功率，当阳极达到规定的转速后，才允许曝光。

第四节　高频高压发生器的安装和调试

目前，很多国内高频 X 线机整机生产商使用其他企业成熟的高频高压发生器作为整机的部件，而把主要的技术力量放在应用技术上。对这些企业来说，X 线高频发生器的安装和调试变得更为重要，技术人员可以对高频发生器的原理不作深入的了解，但需要了解高频发生器的安装、与外部其他设备的接口、内部参数设置、与整机的联机调试等应用技术，也就是要尽最大的可能，把现成高频发生器应用到极致，来充分提高 X 线机的整机性能。

下面以 Indico100 发生器为例，介绍高频高压发生器的安装和调试。

一、发生器主要部件及参数

(一) Indico100 发生器面板功能

控制面板如图 4-29 所示，各功能区如下：①开机、关机按钮；②X 线摄影控制和显示屏；③影像接收器按钮及指示；④解剖程序摄影显示和控制；⑤X 线透视控制和显示屏；⑥曝光准备按钮、曝光按钮及曝光指示器。

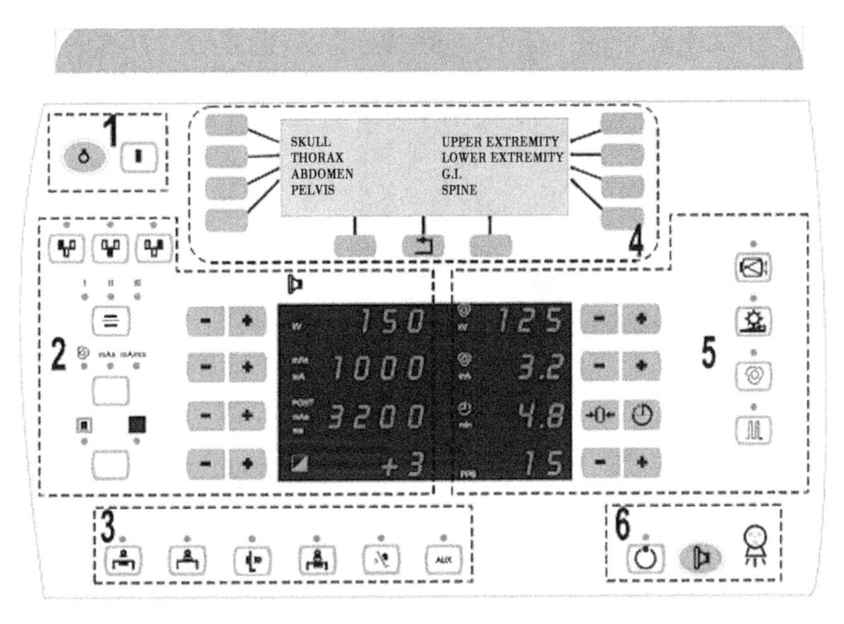

图 4-29　Indico100 发生器面板

其中 X 线摄影控制和显示如图 4-30 所示，功能如下：①用于 AEC 摄影的照射野选择按钮和指示器；②用于 AEC 摄影的胶片/增感屏按钮和指示器；③摄影技术项选择按钮和指示器；④焦点选择按钮和指示器；⑤、⑥、⑦、⑧为摄影曝光参数选择按钮；⑨X 线摄影参数显示屏。

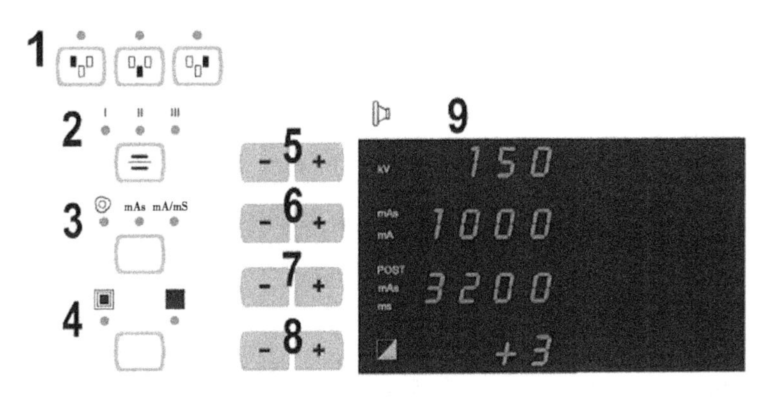

图 4-30　X 线摄影控制和显示

X 线透视控制和显示如图 4-31，功能如下：①X 线透视参数显示屏；②透视进行中指示器；③透视管电压选择按钮；④透视管电流选择按钮；⑤透视时间清零和累计时间按钮；⑥脉冲透视频率选择按钮；⑦I.I.(image intensifier，影像增强器)放大选择按钮；⑧剂量选择按钮；⑨ABS 选择按钮；⑩脉冲透视功能选择按钮。

解剖程序摄影控制和显示如图 4-32，功能如下：①解剖部位和投照位选择按钮；②射线 X 线管选择指示；③阳极热量指示；④DAP(dose area product，剂量面积乘积)指示；⑤ms 或 mAs 读数；⑥状态和操作信息显示区；⑦时间读数；⑧上一个(<<)、下一个(>>)翻页选择按钮；⑨复位按钮。

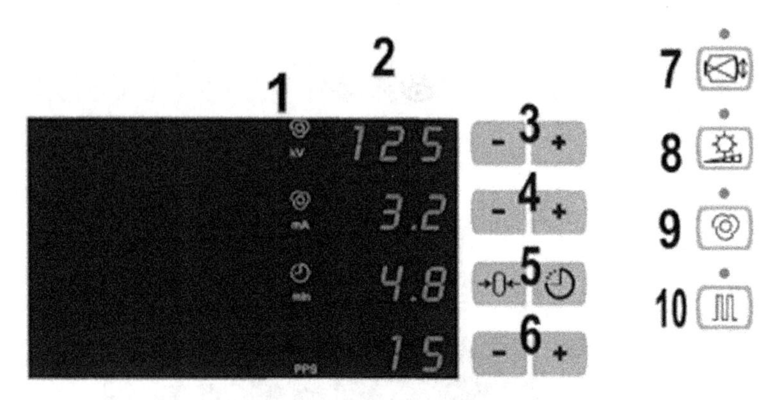

图 4-31　X 线透视控制和显示

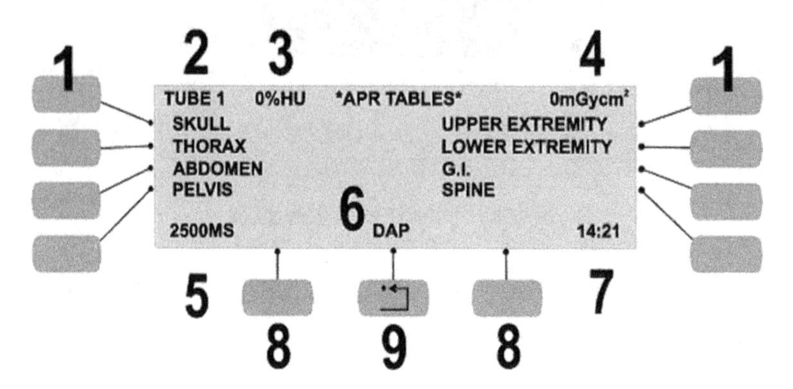

图 4-32　解剖程序摄影控制和显示

（二）Indico100 发生器柜主要部件

发生器柜主要由以下部件组成：①辅助电源；②发生器控制电路；③用于 X 线系统的接口；④低速启动器或双速启动器；⑤高频逆变器；⑥高压油箱；⑦选配的 AEC（自动曝光控制）板等。

图 4-33 是发生器柜正面和右侧的主要部件，图 4-34 是发生器柜左侧的主要部件。

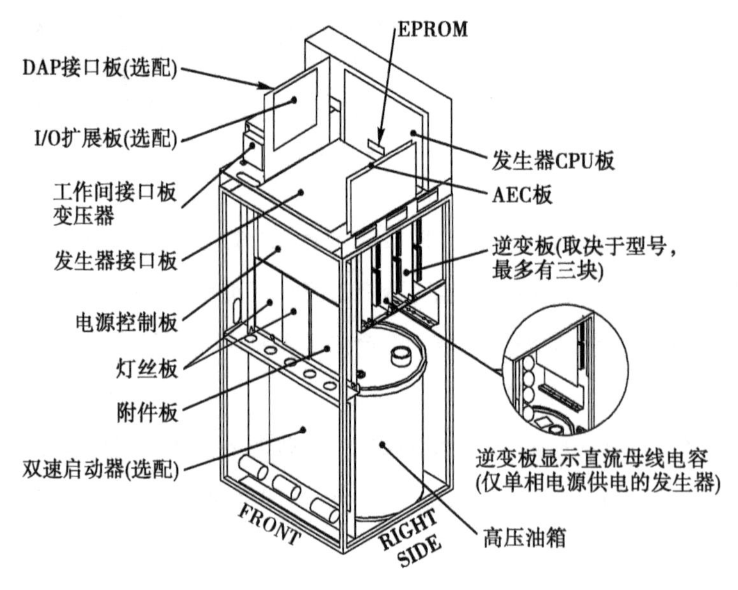

图 4-33　Indico100 发生器柜正面和右侧主要部件

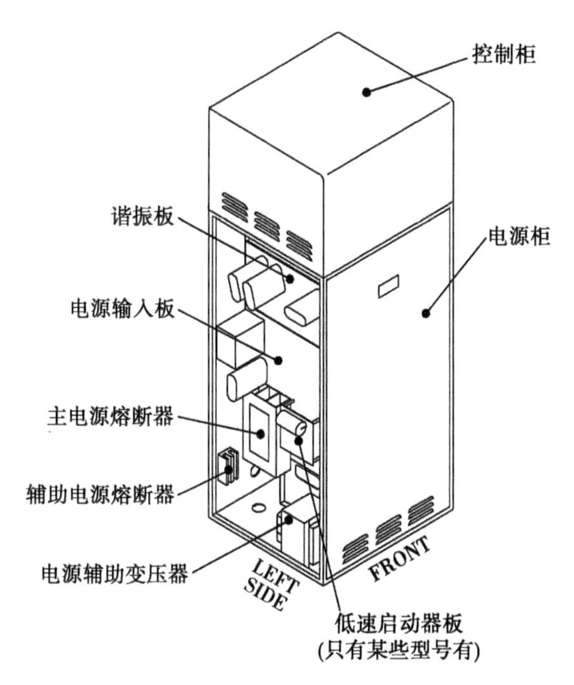

图 4-34　Indico100 发生器柜左侧的主要部件

（三）Indico100 发生器主要参数

Indico100 主要输出参数如下：

（1）管电压范围：X 线摄影为 40～150kV，X 线透视为 40～125kV。

（2）管电压精确度：(5%+1)kVp。

（3）管电流范围：X 线摄影分别为 10～400mA（32kW）、10～500mA（40kW）、10～630mA（50kW）、10～800mA（65kW）、10～1000mA（80 和 100kW）；X 线透视可选择 0.5～6.0mA 或 0.5～20mA（脉冲透视）。

（4）管电流精确度：(5%+1.0)mA。

（5）电流时间积范围：取决于射线 X 线管，最大 1000mAs。

（6）加载时间范围：X 线摄影为 1.0～6300ms（40～100kW），1.25～6300ms（32kW）；X 线透视为 0～5min 或 0～10min。

（7）最小电流时间积：0.5mAs。

（8）其他参数项：最高 X 线管电压和该电压时的最大 X 线管电流；最大 X 线管电流和该电流时的最大 X 线管电压；产生最大输出功率的 X 线管电流和 X 线管电压；管电压为 100kV、加载时间为 0.1 秒时的最大恒定输出功率等。这些参数的输出还分 X 线摄影和 X 线透视两种状态。

国家相关标准规定，X 线高压发生器在对 X 线管加载之前、加载过程以及加载之后，应能向操作者提供有关固定的、永久性地或半永久性地预选的，或其他预定的加载因素或运行方式的适当信息，以便使操作者能够预选适当的辐射条件，并获得能够对患者接收的吸收剂量作出评价所必需的数据。

当指示的加载因素的分立值与产生的辐射量成正比例关系时，特别是 X 线管电流，加载时间和电流时间积的值，应根据有关标准在 R′10 数系中或 R′20 数系中选取。R′10 数系的公比为 10 的 10 次方根；R′20 数系的公比为 10 的 20 次方根。

R′10 数系值为：1.00，1.25，1.60，2.00，2.50，3.20，4.00，5.00，6.30，8.00。

R′20数系值为：1.00，1.10，1.25，1.40，1.60，1.80，2.00，2.20，2.50，2.80，3.20，3.60，4.00，4.50，5.00，5.60，6.30，7.10，8.00，9.00。

Indico100发生器曝光参数的选择方式也是遵循这一原则，管电压是以1kV步进增减，而X线管电流、加载时间和电流时间积是以R′20数系等比增减。

边学边练

指出高频X线发生器结构与工频机不一样的地方，判断所操作的高频发生器曝光参数取值的方法。请见“实训十一 高频发生器的操作、构成和原理”。

二、Indico100发生器基本功能安装

在设备开箱就位后，X线机的主机连线安装要从基本功能开始，也就是要先让主机能正常出射线，依据这一原则，先安装以下连线：电源线、控制台与控制柜的通讯线、曝光手开关线、透视脚踏开关线、旋转阳极定子线、X线管的热保护开关线、高压电缆、安全门锁线。

（一）电源线的连接

X线机供电电源质量的好坏，不仅直接影响到X线机的工作效率，而且还影响到影像的质量及X线机的使用寿命等。优质的供电电源可以使X线机的输出功率达到最高设计水平，获得高质量的X线影像，并能够保证X线机能长期稳定地工作，减少故障的发生。

反映供电电源的基本参量有：电源容量、电源电压、电源频率和电源电阻。优质电源的标准为：足够的容量，稳定的电压和频率，较小的电源内阻。

高频发生器常用供电方式有：单相220V供电；三相五线380V、三相四线380V供电。三相四线的供电方式是三根相线及一根接地线。

电源电阻为供电变压器内阻和电源导线电阻之和，所以当工作电流一定，而电源电阻增大时，电源线压降就会增加。X线机摄影时工作电流较大，常达数十安培之多，很小的电源电阻，就会引起较大的电压降，以致超出X线机的供电电压波动范围，使X线机不能正常工作，甚至会造成X线机的故障。当供电变压器选定后，变压器的内阻也就确定了。若要改变电源电阻的大小，只能通过改变导线电阻，因此，用户在选择X线机的电源导线时，不仅要考虑X线机的电源容量，还必须把电源导线电阻作为一个重要条件。电源线的长度不同，对线径的要求也不同，要求电源连线越长时，线径要越粗。

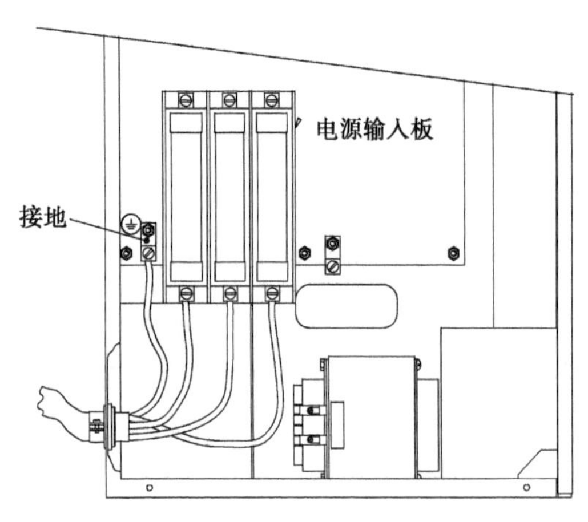

图4-35 Indico100电源线的连接

在确定了电源线的长度及线径后，Indico100发生器电源线具体的连接方法是：①将电源电缆穿过发生器后部的电源电缆进口；②用电缆夹夹住电缆以保护控制柜进出口的电缆；③将安全罩壳从电源熔断器上移去，如图4-35，将电源接地

线连接到电源熔断器块左边的电源接地端上，将电源电缆连接到电源熔断器盒底部的接线端上；④在完成所有连接后，将安全罩壳重新罩好。

（二）控制台与控制柜的通讯线

图 4-36 是 Indico100 控制台的后视图，J_5是连接到发生器柜的通讯线端口，J_2是一个与调试计算机连接的调试用串行口，J_{13}用于连接曝光手开关和透视脚开关。

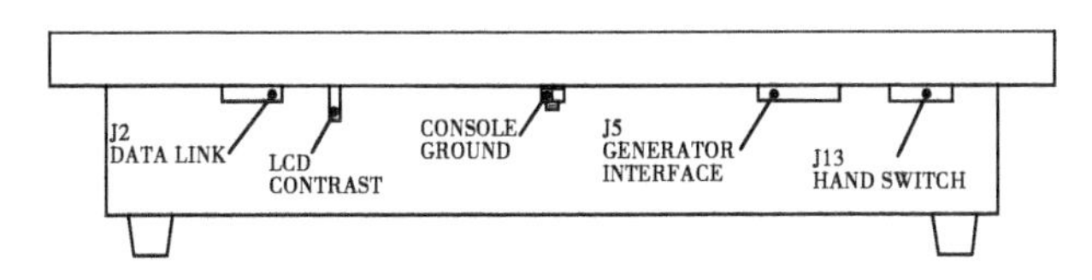

图 4-36 Indico100 控制台后视图

控制台与控制柜的通讯线按如下方式连接：从控制台后面 J_5连接到发生器接口板上的 J_4，如附图 4。

（三）曝光手开关及透视开关的安装

曝光手开关和透视开关通常连接到操作控制台上，但在 Indico100 发生器柜的工作间接口板上也有曝光手开关及透视开关接入点。

（1）操作控制台接入点：曝光手开关和透视开关连接到操作控制台上的 J_{13}接口，J_{13}是一个 9 芯 D 型接插件，具体位置如图 4-36，连接端口的定义如下：①$J_{13\text{-}1}$为曝光开关线；②$J_{13\text{-}3}$为曝光准备开关线；③$J_{13\text{-}5}$为曝光及曝光准备开关的公共线；④$J_{13\text{-}7}$和 $J_{13\text{-}9}$为透视脚开关线。

（2）工作间接口板接入点：如附图 16，在工作间接口板的接口 TB_6上有远程曝光手开关和透视开关连接，具体连接点如下：①$TB_{6\text{-}5}$和 $TB_{6\text{-}6}$为透视脚开关接口；②$TB_{6\text{-}7}$和 $TB_{6\text{-}8}$为曝光准备开关接口；③$TB_{6\text{-}9}$和 $TB_{6\text{-}10}$为曝光开关。在工作间接口板上还有其他的曝光接口，如断层曝光等。

（四）X 线管定子和热开关线的连接

如图 4-37，将 X 线管定子电缆连接到发生器柜的定子连线接线端口。

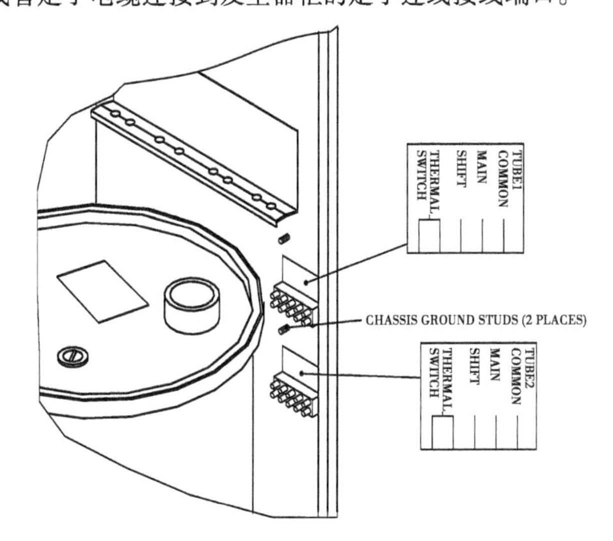

图 4-37 发生器柜 X 线管定子连线端口

具体的连线如下：①COMMON 为线圈的公共点；②MAIN 为主线圈；③SHIFT 为副线圈；④THERMAL 为 X 线管热开关端子 1 和端子 2。

X 线管热开关也可以连接到工作间接口板上，具体接点如附图 16，$TB_{4\text{-}8}$和 $TB_{4\text{-}9}$为 X 线管 1 热开关接口；$TB_{4\text{-}6}$和 $TB_{4\text{-}7}$为 X 线管 2 热开关接口。

（五）高压电缆的连接

X 线管通常安装在机架上。高压电缆连接步骤如下：清洁高压电缆，除去 X 线管和高压油箱上的防尘罩，在高压电缆头上涂抹硅酯，用高压电缆分别连接 X 线管和发生器的阳极和阴极，X 线管的阳极连接到发生器的阳极，X 线管的阴极连接到发生器的阴极，极性不能搞错，并保证电缆完全插好、插紧。

（六）低速启动器的设置

由于 Indico100 发生器可以配置许多型号的 X 线管，而不同型号的 X 线管旋转阳极所要求的启动时间、启动电压、运行电压不一样，启动移相电容的容量也不一样，所以要对发生器进行启动器设置。通常在订购发生器时，已经把要配套的 X 线管型号告诉发生器生产厂家，厂家已完成软件、硬件的配置，但安装时如果 X 线管型号有变化，必须对旋转阳极启动板进行设置。

（1）移相电容容量：X 线管阳极要正常旋转，要求阳极定子启动线圈中的电流与工作线圈中的电流在相位上相差 90°，由于不同型号 X 线管定子线圈的差异，所以要求移相电容的容量不同，相应配不同型号的低速启动器，如 Indico100 低速启动器部件号 732752-00 配有一个 33μF 的电容器；部件号 732752-01 配有一个 12.5μF 的电容器；部件号 732752-02 配有一个 45μF 的电容器。一般在安装维护手册上有相关内容可查询，如发生器配置的是 Varian RAD8 的 X 线管，焦点是 0.6mm 和 1.2mm，所要求的运行电压为 50VAC、启动时间为 1.5s、移相电容的容量为 33μF。如果低速启动器移相电容的容量不对，可以更换成相应部件号的低速启动器，或可以更换低速启动器中的电容。

（2）低速启动器运行电压：如果低速启动器运行电压不对，可以更改电源辅助变压器上的设置，如图 4-38，将运行电压输出导线从原来的接线柱上移到所需电压的接线柱上。

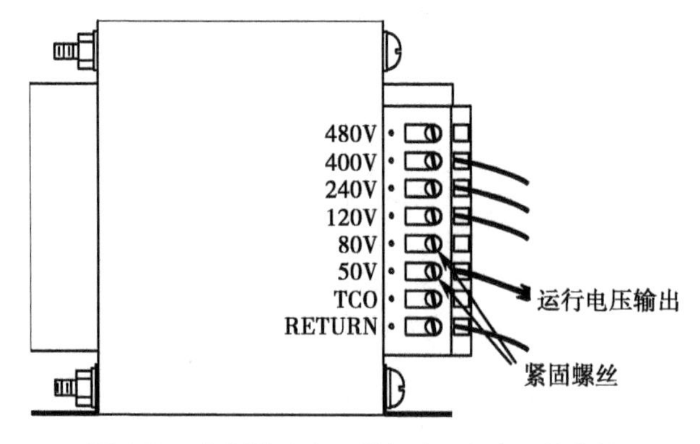

图 4-38　电源辅助变压器低速运行电压接线柱

（3）低速启动器启动时间选择：首先，在附件板上确认启动时间设置是否符合所用的 X 线管，在附件板上 JW_1跨接位置，跨接在“1.5S”位置那么启动时间为 1.5 秒，JW_1跨接在“2.5S”位置那么启动时间为 2.5 秒。如有启动时间选择不对，可以通过变换 JW_1 接位置的方式来调节启动时间。

（七）安全门开关

如附图 16，安全门限位开关线连接到发生器控制柜工作间接口板的 $TB_{4\text{-}4}$ 和 $TB_{4\text{-}5}$ 上，并要求在门关好后，能送一个闭合的触点信号到这组接口上。安全门开关线要连接好，否则不能进行任何形式的曝光操作。

上述基本功能安装好后，需要进行初次开机测试。

（八）初次开机测试

外部电源合闸前，先要测量网电源的电压值，电源电压的误差不应超过所要求电压值的 10%。随后合闸并开机，检查发生器 CPU 板及附件板上的指示灯是否正常点亮。如 CPU 板上的指示灯如下：①DS_{38} 为+5V；②DS_{41} 为+15V；③DS_{43} 为-15V；④DS_{45} 为+12V；⑤DS_{46} 为-12V。

刚安装好的发生器要进行 X 线管的校准，新安装的 X 线管还要进行训练。

上述安装工作完成后即可进行基本曝光测试，并可进行发生器的调试。

（九）知识拓展——双速启动器的设置

不同型号的高速 X 线管旋转阳极启动时，所要求的启动时间、启动电压、运行电压也不一样，移相电容的容量不同，所以要对双速启动器进行设置，如果设置不正确，可能会导致阳极转速不正常，从而损坏 X 线管。通过双速启动器上的微动开关 SW_1 和 SW_2 可以设置以下功能：①高速运转时的启动电压和运行电压；②低速运转时的启动电压和运行电压；③高速运转时的制动时间和制动电压；④启动时间；⑤启动时间的增加量，启动时间以 100ms 的速度递增，范围为 100~700ms。其中双速启动板上的 SW_1 用来设置 X 线管 1 的参数，SW_2 用来设置 X 线管 2 的参数。

以设置 X 线管 1 为例，在维护手册上有各种型号 X 线管阳极启动时的一些参数要求，X 线管设置部分要求如表 4-1。

表 4-1　X 线管设置部分要求

X 线管类型（管壳）	X 线管类型（管芯）	拨码开关 $SW_{1\text{-}1\sim5}$	H.S. 启动电压	H.S. 运行电压	H.S. 制动电压	H.S. 制动时间	启动时间
Varian B130 B150 Q 型定子	A192 A272 A282 A286 A292 G256 G292	00110	290V	70V	60V	3.0s	1.3s
Varian Diamond R 型定子	RAD13 RAD14 0.3/1.2 RAD14 0.6/1.2 RAD14 0.6/1.5	00100	400V	100V	100V	3.0s	1.2s

续表

X线管类型（管壳）	X线管类型（管芯）	拨码开关 $SW_{1\text{-}1\sim5}$	H.S. 启动电压	H.S. 运行电压	H.S. 制动电压	H.S. 制动时间	启动时间
Varian Saphire R型定子	RAD21 RAD56 0.6/1.0 RAD56 0.6/1.2 RAD60 RAD92 RAD94	10100	400V	100V	100V	3.0s	2.3s

不同X线管型号要按表中所示的二进制代码设置，例如：为Varian X线管，管壳型号为Diamond，定子类型为R型，要求$SW_{1\text{-}1}$设置为OFF、$SW_{1\text{-}2}$为OFF、$SW_{1\text{-}3}$为ON、$SW_{1\text{-}4}$为OFF、$SW_{1\text{-}5}$为OFF，这样就完成了表4-1中的高速启动及运行电压、制动时间和启动时间的设置。

另外，$SW_{1\text{-}6}$到$SW_{1\text{-}8}$可以设置在预选启动时间基础上的增加值。$SW_{1\text{-}8}$、$SW_{1\text{-}7}$、$SW_{1\text{-}6}$的设置如下：二进制的001，即$SW_{1\text{-}8}$为OFF、$SW_{1\text{-}7}$为OFF、$SW_{1\text{-}6}$为ON，表示在预选启动时间的基础上增加100ms；二进制的000表示启动时间增加0ms，二进制的100表示增加400ms，二进制的111表示增加700ms。

对于移相电容的容量值等参数如表4-2，要确认X线管的定子线圈与发生器高速启动器的高速及低速移相电容相匹配，例如：如Varian的X线管，型号为RAD14，管壳型号为Diamond，R型定子，所需要的高速移相电容器为6μF，低速移相电容为31μF；另一个型号为A192的X线管，管壳型号为B130，是Q型定子，所需要的高速移相电容器为20μF，低速移相电容为60μF。由于所需高速及低速的移相电容不同，因此，对于这两个X线管应该配不同的双速启动板。双速启动板的不同部件编号对应高速及低速的移相电容的容量值，如表4-2所示。如果高速启动器移相电容的容量不对，可以更换成相应部件号的高速启动器，或可以更换其中的电容。

表4-2　双速启动板的不同部件编号对应高速及低速的移相电容的容量值

X线管类型（罩壳）	X线管类型（插件）	L.S. 启动电压	L.S. 运行电压	H.S. 转换电容	L.S. 转换电容	双速启动器部件编号
Varian B130 B150 "Q" stator	A192 A272 A282 A286 A292 G256 G292	150	50	20μF	60μF	733317-02 * 735925-02
Varian Diamond Std"R" stator	RAD13 RAD14 0.3/1.2 RAD14 0.6/1.2 RAD14 0.6/1.5	240	50	6μF	31μF	733317-01 * 735925-01

续表

X线管类型（罩壳）	X线管类型（插件）	L.S. 启动电压	L.S. 运行电压	H.S. 转换电容	L.S. 转换电容	双速启动器部件编号
Varian Saphire Std"R"stator	RAD21 RAD56 0.6/1.0 RAD56 0.6/1.2 RAD60 RAD92 RAD94	240	50	6μF	31μF	733317-01 * 735925-01

三、Indico100 发生器的调试界面

高频发生器大多具有编程功能，能让用户可以根据整机要求设置一些参数，选用一些功能等，下面介绍 Indico100 发生器的控制台编程模式。

（一）进入调试界面的编程模式

按钮的定义参考图 4-39，在编程模式状态，控制台液晶显示器（liquid crystal display，LCD）上会显示所有的设置菜单，LCD 显示屏旁的软开关用于浏览并选择输入值，操作方法是根据显示屏提示的信息，按下所提示的信息旁的开关。按照如下操作进入编程模式：按下 RESET 按钮并不放，同时按下控制台上电源 ON 按钮，发生器会通过自检，并显示要求输入密码；按[1]-[8]-[4]-[5]顺序按下按钮，显示"GENERATOR SETUP"（发生器设置）菜单。

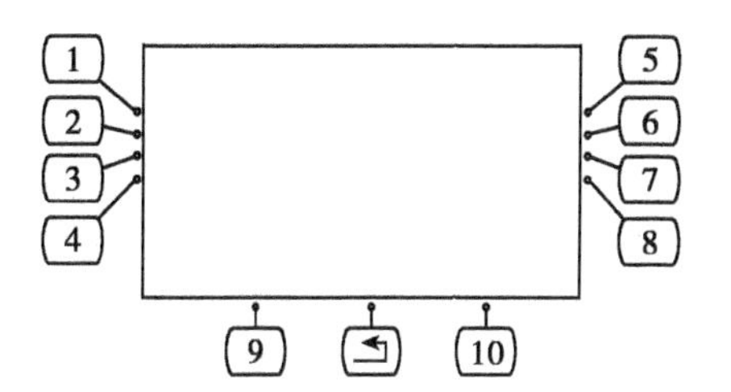

图 4-39　编程模式面板按钮的定义

（二）发生器设置菜单

发生器设置菜单（GENERATOR SETUP）提供 5 个主要选项，如图 4-40。

图 4-40　发生器设置菜单

表 4-3 是发生器设置菜单各个选项及各自子选项的含义及功能。

（三）应用（UTILITY）菜单

如表 4-3，应用菜单提供 4 个选项。

表 4-3　发生器设置菜单各个选项及各自子选项的含义及功能

菜单	含义及功能
UTILITY 应用	SET TIME & DATE(设置时间 & 日期) ERROR LOG(错误日志) STATISTICS(曝光统计) CONSOLE(控制台)
APR EDITOR 解剖程序编辑器	激活或阻止修改 APR(anatomy program radiography,解剖程序摄影)参数功能
GEN CONFIGURATION 发生器设置	TUBE SELECTION(X 线管选择) GENERATOR LIMITS(发生器限值) RECEPTOR SETUP(接收器设置) I/O CONFIGURATION(输入输出设置) AECSETUP(AEC 设置) AEC CALIBRATION(AEC 校准) FLUOROSETUP(透视设置) TUBE CALIBRATION(X 线管校准) DAPSETUP(DAP 设置)
DATA LINK 数据链接	使用电脑下载/上传软件
EXIT SETUP 退出设置	返回普通操作模式

1. 设置时间和日期(SET TIME & DATE)　可以改变时间和日期,操作步骤如下:①在 UTILITY 菜单选择 SET TIME & DATE;②选择 YEAR,并按下+或-按钮设置年份;③选择 MONTH,并按下+或-按钮设置月份;④选择 DAY,并按下+或-按钮设置日期;⑤选择 HOUR,并按下+或-按钮设置小时(24 小时);⑥选择 MIN,并按下+或-按钮设置分钟;⑦选择 EXIT,返回 UTILITY 菜单。要注意的是在 SET TIME & DATE 模式下,时钟不计时。

2. 错误日志(ERROR LOG)　错误日志菜单可以显示发生器中的错误日志中的错误信息,在控制台显示窗中可同时显示各种参数,诸如管电压、管电流、加载时间、接收器、焦点、曝光参数选择等。操作步骤如下:①在 UTILITY 菜单选择 ERROR LOG;②选择 ERROR #,按下+或-按钮滚动显示所选的错误日志,LCD 窗会显示错误代码、错误信息、错误产生的日期和时间,同时相应的参数会在控制台上显示出来;③选择 EXIT 退回 UTILITY 菜单。

3. 曝光统计(STATISTICS)　曝光统计菜单显示曝光数及累计透视小时数,具体操作与前述设置方法相似。

4. 控制台(CONSOLE)　控制台菜单可根据用户喜好设置如表 4-4 选项,具体操作与前述方法相似。

表 4-4　控制台菜单设置

菜单选项	功　能
SLOW KEY REPEAT	定义在最初 5 个时钟信号内按下按键后显示的更新速度
MED KEY REPEAT	定义在下个 5 个时钟信号内按下按键后显示的更新速度
FAST KEY REPEAT	定义在 10 个时钟信号内按下按键后显示的更新速度

续表

菜单选项	功　能
SPEAKER VOLUME	在 1 到 15 的范围内选择控制台喇叭的音量
LCD SCREEN	切换 LCD 显示状态
APR MODE	NO：退出 APR 模式，允许操作者浏览 APR，同时具有手动修改接收器、焦点、参数、增感屏、AEC 野等 YES：进入 APR 模式，允许操作者选择除技术模式（AEC、mAs、mA/ms）以外的参数值
LOADCONSOLE DEFAULTS?	YES：要求恢复初始化，这样做的话会丢失所有自定义的控制台设置和 APR 设置 NO：不恢复初始化，通常设为 NO
LOG ON?	YES：开机后有快速 LOG 提示 NO：不提示
LANGUAGE	选择状态及错误信息的语言

（四）解剖程序编辑器（APR EDITOR）

此项操作可以激活或阻止操作人员修改和保存解剖程序参数的功能，它有两个选项：①ENABLED：允许操作人员修改 APR 参数并保存到内存；②DISABLED：可暂时修改 APR 参数，但不能把修改值保存到内存。具体操作与前述方法相似。APR 文本文件也可通过在计算机上运行 GenWare 应用软件进行修改。

（五）发生器设置（GEN CONFIGURATION）

菜单里的选项如表 4-3 中的 GEN CONFIGURATION 一栏，可选择其一进入相应的菜单。

1. X 线管选择（TUBE SELECTION）　此菜单允许针对 TUBE 1 和 TUBE 2 选择指定 X 线管（TUBE 2 的选择，仅适用双 X 线管发生器），并可修改 X 线管的默认参数。按如下步骤进行 X 线管选择设置：①从 GEN CONFIGURATION 菜单上选择 TUBE SELECTION；②选择 X 线管型号，如果当前界面没用要选择的 X 线管，使用“>>”和“<<”键浏览菜单查找；③选择好 X 线管后，会显示作为默认值的参数，一般不提倡轻易修改 X 线管的默认参数，如要修改这些参数，必须参考 X 线管的数据，X 线管校准时需要使用这些数据；④如果控制台内没有所需的 X 线管型号，可通过 GenWare 应用软件下载。表 4-5 是发生器显示的 X 线管数据。

表 4-5　发生器显示的 X 线管数据

X 线管参数	功　能
TUBE SPEED（X 线管速度）	在双速发生器上可加以修改此项设置，DUAL 指的是发生器可定义 X 线管的阳极低速和高速运行
MAX SF KW LS（小焦低速最大功率）	设置小焦点最大的低速功率限值
MAX LF KW LS（大焦低速最大功率）	设置大焦点最大的低速功率限值
MAX KV（最大管电压）	设置 X 线管允许的最大管电压
MAX SF KW HS（小焦高速最大功率）	设置小焦点最大的高速功率限值

续表

X 线管参数	功　能
MAX LF KW HS(大焦高速最大功率)	设置大焦点最大的高速功率限值
MAX SF MA(小焦最大管电流)	设置小焦点最大的管电流值
ANODE HU WARNING(阳极受热警告)	设置激活阳极热容量保护警告信息的限值
ANODE HU LIMIT(阳极受热上限)	设置曝光的阳极热容量上限值。如果预计下一次曝光会超过阳极热容量限值,发生器就会禁止曝光
SF STANDBY(小焦待机灯丝电流)	设置小焦点待机灯丝电流,此值可从 X 线管数据中获得
LF STANDBY(大焦待机灯丝电流)	如上设置大焦
SF MAX(小焦最大灯丝电流)	设置小焦最大灯丝电流
LF MAX(大焦最大灯丝电流)	如上设置大焦
FIL BOOST(灯丝温度上升时间)	设置灯丝快速启动时间,使灯丝温度快速提升
FIL PREHEAT(灯丝预热时间)	设置曝光前灯丝预热时间

2. 发生器限值(GENERATOR LIMITS)　此菜单可设置发生器限制值,可设置如下参数:①MAX KW:最大发生器功率限值;②MAX MA:最大发生器管电流限值;③MIN MA:最小发生器管电流限值;④MAX MAS:最大发生器电流时间积限值;⑤ROTOR BOOST:低速启动时的定子启动时间,单位为 ms,设置范围为 1000~4000ms,调节幅度为 100ms。上述参数在作任何修改前要参照 X 线管数据,不能超出 X 线管的限值。具体的操作与前述设置方法相似。

3. 接收器的设置(RECEPTOR SETUP)　可以对每个影像接收器进行设置,表 4-6 是接收器编程设置的定义,有些设置只能针对某个接收器。

表 4-6　接收器编程设置的定义

影像接收器设置参数	功　能
TUBE	接收器指定的 X 线管,可选择 NONE 取消那个接收器
TOMO	激活或取消断层功能,NO 表明取消
FLUORO	激活或取消透视功能,NO 表明取消
SERIAL	激活或取消连续曝光;选择 YES 不需曝光准备,允许连续曝光
INTERFACE OPTS	选择预定义的数字接口:共有 0~9 十个选项,选择 0 表示不选择数字接口;选择 1~9 任一选项,表示选择有各自定义的数字接口
FUNCTIONAL OPTS	选择预定义的特殊功能:共有两个选项,选择 0 表示不选择预定义的特殊功能选项;选择 1 表示选择预定义的特殊功能选项,如诊视床的步进功能
RECEPTOR SYM	为所选接收器定义的接收器符号
FLUORO HANG	设置在透视结束后 X 线管阳极转子继续旋转的时间
RAD HANG	设置在摄影结束后 X 线管阳极转子继续旋转的时间
LAST IMAGE HOLD	设置在透视脚开关释放后继续曝光的时间,这样可以激活图像末帧存储设备,完成末幅图像的采集及存储

续表

影像接收器设置参数	功　能
MEMORY	定义所选接收器的默认参数 YES：所选的接收器会记住最后的参数，再次选择该接收器时，会显示这些参数 NO：所选的接收器不会记住最后的参数 DEF：接收器的参数会和编程的默认设置相同，请参看本表格的DEFAULTS设置项
REM TOMO BUT	设置默认的断层备份时间，仅在REMOTE TOMO SELECT设置中选择断层后才有效
SF/LF SWITCH	AUTO：发生器会自动根据X线管的管电流选择大小焦点 MAN：操作者手动选择大小焦点
AEC BACKUP	定义AEC备份时间 FIXED：由发生器决定最大的AEC备份时间 MAS：允许操作者调节AEC备份电流时间积
AEC BACKUP MAS	设置AEC最大备份电流时间积，限值为500mAs，某些型号发生器限值为600mAs
AEC BACKUP MS	设置AEC最大备份加载时间
DEFAULTS	这项选项只在RECEPTOR SETUP中的MEMORY被设为DEF时才可用
AEC CHANNEL	定义接收器使用的AEC通道，这里须设定一个合法的AEC输入通道或0。例如，如果使用3通道的AEC（通道为1到3），那么选择通道4会导致错误，选择0取消接收器上的AEC操作
下面的选项仅在MEMORY选项为DEF时，进入DEFAULTS方可设置	
TECHNIQUE	定义所选接收器的默认参数，如AEC、mAs、mA/ms
FOCUS	定义所选接收器默认的焦点，如小焦或大焦
FILM SCREEN	定义AEC激活时所选接收器的默认增感屏，如增感屏1、2或3
LEFT FIELD	选择AEC设备的左野
CENTER FIELD	选择AEC设备的中心野
RIGHT FIELD	选择AEC设备的右野

在访问RECEPTOR SETUP DEFAULTS菜单时，不能关闭发生器，否则会引起接收器设置无法保存，建议在设置好第一个接收器后，先退出到GEN CONFIGURATION菜单，然后继续对第二个接收器进行设置，重复上述操作直到完成所有接收器的设置，这样可以保证所有设置的参数得到保存。具体的操作与前述设置方法相似。

4. 输入输出设置（I/O CONFIGURATION）　此菜单允许对工作间接口板上的输入输出状态进行编程，每个接收器都有各自独立的输入输出设置，菜单如图4-41。

菜单右上角的STATE（状态）按钮用于选择当前状态，状态按钮前有状态的描述，如STANDBY（待机）。图4-41下面中间的箭头指向所选的状态，发生器共有5种状态，如表4-7，按下状态按钮可访问下一个状态。

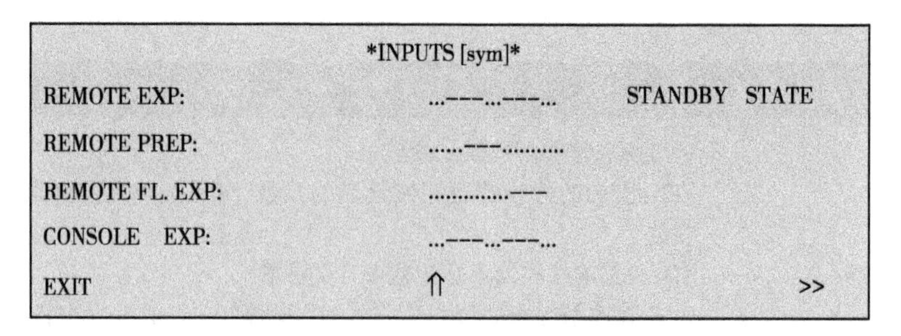

图 4-41　发生器输入输出设置菜单

表 4-7　发生器输入输出的 5 种状态

名称	发生 I/O 状态
STANDBY	发生器待机时的 I/O 状态
PREP	发生器首次进入曝光准备模式时的 I/O 状态
GEN RDY	发生器完成曝光准备并准备好曝光时的 I/O 状态
RAD EXP	发生器启动摄影曝光时的 I/O 状态
FLUORO EXP	发生器启动透视曝光时的 I/O 状态

具体设置操作如下：按下菜单右上角的状态按钮，使箭头指向所选的状态，按下显示功能左侧的按钮选择该功能，再次按下该按钮后可改变所选状态的逻辑水平，低为关或非激活，高为开或激活。对于输入，逻辑“低”表明该输入信号在该状态下被忽略，逻辑“高”表明该输入在发生器进入下一个状态前要得到满足。如果多个输入被设为“高”，比如 REMOTE PREP 和 CONSOLE PREP 在预备状态同时为“高”，那么两个输入在发生器进入下一个状态前要同时被激活。

设置一个输出信号为“低”会使相应的继电器线圈在所选的状态中不得电，逻辑“高”就会使相应的继电器线圈得电激活。某些功能的状态由虚线表示，这表明该状态为非法状态不得修改，只有用实线表示的状态才可以修改。

按下列步骤设置输入输出功能：①从 GEN CONFIGURATION 菜单上选择 I/O CONFIGURATION；②选择要设置的接收器；③选择对应的输入和输出，可以使用>>、<<和 RETURN 按钮浏览屏幕；④按下 STATE 按钮，然后选择期望的状态；⑤选择要设置的功能（例如 REMOTE EXP），再次按下按钮选择逻辑水平，注意虚线是不能修改的；⑥重复步骤 4 和 5 设置 I/O 功能中的状态；⑦重复步骤 3 和 6 设置每个输入输出；⑧完成对当前接收器的 I/O 设置后，按下<<或 EXIT 按钮返回到 GEN CONFIGURATION 菜单；⑨再次选择 I/O CONFIGURATION，然后选择下一个要设置的接收器；⑩完成对所有接收器的设置后，按步骤⑧返回到 GEN CONFIGURATION 菜单。可进行设置的输入输出项如表 4-8。

表 4-8　输入输出项设置

INPUTS（输入）	功　能
REMOTE EXP	工作间接口板 $TB_{6\text{-}9}$ 和 $TB_{6\text{-}10}$ 的远程摄影曝光输入
REMOTE PREP	工作间接口板 $TB_{6\text{-}7}$ 和 $TB_{6\text{-}8}$ 的远程摄影曝光准备输入
REMOTE FL. EXP	工作间接口板 $TB_{6\text{-}5}$ 和 $TB_{6\text{-}6}$ 的远程透视曝光输入
CONSOLE EXP	操作面板的摄影曝光按钮

续表

INPUTS（输入）	功 能
CONSOLE PREP	操作面板的摄影曝光准备按钮
TOMO EXP	工作间接口板 $TB_{3\text{-}6}$ 和 $TB_{3\text{-}7}$ 的断层曝光输入
REM. TOMO SEL	工作间接口板 $TB_{3\text{-}4}$ 和 $TB_{3\text{-}5}$ 的断层曝光选择输入
I/I SAFETY	工作间接口板 $TB_{6\text{-}3}$ 和 $TB_{6\text{-}4}$ 的 I.I.安全输入
COLL. ITLK	工作间接口板 $TB_{2\text{-}6}$ 和 $TB_{2\text{-}7}$ 的限束器锁止输入
BUCKY CONTACTS	工作间接口板 $TB_{2\text{-}4}$ 和 $TB_{2\text{-}5}$ 的滤线器输入，所有滤线器输入都必须连接到这个信号输入
SPARE	工作间接口板 $TB_{1\text{-}4}$ 和 $TB_{1\text{-}5}$ 的备用输入
THERMAL SW1	工作间接口板 $TB_{4\text{-}8}$ 和 $TB_{4\text{-}9}$ 的 X 线管热保护开关 1 输入
THERMAL SW2	工作间接口板 $TB_{4\text{-}6}$ 和 $TB_{4\text{-}7}$ 的 X 线管热保护开关 2 输入
DOOR ITLK	工作间接口板 $TB_{4\text{-}4}$ 和 $TB_{4\text{-}5}$ 的门安全开关输入
MULTI SPOT EXP	工作间接口板 $TB_{5\text{-}11}$ 和 $TB_{5\text{-}12}$ 的组合点片输入
OUTPUT（输出）	**功 能**
BKY 1 SELECT	工作间接口板 $TB_{2\text{-}11}$ 和 $TB_{2\text{-}12}$ 的滤线器 1 启动输出
BKY 2 SELECT	工作间接口板 $TB_{2\text{-}1}$ 和 $TB_{2\text{-}2}$ 的滤线器 2 启动输出
BKY 3 SELECT	工作间接口板 $TB_{1\text{-}11}$ 和 $TB_{1\text{-}12}$ 的滤线器 3 启动输出
TOMO/BKY 4 SEL	工作间接口板 $TB_{2\text{-}1}$ 和 $TB_{2\text{-}2}$ 的断层/滤线器 4 启动输出
TOMO/BKY STRT	工作间接口板 $TB_{3\text{-}11}$ 和 $TB_{3\text{-}12}$ 的断层/滤线器启动输出
ALE	工作间接口板 $TB_{6\text{-}1}$ 和 $TB_{6\text{-}2}$ 的 ALE(当前曝光时间)输出
COLL. BYPASS	工作间接口板 $TB_{3\text{-}1}$ 和 $TB_{3\text{-}2}$ 的限束器输出
ROOM LIGHT	工作间接口板 $TB_{4\text{-}11}$ 和 $TB_{4\text{-}12}$ 的房灯输出
SPARE	工作间接口板 $TB_{6\text{-}11}$ 和 $TB_{6\text{-}12}$ 的备用输出

5. AEC 设置(AEC SETUP) 可对每一个 AEC 通道设置参数，可设置参数的定义如表 4-9，其中一些为选配。

表 4-9 AEC 通道参数设置

AEC 通道参数	功 能
CHANNEL	选择 AEC 要设置的通道
LEFT FIELD	激活或取消所选 AEC 通道的左野
CENTER FIELD	激活或取消所选 AEC 通道的中心野
RIGHT FIELD	激活或取消所选 AEC 通道的右野
CHAMBER TYPE	为所选的 AEC 通道选择型号，如“ION”为电离室
FILM SCREEN 1	激活或取消 AEC 通道的增感屏 1(NO 表明取消)
FILM SCREEN 2	如上，但对应增感屏 2

续表

AEC 通道参数	功　能
FILM SCREEN 3	如上，但对应增感屏 3
R FIELD COMP	通过对右野的输出补偿，允许 AEC 野匹配
C FIELD COMP	如上，但对应中心野
L FIELD COMP	如上，但对应左野

使用下列步骤进行 AEC 设置：①从 GEN CONFIGURATION 菜单上选择 AEC SETUP；②选择要设置的 AEC 通道，按下 CHANNEL 按钮后可浏览可供使用的 AEC 通道；③选择要设置的参数，此时不得调节 R（右），C（中间）或 L（左）野的增益补偿，这些属于 AEC 校准程序的一部分；④按下所选择的按钮，锁定参数；⑤重复步骤②和④设置每一个 AEC 通道；⑥完成 AEC SETUP 后，按 EXIT。

6. 透视设置（FLUORO SETUP）　可对透视曝光的一些功能进行设置，主要设置参数的定义如表 4-10。表中有些选项还有子选项，如透视的 ABS 设置等。具体的操作与前述设置方式相似。

表 4-10　透视功能下设置参数的定义

透视功能参数	功　能
FL TIMER	选择透视定时模式 5 MIN：在 5 分钟时发出警报，计时停止，透视曝光可以继续 10 MIN：在 5 分钟时发出警报，在 9.6 分钟时计时停止，透视曝光停止
MIN FLUORO KV	设置在透视模式下允许的最小管电压
MAX FLUORO KV	设置在透视模式下允许的最大管电压
II MODES	设置在 I. I. 模式下最大的放大倍数
FL ABS	是否允许 ABS（自动亮度）透视 OFF：不允许选择透视的 ABS 功能 ON：允许选择透视的 ABS 功能
FL ABS DEFAULT	当选择透视接收器时，是否设成 ABS NONE：保持它最后的状态 OFF：默认为不在 ABS 状态 ON：默认为在 ABS 状态
FL/RAD KV DEF	选择透视管电压与摄影管电压的跟随曲线 NONE：保持它最后的状态 OFF：默认选择透视管电压不跟随摄影管电压 1-3：选择透视管电压与摄影管电压的跟随曲线

7. X 线管校准（TUBE CALIBRATION）　在开始 X 线管自动校准之前，必须选好 X 线管，同时设置好发生器的极限值。在操作过程中会产生 X 线，采取所有的安全预防措施以避免 X 线对人体的辐射。具体操作如下：①从 GEN CONFIGURATION 菜单上选择 TUBE CALIBRATION，出现 TUBE AUTO-CAL 菜单；②按下 FOCAL SPOT 在 SMALL 和 LARGE 之间进行转换，将会显示出所选择的焦点，通常从 SMALL 开始；③按下 X 线曝光按钮，或者按下曝光手开关开始校准程序，发生器进行一系列曝光，

LCD 显示每次曝光的管电流和灯丝电流，直到这一焦点的校准完成；④按下 RETURN 重复另一个焦点的校准；⑤完成自动校准后，按下 EXIT 退出 X 线管自动校准菜单，返回到 GEN CONFIGURATION 菜单。

要注意的是发生器会在开始自动校准前清除当前的自动校准数据，然后保存新的校准数据，所以，自动校准是安装和维修中的最后一项内容。如果在自动校准过程中出现错误，会显示错误信息，并会终止校准，在以后的操作中，发生器会把运行范围限制在校准好的参数内。

边学边练

查阅高频 X 线机安装维修手册进行高频发生器的电气安装，包括硬件的安装及软件的调试。请见“实训十二　高频发生器的安装、调试及维修”。

四、GenWare 调试软件

Indico100 发生器的调试软件 GenWare 是通过计算机的 Windows 界面让用户设置发生器，可设置项目与操作面板的调试内容相似，程序的安装与普通应用程序相似，使用者只要有一定的 Windows 使用基础，并会操作发生器。

（一）运行 GenWare 程序

1. 与控制台的连接　在安装了调试程序的计算机和发生器控制台之间用一根 9 芯 RS232 线连接，一端连接到计算机的 COM 口，另一端连接到发生器控制台后的 J_2，位置请参考图 4-36。

2. 默认窗口　发生器进入编程模式，并选择 DATA LINK（数据链接）菜单，发生器控制台就试图与计算机建立通讯连接；计算机运行 GenWare 调试软件，出现调试软件的默认窗口，如图 4-42。

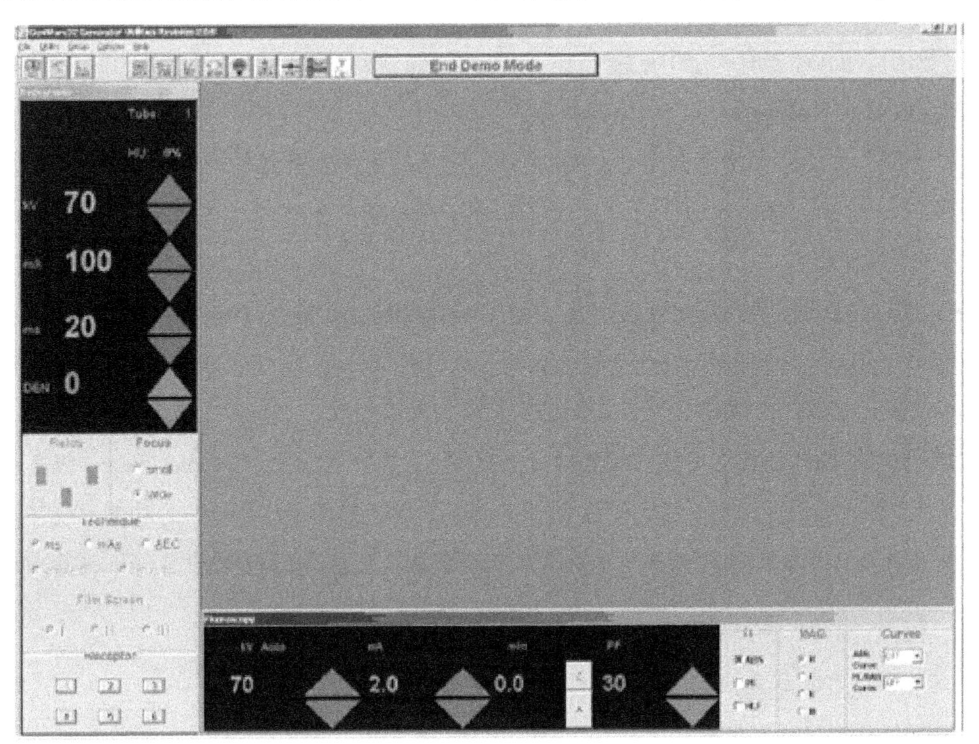

图 4-42　GenWare 调试软件默认主窗口

主窗口由四个区域组成：①主背景窗口(main background window)；②摄影参数窗口(radiographic parameter display)；③透视参数窗口(fluoroscopic parameter display)；④DAP 窗口(DAP display)。

主背景窗口是一个多文档界面的形式，在顶部包含一个标题区，接下来一行是菜单栏，再接下来的是工具栏，对应以下功能：①日期和时间的设置(Date and Time Utility)；②错误日志(Error Log Utility)；③发生器曝光统计(Generator Statistics Utility)；④接收器设置(Receptor Setup)；⑤自动 X 线管校准(Auto Tube Calibration)；⑥AEC 校准(AEC Calibration)；⑦X 线管选择(Tube Selection)；⑧发生器限值(Generator Limits)；⑨透视设置(Fluoro Setup)；⑩DAP 设置(DAP Setup)等。

3. 摄影及透视参数显示窗口 摄影参数显示窗口和控制台上的编排设计是相类似的，其显示的是当前发生器设置的情况。主窗口的左侧是曝光准备和出射线时显示的指定 X 线管及该 X 线管的热容量限值(HU)。kV、mA、mAs、DEN 等参数，这些参数可用鼠标点击其数值后面的红色箭头来改变。但这些参数的大小必须根据下面显示的技术参数来定，不是所有的参数都可以改变。透视参数显示窗口和控制台上的透视项内容是相类似。

接收器的设置在左侧窗口的底部，用鼠标点击相应接收器的数字图标就可设定所需接收器，显示其对应的默认摄影参数并可修改，没被选的接收器颜色是灰色的。

在曝光准备阶段，曝光准备指示器就会提示；在曝光期间，曝光准备和出射线指示器都会提示，可听见曝光的声音提示。

（二）选择应用程序

点击工具栏上相应的按钮或选择菜单上的“应用程序”或“设置”可选择相应的应用程序。选择一个应用程序之后，程序就会从发生器获取数据，并显示在相应的区域。

每个应用程序的窗口都包括一个“关闭”按钮，点击此按钮，不保存对发生器的更改就退出。如果已做出更改，当你退出时，就会有警告出现，提示你这些更改将丢失。

大多数的应用程序都有一个“应用”按钮，点击此按钮，将应用新的设置数据，但这“应用”按钮只有做出更改后才会起作用。

点击“帮助”，就会运行帮助程序。点击“更新”，就会从发生器里读取并显示当前的设置数据。

如果已有一个应用程序显示在窗口上，再打开另一个应用程序时，就会关闭当前的应用程序，取代的是新应用程序。

有些功能如：①日期和时间的设置(Date and Time Utility)；②错误日志(Error Log Utility)；③发生器曝光统计(Generator Statistics Utility)；④自动 X 线管校准(Auto Tube Calibration)；⑤发生器限值(Generator Limits)与前述的操作面板上进行的编程模式调试相似。

有些调试项与操作面板上进行的编程模式有区别：①接收器设置(Receptor Setup)包含了操作面板上进行的接收器设置和输入输出设置两部分；②X 线管选择(Tube Selection)功能比操作面板上的可选 X 线管数量大许多，可把计算机内的 X 线管参数调入发生器；③透视设置(Fluoro Setup)功能更强大。

五、主机功能完善

发生器主要功能安装测试完后，要完善 X 线机的其他功能，如透视功能安装和调试、输入输出点的安装和调试等。

（一）透视功能调试

1. 脉冲透视的同步信号　脉冲透视的同步信号可以使用图像接收系统的同步信号，也可以是使用发生器内部的固定同步脉冲，选择不同的同步信号，要对发生器接口板的跳接件 J_{22} 进行调整。如附图 14，如果脉冲透视的同步信号使用图像接收系统的同步信号，以配合数字图像采集的同步，那么，J_{22} 的跳接点连接到 2 和 3 脚，也就是使 J_{22-2}、J_{22-3} 短接，并在发生器接口板的 J_{13-22} 输入所需要的同步信号；如果脉冲透视的同步信号使用发生器内部的固定同步脉冲，那么，J_{22} 的跳接点接到 1、2 脚，也就是使 J_{22-1}、J_{22-2} 短接。

同步信号设置为使用发生器内部固定同步脉冲后，在进行脉冲透视操作时，能选择脉冲的频率，可选范围为：每秒 1 幅、每秒 3 幅、每秒 6 幅、每秒 12 幅、每秒 25 幅。

2. 自动亮度稳定调试　俗称 ABS 或 ABC，或 IBS。原理为在透视曝光时，通过各种方式把 X 线影像信号转换为与影像信号亮度成正比的直流电压信号，在发生器控制电路的作用下，自动调整发生器输出的管电压及管电流值，让人体的不同厚度透视影像信号保持亮度恒定。

（1）ABS 硬件调试：附图 15 是发生器内自动亮度控制电路，输入反馈信号可以是组合视频信号，或是经过转换后与影像信号亮度成正比的直流电压信号，也可以是数字化影像信号。选择输入控制信号后，如附图 15 所示，对发生器接口板相应的硬接跳接线进行设置，表 4-11 列举一些典型的 ABS 反馈输入的硬件设置情况。

表 4-11　典型的 ABS 反馈输入的硬件设置情况

输入信号类型	发生器接口板的信号输入及跳线连接方式										
	输入口	JW_4	JW_5	JW_{11}	JW_{12}	JW_{13}	JW_{19}	JW_{20}	JW_{21}	JW_{26}	JW_{27}
光电二极管 0~5VDC	J_7	不接	无效	2-3	不接	不接	无效	无效	2-3	连接	连接
光电二极管 0~12VDC	J_7	不接	无效	2-3	不接	不接	无效	无效	2-3	不接	不接
0~5VDC 电压	J_7	不接	无效	2-3	不接	不接	无效	无效	2-3	连接	连接
0~12VDC 电压	J_7	不接	无效	2-3	不接	不接	无效	无效	2-3	不接	不接
0~5VDC 电压	J_8	不接	无效	2-3	不接	不接	1-2	连接	2-3	无效	无效
0~12VDC 电压	J_8	不接	无效	2-3	不接	不接	1-2	连接	2-3	无效	无效
75Ω 复合视频	J_8	连接	连接	3-4	不接	不接	2-3	连接	2-3	无效	无效
高阻抗复合视频	J_8	连接	不接	3-4	不接	不接	2-3	连接	2-3	无效	无效
数字系统	J_{13}	不接	无效	无效	无效	无效	无效	无效	1-2	无效	无效

（2）ABS 软件调试：ABS 功能的完善还需进行软件的调试，操作台编程模式及 GenWare 软件都可进行 ABS 的软件调试，后者更直观一些，其 ABS 软件调试界面如图 4-43，这是 ABS 功能调试的一个界面。

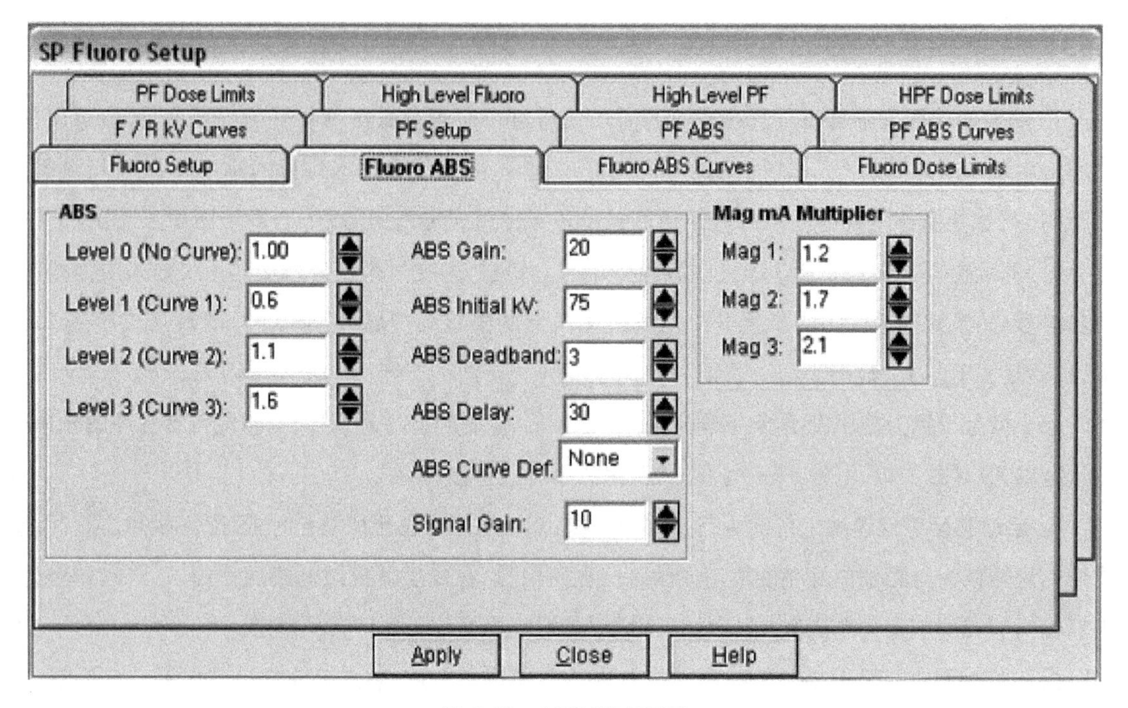

图 4-43　ABS 调试界面

（二）输入输出点设置

1. 工作间接口板　Indico100 发生器可对一些外围的设备或设施进行输入输出点设置，以配合硬件的安装来共同完成一些功能，具体的可设置项可参照表 4-8。硬件的输入点如附图 16 所示，输出点如附图 17 所示。

2. 输入点　Indico100 发生器所有的输入都采用光耦隔离，输入信号可以是外部的±24VDC 电压信号或是触点开关量信号，可用硬件跨接设置，表 4-12 为输入信号的硬件设置要求，出厂默认设置为触点开关量输入。

表 4-12　输入信号的硬件设置要求

工作间接口板的引脚	跨接设置
$TB_{1\text{-}4}$和 $TB_{1\text{-}5}$（备用）	JW_7引脚 1-2、3-4＝触点开关量输入 JW_7引脚 2-3＝24VDC 外部电源输入
$TB_{2\text{-}6}$与 $TB_{2\text{-}7}$（限束器）	JW_9引脚 1-2、3-4＝触点开关量输入 JW_9引脚 2-3＝24VDC 外部电源输入
$TB_{2\text{-}4}$与 $TB_{2\text{-}5}$（滤线器）	JW_{10}引脚 1-2、3-4＝触点开关量输入 JW_{10}引脚 2-3＝24VDC 外部电源输入
$TB_{3\text{-}6}$和 $TB_{3\text{-}7}$（断层摄影曝光）	JW_3引脚 1-2、3-4＝触点开关量输入 JW_3引脚 2-3＝24VDC 外部电源输入
$TB_{3\text{-}4}$和 $TB_{3\text{-}5}$（远程断层摄影选择）	JW_2引脚 1-2、3-4＝触点开关量输入 JW_2引脚 2-3＝24VDC 外部电源输入
$TB_{4\text{-}8}$和 $TB_{4\text{-}9}$（X 线管热保护开关 1）	仅触点开关量输入

续表

工作间接口板的引脚	跨接设置
$TB_{4\text{-}6}$和 $TB_{4\text{-}7}$(X 线管热保护开关 2)	仅触点开关量输入
$TB_{4\text{-}4}$和 $TB_{4\text{-}5}$(门安全开关)	仅触点开关量输入
$TB_{5\text{-}11}$和 $TB_{5\text{-}12}$(组合点片)	JW_6引脚 1-2、3-4=触点开关量输入 JW_6引脚 2-3=24VDC 外部电源输入
$TB_{6\text{-}9}$和 $TB_{6\text{-}10}$(远程摄影曝光)	JW_{15}引脚 1-2、3-4=触点开关量输入 JW_{15}引脚 2-3=24VDC 外部电源输入
$TB_{6\text{-}7}$和 $TB_{6\text{-}8}$(远程摄影准备)	JW_{14}引脚 1-2、3-4=触点开关量输入 JW_{14}引脚 2-3=24VDC 外部电源输入
$TB_{6\text{-}3}$和 $TB_{6\text{-}4}$(I.I.安全开关)	JW_8引脚 1-2、3-4=触点开关量输入 JW_8引脚 2-3=24VDC 外部电源输入
$TB_{6\text{-}5}$和 $TB_{6\text{-}6}$(远程透视曝光)	仅为触点开关量输入

3. 输出点　Indico100 发生器通常通过继电器触点实现输出，其中的一些输出点需要设置，用于提供触点开关量信号或 24VDC、110VAC 或 220VAC 的电源。跨接点的设置与输入部分相似。而具体输出点对应接口位置可参照表 4-8 的输出部分及附图 17。

4. 输出电压　如附图 17，Indico100 发生器在工作间接口板上为外部设备提供电源，TB_8提供容量为 4A 的直流 24V 电源，TB_9提供容量为 2.5A 的交流 110V 电源，TB_{10}提供容量为 1.5A 的交流 220V 电源。TB_8、TB_9和 TB_{10}各有 5 个输出接口可以供多个不同的外部设备。

六、发生器操作显示信息和错误代码

发生器运行时，在控制台上会显示状态信息及故障信息，状态信息可以提示操作者，而故障信息有助于维修人员对故障的分析和判断。

(一) 操作信息

表 4-13 列出发生器的状态信息，通常无需执行操作。

表 4-13　发生器的状态信息

信　　息	说　　明
INITIALIZATION(初始化)	在上电过程中显示
SPINNING ROTOR(转子旋转)	在激活准备状态时显示
X-RAY READY(X 线出线准备就绪)	在发生器完成曝光准备时显示
X-RAY ON(X 线发生)	在 X 线摄影曝光和透视曝光过程中显示
DAP NOT READY(DAP 未准备就绪)	可选 DAP 处于“预热”状态，并未做好 DAP 测量的准备

(二) 限制信息

表 4-14 列出的信息显示所要求的曝光超出了一个或多个限制值。

表 4-14　曝光超出了一个或多个限制值时的状态信息

信息	问题	对策
TUBE KV LIMIT	达到 X 线管的管电压限制值,要求的 kV 值不被允许	无
GEN KV LIMIT	达到发生器管电压限制值,要求的 kV 值不被允许	无
TUBE MA LIMIT	达到 X 线管管电流限制值,要求的 mA 值不被允许	无
GEN MA LIMIT	达到发生器管电流限制值,要求的 mA 值不被允许	无
TUBE KW LIMIT	达到 X 线管功率限制值,要求的参数值不被允许	无
GEN KW LIMIT	达到发生器功率限制值,要求的参数值不被允许	无
TUBE MAS LIMIT	达到 X 线管电流时间积限制值,要求的 mAs 值不被允许	无
GEN MAS LIMIT	达到发生器限制电流时间积值,要求的 mAs 值不被允许	无
GEN MS LIMIT	1. 达到发生器加载时间限制值,要求的 ms 值不被允许; 2. 加载时间到达功率限制值	1. 无; 2. 减小管电流或管电压的值
CAL LIMIT	要求的参数没有被校准	重新校准 X 线管或选择已校准过的参数
GEN. PPS LIMIT	已达到 PPS 限值	无
AEC DENSITY LIM	要求的密度不能设置	选择其他的密度或者设置所需的密度步进值
ANODE HEAT WARN	X 线管阳极超出了设置的热量水平	等待阳极冷却
FL TIMER WARN	透视时间计时器超过 5 分钟	清空透视计时器
INVALID PARAM	发生器在接收到的信息里检测到非法的参数	选择有效的参数
HOUSE HEAT WARN	X 线管管壳超出了热容量限制值	等待 X 线管管壳冷却
GEN DUTY WARNING	发生器已经达到了正常的热容量限制值	1. 重新检验参数; 2. 等待发生器冷却
DAP ACCUM WARN	累加的 DAP 值达到了设置的 DAP 限值	清空 DAP
DAP RATE WARN	当前的 DAP 采集速度超过设置的 DAP 速率	减少剂量

（三）错误信息

表 4-15 列出故障信息及在发生故障时建议采取的对策。按下 RESET(复位)按钮可清除故障信息。故障信息同时会登记到错误日志中,维修人员可在维修前查看这些日志。

表 4-15 故障信息及在发生故障时建议采取的对策

代码	信息	问题	对策
	APR MEMORY ERROR	APR 数据崩溃	必须恢复控制台 APR 默认值或通过 GenWare 软件恢复
E001	GEN EPROM ERR	发生器 CPU EPROM 崩溃	要求产品支持,获得新的 CPU EPROM
E002	GEN EEPROM ERR	发生器 EEPROM 崩溃	使用发生器默认设置重新初始化发生器 EEPROM
E003	GEN NVRAM ERR	发生器 CPU NVRAM 数据崩溃	使用发生器工厂默认设置恢复发生器 CPU NVRAM
E004	GEN RTC ERROR	发生器 CPU 实时时钟不工作	清空时间和数据
E005	PS CONTACT ERR	主电源的接触器没有吸合	要求技术支持
E006	ROTOR FAULT	1. X 线管的旋转阳极启动器在定子上检测到电流故障; 2. 电源没有准备好阳极启动	关闭设备,重新启动
E007	FILAMENT FAULT	检测到灯丝电流低于设定的限制值	1. 检查 X 线管灯丝是否完好; 2. 检查阴极的高压电缆是否连接完好; 3. 检查灯丝板上的保险丝
E008	KV/MA FAULT	在曝光过程中电源检测到一个 kV 或 mA 输出错误并立即结束曝光。可能是 X 线管、高压电缆放电或高压油箱放电	1. 如果判断是 X 线管放电,检查 X 线管的状态。X 线管可能损坏,或者仅仅需要老炼 X 线管; 2. 如果高压油箱有故障,请联系产品支持
E009	PS NOT READY	电源没准备好进行曝光	重新曝光
E011	HIGH MA FAULT	发生器 CPU 检测到管电流超出允许值公差范围	重新校准 X 线管
E012	LOW MA FAULT	发生器 CPU 检测到管电流低于允许的公差值	重新校准 X 线管
E013	MANUAL TERMIN	曝光时提早释放曝光开关	1. 必要时重新曝光; 2. 检查曝光开关触点或接线
E014	AEC BUT ERROR	AEC 曝光超出允许的备份时间	1. 检查曝光参数设置; 2. 检查 AEC 室是否激活
E015	AEC BU MAS ERR	AEC 曝光超过允许的备份 mAs	1. 检查曝光参数的设置; 2. 检查相应 AEC 室是否激活
E016	TOMO BUT ERROR	断层曝光超过备份的时间	1. 检查曝光参数设置; 2. 必要时增加断层的备份时间

续表

代码	信息	问题	对策
E017	NOT CALIBRATED	没有对所选择的管电压管电流进行校准	重新校准 X 线管
E018	PREP TIMEOUT	发生器在曝光准备状态等待太久	减少曝光准备状态时间
E019	ANODE HEAT LIMIT	选择的参数使 X 线管超出设置的阳极热容量限值	降低参数或等待 X 线管冷却
E020	THERMAL INT #1	X 线管 1 太热,热保护开关已打开	等待 X 线管 1 冷却
E021	THERMAL INT #2	X 线管 2 太热,热保护开关已打开	等待 X 线管 2 冷却
E022	DOOR INTERLOCK	门开关已打开	关闭门
E023	COLLIMATOR ERR	限束器未准备好	检查限束器
E024	CASSETTE ERROR	暗盒架未准备好	检查暗盒架
E025	I.I. SAFETY INT	I.I.安全装置出错	检查 I.I.安全装置
E026	SPARE INT	备用输入点出错	检查备用输入点
E028	PREP SW CLOSED	在初始化时曝光准备输入已激活	检查曝光准备按钮及输入点是否短路
E029	X-RAY SW CLOSED	在初始化时 X 线曝光输入已经激活	检查 X 线曝光按钮及输入点是否短路
E030	FLUORO SW CLOSED	初始化时透视输入已经激活	检查透视开关及输入点是否短路
E031	REMOTE COMM ERR	在远程透视控制装置上检测到通信错误	1. 检查远程透视控制电缆是否损坏及连接是否正确; 2. 关机并重新开机,使发生器复位
E032	CONSOLE COMM ERR	发生器检测到和控制台的通信错误	1. 检查控制台电缆是否损坏及连接是否正常; 2. 关机并重新开机,使发生器复位
E033	GEN BATTERY LOW	发生器检测到锂电池电压过低	更换锂电池
E034	+12VDC ERROR	+12VDC 超出公差范围	检查+12VDC 电压
E035	-12VDC ERROR	-12VDC 超出公差范围	检查-12VDC 电压
E036	+15VDC ERROR	+15VDC 超出公差范围	检查+15VDC 电压
E037	-15VDC ERROR	-15VDC 超出公差范围	检查-15VDC 电压
E038	CAL DATA ERROR	发生器检测到校准数据崩溃	重新校准 X 线管
E039	AEC DATA ERROR	发生器检测到 AEC 数据崩溃	重新设置 AEC 数据或恢复工厂默认设置

续表

代码	信息	问题	对策
E040	FLUORO DATA ERROR	发生器检测到透视数据崩溃	重新设置透视数据或恢复工厂默认设置值
E041	REC DATA ERROR	发生器检测到接收器数据崩溃	重新设置接收器或恢复工厂默认值
E042	TUBE DATA ERR	发生器检测到 X 线管数据崩溃	重新设置 X 线管数据或恢复工厂默认值
E043	KV ERROR	在不要求 X 线发生状态下检测到管电压	关闭发生器，暂时不使用发生器，并要求产品支持
E044	COMM ERROR	接收到的通信信息非法	复位
E045	NOT SUPPORTED	接收到不被系统接收的非法信息	复位
E046	MODE INHIBITED	接收的信息合法，但不被当前状态接收	复位
E047	FL TIMER LIMIT	透视计时超出了设置	透视计时器复位
E048	FOCUS MISMATCH	选择的灯丝和当前激活的灯丝不匹配	检查电源接口电缆和发生器 CPU 板的连接
E049	NOT ENABLED	要求的功能没激活	设置使之激活
E050	GEN DATA ERROR	发生器检测到发生器限制值数据崩溃	重新设置发生器限制值或者恢复工厂默认设置
E051	AEC DEVICE ERR	发生器没有检测到 AEC 装置的反馈信号	1. 检测 X 线管是否指向要求的 AEC 装置； 2. 检查 AEC 电缆是否有损坏及连接是否牢固
E052	HIGH SF CURRENT	待机时，发生器检测到小焦电流大于限制值	检查小焦灯丝板
E053	HIGH LF CURRENT	待机时，发生器检测到大焦电流大于限制值	检查大焦灯丝板
E054	AEC OUT OF RANGE	AEC 参考值达到最大值或最小值	重新调节包括密度在内的 AEC 校准值
E055	NO FIELDS ACTIVE	AEC 已激活，但没有选择 AEC 野	选择 AEC 野
E056	NO TUBE SELECTED	所有的接收器没有设置 X 线管	在使用 X 线管的范围内设置接收器
E057	AEC STOP ERROR	AEC 停止信号（P.T. 停止信号）在低电平被激活，表明在准备阶段曝光完成	1. 检查 P.T 斜波在准备状态是否超过 P.T 参考值； 2. 检查 AEC 设备是否正确运行
E058	CONSOLE BUT ERR	控制台检测到曝光超出了备份时间，并中止了曝光	要求产品支持

续表

代码	信息	问题	对策
E059	HOUSE HEAT LIMIT	X 线管壳超过热容量限制值	等待 X 线管外罩冷却
E060	EXP KV HIGH	管电压超过高 kV 公差范围	1. 检查发生器 CPU 板上管电压的设置电压值； 2. 使用示波器或非介入 kVp 表测量发生器输出
E061	EXP KV LOW	管电压超出低 kV 公差范围	1. 检查发生器 CPU 板上管电压的设置电压值； 2. 使用示波器或非介入 kVp 表测量发生器输出
E062	EXP_SW ERROR	发生器接口板和 CPU 板上的曝光开关硬件要求在应取消时，却被激活	要求产品支持
E063	FACTORY DEFAULTS	发生器 CPU 板上的 SW1~8 被设为恢复工厂默认设置	将 SW1~8 设为非恢复默认位置。只有重新恢复开关设置后，才会退出初始化状态
E066	NO SYNC PULSE	要求脉冲透视，但是没有同步信号	1. 检查成像系统是否激活，电缆是否正确连接； 2. 在发生器接口板上检查 JW22 的连接
E070	SOFTWARE KEY ERR	发生器 CPU 板上的 GAL U29 损坏或者丢失	要求产品支持获得 GAL U29
E071	DAPVERFLOW	累计的 DAP 值超过显示限值	清空 DAP
E072	DAP DEVICE ERROR	DAP 设备不工作	1. 检查 DAP 连线； 2. 检查 DAP 接口板
E073	DAP DATA ERROR	DAP 设置数据崩溃	恢复工厂默认设置
E100	CAL_MAX MA ERR	在自动校准过程中超过了最大 mA 值	重新自动校准或减小待机电流
E101	CAL_DATA LIMIT	由于曝光次数过多，自动校准超出了数据表的长度	1. 检查灯丝待机电流是否过低； 2. 重新进行自动校准
E102	CAL_MAX FIL ERR	所选的焦点超过了灯丝电流	确认曝光正常后，增加最大灯丝电流或降低最大管电流
E103	CAL_MAN TERM	在自动校准期间操作人员释放了曝光按钮	重新进行自动校准
E104	CAL_NO MA	在自动校准期间未检测到 mA 反馈	在高压电源和发生器 CPU 板之间检查电源接口电缆
E105	CAL_MIN MA ERR	在开始校准时，mA 超过了发生器最小值，通常是由灯丝待机电流过高造成的	降低灯丝的待机电流

点滴积累

1. 反映 X 线机供电电源的基本参量有：电源容量、电源电压、电源频率和电源电阻。优质电源的标准为：足够的容量、稳定的电压和频率、较小的电源内阻。
2. X 线机的主机安装连线主要有：电源线、控制台与控制柜的通讯线、曝光手开关线、透视脚踏开关线、旋转阳极定子线、X 线管的热保护开关线、高压电缆、安全门锁线。
3. 高频发生器大多具有编程功能，能让用户可以根据整机要求设置一些参数，选用一些功能等，Indico100 发生器的调试界面需要密码才能进入。

目标检测

1. 简述高频 X 线机的工作原理。
2. 简述高频发生器主要电路的构成。
3. 与工频 X 线机相比，高频 X 线机有哪些特点？
4. 由外部电源供电的高频 X 线机，常采用哪些整流滤波电路，这些电路的空载电压分别为多少？
5. 高频 X 线机与网电源接通和关断的过程中有哪些保护电路？这些电路是如何工作的？
6. 简述脉冲频率调制的串联谐振逆变器是如何调节功率的输出的？
7. X 线机上电控制电路常具备哪些功能？
8. 高频 X 线机常用的管电压调节方式有哪些？
9. 高频 X 线机常用的管电流调节方式有哪些？
10. 简述 X 线机旋转阳极启动保护电路的电路构成。
11. 高频 X 线机中有哪几种电路采用逆变电路，分别用什么方法调节输出？
12. 现场安装高频 X 线机时，一般有哪些电气连线？

第五章

影像接收装置

学习目标

1. 掌握X线增强电视系统、计算机X线摄影、数字X线摄影的组成结构、工作原理及各部分的功能特点。
2. 熟悉医用干式激光相机和干式热敏相机的工作原理，系统组成及各自的优缺点。
3. 了解现代X线设备的发展历程及应用，医用监视器的技术参数和选用原则。

影像接收装置是指用于接收穿过人体被检部位后X线信息的载体，并通过相应配套装置完成影像的显示、存储及传输。**现在常用的影像接收装置有影像增强器、影像板和平板探测器三种。**

导学情景

情景描述：

小红的母亲在外出途中不小心滑了一跤，导致膝盖骨红肿并痛得厉害，小红下班回家一看情况，赶紧送母亲去医院就诊。医生判断是膝盖骨裂了，开了X线DR检查单，于是小红把母亲推到放射科做检查。检查的设备从外观上看没什么区别，但小红很好奇，DR是怎样成像的呢？

学前导语：

传统胶片和CR、DR等是X线成像的不同方式，主要区别在于影像接收装置的原理和功能。影像接收装置是X线成像链中最重要的部分之一，其性能高低对X线图像质量有着决定性的作用。通过本章的学习，可以熟悉和掌握各种影像接收装置的结构、原理及日常维护保养知识。

第一节　概述

传统X线机的影像接收装置常见的有荧光屏和屏片系统两种。荧光屏由荧光纸、铅玻璃和背板三层组成，X线照射在荧光纸上后发出荧光，但亮度很微弱，需在暗室内观察影像；屏片系统由增感屏和胶片组成，穿过被检部位的X线照射到增感屏上发出可见荧光，使胶片感光，再通过显定影的处理，得到胶片影像。由于这两种装置在成像过程中存在局限性，已逐步淘汰。

20世纪50年代出现了影像增强器（image intensifier，I.I），闭路电视技术应用于医学领域。医用

X 线增强电视(X-TV)系统将 X 线透视图像通过 I.I 进行亮度增强,TV 摄像和放大处理后,由显示器显示图像,其图像直观、明了,并实现了 X 线透视环境由暗室转变到明室。1979 年 CT 问世后,引起了医学图像数字化的热潮。1981 年,利用辉尽性荧光物质的光致发光特性(成像板替代传统 X 线胶片)研制成数字化影像的计算机 X 线摄影(CR)系统率先实现了数字化 X 线摄影,约定俗成以 CR 命名。CR 于 90 年代推入市场,1996 年进入中国市场,使 X 线摄影影像数字化成为可能。2003 年,CR 在中国大型医院开始普及,成为放射科数字化摄影的主要设备;2006 年,大型医院逐步开始淘汰 CR,CR 开始向中小型医院普及。

数字 X 线摄影(DR)系统由不同的平板探测器技术突破而发展起来。1979 年出现了飞点扫描的 DR 系统,1980 年在北美放射学会(Radiological Society of North America,RSNA)的产品展览会上,DR 和数字透视(DF)技术展品引起了全世界的关注。此后,以数字减影血管造影系统(DSA)为代表的 DF 产品得到了高速发展。1986 年,在布鲁塞尔第 15 届国际放射学术会议上首次提出数字化 X 线摄影的物理学概念,开启了计算机技术与传统X 线成像技术结合的发展进程。当时的数字化 X 线摄影技术所采用的 X 线探测器是影像增强器—摄像管/电荷耦合器件(charge coupled device,CCD)—电视成像链,用于 DSA 或数字电影采集动态影像的间接数字化成像方式。1998 年 RSNA 放射年会上推出了以非晶硅(a-Si)平板探测器为核心部件的数字 X 线摄影(DR)装置,2001 年,非晶硒(a-Se)平板探测器问世。

数字 X 线设备是指把 X 线透射形成的图像实现数字化,并对得到的数字图像进行图像处理,再转换成模拟图像显示的 X 线设备。目前,数字 X 线设备不断发展,不仅影像质量得到了很大的提高,提供了更加丰富的图像后处理功能,还降低了被检者与操作人员的辐射剂量,同时数字图像也更加适合于进行网络传输和在线存储。

一、数字影像接收装置的特点

数字影像接收装置与传统荧光增感屏、胶片相比有很多优点:

(一) 对比度分辨率高

对比度分辨率是指能分辨最低密度差别的能力。数字成像装置对低对比度的组织和细微病灶具有良好的检出能力,降低病灶的遗漏率。

(二) 辐射剂量低,对 X 线的利用率高

有利于射线的防护,有效地减少了被检者和操作医生的辐射剂量,同时延长了 X 线管的使用寿命。

(三) 成像时间短

相比于传统 X 线机成像时间,使用现代影像接收装置成像的 X 线机成像时间大幅缩短,减少了患者的等待时间,提高了设备的利用率和医务人员的工作效率。

(四) 图像后处理功能强大

配套使用专用的图像后处理软件,能精细的观察到感兴趣区的细节,对感兴趣区进行相应的放大、标注、测量等处理,更有利于医生的诊断。

（五）图像存储、通讯高效快捷

可利用医学图像存储和通讯系统（picture archiving and communication system，PACS）大容量存储器存储数字图像，消除了胶片记录保存图像带来的诸多不便，更高效的实现图像的存储、传输和诊断，为放射科信息管理系统（radiology information system，RIS）的发展奠定了基础，促进了远程放射诊断学的发展。

二、影像接收装置的分类

按照使用的接收装置和成像原理不同，可以分为X线增强电视（X-TV）系统、计算机X线摄影（CR）系统和数字X线摄影（DR）系统三种。

（一）X线增强电视（X-TV）系统

影像增强器（I.I）相当于X线的检测器，摄像管将影像增强器输出屏的影像摄取，变为视屏信号输入电视机（TV），使图像在屏幕中显示。数字透视（DF）系统是X线被影像增强器接收后，经X线电视系统转换为模拟视频信号，再用A/D转换器变换为数字图像信号。DF与常规X-TV透视应用的主要区别是，曝光停止时的最后一幅图像保留在电视的屏幕上。使用I.I-TV数字X线成像设备常见的有数字透视（DF）X线机、数字X线胃肠机、数字减影血管造影（DSA）机、数字小型C型臂X线机等。

（二）计算机X线摄影（CR）系统

利用影像板记录X线影像信息，通过激光扫描使存储信号转换成可见光信号，接着用光电倍增管接收转换成电信号，再经A/D转换器转换后，输入计算机处理，形成的数字图像。

（三）数字X线摄影（DR）系统

是以探测器作为核心部件，透过人体的X线通过探测器以直接或间接的方式转化为数字图像。根据探测器类型不同，DR可分为平板探测器（flat panel detector，FPD）型、多丝正比室扫描型和影像增强器加电耦合元件（charge coupled device，CCD）型三种。目前，常用的FPD有非晶硒和非晶硅两种。

第二节　X线增强电视系统

X线增强电视系统主要由影像增强器和闭路电视系统组成。影像增强器把X线影像转换成可见光影像，亮度得到增强，输出亮度比荧光屏亮度高几千倍，透视、诊察全部通过电视进行，把透视工作从暗室中解放出来；远台遥控更加方便；大大降低了X线辐射量；X线增强电视系统还带动了很多新技术的应用，比如存储记忆设备，使X线的临床诊断手段和应用范围得到扩展。因此，影像增强器的应用是X线设备发展史上的重要里程碑。

一、X线增强电视系统的特点和组成

影像增强器将影像亮度提高了几千倍，但影像尺寸较小，不便于直接观察，必须与X线电视配套使用。虽然设备相对复杂，成本提高，但与传统暗室荧光屏透视相比，优点是巨大的。

（一）X 线增强电视系统的特点

1. 明室操作　使用 X 线增强电视系统在明室中进行诊察，对小儿透视、骨折复位、透视下手术取异物、心导管手术等更为方便，提高了诊断的正确率和工作效率；在明室内，受检者易于接受和乐于配合；监视器可以放置在最佳位置和角度，工作人员观察图像和操作更加便捷。

2. X 线剂量降低　影像增强器把 X 线荧光亮度提高几千倍，灵敏度大大提高，X 线辐射剂量明显降低，减少了受检者的 X 线辐射量，电视透视管电流大都在 1mA 以下，有的可降至 0.5mA，几乎是荧光屏透视剂量的 1/10，保护了受检者的健康。X 线管负荷较小，便于用微焦点，大大提高了影像的质量。

3. 图像易实时远距离传送　图像电信号可以方便地传送到一定距离外的监视器上，供多人同时观察使用，教学、会诊和科研十分便利。还可以把影像用储存介质（现在多为电脑数字化方式）记录下来保存，便于病例存储和患者定期复诊对照。另外，遥控床使放射医生完全脱离放射现场，有利于工作人员的 X 线防护。

4. 便于实现图像数字化　电视信号很容易实现图像的数字化，图像的处理、网络传输和电子诊断成为可能。

5. 影像层次、密度对比差　X 线电视是从 X 线影像到电视影像，要经过多次转换和信号放大传递，信号放大的同时，图像噪声也得到了放大，再加上转换器件和放大器件的噪声，图像的信噪比大大降低，最终显示图像的层次、密度不如荧光屏丰富，细小的阴影（如肺部渗出性小片状病灶）不易显示而漏诊。

（二）X 线增强电视系统的组成

X 线增强电视系统由影像增强器、中央控制器、摄像机和监视器等组成。X 线增强电视系统的组成如图 5-1 所示。

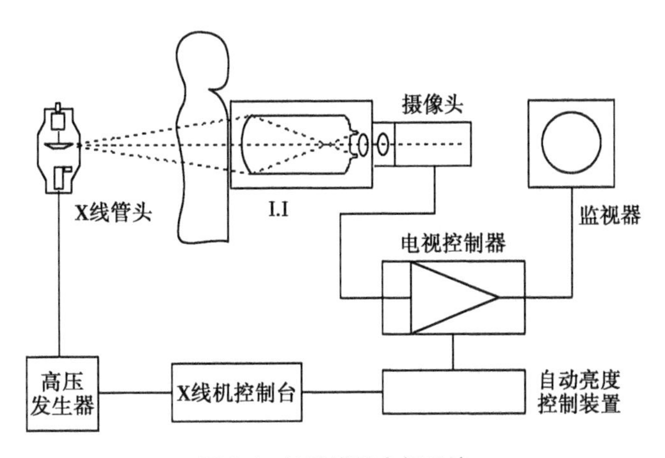

图 5-1　X 线增强电视系统

影像增强器把透过人体的 X 线影像转换成为增强了的可见光图像，由光分配器传送到电视摄像机和其他设备上，监视器显示可见光影像。医用 X 线增强电视系统是一种低照度的微光闭路电视，对信噪比和分辨率的要求比一般电视要高。在 X 线诊断上，图像中极为淡薄的阴影和小点常常是严重病灶所在，这就要求 X 线增强电视系统具有较好的调制传递函数（modulation transfer function, MTF)。

影像增强器是X线增强电视系统的主要部件,作用是将不可见的X线影像转换成可见光影像,将影像亮度提高几千倍,便于摄像机进行电视摄像。

摄像机的作用是把影像增强器输出的可见光影像转换为视频信号。

控制器的作用是对视频信号进行处理,使监视器以最佳效果同步显示图像。

监视器的作用是将电视信号还原为影像。因影像增强管的视角决定了监视器重现影像的视角,为了便于观察,一般利用消隐脉冲信号将显示圆以外的光栅消隐掉。

二、影像增强器

X线影像增强器由增强管、管套和电源三部分组成,基本结构如图5-2所示。

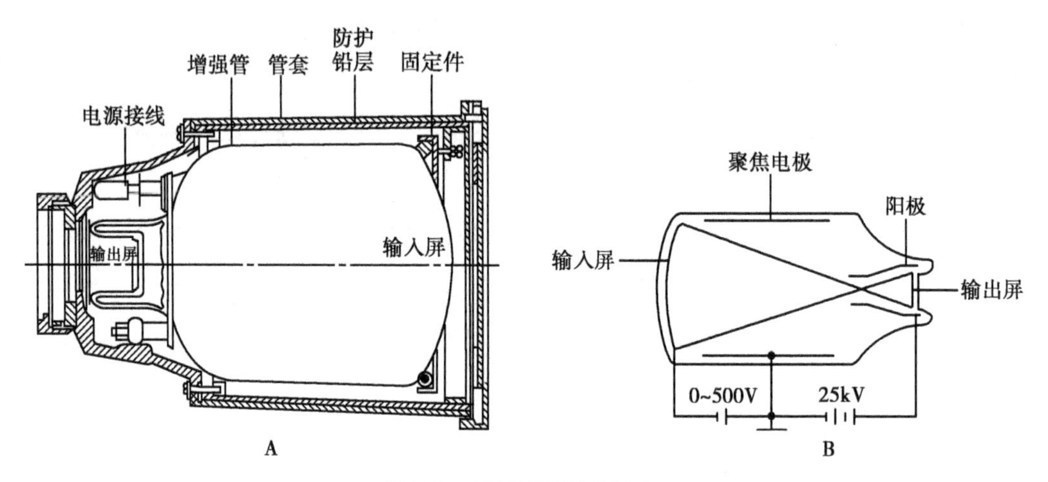

图5-2　影像增强器的结构
A. 影像增强管结构;B. 影像增强器结构

(一) 影像增强管

1. 结构　影像增强管是影像增强器的核心部件,结构是在高真空玻璃壳内封装输入屏、聚焦电极、阳极(加速电极)、输出屏等,如图5-3所示。

(1) 输入屏:封于玻璃壳内,作用是将X线影像转换成电子影像。输入屏直径的大小决定观察视野的大小,因此,总希望越大越好,但增强管的形体是制约因素。整个输入屏略呈球面形,由铝基板、荧光层、隔离层和光电层组成,如图5-4所示。

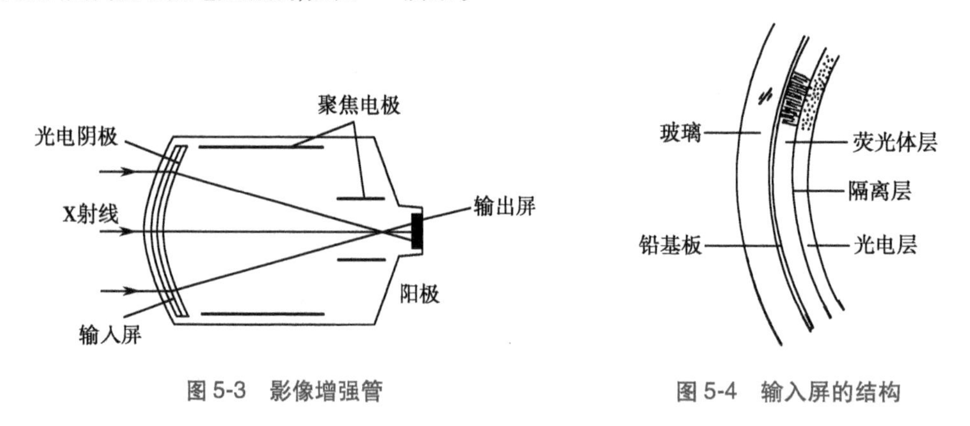

图5-3　影像增强管　　　　图5-4　输入屏的结构

1）铝基板:由铝板制成,用以支持输入屏。

2）荧光层:作用是将X线影像转换为可见光影像。X线光子进入荧光体层与其荧光物质相互作用,荧光物质吸收X线光子能量发生跃变,跃变物质在复极时,释放能量发出可见荧光,荧光的强度与入射的X线光子强度成正比。对荧光物质的求是:①对X线的吸收率要高,以获得较高的转换效率;②荧光效率要高,即在吸收相同X线剂量的情况下,能发出更强的可见光;③发光频谱与光电阴极的频谱响应特性要相匹配;④柱状结晶侧向散射要少,能提高输出图像分辨率。

近年生产的影像增强器都采用碘化铯(CsI)作为荧光材料。碘化铯的结晶形状更近于理想的柱状,其晶体分布密度较传统的荧光物质硫化锌镉高(碘和铯的原子序数较大),对X线的吸收率、影像分辨率更高,发光频谱与光电层更匹配,是应用广泛的荧光材料。

3）隔离层:作用是分开荧光体层和光电层,避免发生相互作用。隔离层也是光电阴极的电位连接点,以确定光电阴极的电位。隔离层的透光度要高,厚度要薄,以减少荧光的散射,保护影像质量,其制作材料是Al_2O_3或SiO_2等。

4）光电层:当荧光体层接收X线照射发出可见光时,光电层受可见光子的激发,发出光电子,光电子的数量与可见光强度成正比。因此,光电层的作用是使X线影像转换成电子影像(肉眼不可见)。

（2）静电透镜:又称电子透镜,对电子束起聚焦作用。它由光电阴极、聚焦电极、辅助阳极和阳极形成。原理是利用不同电极施加不等的电压,形成不同形状的等位面。当电子由弱电场进入强电场时,穿过不同的等位面时电子方向会发生改变(图5-5)。规律是:电子在电场加速中从低电位向高电位倾斜于电场方向运动时,折射角小于入射角,电子将偏向等位面的法线。反之亦反,见式5-1:

$$\sin^2\alpha_1/\sin^2\alpha_2=v_2/v_1 \tag{5-1}$$

电子折射与光学的折射公式十分相似,所以把聚焦电场称为静电透镜。利用电子在其间运动时的折射效应,构成静电透镜。影像增强管采用静电透镜原理使电子束聚焦于输出屏上。

（3）输出屏:用于把增强了的电子影像转换成可见光影像。其主要结构是荧光层、铝膜和玻璃层。荧光层内面敷有一层铝箔,构成输出光电层。玻璃层是输出屏的支持体,即增强器外壳的一部分。如图5-6所示。

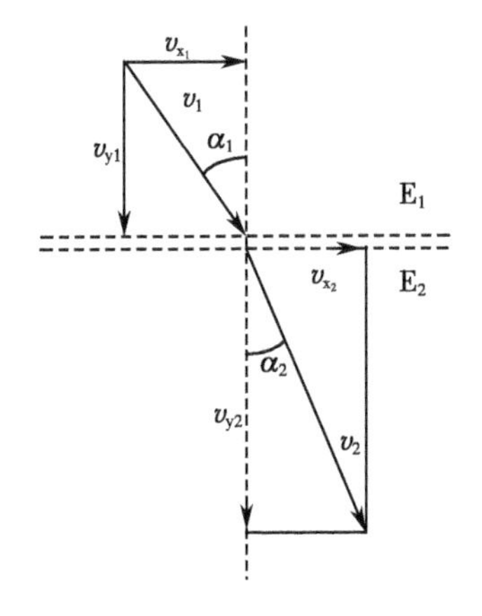

图5-5　电子通过电场界面时发生折射

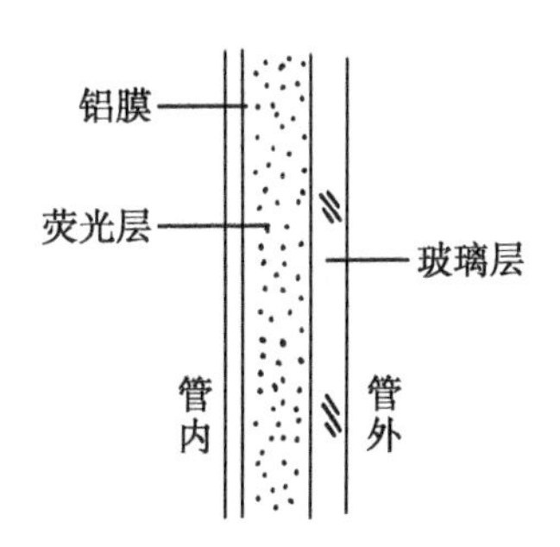

图5-6　输出屏的结构

1）荧光层：光电层发射的光电子受阳极电位加速，经电子透镜聚焦后，撞击到输出光电层上，电子的动能激发荧光物质（硫化锌镉）产生可见光，得到需要的影像。荧光层的要求是：荧光体颗粒要小，以便增强后保持较高的分辨率；荧光层不宜太厚，否则激励电子不易透过，影响内层荧光体的荧光射出。

2）铝膜：位于荧光层背后，其厚度在 0.5μm 以下。铝膜的作用是阻止输出屏的荧光反射到输入屏的光电阴极上，使输出屏的荧光射向输出窗；铝膜与阳极相连吸收二次电子反跳，防止电子存储。

早期的输出屏是平板形，由于光子的路径长度不同，边线部分达不到中心部分的清晰度。因此，后期生产的增强管其输出屏也采用球面形，再采用光纤把球面拉成平面，使边缘和中心部分具有同样的清晰度。此种增强器的基本结构如图 5-7 所示。

（4）管壁：用高强度玻璃制成。除输入面和输出面以外，全部涂上石墨遮光，防止光线进入管内。管壁的作用是把输入屏、输出屏和管内各电极支持在固定位置上，并保持管内真空度。输出屏部分的玻璃要求特别严格，不能使影像产生畸变，不宜做得太厚，多为 3～4mm，以免产生散射，从而使图像的质量下降。高质量影像增强器用金属铝或钛薄板作为输入窗材料，称金属屏影像增强管，这种影像增强器可以减少散射线的产生，提高影像的质量。

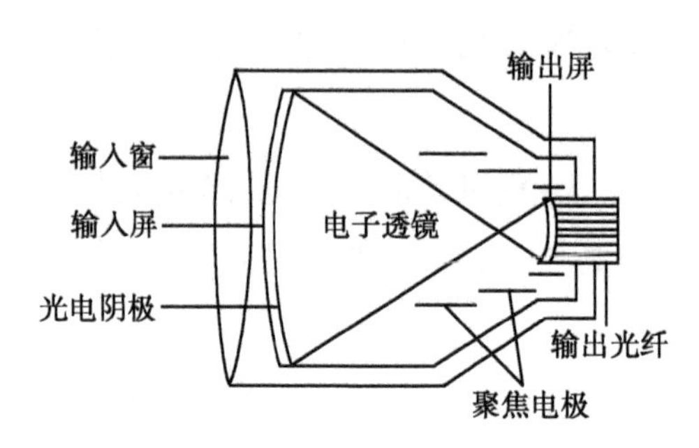

图 5-7　增强器光纤输出屏示意图

2. 工作原理

（1）影像转换及增强过程：输入屏把透射人体的 X 线影像转换成可见光影像，并由输入屏的光电阴极转换成电子影像；电子影像在静电透镜作用下加速、聚焦，在输出屏上形成缩小、倒立、增强的电子影像；电子影像再由输出屏转换成可见光像。阳极电位越高，光电子获能越大，输出屏发光越亮。

（2）增强原理：荧光屏接收透过人体的 X 线照射所发出的荧光是很暗淡的，约在 $0.003cd/m^2$；增强器的输入屏荧光层发出的荧光亮度也在这个范围内。在输出屏能得到亮度较高的影像，是由以下 2 个增益形成的：

1）缩小增益：增强管的输入屏面积较大，输出屏面积较小，把较大面积上的影像聚集在较小面积上，使亮度得到提高，称为缩小增益。其关系是：

$$\text{缩小增益}=\text{输入屏有效面积}/\text{输出屏有效面积}=(\text{输入屏有效直径})^2/(\text{输出屏有效直径})^2 \tag{5-2}$$

如输入屏有效直径为 23cm、输出屏有效直径为 2.54cm 的影像增强器，缩小增益约为 81，即单纯由于面积的缩小，输出屏得到的亮度是输入屏荧光层发出荧光亮度的 81 倍。

2）流量增益：是指在增强管内，由于阳极电位的加速，光电子获得较高的能量，撞击到输出屏荧光层时，可发出多个光子，光电子能量越大，可激发出的光子数目越多。这种增益称为流量增益（又称能量增益）。增强管的流量增益一般在 50～100 倍左右。

增强管总的亮度增益等于缩小增益与流量增益的乘积，一般在 10^3～10^4 之间。增益过大，量子噪声变得明显，影响影像质量，这是因为输入屏光电层在单位时间内单位面积发出的量子数目不规律波动的结果。比如,透视时,出现闪烁,影像不稳定;摄影时,在照片上表现为亮斑等。理论上增强管的亮度增益可达 12 000 倍,但增益较大时,量子噪声变大,影响图像质量。因此,增强管的亮度增益一般用到 $5\times10^3 \sim 8\times10^3$ 为宜。

(3) 增强管的变野功能:有时需要把影像局部放大观察,其方法是在管内设辅助阳极,根据静电透镜原理,改变聚焦电极和辅助阳极间的电位,使输入屏中心一定范围的影像成像在输出屏上,这种增强器称为可变视野增强器,如图 5-8 所示。变视野增强器分为:两视野增强器、三视野增强器和连续可变视野增强器。

需要指出,小视野充分利用了输出屏的分辨率,但使用较小视野时,由于增益降低,要维持原来的输出亮度,必须适当增加 X 线剂量。

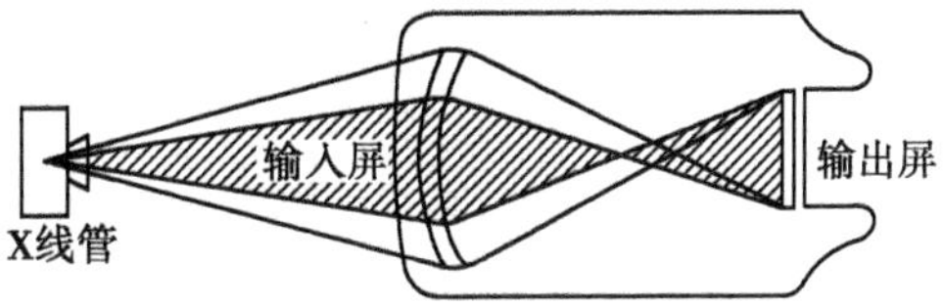

图 5-8　可变视野增强器示意图

3. 增强器的几个主要技术性能

(1) 转换系数:如图 5-9 所示,输出屏上的亮度和输入屏的 X 线剂量率的比值称为增强管的转换系数 GX,单位是(cd/m²)/(mR/s)。

GX=输出屏显示的荧光亮度(cd/m²)/输入屏接收 X 线剂量率(mR/s)　　(5-3)

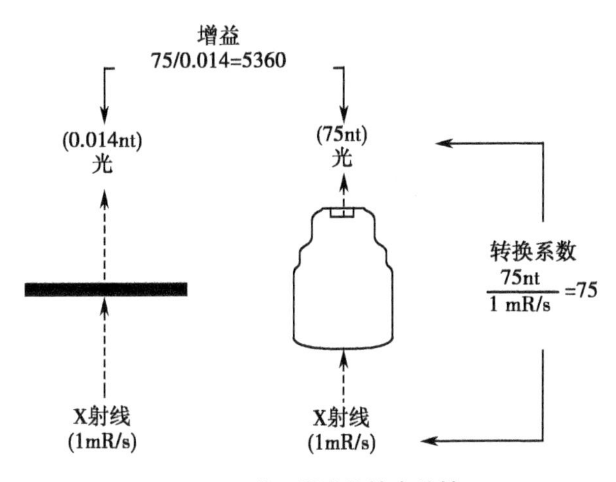

图 5-9　增强器增益输出特性

GX 用来衡量增强管的增强效率,在其他性能一样的情况下,转换系数与输入屏的面积成正比。如果是双野影像增强管,大野的 GX 要比小野的 GX 大,大野与小野的 GX 之比等于两者有效面积之比。转换系数多数在 50~250 之间,有的可达 400。

(2) 亮度增益:输出屏上的荧光亮度和输入屏荧光亮度之比称为增强管的亮度增益。

(3) 对比度:在增强器的输入屏中心放置相当于输入屏面积 10%的 2mm 厚的圆形铅板,从输出屏观察,没有铅影部分的最大亮度和铅板屏蔽部分的亮度之比称为影像对比度。由于影像增强管的输出屏有背景灰度,所以影像增强管输出屏的对比度较荧光板有所下降。

(4) 分辨率:在适当的条件下,使用分辨率测试卡,观察输出影像在 1mm 宽度内能看清的黑白线对数称为影像分辨率。一般可达 3~5lp/mm。增强管中心部分较边缘部分的分辨率高,观察条件不同或不同人去观察,分辨率的数值是有差异的。用调制传递函数(MTF)来描述时,当 $K=0.1$ 时的空间频率数值,大体上能表示出影像增强管的分辨率值。

(5) 视野:指在一定的电极电压下,用平行于影像增强器的 X 线照射时,在输出屏上显示的最大输入影像尺寸。一般有 6 寸、7 寸、9 寸、12 寸等固定视野增强管和 11 寸/7 寸、9 寸/5 寸、4 寸/6 寸/14 寸等可变视野增强管。

(二) 管套

管套的作用是:保护玻璃增强管的安全;夹持固定增强管的位置;防止外界磁场对管内电场的影响;吸收散乱射线;防止人体受小高压电击等。增强管的管套分筒部、后端和前端三部分。

1. 筒部 筒部由 3 层组成:支撑重量及定位的主结构层(金属外壳);起磁屏蔽作用、厚约 0.8~1.0mm 的铍膜合金层;吸收通过输入屏后的 X 线及二次射线、厚约 1~2mm 的铅板层。铍膜合金层和铅板层都附着在主结构层上,前后端结构也附其上,共同夹持增强管。其外面设有与专用支架或悬吊装置相固定的连接,有的还设接线板和调节钮。

2. 后端 后端与筒部连为一体,具有相同结构层,与筒部和前端共同完成对增强管的夹持定位和准直。后端中心部位要正对增强管的输出屏,此处装有增强器光学系统的物镜。

3. 前端 管套前端由滤线栅和护板封口。用于床下 X 线管胃肠诊视床时,前端还装有与点片架相连的接口板。

由于管套前端没有磁屏蔽,外界磁场对增强管的影响不可避免,常见的是大地磁场对增强器的影响,尤以南北向安置时为甚。故安装机器时,除注意方向外,其附近房间不得有强磁场设备。

(三) 电源

增强管正常工作必须在各极加有适当电压,这些电极电压均由电源提供。所需的电压有:施加给光电阴极的零电位、阳极的 25~30kV 直流电压、加给聚焦电极的-900~-500V 直流电压(可调)、可变视野增强器的辅助阳极电压、离子泵和定时装置的电源电压等。其阳极电压(30kV,50μA)相对于 X 线机的管电压来说,称其为小高压,其他各电极的电压大多由阳极电压分压得到。小高压需要有稳定的高压、一定的负载能力,还必须具备过载保护功能。小高压的主要电路大多由直流供电、高频逆变升压和倍压整流 3 部分组成。

有的电源箱内还包括光分配器的控制接口,检测增强管输出亮度的光电管电源和输出信号的连接等。

(四) 光学系统

为了使影像增强管输出屏的可见光影像同时满足电视摄像、点片照相及电影摄影等功能的需要,在影像增强管和摄像机之间必须安装光学镜头和光分配器。

1. 物镜 物镜对准增强器的输出屏,输出屏的位置在物镜的焦距上,使输出屏输出的影像经物镜后形成平行光束;再用目镜将平行光束聚焦到摄像机的靶面上。平行光的优点是:成像像差小,能够获得高质量的影像;可减少光通量的损失;在平行光路中可插入反射镜,改变传送方向,并保持平行光传输。

2. 光分配器 在影像增强器后面可以配用电视摄像机作为透视观察的实时影像;也可配用点片照相机或电影摄影机作为透视中的适时记录影像。这样,就要求增强器物镜输出的光束有时传送到摄像机,有时要迅速转换传送到照相机或摄影机。这个能完成光路转换的部件叫光分配器。如果要想测定整个增强管输出图像或者是中心部分的亮度，也可在分配器内安装光电倍增管，如图 5-10 所示。光电倍增管的输出用来控制 X 线的输出，使 X 线图像自动保持一定的亮度，但很多机型是用电视的亮度信号完成这一功能的。对光学系统的要求是透过率强、成像清晰、图像失真小、亮度均匀。光分配器有单路式、双路式和三路式。光分配器及相关部件的关系如图 5-11 所示。

（1）单路式：用于改变光路的方向。在增强器位于床下时，没有足够的空间直线安装摄像机，使用单路式光分配器，改变光束传送方向，缩短了结构的长度。如图 5-12 所示。

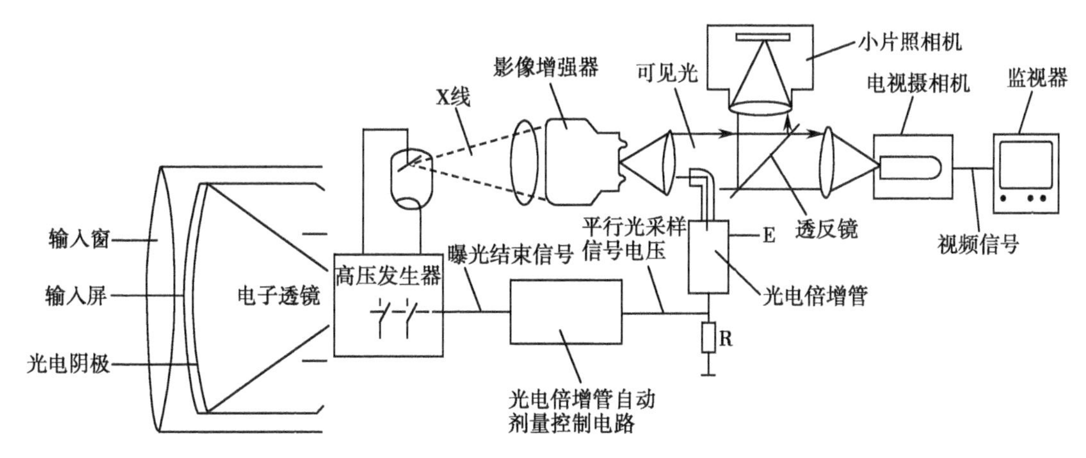

图 5-10　光电倍增管自动剂量控制工作原理图

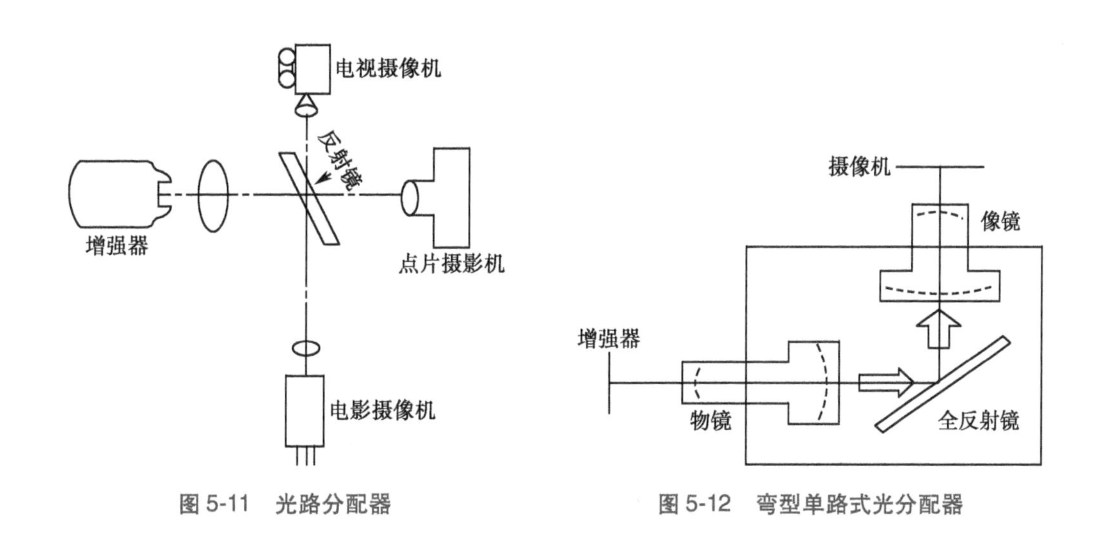

图 5-11　光路分配器　　图 5-12　弯型单路式光分配器

（2）双路式：可供 2 种设备：电视摄像机和点片照相机（或电影摄影机）。在这种光分配器内有一个与光轴成 45°角的半透膜镜片，透视时镜片退出光路，光线全部传送到电视摄像机镜头。

摄影时，镜片进入光路，使光通量的 90%被反射，传送到摄影机镜头；10%的光通量透射，按原传送方向送至电视摄像机，使医生观察到摄影瞬间的实际影像，以做到心中有数。镜片的动作有退避式和翻转式两种。如图 5-13 所示。

（3）三路式：可供 3 种设备。它在光路中加有可转动的棱镜，根据需要把光束送到指定方向。它也具有半透膜特性，可在摄影过程中观察到曝光瞬间的实况。

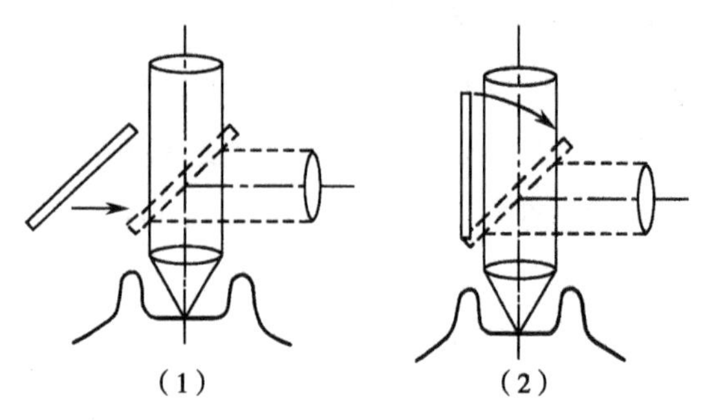

图 5-13　双路式光分配器
(1) 退避式;(2) 翻转式

边学边练

指出影像增强管的结构组成、作用，并能判断其外观质量和正确的安装步骤。请见“实训十三　X线增强电视系统的安装调试”。

三、摄像机和中央控制器

电视技术在民用上,很多年前就已经成熟和普及。而医用 X 线增强电视技术是在 X 线影像增强器问世之后开始的,虽然基本原理和结构与普通电视相近,但医用系统是将电视与 X 线相结合,用摄像机将活动的图像转换成电信号,通过传输,在终端监视器上重现活动图像的技术。因此,X 线增强电视系统同普通电视相比,有它自己的特点:①X 线电视属微光闭路电视,要求摄像机采用高灵敏度摄像管和高信噪比的放大电路;②电视图像亮度信号与 X 线剂量有关,电视系统不是通过调节摄像机的光圈进行补偿,而是通过 X 线源进行调整的;③要求影像密度分辨高,亮度分布均匀和低惰性;④要求操作简单可靠;⑤摄像机参数是固定的,使用中不用调整。

(一) 摄像机

摄像机的作用是将二维的光学图像转变为一维的按一定时序排列的电信号,其性能指标直接影响图像的质量。摄像机有真空摄像管式、CCD 式和 CMOS 式三种。目前,摄像管式摄像机已经淘汰,下面仅介绍 CCD 及 CMOS 固体式摄像机。

1. CCD 摄像机　其使用的图像传感器是 CCD(charge coupled device),即电耦合元件,是一种特殊的半导体元件。CCD 传感器有大量光敏元件组成,每个光敏元件为一个像素,这些光敏元件按照一定规律排列,通常以百万像素为单位。CCD 传感器有两种结构形式:①线阵式,其光敏元件有序地排成一行或一列,主要用于传真机、扫描仪等;②面阵式,其光敏元件逐行、逐列地排列成一个平面矩阵,主要用于摄像机、数码相机等。

工作原理:被摄物体的反射光经镜头聚焦至 CCD 传感器上,光敏元件根据光的强弱积累电荷,每个元件积累的电荷量取决于它所受到的光照强度。在视频时序的控制下,各元件积累的电荷按照一定顺利输出,经滤波、放大处理后,形成视频信号。

优点:①灵敏度高、暗电流小。CCD 的光敏性很好,即使在很低的照度下也能很好地完成光电转换和信号输出。②光谱响应范围宽。一般 CCD 的光敏范围在 400~100nm。③分辨率高。CCD 摄像机分辨率已超过 1000 线,线阵器件的可分辨尺寸达 2μm,面阵器件的像素已达到 4096×4096。④体积小、重量轻、低耗电、快速启动和可靠性高。

2. CMOS 摄像机　其使用的图像传感器是 CMOS(complementary metal-oxide semiconductor),是一种互补金属氧化物半导体。CMOS 传感器由光敏元件阵列和 MOS 场效应管集成电路组成,这两部分被集成在同一硅片上;光敏元件阵列实际上是光电二极管阵列,它也有线阵和面阵之分。CMOS 传感器上的每个光敏元件对应一个像素,按其像素结构不同,可分为被动式和主动式两种。

目前,常用的 CMOS 传感器为主动式像素结构。在主动式像素结构发明的同时,人们很快认识到在像素内引入缓冲器或放大器可以改善像素的性能,在主动式 CMOS 中,每一个像素内都有自己独立的放大器,还集成有 A/D 转换、控制逻辑电路。

CMOS 摄像机的最大特点是在单块 CMOS 传感器芯片上能集成所有摄像机功能的电路。与 CCD 摄像机相比,它具有帧速高、读取速度快、功耗低、重量轻等特点,便于制作超微型摄像产品,体积可以做得像纽扣大小,可广泛应用于公安、空间技术和医疗等特殊领域。

(二) 中央控制器

用电视技术传送影像,首先要将构成影像的每个像素逐个按时间和空间顺序转换成电信号,再进行传送;在接收端,将接收到的电信号按与传送相同的顺序转换成像素亮度,在监视器上重现影像。构成影像的每一个像素转换前后要一一对应。

由于人眼的视觉惰性,对于闪烁的影像,人眼感觉到的影像存在时间较实际存在时间要长。这样,当闪烁频率达到一定值时,人眼就不再感觉它是间断影像,而认为是连续影像了。因此,要传送活动影像,在短时间内连续不断地更换画面内容,就能在发送端把活动影像适时地传送到接收端。实验证明,每秒闪烁 50 次,人们对影像就不再有闪烁的感觉。

X-TV 属于闭路电视,在扫描方式上采用标准电视制式。我国标准电视制式为:行周期 64μs、行正程 52μs、行逆程 12μs;场周期 20ms、场正程 18.4ms、场逆程 1.6ms。一帧影像的总行数是 625 行、每场 312.5 行、每场正程 287.5 行、每场逆程 25 行。

随着科学技术的发展,大规模集成电路的出现。目前的中央控制器可做在一块电路板上,体积小、重量轻、功能强,直接安装在监视器里,通过多芯电缆和摄像机连接,调整、控制十分方便。

中央控制器的基本功能分为视频处理器、圆消隐和自动剂量控制透视摄像机。

1. 视频处理器

(1) 电路结构:摄像管输出的信号要获得理想的优质影像,必须进行补偿和校正,即视频处理。X-TV 的视频处理器由增益控制、孔阑校正、γ 校正、黑斑补偿、轮廓补偿、消隐混入与黑切割、同步混入与输出等构成,如图 5-14 所示。

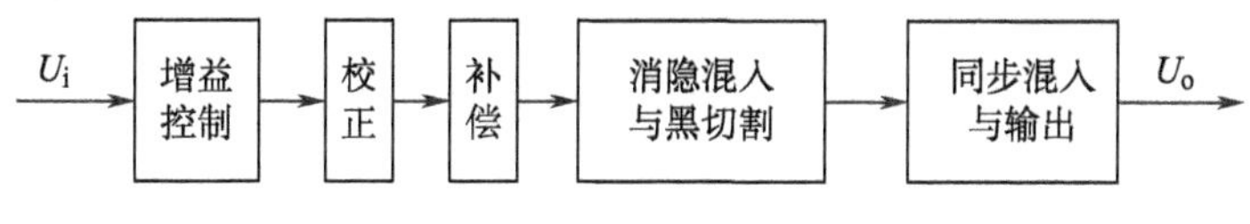

图 5-14　视频处理器框图

（2）各电路基本原理

1）增益控制：摄像机的输出信号幅度必须达到电视规定的 $1V_{p-p}$ 标准电平。而预放器的输出一般在 $0.25 \sim 0.5V_{p-p}$，因此，还要进一步放大。对增益控制的要求：增益调节引起的频率特性变化要在允许范围内；增益调节不能影响放大器的直流工作状态。

2）孔阑校正：是校正摄像管电子束的孔阑畸变。孔阑畸变主要使影像边缘模糊、细节展宽、对比度下降。这是由视频信号的高频分量下降引起的。为此，在视频处理器中设有孔阑校正电路，目的是提升视频信号的高频分量。自动光阑控制如图 5-15 所示。

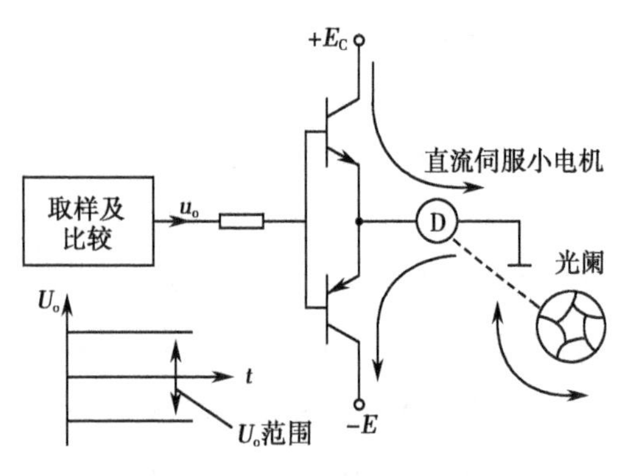

图 5-15　自动光阑控制框图

3）γ 校正：是校正电视器件（摄像管或显像管）在进行光电转换或电光转换时引起的非线性失真，也就是监视器不能重现影像各部分的灰度，需在视频处理器中增设 γ 校正电路。

4）黑斑补偿：影像产生黑斑是由于镜头各区域透光率不同、摄像管靶面不均匀以及电子束在靶面边缘不能垂直上靶面等原因造成的，表现为影像的背景亮度不均匀。对黑斑的补偿一般采用叠加型补偿。行补偿信号是通过对行推动信号的一次积分获得的行锯齿波和二次积分获得的行抛物波复合而成的。同样的道理得到场补偿信号。行、场补偿信号组合在一起形成复合补偿信号，再与视频信号叠加，就可补偿黑斑失真。

5）轮廓补偿：又称轮廓勾边，其作用与孔阑校正基本相同。通过轮廓补偿电路产生的轮廓补偿信号和视频信号混合，从而使监视器重显的影像轮廓得以勾边。

6）消隐混入与黑切割：由于摄像管漏电流的影响，在消隐期间有噪声和干扰，并对黑电平产生影响，可用钳位电路抑制噪声和干扰，消除扫描逆程期间摄像管暗电流等造成的黑电平失真。

7）同步混入及输出：视频处理完成后，将复合同步信号、消隐信号和视频信号叠加，合成全电视信号，再经输出电路输出标准的全电视信号。

2. 圆消隐功能　X 线电视采用圆形光栅显示影像，为此设计了圆消隐电路产生脉冲信号，把场周期内每个行扫描脉冲对应圆形光栅以外的部分消隐掉，只得到中心亮、四周黑的圆形影像。圆消隐脉冲信号的宽度按整行→逐渐变窄→最窄→逐渐变宽→整行的规律从上而下逐行变化。

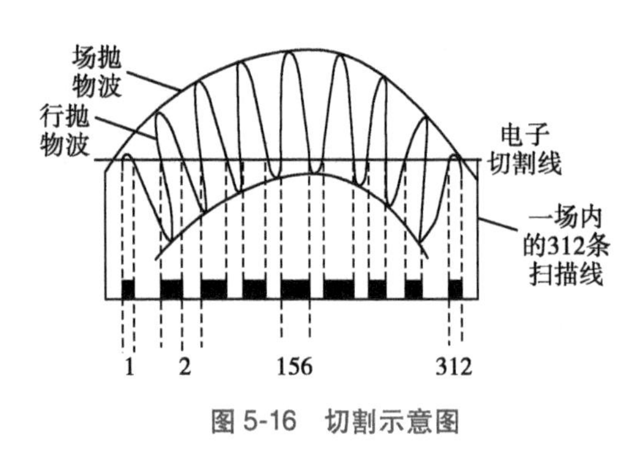

图 5-16　切割示意图

产生圆消隐信号，首先要把行推动信号变成一个 64μs 的行抛物波，把场推动信号变成一个 20ms 的场抛物波，然后用场抛物波对行抛物波进行调制合成，最后用一个施密特电路对调制波形进行幅度切割，即可输出圆消隐信号。圆消隐切割示意图如图 5-16 所示。由图可知，切割线是一条直线，切割线上移时，行数减少，圆光栅变小；切割线下移时，行数增多，圆光栅变大。切割线的移动要通过改变施密特电路的工作点来实现。

另外,圆光栅的位移调整和影像的位移调整是不同的。圆光栅的位移调整是改变圆抛物波的直流电位来改变圆光栅的位置,而影像的位移调整是改变扫描锯齿波信号的直流成分使影像处在圆光栅中心位置。

3. 自动剂量控制透视　X 线的吸收程度与被检体受检部位的密度、厚度有关,影像增强器的输出亮度随透视部位的改变而变化,将造成影像忽亮忽暗。为此,X 线增强电视系统都采用自动剂量控制,一般包括自动毫安控制和自动千伏控制两种方式。其原理是:当被透视部位密度、厚度增大时,X 线输出量自动增加;反之,剂量自动减少。这样,使影像增强器的输出亮度基本一致,达到稳定影像、方便观察的目的。

利用光电倍增管的输出量进行自动亮度控制(automatic brightness control,ABC)是常用的方法。工作过程是:在增强管和摄像机的光学通道内旋转很小的反向镜,将增强管的输出光反射到光电倍增管的输出窗,光电倍增管输出光电流,经电流/电压转换,与基准电平比较后送到控制装置。

四、监视器

监视器是将电视信号还原成影像的部件。医用监视器与普通监视器不同,在临床诊断上,不仅要区分细微差别,还需要很多动态指标。因此,不能简单理解医用 X 线监视器为普通监视器。

(一) 医用监视器原理

早期的 X 线机监视器以阴极射线管(cathode ray tube,CRT)监视器为主。近年来,随着液晶技术的成熟和普及,X 线机选用液晶(liquid crystal display,LCD)监视器的越来越多。CRT 监视器由显像管、偏转系统及附属电路组成,如图 5-17 所示。

监视器接收的全电视信号经射频放大后分为两路:一路经视频检波、放大、输出到显像管控制栅极调制电子束;另一路经同步分离电路进行幅度分离和钳位分割,使复合同步信号从图像信号中分离出来,分别送到行的自动频率控制(automatic frequency control,AFC)电路和场的幅度分离电路(积分电路),产生行同步脉冲和场同步脉冲。行同步脉冲和场同步脉冲分别去触发行振荡器和场振荡器,产生行、场信号。行、场信号经激励、放大后输出的锯齿波加给行、场偏转线圈,形成偏转磁场,使电子束进行行、场扫描。将行输出的逆程脉冲升压、整流得到显像管需要的加速极电压、聚焦极电压和阳极高压。

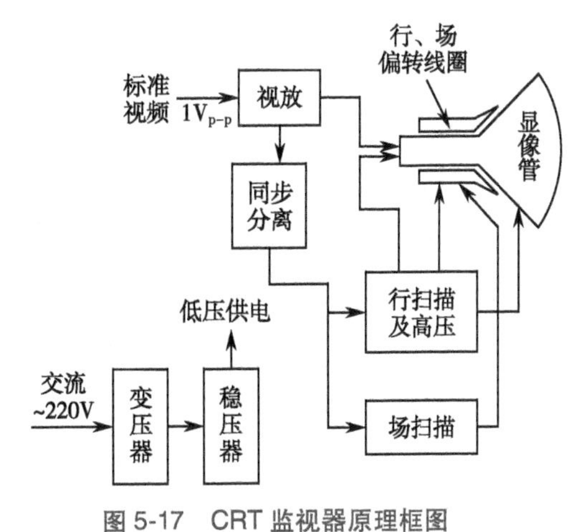

图 5-17　CRT 监视器原理框图

(二) 医用监视器的参数选择

1. 亮度　人眼对灰阶的分辨能力随着亮度的不同,有着一个非线性关系。亮度(luminance)越高,人眼能辨的灰阶(just noticeable difference,JND)就越多。反之,低亮度时,人眼对灰阶分辨率较差。为了提高灰阶的分辨率,监视器的亮度必须要高。医生阅片室的环境光对监视器的亮度是有影响的，监视器图像亮的部分取决于监视器的亮度，但暗的部分还与环境亮度和显示屏的折射率有关。

医用监视器设计制造的最大亮度为800～600cd/m²（坎德拉每平方米或称平方烛光），普通监视器亮度为200～350cd/m²。考虑到CRT或LCD监视器，亮度都会随着时间而衰减。至少在3年时间内，监视器的亮度都能维持在最低要求的亮度以上，所以建议新监视器的亮度至少应在500cd/m²以上。但是，由于普通监视器没有亮度稳定和校正功能，亮度随时间的衰减和环境光的折射，显示亮度大打折扣，不能真正达到阅片的要求。而医用监视器的最高亮度在安装就位后，利用光学校正手段进行校正，使亮度保持在一个阅片要求的亮度值（一般在400～500cd/m²之间），并保证在3万～5万小时恒定不变，这样就保证了亮度的稳定性和影像的一致性。由此看来，普通监视器和医用监视器在医疗放射科阅片室工作中差别是很大的。

2. 灰阶　人眼对灰阶的反应并不是线性的关系。眼睛对黑暗部分的反应不如明亮部分灵敏。医学数字成像和通信（digital imaging and communications in medicine，DICOM）3.0为显示灰阶图像提供了一个标准显示函数。使用这个标准显示函数在不同亮度的显示系统上显示图像，能提供某种程度的相似性。经过此函数转化的灰阶，人眼的反应近似呈线性关系。因此，一个好的医用监视器必须具备调整灰阶显示曲线、符合灰阶显示函数的功能。而有较高亮度的显示系统能显示更多可分辨的灰阶数。

在放射学的诊断中，这种灰度差异（组织密度小差异性），对早期病灶的诊断有很大的帮助。监视器在显示黑白影像的灰阶数和显卡是相关的，普通显卡是8bit输出显示，反映黑白影像的灰阶时，由于Windows在调色盘上要独占20个颜色，影像实际只有236个灰阶，这就是普通显卡常常遇到的灰阶不连续的问题。要达到完美地再现灰阶连续的黑白影像，就应选配专业的输出灰阶在10bit以上显卡。

3. 分辨率　分辨率是指单位面积显示像素的数量，同时监视器的成本与分辨率也成正比。选择普通监视器分辨率为1024×768，用于办公文字是可以满足的。普通监视器的分辨率在影像诊断上是不够的。从分辨率来讲，不仅要选择医用监视器，还要根据不同的系统选择不同的分辨率。一般图像的分辨率如下：心血管造影、数字胃肠机为1024×1024（单幅图像），加上菜单为1280×1024；MRI为256×256或512×512（单幅图像）；CT为512×512或1024×1024（单幅图像）；DR/CR为500万以上（单幅图像）。以DSA、CT和MRI而言，显示单幅图像只需要1280×1024分辨率的监视器即可满足需要。但若要观看多幅图像，如CT 3×4或4×5的多幅图像，分辨率达1536×2048及2048×2560，此时就需要较高分辨率的监视器，如300万或500万像素的监视器。DR及CR图像的分辨率通常都超过500万像素，最好使用500万及以上像素的监视器。以上配置选择是针对放射科医生做图像诊断使用的，而一般临床观察可适当地减低分辨率（如100万像素或200万像素）以节省成本。

4. 响应时间　响应时间指的是液晶监视器对输入信号的反应速度，也就是液晶由暗转亮或由亮转暗的反应时间，以毫秒来计算。分为上升时间和下降时间，响应时间指的就是两者之和。人眼存在“视觉残留”的现象，也就是运动画面在人脑中会形成短暂的印象，人能够接收的画面显示速度一般为24张/秒，这也是电影每秒24格的播放速度的由来，如果显示速度低于这一标准，人就会明显感到画面的停顿和不适。按照这一标准计算，每张画面显示的时间需要小于40ms，根据液晶实际情况，响应时间是 30ms 还是会出现拖尾现象，不适合动态医疗影像的实时播放。响应时间在 25ms 以下可以满足临床心血管 DSA 的实时播放。

在医用监视器的选配上，CR、DR 静态影像对响应时间无过高要求。但是，在播放动态影像的系统配置时，如心血管造影和数字胃肠机，就要首选响应时间在 25ms 以下的医用监视器。

5. 监视器的尺寸　医用监视器的尺寸与分辨率有连带关系。分辨率愈高，尺寸愈大，但并不成正比关系。医用监视器生产厂商在制造时已考虑到和胶片接近一致性的尺寸了。普通监视器则没有这方面的考虑。CRT 监视器尺寸分布在 17~21 英寸，LCD 监视器尺寸在 18~22 英寸之间。

6. 横屏及竖屏　关于监视器是选择横屏或竖屏的问题，并无一定的标准或规定。须视图像而定，最好选择横、竖可调整的液晶监视器。现在的医用液晶监视器厂家已考虑到医生阅片的习惯和要求，设计了横竖可以转换的功能，大大方便了临床的使用。

（三）医用监视器的稳定性、一致性和整体性

1. 稳定性　相对于普通监视器，医用监视器的价格较为昂贵，希望使用寿命能在 5 年以上。不论是 CRT 监视器或 LCD 监视器，亮度都会随着时间而衰减。一般监视器寿命的定义是当亮度衰减到最大亮度的 50% 的时间，以液晶监视器而言，此时间大约是 30 000~50 000 小时。即使在使用寿命时间内，亮度并不是每天都相同的，所以隔一段时间（大约 3~6 个月），监视器必须要做亮度及灰阶的校正，以保证监视器的一致性。较先进的监视器内部有传感器（sensor），能侦测监视器的亮度变化而自动调整，使监视器在使用寿命内能随时保持亮度稳定。

另外，液晶监视器在刚开机时，亮度不会立刻达到设定的亮度，大约经过 20~30 分钟后才会达到设定的亮度，在此亮度未达设定标准的时间内，监视器是不适合作诊断用的。使用者常常因其他事务而停止使用监视器，一段时间后，屏幕保护就开始启动，这对延长监视器寿命是有好处的。但当使用者再度开始使用监视器时，又处于刚开机状态，须等待 20~30 分钟温机时间，使用上相当不方便。若关闭屏幕保护，又降低使用寿命。因此，设计良好的监视器，利用内置传感器，侦测开机时的亮度，若亮度未达标准，则提高电源电压。使监视器在 30 秒内达到预设亮度。既不用等待温机时间，又可在待机时启动屏幕保护，延长监视器寿命。

2. 一致性和整体性　一致性是指如果隔了一段时间，同一图像其显示质量还是一样，犹如看同一张胶片一样。整体性是指在医院内不同地点的工作站上显示的同一图像其亮度、灰度、对比度等是完全一样的。这样，不同地点医生看到的是同样的图像，打印出来的图像与显示在监视器上的图像也是一样的，不管何种媒质上的图像也均是一样的。

原来医院在使用胶片诊断时，质量保证（quality assurance，QA）是放在洗片机上，放射科每天都要检查洗片机的洗片速度、药水浓度及温度，确保每张胶片洗出来的质量是一样的。

医院实施 PACS 系统后，QA 则是放在监视器上。监视器的数量将不在少数，如何在不同品牌、不同使用率、不同时间购买的监视器，要保证影像的整体性，维持在同一亮度、同一显示函数则成为一重要课题。所以，在选择监视器时，除了以上所述的几点外，监视器厂家能否提供监视器 QA 和预防性的维护（preventive maintenance & planned maintenance，PM）的工具及监视器是否有 QA 的功能，也是需要考虑的重要因素。

点滴积累

1. 影像增强器由增强管、管套和电源组成，其作用是将不可见 X 线影像转换成可见光影像，并将影像亮度提到几千倍，其质量好坏决定着图像质量。 在日常的使用维护中要注意防碰撞，拆卸时要轻拿轻放。
2. 摄像机的作用是将二维的光学图像转变为一维的按一定时序排列的电信号，其性能指标直接影响图像质量，目前常用的有 CCD 和 CMOS 两类。
3. 医用监示器性能好坏会影响医师的诊断，需定期的做好监示器的 QA 和 PM，同时要根据不同的图像选取合适的监示器。

第三节　计算机 X 线摄影接收装置

计算机 X 线摄影(CR)接收装置是一种数字化摄影装置,将透过物体的 X 线信息记录在由辉尽性荧光物质制成的存储荧光板(storage phosphor plate,SPP)上,这种存储荧光板又称影像板或成像板(image plate,IP),即用影像板取代传统的 X 线胶片来接收 X 线照射,影像板感光后在荧光物质中形成潜影;将存有潜影图像的影像板放入图像读取系统中,用激光束进行精细扫描,存储在影像板上的能量被释放,发出可见荧光;可见荧光经光电倍增管转换为电信号,电信号经模拟放大、模/数转换形成数字信号,并获得初始数字图像;初始数字图像传到图像处理计算机,经图像处理得到理想的数字化图像,再经数字/模拟转换器转换,在监视器上显示出灰阶图像,CR 工作流程如图 5-18 所示。

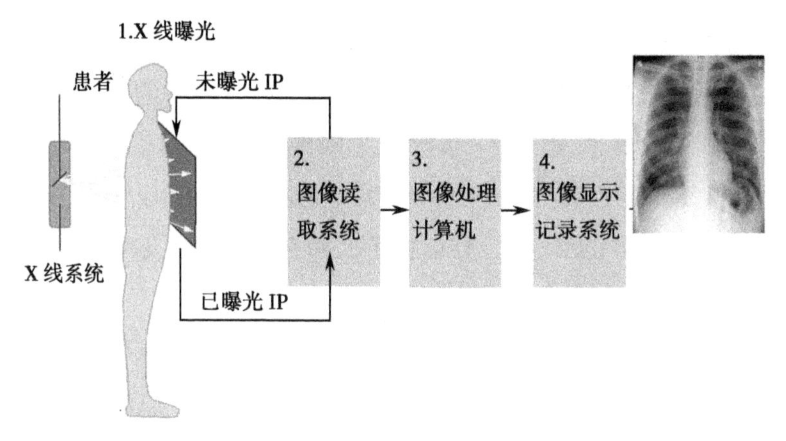

图 5-18　CR 工作流程

可见,CR 的成像同样要经过图像信息的记录、读取、处理和显示等步骤。但是,CR 通过使用不同的更加先进的介质和设备将这些功能分开,以计算机为核心把它们联成一个系统。CR 利用影像板取代传统的屏片体系,看上去与传统的增感屏很相似,但其功能有很大的差异,实现了传统 X 线摄影的数字化,提高了图像的密度分辨率和显示能力,能实施图像后处理,增强了信息显示的功能。

一、组成和分类

(一) CR 系统的组成

CR 系统主要由信息采集系统、图像读取系统、图像处理系统及图像显示记录系统组成。

信息采集系统包括 X 线机、打号系统和影像板装置。打号台完成患者基本信息的采集；X 线机和影像板完成的功能是将穿过人体的 X 线记录在影像板上。

图像读取系统利用激光扫描影像板，影像板发出荧光，光电倍增管将荧光转化为电信号，经过模拟放大、模/数转换，形成原始数字图像。

图像处理系统对原始数字图像进行各种图像后处理，包括空间频率处理、灰阶处理、图像拼接、大小测量、放大等，使处理后的图像更适合于医生诊断。

图像显示记录系统主要包括供医生诊断的诊断级监视器、用于提供模拟图像的激光相机或者热敏相机、用于存储图像的 PACS 系统。

（二）CR 系统的分类

CR 系统按图像读取系统与 X 线机的连接方式分为暗盒型 CR 系统和无暗盒型 CR 系统。暗盒型 CR 系统需要暗盒作为载体装载影像板，经历曝光、激光扫描的过程。系统所用的 X 线机与传统的 X 线机兼容，不需要单独配置，因此造价低，可以方便地实现现有 X 线设备的数字化，现在使用的 CR 系统大部分为暗盒型 CR 系统。在无暗盒型 CR 系统中，影像板曝光和图像读取系统组合为一体，摄影、图像读取，连同向工作站传输的整个过程都是自动完成，需要配置单独的 X 线机。无暗盒型 CR 系统主要用于专项检查。

CR 系统影像板按照能否弯曲分为软性板 CR 系统和硬性板 CR 系统。软性板 CR 系统中，激光扫描和读出装置简单，但影像板易磨损，容易产生伪影；硬性板 CR 系统中，激光扫描和读出装置复杂，但影像板不易磨损，寿命长，很少产生伪影。按照分辨率的不同，可分为高分辨率（high resolution，HR）型和普通（standard，ST）型。高分辨率的多用于乳腺摄影，普通型多用于常规摄影。

CR 系统根据图像读取系统处理能力分为单槽 CR 系统和多槽 CR 系统。单槽 CR 系统同时只有一块影像板在图像读取系统里进行读取处理，如图 5-19 所示；多槽 CR 系统同时可有最多 3 块影像板在图像读取系统进行读取处理，如图 5-20 所示，大大地提高了读取器的工作效率。

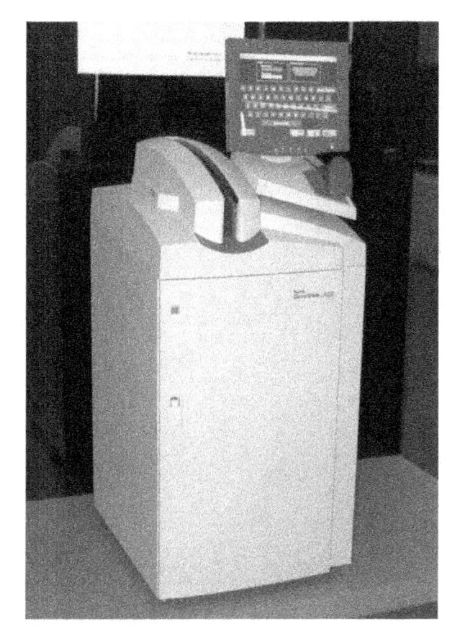

图 5-19　硬板单槽 CR 系统

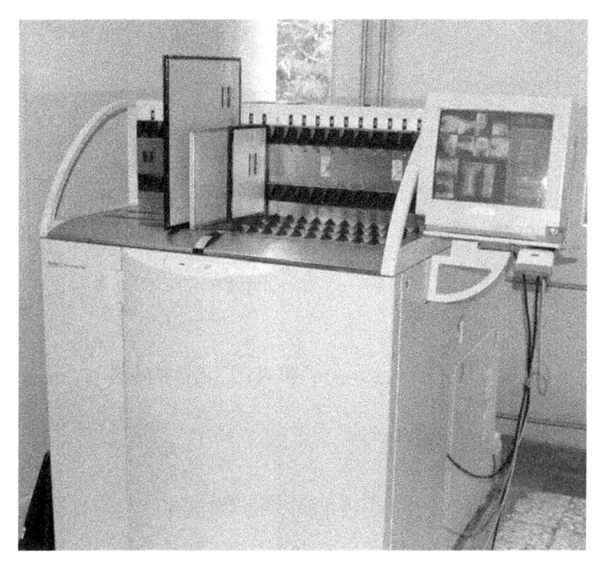

图 5-20　硬板多槽 CR 系统

二、影像板装置

影像板装置包括影像板暗盒及影像板。

（一）影像板暗盒

影像板暗盒的主要功能是装载影像板，并且在图像读取系统中能被打开，方便图像读取系统取出和放回影像板。与普通胶片暗盒比较，影像板暗盒增加了射频芯片，以便写入和读出患者信息，减少了增感屏。暗盒规格有：8cm×10cm，10cm×12cm，14cm×14cm，14cm×17cm。

（二）影像板

影像板是CR成像系统的关键元件，作为记录人体图像信息、实现模拟信息转化为数字信息的载体，代替了传统的屏片系统。影像板可以重复使用，一般可以使用3万次左右。

1. 结构　影像板由表面保护层、光激励荧光物质层、基板层和背面保护层组成，如图5-21所示。

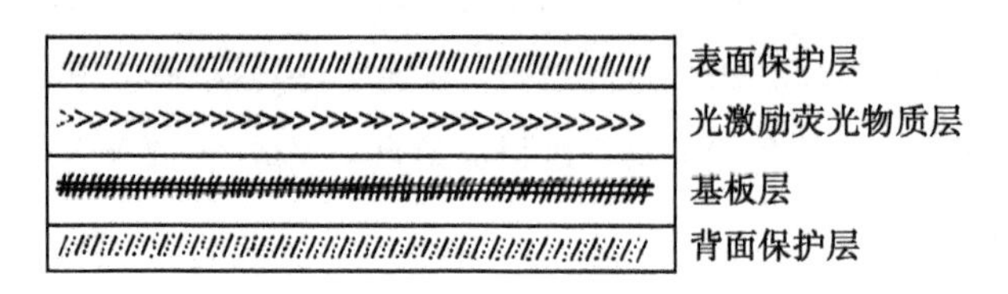

图5-21　影像板示意图

（1）表面保护层：防止光激励荧光物质层在使用过程中受到损伤，要求材料不随外界温度和湿度的改变而变化，透光率高并且非常薄，一般由一层非常薄的聚酯树脂类纤维制成。

（2）光激励荧光物质层：光激励（photo stimulation light，PSL）荧光物质层为一种特殊的荧光物质，它把第一次照射光的信号记录下来，当再次受到光照射后，会释放储存的信号。PSL荧光物质由含有二价铕离子的氟卤化钡晶体制成，晶体大小在4~7μm，混于多聚体溶液中，然后涂于基板上，多聚体溶液可以将荧光物质的晶体相互结合，如图5-22所示。

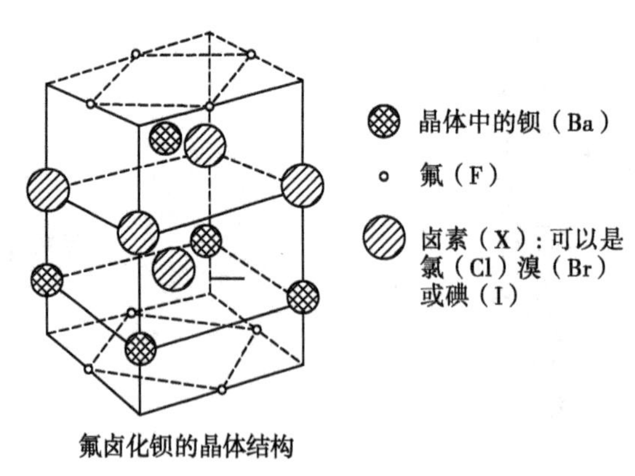

图5-22　荧光物质示意图

（3）基板层：由聚酯树脂纤维胶膜制成，主要作用是保护光激励荧光物质层免受外力的损伤，具有良好的平面性、适中的柔软性和良好的机械强度。基板制成黑色还可以防止激光在荧光物质层和基板层之间反射，以提高清晰度。

（4）背面保护层：防止影像板摩擦损伤，材料与表面保护层相同

2. 成像原理 影像板荧光物质中卤离子空穴称为F中心，微量的铕离子在形成荧光体时被结晶，形成发光中心。吸收X线时：①二价铕离子经X线电离变为三价铕离子，同时将电子释放给周围；②释放的电子被F中心捕获，产生F中心的不稳定状态，F中心局部的电子数量与X线剂量直接成正比关系，一般超过10 000∶1（是X线剂量的4个数量级）；③X线在影像板上形成的模拟影像以这种电子潜影的方式保存下来。激光激发读出时：①激光激发荧光体中位于局部F中心的电子；②F中心被高能激光激发时，电子溢出F中心与附近三价铕离子结合，转化为二价铕离子；③在铕离子转化过程中，发出可见光，可见光的能量与中心局部的电子数量成正比，与激光光强有关，激光光强越强，可见光光强越强。

3. 影像板特性

（1）发射光谱与激发光谱特性：如图5-23所示，PSL荧光体经读取激光激发后可发蓝紫光，发光强度依读取影像板的激光波长而定，PSL强度与读取激光波长的关系曲线称为激发光谱。从激发光谱曲线可以看到，用600nm左右波长的红色氦氖激光读取时效果最佳。在读取激光激发下，已储存X线潜影的影像板中PSL荧光体发射出与X线剂量成正比的蓝紫光，PSL强度与其波长的关系曲线称为发射光谱。从发射光谱曲线可以看到，PSL在390~400nm波长处取得峰值。由于发射光谱和激发光谱的峰值有一定的波长差，所以在PSL强度检测过程中，通过选择光电倍增管在400nm处有最高的检测效率，来完成PSL和读取激光的分离，准确测量出PSL强度。光电倍增管在400nm处的检测效率和图像的信噪比有直接的关系。

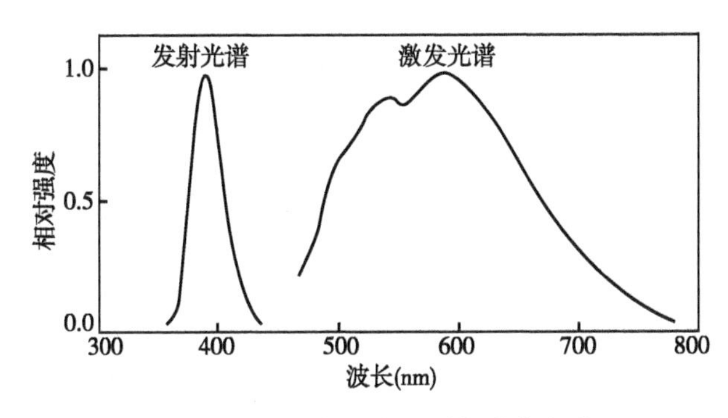

图5-23 影像板发射光谱与激发光谱

（2）时间响应特性：当读取激光停止激发时，发射的荧光依PSL荧光体发射过程的衰减特性而逐渐停止，如图5-24所示。发射荧光强度达到初始值的1/e的时间称为光发射寿命期。影像板的光发射寿命期为0.8μs，该寿命期极短，故可在很短时间内以高密度重复采集，用以读出大面积影像板上的信息，而不至于导致相邻采样点采集信息的重叠。

（3）存储信息的消退特性：存储在荧光体内的潜影，在二次激发前，一部分被俘获的电子将逃逸，从而使二次激发时荧光体发射出的光激励发光强度减弱，这种现象称为消退，如图5-25所示。影像板消退现象很微弱，8小时之后减少约25%。此外，CR系统对光电倍增管有增益补偿功能，所以标准曝光条件下的影像板在短时间内不会受到影响。正是由于上述两点原因，影像板可以应用于X线摄影。如果曝光不足或存储时间过长，会使影像噪声过大。

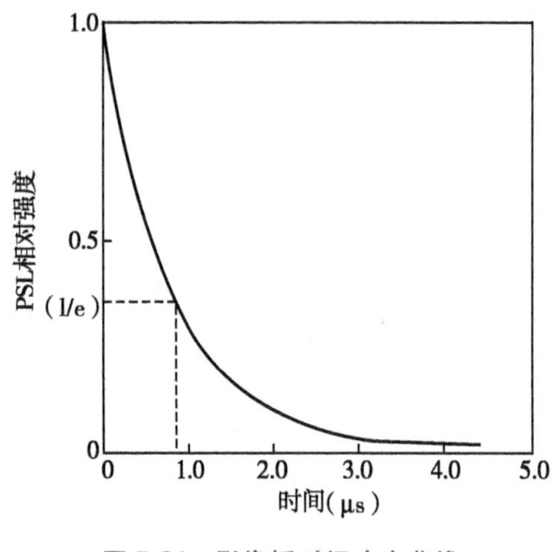

图 5-24　影像板时间响应曲线

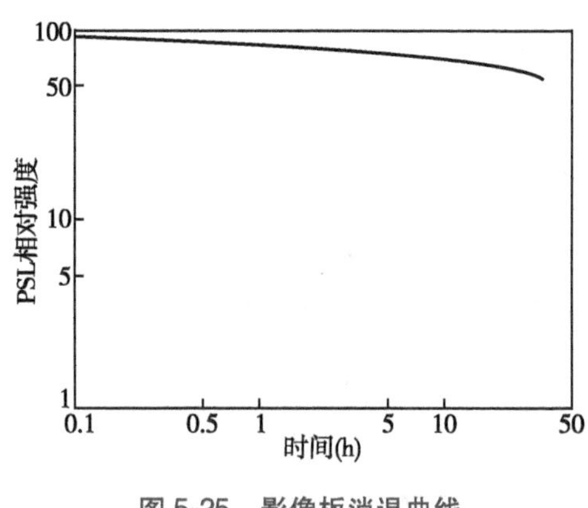

图 5-25　影像板消退曲线

（4）动态范围特性：影像板的荧光发射量依赖于第一次激发时 X 线的剂量，一般在 1∶10^4范围内有良好的线性。由于影像板用于 X 线摄影时动态范围要比屏片系统宽得多，因此可以精确地检测出每次摄影中各种组织间 X 线吸收的差别。

（5）天然辐射的影响：影像板为高度敏感的光敏材料，除对 X 线敏感外，对其他形式的电磁波也很敏感。随着电磁波能量的积累，在影像板上会形成图像信息而被检测出来。长期存放的影像板会出现小黑斑，使用前应该用强光消除。

4. 影像板的类型　影像板（IP）的分类依据有几种。

按照分辨率不同，可分为高分辨率型和普通型。高分辨率型用于乳腺摄影，分辨率一般要求大于 10lp/mm，普通型多用于常规摄影，分辨率一般为 2～3lp/mm。按照基板类型不同，可分为硬基板型、软基板型和透明板型三种。按照信息存储面多少，可分为单面存储型和双面存储型两种。双面 IP 采用透明支持层，受激光激发时，双面同时采集，输出信噪比和量子检出效率都得到提高，相应降低了曝光量。

三、图像读取系统

图像读取系统（image reading device，IRD）是指用于读取影像板上的潜影信息，形成数字图像。经 X 线曝光后的暗盒，从图像读取系统的暗盒插入槽送入图像读取系统，此操作可以在明室完成。暗盒进入图像读取系统后，暗盒被打开，影像板被取出送到激光扫描和读出装置，由红外激光（光束直径约 0.1mm，波长约 600nm）扫描影像板内的潜影信息，PSL 荧光物质层发出蓝紫光，光电倍增管将蓝紫光和红外激光分离，蓝紫光转换为电信号，电信号经模拟放大、模/数转换形成数字信号，并获得初始数字影像。影像板随后被送到潜影擦除装置，经强光照射，消除影像板上残留的潜影。影像板被送回暗盒内，封闭暗盒，暗盒被送出图像读取系统，供反复使用。各个厂家的图像读取系统各不相同，下面以一种多槽图像读取系统为例讲解它的工作原理。

该型号图像读取系统主要由电源系统、计算机系统、输入缓冲区、暗盒开启/关闭装置、影像板传输装置、激光扫描和读出装置、擦除装置和输出缓冲区等八个系统组成。

（一）电源系统

主要为图像读取系统各部分提供各种交直流电源。

（二）计算机系统

是一种工业控制用计算机，由主板、硬盘、软驱/光驱、CPU 板、扫描控制板、I/O 板和网卡组成。完成的主要功能是控制各部分协调工作，尤其是控制激光扫描和读出装置；接收扫描后的数据构成数字图像矩阵存储在硬盘中；将硬盘图像数据发送至图像工作站。在图像处理方面，完成曝光野识别、图像分割识别、直方图分析，调整光电倍增管读出灵敏度。这部分功能将在后面作详细介绍。

（三）输入缓冲区

输入缓冲区的主要任务是将暗盒送入到暗盒开启/关闭装置。输入缓冲区主要由电机皮带传输系统、两组二极管光检测回路和射频读出电路组成。当有暗盒放在输入缓冲区时，第一组二极管光检测回路中二极管发出的光被反射回来，门立即打开，电机带动皮带将暗盒的三分之一推入图像读取系统，电机停止运动。如果在此位置时，第二组二极管光检测回路中二极管发出的光被暗盒的银点反射回来，则暗盒放置正确，电机带动皮带将暗盒全部送入到暗盒开启/关闭装置，门关闭，同时射频读出电路将暗盒内射频芯片写入的患者姓名、投照部位等信息读取出来送入计算机系统；如果在此位置检测不到被暗盒银点反射回来的光，则报暗盒错误。

（四）暗盒开启/关闭装置

在一个可正负 180°旋转的平台上装有两组暗盒开启/关闭装置，如图 5-26 所示。两组暗盒开启/关闭装置均可完成暗盒的开启、关闭功能。当暗盒由输入缓冲区送入时，正对输入缓冲区的暗盒开启/关闭装置完成暗盒的开启；正对输出缓冲区的暗盒开启/关闭装置负责暗盒的关闭。当暗盒由输入缓冲区送到暗盒开启/关闭装置后，暗盒被打开，影像板由影像板传输装置送到激光扫描和读出装置后，平台旋转 180°，刚才负责暗盒打开功能的暗盒开启/关闭装置改为负责暗盒关闭功能，另一组暗盒开启/关闭装置则由负责暗盒关闭功能转换为负责暗盒打开功能。

（五）影像板传输装置

影像板传输装置分为两个部分：扫描前传输装置和扫描后传输装置。两部分的结构相同，由可升高的吸盘支架、3 个吸盘和真空泵构成。当暗盒在开启/关闭装置中被打开后，扫描前传输装置的吸盘支架由初始位置抬高到暗盒位置，吸盘紧贴影像板，真空泵开始给吸盘抽真空，吸盘吸住影像板，支架随后开始向下运动，到达激光扫描和读出装置后，影像板被放下；影像板在激光扫描和读出装置完成扫描，扫描后传输装置的吸盘紧贴影像板，真空泵开始给吸盘抽真空，吸盘吸住影像板，支架开始向上运动，将影像板放入暗盒，随后吸盘支架回到初始位置。

（六）激光扫描和读出装置

存储在影像板的图像为潜影，以连续模拟信号的形式记录，需要激光扫描和读出装置将潜影图像转化成数字信号。主要经过 3 步完成：激光扫描、PSL 信号的探测和转换、数字化，如图 5-27 所示。

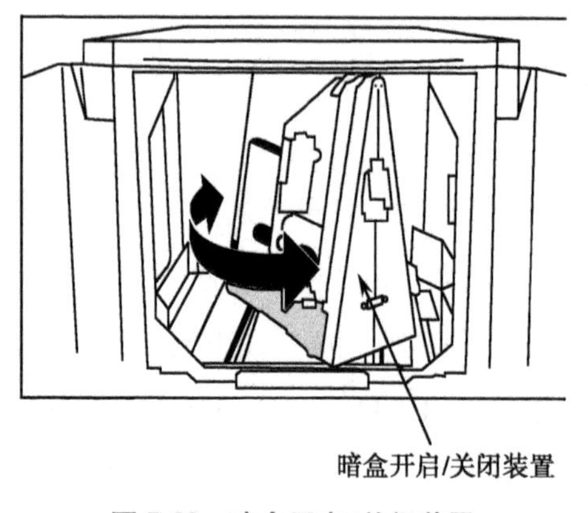

图 5-26　暗盒开启/关闭装置

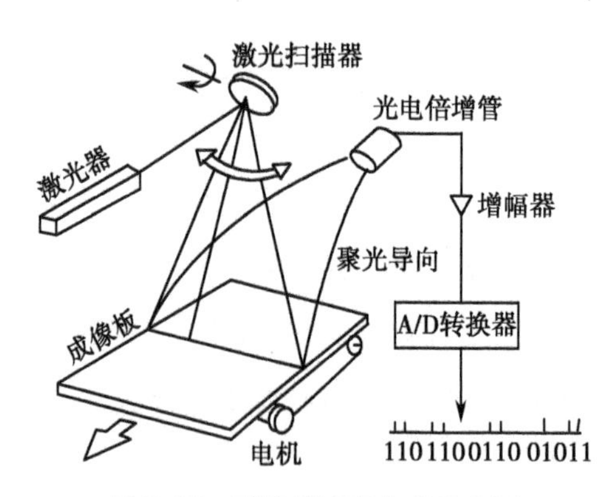

图 5-27　影像板读取方式示意图

1. 激光扫描　激光束分割器将激光的一部分输出到检测器，通过参照检测器的激光强度的变化来调整激光器发射激光的强度，使其保持恒定。这一点很重要，因为光激励发光的强度取决于激发激光的强度。激光束的大部分能量被扫描镜（旋转多角反射镜或摆动式平面反射镜）反射，通过光学滤过器、遮光器和透镜装置，将激光点在影像板上的分布调整为一个直径为 $1/e^2$ 的高斯分布。在大多数影像读取系统中，激光点直径大约为 100μm。

随着高精度电机带动影像板匀速运动，激光束由反光镜进行反射，对影像板进行精确而均匀地扫描。激光束偏转路径的方向称为快速扫描方向，影像板传送方向称为慢扫描方向。在快速扫描方向，激光从扫描线起点开始扫描，到达扫描线的终点时，激光束折回起点。影像板同步移动，使得激光束的下次扫描从另一行扫描线开始。快速扫描方向速度的调整，要根据激光激发后发光信号的衰减时间常数来确定（约为 0.8ms），这是一个限制读出时间的主要参数；慢扫描速度根据影像板的尺寸来选择，使快扫描和慢扫描方向上的有效采样尺寸相同。

2. PSL 信号的探测和转换　PSL 从影像板的各个方向发射出来，光学采集系统捕获部分发射的可见光，并将其引入一个或多个光电倍增管（photo multiplier tube，PMT）的光电阴极，光电阴极材料的探测敏感度与 PSL 的波长相匹配。从光电阴极发射出的光电子经过一系列 PMT 倍增电极的加速和放大，增益（也就是探测器的感度）的改变可通过调整倍增电极的电压来实现，因此可以获得满足要求的输出电流，进而获得满足要求的高质量图像。记录在影像板的 X 线信息分两步读出：①用一束低能量的激光粗略地预扫描已曝光影像板，对电流信号进行数字化，确定有用的曝光范围；②调整 PMT 的增益（增加或降低），用高能量激光扫描影像板，获得满足要求的电流信号。

3. 数字化　数字化是将模拟信号转换成离散数字值的一个两步过程，信号必须被采样和量化。采样确定了影像板上特定区域中 PSL 信号的位置和尺寸。在扫描线上，某一物理位置的编码时间与像素时钟相匹配确定 PSL 信号的位置。在快速扫描方向上，ADC 采样速率与快速扫描（线）速率间的比率决定着像素的长度；在慢扫描方向上，荧光板的传输速度与快速扫描像素尺寸相匹配以使得扫描线的宽度等同于像素的长度，也就是说，像素是“正方形”的。像素尺寸一般在 100～200μm 之间。量化则确定了在采样区域内信号幅度平均值的数字量，一般采用 12 位量化。数字量传输到图像读取系统中的计算机系统，组成数字图像矩阵。

4. 激光扫描和读出装置对图像质量的影响　影响CR图像质量的因素大体上分为两大部分，即空间分辨率和图像噪声。

(1) 空间分辨率：是指在高对比度条件下，鉴别其细微结构的能力。CR图像的空间分辨率与影像板的特性、激光束的直径和采样频率有关。激光束的直径越小，影像板光激励荧光物质层对激光散射越少，采样频率越高，空间分辨率就越高。CR图像的空间分辨率一般为2~3lp/mm。

(2) 图像噪声：CR系统中X线量子噪声是在X线被影像板吸收过程中产生的，与影像板检测到的X线剂量成反比。在光电倍增管把PSL信号转换为电信号的过程中会产生光量子噪声，它与光电子数成反比，即与入射X线剂量、影像板的吸收效率、影像板光激励发光量、导光器的聚光效率以及光电倍增管的光电转换效率成反比。X线量子噪声、光量子噪声、外来光的干扰、反射光的干扰、光学系统的噪声、机械传导的稳定程度都将影响到图像噪声水平。

此外，在A/D转换过程中，对模拟信号进行采样和量化时同样会产生伪影。例如，采样频率低会产生“马赛克”状伪影，量化级数不够会产生“等高线”状伪影。CR系统采样间隔为0.1~0.2mm，量化级数为12位。

(七) 擦除装置

影像板经激光扫描后，还有一部分残存影像，需要强光擦除。擦除装置由10个24V、100W的卤素灯和散热风扇组成，如图5-28所示。在影像板传送到暗盒过程中，卤素灯点亮，光强可根据暗盒射频芯片写入的擦除曝光量参数进行调整，影像板进入暗盒后，卤素灯熄灭。

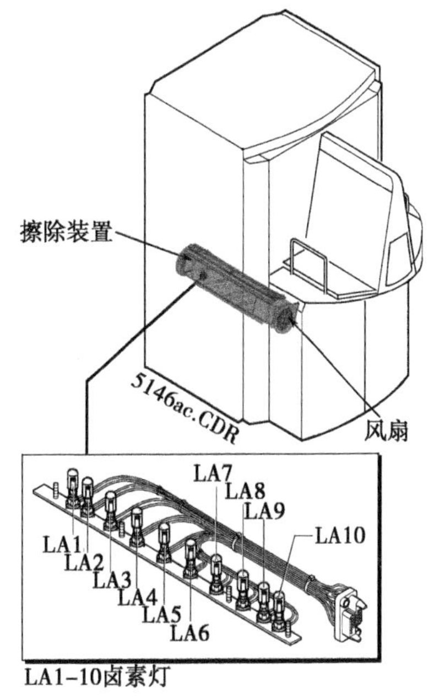

图5-28　影像板擦除装置

(八) 输出缓冲区

当缓冲区没有装满时，可以接收从暗盒开启/关闭装置送出的影像板暗盒。当缓冲区装满时，如果再有影像板暗盒将要从暗盒开启/关闭装置送出，则提示输出缓冲区已满，从缓冲区取走影像板暗盒后，暗盒开启/关闭装置中的影像板暗盒会自动输出到缓冲区。

四、图像处理装置

图像处理装置是一台高性能的微机，配有小型计算机系统接口(small computer system interface，SCSI)硬盘、特殊的显卡和诊断级的监视器，完成的主要工作是原始图像的后处理和图像的存储与传输。

常规X线胶片的图像特性是由照相条件、增感屏及胶片特性决定，不能加以改变。CR系统由于采用高精度激光扫描，获得了高质量的数字信号，因此可以利用计算机图像处理技术，在很大范围内改善图像质量，最终获得令人满意的图像。计算机图像处理分为三个环节。第一个环节是与图像读取系统有关的处理，涉及图像读取系统输入信号与输出信号之间的关系。利用适当的图像读取技术，可以保证整个系统在很宽的动态范围内自动获得最佳密度和对比度的原始图像。第二个环节是与显示功能有关的处理，涉及图像处理计算机(也称为图像工作站)，主要通过各种图像处理技术

（如频率处理技术、灰阶处理技术等）对原始图像进行处理，为医生提供可满足不同诊断目的、具有较高诊断价值的图像，常称为图像后处理。第三个环节是与图像存储有关的处理，同样涉及图像处理计算机，要求在保证图像质量的前提下压缩图像数据，以节省存储空间和高效率的传输图像。完整的处理过程可以用四象限图像处理加以讲解，四象限图像处理如图 5-29 所示。

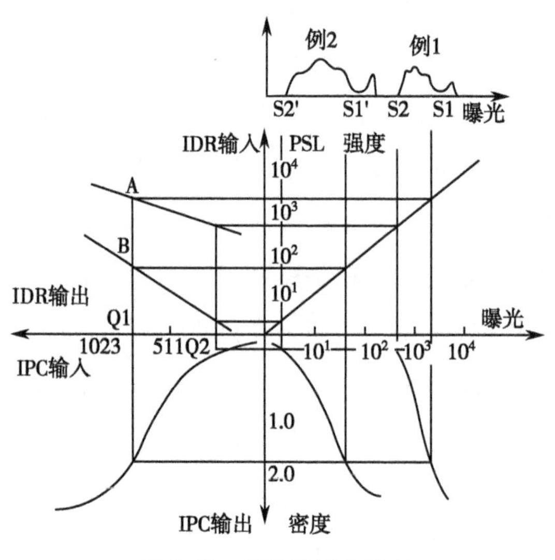

图 5-29　四象限图像处理

（一）第一象限

第一象限描述了入射的 X 线剂量与影像板的光激励发光强度的关系。它是影像板的一个固有特征，即光激励发光强度与入射的 X 线剂量在很大的动态范围内成线性比例关系，两者之间超过 $1:10^4$的范围。此线性关系使 CR 系统具有很高的敏感性和很宽的动态范围。

（二）第二象限

第二象限描述了在读出灵敏度自动设定的读取条件下，图像读取系统的光激励发光强度与所获得的数字输出信号之间的关系。

为了实现图像密度的稳定，即克服 X 线成像期间由于曝光不足或曝光过度产生的图像密度不稳的问题，CR 系统设计了图像读出灵敏度自动设定功能。图 5-29 中，例 1 采用较大剂量曝光，而且吸收差别较大。例 2 采用较小剂量曝光，而且吸收差别较小。这就造成了在第一象限内，例 1 中影像板接收 X 线剂量范围大，数值高。因此，PSL 强度变化范围大，数值高；例 2 的情况与例 1 相反。按常规例 1 在胶片成像的黑化度比例 2 的黑化度高。图像读出灵敏度自动设定功能将在第二象限内根据图像读取系统输入信号的有效范围，自动设定光电转换的灵敏度和电信号的放大增益，例 1 采用 A 工作曲线，例 2 采用 B 工作曲线，使两种情况下激光扫描和读取装置输出的数字信号相同。也就是说，当曝光过度时，读出灵敏度会自动降低；反之，读出灵敏度会自动升高，保持图像密度稳定。

为了实现图像读出灵敏度自动设定功能，在图像读取系统的计算机内配有自动预读程序，也称为曝光数据识别程序。在患者的摄影信息（部位、投照方法等）输入到计算机后，先用一束微弱的激光粗略地对影像板快速扫描一次，得到一组采样数据。自动预读程序对采样数据进行处理，处理流程如图 5-30 所示。

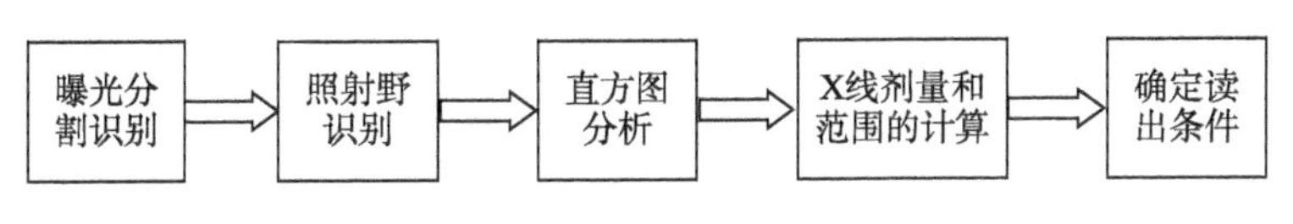

图 5-30　自动预读程序流程

1. 曝光分割模式识别　影像板在 X 线摄影中，经常以采集单幅图像的形式来使用，但根据摄影的需要，有时也会有被分割成几幅的现象。被分割进行摄影的各个部分都有各自的图像采集菜单，如果对分割图像未加曝光分割模式识别，那么综合的直方图不可能具有适合的形状，有效图像的最大剂量和最小剂量也不可能被准确地获取，从而也不能得到理想的读取条件。因此，直方图分析必须根据各个分割区域的曝光情况独立进行，以获得图像的最佳密度和对比度。CR 系统中曝光分割模式有 4 种类型，即无分割、垂直分割、水平分割和四分割，如图 5-31 所示。

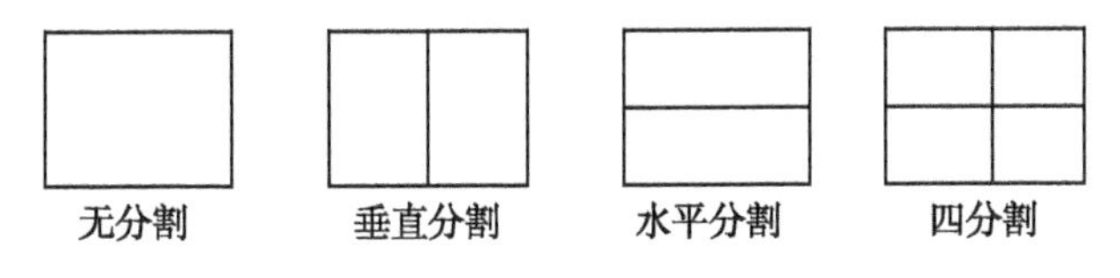

图 5-31　分割模式示意图

2. 照射野识别　在整个影像板和影像板的分割区域内进行图像采集时，照射野之外的散射线将会改变直方图的形状，那么有效图像的最大剂量和最小剂量（图 5-29 中的 S1 和 S2）将不能被准确地探测，为此需要确定有效的照射野。X 线照射野识别处理的基本原理是：从被照体体内某一点起，向外侧顺序进行积分处理，把积分值最大的点作为照射野的边缘。识别处理可分 3 个步骤，如图 5-32 所示。

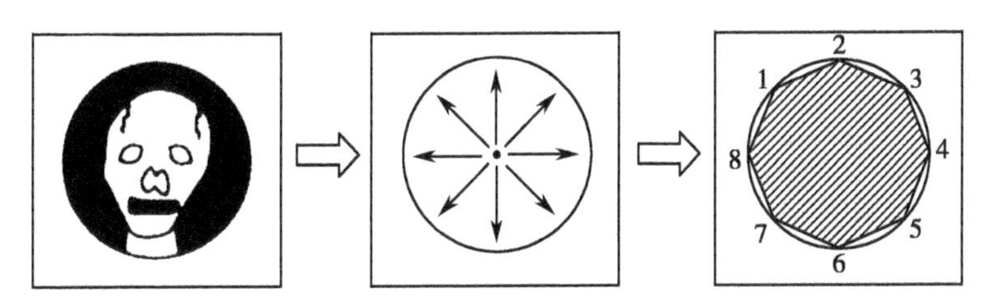

图 5-32　照射野识别

（1）测定探测的起始点：X 线照射野与非照射野相比，其密度差别通常非常大，CR 系统利用这一特点作图像密度的积分运算，求出积分图像的中心，以此点作为照射野探测的起始点。

（2）测定照射野边缘的候补点：从起始点开始向各个方向探测，一旦超越照射野，局部像素的密度急剧减少，该处就是边缘，位于边缘上的点即为照射野的边缘候补点。

（3）照射野形状的修正：上述选定的边缘候补点大部分可以正确代表照射野的边缘，但小部分可能是由密度差别大的组织交界（如骨和肺组织）所形成的候补点。为此，需要依次用直线连接探测起始点和候补点，然后测定其距离，要删除与大多数距离有显著差别的点，使最终获得的照射野形状呈对称的凸多角形。

3. 直方图的分析和计算　利用照射野内的图像数据，首先产生一个直方图，直方图的 X 轴为像素值，Y 轴为像素的个数。根据摄影部位不同和摄影所采用的技术参数不同，分别有特定的直方图形状与之对应。用此直方图与实际测量得到的直方图进行比较，即可测得有用图像信号的最大剂量S1和最小剂量S2。图像读出灵敏度依照S1和S2自动设定。

（三）第三象限

第三象限描述的是图像处理计算机输入和输出的关系曲线。在第三象限完成原始图像的后处理，主要包括动态范围处理、灰度处理和空间频率处理。没有做后处理的原始图像没有任何诊断价值。

1. 动态范围处理　动态范围处理是在空间频率处理之前进行，可分为以低密度区域为中心压缩和以高密度区域为中心压缩，前者是使原始图像低密度区域的像素值升高，后者使高密度区域的像素值变小，两者都使图像的动态范围变窄。

2. 灰度处理　图像处理计算机的输出信号I_0是输入信号I_1的函数，则$f(I_1)$就是灰阶变换函数，一般为非线性函数。在灰阶处理中，灰阶变换函数的选择是个关键，CR系统预备了多种灰阶变换函数供图像后处理程序使用。灰阶变换主要有三种应用：

（1）亮度调整：亮度调整包括增亮或者减暗图像，亮度增加的灰阶变换函数如图5-33所示；亮度减小的灰阶变换函数如图5-34所示。

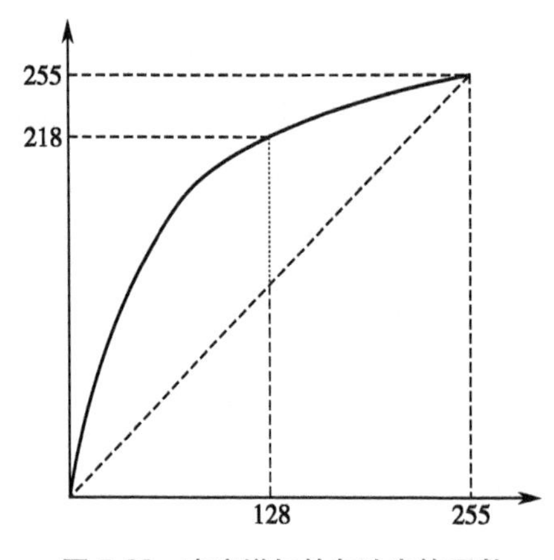

图5-33　亮度增加的灰阶变换函数

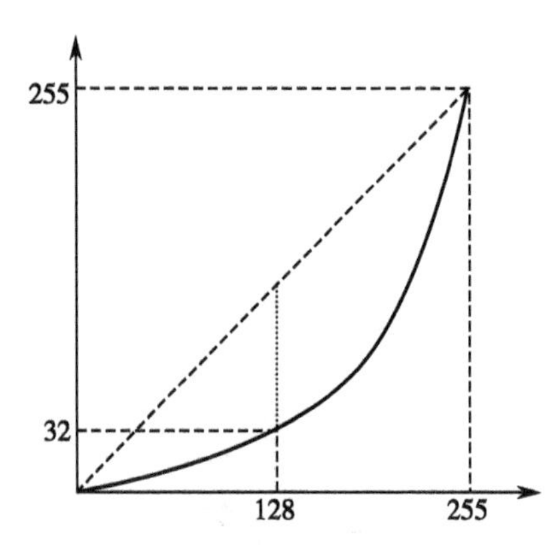

图5-34　亮度减小的灰阶变换函数

（2）整体对比度改变：提高图像整体对比度，灰阶变换函数如图5-35所示；降低图像整体对比度，灰阶变换函数如图5-36所示。

（3）局部对比度改变：既可以提高图像局部对比度，灰阶变换函数如图5-37所示；也可以降低图像局部对比度，灰阶变换函数如图5-38所示。

3. 空间频率处理　空间频率处理是指通过频率响应的调节来影响图像的锐利度。任何图像通过傅里叶变换在空间频域上都是由不同频率的信号组成，图像噪声部分在图像的傅里叶频谱中占据的是高频段；图像的边缘在傅里叶频谱中占据的也是高频段；图像的主体和图像中灰度变化较缓的区域在傅里叶频谱中占据的是低频段。空间频率处理分为蒙板滤波法和多频域均衡处理。

（1）蒙板滤波法：通过低通滤波器将图像在傅里叶频谱中的低频段数据保留，高频段数据除去，用原有的频谱数据减去低频段数据得到高频段数据，如图5-39所示。既可以对高频段数据放大来使边缘得到增强，也可以对低频段数据缩小而使边缘得到增强，如图5-40所示。低通滤波器的截止频率和放大或缩小倍数共同决定了边缘增强的效果。

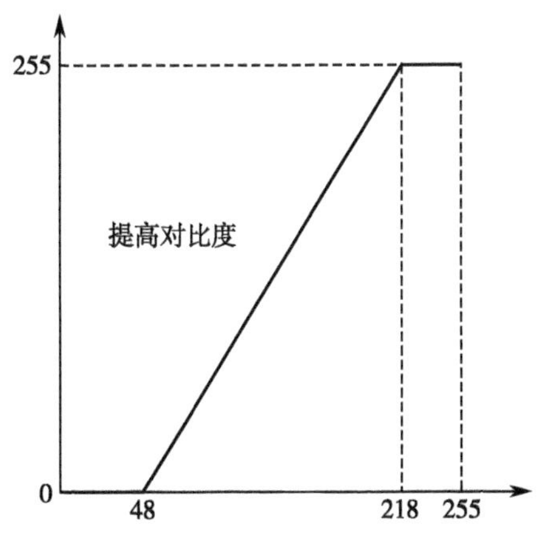

图 5-35　提高整体对比度的灰阶变换函数

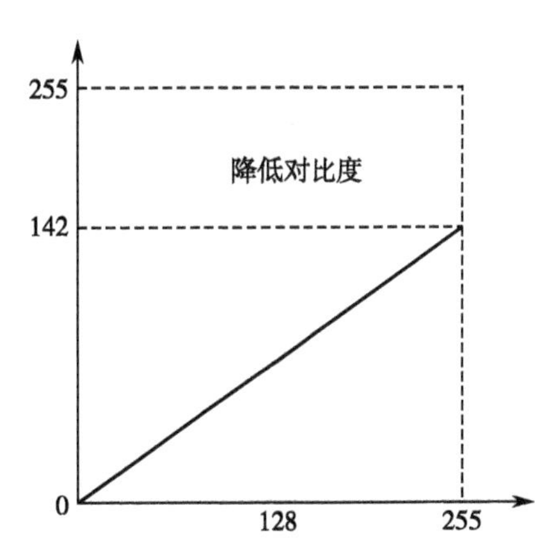

图 5-36　降低整体对比度的灰阶变换函数

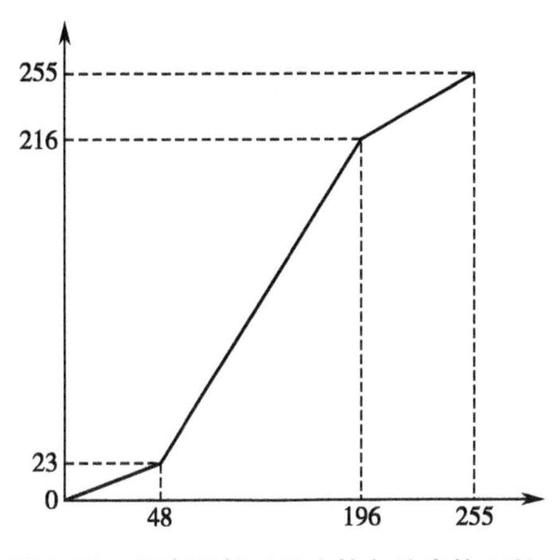

图 5-37　提高局部对比度的灰阶变换函数

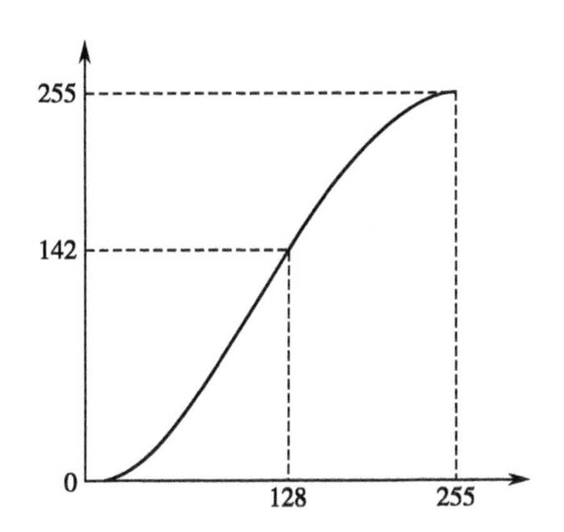

图 5-38　降低局部对比度的灰阶变换函数

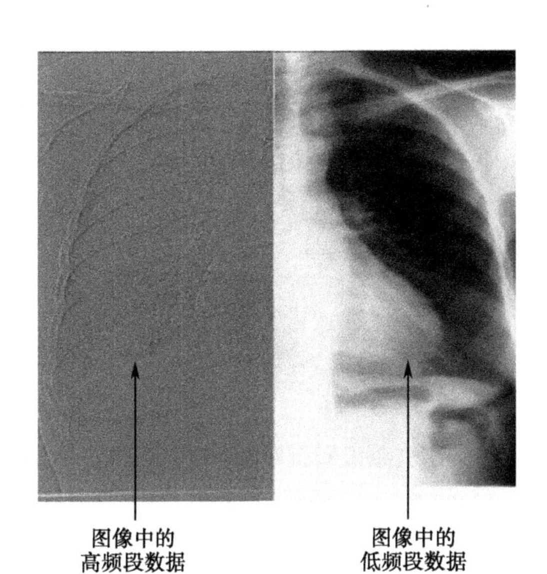

图 5-39　低通滤波器将图像分为两部分

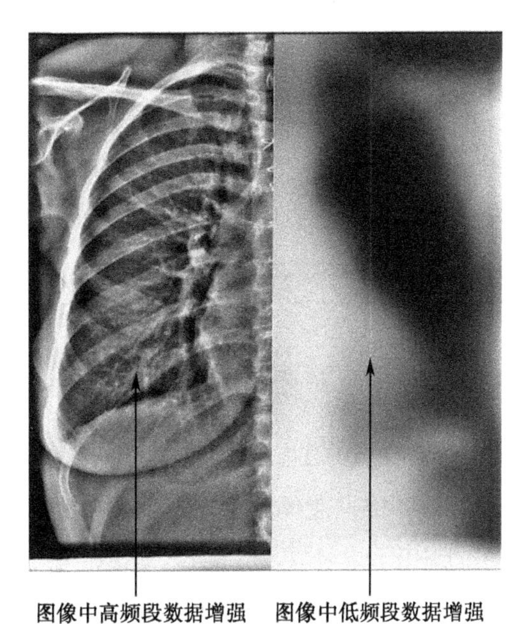

图 5-40　对图像高频段和低频段部分的处理

（2）多频域均衡处理：通过多组不同截止频率的低通滤波器将图像的傅里叶频谱数据划分出多组不同频段的数据，对不同频段的每组数据进行非线性增强，增强后的数据组合在一起，通过傅里叶反变换得到理想的图像，如图5-41所示。

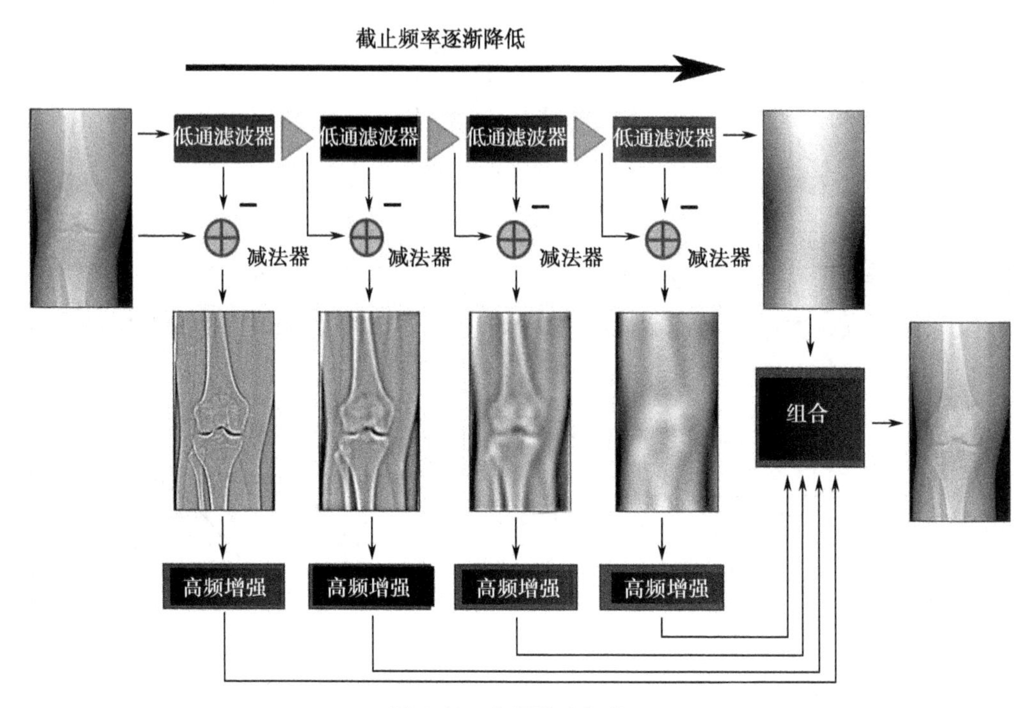

图5-41　多频域均衡处理

（四）第四象限

第四象限描述的是显示输出图像的特征曲线。横坐标代表了入射的X线剂量，纵坐标（向下）代表胶片的密度，这种曲线类似于X线胶片特性曲线，其特征曲线是自动实施补偿的，以使图像的密度相对于曝光曲线是线性的。输入到第四象限的图像信号被重新转换为光学信号以获得特征性的X线胶片。

边学边练

动手打开图像处理系统，指出各部件的作用和结构，了解影像板在系统内的工作流程。请详见“实训十四　计算机X线摄影系统的操作与维护”。

五、使用注意事项与日常维护

（一）影像板的注意事项与常规维护

1. 避免损伤　影像板可以反复使用，即使极微小的损伤也会积累而形成明显伪影。在装卸影像板操作中应轻拿轻放，避免磕碰、划伤和污染。定期对影像板进行保养，及时清除板上的污渍，可采用脱脂棉蘸肥皂液从板中心环形方向依次面边缘擦拭，注意切勿划伤影像板。

2. 注意屏蔽　影像板上的荧光物质对放射线的敏感度高于X线胶片，所以在进行摄影前后和未读取前都要做好屏蔽。避光不良或漏光时，形成的图像会发白，呈现曝光不足的现象。

3. 消除潜影　影像板对X线和其他形式的电磁波很敏感,都会形成潜影。因此,影像板长时间不用,再次使用前要重新擦除一遍,以消除可能存在的任何潜影。

4. 及时读取　摄影后的影像板在读取前的存储期间,潜影信息会产生消退,虽然消退速度很慢,但如曝光不足或存储时间过长,受消退和天然辐射的影响,会导致图像的噪声加大。因此,在摄影后的8小时内要及时读取影像板潜影信息。

5. 更换破损老化影像板　影像板由于长期接收X线照射、强光照射和在读取装置中的运动,会导致影像板自然老化破损,使用寿命一般在一万次左右,故需定期检查影像板,发现有破损老化要及时更换,以避免产生伪影。

6. 定期清理　定期清洁读取装置进风口过滤网灰尘,影像板传输通道灰尘;定期更换机械手负压泵和负压杯;定期清洁擦除灯表面灰尘,及时更换灯泡。

(二)图像读取系统的日常维护

为了减少图像读取系统故障的产生,一定要定期用乙醇擦洗吸盘和滚轴,这样还可以减少影像板附着尘土的机会。如果图像在慢扫描方向上出现一条亮线,证明激光光路里有灰尘,需要用激光器下面的钢丝刷清洗光路。擦除装置的卤素灯要定期更换,如果光照强度不够,影像板上会残留下患者的潜影,影响下一个患者的图像质量。

点滴积累

1. CR系统主要由信息采集系统、图像读取系统、图像处理计算机及图像显示记录系统组成。完成X线影像采集、读取、处理和存储显示,并能对图像后处理,更好地满足临床诊断治疗的需求。
2. 暗盒式CR以暗盒作为载体装在影像板,系统所用X线机可以与传统X线机兼容,不需更换新X线机,造价低,又能实现影像数字化。
3. 影像板能反复使用,保存的是含有X线信息的潜影,不具备影像显示功能。
4. 空间分辨率是指在高对比度条件下,鉴别其细微结构的能力,普通影像板的分辨率一般为2~3lp/mm。

第四节　数字X线摄影接收装置

数字X线摄影接收装置包括数字化探测器和数据采集控制与图像处理两个部分。数字化探测器是数字X线摄影系统里的核心部分,目前临床使用的设备中,使用的探测器类型不同,其工作原理也不一样。数据采集控制与图像处理部分,主要是由计算机完成。

在数字X线摄影系统中,根据X线束和探测器的形状,将其分为三大类。如图5-42所示。第一种:X线束的形状为锥形,探测器为二维探测器,探测器按能量转换方式分,既可以是直接转换探测器,也可以是间接转换探测器,最常用的晶体加CCD的探测器、晶体加非晶硅的平板探测器均为间接转换探测器,而非晶硒平板探测器为直接转换探测器。第二种:X线束的形状为扇形,探测器为一维探测器,探测器按能量转换方式分,既可以是直接转换探测器,也可以是间接转换探测器，直接转换探测器是指探测器将 X 线直接转换为电信号，间接转换探测器是指探测器首先将 X 线转换为可见光，可见光再由不同转换器转换为电信号；第三种：X 线束的形状为点形，探测器为点形探测器。

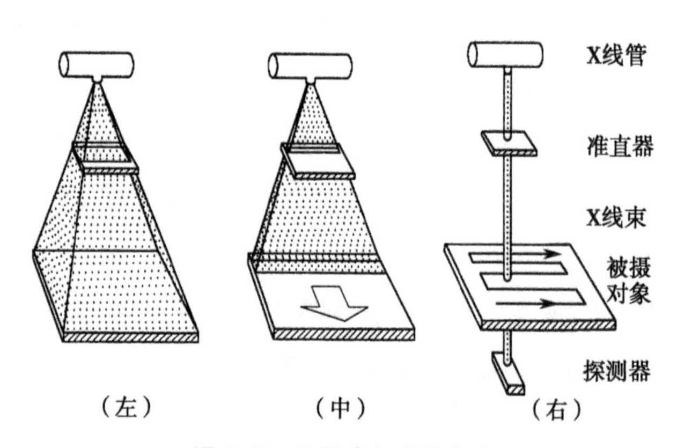

图 5-42　X 线束与成像方式
左图：锥形线束及二维探测器；中图：扇形线束及一维探测器；右图：点形术及点形探测器

一、数字探测器

（一）点扫描法

点扫描法用很细的 X 线束逐点对人体进行扫描，在任意时刻人体只有一个很小的点接受 X 线照射。透过人体的 X 线被具有很高量子检出效率的闪烁晶体转换成可见光，可见光被光电倍增管转换成电信号，光电倍增管输出与入射 X 线剂量成正比的电脉冲。用机械移动实现 X 线束的扫描，在每个位置，患者保持不动，球管和探测器同步跨过患者；在逐点扫描一行后，球管在垂直方向移动一小步，再重复行扫描过程。不同时刻透过患者的 X 线经探测器转换并输出电脉冲序列，它反映了扫描路径上人体组织对 X 线的衰减信息。电脉冲序列经模/数转换后，按顺序一行一行地存储起来，组成一幅二维图像。

（二）线扫描法

X 线束经窄缝准直器形成很薄的扇形束，在任一瞬间只照射人体的某一薄层，X 线通过人体到达探测器后，转换成具有某一层信息的一组电信号，该组信号经模/数转换后，变为数字 X 线图像中的“行”。同时，使 X 线束和探测器相对于患者做平移运动，探测器采集到不同“行”的电信号，经模/数转换后按顺序存储起来，构成二维数字图像。线扫描比点扫描系统的速度快，对 X 线源的利用也充分。线扫描的探测器有 2 种：条状 CCD 和多丝正比室。

1. 条状 CCD 扫描　条状 CCD 扫描 X 线机利用间接转化探测器。探测器由将 X 线光子转换为可见光的闪烁晶体、光导纤维和条状 CCD 构成，利用线扫描方式完成数据收集。

2. 多丝正比室扫描　多丝正比室扫描利用直接转换探测器。设备主要由 X 线管、高压电源、水平窄缝、多丝正比室、机械扫描系统、数据采集、计算机控制及处理系统组成，如图 5-43 所示。机型为立式，整机只用一个底座和一根立柱，一个水平支架上同时装有球管、窄缝准直器和多丝正比室，通过微调机构使 X 线束和多丝正比室严格保持在同一水平面内。

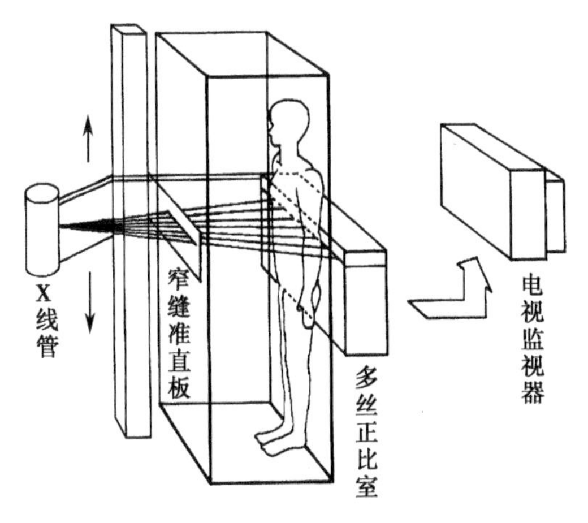

图 5-43　多丝正比室扫描 X 线机

多丝正比室是一种气体探测器,可看成由许多独立的正比计数管组合而成。其基本结构是在2 块平行的大面积金属板之间平行并列许多金属丝,这些金属丝彼此绝缘,各施加一定的正电压(1kV 左右)形成许多阳极,金属板接地形成公共的阴极。正比室内充以惰性气体(如氩气),室壁装有薄金属(如铝)窗。当外部辐射经金属窗射入正比室后,在气体介质中产生电离。电离电子在金属丝与金属板之间的电场作用下加速向金属丝移动,并与气体分子碰撞,当两次碰撞间电子从电场获得的能量大于电离能量时,会引起进一步电离。在每根金属丝附近,电子越接近金属丝,电场越强,因而导致电荷雪崩式增加,结果在金属丝上收集的电荷比原始电离电荷增加 A 倍,所产生的电压为

$$U=-ANe/C \tag{5-4}$$

式中,N 为初始电离对数,A 为正比室放大倍数,数值在 $10^2 \sim 10^4$之间,C 为金属丝对地电容,e 为电子电荷。

由于多丝正比室对电离电荷有放大作用,故具有比较高的灵敏度。另外,每根金属丝上收集的电荷正比于其附近的初始电离电荷,也就是正比于该处的入射 X 线剂量。

多丝正比室扫描 X 线机工作时,X 线管发出的锥形 X 线束经过水平窄缝准直器形成平面扇形 X 线束。此线束穿过人体到达水平放置的多丝正比室,多丝正比室的每根金属丝接收电信号,并且都与一路放大器和模/数转换器相连(称为 1 个通道),将电压信号数字化后输入到计算机,得到图像的一行数据,在扫描机构的帮助下,X 线管、水平窄缝、多丝正比室平行自上而下垂直匀速移动,逐行扫描,一行行的数据经过计算机处理、重建后就得到一幅平面数字图像。系统的分辨率与窄缝的高度和金属丝的间隔有关,窄缝的高度影响垂直分辨率,金属丝的间隔影响水平分辨率。目前,对多丝正比室探测器的制作工艺进行了改进,改进后的探测器采用微带加工工艺,在绝缘板上蒸发出阳极收集极,解决了金属丝的排列间距问题,达到了 1024 通道,系统空间分辨率已达到 1.6lp/mm;采用该工艺,阳极通道间距最小可做到 35μm,目前已推出了 2048 通道的探测器,系统空间分辨率可达到 2.5~3.2lp/mm。

系统的主要技术参数如下:

(1) 图像面积:目前可以达到 40cm×40cm。

（2）像素矩阵：目前可以达到 1024×1024，最高达到 2048×2048。

（3）像素大小：目前普遍达到 400μm。

（4）模/数转化位数：普遍采用 14 位 A/D 转换。

（5）成像时间：行采集时间约需要 10 毫秒，图像采集时间约为 6 秒，现在可以达到 1 秒完成胸部拍片。

多丝正比室扫描 X 线机由于采用窄缝扫描，X 线效率高，因此所需 X 线机功率小，降低了 X 线机的造价。多丝正比室相对于其他探测器来说，成本非常低。同时，由于图像质量明显改进，扫描时间大大缩短，可以做胸腹部的检查，因此成为小型医院数字 X 线系统的首选机型。

（三）锥形 X 线束成像

X 线束为锥形，探测器为二维结构，不再需要机械扫描，因此成像时间短，可以大大减少运动伪影。探测器目前主要分成 3 种：CCD 探测器、间接数字化平板探测器、直接数字化平板探测器。

1. CCD 探测器　由闪烁晶体、光学装置和 CCD 三部分组成，属于间接转换探测器。X 线首先通过闪烁晶体构成的可见光转换屏，将 X 线图像转换为可见光图像，而后通过透镜或光导纤维将可见光图像送至 CCD，由 CCD 转换为电信号，电信号再经过放大和模/数转换最终形成数字图像，如图 5-44 所示。

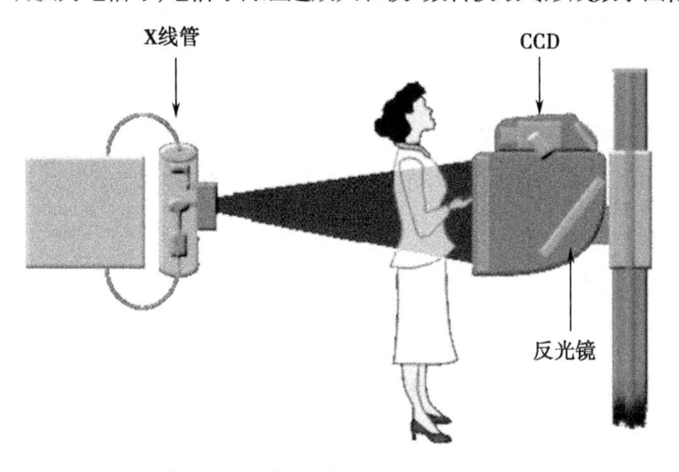

图 5-44　CCD 型数字 X 线摄影系统

闪烁晶体一般为碘化铯（CsI）晶体或硫氧化钆（Gd_2O_2S）晶体，尺寸为 43cm×43cm。CCD 的外形很小，单片一般为 2～3cm^2，为此需要光学装置将闪烁晶体形成的 43cm×43cm 的可见光图像缩小到 CCD 可接受的图像尺寸，如图 5-45 所示。

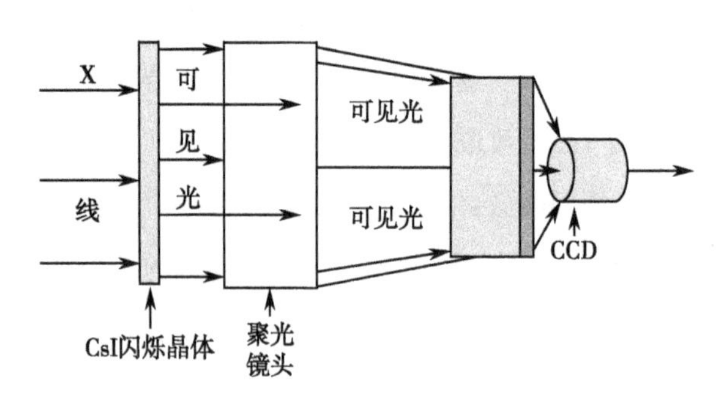

图 5-45　单片 CCD 探测器成像示意图

光学装置可以采用透镜或光纤渐变器，不管使用的是哪一种方式，缩小的效率都非常低，到达CCD的可见光子数量比闪烁晶体发出的光子数量少几个数量级，造成图像噪声增大；透镜和光纤渐变器一般都会产生几何变形，引发图像的结构畸变和人为假象；透镜和光纤渐变器会产生光线散射，降低空间分辨率。由于CCD尺寸比较小，有的厂家采用4片CCD分别采集4组光学系统传送的光学图像，如图5-46所示。每个CCD各获得四分之一的图像，通过计算机拼接技术获得一整幅图像，如图5-47所示。CCD产热非常高，需要用专门的制冷设备给CCD降温。

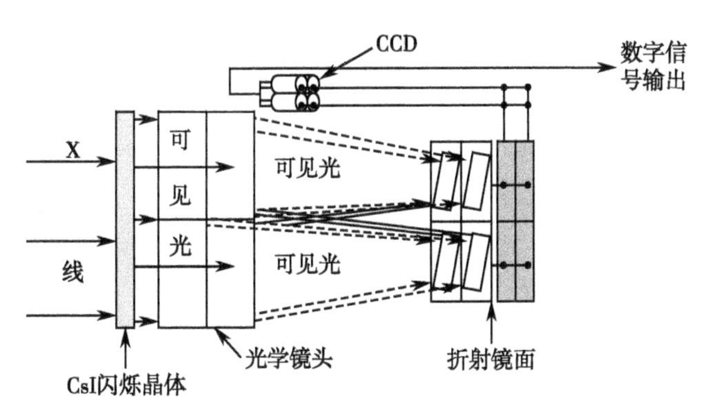

图5-46　四片CCD探测器成像示意图

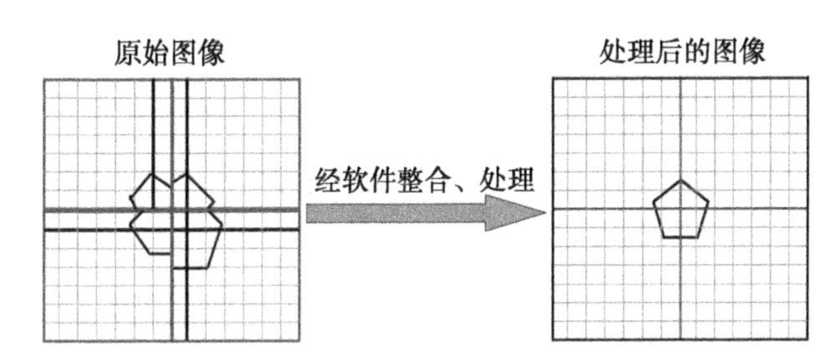

图5-47　四片CCD图像拼接示意图

CCD探测器和平板探测器相比有如下缺点：

（1）转换效率低。

（2）生产工艺难：CCD面积难以做大，需多片才能获得足够的尺寸，这便带来了拼接的问题，导致系统复杂度升高，可靠性降低，且接缝两面有图像偏差。

（3）几何失真。

虽然CCD探测器的数字X线摄影系统有以上所述的缺点，但其价格相比平板数字X线摄影系统的价格具有很大优势，是中型医院采购数字X线摄影系统很好的选择机型。

2. 间接数字化平板探测器　间接数字化平板探测器的结构为3层结构，主要是由闪烁晶体层、光电二极管矩阵层（具有光电二极管作用的非晶硅层制成）和薄膜晶体管（thin film transistor，TFT）阵列构成，如图5-48所示。间接数字化平板探测器亦分3步完成工作：①X线经过闪烁晶体产生可见光；②可见光经光电二极管矩阵层转换成电信号，并且在薄膜晶体管阵列的极间电容上形成储存电荷，每个光电二极管就是一个像素，每个像素形成的储存电荷量与入射X线剂量成正比；③薄膜晶体管阵列中起开关作用的场效应管，在读出控制信号的作用下，开关导通，把像素存储的电荷按顺序逐一传到外电路，经读出放大器放大后，经模/数转换形成数字信号。由于放大器和模/数转换器都置于探测器暗盒内，从外部看探测器暗盒接收 X 线图像而直接输出数字化图像信息，这种称为“直接读出”（不是直接转换），是所有数字化平板探测器的一个重要特性。

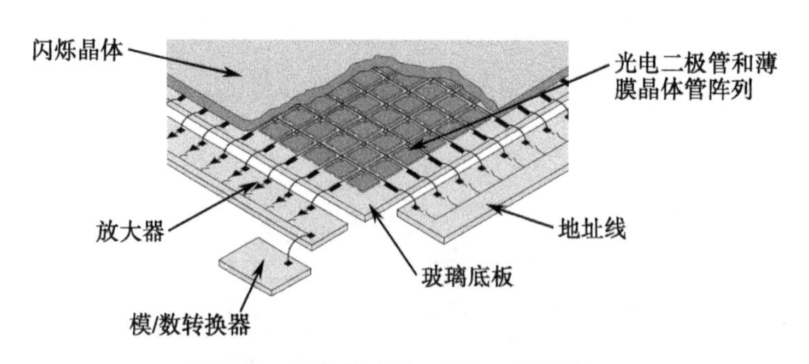

图 5-48　间接数字化平板探测器结构图

间接数字化平板探测器的闪烁晶体层有 3 种：硫氧化钆晶体、无特定结构的掺铊碘化铯晶体、针状结构的掺铊碘化铯晶体。

（1）硫氧化钆晶体平板探测器：由于硫氧化钆晶体将 X 线转换为可见光的效率低，造成整个探测器的量子检出效率（detective quantum efficiency，DQE）只能达到 31%。其像素的最小尺寸虽然可以达到 160μm×160μm，但是像素的灰阶为 12 位，属于中档平板探测器。但是，由于其性价比较高，尤其是可以在室温下工作，既不需要加热，也不需要制冷，适合移动使用，可以用作床边 DR 探测器，也可以在固定 X 线机中用同一探测器完成立位摄影（图 5-49）和床上摄影（图 5-50）。

（2）无特定结构的掺铊碘化铯晶体平板探测器：掺铊碘化铯晶体既可以是有结构的，也可以是无特定结构的。在无特定结构的掺铊碘化铯晶体中，散射导致光在等于或大于闪烁器厚度的距离内横向传播，这就意味着一束 X 线产生的可见光可以传播到很多毗邻的像素上，从而降低了空间分辨率，但这种掺铊碘化铯晶体可以做成 43cm×43cm 整板。

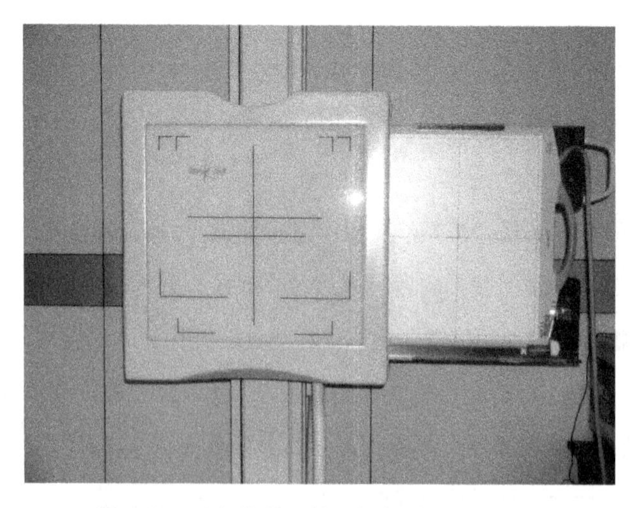

图 5-49　硫氧化钆晶体平板探测器立位摄影

（3）针状结构的掺铊碘化铯晶体平板探测器：由在检测器上生长或连接到检测器上的针状掺铊碘化铯晶体组成。由分散和平行的大约5～10μm宽、600μm长的“针”组成的这种晶状结构，其作用类似于一束“光管”，这些“光管”有助于将光引导到光电二极管层，如图5-51所示。在针状结构的掺铊碘化铯晶体中，光的散射现象会有所减少，但绝不会消除。

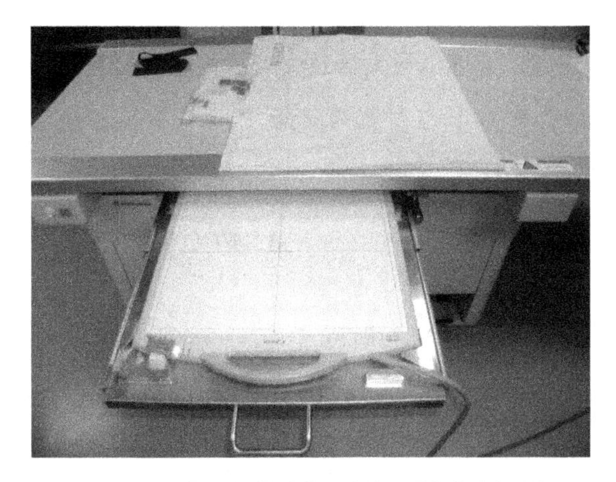

图5-50　硫氧化钆晶体平板探测器床上摄影

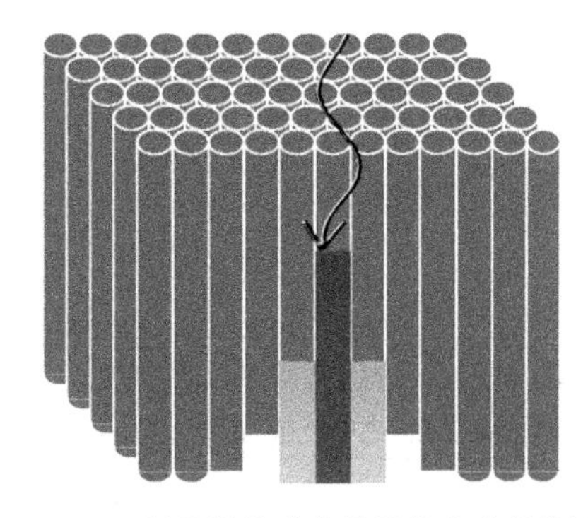

图5-51　针状掺铊碘化铯晶体内光的传播

此种结构由于工艺复杂难以生成大面积平板，所以采用4块小板拼接成43cm×43cm大块平板，拼接处图像由软件弥补。

掺铊碘化铯晶体将X线转换为可见光的效率高，造成整个平板探测器的量子检出效率高达65%以上，像素的灰阶为14位。无特定结构的掺铊碘化铯晶体平板探测器由于光的散射效应，其像素的最小尺寸可以达到200μm×200μm，属于中低档平板探测器。针状结构的掺铊碘化铯晶体平板探测器由于消除了一部分光的散射效应，其像素的最小尺寸可以达到143μm×143μm，属于高档平板探测器，在各个数字X线摄影系统生产厂商中得到广泛应用。但是，两种掺铊碘化铯晶体的平板探测器工作温度为33～50℃，需要专门的加热装置，必须固定安装在床下或胸片架内。为了解决一块平板探测器同时可以用于床上和胸片架摄影，需要特殊的机械结构。

3. 直接数字化平板探测器　直接数字化平板探测器主要由集电矩阵、非晶硒层、电介层、顶层电极和保护层等构成，如图5-52所示。集电矩阵由按阵列方式排列的薄膜晶体管组成，非晶硒层涂覆在集电矩阵上，它对X线敏感，并有很高的解像能力。

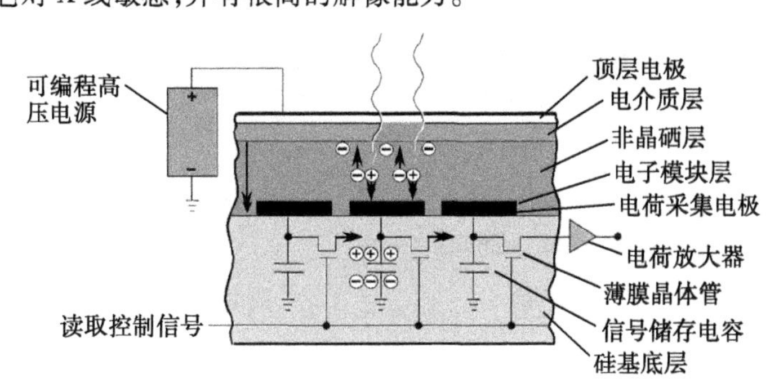

图5-52　直接数字化平板探测器结构示意图

采集过程分为 3 步(图 5-53):①曝光准备:在曝光之前,通过非晶硒顶层上的一个偏压电极,对无定形硒层施加一个电场;②曝光开始:曝光产生 X 线,入射 X 线光子在硒层中产生电子-空穴对,在外加高压电场的作用下朝相反方向移动形成电流,导致薄膜晶体管的极间电容储存电荷,电荷量与入射 X 线剂量成正比;③信号读出:曝光结束,每个薄膜晶体管为一个采集图像的最小单元(像素),每个像素区域内还形成一个场效应管,起到开关作用。在读出控制信号作用下,开关导通,把像素存储的电荷按顺序逐一传送到外电路,经读出放大器放大后被同步地转换成数字信号。信号读出后,扫描电路自动清除硒层中的潜影和电容存储的电荷,以保证探测器能反复使用。

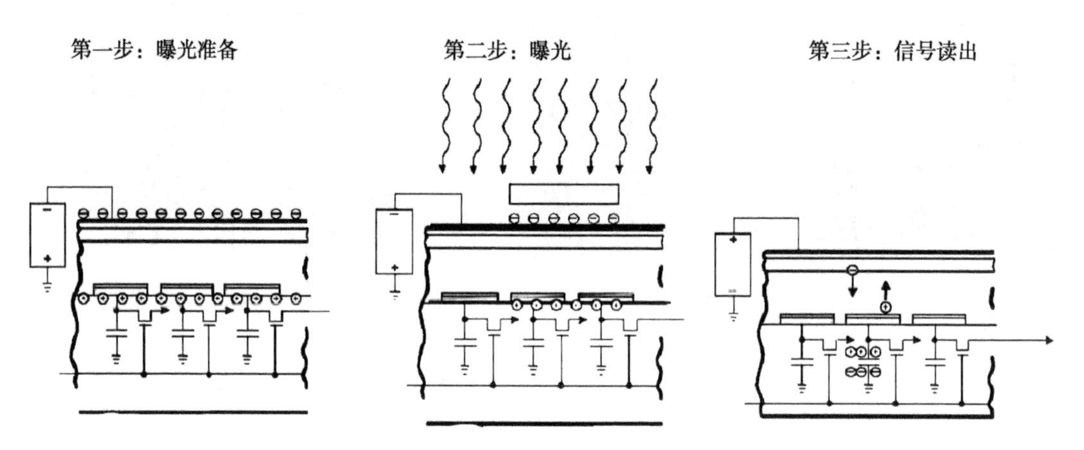

图 5-53　直接数字化平板探测器采集步骤

非晶硒层制造有很多技术难点,主要集中在涂层的厚度和平整度。用更厚的非晶硒层,可获得更高的 X 线灵敏度,而且不易变形和破损。但是,非晶硒层的厚度应控制在 1mm 以下,主要原因是:当 X 线照射到非晶硒涂层时,不断在表面激发出电子,涂层的厚度决定了电极吸引电子运动的距离,如果距离太远,电子可能无法到达电极,如图 5-54 所示。涂层的平整度会影响空间分辨率和时间分辨率,如图 5-55 所示。

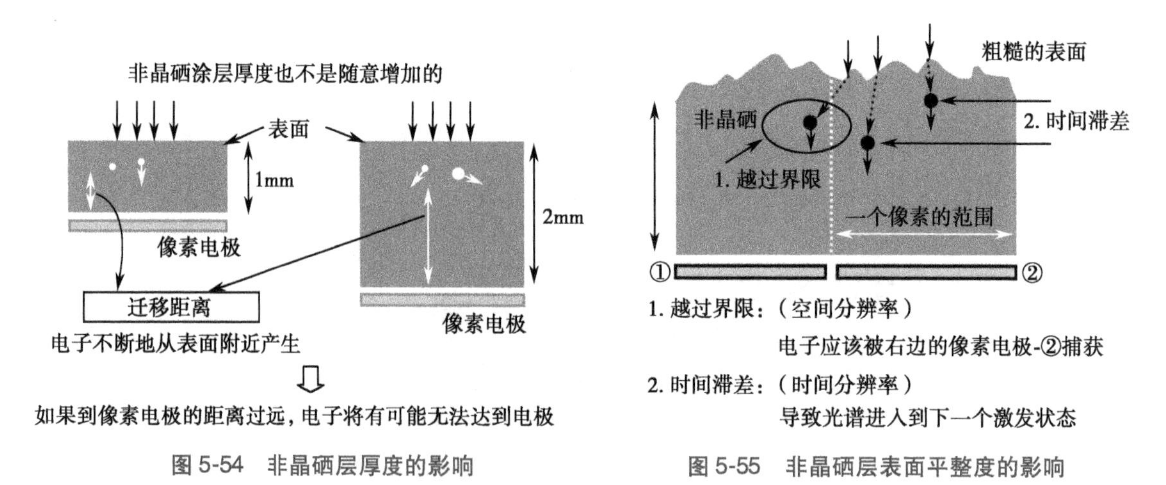

图 5-54　非晶硒层厚度的影响　　　图 5-55　非晶硒层表面平整度的影响

直接转换平板探测器由于非晶硒层将 X 线转换为电信号的效率低,造成整个平板探测器的量子检出效率只能达到 32%,其像素的最小尺寸虽然可以达到 139μm×139μm,但像素的灰阶为 12 位,属于中档平板探测器。由于直接转换平板探测器必须在21~25℃下保存和工作，需要专门的制冷装置，在普通摄影设备中应用逐渐减少，主要应用在动态成像设备中。

二、数据采集控制与图像处理

数据采集控制与图像处理计算机一般为普通微机或工作站，软件由系统软件和应用软件组成，操作系统采用Windows操作系统或Unix操作系统。

1. 图像采集控制程序　计算机通过光纤数据接口板的控制接口，控制平板探测器的数据采集和传输时序。计算机通过光纤数据接口板的光纤接口读取平板探测器的图像数据。当按下曝光键后，并没有立刻产生X线，此时计算机读取平板探测器的背景数据，并暂时保存，经过很短的时间延迟后，X线产生，平板探测器进行数据采集，采集完成后，计算机读取平板探测器内的原始数据，并暂时保存。

2. 检查范围处理程序　计算机对患者图像的原始数据快速处理，分析出照射野范围，计算出照射野内像素的直方图分布，进而显示出一幅预处理前图像。操作人员可以利用此图像观察图像有无运动伪影和是否包全所有投照部位，但是不能利用此图像进行临床诊断。如果操作人员对计算机自动处理的图像不满意，可以在预处理前图像上重新确定照射野范围，一旦确定预处理前图像满足要求后，患者图像的原始数据进入到预处理程序。

3. 预处理程序　对患者图像的原始数据进行三步操作：①通过原始数据和背景数据的减法运算，消除各个像素通道产生的零输入误差伪影（也称为暗度校正）；②利用探测器校准程序中保存的放大倍数的校准数据，对各个像素通道的放大倍数进行校正，消除放大倍数不同所产生的伪影；③根据探测器校准程序中保存的坏点像素分布图，取消坏点像素的采样值，并且用周围像素采样值的平均值取代。3步操作完成后，将预处理后图像存入患者图像数据库，同时预处理后图像进入后处理程序。

4. 后处理程序　后处理程序会根据预设的后处理条件自动对预处理后图像进行密度处理、对比度处理、细节显示能力处理和噪声压缩处理，使之成为满足诊断要求的图像，并将后处理图像存入患者图像数据库，同时上传到PACS服务器、激光打印机。如果自动后处理程序处理的图像不能令人满意，还可以重新调入预处理后图像，对预处理后图像进行手动后处理，再次产生的后处理图像作为新图像存入患者图像数据库。

三、软件的安装和探测器的校准

下面介绍一种常用的间接转化型平板DR的软件安装和探测器校准程序。

（一）软件安装

如果不更换硬盘，只是重新安装操作系统或应用软件，硬盘会保留这台设备的安装细节数据，如设备名称、网络地址、软件密码等。应该在设备安装好后，立刻将这部分数据备份到光盘中。重新安装操作系统或应用软件，硬盘会丢失患者信息格式、DICOM服务器地址信息、探测器校准信息、图像采集和后处理的具体参数等数据，因此，也需要在设备安装好后，立刻将这部分数据备份到光盘中，以备安装软件之后恢复数据之用。

1. 操作软件安装　首先将系统盘插入光驱，重启开机后出现 OK 界面，键入 boot cdrom-install，系统会重新从光盘启动，并且安装系统软件，整个过程约需要 18 分钟。安装完毕后，系统会提示将光盘取出，插入应用软件盘。

2. 应用软件安装　插入应用软件盘，按任意键后，开始安装应用软件，此过程约需要 5 分钟。应用软件安装完毕后，会弹出用户管理界面。如果此界面无数据显示或者部分数据需要改动，既可以从备份光盘中恢复安装细节数据，也可以手动填入所需数据，并保存于硬盘中；如果此界面数据完全正确，则直接退出，应用软件安装完毕。弹出安装菜单后选择退出，计算机开始重新启动。

3. 恢复备份数据　计算机启动后进入应用程序，会报出 DICOM 服务器地址信息错误、探测器错误。在应用程序中进入维修程序，将数据备份盘插入光驱，选择恢复全部数据，则患者信息格式、DICOM 服务器地址信息、探测器校准信息、图像采集和后处理的具体参数等数据存储于硬盘。退出应用程序，选择关机，待再次开机后，进入应用程序即可正常工作。

（二）探测器校准

探测器需要经常校准，即使不同的厂家采用同一种探测器，由于图像采集软件和图像处理软件不同，校准周期也会不同，有的需要每天校准，有的只需要 3 个月校准一次。本节所介绍的一种探测器的校准程序要求必须在校准前将以前的校准数据清除，校准时探测器的内部温度达到 40~43℃之间。床探测器的校准程序要求 X 线管焦点到探测器中心的距离（source to image receptor distance，SID，摄影距离）为 110cm，胸片架的校准 SID 为 150cm，不能使用滤线器，照射野内不能有任何杂物。从维修程序中选择校准程序，整个校准过程分 3 步，且不能颠倒：

1. 偏置校正　也称为暗度校正，校准过程中没有 X 线产生，计算机依次从探测器获取 5 幅背景图像，通过 5 幅图像的所有像素不同时间的输出变化来计算所有像素的偏置值。

2. 增益校正　在 X 线限束器前安装 21mm 的铝块，需要 10 次曝光，每次曝光的管电流和管电压各不相同，获取的 10 幅图像反映了不同曝光条件下每个探测器增益的不同。根据患者不同的曝光条件，从 10 幅图像中选出一幅图像的数据应用于患者的原始图像数据，产生预处理后图像。

3. 像素校正　在 X 线限束器前安装 21mm 的铝块，需要 12 次曝光，每次曝光的管电流和管电压各不相同，对获取的 12 幅图像进行计算，获取不同曝光条件下探测器的失效像素分布图，同样将失效像素分布图应用于患者的原始图像数据，产生预处理后图像。

完成 3 步程序后，计算机会给出探测器的状态，状态分为 5 种：Accept、Good、OK、Warning、Error，前 3 种状态提示探测器参数在要求的范围内；第 4 种状态提示探测器质量出现问题，应给予更换，但暂时可以使用；第 5 种状态提示探测器质量出现严重问题，图像质量受到严重影响，必须马上更换。

边学边练

学会探测器的校准步骤。请详见“实训十五　数字 X 线摄影系统的操作与维护”。

点滴积累

1. 间接数字化平板探测器的结构为3层结构，主要是由闪烁晶体层、光电二极管矩阵层（具有光电二极管作用的非晶硅层制成）和薄膜晶体管（thin film transistor，TFT）阵列构成，入射X线光子通过闪烁发光晶体层转换为可见光，再通过光电二极管阵列，将可见光转换为电信号，最后由读出电路放大、A/D转换，形成数字图像信号。
2. 直接数字化非晶硒平板探测器对X线敏感，有很高的解像能力，但是对温度很敏感，在温度工作点不正确时极易被晶化而失去对X线的敏感，故需要专门的制冷装置来保持温度恒定。目前，主要应用于动态成像领域。

知识链接

不同类型的平板探测器在临床上的应用

由于DQE影响了图像的对比度，空间分辨率影响图像对细节的分辨能力。在摄片中应根据不同的检查部位来选择不同类型平板探测器的DR。对于像胸部这样的检查，重点在于观察和区分不同组织的密度，因此对密度分辨率的要求比较高。在这种情况下，宜使用间接转换平板探测器的DR，这样DQE比较高，容易获得较高对比度的图像，更有利于诊断；对于像四肢关节、乳腺这些部位的检查，需要对细节要有较高的显像，对空间分辨率的要求很高，因此宜采用直接转换平板探测器的DR，以获得高空间分辨率的图像。目前绝大多数厂家的数字乳腺机都采用了直接转换平板探测器，正是由于乳腺摄片对空间分辨率要求很高，而只有直接转换的平板探测器才可能达到相应的要求。

因而可知，不同类型的平板探测器因为材料、结构、工艺的不同而造成DQE和空间分辨率的差异。DQE影响了对组织密度差异的分辨能力；而空间分辨率影响了对细微结构的分辨能力。目前还没有一款DQE和空间分辨率都做得很高的平板探测器，所以需要在二者间做一个平衡。

第五节　医用相机

医用相机的应用起始于1980年，以CRT多幅相机、激光相机为代表。随着医学影像设备数字化进程的不断加快，各种数字化产品不断增加，医用相机的数量也快速增长。经过三十多年的发展，激光相机和热敏相机已快速取代多幅相机，成为数字图像胶片硬拷贝记录的主导。而考虑到操作、维修和保养的简便性以及尽可能减小对环境的污染，干式激光相机已逐步取代湿式激光相机。

伴随着医院放射科往数字化、无胶片化方向的进一步发展，最终医用相机将会淡出市场。但目前作为影像记录、诊断阅读、交流和存档的主要手段，医用相机仍广泛应用于医学临床。

一、激光相机

（一）分类

激光相机又称激光打印机或激光复印机。

1. 按胶片处理方式分　激光相机分湿式和干式两种。两种相机结构基本相同，只是湿式激光相机是通过连接自动洗片机来完成胶片的显影、定影、水洗和烘干等工作；而干式激光相机不需要洗片机，它是通过将激光扫描后的胶片进行加热而使其显影，因而避免了废药液对环境的污染等问题。

2. 按激光源种类分　根据激光源的不同，激光相机又分氦氖气体激光和固态红外半导体激光两种。激光技术出现于20世纪60年代，实际应用于70年代初期，最早的激光发射器是充有氦氖气体的电子激光管。氦氖激光相机采用氦氖气体激光发生器，其波长为632.8nm，其特点是激光光源衰减慢、性能稳定，它是最早应用的、最普遍的激光打印机。20世纪70年代末期，在半导体技术趋向成熟的前提下，半导体激光技术迅速进入了实际应用领域。红外半导体激光相机采用红外激光发生器，波长为670~820nm，在红外线波段范围内。由于半导体激光器具有电注入、调制速率高、寿命长、体积小、使用方便等优点，因而获得了更快的发展。

（二）原理

1. 激光相机工作原理　激光相机的光源为激光束，其特点是高能量单色光，瞬间曝光。湿式激光相机的激光束通过发散透镜系统投射到一个在X轴方向转动的多角光镜再反射，反射后的激光束再通过聚焦透镜系统打印在胶片上。与此同时，胶片在高精度电机带动下精确地在Y轴方向均匀地移动，从而完成整个画面的扫描，如图5-56所示。

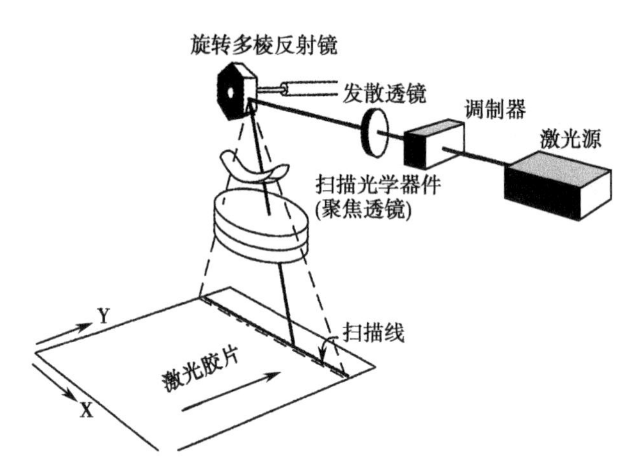

图5-56　湿式激光相机的工作原理

激光束的强度可以由调节器调整，调节器受数字信号控制。成像装置把图像的像素单元值以数字的方式输入到激光打印机的存储器中，并以此直接控制对每一像素单元的激光曝光强度。计算机输出的像素的数字顺序与激光在胶片上扫描的位置顺序相对应，则在胶片上获得了一个二维的图像潜影。曝光后的胶片再经洗片机冲洗加工后，获得二维模拟图像。

干式激光相机在激光打印过程中，胶片始终处于静止状态，激光束在胶片X轴和Y轴方向上的扫描全由激光头上所附带的控制机构完成。同时，根据激光相机型号不同，其扫描方式也有所不同。有的扫描方式为Y轴方向从上至下扫描，而有的则是X轴方向从左至右扫描。而对胶片的影像处理是通过显影旋状加热系统完成的。

2. 激光胶片成像原理　激光胶片的感光特性是对比度高、灰雾低、色污染低、密度高、防光晕效果好、影像清晰、能提供丰富的诊断信息。

用于干式激光成像的胶片结构如图5-57所示。它由基层、光敏成像层、保护层和背层组成。其中光敏成像层是卤化银晶体、银源、显影剂、稳定剂、调色剂等化学成分分散在高分子黏结剂中的涂层。卤化银晶体曝光后生成潜影；热敏性银源在加热及潜影银的催化下，还原成金属银沉积在潜影下，还原银的多少与潜影的大小（曝光多少）成正比；稳定剂保证了影像的稳定性；调色剂使显影银影像能获得黑色的色调；黏结剂的作用是将各种化学成分均匀分散并黏结于片基表面形成成像层。

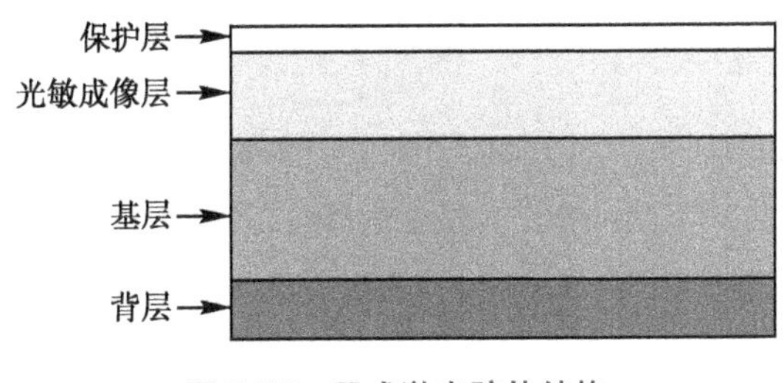

图5-57　干式激光胶片结构

（三）结构

1. 组成　干式激光相机主要由信息传递与存储系统、胶片传输系统、激光打印系统、控制系统、胶片显影加热系统等部分组成。

(1) 信息传递与存储系统：包括电子接口、存储盘、记忆板、电缆或光缆以及A/D转换器、计算机等，主要功能是将主机的图像信息输入到存储器，再进行激光打印。

(2) 胶片传输系统：包括供片盒、接片槽、吸盘、电机及传输滚轴等，主要功能是完成将胶片从供片盒中取出，经过处理最终再送入接片槽的输送。

(3) 激光打印系统：包括激光发生器、调节器、透镜、驱动电机和传输滚筒等，主要作用是完成激光对胶片的扫描，形成潜影。

(4) 控制系统：包括键盘、控制板以及各种控制键，主要作用是控制激光打印程序、格式选择、打印张数以及图像质量控制调节等。

(5) 胶片显影加热系统：包括加热鼓、从动轮、保温层等，主要作用是将激光扫描后的胶片进行加热而使其显影。

2. 工作流程　干式激光相机的工作流程如图5-58所示。

由成像设备输入的各种影像信号经过激光相机的各种接口而转换为其可以处理的数字信号。主机的图像信号处理单元将其进行缩小、放大等排版工作和对比度、密度调节。

图像信号处理工作完成以后，控制系统给胶片抓片机构发出指令，使其抓取一张胶片送入激光扫描区。同时，相应的胶片传送机构也开始相应工作。

胶片送入激光扫描区后，激光头依据主机给出的数字信号值进行快速扫描，此时胶片在激光扫描箱中是固定不动的。无论是以X轴还是以Y轴为快扫方向的激光相机，其相应的慢扫机构均在激光头上实现，从而完成整张胶片的扫描过程。

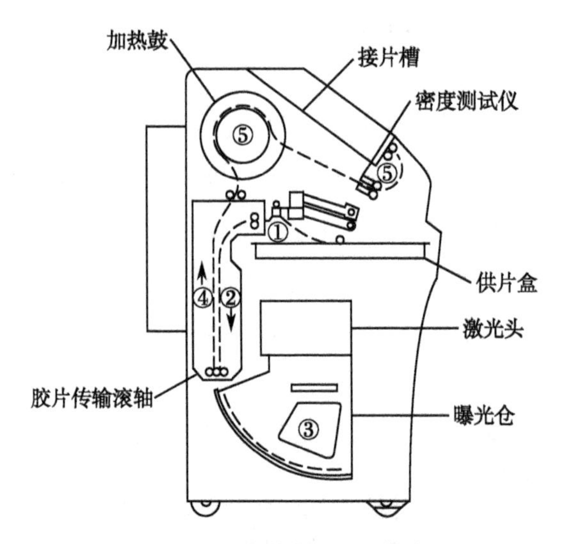

图 5-58　干式激光相机工作流程

完成扫描后，形成潜影的胶片被传送机构送入胶片加热鼓进行加热显像，显像后的胶片在送出过程中通过密度检测调节装置，该装置将得到的图像质量信息送回图像信号处理单元，形成了一个闭环的图像质量调控体系，使干式激光相机的图像质量得到保证。

（四）质量

相对湿式激光相机，干式激光相机系统具有许多明显的优点：①图像质量更稳定；②无需洗片机，节约水资源，减少对环境的污染，降低医院运营成本；③体积小，节省空间，安装方便；④完全符合 DICOM3.0 标准，为医院的 PACS 系统发展及网络化管理提供了便利。

二、干式热敏相机

（一）分类

干式热敏相机按感热记录方式不同分为三类，即干式助熔热敏相机、干式升华热敏相机和干式直升热敏相机。第一种是通过加热使油墨带内熔点较低的油墨熔化，达到记录影像的目的；第二种是通过油墨带内的染料加热升华记录影像；第三种就是目前市场上常见的干式热敏打印机，由于它不产生油墨带的废料，更有利于环境保护，从而替代了前两种打印机。

（二）原理

干式热敏相机基于完全干式直热技术，“热”是指通过热来转化图像信息；“直”是指热敏头与胶片直接接触。

1. 微胶囊式热敏成像　干式热敏胶片结构如图 5-59 所示。热敏层中含有许多微胶囊，胶囊壁是热敏性高分子材料，胶囊内含有无色的可发色材料（成色剂），胶囊周围含有无色的显色剂。

用微细的加热头对胶片表面加热，使微胶囊壁软化，渗透性增加，胶囊外的显色剂渗到胶囊内，与成色剂结合生成黑色染料，加热停止则胶囊壁硬化，发色反应停止，如图 5-60 所示。热敏头直接接触胶片加热，热敏头温度变化由电脑数据控制。同时，可以使用胶囊壁软化温度不同的胶囊组合，并优化各种胶囊的比例，获得预期的灰阶特性。

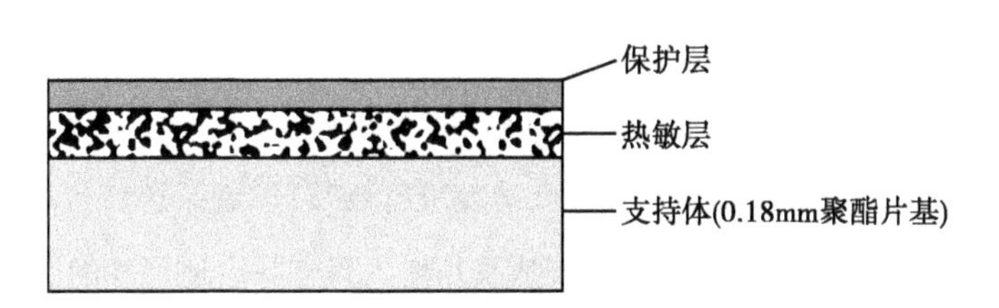

图 5-59　干式热敏胶片结构

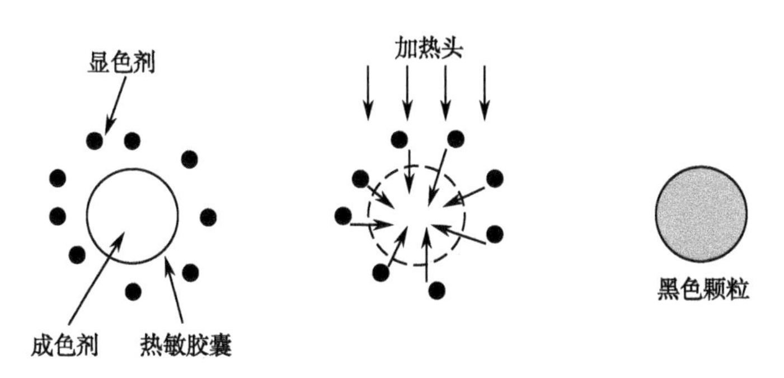

图 5-60　微胶囊式热敏成像原理

加热头由放热部分、控制电路和散热片组成。放热部分由上千个热敏电阻组成，这些电阻可以单独被激活，从而能形成不同的灰阶。放热部分整体由一片散热片负责冷却，以防止温度过高。

2. 有机羧酸银式热敏成像　这种成像技术是基于有机羧酸银的热敏作用，即通过微细的加热头直接对胶片表面加热，热敏性有机羧酸银分解并还原成黑色银影像，如图 5-61 所示。

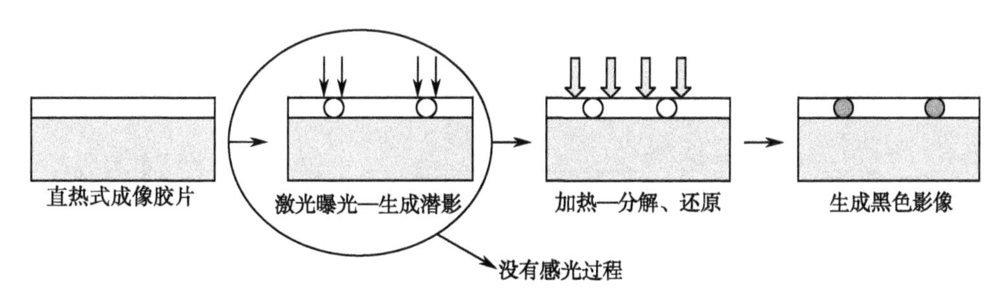

图 5-61　有机羧酸银式热敏成像原理

（三）结构

1. 组成　干式热敏相机主要由开关电源系统、控制系统和打印引擎系统三部分组成。

（1）开关电源系统：为各工作单元提供相匹配的电源。

（2）控制系统：接收数字图像数据，并将其存储到计算机硬盘；由影像控制系统负责将图像数据进行整理，调整图像的尺寸、版面，同时可对图像的对比度、密度进行调节；控制系统发出信号，控制打印引擎工作。

（3）打印引擎系统：负责控制胶片经过各个工作单元的机械传送过程及数字热敏成像控制。

2. 工作流程　干式热敏相机的工作流程如图 5-62 所示。

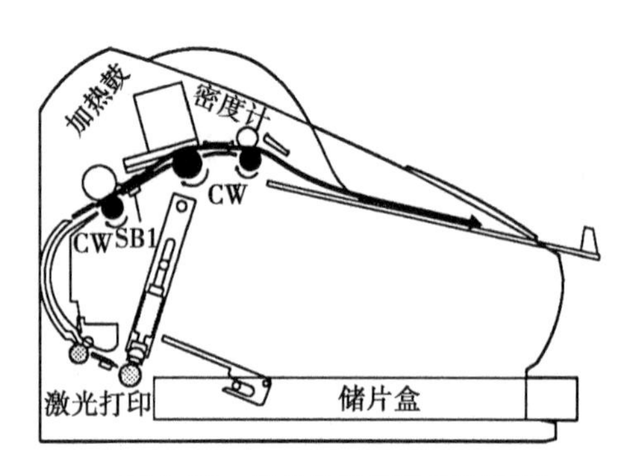

图 5-62　干式热敏相机工作流程

通过网络接收数字图像数据，存储到计算机硬盘；由计算机控制的影像控制系统负责把主机的图像数据进行整理，调整图像的尺寸、版面，同时可对图像的对比度、密度进行调节；控制系统产生程控信号控制打印引擎从胶片输入盘选择合适尺寸的胶片，传送到热敏头上的电阻器线，一行连一行地直接完成数控热敏成像过程。成像完毕后的胶片由分拣器输出到指定的输出盘，干式热敏相机同样内置密度检测调节装置，使图像质量始终保持一致，保证了每张胶片的一致性。

边学边练

剖析干式激光相机各部分结构及其功能。请详见“实训十六　激光相机的结构与操作”。

三、干式激光成像与干式热敏成像的比较

干式激光成像与干式热敏成像方式目前在市场上都有使用，从成像质量、使用性能和环保性等方面考虑，两种方式各有优劣，表 5-1 列出了两种方式的特点，以供参考。

表 5-1　干式激光成像与干式热敏成像性能对比

	干式激光成像	干式热敏成像
影像质量	二步成像，质控比较困难，故障率高。先将数字信号转换成模拟信号，并在胶片上产生潜影，再加热成像，由于激光束的聚焦性，使得图像质量很好	一步成像，质控比较精确，故障率低。计算机自动控制热敏打印头直接一步成像，但由于现在胶片和热敏头工艺的欠缺，使得成像质量相比激光要差
胶片特性	对光敏感，存在意外曝光危险，不能实现真正明室操作；存储效果较差，保存期短	对光不敏感，无意外曝光之忧，实现真正的明室操作；但在保存的过程当中，要时刻注意温度的变化；防止胶片感热
环保性	使用无机银颗粒涂抹技术，胶片加热还原时会散发有毒含汞气体，属于非环保产品，不利人体健康，极易对设备部件及其他设备造成腐蚀损坏	真正零排放的环保产品；双片基设计，使用稳定的有机银颗粒涂抹技术，工作中没有有害气体及液体排放，比较环保
操作维护	操作维护比较复杂，使用成本较高；设备结构复杂，清洁热鼓等日常维护、维修比较烦琐；开机预热时间长	操作维护简单，使用成本较低；设备结构简单，清洁打印头方便。开机预热时间短

点滴积累

1. 干式激光相机图像质量比干式热敏相机要好。
2. 干式热敏相机实现真正的明室装片，且操作维护简单，开机预热时间短，有利于环保。

目标检测

1. X 线增强电视系统是由哪几个部分组成的，各部分的作用是什么？
2. 简述医用监视器的参数选择。
3. 简述 CR 的工作原理、组成及各部件功能。
4. 三种间接数字化平板探测器的结构有何差异？各有什么优缺点？
5. 简述间接数字化平板探测器和直接数字化平板探测器的工作过程。
6. 医用相机的种类有哪些？
7. 干式热敏相机与干式激光相机比较各有什么优缺点？

第六章

X 线整机系统

学习目标

1. 掌握 X 线摄影系统、X 线胃肠检查系统和 X 线血管造影系统的用途、基本特点和组成；掌握各类 X 线系统的典型结构。
2. 熟悉滤线栅、自动曝光控制、自动亮度控制的用途和原理。
3. 了解各类 X 线系统的技术发展和临床应用。

在学习 X 线源组件和高压发生系统之后，有必要来认知 X 线机的整体。X 线整机的种类很多，从功能上区分，可归纳为 X 线摄影系统、胃肠检查系统和血管造影系统。当然，还有一些专科用 X 线机，其中乳腺机将在第七章作详细介绍。

导学情景

情景描述：

最近天气变化无常，小军患了感冒，咳嗽不止。 去医院就诊时，医生在用听诊器对肺部进行检查后，给小军开了数字 X 线摄影检查的单子。 付费后，小军来到放射科，看到有很多检查室，除了数字 X 线摄影检查室，还有胃肠检查室、血管造影室等。 那么，这些检查有什么区别？ 又是针对什么疾病的呢？

学前导语：

X 线机型很多，X 线摄影机即通常所说的“拍片机”，主要用于骨骼检查和拍胸片，胃肠机主要用于胃肠道透视和拍片，而血管造影装置顾名思义主要用于血管检查。 由于使用上的差异，它们的结构大相径庭，主要部件的性能也差别很大。

第一节　X 线摄影系统

X 线摄影系统是将单次曝光的 X 线影像记录在成像介质上的装置的集成，主要用于检查骨骼病变和肺部疾病，还可探查体内金属异物以及腹腔内肠道梗死等。自 X 线机产生后的相当长时间内，传统屏/片系统是唯一的成像介质。上世纪 80 年代出现了 IP 板，迈出了数字化 X 线摄影的第一步，数字化平板探测器技术则是目前最先进的数字 X 线成像技术。

X 线摄影系统由 X 线管、X 线发生装置、图像接收装置和患者支持装置等部分组成。常规成像链如图 6-1 所示。

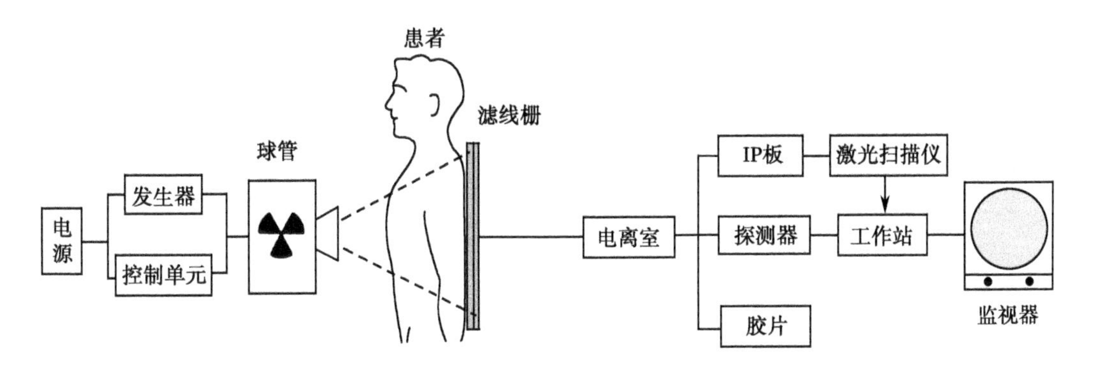

图 6-1　X 线摄影系统成像链

一、X 线摄影系统的结构

X 线管由支持装置固定，使 X 线管能够做上下、左右和前后方向的移动，且能绕 X 线管长轴、水平短轴转动。根据患者拍摄部位和位置的不同，X 线管可在不同的 SID 和角度进行曝光。

根据 X 线源组件支持装置的不同构造，可将 X 线摄影系统分为落地式、悬吊式及移动式三大类。X 线摄影系统配备立式胸片摄影架、固定摄影床或活动摄影床，便可以进行临床各种位置的摄片。

（一）落地式 X 线摄影系统

落地式 X 线摄影系统中的 X 线源组件用立柱—横臂结构固定。X 线管通常是用双环形状管夹在 X 线管管套上的两道箍处夹持固定，使其与横臂连接，如图 6-2 所示。

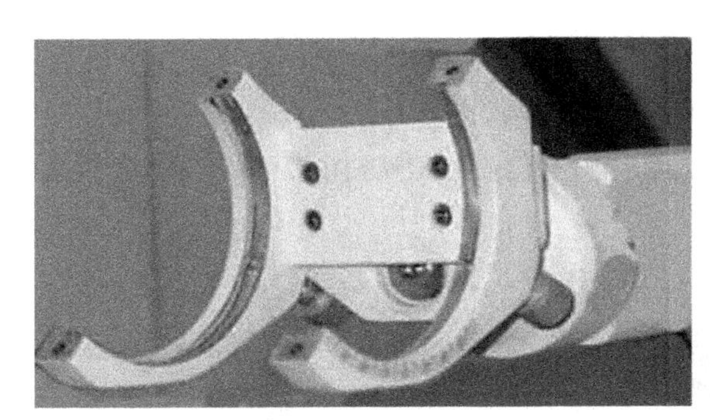
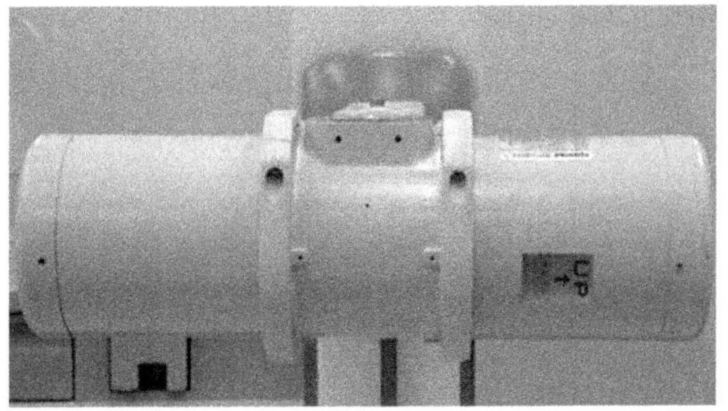

图 6-2　管套支架

1. 立柱的固定形式　分附着式、单地轨式、双地轨式和天地轨式，如图 6-3 所示。

（1）附着式：立柱由附着在固定摄影床背面的轨道或转轴支持，如图 6-3（4）所示，用于支持立柱的轨道附着在摄影床的背面，立柱可沿轨道纵向移动；X 线管组件可沿立柱作上下移动，以调节 SID；立柱自身可作±180°旋转，使 X 线管组件配合固定摄影床以外的活动摄影床进行摄影；X 线源组件自身可绕横臂轴作±180°旋转，可配合位于摄影床纵向端头的立式胸片摄影架使用或摄影床打角度拍摄。

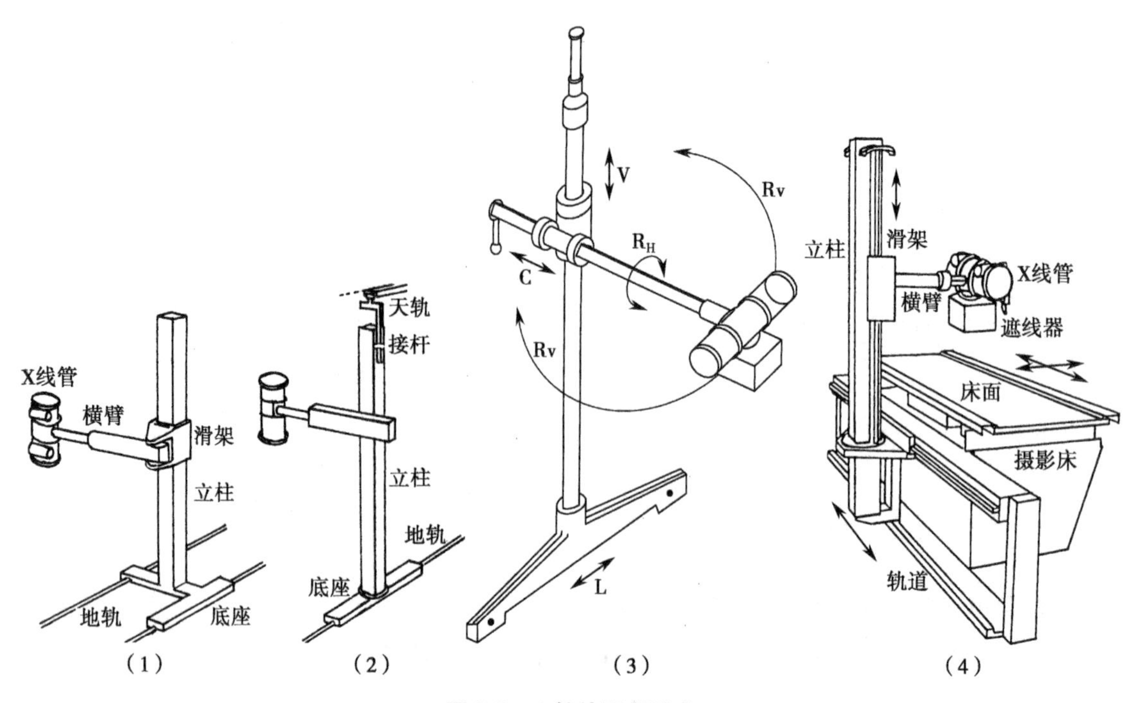

图 6-3　立柱的固定形式

(1) 双地轨立柱；(2) 天地轨立柱；(3) 单地轨立柱；(4) 附着立柱

(2) 单地轨式:立柱通过螺栓固定在地基上,立柱上安装有可旋转的机械臂,机械臂通常有镰刀臂(影像接收装置位置固定,移动 X 线管位置调整 SID,图 6-4)及 Z 形臂(图 6-5)或 U 形臂(影像接收装置和 X 线管始终同时相向运动调整 SID)。机械臂可以在垂直平面上旋转-90°到+180°,其上的 X 线源组件和影像接收装置也可以电动或手动旋转一定角度拍摄,并且可以根据不同位置配合移动摄影床进行拍摄。此类 X 线摄影系统的 X 线管中心线和影像接收装置的中心始终在同一直线上,拍摄摆位时非常方便只需要调整 SID 和 X 线管及影像接收装置的角度即可快速曝光。

双地轨式和天地轨式 X 线摄影系统由于占地大、体积笨重,较少使用,故不作展开介绍。

此类型 X 线摄影系统,从结构及功能上可以满足临床所有位置的常规拍摄要求,在临床上也是使用率最高的落地式 X 线摄影系统。

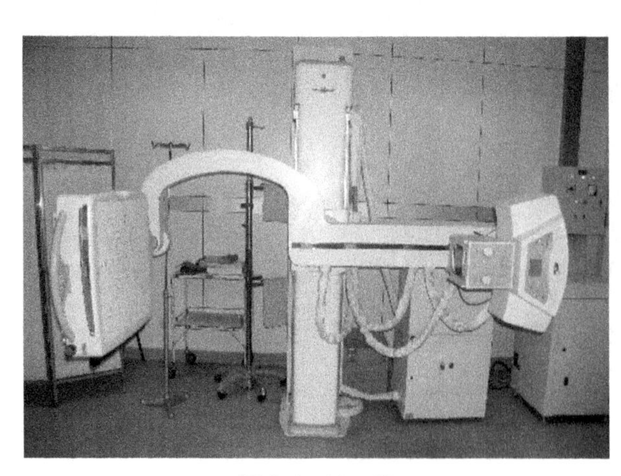

图 6-4　镰刀臂

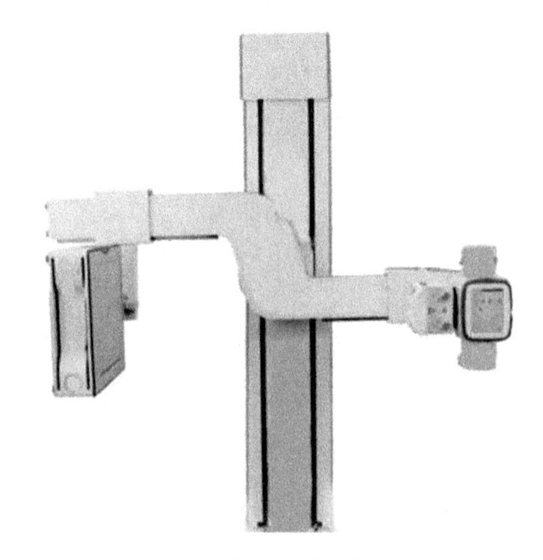

图 6-5　Z 形臂

2. 立柱组件的平衡　X 线源组件具有沿柱身轴线方向上下移动的功能，所以立柱柱身内必须带有平衡装置，以保证 X 线源组件能顺利移动，并能通过制动停在任何位置而不会下坠。平衡方式分为两种：一种是重锤平衡，即通过平衡块的重量与被平衡物（横臂和 X 线源组件）重量相平衡；另一种是弹簧平衡，即利用弹簧力与被平衡物相平衡。

3. 系统制动　X 线源组件及其支持装置的各种活动为操作者提供了使用的灵活性。但在X 线管到达预定位置后必须使其固定下来，才能进行曝光。否则，一旦有外力施加，X 线管的位置就会偏离预定点，而影响成像质量。对支架各部位进行固定的功能称为制动。常用的制动方式有旋钮手动式和电磁制动式。电磁制动式应用最为广泛，也用于滤线器摄影床浮动台面的固定。

（二）悬吊式 X 线摄影系统

1. 结构特点　X 线源组件固定在伸缩吊架最底端的横臂上，伸缩吊架安装在机房顶，通过纵向和横向天轨，实现纵、横向移动；伸缩吊架本身可以实现伸缩升降运动。横臂可绕伸缩筒轴作旋转，以符合临床拍摄需求，如图 6-6 所示。其最大特点是需安装槽钢天轨，但对安装环境要求较高，如天轨到地面的距离，天轨间的平行间距和槽钢水平等，但因其移动灵活、不占场地面积，可实现全方位拍摄，大大提高了医生的可操作性和摆位速度，同时也使患者舒适性明显提高。

2. 悬吊装置的平衡　悬吊伸缩吊架平衡装置的结构如图 6-7 所示。固定在升降筒 A 最底部的钢丝绳，依次经过五节筒身中的滑轮组，到达安装在升降筒顶端的弹簧塔轮 B。塔轮两侧缠绕弹簧

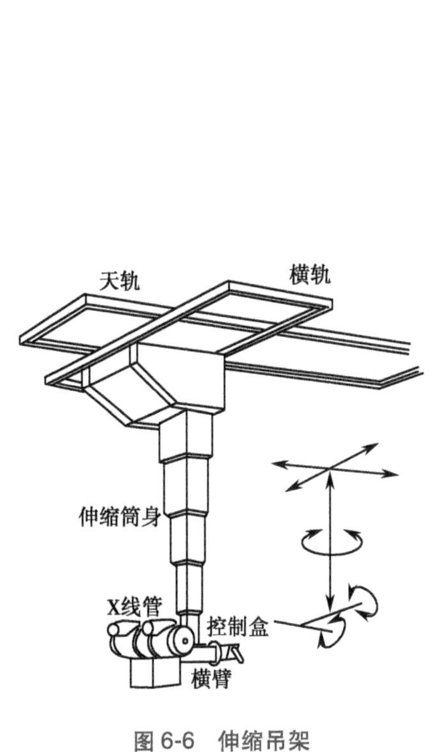

图 6-6　伸缩吊架

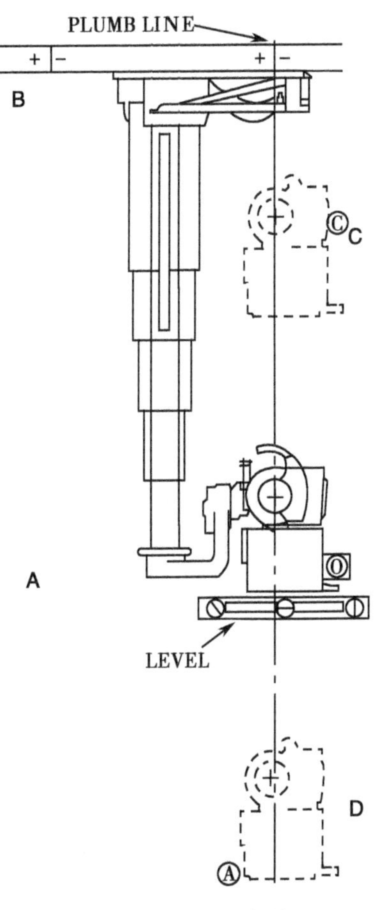

图 6-7　伸缩吊架平衡装置

圈。当 X 线管位于 C 位置时，弹簧圈变形量最小，当 X 线管位于 D 位置时，弹簧圈变形量最大。通过旋转弹簧圈中心轴来调整弹簧圈的弹力。

3. 系统制动　各个机械运动部件都有相应的电磁装置来制动，通过 X 线源组件控制面板上的上下、前后、左右、旋转等方向的按钮开关，手动控制电磁装置的得失电状态，进而起到固定悬吊筒的长度和悬吊架的移动位置的目的，同时也可以控制 X 线源组件旋转角度。也可在控制台上预设位置，自动控制电磁装置的得失电，同样达到制动效果。

4. 悬吊装置的位置控制　为使 X 线管在 X、Y、Z 轴方向的位置及水平旋转角度与胸片架、摄影床相匹配，在悬吊架、胸片架和摄影床上都安装有高精度步进电机和相对应的反馈信号编码器，以实现自动跟踪和定位功能。

（三）移动式 X 线摄影机

移动式 X 线摄影机是将 X 线源组件、X 线发生装置及辅助装置紧凑地组装在较小的机座上，机座底部带有滚轮或装有电瓶驱动小车，可由人力或直流电机驱动。移动 X 线摄影机的出现为不方便或不安全移动和搬运的患者提供日常 X 线摄影检查，为进一步临床治疗提供实时参考。

根据 X 线源组件支持装置的不同构造，将移动式 X 线摄影机分为立柱式和悬臂式两种结构。

1. 立柱式移动 X 线摄影机　如图 6-8 所示，立柱固定在机座上，立柱上安装有可升降的横臂，X 线源组件固定在横臂上，使 X 线管能够做上下和前后方向的移动，并能绕横臂轴在垂直平面内转动，绝大多数横臂轴还可以绕立柱在水平面内做±270°范围转动。为了安全拍摄，在立柱底部和顶端、横臂内、X 线源组件支持装置内多处使用电磁锁定装置，确保 X 线管正确定位在拍摄位置。立柱内的平衡装置与附着式 X 线摄影系统的立柱相同。

2. 悬臂式移动 X 线摄影机　大多数情况下，悬臂式移动 X 线摄影机的 X 线管和高压发生装置组合在一起，如图 6-9 所示，我们通常称之为“组合机头”，通过两段可折叠的机械臂实现组合机头的二维运动，也可以实现 X 线管的转动。组合机头的位置靠机械臂自身的平衡装置来固定，无电磁锁定装置。

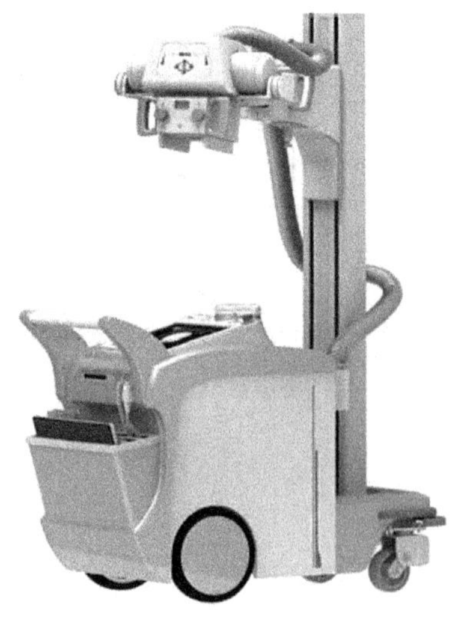

图 6-8　立柱式移动 X 线摄影机

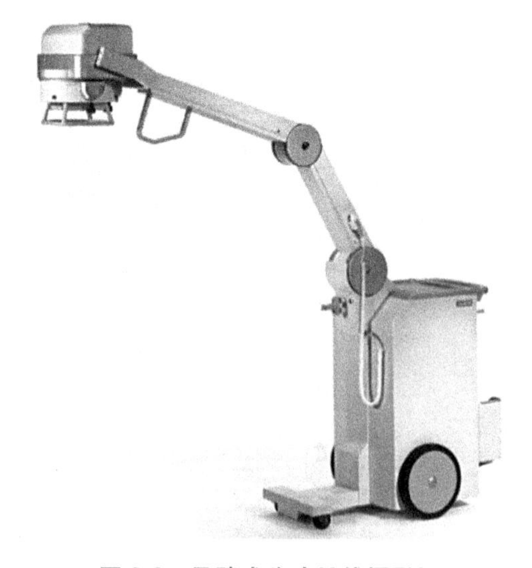

图 6-9　悬臂式移动 X 线摄影机

移动式X线摄影机的机座下通常装有四个轮子，前端安装两个直径较小的万向轮，后端装有两个直径较大的定向轮。最早的移动式X线摄影机外接220V交流电给高压发生器，进行相关的曝光检查，装置的运动采用人工驱动方式。现在移动式X线摄影机通常搭载双轮驱动电机，依靠伺服电机装置和运动系统控制手柄，融机身前进、后退、转向、刹车、变速等功能于一体，机器爬坡角度可达7°，整机操控轻便，降低操作人员负担，提高工作效率，同时保障了操作人员的安全。最先进的操控系统甚至可以做到驱动电机随操作人员速度自动适应，后退速度与操作人员步速自动匹配，从而降低事故发生率。

二、滤线器

自X线管中发出的原发射线（一次射线）进入人体组织后，会产生波长较原发射线更长的散射线（又称二次射线或续发射线），散射线呈随机方向辐射。当散射线作用于X线胶片时，在胶片上形成背景灰雾，造成胶片影像的分辨率、清晰度、对比度等显著降低，如图6-10所示。特别是厚部位摄影时，影响更明显。为了提高摄影质量，减少不必要的散射线，用多层铅叶组成的限束器来控制照射以把成像区域限制在照射野内，从而降低散射线量。另一种方法是直接吸收散射线的滤线栅。

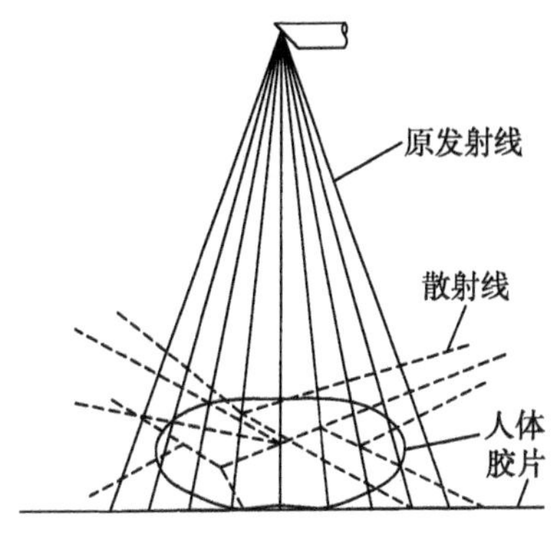

图6-10 原发射线和散射线

1. 滤线栅 滤线栅应置于人体和胶片之间，可将大部分的散射线滤去。滤线栅由薄铅条和间隔物组成，如图6-11所示。

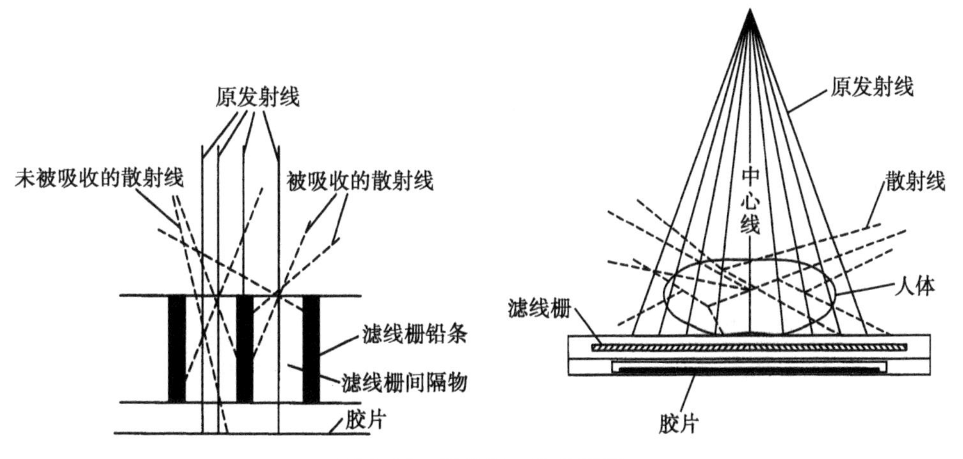

图6-11 滤线栅工作原理图

根据滤线栅的基本构造特点分为聚焦式、平行式和交叉式。聚焦式是滤线栅的铅条延长线聚焦于一条直线，平行式滤线栅是铅条相互平行，交叉式滤线栅的铅条是相互垂直相交组成；又根据滤线栅有无运动机能分为固定滤线栅和活动滤线栅。

（1）滤线栅的结构：普通X线摄影用滤线栅，多为铅条向焦排列的聚焦式。滤线栅板外观是一块厚4~8mm的平板，内部结构为许多薄铅条向着焦点方向排列而成。铅条之间用易透X线的物质填充定位，并黏合在一起。比较常见的铅条间的充填材料有木、碳纤维和铝，目前采用较多的是碳纤维和铝。上下用薄铝板封装，构成滤线栅板。从断面上看，栅板铅条的排列方向都会聚到一点。从整个栅板看，则有一条会聚线。栅板的构造原理如图 6-12 所示。

（2）滤线栅的规格：滤线栅有以下 3 个主要技术参数：

1）焦距：铅条会聚线到栅板表面的垂直距离，以 f 表示。

2）栅比：也称“格比”，是铅条高度与铅条间隙之比，以 R 表示，如图 6-13 所示，$R=b/a$。

3）栅密度：单位距离范围内铅条的数量，以 N 表示。

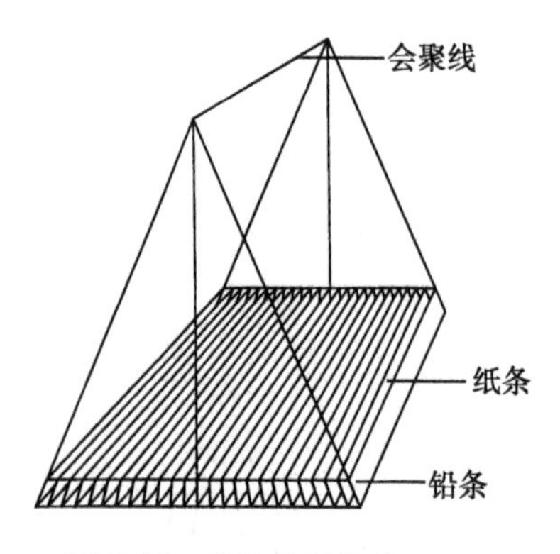

图 6-12　滤线栅板构造原理图

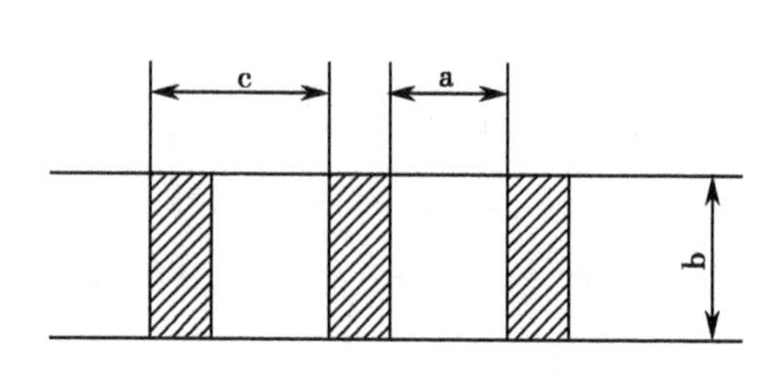

图 6-13　滤线栅规格

栅比通常被认为是滤线栅消除散射线、提高影像对比度的指标。栅比决定了可以通过散射线的最大角度，角度越小，通过的散射线越少，如图 6-14 所示。也就是栅比越高，能够消除越多的散射线，并且图像质量也提高。但这必然伴随着受检者的剂量增加。

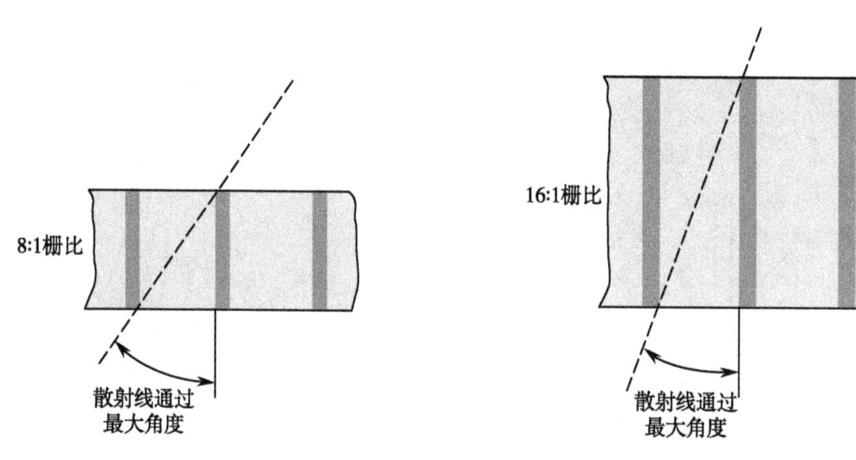

图 6-14　栅比的影响

（3）滤线栅的使用：由于常用滤线栅都是聚焦式的，因此栅板有向焦面和背焦面之分，向焦面即应该朝向 X 线管放置的一面，也叫“入射面”。向焦面有 X 线管标记或注明，并标有栅板中心线。向焦面还会标明滤线栅的焦距、栅比和栅密度等技术参数。使用时，向焦面一定要朝向X 线管方向，否则就会造成如图 6-15 所示情况，胶片曝光区域集中在中间部位，而边缘部分几乎未曝光。

由于滤线栅的主要组成材料是铅条，它既阻挡了散射线，又不可避免地阻挡了一部分原发射线，一定程度上削弱了到达成像面的剂量，因此，使用滤线栅摄影较不使用滤线栅要适当增加曝光剂量，通常是通过增加管电压来提高 X 射线的穿透能力，以达到补偿的目的。具体补偿数据应结合临床使用获得。摄影时会聚线应和 X 线管焦点重合，这样可以使原发射线与铅条平行并顺利穿过，同时让大多数散射线被铅条吸收，进而取得清晰的影像。

一般情况下，低栅比的滤线栅适用于低 kV 的管电压；高栅比的滤线栅适用于高 kV 的管电压。应尽可能避免中心偏离现象：不同的受检部位使用不同的焦片距（focus film distance，FFD，即 X 线管焦点至胶片距离），这时需要改变焦点到成像面的距离，确保 FFD 在滤线栅标明的焦距范围内。

图 6-16 列出了滤线栅、X 线管焦点相对位置误差的几种情况：A 图表示栅板或 X 线管倾斜产生的情况；B 图表示 X 线管焦点水平偏离产生的情况；C 图表示 X 线管焦点垂直偏离产生的情况。

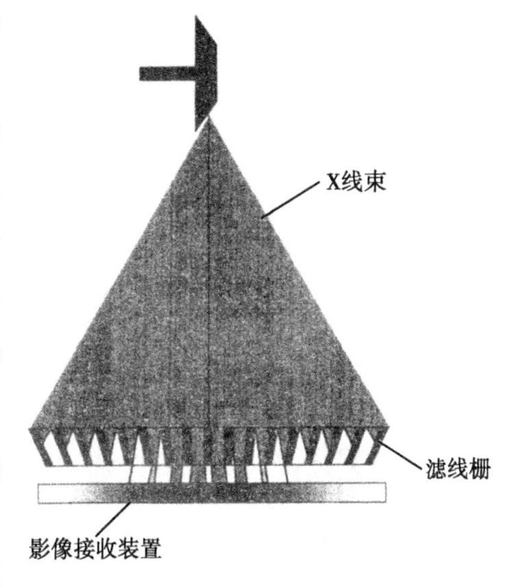

图 6-15　栅板倒置的情况

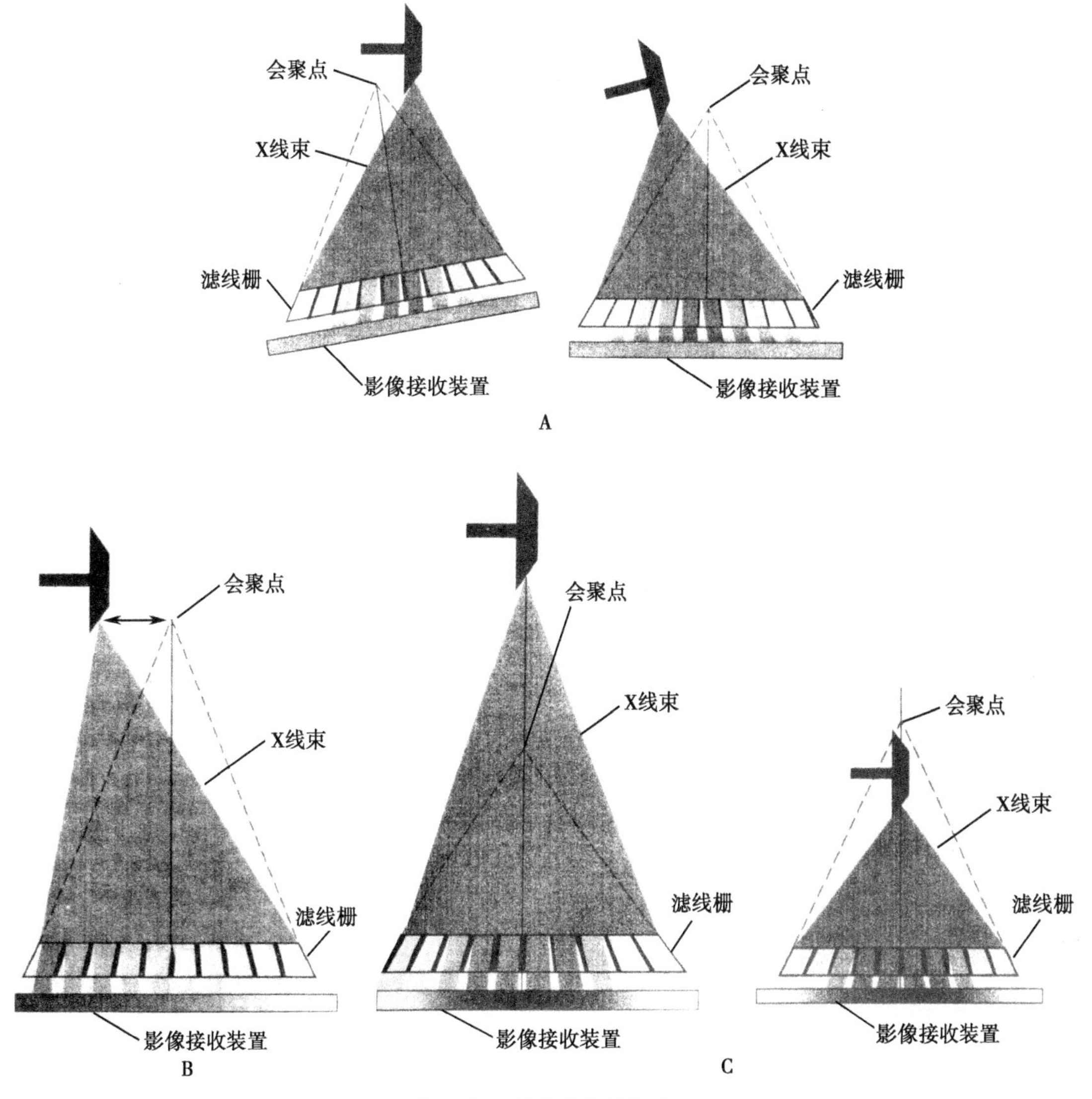

图 6-16　焦点偏离的影响

2. 活动滤线器　静止使用的滤线栅，在栅密度不高的情况下，在X线接收器上可观察到明暗相间的条纹，这会影响诊断效果。为使接收器上看不出明显的铅条阴影，一定要将铅条做得很薄，排列密度也要高，也就是对滤线栅的栅密度要求较高，一般规定固定滤线栅密度≥40l/cm。高栅密度的滤线栅，虽然可以消除接收器上的阴影，但原发射线却衰减得较多。为克服这些缺点，可以采用活动滤线器。活动滤线器的使用，使X线曝光在滤线栅板活动的过程中发生，既能滤去散射线，通过原发射线，提高图像对比度，又能使铅条在接收器上留下的阴影因运动而被模糊掉。

现在医用X线系统中，固定滤线栅与活动滤线栅都有采用，厂家会根据栅密度、成本等因素选择使用。在摄影床、立式胸片架中X线接收装置的表面都留有安装滤线栅的卡位或插槽。

三、滤线器摄影装置

滤线器摄影装置是指装有滤线器装置的摄影机架，有摄影床、立式摄影架和对置支架等形式。

1. 摄影床　摄影床也称“滤线器床”，又可称“平床”，用于人体各部位的平片拍摄检查。如图6-17所示，摄影床分床面、浮动架、滤线器架、底座和立柱(包括横臂)五部分。

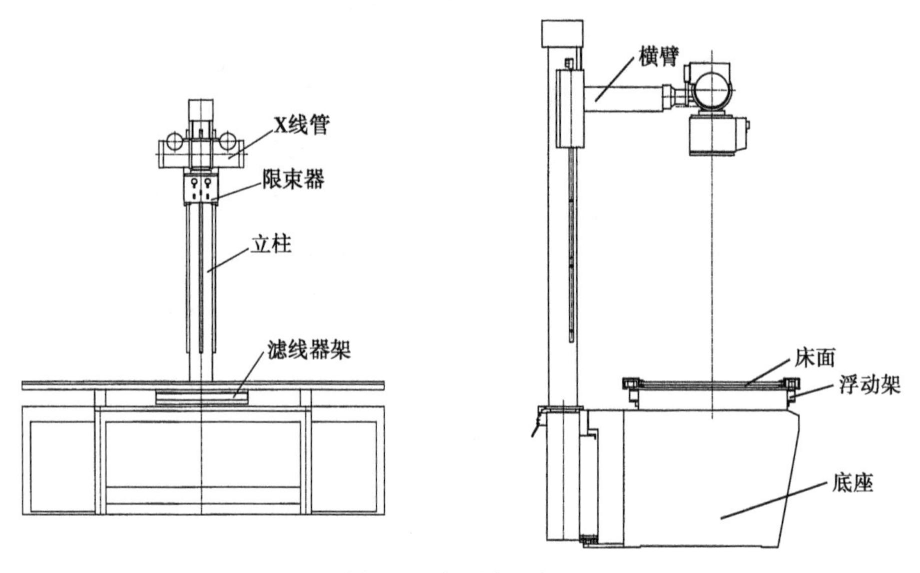

图6-17　摄影床示意图

为了满足各部位的摄片需要，摄影床床面可在水平面内作纵横向移动；床面下装有固定或活动滤线器，滤线器连带暗盒可纵向移动；摄影床的X线管组件可以装在立柱的横臂上，也可以装在悬吊架上，现在很多摄影床都是自带立柱来进行拍摄。立柱可纵向移动，X线管可沿立柱上下移动，可绕立柱旋转，也可绕横臂旋转。立柱内部有平衡装置，与X线管组件和横臂的重量相平衡。平衡装置的结构原理已在本章本节中落地式X线摄影系统作了介绍。

现在，摄影床的动作一般都是手动完成，有制动装置，以便当某一部件移到或转到所需位置时能固定住。

2. 立式摄影架　人体有些部位摄影需要患者取站立位，又需要使用滤线器，如胸部和颈椎等部位摄影、静脉肾盂造影等，为此专门设计了立式摄影架，通常称“胸片架”。基本形式为落地立柱上安放滤线器，滤线器的外面覆上印有中心线的护板，便于模拟光对中。立柱内配有重锤平衡，可沿轨道做上下移动，可用旋钮固定。由于立式摄影架自身只装有滤线器架，而不带 X 线源，因此必须和装有 X 线管组件的立柱或悬吊架一起使用。通常，立式摄影架和摄影床一起使用，利用摄影床立柱上的 X 线源进行拍摄。如图 6-18 所示，立式摄影架位于摄影床纵向的端头并靠墙而立。当 X 线管绕横臂中心转过 90°后，X 线照射方向即朝向立式摄影架，再沿立柱上下移动 X 线管，就可将照射野中心对准滤线器中心。

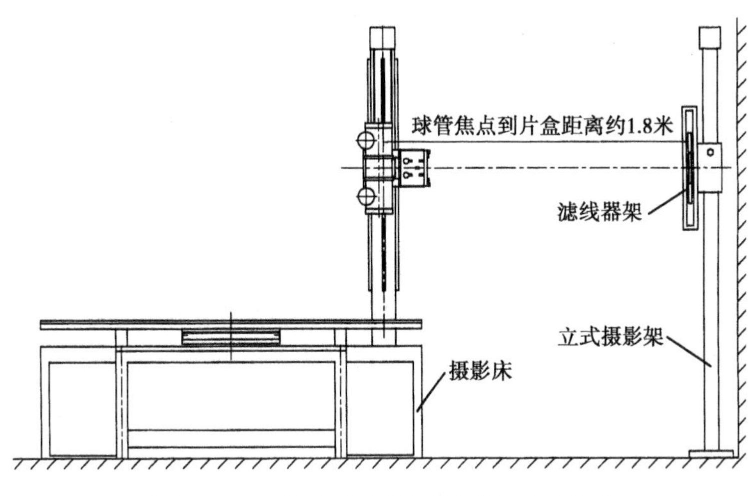

图 6-18　立式摄影架与摄影床安装位置示意图

除了上述基本形式外，立式摄影架上的滤线器架还可作翻转运动，称为“多功能立式摄影架”，如图 6-19 所示。

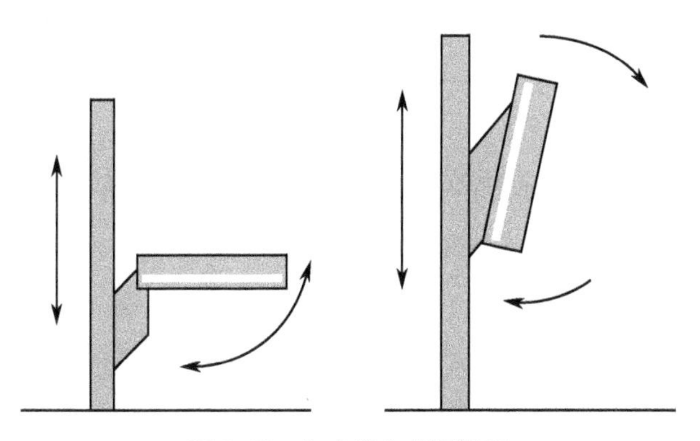

图 6-19　多功能立式摄影架

多功能立式摄影架也称“万能立式胸片架”，它是以滤线器为主要部件，使其实现垂直方向上下移动和水平面至垂直面内做任意角度转动。因此，除了拍摄一般的胸片和颈椎片外，还可拍摄各种角度的头颅片，使用较方便。

3. 对置支架　在使用滤线器摄影时，X 线中心总是正对滤线器中心的。对于专用于滤线器摄影的 X 线管，总要跟踪滤线器的位置，为了使用过程期间操作方便，设计了 X 线管和滤线器连为一体的专用支架。X 线管和滤线器在支架上以转轴为中心对称安置，所以称为“对置支架”，也称为“U 形臂”，如图 6-20 所示。

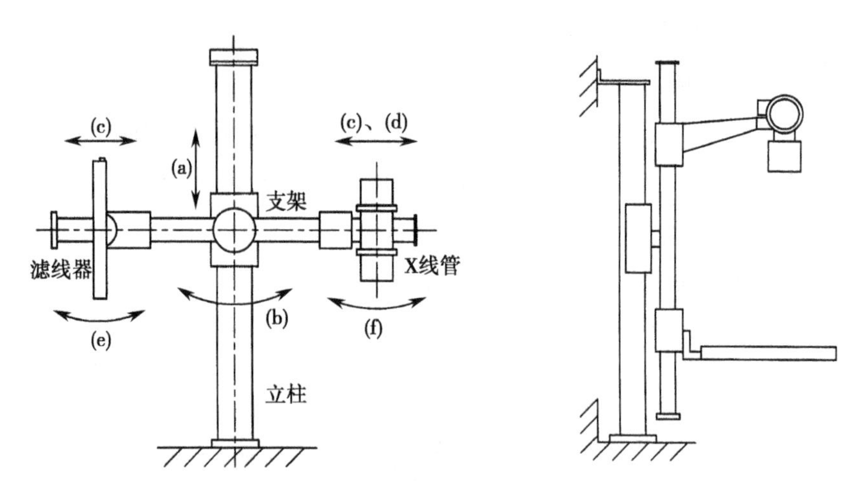

图 6-20　对置支架

对置支架包括一个固定在地面的立柱和一个安装在立柱上的可调支架，适合患者坐、站、躺各种姿势的检查。图 6-20 中从字母 a～f 表示对置支架各个部位的移动和转动功能。

传统的立透机也是这种形式的对置支架，只是用影像增强器替代滤线器。

在数字摄影技术中，用数字摄影方式取代常规的胶片摄影，运用于 U 形臂上，就是用 DR 影像板取代传统的滤线器，而机械结构基本相同。

四、自动曝光控制系统

在 X 线机应用前几十年，人们通常是根据经验选择曝光参数（kV，mA，s）的。如果对参数的估计错误，就会造成 X 线剂量过量或者不足，导致 X 影像不能满足诊断需要。为了保证得到正确曝光的 X 线影像，就必须准确选择曝光参数，这要求操作人员必须具有较丰富的经验和高超的投照技术。

早在 1929 年便有人提出了自动曝光控制原理，从主观估计曝光参数变为客观测量透过患者的 X 线剂量，并在达到胶片最佳浓度所需剂量后自动终止曝光。随着技术的发展，自动曝光控制装置应运而生。

自动曝光控制系统（automatic exposure control，AEC）是在 X 线通过被照体后，以达到 X 线影像接收器所需剂量来决定曝光时间，即剂量满足后，自动终止曝光。所以，AEC 实际上是一种间接的限时装置，即以 X 线的感光效果来控制曝光时间，所以也称为 mAs 限时器。

自动曝光控制的基本原理如图 6-21 所示：利用转换器件（检测器）来检测透过患者的 X 线剂量，并转换成电信号，经放大后进行积分，积分电压送入比较器电路。当该信号电压达到设定参考电压（即设定剂量）时，比较器将输出一个切断曝光的信号，曝光终止。

自动曝光控制系统按检测器件的种类区分，一般可以分为以荧光效应控制的光电管自动曝光控制和以 X 线对气体的电离效应为基础的电离室自动曝光控制，后者较为常用。

1. 光电管自动曝光控制原理（电子管式与半导体式）　光电限时器由能转换 X 线为荧光的荧光屏和能接受荧光的光电管（光电池）或光电倍增管及电子限时器电路等构成。

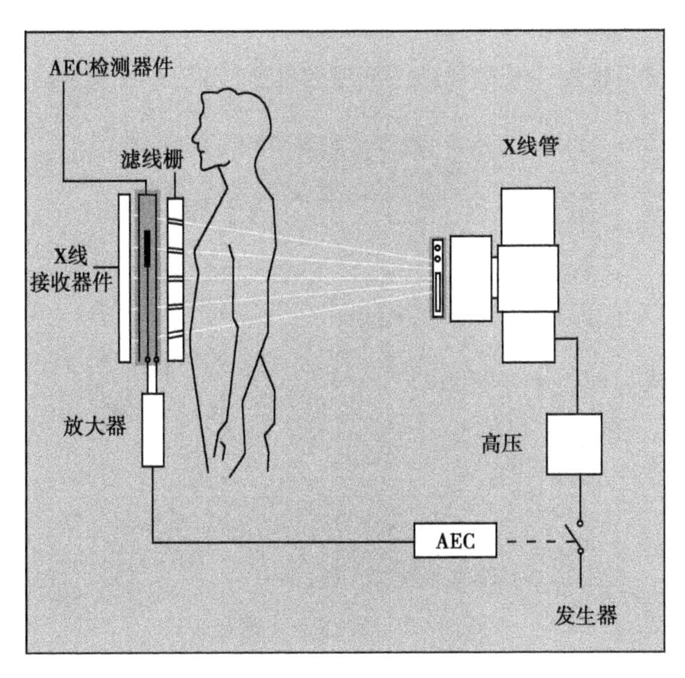

图 6-21　AEC 基本原理图

光电倍增管是在管壳内装有阴极和阳极，在阴极和阳极之间有几个倍增管，在阴极处有可见光的射入窗口，当有可见光的光子射入并到达阴极时，由于光电效应使阴极发射出电子，这些电子经一系列倍增极倍增，最后电子射向阳极。

倍增电子数与入射至光电阴极上荧光成正比，通过几个倍增极一般光电倍增管可增益达数万倍。最后电子都到电位最高的阳极形成光电倍增管电流，在外电路负载电位器上形成信号电压。此信号电压用于控制 X 线发生器中的电子限时电路。

从光电倍增管的输出通过可变电阻器的不同阻值给电容器充电。当电容器充电至某一预定值时，晶闸管部件导通，从而断开 X 线曝光触点，因此终止曝光。

2. 电离室自动曝光控制原理　电离室自动曝光控制系统利用电离室内气体电离的物理效应，在满足 X 线影像接收装置的预设剂量时切断曝光。它比光电管自动曝光控制的应用范围广泛。

电离室的内部结构主要包括两个金属平行极，中间为一定容量的气体。一定容量气体的面积被称为测量野或探测野。电离室通常是一个扁平并列金属板制成，X 线易穿过，位于影像接收装置的前面和吸收散射线的滤线栅后面。在两极间加上直流高压，空气作为绝缘介质不导电。当 X 线照射时，气体被 X 线电离成正负离子，在强电场作用下形成电离电流。利用这一物理特性，将电离室置于人体与成像装置之间，在 X 线照射时，穿过人体的那部分 X 线将使电离室产生电离电流，此电流作为信号输入到控制系统。电离室输出的电流正比于所接受的 X 线剂量，经过多级放大后，在积分器内进行时间积分。这种积分后的电压正比于电离室接受的 X 线剂量与时间的乘积，积分电压放大后送到门限检测器。当积分电压到达预设的门限时，X 线剂量达到设定值，输出信号触动触发器，送出曝光结束信号，立即切断高压。

电离室有一个或多个测量野，可用各种方法安排多个测量野。一般三个测量野用的较多，并允许技术人员自由地选择对检查部位适宜的测量野数和位置。如图 6-22 所示。

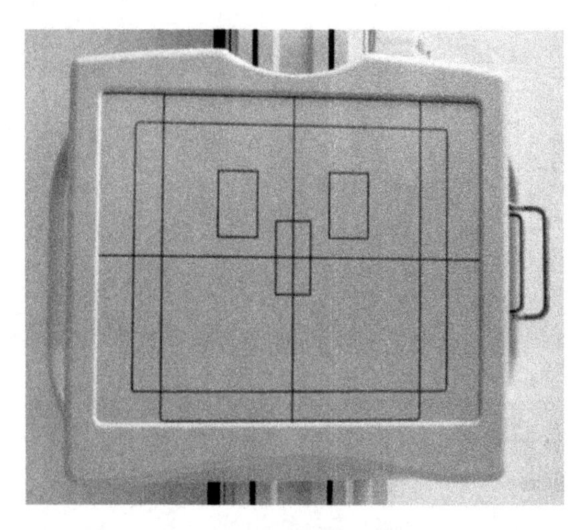

图 6-22　三测量野电离室

使用 AEC 功能应注意：①应灵活根据患者体位正确选择测量野，使感兴趣区位于测量野中心位置，达到正确曝光；②设置适当的 kV 值，若 kV 不足，X 线就不能穿透组织，无法使影像接收装置检测到足够的信号。此时，增加 mA 和曝光时间来补偿是毫无意义的；③预置 mA 的曝光时间值要大于该部位的实际曝光量，否则设备将按预置值结束曝光，从而造成曝光量不足；④小部位及不易准确选择 AEC 测量野时，不建议使用 AEC，应改为个性化曝光；⑤严格控制 X 线照射野，防止空气曝光区处于 AEC 测量野内，造成曝光偏差；⑥尽量减少散射线，防止过多散射线照射到电离室上，使电离室提前终止曝光。

点滴积累

1. X 线摄影系统：将单次曝光的 X 线影像记录在成像介质上的装置的集成。 按 X 线源组件支持装置的不同构造，可将 X 线摄影系统分为落地式、悬吊式及移动式三大类。
2. X 线机中采用滤线栅消除散射线的影响，以提高成像质量。 按滤线栅的构造特点分可分为聚焦式、平行式和交叉式，其中聚焦式最为常用。
3. X 线摄影通常具有自动曝光控制功能。 其控制方式分光电管自动曝光控制和电离室自动曝光控制两类，其中后者较常见。

第二节　X 线胃肠检查系统

X 线胃肠检查系统，简称“胃肠机”，是可以对患者进行胸部透视、胃肠道透视和点片摄影检查的设备，部分胃肠机还具有血管造影功能，在胃肠道疾病的检查中起到重要的作用，尤其是对消化道肿瘤性病变显示比较清晰。

胃肠机由 X 线源组件、X 线发生装置、图像接收装置、诊视床、控制台等部分组成。

X 线透视是利用 X 线透过人体的被检部位，在荧光屏或监视器上形成影像供医生观察，以诊断器官组织是否正常，查找病灶。早期的成像装置是硫化镉类荧光屏，透过人体的 X 线投射在荧光屏上直接转换为可见光影像，由于影像比较暗，操作人员需要在暗室中，站在荧光屏后观察影像，所以需要穿上铅围裙进行防护，以减少 X 线的危害，这种检查方式在一定程度上使操作者的身体受到伤害。由于采用了 X 线增强电视系统，可以把图像传送到一定距离外，于是实现了遥控。因为可以隔室遥控操作，使操作者免受 X 线的照射，因此遥控胃肠机得到普及。

胃肠机从 X 线管的位置上可分为：床下 X 线管型（图 6-23）和床上 X 线管型（图 6-24）两种。目前，使用较多的是后者，把点片装置和影像增强器置于床下，把 X 线管置于床上，系统工作的稳定性较好。床上只有 X 线管组件，空间开阔，方便患者活动，观察和转体较灵活。这种遥控床的压迫器能单独活动，代替人手对检查部位进行压迫，且操作灵活、压力适度。

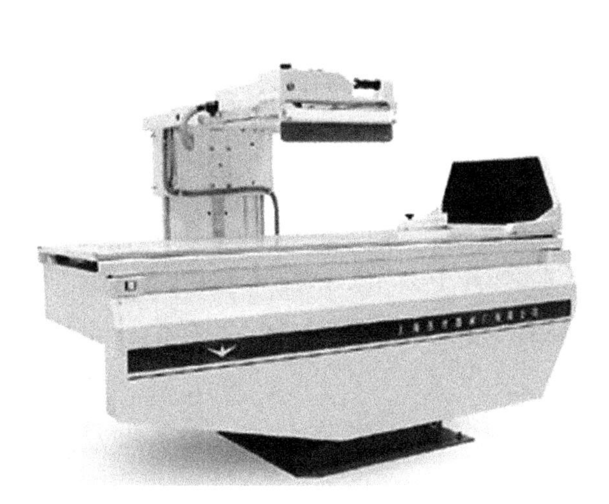

图 6-23　床下 X 线管型胃肠机

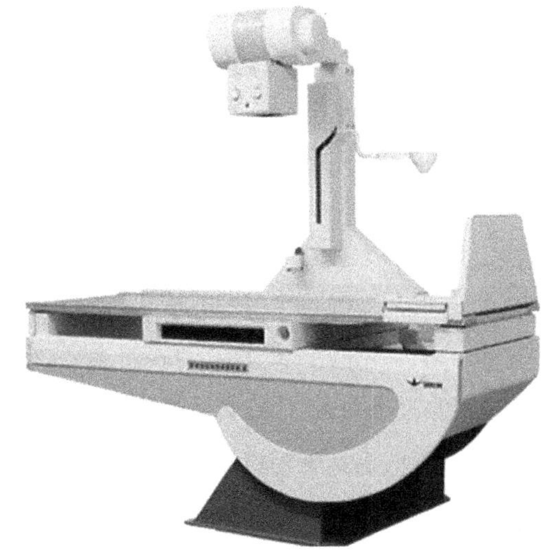

图 6-24　床上 X 线管型胃肠机

一、胃肠机结构

诊视床是胃肠机的患者支持装置，同时用于固定 X 线源组件和成像装置。诊视床主要由床体、点片架、传动系统三大部分组成。其中床体的结构分底座、床身、床面和点片架等，如图 6-25 所示。

1. 底座　是床体的基础。底座的牢固程度关系到整台床的稳定性，底座与地面通过螺栓固定，螺栓分布应均匀合理。

2. 床身　是床面、X 线管摄影装置与底座连接的部分。通过床身可实现的运动有：①床身相对于底座的回转运动；②床面相对于床身的纵、横向移动；③点片摄影装置相对于床身的纵向移动。对床身的要求是：自重轻、强度高、有良好的防散射线功能、外形美观。

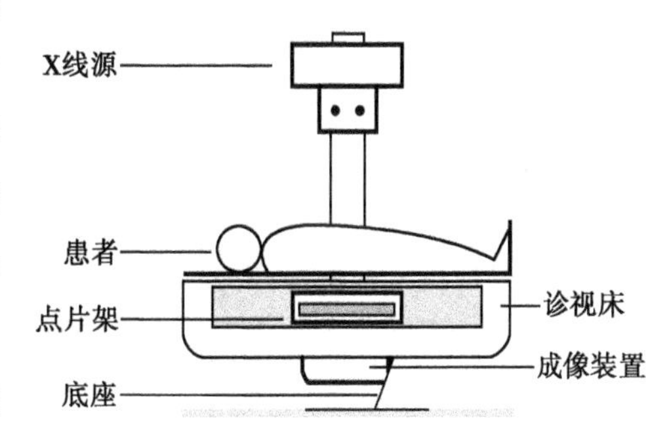

图 6-25　床上 X 线管型胃肠机结构组成

3. 床面　承载患者重量，并带动患者移动。床面通常由床面板、床面框和附件导轨组成。附件导轨用于安装辅助患者站立和固定的附件，如踏脚板、把手、肩托、束腹带等。

在行业标准中，对各类诊视床的床面性能都提出了相应要求：在低管电压下透视时，应无妨碍诊断的阴影；在承受 100kg 体重的人体后，应能正常工作；在承受 135kg 体重的人体后，不应产生永久变形等。

床面板对 X 线的透过性能，直接关系到成像质量，因此行业标准对床面板材料有如下规定：在低管电压下透视时，对 X 线的吸收量应不大于 1mm 铝当量，而且床面板材料组织应均匀，不应有妨碍诊断的阴影，例如木质材料不应有节疤等。床面板常用材料有：胶合板、密度板和层压板等，这些材料成本较低，工艺成熟且能满足 X 线吸收量要求。

针对这些要求，较理想的材料是碳纤维复合材料，这种材料自重轻，密度低，因此对 X 线的吸收很少，却具有很高的强度。在具有悬臂结构的床面中，碳纤维复合材料的使用很广，例如血管造影装置中的导管床、CT 的病床等。

4. 点片架　装载有 X 线源组件、成像装置和压迫器。通过点片架可实现的运动是：①X 线源组件的升降（调节 SID）；②点片摄影装置的纵、横向移动；③压迫器的升降。

二、传动系统

1. 床身转动　诊视床的床身，根据患者不同的检查部位，应处于不同的位置。行业标准规定：①床身转动应平稳；②床身的转动范围为：直立～水平～不小于-5°；③在转动范围内应能随意调节床身的倾斜位置，在顺逆方向回转时，直立、水平和最大负角度均应能自动定位，并在直立和最大负角度应能自动限位；④床身转动操作必须采用常断式开关。

（1）转速：为达到缓启动、缓停止、定位准确的效果，采用变频技术，通过改变电源频率的方法来改变电机转速，进而实现调速过程中具有高效率、宽范围和高精度等特点。

（2）转动范围：床身应能转到直立位，即+90°位；对于负角度，虽然行业标准只要求-5°以上，但一般的诊视床都能转到-30°以上，有的甚至可以转至倒立位，即-90°位。

（3）定位和限位：直立位、水平位和最大负角度位是人体不同部位检查所需的特定位置，在这 3 个位置处设计有限位开关，即床身转至这 3 个位置时会自动停止。为防止限位开关或光电开关失灵而导致床身倾覆，一般在结构设计中还会放置极限保护开关，起到二级保护的作用。

（4）传动结构：一般是转动支点设在偏脚端的地方，这样可以保证床身往直立位旋转过程中始终不会触地，而最大负角度则受到结构限制，在这种结构下，床身一般只能转到-30°以下，如图 6-26 所示。

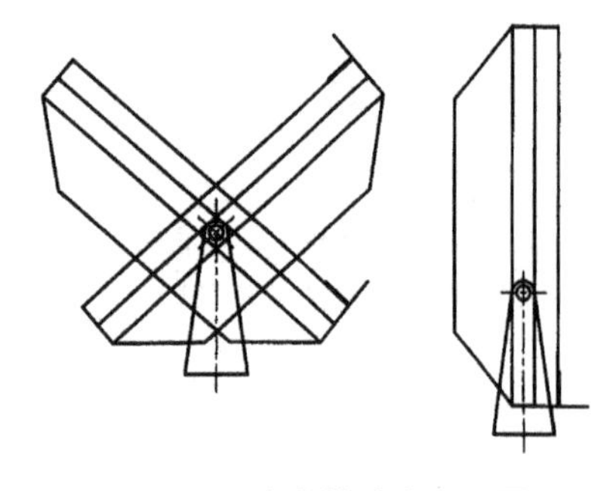

图 6-26　床身转动支点位置

因为床身负角度的要求，所以结构上既要保证床面不能离地太高，又要能使床身转至较大的角度而不碰地面。“差动可变支点结构”可以满足这样的要求，即床身在转动过程中，相对于底座作同步纵向移动，转动支点的位置始终在变化，避免了“触地”的发生。常见的结构是齿轮齿条差动可变支点结构，如图 6-27 所示。

该结构的传动链是这样的：

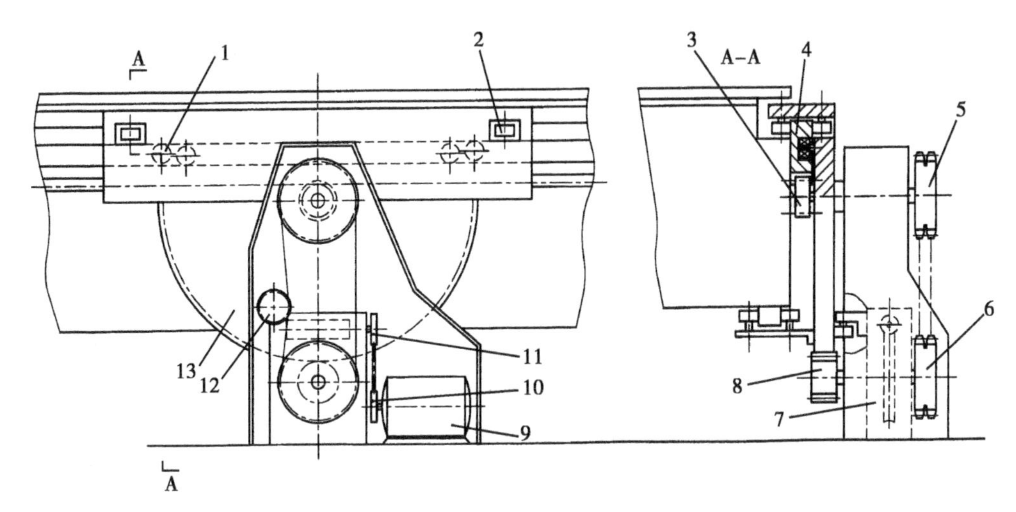

图6-27　齿轮齿条差动可变支点结构

电动机9→带传动10、11→蜗轮蜗杆减速箱7 ↗ 小齿轮8→扇形齿轮13→床身转动 ↘ 链传动6、5→小齿轮→齿条4→床身纵向移动

2. 床面移动　患者躺在诊视床的床面上，必须将X线中心对准需诊断的部位，以获得理想的图像，这是通过移动床面或点片架来实现的。

诊视床的床面一般都有纵、横向移动功能。患者躺在床面上，沿头脚方向的移动为纵向移动，左右方向的移动为横向移动。有些诊视床没有床面纵向移动功能，这就要靠加大点片架的纵向移动来弥补纵向行程的不足。

床面的纵向和横向移动属直线运动，其中横向移动的行程比较短，移动范围一般在±100mm，有些结构直接采用直线电机驱动，中间不再有任何传动装置。而纵向移动的行程比较长，移动范围一般在-500～+1000mm。

下面介绍一种常用的床面纵、横向移动的传动结构，如图6-28所示。

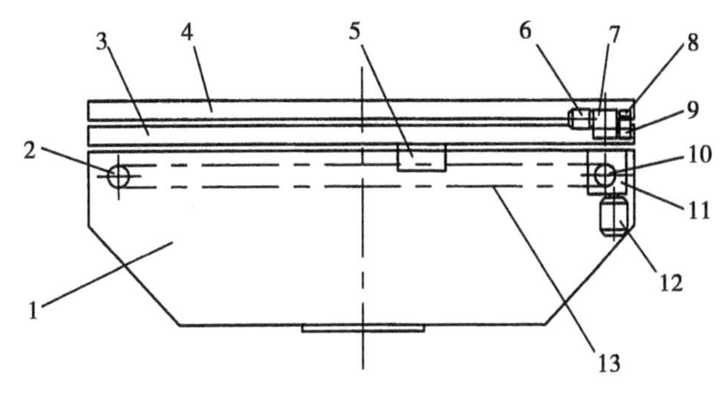

图6-28　床面纵、横向移动传动结构

床面纵、横向移动传动结构该结构的传动链是这样的：

电动机6→减速箱7→小齿轮9→齿条8→床面框4横向移动

电动机12→减速箱11→链传动10、2→链条13→过渡架3（带动床面框）纵向移动

边学边练

熟悉诊视床的传动系统，熟悉其各部分的性能。请见“实训十七　诊视床的结构分析与调试”。

三、点片摄影装置

透视检查是连续工作的方式，其剂量不会很大，这意味着影像的信噪比不会高。临床上为了提高影像诊断的质量，在透视过程中需要把具有代表性的观察状态抓拍下来，因此需要在确定部位用较高剂量成像，因而采用摄影（拍片）的方式解决这一临床需求，在摄影的瞬间 X 射线的剂量陡然增加，结束后重新回到透视状态，摄影所得到的高质量影像提高了临床诊断的准确率。从透视转为摄影被称为“点片摄影”，或“适时摄影”。X 线胃肠检查系统都具备点片摄影功能，实现这一功能的装置被称为“点片摄影装置”。

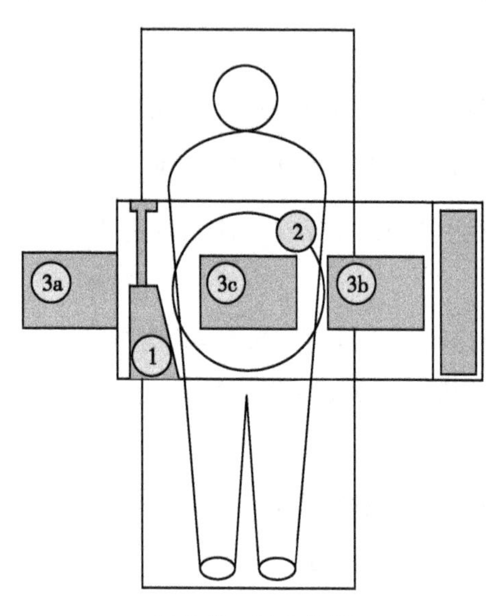

图 6-29　暗盒位置
3a：装片位；3b：准备位；3c：曝光位

点片摄影装置是胃肠机的主要部件，在行业标准中，又被称为“胃肠检查摄影装置”。点片摄影装置装有胶片、X 线增强电视系统，分别用于摄片和透视。

早先的 X 线胃肠检查需要使用胶片，因此具备胶片的运送、定位、识别和分割功能。装有暗盒、滤线栅和电离室的暗盒滑车在被装入暗盒到曝光后吐出暗盒的过程中共走过 3 个位置：装片位、准备位和曝光位，如图 6-29 所示。

随着数字化点片技术的出现，暗盒式点片装置的应用逐渐减少，数字胃肠 X 线机成为临床的主要机型。而 DR 技术的普及，X 线增强电视系统也将逐渐被动态平板探测器取代。使用平板探测器后，点片摄影装置的结构可以大大简化。

边学边练

熟悉暗盒式点片装置的功能与结构，学会暗盒式点片摄影装置的调试方法，了解其常见故障及解决方法。请见“实训十八　点片摄影装置的分析与调试”。

四、自动亮度控制

在透视过程中，由于被检部位的变化，被检部位的厚度或密度也相应发生变化，使影像增强器输出影像的亮度也会随之变化，最终导致监视器显示图像的亮度不稳定，不利于图像的观察，影响诊断效果。因此，在 X 线高压控制器中专门增设了自动亮度控制系统（auto brightness control，ABC），或称为图像亮度稳定系统（image brightness stable，IBS），或自动亮度稳定系统（auto brightness stable，ABS），由电视控制器输出的图像亮度信号通过 ABC 电路调节管电压或管电流，使图像亮度达到稳定，如图 6-30 所示。例如，当被检部位厚度增加时，透射 X 射线剂量下降，则影像增强器输出亮度降低，监视器图像亮度也随之变暗，此时送入 ABC 电路的亮度信号也下降，而 ABC 电路根据图像亮度下降的程度可调节高压控制器中的管电压或管电流上升，使 X 线输出剂量增加，最终使监视器图像亮度达到稳定。

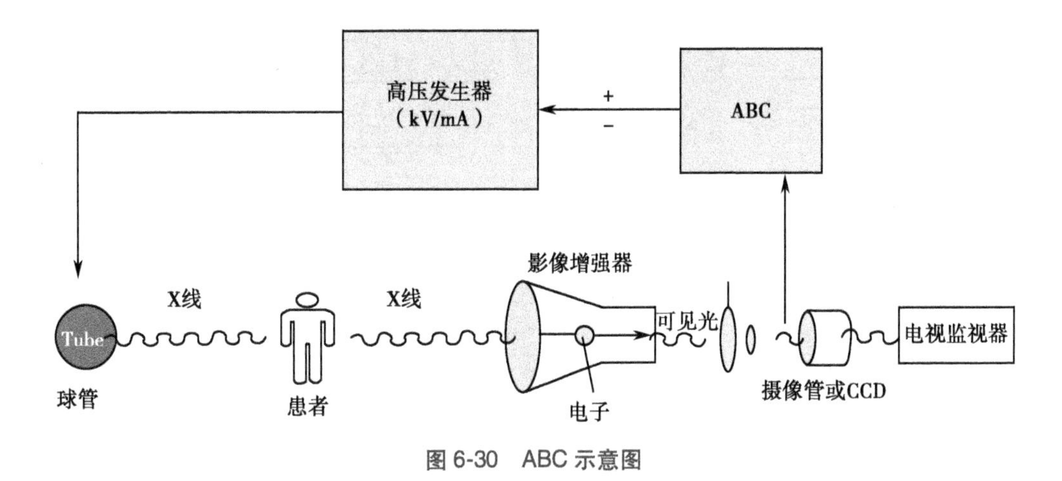

图 6-30　ABC 示意图

自动剂量控制响应速度较慢，调节范围较小，并且当输入的信号较弱时信噪比变差。为此，还需要配备自动增益控制，它的作用是在自动剂量控制调整期间通过增益的控制使图像的亮度保持稳定。自动剂量控制与自动增益控制两者协同起来，最终获得高质量的图像。这一调整过程是一个相互作用的过程，当人体对 X 线吸收量突然增大引起视频亮度减小时，自动增益控制立即提高增益，从而使亮度保持在人眼几乎察觉不到的变化范围内，而当自动剂量控制充分调整之后，视频亮度在经历了一个过渡时间之后也达到正常值，此时自动增益控制将恢复到原来的工作点，在整个调整过程中，自动增益的调整保持着视频图像的亮度基本不变，当然在这个过程中图像的信噪比会有相应的变化。

五、X 线胃肠检查系统的拓展应用

（一）纵向体层摄影

纵向体层摄影的功能是拍摄人体内某一层面上一定厚度组织的 X 线片，它的特点是使人体内部某一高度层面成像清晰，使其他高度层面的组织模糊不清，这样就排除了所摄层面上下其他组织的遮挡和重叠，突出了感兴趣层面的影像，如图 6-31 所示，特别是对纵隔、肺、骨骼等部位的检查。在图 6-31 中，A 图为普通 X 线摄影，可以看到在 X 射线投照方向上，○、×、△ 三类器官重叠在一起，不好区分；B 图为纵向体层示意图，在垂直方向上 ○、×、△ 三类器官重叠，但球管与影像接收器以 × 所在层面为支点分别左右移动，则在影像接收器上形成了 × 层面清晰而 ○、△ 层面模糊的像；图 C 亦为纵向体层示意图，○、×、△ 三类器官在同一个层面上，经过纵向体层摄影后，在影像接收器上形成该层面清晰而其他层面模糊的像。在 CT 问世之前，这是唯一能提供人体层面影像的 X 线检查方法。

随着 CT 技术的迅速发展，能提供各方向平面的图像，传统体层摄影使用逐渐减少。

1. 基本原理　在普通 X 线摄影中，要得到组织器官的清晰影像，必须在曝光中使 X 线管、患者和成像装置保持严格固定，有一个因素产生晃动就会产生影像模糊。纵向体层摄影就是利用这一基本原理，使感兴趣层在曝光过程中与 X 线管、成像装置保持相对静止关系，所以能得到这个层面组织的清晰影像，而其他层的组织与 X 线管、接受介质发生相对运动，所以影像就被模糊掉。

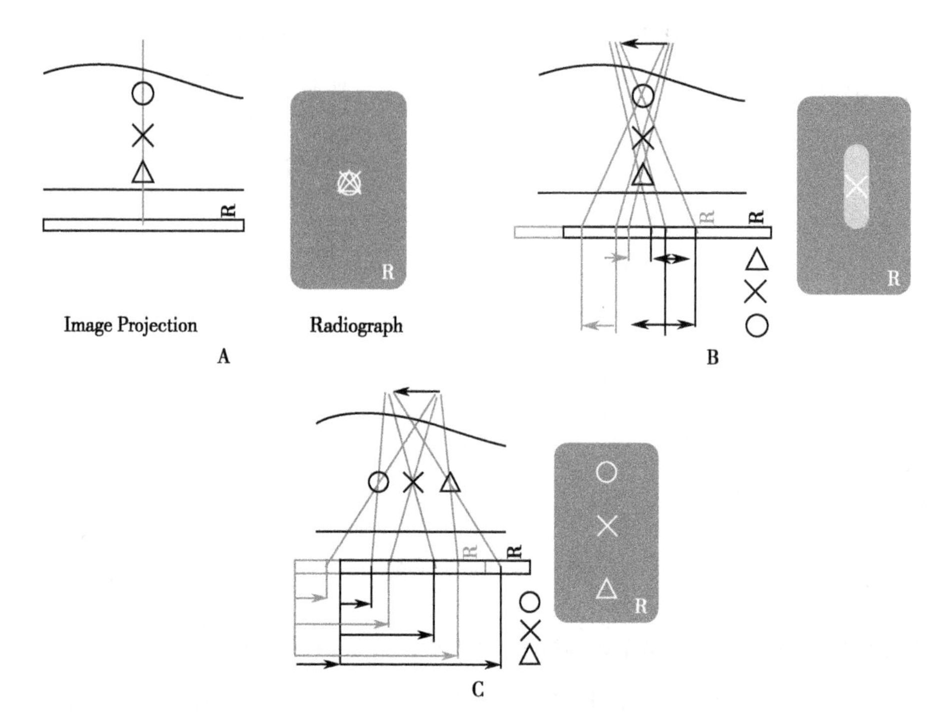

图 6-31　普通 X 线摄影与纵向体层摄影比较

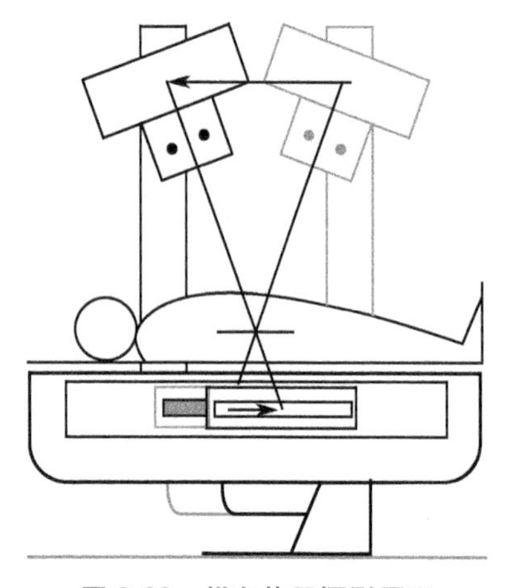

图 6-32　纵向体层摄影原理

如图 6-32 所示，曝光过程中，X 线管和点片摄影装置在连杆带动下，绕与人体感兴趣层同一高度的轴心作反方向匀速协调运动，感兴趣层与点片摄影装置始终平行。这样，感兴趣层组织在胶片上的投影点始终保持相对固定，放大量始终一致，就能在胶片上清晰成像。其他层面上组织的投影点不能保持固定，形成模糊图像。

2. 基本概念　曝光角：指体层摄影曝光期间，X 线中心射线以转动支点为顶点形成的夹角，或者指曝光期间连杆摆过的角度。

体层厚度：曝光角固定时，离指定层越远，层面上组织在成像介质上投影的移动量越大，模糊越厉害，最后在胶片上清晰成像的是指定层附近一薄层组织的 X 线影像，该薄层组织的厚度即为体层厚度。其他层面上组织的影像被模糊而形成均匀的背景密度。

指定层外一定距离上的组织，其影像被模糊的程度与曝光角有关，曝光角越大，其被模糊的程度越大，也就是说，胶片上清晰影像所对应的组织厚度随曝光角的增大而变薄。所以，对厚的部位做体层摄影时，用较小的曝光角。因此，厚层体层摄影也称为“小角度体层摄影”。

体层运动轨迹：曝光中 X 线管焦点的移动平面的投影称为体层运动轨迹。当连杆在平面内摆动时，X 线管焦点也在该平面内移动，其运动轨迹必然是一条直线。当连杆以立体角运动时，焦点运动轨迹可能是圆、椭圆、内圆摆线等。具有两种以上运动轨迹的体层摄影装置称作多轨迹体层装置，由专用体层摄影床实现。

（二）数字合成体层成像

数字合成体层成像是在传统体层摄影的几何原理基础上，结合现代数字图像处理技术研发的新型体层成像方法。在传统体层摄影中，X 线源与成像装置围绕支点做同步相反方向运动，得到过支点且与胶片平行的感兴趣层面的清晰图像。数字合成 X 线体层成像的进步之处在于：通过一次运动过程，获取有限角度内多个不同投影角度下的小剂量投影数据，利用计算机进行图像处理，可回顾性重建任意深度层面的图像，其成像原理如图 6-33 所示。

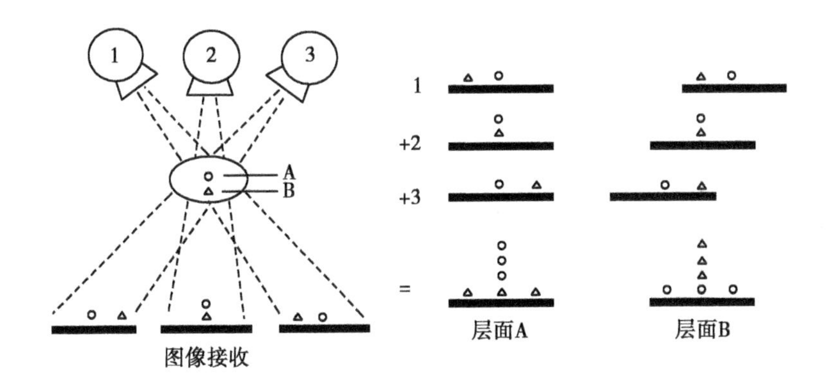

图 6-33　数字合成体层成像

数字合成体层成像具有辐射剂量小、设备简单、易与普通 X 线设备融合、可显示 3D 信息等特点，并能够实现 CT、MR 不能进行的一些特殊体位的检查。但受采样率的限制，图像质量达不到 CT 的标准，可作为常规 X 线检查的一项辅助断层手段。

（三）多功能诊视床

也称“万能床”，因其形似摇篮，故也称“摇篮床”。它也是一种遥控床，除具有遥控床的全部功能外，床面能带患者一起转动，并可在任意角度停止，做出医生所希望的各种动作，如图 6-34 所示。

由于多功能诊视床具备了这些条件，对于过滤性检查，可以编制程序使床面动作、点片装置动作、床身倾斜、点片摄影等有机地按时间顺序排好，把患者固定到台面上后，自动按顺序执行程序，可进行常规透视，并在预定体位进行摄影。

多功能诊视床的结构多采用固定底座和 C 形滑槽，可实现床身的垂直、水平和负角度回转；床面可绕其纵轴作 ±360° 旋转；X 线管和成像装置可绕患者转动 ±90°，还可作纵、横向移动，并可升降以调节 SID。

多功能诊视床除具有遥控诊视床的全部功能外，还具有以下优点：①患者被固定在凹形床面上，身体随床面可作大角度旋转，在患者不动的情况下，可方便地进行各种体位的透视和点片摄影；②X 线管和成像装置可一起绕患者转动，以便对同一部位进行不同体位的观察。

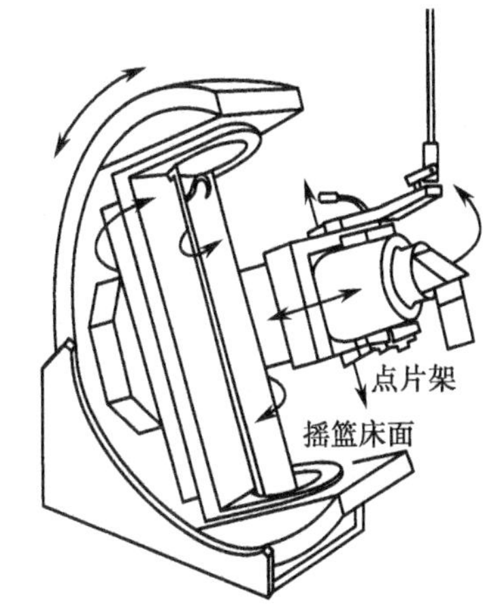

图 6-34　多功能诊视床

点滴积累

1. X 线胃肠检查系统，简称“胃肠机”，是可以对患者进行胸部透视、胃肠道透视和点片摄影检查的设备。 按 X 线管的位置上可分为：床下 X 线管型和床上 X 线管型两种。 目前，使用较多的是后者。
2. 胃肠机的主要特点：能实现床身转动、床面移动和点片架移动等多种机械运动；具有自动亮度控制功能。

第三节　X 线血管造影系统

X 线的发现使人们可以观察人体内部结构，但分辨软组织的能力较差。20 世纪 20 年代开始出现了人体血管造影技术。由于血管影像不仅能显示血管本身的结构，也能显示器官形状及与周围器官的关系，所以该技术很快受到重视。

血管造影是一种介入检测方法，将显影剂注入靶血管内，利用 X 线无法穿透显影剂这一特性，通过显影剂在 X 线下所显示的影像来诊断血管病变。对患者进行局部麻醉后将细针插入患者动脉中，通过细针将导丝插入血管中。导丝的作用是曝光下引导合成导管到达需要的位置。通过使用导管注射含碘的造影剂，可以显示不同器官的血管。取出导管后，使用绷带、敷料包扎压迫穿刺部位进行止血。但传统方法的血管造影存在着两个问题。一是侵入性可能导致局部并发症，另一个是各种组织互相重叠，血管影像难以辨认，给临床诊断带来困难。为获得清晰的血管影像，除去与血管重叠的背景结构，从兴趣区分离出差别的影像，可以采用减影的方法。

数字减影血管造影（DSA）是 20 世纪 80 年代兴起的一种医学影像学新技术，是计算机与 X 线血管造影相结合的一种新的检查方法。随着计算机技术和数字成像技术的不断发展，平板探测器技术的不断完善和应用，DSA 设备的主要结构及性能也将发生重大变化。

DSA 与传统的心血管造影相比，其优势主要有：消除血管以外的结构，突出显示血管影像，图像清晰；图像分辨率高，可使密度差为 1% 的影像显示出来；图像采集和处理都是以数字形式进行，便于传输、存储和远程会诊；能做动态性研究；具有多种图像处理功能；DSA 的血管路径图功能，能指导介入插管，减少透视次数，提高效率；对比剂用量少、需要的浓度低，图像质量高。提高图像的定量分析能力，是 DSA 技术的主要发展趋势，也是医学影像诊断与治疗的关键技术。

一、数字减影血管造影工作原理

DSA 技术有三种成像原理：

1. 时间减影　把人体同一部位的 2 帧含有不同影像信息的图像相减，从而得出它们的差值部分。在注入造影剂之前，首先进行第一次成像，称为掩模像或蒙片（mask），注入造影剂后再次成像称为造影像（contrast image）或充盈像。广义地说，蒙片是被减的图像，而造影像则是减去的图像，差值即为减影像，两次图像相减后得到的就是一个只有造影剂的血管图像。缺点：先后两次曝光,易受运动的影响,造成蒙片与造影图像配准不良,导致影像模糊。目前使用的 DSA 减影过程基本上按下列顺序进行:①摄制普通片;②制备蒙片,即素片、蒙片、掩模片、基片;③摄制血管造影片;④把蒙片与血管造影片重叠一起翻印成减影片。注:①与③为同部位同条件曝光。制备蒙片是减影的关键,蒙片就是与普通平片的图像完全相同,而密度正好相反的图像,即正像,相当于透视影像。

DSA 流程如图 6-35 所示。实施时间减影技术处理前,常需对 X 线图像做对数变换处理。对数变换可利用对数放大器或置于 A/D 转换器后的数字查找表来实现,使数字图像的灰度与人体组织对 X 线的衰减系数成比例。由于血管像的对比度较低,必须对减影像进行对比度增强处理,但图像信号和噪声同时增大,所以要求原始图像有高的信噪比,才能使减影像清晰。

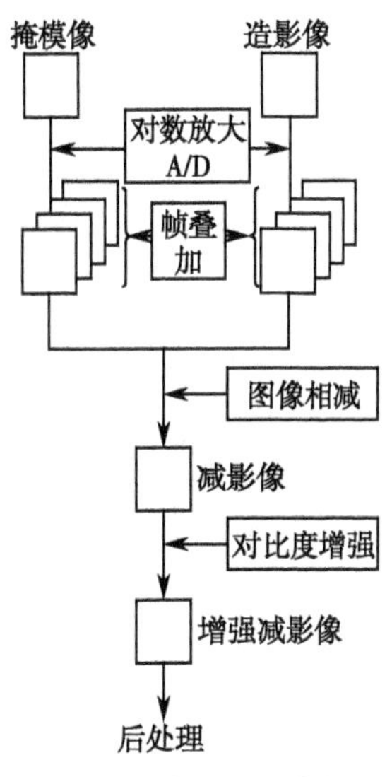

图 6-35　DSA 处理流程图

2. 能量减影　又称双能减影或 K 缘减影。在极短的时间内,对同一部位,利用两种不同能量采集的影像组成“减影对”,作减影处理,得到保留碘信号,而削弱背景组织的 DSA 减影方式称为能量减影。基本原理是对感兴趣区血管造影时,几乎同时用两种不同的管电压(如 70kV 和 130kV)取得 2 帧图像,对它进行计算机减影后处理。能量减影方法利用了碘与周围软组织对 X 线的衰减系数在不同能量下有明显差异的特性(碘在 33keV 能级时衰减曲线发生跃变,衰减系数突然增大,而软组织衰减曲线是连续的,并且能量越大,衰减系数越小)。若将一块含骨、软组织、空气和微量碘的组织分别用能量略低于和略高于 33keV(碘的 K 缘能量)的 X 线(分别为 70kV 和 130kV)曝光,则后一帧图像比前一帧图像的碘信号大约减少 80%,骨信号大约减少 40%,软组织信号减少约 25%,气体则在两个能级上几乎不衰减。若将这两帧图像相减,所得的图像将有效地消除气体影,保留少量软组织影及明显的骨影和碘信号。若将 130kV 时采集的图像用约 1.33 的系数加权后再减影,能很好地消除软组织和气体影,仅留下较少的骨信号及明显的碘信号。能量减影法还可把不同衰减系数的组织分开,例如把骨组织或软组织从 X 线图像中除去,从而得到只有软组织或骨组织的图像。具体方法是:用两种能量的 X 线束获得两幅图像,一幅在低能 X 线下获得,另一幅在高能 X 线下获得,图像都经对数变换进行加权相减,就消除了骨或软组织。目前,数字 X 线摄影系统和 X-CT 都开始利用能量减影技术。

3. 混合减影　混合减影(hybrid subtraction)基于时间与能量两种物理变量,是能量减影与时间减影相结合的技术。

其基本原理是:对注入对比剂以后的血管造影图像,使用双能量 K 缘减影,获得的减影像中仍含有一部分骨组织信号。为了消除这部分骨组织信号,得到纯含碘血管图像,须在造影剂未注入前先做一次双能量 K 缘减影,获得的是少部分骨组织信号图像,将此图像同血管内注入对比剂后的双能 K 缘减影图像再作减影处理,即得到完全的血管图像,这种技术即为混合减影技术。混合减影经历了两个阶段,先消除软组织,后消除骨组织,最后仅留下血管像。

混合减影要求在同一焦点上发生两种高压,或在同一 X 线管中具有高压和低压两个焦点。所以,混合减影对设备及 X 线球管负载的要求都较高。

但此种减影是 4 帧影像形成,所以信噪比有损失,仅为时间减影的 35%~40%,因此,对小血管显示不利,此为混合减影的缺点。

二、数字减影血管造影系统构成

相对于其他类型医用 X 线机,DSA 的成像过程更为复杂,对技术的要求也更高,下面将对系统进行分解介绍。

图 6-36 和图 6-37 是 DSA 成像系统的框图和实物图。DSA 成像链主要包括:X 线源组件、滤线栅、I.I+摄像管、数字图像处理、显示器。随着动态平板技术的成熟,使 DSA 系统越来越多地采用平板探测器作为成像设备。

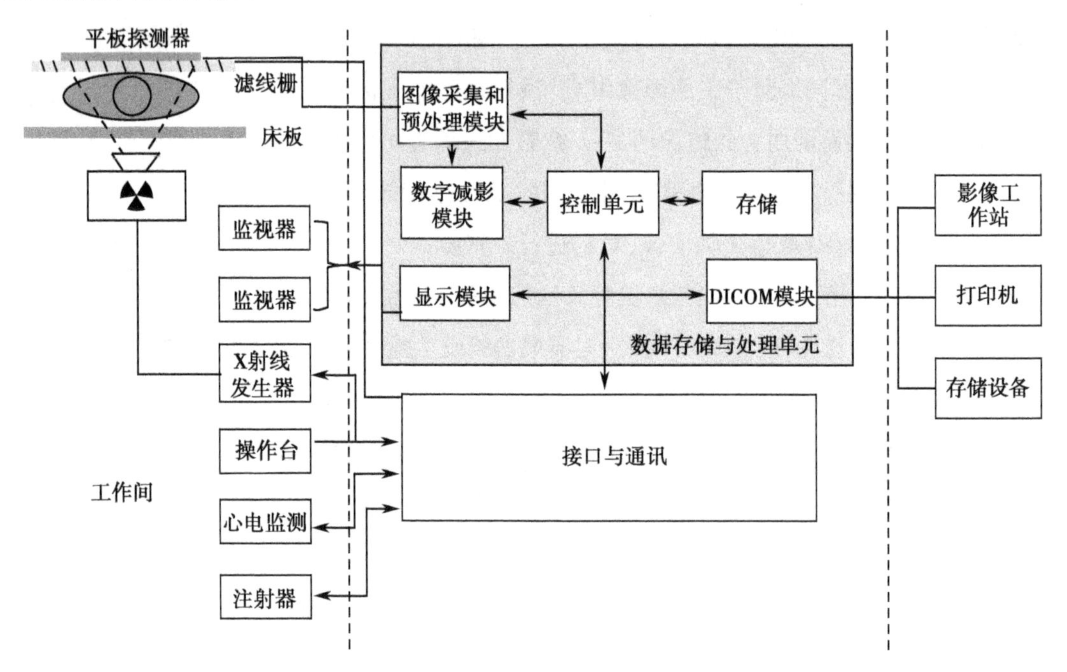

图 6-36　DSA 成像系统框图

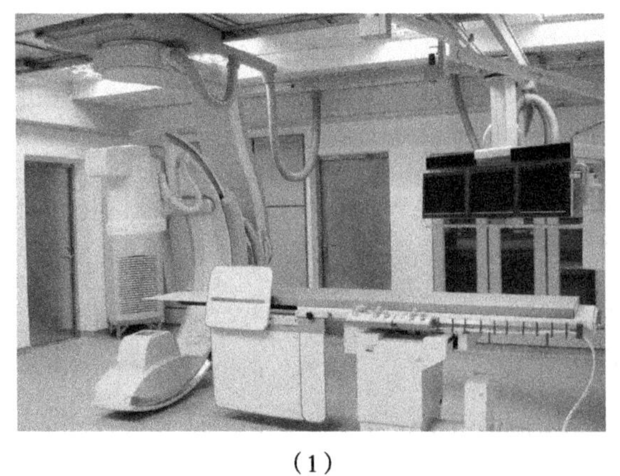

(1)

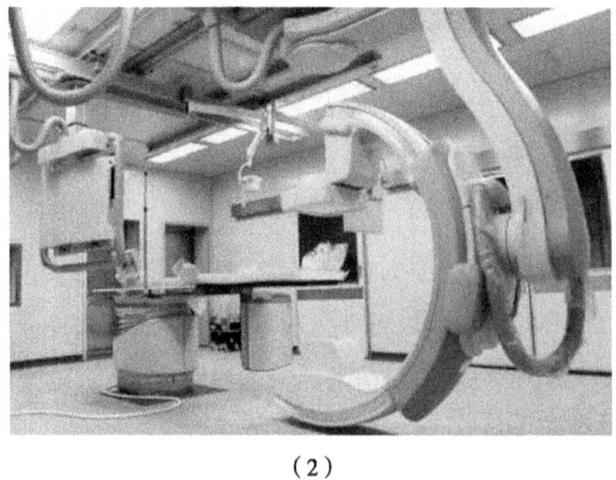

(2)

图 6-37　DSA 设备
(1) 基于影像增强器的 DSA;(2) 基于平板探测器的 DSA

（一）X 线发生系统

因血液流动的原因，造影剂在注入血液后很快被冲淡稀释，依照临床诊断需求，在稀释前必须迅速多次采集图像。每幅图像的采集时间很短，为使图像达到足够的质量，X 线发生系统必须在有限的时间内输出足够剂量，应满足下列要求：

1. 主机大功率　X 线机在心血管造影时，采集频率高，则分给每幅图像时间均很短。为了减少活动脏器在曝光期间的活动所带来的伪影，多采用脉冲式曝光。脉冲式曝光频率高，需在数毫秒的时间去采集每幅图像。这就要求 X 线机能在短的时间内输出足够大的功率。一般要求输出功率在 80kW 或以上。

2. 千伏波形平稳　为保证每幅图像感光量均匀一致，除了照射参数一致外，还要求 kV 值输出稳定。现在大多采用逆变高频高压发生器，容易获得波形较平稳的高压。

3. 脉冲式控制　采用脉冲式曝光，对快速活动的脏器如心脏等，或因呼吸运动引起的脏器运动，可减少其活动带来的图像模糊，获得较高的图像锐利度。脉冲控制有栅控 X 线管方式和高压初级控制方式。栅控 X 线管方式高压波形陡峭，从而消除软射线，但设备较复杂，增加了成本和故障率。高压初级控制方式对于软射线的抑制不如栅控管方式，但电路简单，工作稳定，特别使用了逆变技术，控制比较容易，是大多用户的选择。脉冲采集帧率依 DSA 装置、病变部位和病变特点而定。大多数 DSA 装置的采像帧率是可变的，一般有 2～30 帧每秒不等。DSA 的超脉冲式和连续方式采像帧率高达每秒 50 帧。一般来说，头颅、四肢、盆腔等不移动的部位，每秒取 2～3 帧采集；用于腹部、肺部等较易运动的部位，每秒采取 6 帧；对不易配合的患者可选择每秒 25 帧；心脏和冠状动脉等运动大的部位每秒必须在 25 帧以上，才能保证采集的图像清晰。采集时间的确定要依据插管动脉的选择程度、病变的部位和诊断的要求而定，如腹腔动脉造影需要观察门静脉时，颈内动脉造影需要观察脑静脉窦期等，这时候采集时间可达 15～20 秒。

4. X 线管　DSA 连续透视和曝光采集，要求 X 线管热容量高。大型 DSA 装置一般采用金属陶瓷外壳、液态金属轴承、高速旋转阳极 X 线管，热容量一般在 1～2MHU，转速可达 8500r/min 以上。金属陶瓷管壳 X 线管可以提高散热率，还可以吸收由于靶面气化形成的粒子，提高图像质量和 X 线管的寿命。X 线管组件内的绝缘油采用外部循环散热方式或冷水进入组件内循环散热方式，保证 X 线管的长时间连续使用。X 线管焦点多采用双焦点或三焦点，以适应不同的照射方式和照射部位需要。

（二）成像系统

DSA 成像系统通常由影像增强器、摄像机系统、光学系统和图像采集四部分组成。

1. 影像增强器　采用碘化铯作为输入屏，具有 X 线吸收率高、转换效率高、杂色斑点少、光子噪声低、图像分辨率高等优点。输入视野，根据临床不同需要，具有多种尺寸选择，并且视野大小可变。输出屏分辨率高，图像锐利度和对比度优良，无图像畸变。

2. 摄像机系统　目前普遍采用的 CCD 至少有 100 万像素，采集矩阵 1024×1024，具有 12 位的灰阶分辨率。CCD 具有下列优势：光电灵敏度高、动态范围大、空间分辨率高、几何失真小、均匀性好、体积小、重量轻、寿命长、价格低、抗振动性好、不受磁场影响等。

3. 光学系统　DSA 系统图像采集分为透视采集和摄影采集。两者 X 线剂量差别大（信噪比差别大)，要求镜头光圈能随时调节，保证摄像器件在适宜照度下工作。两种情况频繁交换使用，所以摄像机的光学系统采用大孔径、可自动调节的电动光圈镜头。

近几年来，以动态平板探测器取代 X 线增强电视系统的 DSA 系统已在临床成功应用。其优势是：图像的空间分辨率高、成像的动态范围大、余辉小、可作快速采集、需要的射线剂量低等。另外，平板探测器代替体积庞大的 X 线增强电视系统，使 C 形臂结构紧凑、控制灵活，患者面前开阔、无压抑感，深受患者和医生欢迎。随着技术的发展、性价比的提高，动态平板探测器将会得到越来越广泛的应用。

4. 图像采集　主要是将视频信号转换成数字信号，然后经过降噪等处理进行输出的过程。如今，以动态平板探测器为主体的数字化 DSA 系统的采集系统输入的不再是视频信号，而是数字信号。采集板主要包括采集帧缓存、积分电路、积分帧缓存和 PCI 接口四部分，如图 6-38 所示。

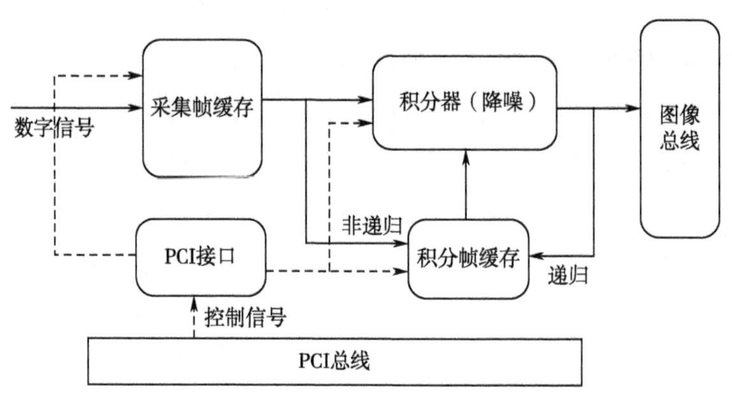

图 6-38　采集板结构示意图

(1) 采集帧缓存：主要是接受来自 A/D 转换后的数字信号，将图像进行反转后输出至积分电路和积分帧缓存。采集帧缓存内包括几个小的帧缓存，这样可方便数据的进出。

(2) 积分帧缓存：主要实现图像的降噪和图像的保存。实时透视和电影的图像噪声可在这里通过递归和非递归的算法进行降噪。另外，还有一种特殊的运动校正噪声抑制，其主要目的是降低运动物体产生的运动伪影，例如心脏。

(3) 积分电路：通过对输入透视和电影图像数据进行实时积分而完成数据的平均，实现降噪。

(4) PCI 接口：将从 PCI 总线传来的控制信号传递给其他部分。

(三) 机械系统

大型 DSA 设备的机械系统包括支架、导管床、显示器吊架等。

1. 支架结构　DSA 系统的支架大都采用 C 形臂，方便手术操作。按 C 形臂的数量分为单 C 形臂和双 C 形臂。一般 DSA 为单 C 形臂，即只能采用一个角度进行观察，如果需要从不同角度观察，就必须不断调整 X 线照射角度，这样的操作导致检查及治疗的效率低下。而双 C 形臂 DSA，可以同时从两个角度显示病变的情况，在以下方面优越性最为突出：(1) 动静脉畸形栓塞过程中，可以同时观察到栓塞胶在血管内向各方向的扩散情况，避免了误栓其他血管分支，最大限度地保证了患者的安全;(2) 置入造影导管/微导管过程中不同角度同时观察,不需要随着置管的深入而不断改变投射角度;(3) 一次完成两个角度造影,减少了造影剂的用量,降低了肾脏损害的风险,同时缩短了造影时间,提高了病变检出率(儿童手术意义更重大)。支架按安装方式分为落地式和悬吊式,如图6-39所示。落地式和悬吊式各有利弊,主要根据工作特点和机房承重等情况选择。而目前先进的复合手术室需要承载多病种手术,采用可移动落地式C形臂DSA,不做造影时将C形臂系统移动到房间的特定区域为手术的进行腾出空间。

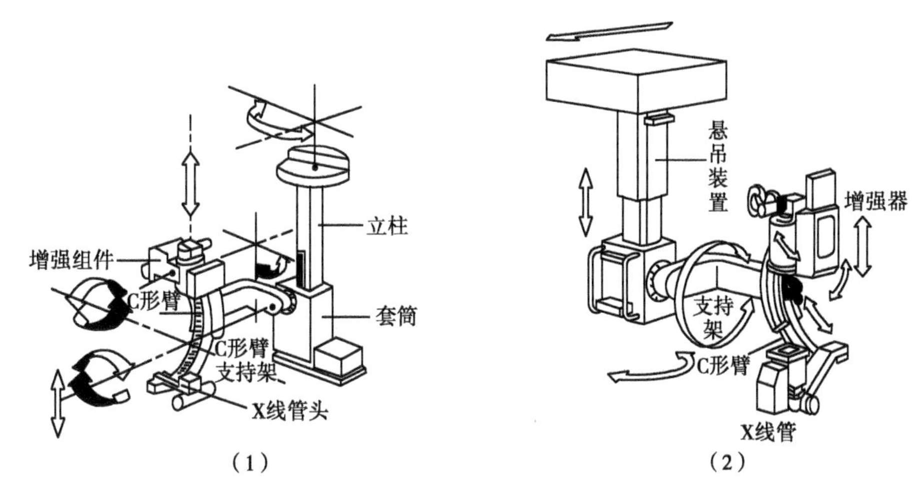

图6-39 C形臂支架结构示意图
(1) 落地式C形臂示意图;(2) 悬吊式C形臂示意图

近年来,DSA设备的发展趋势是向专用化转变,即单向C形臂系统用于全身的血管造影与介入放射学,双向C形臂则用于心脏和大血管检查。目前旋转DSA成像设备已应用于临床,能使X线管作旋转运动或多轨迹运动,可实现三维血管造影的减影影像显示,同时计算机内存储蒙片的方法或程序化步进式DSA的实现,改善了以往使用常规步进式DSA的不足。

现以落地式C形臂说明其结构。在C形臂的两端分别相对安装X线源组件和成像装置,并使两者的中心线始终重合在一起,即无论在任何方向进行透视,X线中心线都始终对准影像增强器或平板探测器的中心。C形臂由其托架支持,并设有驱动电机,使C形臂能在托架上绕虚拟轴心转动。托架安装在立柱(固定或活动)或L形臂上,通过安装轴,托架可带动C形臂一起转动。这两个转动使X线管形成球面活动范围。L形臂能绕活动球心垂直轴转动,则活动范围更大。

落地式C形臂也称为三轴支架。C形臂可围绕患者的任一水平轴(患者水平躺在导管床上)转动,托架带动C形臂可围绕患者的另一水平轴转动,L形臂带动C形臂整体可围绕患者的垂直轴转动。围绕三轴的转动可以单独转动,也可联动,实现球面范围内对人体任意部位、角度进行透视。C形臂旋转速度一般为(15°~25°)/s,最快可达(40°~60°)/s,一次最大旋转角度可达305°,以满足三维成像的需要。

三轴系统是旋转采集成像、计算机辅助血管最佳角度定位等功能的基础。判断支架的性能主要看:L形臂的旋转活动范围,C形臂的转动角度范围和托架的转动角度范围;运动的速度和稳定性;动态探测器的上下运动等。设备应能自动显示C形臂的位置、角度等数据。

为了扩大活动范围，悬吊式和部分落地立柱具有活动轨道，救护患者时可以使 C 形臂完全离开导管床。还有一种四轴结构，其落地支架具有双轴，可以形成横向直线运动，在救护患者时也可以使 C 形臂完全离开导管床。目前也有的落地 C 型臂底部设有电动滚轮，在不使用时，通过铺设在地面下的红外制导装置，遥控控制驱动电机，将 C 型臂完全离开导管床，停在房间内任意想停放的地方，大大方便手术的进行。

C 形臂的特点是：能在患者不动的情况下，完成对患者身体各部位多方向的透视和摄影检查。当肢体位于 C 形臂转动中心时，在 C 形臂活动过程中，受检部位一直处于照射野中心。C 形臂 X 线焦点至动态探测器的距离是可调的，一般是动态探测器移动，因此，在动态探测器输入端前设有安全罩，安全罩表面设有压力传感器，在支架活动和动态探测器单独活动过程中，一旦触及患者，压力传感器状态发生变化，将信号发送给机械控制系统，计算机发出指令让机械运动立即停止动作，保护患者和设备的安全。

2. 支架功能

（1）角度支持：C 形臂可方便地进行各种角度的透视和摄影。

（2）角度记忆：当 C 形臂转到需要的角度进行透视观察时，系统能自动搜索并重放该角度已有的造影像，供医生诊断或介入治疗时参考；也可根据图像自动将 C 形臂转到采集该图像时的位置重新进行透视、造影。这种技术特别有利于心、脑血管的造影，尤其是冠状动脉介入治疗手术。

（3）体位记忆技术：专为手术医生设计了体位记忆装置，能存储多达 100 个体位，各种体位可事先预设，也可在造影中随时存储、调用，使造影程序化，加快了造影速度。

（4）快速旋转：C 形臂能在托架中快速旋转运动，达到每秒 45°～60°。数字化电路控制下的高精度步进电机与图像处理软件配合使 C 形臂具有精确的角度重现性。

（5）岁差运动：是相对于旋转 DSA 的另一种运动形式。它利用 C 形臂支架 2 个方向的旋转，精确控制其转动方向和速度，形成了 X 线管焦点在同一平面内的圆周运动。影像增强器或动态探测器则在支架的另一端做相反方向的圆周运动，从而形成岁差运动。在运动中注射造影剂、曝光采集，形成系列减影像对于观察血管结构的立体关系十分有利。

（6）安全保护：支架还配有自动安全防撞装置。计算机能根据 C 形臂和导管床的位置自动预警和控制 C 形臂的运动速度，利用传感器感受周围物体的距离，自动实现减速或停止（例如，离物体 10cm 时减速，离物体 1cm 时停止）。

3. 导管床　导管床的作用是将患者的被检部位正确地固定在 X 线可检查到的位置上。导管床具有浮动床面和升降功能，适应手术和透视两种需要。导管床分落地式和悬吊式两种，如图 6-40 所示。

（1）高度：高度需适应不同手术者的要求。借导管床的高度调整，与 C 形臂相配合，在有微焦点 X 线管的情况下，可以完成不同放大倍数的放大摄影和放大血管造影。

（2）床面运动：为了迅速改变透视部位，床面设计为在水平面内可做二维移动，特别是沿床长轴方向有较大的活动范围。配合 C 形臂使用时，床面能把患者送入 X 线照射野，且床座不会影响 C 形臂在反汤氏位方向倾斜时的活动。目前大多数床面可以绕固定基座做圆形旋转，满足更多临床需求。床面在多个方向都有电磁锁，以便将床面固定在需要位置。

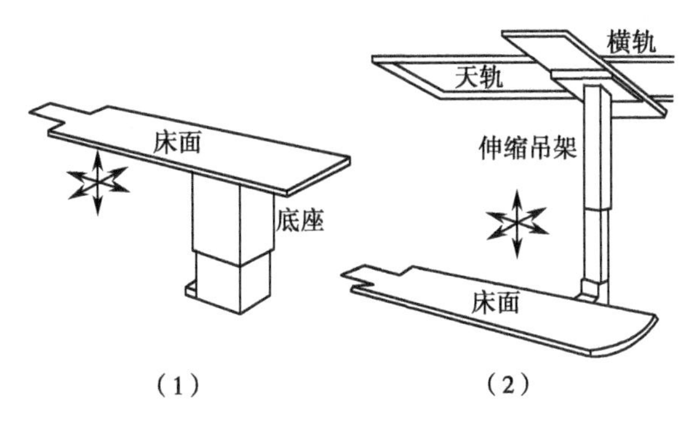

图 6-40 导管床示意图
(1) 落地式导管床;(2) 悬吊式导管床

为了适应下肢血管造影跟踪采集的需要,有些导管床附加有床面驱动装置。该装置在接到计算机设定的驱动信号后迅速将床面移动一定距离或受人工控制。随着血液的流动,造影剂充盈远端血管,随床面移动可以进行跟踪采集,注入一次造影剂完成腹部血管摄影后,继续采集下肢的全部血管像。

(3) 床面材料:采用高强、低衰减系数的碳纤维复合材料,不但有较低的X线吸收系数,并且有较高的机械强度。

(4) 悬吊式:如图6-40(2)所示,悬吊式导管床由纵横天轨和可移动的升降吊架支持,除具有落地式导管床的全部功能外,活动范围更大,地面更整洁。

(5) 防护帘:DSA导管床旁边设有防护帘等屏蔽装置,对球管在床上的屏蔽效果达60%~90%。

(四) 计算机系统

在DSA系统中,计算机系统主要完成控制和图像处理功能。

1. 系统控制 以计算机为主体控制整个设备,如图6-41所示。

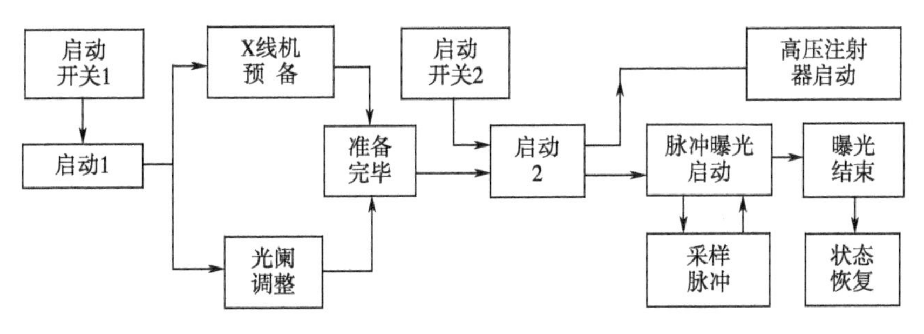

图 6-41 流程控制图

(1) 启动开关信号:启动开关1闭合使X线机接受计算机控制,由计算机对X线机发出曝光准备信号;同时,计算机发出光阑控制信号,使光圈孔径缩小。启动开关2闭合使造影过程开始,计算机启动高压注射器,并对X线机发出脉冲曝光启动信号。

(2) 联络信号:X线机准备完毕后,向计算机发出准备就绪信号,表示可以进行脉冲曝光。曝光开始后,向A/D转换电路发出采样开始信号;转换结束后,通知计算机读取数字信号,再次进行脉冲曝光,采集下一帧图像。

2. 数字图像的输出 主机配有标准的DICOM 3.0图像接口,通过接口可以并入医院的PACS网络,融入到医院的放射信息系统(RIS)或医院信息系统(HIS)之中。采用数字介质(如光盘、磁盘)保存图像资料。CD-R光盘刻录,操作简便,无图像信息损失,存取方便。光盘存储容量大,可以刻录多个患者档案,节约了空间,减少了费用,并可长期保存。图像以国际标准DICOM 3.0格式刻录,所以可与多种媒体兼容,包括个人电脑。软阅读监视器要求配备医学图像专用的高清晰度、黑白监视器。现在,检查室内的监视器常采用多屏、分屏显示的形式,便于随时对照。

3. 图像处理功能　除具备普通图像处理功能,并备有心血管分析软件包等各种血管造影检查特殊功能,可作心血管、脑血管、外周血管及腹部血管等检查。

(1) 数字减影:是指对某种特定条件改变前后所获得的图像,通过数字化图像处理,实施减影来突出特定结构。主要包括时间减影、能量减影和混合减影3种方式。目前,主要减影方式为时间减影,即对同一部位造影剂注射前后分别采集图像并作减影处理。

(2) 数字电影减影:以快速短脉冲曝光进行数字图像采集。实时成像,每秒25~50帧,一般单向可达50帧/秒、双向25帧/秒。这种采集方式用于心脏、冠状动脉等运动部位。

(3) 路径图技术(road map mode):它是为方便复杂部位插管及介入治疗的需求而设计。具体方法是:注入少许造影剂后采集("冒烟"),使用峰值保持技术,将造影剂流经部位的最大密度形成图像,将此图像与以后透视的图像进行叠加显示。图像上既有前方血管的固定图像,也有导管的走向和前端位置的动态图像,利于指导导管及导丝更容易地送入病变部位的血管内。也有利于同一部位刚做过的DSA图像叠加在透视图像上,作为"地图"指导导管插入。

(4) 自动分析功能:在心室和血管造影后,计算机利用分析软件实时提取与定量诊断有关的功能性信息,添加在形态图像上。其功能主要包括:①左心室体积计算和分析功能:是利用从DSA图像得到的左心室扩张末期像和收缩末期像,计算左心室的体积。根据这个结果再算出射血分数、室壁运动、心排量、心脏重量及心肌血流储备等功能参数;②冠状动脉或血管分析软件:是计算机运用几何、密度法等处理方式,测量血管直径、最大狭窄系数、狭窄或斑块面积、病变范围及血流状况等;③功能性图像:是利用视频密度计对摄取的系列图像绘出时间视频密度曲线,再根据从曲线获得的参数形成的一种图像。这种图像反映功能性信息,与传统的反映形态学范畴信息的图像不同。从曲线可以提取造影剂在血管内流动的时间依赖性参数、局部血管的容量或深(厚)度参数以及局部器官实质血流灌注参数,这些参数对心血管疾病的确诊和治疗不可缺少,可在早期发现病灶。

(5) 虚拟支架置入术:置入支架对很多疾病是很好的解决方案,但要取得手术成功的关键是正确选择合适的置入支架。虚拟支架置入系统可在有待进行支架置入的病变血管部位形象地展示支架置入的效果,可清晰地模拟显示血管内置入支架后的情况,包括支架置入的位置、大小是否合适、支架贴壁情况、封闭部位是否合适,如不合适可再次更换支架,直至欲置入支架十分适合时,再选择同样支架置入体内,就会取得一个良好的治疗效果。

(五) 高压注射器

DSA系统在血管造影时要求在短时间内将造影剂集中注入血管内。造影剂的注射总量、注射流率以及与曝光的时序控制,是关系到检查成败及患者安全的大问题。高压注射器能够确保在确定时间内按要求将造影剂注入血管,形成高对比度图像。

1. 结构　高压注射器一般为 2 种类型:一种为定压力型,另一种为定流率型。定压力型的注射流率不能精确控制,现已少用;定流率型高压注射器的注射流率可任意选择并精确控制,使用较普及。电脑控制的电动高压注射器由注射头、控制台、多向移动臂和机架等构成,注射头结构如图 6-42 所示。

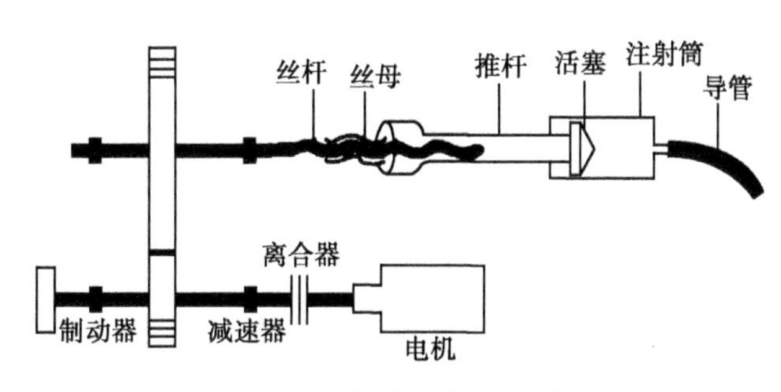

图 6-42　注射头结构示意图

(1) 注射头:由注射电机、注射筒、注射筒活塞、显示容量刻度装置、指示灯及加热器等组成。①注射电机是注射器的主要部件,为造影剂的注入提供注射动力;②注射筒:一般规格有 150ml、200ml 等;③注射筒活塞:在注射筒内前进或后退,进行注射或吸液;④指示灯:主要显示注射筒的工作状态,指示灯亮为工作状态;⑤加热器:使注射筒内已预热的造影剂温度保持在体温附近。

新型注射器有两个注射筒。仅用一个注射筒时,注射完毕后,较长的导管内仍有一定量的造影剂没有注入人体,造成造影剂的浪费。双筒结构可将残留在导管中的造影剂在造影完毕后注入人体。其方法是:一个注射筒盛造影剂,另一个盛生理盐水,精确计算注射量,第一个注射筒注射完后,转换为第二个注射筒,用生理盐水将导管内的造影剂顶入血管,全部注入后造影剂用量适当,导管内刚好没有造影剂残留,这对节省造影剂有利。同时,生理盐水对造影剂有稀释作用,将生理盐水注入人体后可以减少造影剂对人体的副作用。

(2) 控制台:由信息显示部分、技术参数选择、注射控制等组成。①信息显示:主要显示注射器的工作状态及操作提示,如造影剂每次实际注射量、注射速率、造影剂累积总量、剩余量及操作运行中故障提示等;②参数选择:按照检查要求,可分别选择注射量、注射流率(ml/s)、单次或多次重复注射、注射延迟或曝光延迟。

(3) 多向移动臂及机架:高压注射器具有 2 节移动臂,安装在落地机架上。也有的安装于固定在天花板上的支架上,支架有 2 节横向曲臂,移动方便。工作时移近患者、接入导管进行注射。

2. 工作原理　整个系统由键盘控制台、主处理器、模拟接口、伺服控制、注射头、通用接口和电源组成,如图 6-43 所示。

有的注射器有 2 个流率控制环路:流率设定环和校准环。

(1) 流率设定环:设定流率由微处理器处理后送出 8 位数字信号,经 D/A 转换器变成模拟信号供给伺服控制中的差分放大器,再经 PWM 等控制电路控制注射电机转速。设定流率与电机转速反馈信号(即实际流率)相比较,当两流率不等时,电机转速就会自动调整。

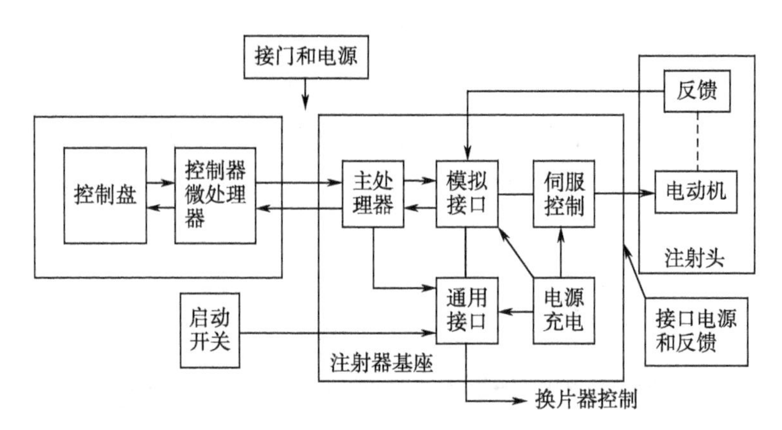

图 6-43　高压注射器系统框图

（2）流率校准环：从处理器来的（设定流率）与实际检测的脉冲（实际流率）相比较，将两者脉冲率的差进行积分，产生一个流率校准因数，这个校准因数送入伺服控制电路中的差分放大器，当实际与设定流率相等时，流率校准因数为零。

（3）造影剂注射量控制：造影剂注射量由一个电路控制，注射筒活塞位置（等于注射量）由另一个电路监测。为了使注射量精确，微处理器计算从增量编码器送来的脉冲并与设定注射量比较，如果实际注射量达到设置注射量，注射就会停止（这部分由注射筒活塞位置监测控制）。

（4）压力控制：压力控制有 2 个电路：监测与限制主电路，对电机电流进行采样并精确测量实际压力。如果实际压力试图超过预置压力，则注射流率就会被限制。如果主电路发生故障，则另一个 backup 压力电路允许注射器继续进行注射，并显示 backup 压力电路信息。

（5）键盘控制：键盘控制由控制面板、系统显示组成。它允许进行注射编程，观察每次注射后的结果，从处理器中读出信息等。处理器含有微处理器、存储芯片及其电路。微处理器直接控制键盘板上所有的控制功能。

（6）主处理器：主处理器在整个系统中起着主控作用，通过它的总线、状态和控制线与系统中所有相应的电路进行通信，它提供以下功能：与键盘控制板接口通信；读控制板上的注射程序；把从预编程存储器中来的程序送到控制板，将信息送至系统进行显示。

（7）伺服控制：伺服系统的主要功能：①为注射头电机产生电能；②控制造影剂的流率、注射量及压力；③检测实际注射流率和压力信号，当有错误时使电机停止运转。

三、数字减影血管造影系统的特殊功能

DSA 系统的特殊功能是指机械部分和数字部分结合实现的。

1. 旋转 DSA　旋转 DSA 是在 C 形臂旋转过程中注射造影剂、进行曝光采集，达到动态观察的检查方法。它利用 C 形臂的两次旋转动作，第一次旋转采集一系列蒙片像，第二次旋转时注射造影剂、曝光采集充盈像，在相同角度采集的两幅图像进行减影，以获取序列减影图像。旋转 DSA 的优点是可获得不同角度的血管造影图像，增加了图像的观察角度，可以从最佳的位置观察血管的分布，有利于提高病变血管的显示率。

2. 3D-DSA　3D-DSA是旋转血管造影技术、DSA技术及计算机三维图像处理技术相结合的产物。其作用原理为：通过旋转DSA采集图像，在工作站进行容积重建（volume rendering，VR）、表面图像显示等后处理，显示血管的三维立体图像，可以任意角度观察血管及病变的三维关系，在一定程度上克服了血管结构重叠的问题，比常规DSA能提供更丰富有益的影像学信息，在临床应用中发挥了重要作用。

3. 3D路径图　3D路径图技术则是对该部位行血管重建，形成三维血管图像后，随着对三维图像的旋转，C形臂支架则自动跟踪，自动调整为该投射方向的角度，这样使透视图像与三维图像重合，可以最大程度地显示血管的立体分布，以利于引导导管或导丝顺利地进入到欲进入的血管内。另外，利用三维血管成像，可以更容易选择进入病变区的C形臂工作位，且易显示病变形态。如颅内动脉瘤，可清晰显示瘤颈，易于确定微导管进入瘤腔内的角度和动脉瘤颈与载瘤动脉的关系；可以指导体外对微导管前端进行弯曲塑形，使之更容易进入动脉瘤内，并可在载瘤动脉内有最大的支撑力，这样在送入微弹簧圈时才不易弹出，更能较容易地完全致密填塞动脉瘤。

4. RSM-DSA　实时模糊蒙片（real-time smoothed mask，RSM）DSA是DSA的另一种减影方式，是利用间隔很短的2次曝光完成减影，第一次曝光时增强器适当散焦，获得一幅适当模糊的图像，间隔33毫秒再采集一幅清晰的造影图像，两者进行减影可以获得具有适当骨骼背景的血管图像。在造影剂注射后，可在一次运动中获得减影图像，克服了普通DSA需要2次运动采集的缺点，降低了2次采集间患者移动造成减影失败的可能。由于蒙片像随时更新，且相间隔仅为33毫秒，因此不会产生运动伪影。

5. 步进DSA　步进DSA即下肢血管造影的跟踪采集。其主要技术环节是：实时控制床面移动速度分段采集蒙片像，以同样程序分段采集血管造影图像，计算机减影后拼接连成长腿，并实时显示DSA图像。该项功能自动选择注射起始时间、注射过程、起始及结束位、kV和mA，为双下肢血管病变的诊疗，减少造影剂用量少、追踪显影，并能显示双下肢血管行双侧对比，利于病变血管的显示及正常变异的识别，尤其适用于不宜多用造影剂的患者。目前，应用于临床的步进DSA有单向的，即从头侧向足侧者；亦有双向的，即既能从头侧向足侧跟踪动脉血流，也可以从足侧向头侧跟踪静脉血流。

6. 自动最佳角度定位系统　利用2幅投影角度大于45°的血管图像，计算出2条平行走向的血管在360°球体范围内的最佳展示投射角度。在临床应用中，可利用正侧位DSA图像，计算出某一段迂曲走行血管的最佳显示投照角度，可控制C形臂一次调整到最佳角度来显示此段血管。

7. C形臂CT成像　C形臂CT成像是平板探测器DSA与CT技术结合的产物，不同的厂家名称各不一样，是利用C形臂快速旋转采集数据重建出该处的CT图像。一次旋转可获得区域信息，重建出多个层面的图像。由于平板探测器每个像素的面积很小，采集数据的信噪比差。目前，其空间分辨率优于CT，而密度分辨率不及CT。图像可与3D血管图像相重叠，更直观。这一技术解决了介入治疗过程中需进行CT检查的需求。

8. 神经介入智能三维引导　是用于单平面成像系统神经治疗领域的高级应用程序。专门应用于神经介入治疗中的智能引导过程。用于对多种医疗设备（CT、MR 或 3D）的 2D X 线图像和 3D 模型进行实时动态融合，以便在介入治疗过程期间对导管、线圈及其他医疗设备进行定位和引导。它是通过无忧精益注册精确稳定的动态融合功能，实现实时融合观察的 2D X 线透视图像和 3D 图像，实现实时观察和可用于三维图像引导导丝、弹簧圈以及其他设备的定位和插管。

功能特点：应用程序可以加载和融合神经介入相关的 3D 数据集（减影、非减影或类 CT 图像），以及 CT、MR 图像，上述图像均可与 2D X 线图像进行自由融合。随意调用、查看以前存储的序列、创建电影或存储融合序列的照片。用户可以在床旁或者工作站上调整、处理图像：调整亮度和对比度、缩放、平移、移动 3D 图像或选择感兴趣区。

根据机架位置、球管到图像的距离、扫视野、检查床高度，侧位冠状位等体位的所有变动，系统可以实时调整 2D 和 3D 图像的配准，从而随时供最精确的影像和设备精确融合定位。融合后的图像显示在手术室内的一个专用显示器上，方便临床医生观察三维模型，如三维血管树。

9. 心脏三维影像导航　心脏三维影像导航是先进的临床应用功能，它能够动态融合实时二维透视图像和多来源的三维重建图像（如心脏三维模型）以支持在电生理消融或者结构性心脏病介入治疗过程中导丝、导管和其他植入物的定位和引导。

可以在整个手术过程中三维模型和二维透视融合时实现患者位置和图像的自动注册登记。三维图像在手术中随着 C 型臂角度、机架旋转、SID 距离、视野和床的高度或纵向横向位置变化而实时联动，全程供精确影像定位。

它具备影像稳定功能，如心电门控显示或移动跟踪技术，能减少由于患者移动或呼吸引起的图像移动。在整个手术过程中，出色的 3D 和透视图像注册，始终供了导管准确定位。

融合图像在操作间专门的显示器上显示，更易观察三维模型，如三维左房图像或三维升主动脉图像。这些三维重建图像可以根据用户需要来自血管机三维旋转造影、CT 或 MRI。

10. 三维和断面联动　3D 断面图像同步处理技术。仅需 5 秒采集，可以同时重建出 3D 和基于 3D 模式的断面图像，可以分屏同时显示 3D 断面图像的不同截面（冠状面、矢状面、斜位、横断面等）。针对 3D 和基于 3D 模式的断面图像，可以完成单独的所有操作。

临床意义：应用该技术，可以同时得到 3D 和断面图像，并同屏显示，同步处理。不仅可以三维立体观察血管，还能多角度，多截面观察，同时还可以观察血管周围软组织，骨组织情况，综合分析和判断病变，制定最佳手术方案。

11. 智能轮廓追踪技术　床旁单键控制开关智能轮廓跟踪独有智能探测器定位技术保证机架运动时，探测器自动感应患者体表轮廓，自动升降，实时保持探测器与患者体表 10cm 的距离。机架操作更加省时安全，避免发生患者碰撞。实时保证最小 SID 和投照范围合理，减少射线剂量。

12. 血流灌注分析　使用 DSA 影像实现血流灌注分析，以彩色编码标尺形式表达峰值不透明度，达峰时间以及二者融合达峰时间融合的信息等，可以非常方便地以血流灌注的方式描述疾病特点，进行手术疗效评估。

13. 心脏旋转造影　一键式操作，位置臂可以每秒 20°～40°的速度在 200°范围内旋转造影，通过后处理技术，保证在胸廓多变背景下仍能清晰观察冠脉血管，有多组已经设定程序供快速选择。

采集程序控制键设置在床旁操作面板上包括,自动定位模块,测试键。

临床意义:更少的造影剂,更低的剂量,更多的诊断信息,对肾功能不全者和儿童更有意义。

14. 支架增强显示及高级去导丝减影模式 单独序列动态采集用于支架增强成像。可在遥控器,控制室操作面板或床旁控制面板完成操作。支架增强显示技术,可清晰显示支架边缘及细微结构。采用Marks点和导丝双重弹性注册,影像更清晰。20秒内实现,影像以DICOM形式自动存储于主机同一患者名下。操作简便、流畅,复合导管室流程。高级去导丝功能可同时供导丝减影模式影像,更好地显示支架细节等。

15. 全息三维 全息三维功能是强化的全新3D功能。包含了:蒙片三维,减影三维,容积三维同时重建。它增加了注射造影前的自动蒙片的协议,其和注射造影剂后的旋转采集信息互相减影,可以直接得到三维血管图像。临床医生可以应用减影三维功能快速看到血管,而不需要移开周围骨头、组织和植入物。3D处理输出供减影非减影的3D图像,蒙片的3D图像可以融合到减影的图像中。

点滴积累

1. DSA的减影像中,骨骼和软组织等背景图像被消除,只留下含有造影剂的血管图像。其具有时间减影、能量减影、混合减影三种成像原理。
2. DSA的X线发生系统不同于一般X摄影系统及胃肠机系统。同时,DSA需要配合高压注射器共同使用。

知识链接

X线骨密度仪

骨密度,全称"骨骼矿物质密度"。骨密度是骨质量的一个重要标志,是反映骨质疏松程度,预测骨折危险性的重要依据。

X线骨密度仪(如图6-44所示)的原理是:当X线穿透人体骨组织时,不同矿物质密度的骨骼组织对于X线的吸收量是不同的,则可以通过计算机将穿透骨组织的X线强度转换为骨密度值。

图6-44 X线骨密度仪

X线骨密度仪有单能和双能两种,其中双能X线吸收测定方法是X线球管经过吸收过滤产生高/低二种能量的光子峰(一般为40keV和80keV),采用笔形束或扇形束,通过全身扫描系统将信号送至计算机处理,可以精确得到骨矿含量、肌肉量和脂肪量等数据。

目标检测

1. X 线分类主要有哪几大类?
2. 请简述 X 线摄影中自动曝光控制(AEC)工作原理。
3. 请简述使用滤线栅进行摄影时应注意的事项。
4. 请简述 X 线透视时自动亮度控制(ABC)工作原理。
5. 请简述数字减影血管造影(DSA)工作原理。

第七章

乳腺 X 线摄影系统

学习目标

1. 掌握乳腺 X 线摄影成像原理、各种靶面/滤过组合的射线能量。
2. 掌握乳腺 X 线摄影系统构成及工作原理。
3. 熟悉数字乳腺 X 线摄影系统质量控制的基本检测项目。
4. 了解数字乳腺 X 线摄影最佳曝光线束的选择及自动曝光控制的特殊性，了解我国乳腺 X 线摄影系统相关标准。

乳腺 X 线摄影是发现乳腺病变的有效方法，乳腺 X 线摄影检查包括诊断检查和筛查两大目的，由于医学检查对象的特殊性及对图像质量的高要求，乳腺 X 线摄影系统是专用的 X 线设备，其成像原理及设备构成不同于常规 X 线机。乳腺 X 线摄影检查可大大降低乳腺癌的死亡率，但摄影采用的是容易被人体吸收的软射线，检查本身有可能会造成乳腺癌的发病，所以，乳腺 X 线摄影系统有其特殊的质量控制程序。

本章主要介绍乳腺 X 线摄影系统的成像原理、设备构成及工作原理，并以数字化乳腺 X 线摄影系统为例，介绍了乳腺 X 线摄影系统质量控制项目及检测方法。

导学情景

情景描述：

2017 年 5 月末，某医学院的学生小敏回家过端午节。到家后，细心的她发现正在做菜的妈妈也有些心不在焉，洗手后在旁帮忙并细探究竟。原来昨天妈妈参加了单位组织的员工体检，在体检中发现比其他女同事多了一项乳腺 X 线摄影检查，便有了一些担忧。小敏马上告诉妈妈，这是针对健康人群的乳腺 X 线摄影筛查。

学前导语：

乳腺 X 线摄影检查是发现乳腺早期病变的重要手段，某些国家建议 40 岁以上的妇女定期进行乳腺 X 线摄影筛查。乳腺 X 线摄影系统是专用的 X 线设备，本章我们将带领同学们学习乳腺 X 线摄影系统的成像原理、设备构成、工作原理及其质量控制。

第一节　乳腺 X 线摄影成像原理

一、乳腺摄影 X 线源

（一）乳腺 X 线摄影的低能射线

X 线射入人体后，一部分被吸收和散射，另一部分透过人体沿原方向传播。由于人体各组织器官、组织成分和厚度对 X 线的衰减差异，透过人体的 X 线是带有人体内部信息并按特定形式分布的，到达影像接收装置后，便形成了 X 线影像。

决定 X 线穿过物体衰减程度的因素有四个，一是 X 线本身的性质，即射线的质，另外三个与 X 线所穿过物质的性质，即物质的密度、原子序数和每千克物质含有的电子数有关。入射光子的能量越大，X 线的穿透能力就越强，而低能光子相对高能光子容易被物质所吸收。吸收物质的密度越大，原子序数越高、每克电子数越多，X 线的衰减就越多。

在普通 X 线摄影中由于各解剖结构间具有较大的密度差，因此具有良好的自然对比度（如胸腔中的骨骼和肺组织）。正常的乳房主要由腺体组织（密度为 1.035g/cm^3）、脂肪组织（密度为 0.93g/cm^3）、皮肤（密度为 1.09g/cm^3）组成，主要的病灶有乳腺癌肿块（密度为 1.045g/cm^3）及细小钙化点（密度为 2.2g/cm^3）。所以正常组织之间及正常组织与病变的乳腺癌肿块之间的密度差别很小，对 X 线衰减系数差别很小，是自然对比差的组织，如果采用普通 X 线摄影方式，无法在 X 线影像上形成医学检查所需要的图像对比度。要提高图像的对比度，充分体现乳腺内部组织结构，乳腺 X 线摄影需要低能量的 X 线，以此来扩大乳腺软组织之间的吸收差异，提高影像的对比。X 线能量过低时，受检者接受的辐射剂量增加，反之当 X 线能量过高时又会造成对比度下降。理想的乳腺 X 线摄影射线能量要限制在一个较窄的有利于成像的区域。

最早期的乳腺 X 线摄影使用普通的钨靶 X 线管，图像对比度差。自 1967 年起乳腺 X 线摄影使用专用的钼靶 X 线管，使乳腺摄影图像的对比度明显提高，细微结构更加清晰，从而使乳腺 X 线摄影进入了一个专用设备的时代，并使乳腺 X 线摄影筛查成为可能，因而也有称乳腺 X 线摄影设备为钼靶机。如表 7-1 目前乳腺 X 线摄影中常用的靶面物质的物理特性和特征 X 线的能量所示，钼的原子序数 Z = 42，钼靶的特征辐射（K_α = 17.5keV，K_β = 19.6keV）能得到较大强度的 X 线，图 7-1 为钼靶的 X 线能量分布图。钼靶配合钼滤过的使用，能滤除射线中较大部分的低能成分，图 7-2 显示了钼的吸收系数随能量的变化，由于钼的 K 层电子结合能为 20keV，利用钼的 K 边界限吸收，使得 20keV 以上的高能射线被大量滤除，选择性地保留了对成像有用的射线能量范围较窄的特征 X 线，图 7-3 所示的是钼靶/钼滤过（Mo/Mo）组合的 X 线能量分布图。

表 7-1　乳腺 X 线摄影靶物质的物理特性和特征 X 线能量

原子	原子序数（Z）	K 层电子结合能（keV）	特征 X 线的能量分布（keV） K_α	K_β
钼(Mo)	42	20	17.5	19.6
铑(Rh)	45	23.22	20.2	22.7
钨(W)	74	69.51	无适合乳腺 X 线摄影的低能特征 X 线	

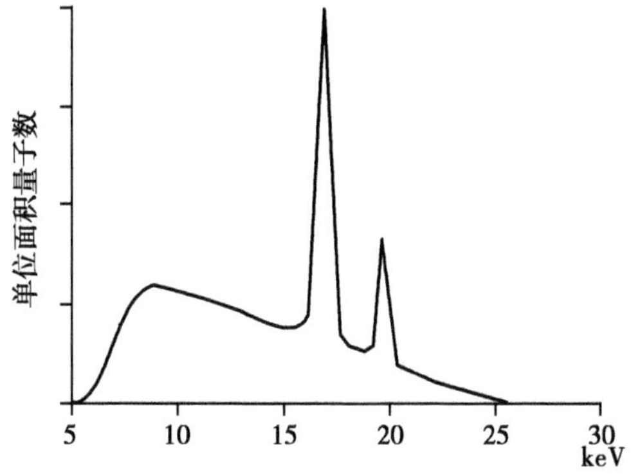

图 7-1　钼靶的 X 线能量分布图

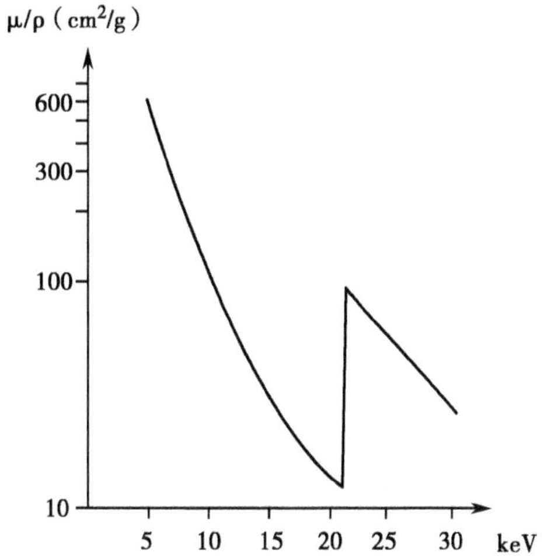

图 7-2　钼的吸收系数

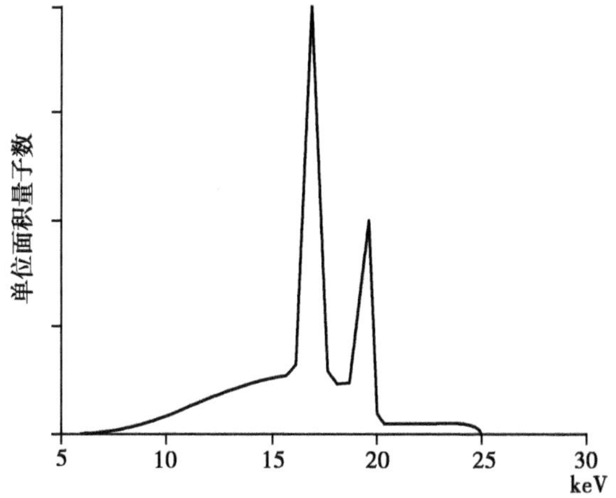

图 7-3　钼靶/钼滤过(Mo/Mo)组合的 X 线能量分布图

（二）靶面/滤过组合

对多数乳腺摄像而言,钼靶/钼滤过(Mo/Mo)组合方式是获得高对比度图像的最佳选择。当入射 X 线穿过乳腺时,越是能量低的 X 线,被吸收的程度越大,使 X 线质硬化。随着乳腺密度、厚度的增加,入射 X 线量增大,钼靶/钼滤过(Mo/Mo)组合的射线穿过乳腺后的 X 线能谱中高能量成分相对增加,其结果在某种程度上反而造成图像对比度的下降。对于密度高及厚大的乳腺 X 线摄影,需要能量高的射线源。

X 线能量除了管电压,还有以下两个决定因素:①X 线管阳极靶材料;②X 线束的滤过材料。

铑(Rh)的K层电子结合能为23.22keV,铑(Rh)作为滤过材料与钼(Mo)靶组合,与钼靶/钼滤过(Mo/Mo)组合相比,保留了能量范围为20~23keV之间较高的连续X线,其结果是增加了X线穿透力,适合密度较大、或比较厚的乳房的摄影,图7-4为钼靶/铑滤过(Mo/Rh)组合的X线能量分布。

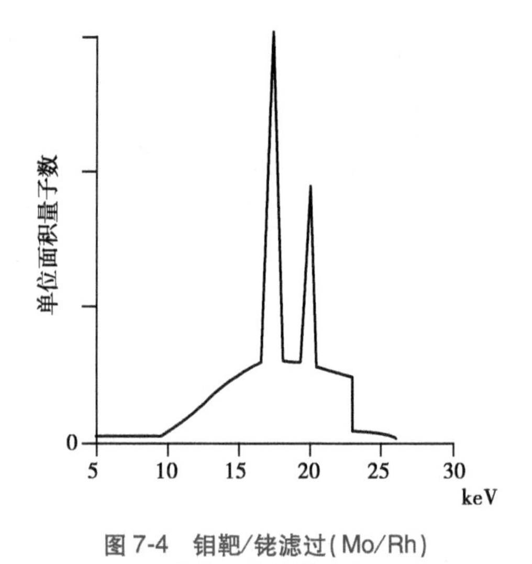

图7-4 钼靶/铑滤过(Mo/Rh)组合的X线能量分布图

在屏片乳腺X线摄影时代,钼是乳腺X线摄影中最佳的X线管阳极材料,随着数字乳腺X线摄影的发展,合适的图像亮度及对比度不是考核图像的最重要因素,因为数字化图像接收装置有远高于胶片的动态范围及数字图像有强大的后处理技术,所以需要重新评估乳腺X线摄影的射线质量,即要重新考虑适合数字乳腺X线摄影的阳极靶面和滤过材料。

表7-2为乳腺X线摄影常用的滤过物质物理特性。

表7-2 乳腺X线摄影滤过物质的物理特性

原子	原子序数(Z)	K层电子结合能(keV)
钼(Mo)	42	20
铑(Rh)	45	23.22
银(Ag)	47	25.5
锡(Sn)	50	29

对于致密度高或厚度很大的乳房,现代乳腺X线摄影设备使用铑靶/铑滤过(Rh/Rh)组合,还有钨靶/铑滤过(W/Rh)的组合。如表7-1所示,铑靶能产生20.2keV和22.7keV的特征辐射,其K层电子结合能为23.22keV。铑靶/铑滤过(Rh/Rh)组合能提供比钼靶/钼滤过(Mo/Mo)组合、钼靶/铑滤过(Mo/Rh)组合穿透力更强的射线。

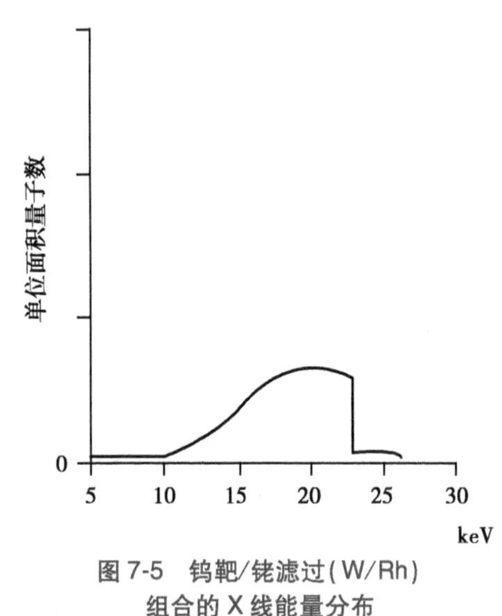

图7-5 钨靶/铑滤过(W/Rh)组合的X线能量分布

钨靶/铑滤过(W/Rh)组合的能谱不同于钼靶、铑靶的能谱,它没有低能量的特征X线。在低能量范围内强度较低,在能量为20~23keV时强度增加,由于铑滤过的K层电子结合能为23.22keV,K边缘吸收限以上能量的光子经滤过后显著减少,钨靶/铑滤过(W/Rh)组合的X线束质量如图7-5所示。除了上述的靶面/滤过组合外,其他还有钨靶/银滤过(W/Ag)组合等,表7-3为常用阳极靶物质/滤过的组合。临床试验和科学调查发现,数字乳腺X线摄影设备对于所有厚度乳腺的摄影,采用钨靶X线管配合铑或银滤过是最佳选择,既能保持现有的数字乳腺X线摄影系统出色的影像质量,同时也减少了辐射剂量。

表 7-3　乳腺 X 线摄影常用阳极靶物质/滤过的组合

靶物质	滤过物质	滤过厚度（mm）
Mo	Mo	0.03
Mo	Rh	0.025
Rh	Rh	0.025
W	Rh	0.06
W	Ag	0.075

二、数字乳腺 X 线摄影的最佳线束

乳腺 X 线摄影使用低能量的 X 线大部分被乳房吸收，而乳房组织是对辐射高度敏感的器官，所以需降低乳腺 X 线摄影检查本身导致乳腺癌的发病概率。屏片摄影系统图像的获取和显示为同一载体，即胶片，所以乳腺屏片摄影的目标是获得合适亮度和对比度的图像。由于数字化图像系统的动态范围较大，通过图像的处理可以在一定范围内调整图像的亮度及对比度，现代数字化乳腺 X 线摄影系统首要考虑的问题不是合适的图像亮度和对比度，而是尽可能低的腺体吸收剂量、足够诊断的图像质量及合适的曝光时间。对于不同的检查对象，以选择合适的管电压、X 线管靶物质及滤过来实现上述目的。

乳腺 X 线管靶面/滤过组合按照钼靶/钼滤过（Mo/Mo）组合、钼靶/铑滤过（Mo/Rh）组合、铑靶/铑滤过（Rh/Rh）组合、钨靶/铑滤过（W/Rh）组合顺序，X 线质依次变硬，穿透力逐步增强。重要的是，在临床应用中，需要根据乳房密度、厚度以及要达到的检查目的进行合理选择。如下为美国放射学院（American College of Radiology，ACR）临床实践指南“影响数字乳腺 X 线摄影图像质量的要素”推荐的线束选择方案。

1. 对于 2~5cm 厚的乳房摄影，选择钼靶/钼滤过（Mo/Mo）组合及 25~28kVp 的管电压可以获得较高的物体对比度，同时避免过高的辐射剂量。

2. 对于较厚（5~7cm）或较致密的乳房，应该使用较高能量的 X 线。一般使用 28kVp 以上的管电压，使用钼靶、钼滤过（0.030mm）或铑滤过（0.025mm）。

3. 对于十分致密而射线较难穿透的乳房，使用铑靶/铑滤过（Rh/Rh）组合和 28kVp 以上的管电压，这样在保留物体对比度的同时也降低了辐射剂量。

4. 钨靶球管虽不含特征辐射，但其优点是可以缩短曝光时间。使用不低于 0.05mm 的钼和铑滤过能获得理想的乳腺 X 线摄影能谱，较厚的滤过可以衰减钨靶发出的无用的 L 壳层 X 线，钨靶球管选用合适的滤过材料和摄影管电压可以获得满意的对比度和腺体剂量。特别是对于比较厚的及致密度高的乳房摄影，可在降低辐射剂量的同时保持信噪比不变。

点滴积累

1. 乳腺是自然对比度差的组织，乳腺 X 线摄影需要低能量的 X 线，来扩大乳腺软组织之间的吸收差异，提高影像的对比度。钼靶的特征辐射（K_{α}=17.5keV，K_{β}=19.6keV）能得到较

大强度的 X 线，配合使用钼滤过，能滤除射线中较大部分的低能成分，利用钼的 K 边界限吸收，滤除大量 20keV 以上的高能射线，选择性地保留了对成像有用的射线能量范围较窄的特征 X 线。

2. 乳腺 X 线管靶面/滤过组合按照钼靶/钼滤过（Mo/Mo）组合、钼靶/铑滤过（Mo/Rh）组合、铑靶/铑滤过（Rh/Rh）组合、钨靶/铑滤过（W/Rh）组合顺序，X 线质依次变硬，穿透力逐步增强。
3. 决定乳腺摄影系统 X 线能量有三个因素：X 线管阳极靶材料、X 线束滤过、X 线管电压。

第二节　乳腺 X 线摄影系统构成及工作原理

乳腺 X 线摄影系统由四大部分组成：X 线的发生、图像系统、乳腺摄影机架，以及能将上述各部分有机组合在一起组成一台完整 X 线设备的控制部分。由于检查对象的特殊性，乳腺 X 线摄影系统是专用的 X 线设备，使用专用的乳腺摄影机架、X 线管、压迫装置、防散射滤线器以适应乳腺 X 线摄影的需要，其自动曝光控制也不同于普通 X 线设备。

一、乳腺摄影机架

图 7-6 为乳腺 X 线摄影系统的机架，包括 C 形臂或球形臂、可升降的摄影立柱、操作控制面板、底座等。专用乳腺 X 线摄影系统有许多不同于普通 X 线机的独特属性，图 7-7 是乳腺 X 线摄影系统典型的 C 型机头组件，显示了乳腺 X 线摄影系统的独特性，如：X 线管、影像接收器、滤线器、自动曝光控制系统、压迫器等。

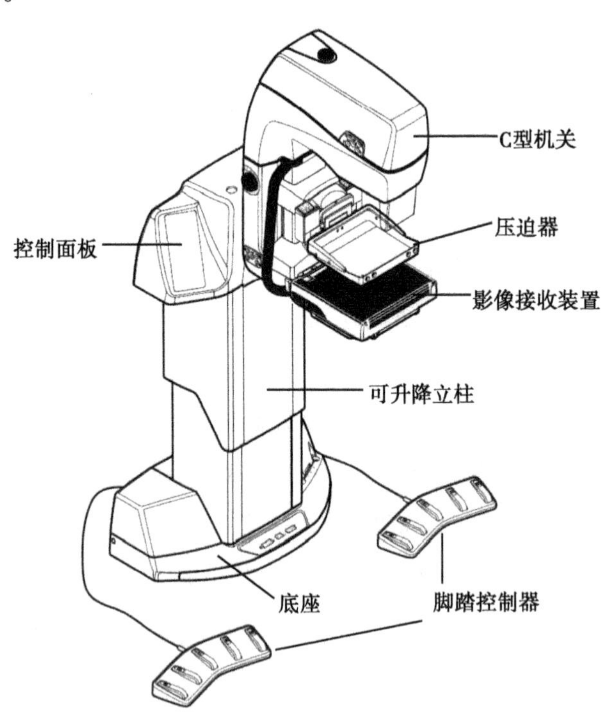

图 7-6　乳腺 X 线摄影系统机架

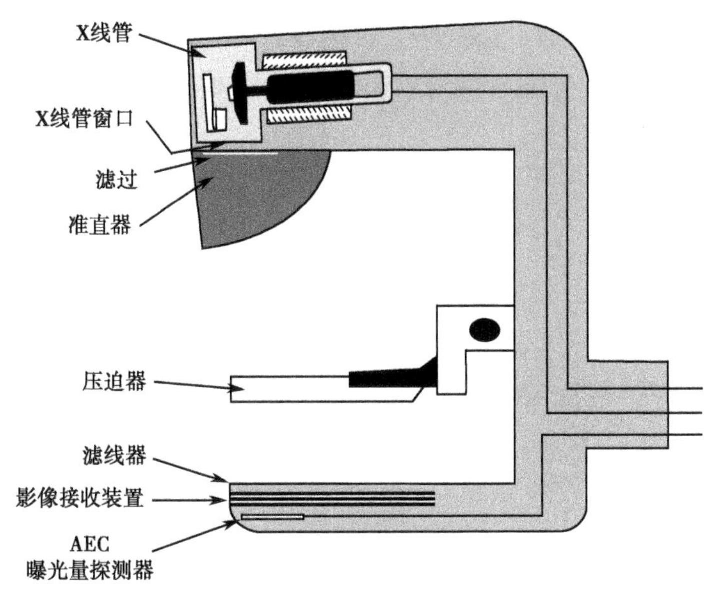

图7-7　乳腺X线摄影系统典型的C型机头组件

二、X线源组件

（一）组成

乳腺线源组件由X线管、铍(Be)窗、滤过板、限束器等组成。乳腺X线摄影系统大多采用旋转阳极X线管，阳极靶面安装在转子上，转子通过定子线圈的磁感应实现旋转，并带动靶面旋转，其外形如图7-8所示。

图7-8　乳腺X线管外形

（二）X线管灯丝和焦点

乳腺X线管通常在聚焦槽中配置双灯丝，大焦点标称焦点在0.3~0.4mm之间，小焦点标称焦点在0.1~0.15mm之间。大焦点最大管电流一般为100mA左右，小焦点最大管电流一般为30mA左右。乳腺X线管的双焦点通常有不同的阳极靶面倾角，常用的小焦点为10°，大焦点为16°，如图7-9所示，大、小焦点不同靶面倾角辐射输出的最大射线野是不同的。乳腺放大摄影使用小焦点，小焦点可以降低放大摄影图像的几何模糊度，能获得微钙化点检测所需的空间分辨率。对于非放大成像，SID为65cm时，采用0.3mm的大焦点，65cm以上的SID的非放大成像，可以使用0.4mm的焦点，这是因为SID的增大降低了放大倍率，减小焦点尺寸对分辨率的影响。

（三）阳极

1. 足跟效应　由于足跟效应，从X线管发出的X线，阴极端的强度大于阳极端，乳腺摄影源像距SID较小，摄影的射线能量低，使得阳极侧的足跟效应更加显著，其强度分布如图7-10A所示。乳腺摄影时，乳头侧的乳腺比胸壁侧乳腺薄，乳腺X线摄影的设备设计成将X线管阴极侧(实际焦点较大)的射线阻挡掉，并将射线相对强度大中心轴方向置于受检者胸壁侧，而乳头侧在射线强度低的阳极端,如图 7-10B,这样可以减小足跟效应的影响,得到较好的摄影效果;同时,这种 X 线管的定位方法使得在受检者上方头部附近的设备体积减少,便于摄影操作。

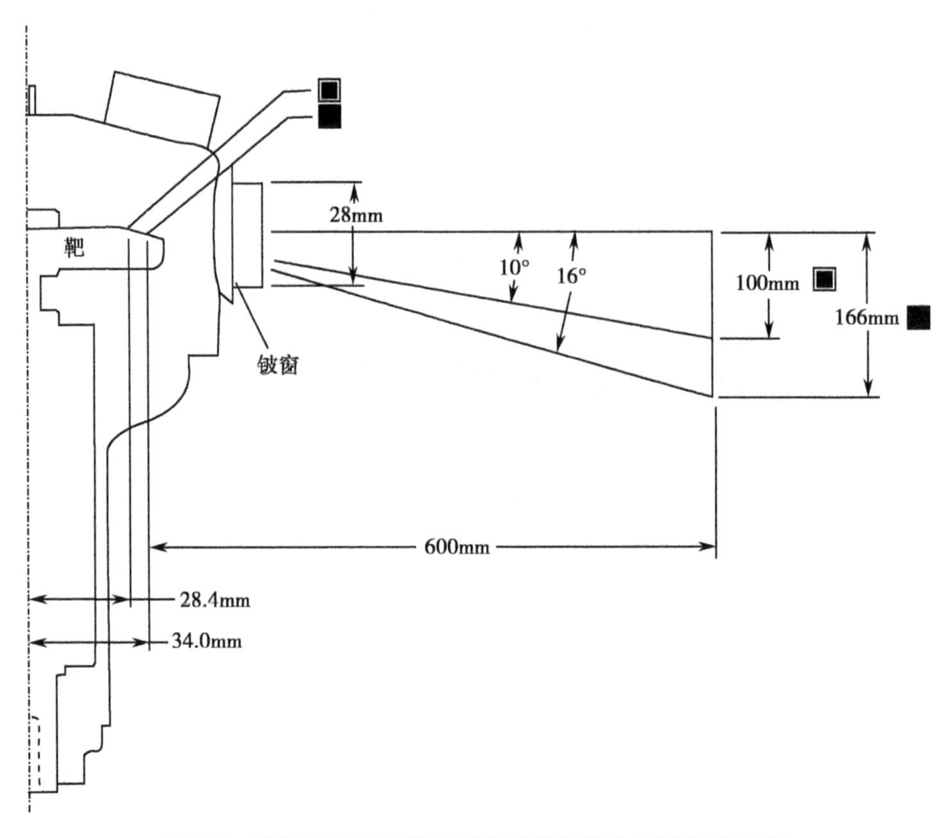

图 7-9　双焦点不同靶面倾角的乳腺 X 线管最大射线野示意图

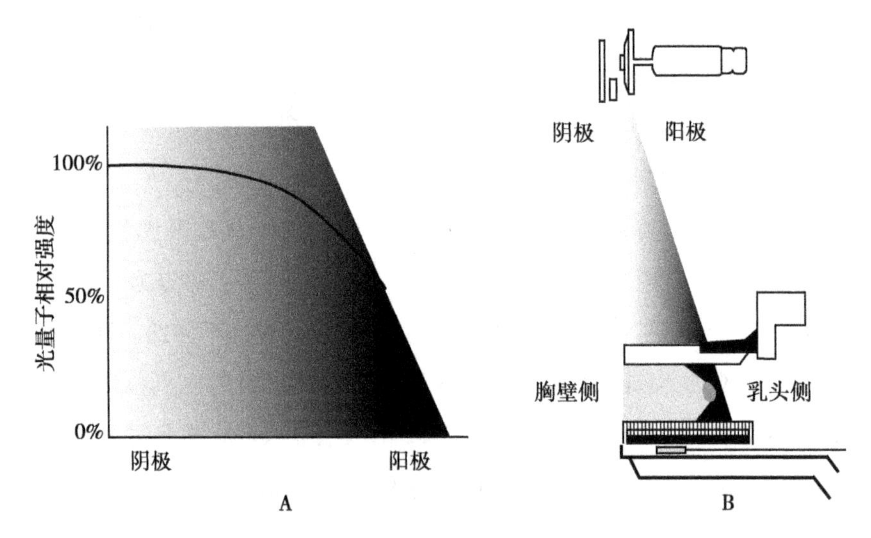

图 7-10　乳腺 X 线摄影的足跟效应及摄影设备设计布局
A. 足跟效应;B. 摄影设备设计布局

2. 阳极接地　当 X 线管的阴极电子束高速轰击靶面产生 X 线时,靶面因反射而释放出部分电子,称为二次电子,二次电子没有经过聚焦,当它再次轰击靶面时,会产生散射 X 线而使影像清晰度下降。由于乳腺 X 线摄影对图像清晰度要求高于普通 X 线摄影,通常乳腺 X 线管阳极接地,使阳极保持在接地零电位，阴极为最高的负电压。这种设计的 X 线管，阳极与接地的金属管套保持同样零电位，金属管套吸引了许多从靶面释放出来的二次电子，阻止其加速回到阳极，因而减小了散射 X 线，有助于提高图像的清晰度。

（四）滤过板位置

在普通 X 线摄影中，滤过板一般垂直于射线束中心，射线中心轴处的线束垂直于滤过板，而靠近阳极处的光束是斜照透过滤过板，因而中心轴处的线束透过的滤过板的距离最短，阳极处滤过的实际厚度大于中心轴处，离开中心轴越远，滤过实际厚度越大，导致线束被滤过板吸收越多，增强了足跟效应的影响。乳腺 X 线摄影源像距 SID 较小，足跟效应影响更大。乳腺 X 线摄影系统将滤过板设计成与中心轴倾斜的放置方式，如图 7-11 所示，使阳极处射线束透过滤过板的实际厚度低于中心轴处，降低了足跟效应的影响，同时增加了具有较厚组织的胸壁侧的射线束硬度，提高了射线的穿透力。

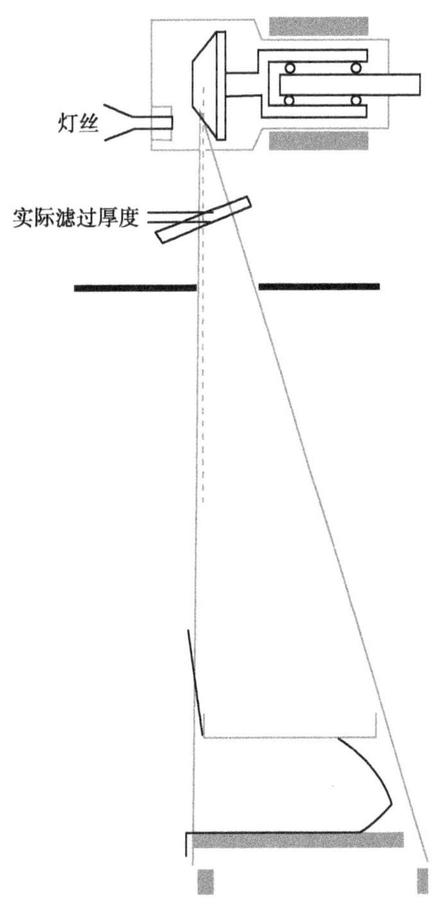

图 7-11　乳腺 X 线摄影设备倾斜放置的滤过板

三、高压发生器

乳腺 X 线摄影系统高压发生器的性能与常规 X 线摄影装置类似，但输出参数范围不同，乳腺 X 线摄影系统的最大输出功率在 3~10kW，管电压范围约在 20~35kVp，步进值为 1kVp，实际管电压与指示值的误差要求在±5%以内，管电压的波纹率不超过 4%。电流时间积的调节范围约在 5~700mAs。现代乳腺 X 线摄影系统采用逆变式高频高压 X 线发生器。

四、压迫装置

（一）乳腺 X 线摄影压迫装置的意义

乳腺 X 线摄影使用能量较低的软射线难于穿透较厚的组织，既影响成像，又增加了吸收剂量。通过压迫装置对乳房进行适当的压迫，可以分离乳腺内的结构，减少组织重叠，规则地减少乳腺组织的厚度，从而减小了曝光剂量，又减少了散射线，提高了图像的对比度，可以更好地发现组织间的微小差异。

适当的压迫固定了乳腺，减少了图像的运动模糊，同时使得乳腺结构更靠近图像接收装置，降低了几何模糊，提高了空间分辨率。

（二）压迫装置的功能优化与安全措施

压迫往往会引起患者的不适，尤其对于亚洲女性中较普遍的致密性乳房，不适感更为突出，因此，需要在受检者的耐受范围内，实现良好、适宜、安全的压迫。目前智能化压迫装置的控制系统能提供连续变化的柔性压迫，根据乳房大小和弹性自动感应压力，使乳房压迫更加均匀适度，保证压迫过程的安全和可靠；系统还可自动感应乳房的厚度和压迫力，并实时显示。

为了让胸壁侧的腺体更充分地进入照射野，有些乳腺 X 线摄影系统采用自适应倾斜压迫板技术，在压力达到阈值后自动发生一定角度的倾斜，降低了胸壁处的压力，减少了患者的不适，也减少了运动伪影，同时有利于胸壁侧的腺体进入照射野。

压迫装置应具有以下安全措施：①有防止压迫板坠落的措施；②在压力达到阈值后，自动停止对乳房的进一步压迫；③如果受检者在处于压迫的状态下发生了断电情况，压迫板上还会保留有一定的压力，此时须有手动装置将压迫板升起，以便受检者安全离开。

乳腺 X 线摄影系统的压迫装置还配置有方形点压迫板、小环形点压迫板、腋下压迫板等以适应各种检查的需要。

五、滤线栅

对比度是乳腺 X 线摄影检查图像的重要参数，散射线的增加会降低对比度，因此乳腺 X 线摄影的滤线栅需要更好地发挥作用，起到提高图像对比度，降低剂量的关键作用。目前，乳腺 X 线摄影中使用的滤线栅有两种，即线型滤线栅（linear grid）和高通蜂窝状（high transmission cellular，HTC）滤线栅。

典型的乳腺 X 线摄影的会聚型线型活动滤线栅，栅比（grid ratio）为 4∶1～5∶1、栅焦距为 65cm 或 66cm、栅密度为 30～50l/cm；典型的密纹滤线栅的栅密度为 80l/cm。使用滤线栅进行乳腺 X 线摄影的曝光量是不使用滤线栅时的 2～3 倍。

线型滤线栅只能过滤与其垂直的散射线，对于平行于它的散射线则不起作用，而且由于间隔物的存在导致了有效射线的通过率降低。目前，乳腺 X 线摄影较多采用高通透性蜂窝状滤线栅，如图 7-12 所示，交叉设计的蜂窝状滤线栅，可以在纵向横向都过滤散射线，显著提高图像对比度，其栅板材料为铜，充填材料是空气，无间隔物的中空设计使得有效射线的通过率增加，这样，在同样的对比度水平下，需要的曝光量显著减少。

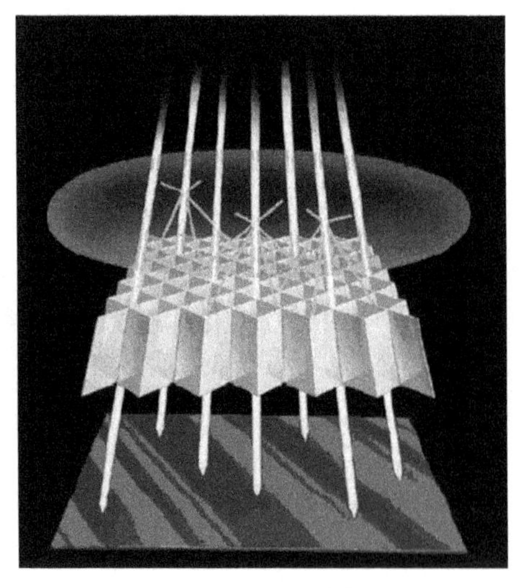

图 7-12　高通透性蜂窝状滤线栅

活动滤线器的调整与使用是否得当，有一个关键的评估标准，即在影像上不能出现滤线栅的栅条伪影。高通透性蜂窝状滤线栅与线型活动滤线栅不同，为了使图像上的栅条能完全模糊，二维网格的结构在曝光期间需要的特定的活动方式和活动距离，因此与线型滤线栅相比需延长最短曝光时间。

六、乳腺放大摄影

乳腺 X 线摄影有时需要用放大摄影来检查细微的病变，如微小钙化点。乳腺放大摄影使用几何放大原理，把专用的放大支架（如图 7-13），放置在图像接收器上方的固定位置。放大率为源像距 SID 与源物距（source object distance，SOD）的比值，图 7-14 所示例子的放大率为 1.85。

乳腺放大摄影会把几何模糊度放大，如图 7-14 所示，所以选择使用小焦点（0.1mm）进行放大摄影来降低图像的模糊度。但小焦点的最大管电流较小，如果想要得到同样的管电流时间积，需要延长曝光时间，但长时间的曝光时间容易引起图像的运动模糊。在乳腺放大摄影中，乳房与影像接收之间有一个放大支架高度的距离，中间的空气间隙使得部分散射线由于散射角的存在，到达不了影像接收系统，乳腺放大摄影正是利用了空气间隙效应减少了散射线而不需要使用滤线栅，这样乳腺放大摄影所需要的曝光量减少了，也解决了小焦点的最大管电流小的局限性。

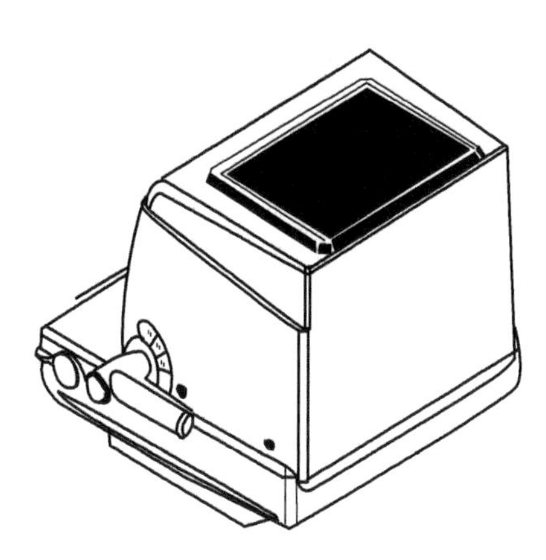

图 7-13　乳腺放大摄影专用支架

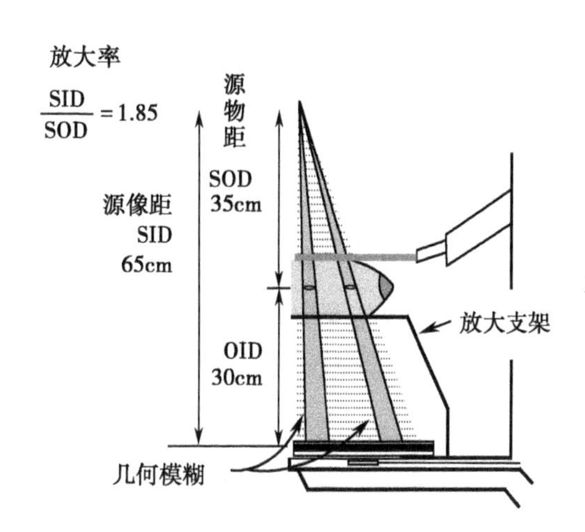

图 7-14　乳腺放大摄影原理示意图

在乳腺放大摄影中，被检查的乳腺更靠近射线源，SOD 减小了，腺体剂量增加了，但由于乳腺放大摄影不需要滤线栅，可以减小摄影时 X 线管发出的射线输出量。由于上述两个方面的综合效应，放大摄影的平均腺体剂量与非放大摄影的平均腺体剂量相似。乳腺放大摄影的优点有：①通过放大增加了影像的有效分辨率；②降低有效图像噪声；③减少散射辐射。

七、乳腺摄影成像

乳腺摄影成像可分为传统的乳腺屏片成像（screen film mammography，SFM）和数字化乳腺成像（digital mammography，DM）两种方式。

（一）乳腺屏片成像

乳腺屏片摄影要能辨别出自然对比度差的组织之间的区别，其增感屏与胶片是专用于乳腺 X 线摄影的，屏片组合也需要匹配使用。目前，乳腺 X 线摄影普遍使用单面增感屏和单面乳胶胶片或不对称乳剂技术的胶片，胶片置于增感屏上面朝向 X 线源。增感屏的荧光物质与常规 X 线摄影用增感屏性质相似，但乳腺 X 线摄影的增感屏发光效率更高，颗粒更细。胶片的不对称乳剂技术的特点是采用双乳剂层，正面乳剂层具有高对比度特征，背面乳剂层具有低对比度特征，仍然配合采用单面增感屏从正面曝光。

（二）数字化乳腺成像

乳腺 X 线摄影数字成像与屏片成像相比具有以下特点：①动态范围大，有很宽的曝光宽容度；②图像的捕获和显示不是同一载体，可以分别进行优化；③根据临床需要进行多种图像后处理；④辐射剂量小、成像质量高；⑤数字化媒体记录的图像数量大而所需要的物理空间小；⑥可进行数字图像的存储、网络传输、实现远程诊断等。

数字影像接收装置将 X 线转换为数字图像信号，现有的数字乳腺 X 线摄影影像探测器与普通 X 线摄影类似。目前，临床应用的数字乳腺影像探测器主要有 5 种：计算机 X 线摄影 CR 的 IP 板、CCD 探测器、CMOS 探测器、非晶硅平板探测器和非晶硒平板探测器。数字乳腺 X 线摄影系统趋于使用非晶硒平板探测器。

八、自动曝光控制

乳腺 X 线摄影的自动曝光控制有其独特性，首先要把曝光时间控制在一定的范围内，乳腺 X 线摄影曝光时间过短可能会导致图像上出现活动滤线栅的栅条影，但曝光时间过长会因乳房运动而造成图像模糊，影响图像的清晰度，降低空间分辨率。其次，自动曝光探测器需在适当的位置及感应范围，以能探测到乳腺的最佳感兴趣区域。

乳腺 X 线摄影的 AEC 常用以下三种控制方式：①半自动方式，根据乳房压迫后的厚度及压迫力，判断其尺寸，手动选择相应的阳极靶面/滤过组合及管电压，曝光开始后根据 AEC 探测器所接收到的反馈信号，计算影像接收面的曝光量，当曝光量达到设定值时，系统停止曝光；②全自动方式，根据乳房压迫后的厚度及压迫力，乳腺 X 线摄影系统自动选择相应的阳极靶面/滤过组合及管电压，开始曝光后根据 AEC 探测器所接收到的信号，计算影像接收面的曝光量，当曝光量达到预定值时，系统停止曝光；③预曝光方式，根据乳房压迫后的厚度及压力，系统自动选择阳极靶面/滤过组合及管电压值进行一次短时间的预曝光，根据预曝光后 AEC 探测器的反馈信号，调整曝光参数，再进行正式曝光，当曝光量达到设定值时，系统停止曝光。

自动曝光探测器的位置如图 7-7 所示，一般在影像接收器的下面，或者直接使用数字影像接收器的某些相关像素点的像素值。

（一）乳腺屏片摄影系统的 AEC

传统屏片乳腺 X 线摄影系统 AEC 控制方式与普通摄影方法相同，需要保证图像接收面感兴趣区的射线量恒定。摄影胶片动态范围小，需要在小的曝光量范围内用恒定的图像接收面射线量来保证胶片密度的一致性。

自动曝光控制的核心是保持影像接收面感兴趣区射线量一致的同时要控制曝光时间在合理的范围内。所以，对于不同的腺体厚度需要合理选择靶面及滤过材料来控制射线的穿透性，同时合理选择摄影管电压来获得理想的曝光时间。

（二）数字乳腺 X 线摄影系统的 AEC

同样尺寸的乳腺癌肿块，对于稍厚的受检乳房，如果保持影像接收面的恒定辐射量，肿块与周围正常组织之间的对比度就下降了，不容易分辨微小的组织结构差别，但对比度对于乳腺成像来说显得尤为重要。数字乳腺 X 线摄影系统图像探测器的动态范围大，可以较好地解决这个问题，所以，数字乳腺 X 线摄影系统 AEC 目标不是保证影像接收面感兴趣区的射线量恒定来实现恒定的图像亮度。因为数字摄影有强大的图像处理功能，即使在图像探测器接收的射线剂量不同而造成原始图像的亮度不一的情况下，通过图像的处理功能也能得到合适亮度的诊断用影像。所以，数字化乳腺 X 线摄影系统自动曝光控制目标是尽可能低的受检腺体剂量及高质量影像，而不是恒定的射线剂量。数字乳腺 X 线摄影系统 AEC 较多使用预曝光控制方式。

点滴积累

1. 乳腺 X 线摄影系统是专用的 X 线设备，使用专用的乳腺摄影机架、X 线管、压迫装置、防散射滤线器以适应乳腺 X 线摄影的需要，其自动曝光控制也不同于普通 X 线设备。
2. 乳腺 X 线摄影系统减少足跟效应的方法有：将 X 线强度大的中心轴置于受检者胸壁侧，乳头侧在射线强度低的阳极端；将滤过板设计成与射线中心轴倾斜地放置方式，使阳极处射线束透过滤过板的实际厚度低于中心轴处。
3. 乳腺放大摄影利用了空气间隙效应减少了散射线而不需要使用滤线栅。
4. 乳腺 X 线摄影系统的压迫装置作用：①规则地减少乳腺组织的厚度，减小了曝光剂量；②固定了乳腺，减少了图像的运动模糊；③压迫使得乳腺结构更靠近图像接收装置，降低了几何模糊。
5. 乳腺放大摄影使用小焦点，以降低放大摄影图像的几何模糊度，提高空间分辨率。
6. 数字化乳腺 X 线摄影系统自动曝光控制目标是尽可能低的受检腺体剂量及高质量影像，而不是恒定的射线剂量。

第三节　乳腺 X 线摄影系统质量控制

一、乳腺 X 线摄影系统相关标准

乳腺 X 线摄影检查不同于常规 X 线摄影，是一种特殊摄影技术，乳腺 X 线摄影采用的是低能量 X 线，大部分射线会被乳腺吸收，而乳腺本身是辐射高感受性组织。虽然，乳腺 X 线摄影检查可大大降低乳腺癌的死亡率，但也要注意乳腺 X 线检查而造成乳腺癌发病的可能性。乳腺 X 线摄影系统有其特殊的质量控制程序，不能将乳腺 X 线摄影与普通胸部 X 线摄影等同看待。足够诊断的图像质量前提下最低的剂量是乳腺 X 线检查的金标准。

我国乳腺 X 线摄影质量控制的规范化、制度化起步较晚，可喜的是正在逐步赶上，2017 年发布了一系列乳腺X线摄影系统质量控制检测标准，以下为目前正在实施的相关标准。

1.“GB 9706.24—2005 医用电气设备第2-45部分乳腺X射线摄影设备及乳腺摄影立体定位装置安全专用要求”，等同于IEC 60601—2—45的第二版，即2001年的版本。

2.“GB/T 19042.2—2005 医用成像部门的评价及例行试验第3-2部分乳腺摄影X射线设备成像性能验收试验”，等同于IEC 61223—3—2的第一版，即1996年的版本。

3.“GB/T 17006.9—2003 医用成像部门的评价及例行试验第2-10部分：稳定性试验乳腺X射线摄影设备”，等同于IEC 61223—2—10—1999。

4.“YY/T 0590.2—2010 医用电气设备数字X射线成像装置特性第1-2部分：量子探测效率的测定乳腺X射线摄影用探测器”，规范了乳腺X线摄影用探测器量子探测效率的测定。

5.“YY/T 0706—2017 乳腺X射线机专用技术条件”。

6.“YY/T 0794—2010X射线摄影用影像板成像装置专用技术条件”推荐了一种乳腺X线摄影图像阈值对比度的测试方法。

7.“YY/T 1307—2016 医用乳腺数字化X射线摄影用探测器”。

8.“WS 518—2017 乳腺X射线屏片摄影系统质量控制检测规范”，替代GBZ 186—2007。

9.“WS 522—2017 乳腺数字X射线摄影系统质量控制检测规范”。

10.“WS 530—2017 乳腺计算机X射线摄影系统质量控制检测规范”。

二、乳腺X线摄影系统的检测

（一）质量控制检测要求

对于乳腺X线摄影系统的生产者来讲，产品的检验分出厂检验和型式检验。出厂检验是指产品出厂前所进行的检验，是为保证每一台设备都符合有关要求所进行的检验。型式检验是产品注册（包括首次注册和重新注册）时进行的检验以及周期检验等。

对于使用乳腺X线摄影系统的医疗卫生单位来讲，国家相关标准规定质量控制检测分为验收检测、状态检测及稳定性检测。

验收检测是X线诊断设备安装完毕或设备重大维修后，为鉴定其性能指标是否符合约定值而进行的质量控制检测。

状态检测是对运行中的X线诊断设备，为评价其性能指标是否符合相关标准要求而定期进行的质量控制检测。使用中的X线诊断设备应每年进行状态检测。状态检测中发现某项指标不符合要求，但无法判断原因时，应采取进一步的验收检测方法进行检测。

稳定性检测是为确定X线诊断设备在给定条件下获得的数值相对于一个初始状态的变化是否符合控制标准而定期进行的质量控制检测。使用中的乳腺X线摄影系统应按标准要求定期进行稳定性检测。每次稳定性检测应尽可能使用相同的计量仪器并作记录；各次稳定性检测中，所选择的曝光参数及检测的几何位置应严格保持一致。稳定性检测结果与基线值的偏差大于控制标准，又无法判断原因时也应进行状态检测。

验收检测和状态检测应委托有资质的技术服务机构进行，稳定性检测应由医疗卫生单位自身实施检测或者委托有能力的技术机构进行。

为了维持乳腺X线摄影系统最优化影像质量，大多数情况下，除了国家相关标准制度规定的检测外，医疗卫生单位根据生产商提示的方式执行质量控制方案。大部分数字化乳腺X线摄影系统自带整套的自动QC管理软件，推荐每天、每周、每月、每年的检测项目、检测方法及评价方案。

（二）检测仪器及工具

1. 光野/照射野检测工具　可以使用检测板、检测尺、荧光纸或胶片暗盒等。光野/照射野一致性检测尺一般是在易透射材料上刻有不易透射材料做成的刻度值，图7-15A所示的标尺有两种刻度值，公制和英制，刻度值最小单位是1mm。检测时把标尺的零刻度与光野边缘对齐，曝光后在图像上观察射线野与零刻度值的偏差。图7-15B所示的是另一种光野/照射野一致性检测尺DXR，标尺上的荧光物质在曝光后可以显示射线野，检测时不需要图像接收器配合使用，曝光后能直接在标尺上读出测试值，该检测尺使用时要将带有标记的一端放置在光野内，即图7-15B所示的右边放置在光野内，红线中心与灯光野边缘对齐。

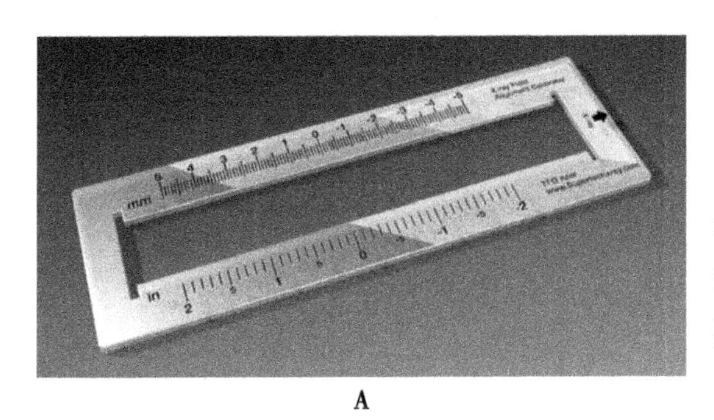

A

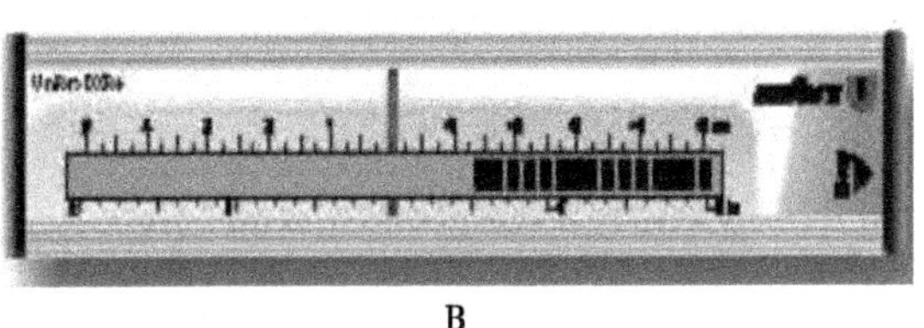

B

图7-15　光野/照射野一致性检测尺

A. 需要图像接收器配合使用的检测尺；B. 不需要图像接收器能单独使用的检测尺

2. 辐射输出综合测试仪　乳腺X线摄影设备的剂量等辐射输出参数的测试需要专用的测试仪器。目前市场上满足要求的专用仪器较多，例如图7-16所示的是X2数字式辐射输出测试仪，是综合性辐射输出测试仪，配合使用不同的检测探头、部件，可以检测管电压、管电流、曝光时间、辐射剂量、剂量率、半价层等，配合使用支架，可以把相关探头放在不同高度进行测试。

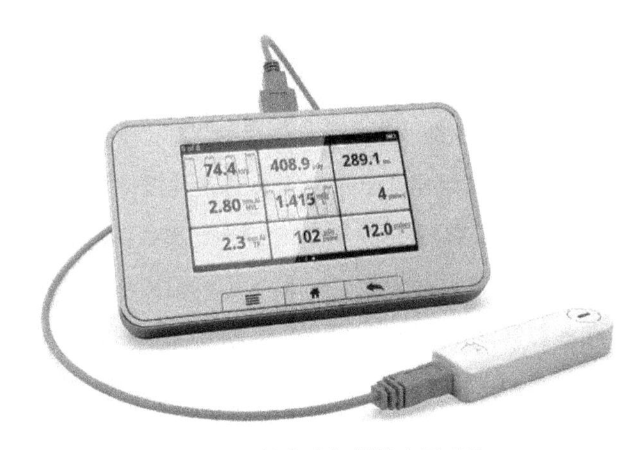

图7-16　数字式辐射输出测试仪

3. 衰减模体　较普遍使用材质是聚甲基丙烯酸甲酯(polymethyl methacrylate,PMMA),PMMA 均匀衰减模体要求每片厚度为 10mm,厚度误差在±1mm 内,半圆形模体半径至少为 100mm,矩形的模体至少为 100mm×120mm。另外还有一种是乳腺等效模体,可以模拟不同乳腺脂肪比例的均匀衰减模体。

4. 乳腺 X 线摄影图像综合测试模体　模拟人体乳房组织及结构,可以测试乳腺 X 线摄影系统的空间分辨力、低对比度分辨力、微小钙化、乳房纤维钙化、灰阶、伪影等参数,符合国际或国家标准,以下是目前使用较多的图像综合测试模体。

(1) 数字乳腺 X 线摄影检测模体 PASMAM:是按 PAS-1054 标准制造的,如图 7-17 所示,由基础模体、结构板、各类嵌入式插件,以及与基础模体外形尺寸一致的厚度不等的衰减板组成。

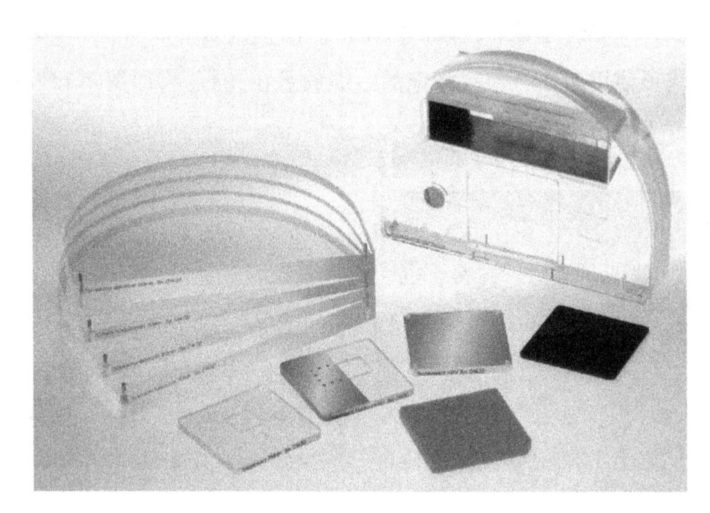

图 7-17　PASMAM 模体

基础模体材质为 PMMA,整体尺寸为 240mm×180mm×40mm,外形与真实的乳房形状相近,其组成部分为:①模体胸壁侧具有两个突出物,使模体在乳腺 X 线摄影设备的支撑台上容易精确定位;②两个用于结构板定位的安装栓销;③胸壁侧边有两排直径为 2mm 的圆球,每排有 5 个,用于检测乳腺 X 线摄影设备胸壁侧的遗漏组织;④14 阶楔形铝梯和一个完全吸收区。

结构板放置于基础模体上面,与基础模体外形相同,材质为 PMMA,厚度为 6mm,其组成部分为:①可以放置各种 80mm×80mm 嵌件的预留区域;②作为测量平均灰度水平的兴趣区的 20mm×20mm 方形标记区域;③可旋转的分辨力测试卡等。

80mm×80mm 的插件可用于验收检测及稳定性检测及细节对比度插件、美国放射学院(American college of radiology,ACR)认证插件、高对比度插件、对比度噪声比插件等。

(2) 乳腺组织等效模体 Mammo AT:外形如图 7-18A 所示,模拟压迫后的乳房组织,外形尺寸为 185mm×125mm×45mm,外覆盖层模拟脂肪组织,内部的机构模拟微小钙化、乳房导管纤维钙化和腺体组织中的肿瘤团块,其中碳酸钙化斑点的尺寸有 12 组,分别是 1 组 0.130mm、3 组 0.165mm、3 组 0.196mm、3 组 0.230mm、1 组 0.275mm、1 组 0.400mm;1cm 厚 5 级灰阶,分别模拟 100%、70%、50%、30%、10%的腺体;5 条尼龙纤维,直径分别为 1.25mm、0.83mm、0.71mm、0.53mm 和 0.30mm;半球形团块,由 75%的腺体和 25%的脂肪组成,厚度分别是 4.76mm、3.16mm、2.38mm、1.98mm、1.59mm、

1.19mm、0.90mm；1-20lp/mm 的空间分辨力测试卡；胸壁侧有两排各 5 个直径为 2mm 的圆球，用于检测胸壁侧遗漏组织。内部结构如图 7-18B 所示。

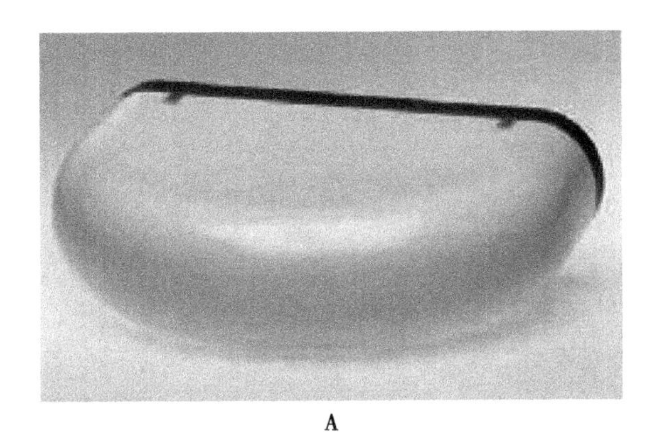

A

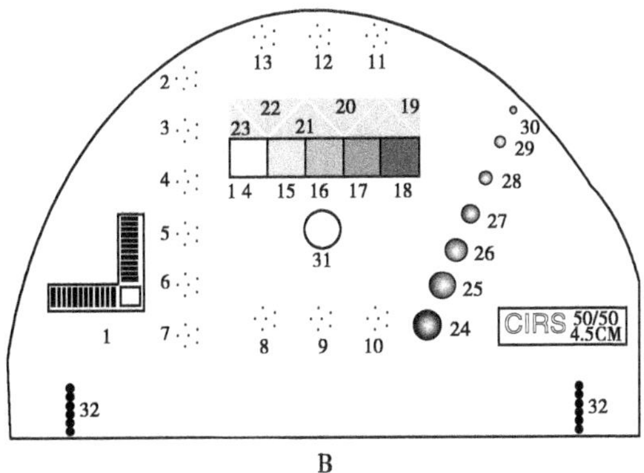

B

图 7-18　Mammo AT 模体
A. 模体外形；B. 模体内部结构

5. 阈值对比度细节模体　较典型的阈值对比度细节模体为 CDMAM，由以下三部分组成：①尺寸为 180mm×240mm×0.5mm 铝基板，铝纯度大于 99.5%，抛光电镀处理为黑色；②不同厚度纯度为 99.99%的金盘放置在基板上，共有 16 排和 16 行；金盘每排的直径是相同的，厚度以对数形式增加；金盘厚度范围为 0.06～2.0μm，分别为 0.06μm、0.08μm、0.10μm、0.13μm、0.16μm、0.20μm、0.25μm、0.31μm、0.40μm、0.50μm、0.63μm、0.80μm、1.00μm、1.25μm、1.60μm、2.00μm。金箔直径范围为 0.03～2.0mm，分别为 0.03mm、0.04mm、0.05mm、0.06mm、0.08mm、0.10mm、0.13mm、0.16mm、0.20mm、0.25mm、0.36mm、0.50mm、0.71mm、1.00mm、1.42mm、2.00mm；③4 个 180mm×240mm×10mm PMMA 板和 1 个 180mm×240mm×5mm 的 PMMA 衰减板。CDMAM 还配有自动分析软件。

6. 空间分辨率测试卡　空间分辨率测试使用最大线对数不低于 10lp/mm 的空间分辨率测试卡，或具有符合上述要求的分辨力线对测试卡的模体，例如上述的乳腺图像综合测试模体。

7. 滤片　乳腺 X 线摄影系统半价层测量滤片使用铝质薄片，推荐尺寸为 100mm×100mm，不能小于 80mm×80mm，铝纯度不低于 99.9%，0.1mm 不少于 6 片，或厚度组合可以获得 0.1～0.6mm，步进值为 0.1mm。

8. 胸壁侧遗漏组织标尺　胸壁侧遗漏组织标尺如图 7-19 所示，一般是在易透射材料上刻有不易透射材料做成的刻度值。也可以使用上述的乳腺图像综合测试模体。

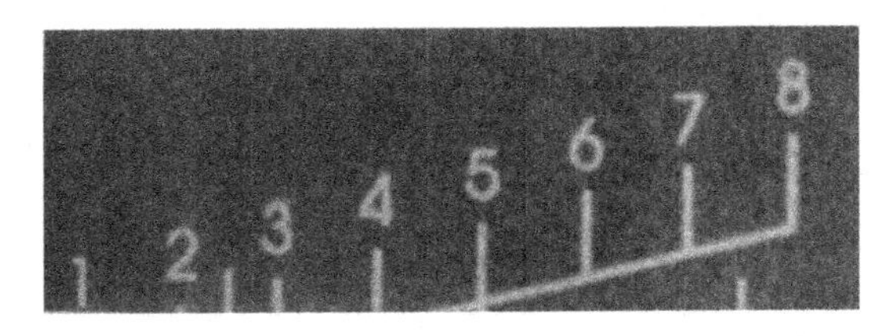

图 7-19　胸壁侧遗漏组织标尺测试图

（三）质量控制检测项目与方法

下面以数字乳腺 X 线摄影系统为例介绍质量控制测试项目及方法。

1. 胸壁侧照射野准直

（1）检测仪器及工具

光野/照射野一致性检测工具。

（2）检测步骤

1）调整光野大小至少 10cm×15cm，将光野/照射野一致性检测工具放置于乳房支撑台上，并超出胸壁侧支撑台边沿 5cm，记录胸壁侧支撑台边沿对应在检测工具上的位置。

2）按照检测工具所要求的条件曝光，记录射线在检测工具上留下的照射野标记物位置。

3）测量胸壁侧照射野与胸壁侧支撑台边沿的距离。

（3）判定标准

WS 522—2017 要求胸壁侧照射野超出胸壁侧支撑台边沿，但超出距离<5mm。

2. 光野与照射野的一致性

（1）检测仪器及工具

光野/照射野一致性检测工具。

（2）检测步骤

1）调整光野大小至少 10cm×15cm，将光野/照射野检测一致性工具放置于乳房支撑台上，分别记录光野三边在检测工具上的刻度位置。

2）按照检测工具所要求的条件曝光，记录 X 线在检测工具上留下的照射野标记物位置。

3）分别计算除胸壁侧外的其他三边光野与照射野相应边沿的偏差。

（3）判定标准

WS 522—2017 要求除胸壁侧外的其他三边光野与照射野相应边沿的偏差在±5.0mm 内。

3. 管电压指示的偏离

（1）检测仪器及工具

应采用非介入方法，用乳腺 X 线摄影专用管电压测试仪进行检测，也可以使用有乳腺 X 线摄影设备管电压测试功能的辐射输出综合测试仪。

（2）检测步骤

1）分别在大焦点和小焦点的状态下测量，曝光选用的靶面/滤过应与测试仪检定或校准时的射线质相同。每种状态最少选择临床常用 3 个管电压值（25～32kV）进行测量，所选择的管电压值应能覆盖通常乳腺 X 线摄影所用的管电压范围。

2）计算每个管电压测量值和标称值的偏差。

（3）判定标准

WS 522—2017 要求每个管电压测量值和标称值的偏差在±1.0kV 内。

4. 半价层

半价层（half-value layer，HVL）是在具有特定辐射能量或特定辐射能谱的 X 辐射的宽射束条件下，放置一层指定材料的物质，其厚度能将辐射的比释动能率、照射量率或吸收剂量率减小到射束中无此物质时测量值的一半，用米的相应约数加上该物质材料的名称来表示，如 mm Al。

（1）检测仪器及工具

乳腺 X 线摄影系统半价层（HVL）测量滤片、剂量测试仪。

（2）检测步骤

1）将剂量测试仪探测器放置于乳房支撑台胸壁侧向内 4cm 处 X 线束轴上，探测器厚度有效点位于乳房支撑台上方 10cm 处（无厚度有效点标记的，以探测器厚度中心为准）。

2）将压迫器调至焦点与探测器之间二分之一处。

3）设置管电压为 28kV，适当的管电流时间积（30～50mAs），没有铝片的情况下进行曝光，记录剂量仪读数。

4）将 0.1mm 厚的铝片放置在压迫器上，铝片应完全遮住光野，采用上一步中同样条件进行曝光，记录剂量仪读数。追加铝片，直到剂量仪的指示值低于在没有铝片情况下的数值的二分之一为止。

5）对于 X 线衰减率在 50%前后的剂量，根据与各自剂量相对应的铝片厚度的值，根据式（7-1）求出 HVL。

$$HVL=\frac{d_1 \cdot \ln(2 \cdot K_2/K_0)-d_2 \cdot \ln(2 \cdot K_1/K_0)}{\ln(K_2/K_1)} \tag{7-1}$$

式中：K_0为无铝片时的剂量，单位为 mGy；K_1为经过铝片衰减后，比 $K_0/2$ 稍小的剂量，单位为 mGy；K_2为经过铝片衰减后，比 $K_0/2$ 稍大的剂量，单位为 mGy；d_1为K_1对应铝片厚度，单位为 mm；d_2为K_2对应铝片厚度，单位为 mm。

6）选择临床所使用的其他靶面/滤过的组合，重复以上步骤，计算设备中所有靶面/滤过组合时的半价层。

半价层也可以选用 HVL 测量仪器直接测量，比如图 7-16 所示的辐射输出测试仪。应在光野需要完全覆盖剂量仪探测器并在无附加铝片的情况下进行测量。不同靶面/滤过时，应依据厂家说明书对设备读数进行校准。

（3）判定标准

WS 522—2017 对不同靶面/滤过在验收检测和状态检测时半价层要求见表 7-4，稳定性检测不需要检测半价层。

表 7-4　不同靶面/滤过时半价层要求

管电压	靶面/滤过	半价层（HVL），mmAl
28kV	Mo/Mo	0.30≤HVL≤0.40
	Mo/Rh	0.30≤HVL≤0.47
	Rh/Rh	0.30≤HVL≤0.50
	Rh/Al	HVL≥0.30
	W/Rh	0.30≤HVL≤0.58
	W/Al	0.30≤HVL≤0.53
	W/Ag	0.30≤HVL≤0.60

边学边练

乳腺 X 线摄影系统有多种靶面/滤过组合，即便在相同的管电压值下，体现射线质的半价层在不同的组合下也是不同的；在半价层测试时，剂量测试仪要考虑相应的靶面/滤过组合而正确设置，并在所要求的管电压值下进行测试，请见“实训十九　乳腺 X 线摄影系统的半价层测试”。

5. 输出量重复性

（1）检测仪器及工具

剂量测试仪。

（2）检测步骤

1）移除乳房压迫器，将剂量测试仪探测器放置于乳房支撑台胸壁侧向内 4cm 处 X 线束轴上，探测器厚度有效点位于乳房支撑台上方 10cm 处（无厚度有效点标记的，以探测器厚度中心为准）。

2）设置管电压为 28kV，临床常用的靶面/滤过，适当的管电流时间积（如 40～80mAs），重复曝光 5 次，记录每次曝光的空气比释动能值，按式（7-2）计算辐射输出量的变异系数 CV，以此表述输出量重复性。

$$CV=\frac{1}{\overline{K}}\sqrt{\sum(K_i-\overline{K})^2/(n-1)}\times 100\% \tag{7-2}$$

式中：CV 为表述输出量重复性的变异系数，%。K_i 为第 i 次空气比释动能读数，单位为 mGy；$\overline{K}$ 为 n 次空气比释动能测量值的平均值，单位为 mGy；n 为空气比释动能测量的总次数。

（3）判定标准

WS 522—2017 要求验收检测和状态检测时辐射输出量重复性的变异系数 $CV \leqslant 5.0\%$，稳定性检测不需检测此项目。

6. 辐射输出量

（1）检测仪器及工具

剂量测试仪。

（2）检测步骤

1）移除乳房压迫器，将剂量测试仪探测器放置于乳房支撑台胸壁侧向内 4cm 处 X 线束轴上，探测器厚度有效点位于乳房支撑台上方 10cm 处（无厚度有效点标记的，以探测器厚度中心为准），记录焦点至剂量测试仪探测器的距离 d_1（cm）。

2）设置管电压为 28kV，临床常用的靶面/滤过，适当的管电流时间积（如 40～80mAs），重复曝光 5 次，记录每次曝光的空气比释动能值，并计算 5 次曝光的平均空气比释动能值，并除以曝光的管电流时间积，求得辐射输出量 Y_1，单位为 μGy/mAs。

3）按式（7-3）（距离平方反比定律）计算距焦点至 d_2（cm）位置处的辐射输出量，单位为 μGy/mAs。

$$Y_2 = Y_1 \times \frac{d_1^2}{d_2^2} \tag{7-3}$$

式中：Y_1为距离焦点 d_1(cm)处的辐射输出量，单位为 μGy/mAs；Y_2为距离焦点 d_2(cm)处的辐射输出量，单位为 μGy/mAs。

特定辐射输出量是指距焦点 1 米位置的特定辐射输出量，单位为 μGy/mAs。

（3）判定标准

WS 522—2017 要求在 Mo/Mo 组合情况下，距焦点 1 米位置的特定辐射输出量，在验收检测时需大于 35μGy/mAs，在状态检测时需大于 30μGy/mAs；其他靶面/滤过组合的情况下，距焦点 1 米位置的特定辐射输出量，在验收检测时建立基线值，在状态检测时需大于基线值的 70%，稳定性检测不需检测此项目。

7. 影像接收器响应

（1）检测仪器及工具

剂量测试仪、4cm 厚的 PMMA 模体。

（2）检测步骤

1）将剂量测试仪探测器紧贴影像接收器，置于乳房支撑台胸壁侧向内 4cm 处 X 线束轴上。将 4cm 厚的 PMMA 模体放置在探测器的上方并全部覆盖探测器，模体边沿与乳房支撑台胸壁侧对齐。

2）设置 28kV，在 10~100mAs 间选取 4~6 档管电流时间积的值进行手动曝光。

3）记录每一次的曝光参数（kV、mAs 和靶面/滤过等），以及每次曝光后的影像接收器入射表面空气比释动能值。

4）移去剂量测试仪探测器，选用上一步中的曝光参数手动曝光（如果不能完全一致，则选用最接近的曝光参数）。

5）获取上一步曝光后的预处理影像，在每一幅预处理影像的中心位置选取约 $4cm^2$ 大小的兴趣区，测量平均像素值。

6）对于线性响应的系统，以平均像素值为纵坐标，影像接收器表面入射剂量为横坐标作图拟合直线（如 $P=aK+b$），计算线性相关系数的平方 R^2。

7）对于非线性响应的系统（比如对数相关），应参考厂家提供的信息进行直线拟合（如 $P=a\ln(K)+b$），计算线性相关系数的平方 R^2。

（3）判定标准

WS 522—2017 要求在验收检测时线性相关系数的平方 R^2 应大于 0.99；在状态检测时 R^2 应大于 0.95，稳定性检测不需要检测此项目。

8. 影像接收器均匀性

（1）检测仪器及工具

4cm 厚的 PMMA 模体。

（2）检测步骤

1）将 4cm 厚的 PMMA 模体放置在乳房支撑台上，模体边沿与乳房支撑台胸壁侧对齐。

2）设置 28kV，选取临床常用管电流时间积和靶面/滤过进行手动曝光，或者选用 AEC 进行自动曝光。

3）获取上一步曝光后的预处理影像，在预处理影像的中心点位置和四个象限中央区分别选取约 $4cm^2$ 大小的兴趣区，测量其平均像素值。

4）依据式（7-4）分别计算图像中心兴趣区与图像四角兴趣区像素值的偏差（D_e），将最大偏差值与标准规定值比较。

$$D_e = \frac{m_{centre} - m_{corner}}{m_{centre}} \times 100\% \tag{7-4}$$

式中：D_e 为图像中心兴趣区与图像四角兴趣区像素值的偏差（%）；m_{centre} 为图像中心兴趣区的像素值；m_{corner} 为图像四角兴趣区的像素值。

（3）判定标准

WS 522—2017 要求图像中心兴趣区与图像四角兴趣区像素值的偏差在±10%以内。

9. 伪影

（1）检测仪器及工具

4cm 厚的 PMMA 模体。

（2）检测步骤

1）采用评估影像接收器均匀性时产生的曝光影像。

2）调节窗宽窗位使图像显示至观察者认为最清晰的状态，观察图像上有无非均匀区，模糊区者其他影响临床诊断的异常影像。

3）若存在上述可疑伪影，旋转或平移图像，若可疑伪影不随着移动，则可能是显示器系统伪影而非影像接收器伪影。

（3）判定标准

WS 522—2017 要求影像上无影响临床的伪影。

10. 自动曝光控制重复性

（1）检测仪器及工具

4cm 厚的 PMMA 模体。

（2）检测步骤

1）将 4cm 厚的 PMMA 模体放置在乳房支撑台上，模体边沿与乳房支撑台胸壁侧对齐。

2）将压迫板压在模体上，设置临床常用的管电压和靶面/滤过，选择 AEC 条件曝光。

3）重复曝光 5 次，每次曝光后及时记录管电流时间积显示值，并计算 5 次的平均管电流时间积值。

4）按式（7-5）计算所记录的管电流时间积值与平均管电流时间积值的偏差，将最大的偏差值与标准规定值比较。

$$D_{mAs} = \frac{M_R - M_M}{M_M} \tag{7-5}$$

式中：D_{mAs}为记录的管电流时间积值与平均管电流时间积值的偏差；M_R为每次曝光后记录的管电流时间积值；M_M为5次曝光的平均管电流时间积值。

（3）判定标准

WS 522—2017要求在验收检测时，D_{mAs}在±5.0%以内；在状态检测及稳定性检测时，D_{mAs}在±10%以内。

11. 乳腺平均剂量

（1）检测仪器及工具

4cm厚的PMMA模体、剂量测试仪。

（2）检测步骤

1）将4cm厚的PMMA模体置于乳房支撑台上，模体边沿与乳房支撑台胸壁侧对齐。

2）选用临床所用的对4.5cm厚的人体乳房的AEC条件下自动曝光，记录管电压、管电流时间积和靶面/滤过等曝光参数。

3）移去PMMA模体，将剂量测试仪探测器放置于乳房支撑台胸壁侧向内4cm处X线束轴上，探测器厚度有效点与第一步中模体表面（乳房支撑台上方4cm）的位置相同（无厚度有效点标记的，以探测器厚度中心为准）。

4）选用第二步中的曝光参数手动曝光（如果手动曝光不能完全一致，则选用最接近的曝光参数），记录入射空气比释动能值，根据距离平方反比公式计算模体表面的剂量。

5）根据式（7-6）换算成乳腺*AGD*（Average Glandular Dose，平均剂量）。

$$ADG=K\cdot g\cdot c\cdot s \tag{7-6}$$

式中：*K*为模体上表面位置（无反散射时）入射空气比释动能值，单位为mGy；*g*为转换因子，单位为mGy/mGy，其值从表7-5可查得，若HVL处于表中两值之间，应用内插法计算*g*值；*c*为不同乳房成分的修正因子，其值从表7-6可查得；*s*为不同靶面/滤过时的修正因子，其值从表7-7可查得。

表7-5　不同模体厚度时入射空气比释动能转换为乳腺平均剂量的转换因子g（mGy/mGy）

PMMA厚度 mm	等效乳房厚度 mm	HVL mmAl							
		0.25	0.30	0.35	0.40	0.45	0.50	0.55	0.60
20	21	0.329	0.378	0.421	0.460	0.496	0.529	0.559	0.585
30	32	0.222	0.261	0.294	0.326	0.357	0.388	0.419	0.448
40	45	0.155	0.183	0.208	0.232	0.258	0.285	0.311	0.339
45	53	0.130	0.155	0.177	0.198	0.220	0.245	0.272	0.295
50	60	0.112	0.135	0.154	0.172	0.192	0.214	0.236	0.261
60	75	0.088	0.106	0.121	0.136	0.152	0.166	0.189	0.210
70	90	—	0.086	0.098	0.111	0.123	0.136	0.154	0.172
80	103	—	0.074	0.085	0.096	0.106	0.117	0.133	0.149

表 7-6　不同模体厚度时对不同乳房成分的修正因子 c

PMMA 厚度 mm	等效乳房厚度 mm	等效乳房腺体成分 %	HVL mm Al						
			0.30	0.35	0.40	0.45	0.50	0.55	0.60
20	21	97	0.889	0.895	0.903	0.908	0.912	0.917	0.921
30	32	67	0.940	0.943	0.945	0.946	0.949	0.952	0.953
40	45	41	1.043	1.041	1.040	1.039	1.037	1.035	1.034
45	53	29	1.109	1.105	1.102	1.099	1.096	1.091	1.088
50	60	20	1.164	1.160	1.151	1.150	1.144	1.139	1.134
60	75	9	1.254	1.245	1.235	1.231	1.225	1.217	1.207
70	90	4	1.299	1.292	1.282	1.275	1.270	1.260	1.249
80	103	3	1.307	1.299	1.292	1.287	1.283	1.273	1.262

表 7-7　不同靶面/滤过时的修正因子 s

靶材料	滤过材料	滤过厚度（μm）	修正因子 s
Mo	Mo	30	1.000
Mo	Rh	25	1.017
Rh	Rh	25	1.061
Rh	Al	100	1.044
W	Rh	50~60	1.042
W	Ag	50~75	1.042
W	Al	500	1.134
W	Al	700	1.082

按上述方法测试乳腺平均剂量时需要注意的是，根据模体成分，4cm 厚的 PMMA 对于 X 线的吸收相当于 4.5cm 厚的平均人体乳房。为了获取临床对 4.5cm 厚乳房的 AEC 曝光条件，可将压迫板调至 4.5cm 处进行 AEC 曝光。此方法中压迫板与 PMMA 模体之间可能会产生空隙和零压迫力，如果系统要求应在有压迫力情况下才能曝光，则可在 4cm 厚的 PMMA 模体上垫 0.5cm 厚泡沫塑料（或其他不显著影响 X 线吸收的材料），并将压迫板压在泡沫塑料表面，使得压迫板高度保持在 4.5cm 并且造成压迫力，系统可以正常曝光。

（3）判定标准

WS 522—2017 要求在此测试条件下，乳腺平均剂量应小于 2.0mGy。

12. 高对比分辨力

（1）检测仪器及工具

最大线对数不低于 10lp/mm 的高对比分辨力卡。

（2）检测步骤

1）将两个高对比分辨力卡分别呈水平和垂直方向放置在乳房支撑台上胸壁侧内 4cm 处，高对比分辨力卡尽可能紧贴影像接收器。

2）按照设备生产厂家推荐的测试步骤和方法进行曝光。如生产厂家未给出条件，可选用适当的手动曝光条件，如26kV，15mAs。

3）在高分辨显示器上读取该影像，调节窗宽窗位使影像显示最优化，观察可分辨的线对组数，记录高分辨率力读数，单位为线对每毫米（lp/mm）。

4）验收检测时分别将水平放置与垂直放置的高对比分辨力卡的测试结果与厂家规定值进行比较。如果得不到厂家规定值，则分别与尼奎斯特频率（$f_{Nyquist}$）进行比较，建立基线值，状态检测和稳定性检测时与基线值进行比较。上述的尼奎斯特频率（$f_{Nyquist}$）是由采样间距a确定的空间频率，关系式为：$f_{Nyquist}=1/2a$。

（3）判定标准

WS 522—2017要求验收检测时高对比分辨力读数大于90%厂家规定值；或不小于80%的$f_{Nyquist}$，并在此处建立基线值；状态检测和稳定性检测时，高对比分辨力读数应不小于90%基线值。

13. 对比度细节阈值

（1）检测仪器及工具

乳腺X线摄影专用的对比度细节阈值测试模体。

（2）检测步骤

1）将对比度细节阈值测试模体放置在乳房支撑台上，模体边沿与乳房支撑台胸壁侧对齐。

2）依据模体说明书给出的条件进行曝光。

3）在高分辨显示器上读取该影像，调节窗宽窗位使影像显示最优化，观察曝光图像，确定不同细节直径时可观察到的最小细节物，对照厂家说明书得出该直径的可分辨的最小对比度，或使用模体自带的软件计算出所需参数。

4）对于临床曝光条件与模体说明书中不符的情况，系统应至少达到以模体说明书给出的条件曝光时要求观察到的细节数目。

（3）判定标准

对比度细节阈值WS 522—2017的验收检测、状态检测要求见表7-8，稳定性检测不要求检测此项目。

表7-8　对比度细节阈值检测要求

细节直径mm	对比度	
	验收检测	状态检测
$0.10 \leq D < 0.25$	<23.0%	<23.0%
$0.25 \leq D < 0.5$	<5.45%	<5.45%
$0.5 \leq D < 1.0$	<2.35%	<2.35%
$1.0 \leq D < 2.0$	<1.40%	<1.40%
$D \geq 2.0$	<1.05%	<1.05%

14. 压迫力显示精度

（1）检测仪器及工具

精度在±5N 以内的压力秤和一块厚度在 20～50mm 之间、长度和宽度在 100～120mm 之间的软质橡皮块。

（2）检测步骤

1）将压力计放置在乳房支撑台上，压力计的计量部分放置软质橡皮块。

2）按照临床上经常使用的压迫力和可能设定的最大压迫力，操作压迫板对软质橡皮块加压，记录压力计显示和乳腺 X 线摄影设备的压迫力显示值，计算两者之间的偏差。

（3）判定标准

GB 9706. 24—2005 要求显示的压迫力应在测量数据的±20N 以内。

15. 胸壁侧遗漏组织

（1）检测仪器及工具

可使用乳腺图像综合测试模体或胸壁侧遗漏组织标尺。

（2）检测步骤

1）将胸壁侧遗漏组织标尺或综合测试模体放置在乳房支撑台上，其边沿与乳房支撑台胸壁侧对齐。

2）曝光获得 X 线影像，读出在影像胸壁侧的组织被遗漏的尺寸。

（3）判定标准

小于 5mm。

知识链接

对比度噪声比的测量

对比度噪声比（Contrast to Noise Ratio，*CNR*）描述区分数字图像中不同对比度物体和图像固有噪声能力的物理量，是数字乳腺 X 线摄影系统中较重要的图像性能参数。

1. 检测仪器及工具

不同厚度的均匀衰减模体、0. 2mm 厚纯度为 99. 9%的铝片。

2. 检测步骤

（1）将需要检测厚度的均匀衰减模体放置在乳房支撑台上，模体边沿与乳房支撑台胸壁侧对齐。

（2）在模体最上面的右半边沿中心线放置 0. 2mm 厚纯度为 99. 9%的铝片，按所需要的条件曝光。

（3）曝光后获得原始图像，离胸壁侧 60mm 的距离为中心，分别获取无铝片及有铝片的两个感兴趣区域，如图 7-20 所示，测量的无铝片区域原始数据的像素平均值 m 和像素标准偏差 σ，作为背景影像参数（m_{BG}，σ_{BG}）；测量的有铝片目标的影像参数（m_{Al}，σ_{Al}）。按式（7-7）计算 *CNR* 值。

$$CNR=\frac{m_{BG}-m_{AL}}{\sqrt{\frac{\sigma_{BG}^{2}-\sigma_{AL}^{2}}{2}}} \tag{7-7}$$

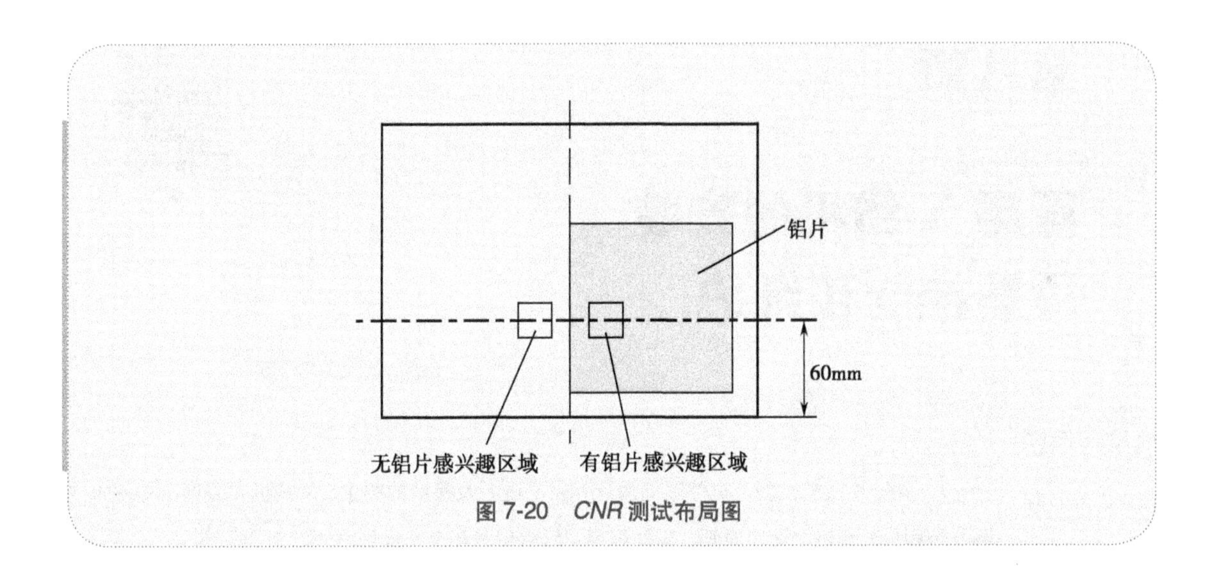

图 7-20　*CNR* 测试布局图

点滴积累

1. 足够诊断的图像质量前提下最低的剂量是乳腺 X 线检查的金标准。
2. 乳腺 X 线摄影系统有其特殊的质量控制程序。
3. 乳腺 X 线摄影系统管电压的检测应采用非介入方法。

目标检测

1. 乳腺 X 线摄影系统的常用靶面/滤过组合有哪些？
2. 乳腺 X 线摄影系统如何降低阳极的足跟效应？
3. 简述压迫装置对乳腺 X 线摄影的重要性。
4. 简述乳腺 X 线摄影系统常用的滤线器种类。
5. 简述数字乳腺 X 线摄影系统图像接收装置种类。

第八章

医用X线机的安装、质量控制和维护

学习目标

1. 掌握X线机机房及机件布局设计、供电电源及接地的要求；X线机安装调试的基本内容及流程；X线机的使用原则、操作规程、日常保养和定期维护方法。

2. 熟悉X线源组件的安装调试；安装调试工具和仪表的使用方法；X线机的质量评价标准、主要检测项目及其检测方法；X线机图像性能检测；X线机的操作要点。

3. 了解X线机的质量管理规范；医疗器械产品技术要求。

在前面各章节理论学习和实践训练的基础上，本章将对X线机的安装、质量控制和维护等相关内容作介绍，这是X线机工程师的重要工作内容。通过对医用X线机安装、调试、验收、质量控制和维护等基本知识和技能的学习、训练，对前期所学理论知识做到融会贯通，为今后从事医用X线机及其相关工作奠定基础。

导学情景

情景描述：

2017年4月，上海一家医院通过招标购买了一台数字化X线机。医院在不到一个月的时间里将机房准备就绪，厂家安排工程师在一周内完成设备安装调试，并对医院相关人员进行了使用培训。在通过卫生部门的检测验收后，设备交付给院方使用。

学前导语：

医院购买新设备后需要做哪些准备工作？安装工程师应做哪些试验与调试？政府主管部门需要做哪些检测验收？以及设备投入使用后应做哪些维护保养？本章将通过学习X线机的安装、质量控制和维护等相关内容来获得答案。

第一节　安装

医用X线机的安装是一项极为重要的工作。妥善地包装、运输和贮存，合理地选择机房，正确地布局与安装，精确地调试，可使X线机所具有的各种功能都得到充分发挥，从而提高工作效率，保证设备使用寿命和人员安全。

医用X线机的安装过程主要内容有：①根据X线机的结构特点和辅助设备的多少，合理设计或选择适当的机房；②根据X线机容量的大小和对电源的具体要求，准备良好的供电电源和接地线；③根据X线机生产厂家提供的安装资料和设备的使用要求，进行合理的室内布局；④按照说明书的要求进行安装、调试和验收。

医用X线机的安装工作流程是：①前期准备；②机件布局；③机件安装；④电气连接；⑤通电试验与调试；⑥基本操作培训；⑦检测验收。

X线机安装完毕后，应符合这3点要求：①能使工作人员和患者都感到方便，以提高工作效率；②能使X线机所具备的各种功能充分发挥，且性能稳定；③能使工作人员、患者以及周围人员接受的X线剂量尽可能小。

一、包装、运输和贮存

妥善包装、运输和贮存是顺利进行医用X线机安装的前提。设备到货后，开箱清点验货的目的之一就是对包装、运输和贮存情况进行鉴定。

（一）包装

包装质量的好坏直接影响X线机各部件的安全，特别是X线管、影像增强器或平板探测器等玻璃器件、易碎器件、贵重器件的安全，以及金属机件的防锈、保质等。

一般X线机都采用木箱包装，对体积比较大、组成部件较多的设备，采用分箱包装。例如摄片机，由于立柱中的平衡锤比较重，运输中又较难固定，所以装箱时将立柱卸下，将平衡锤取出予以单独固定包装，而立柱和床体也是独立包装，分箱放置，这样可使木箱的体积相对减小，便于运输。

木箱的内壁钉上钙塑纸，产品用防静电塑料袋包装，以防静电、日晒雨淋对设备造成损害；贵重器件如影像增强器或数字平板探测器，以及电器柜，还要用铝膜袋封装，并加入适量的干燥剂，以防潮湿对设备的损害，铝膜袋包装后，须抽真空处理，以节约空间；必要时建议放置温度标贴或温度仪，以监控运输和贮存环境温度是否符合要求。

另外，用木条、螺钉等将产品固定在木箱内，使产品在运输过程中不会产生晃动。

包装箱外面的标注应明显、清晰、齐全和规范，建议贵重和易碎器部件张贴防震动和防倾斜标贴，以便日后追踪。

（二）运输

正常情况下，X线机产品采用陆运或者海运，陆运一般用卡车或火车运输，在运输过程中必须有可靠的固定措施，防止在车厢内产生晃动；采用敞车运输时，必须用防雨布盖好；海运要用集装箱，必须有可靠的固定措施以防颠簸。运输过程中，应按包装箱上标注的方向搬运或放置。特殊情况下，X线机采用空运方式，比如发往国外的紧急订单，包装箱上要张贴空运密封标贴（如带有公司LOGO标记的密封胶带将包装箱四周密封），以便海关人员直接把其分类为“来自可知的发运人”。

（三）贮存

产品应贮存在通风、干燥的室内；存放时，应按包装箱上标注的方向放置。

X 线机产品对运输和贮存的环境条件都有明确要求。这些条件包括:环境温度、相对湿度和大气压力。在运输和贮存过程中必须严格符合这些要求。

二、前期准备

根据所购医用 X 线机的型号和软硬件的配置情况,医院方需要同设备制造商(或设备代理商)一起商定安装计划,并协商制定安装过程中必要的设施和条件,如机房、空调、供水、供电、接地线、过梁、部件运输通道等,以及机房的设计和布局。应严格按照设备供应商提供的建筑方案进行施工,在涉及技术性很强的工作时,需由设备供应商(或设备代理商)的技术人员进行现场指导。

(一) 对机房和机件布局设计的要求

X 线机是一种精密医疗设备,同时在工作时会有大量 X 射线产生。所以,对 X 线机房的设计和布局有特殊要求。

1. 对机房位置、面积、高度和结构的要求

(1) 位置:在确定机房位置时,应遵循的原则有:

1) 选择地势干燥、通风良好、噪音小和尘土少的地方。

2) 有利于患者就诊和医生工作:为方便患者就诊和医生工作,机房应靠近急诊室和外科,并兼顾门诊与病房,对于传统 X 线机设备,应考虑靠近暗室、阅片室、片库等。

3) 有利于设备的安装和防护:中、大功率 X 线机体积较大、重量较重,故对地面的承重有一定的要求。机房若选在一层,搬运和安装都比较方便,地面的防护也可省却。若因条件所限,机房需选在其他楼层时,安装时必须考虑楼板的承重能力和对机房的防护要求。

(2) 面积:机房的面积要合适,应考虑两个方面的要求:①机房必须能使设备整体得到合理的布局,设备的某些结构运动到极限位置时,还要方便操作人员工作及患者、担架、推车等的出入;②有利于工作人员和患者的防护。

一般小型 X 线机的机房面积需 20~25m^2;中型 X 线机的机房面积需 25~35m^2;大型 X 线机的机房面积需 40m^{2}以上。大型 DSA 的机房面积需增大到 50~60m^2。

操作室的面积应视具体 X 线机而定。中、小型 X 线机控制室面积不必很大;大型 X 线机配有不同数量的控制柜,为便于布线和维护,可从十几平方米到 30m^2,如大型 DSA 设备需要安装在手术室里面,以满足一体化手术室(也可称为复合手术室)的要求。

(3) 高度:由于 X 线机的机械结构不同,因此对机房的高度要求也不一样,应根据设备的具体情况而定。机房高度一般为 2.8~3.5m。如图 8-1 所示,如果某 X 线机在房间高度高于 3.2m 时不受限,那么假天花或天花板下的净高如果只有 2.5m,则运动将会受限,同时考虑到安全距离,所以假天花或天花板下的净高建议为 3.5m。

(4) 结构:机房的结构要合理,应考虑墙体、预埋件和预留孔、墙皮、地面等因素。

1) 墙体:机房一般采用普通砖墙结构,也可采用框架结构砖墙或含钡混凝土墙。为达到防护要求,砖墙要有适当的厚度,水泥灌缝。

2) 墙面:要求墙面光洁不积尘,故选择不易产生及吸附尘埃的材料。

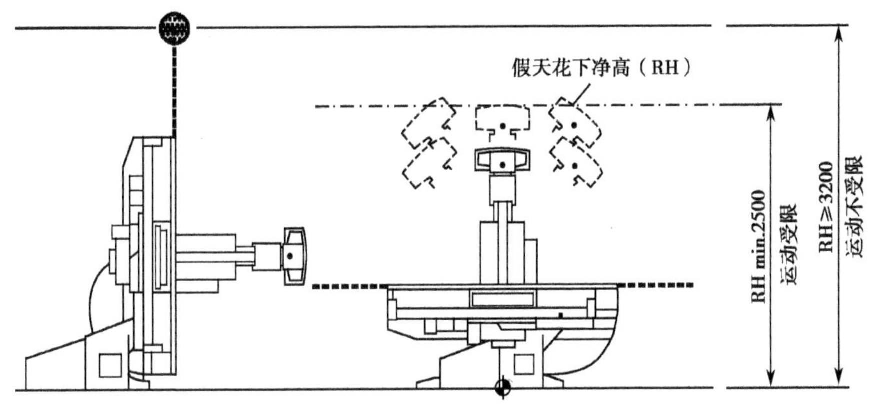

图 8-1　机房高度要求示意图（带有天花板）

3）预埋件和预留孔：为安装方便，建造机房时应充分考虑各种预埋件如电缆吊钩、天轨安装所用的过梁等。过梁建议采用宽度适当的“工”字钢梁或槽钢，过梁太长时，为防止中部下垂，应根据过梁的长度在适当位置用钢筋吊起。“工”字钢梁嵌入墙体内的深度应>10cm，且中间最好有钢筋吊拉，水平后两端用水泥灌注抹平。各种预留孔如过梁上的螺丝孔、电缆过墙洞、控制室的观察窗、布线用的地槽等要进行防水、防潮、防老鼠处理，以上这些都要事先设计好，建造时应准确定位，一并施工，这样既坚固又便于安装。

4）地面：①要求水平、光洁、不起尘。一般用水泥地面，而水磨地面较坚硬，不易起尘，更为理想。特殊要求时，可做木板地面或在水泥地面上贴塑料地板；②对于有承重要求的地面，如果当前地面不满足要求，需要重新灌装一定硬度的混凝土（如国标 C25 以上）。

2. 对机房防护的要求　为防止和尽量减小 X 线对人体的危害，必须加强和完善 X 线机机房的防护。在机房的设计和建造中，必须加强各个环节的防护，使人员的受照剂量限制在国家规定的标准之下，甚至更低。

（1）墙壁：机房的墙壁一般为砖墙或混凝土墙，只要到达一定的厚度，就可达到对邻室或室外的防护目的。墙壁厚度应根据 X 线机最高管电压而定。管电压越高，X 线的穿透力越强，其厚度应越厚，具体关系可参考表 8-1 所示。例如，最高管电压为 100kV 的 X 线机机房，其墙壁防护要求需 1.5mm 铅当量，用砖墙的厚度需≥20cm，用混凝土墙的厚度应≥12cm。注意：用砖墙时，其砖缝要用水泥灌实，以防射线泄漏。拍胸片和立位滤线器摄影时，X 线投照方向的墙壁应适当加厚或用含钡石灰粉刷。

表 8-1　不同管电压下常用建筑材料的铅当量

kVp（kV）	铅当量（mm）	混凝土（mm）$2.4g/cm^3$	含钡混凝土（mm）$2.7g/cm^3$	砖（mm）$1.6g/cm^3$
65	1.0	60	13	120~150
75	1.0	80	15	175
100	1.5	120	23	200
150	2.5	210	58	300
200	4.4	220	100	400
300	9.0	240	140	425

注：把达到与一定厚度的某屏蔽材料相同的屏蔽效果的铅层厚度，称为该屏蔽材料的铅当量。

（2）楼板：楼板的防护要求与墙壁相同。

（3）门和窗：门和窗应具有良好的防护性能，控制室与机房之间应开有观察窗和门。观察窗的位置、大小和高度应能保证观察到患者受检时所处的所有位置。观察窗上应采用铅玻璃，铅玻璃应具有与墙壁相同的铅当量，镶嵌时应与周围的防护材料有适当的重叠，以防漏射线，做法可参考图 8-2。另外，同样道理，机房防护门与防护墙之间不能留有空隙，门框也要具有良好的防护性能，且门框与门之间、门框与墙之间的防护材料都应有适当重叠。

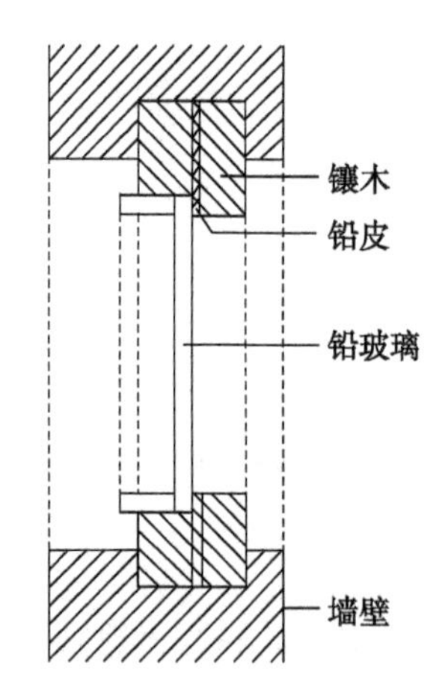

图 8-2　墙上镶铅玻璃示意图

门框的做法：常见的 X 线防护门框做法有如下 2 种：

1）木板夹铅结构：即在木板之间夹以铅皮。一方面防止铅皮因重力下垂，另一方面也防止因门直接碰铅皮而引起铅皮变形和卷曲，其做法如图 8-3 所示。

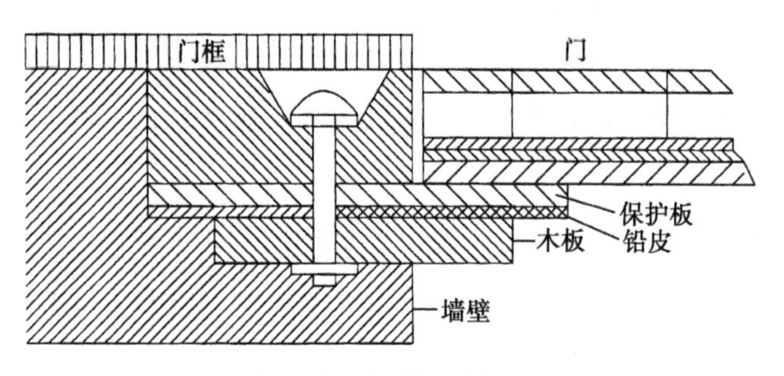

图 8-3　夹铅门框结构

2）XF 复合材料结构：将 XF（X 表示 X 射线，F 表示防护）复合防护板直接夹在门框中，不必设保护层，其做法如图 8-4 所示。

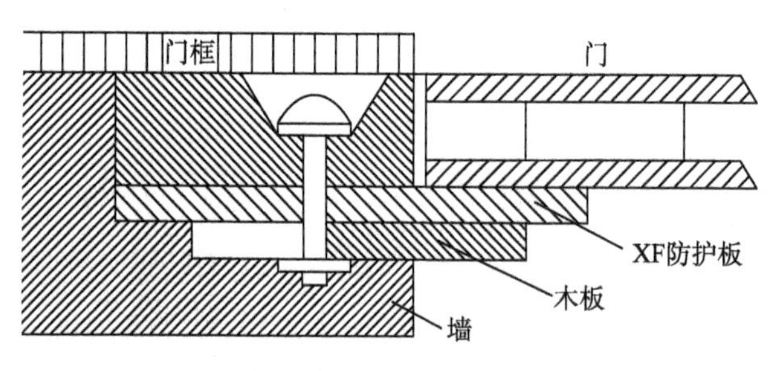

图 8-4　XF 门框结构

防护门的做法：首先用优质木材按尺寸做好门的框架，然后将铅板用 2 层三合板或纤维板夹起来，固定在框架的一侧上，另一侧固定胶合板或纤维板即可。安装时，带铅板的一侧应向门框，以便在门闭合后，门上的铅板与门框上的铅板距离最小。门和门框的铅板重合宽度要大于门闭合后两铅板间距的 2 倍以上，如一般三合板或纤维板的厚度为 4~5mm，则铅板间实际距离应在 8~10mm 或以上。用 XF 复合防护材料时，其厚度应有足够的铅当量。

3. 机房环境的要求 为保证 X 线设备在最佳状态下运转,环境条件非常重要。一般在产品的使用说明书中对环境温度、相对湿度和大气压力都会提出要求,一些更高要求的设备,对空气的净度也有相应的要求。

另外,机房不能设在尘埃较多和震动较频繁的地方。灰尘较多,将使设备中的某些元器件发生故障。例如,若继电器、接触器的触点表面聚积灰尘,则会造成接触不良,接触电阻增大,从而容易出现触点过热甚至烧坏触点的故障。活动部件的润滑剂若吸附了过多的灰尘,摩擦力增大,将影响活动的灵活性,降低机件的精度,甚至磨损机件。带有光学部件的 X 线机,灰尘将直接影响其光学性能。设备长期在有明显震动的环境里,还会使螺丝松动,造成机件松动,影响设备的正常使用和性能,甚至会因某些固定件松脱,而造成人伤机损事故。

4. 机件布局设计的要求 机件布局设计应掌握下列原则:

(1) 检查床的位置决定了患者出入的路径,也决定了 X 线管支撑装置的位置以及 X 线可能的投照方向。在设计时,应首先粗略确定检查床的位置,再设计其他装置的位置。

(2) 担架车能顺利进入机房,患者上下检查床方便:这就要求患者上下检查床的一侧所占面积要适当大一些,给患者有一定的活动余地。

(3) X 射线的投照方向应有利于整体防护。

(4) 操作人员工作顺手,维修人员维修方便:这就要求在确定各装置部件位置时,应考虑到整机各装置部件间电缆线的连接和操作者的工作程序,避免往返过多,影响工作效率。

(5) 走线合理:X 线机各电气部件间都有电缆线连接,这些电缆线都有一定的长度,设计各装置部件位置时,不仅要考虑其长度是否足够,也要考虑这些电缆线的走线方式和方向,避免过多的交叉,影响工作和整齐美观。

(6) 选择最合理的走线方式:常用的走线方式有地槽式、板槽式和明线式三种。

1) 地槽式:即在地面上开一定尺寸的地槽,电气装置部件的连接电缆线敷设于地槽内,将地面上的电气装置部件一一连接起来。此种走线方式适合于电缆线较多,且以落地部件为主的大型设备组件间的连接。其优点是地面平整,无明线盘绕,机房内显得整洁、无杂乱感,但要求定位准确,最好在建造机房时一并施工。按地槽的结构可分为封闭式和敞开式两种,如图 8-5 所示。

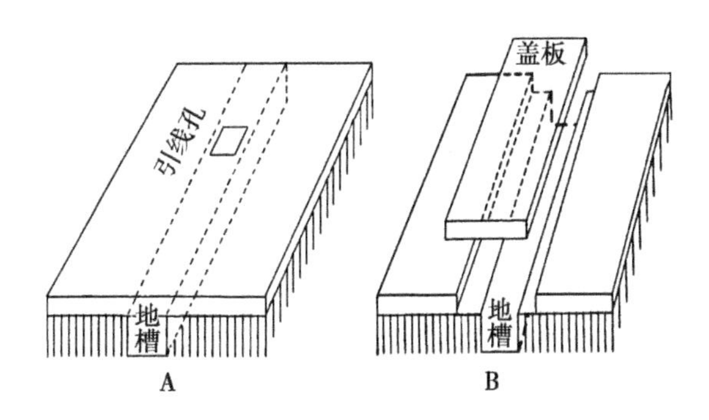

图 8-5 地槽结构

①封闭式:图 8-5A 所示的地槽即为封闭式,只留有进线口和出线口。这种地槽能保持地面完整,可用最短的距离连接各组件。但要求电缆线进、出口位置准确,设计得当,方能保证地面组件的

准确连接，而且敷设电缆线时也比较麻烦。

②敞开式：图 8-5B 所示的地槽即为敞开式，顶面用木板或塑料板覆盖。此种地槽敷设电缆线方便，进出线口灵活，地槽较大时还可将多余的电缆线叠放在槽内。但地面稍欠平整，盖板缝隙易进灰尘和渗水，故清洁地面时要防止污水流入槽内。

2）板槽式：用木板或塑料板做成一定尺寸的槽，沿机房墙边固定，将电缆线敷设槽内，顶面加盖。这种形式用于连接线较多而又无法开凿地槽的机房，仍能保持地面整洁。但由于板槽沿墙边固定，路径较长，有可能使某些电缆线长度不够而需要采用延长线连接。

3）明线式：一般用于电缆线较少的中小型设备或用于无法设计地槽、天棚的机房。明线式要注意将各电缆线尽量集中捆扎，在适当的位置分路，连接活动件的电缆线还应留有一定的长度，其他电缆线应加以固定，过长的电缆线应盘结好放在隐蔽处。

以上走线方式都要考虑到防水、防潮、防老鼠的设计和处理，以免电缆损坏。

（二）对供电电源和接地的要求

X 线机属瞬时大功率医疗设备。供电电源的优劣直接影响设备的性能发挥。良好的供电电源，不仅能使设备的使用功率可达到额定输出要求，而且还能为临床诊断和治疗提供准确的数据。

1. 对供电电源的要求　X 线机对电源的要求主要包括电源电压、电源频率、电源容量和电源内阻四个参量。

（1）电源电压：X 线机的供电电源一般均为交流电源。由于 X 线机输出功率不同，对电源的要求也就不同；另外，世界各地的电网供电设施系统也不尽相同，因此各厂家在安装说明书中都明确规定了各自所需的供电形式和电源电压值。选择电源电压应注意“三性”。

1）一致性：供电电源的电压必须与 X 线机所要求的电源电压一致。

2）就高性：若 X 线机的电源电压既可用 220V 又可用 380V 时，则最好选 380V。这是因为选择较高的电源电压（380V），可降低对电源内阻的要求。在电源容量相同的前提下，由于供电条件的限制，有些用户的电源变压器距机房较远，线路电阻过大，致使电源内阻增大，无法满足设备的设计要求。在这种情况下，更应选择 380V 的电源供电。这是因为在相同的输出功率下，380V 供电比 220V 供电所需的电流小，因此电源电缆线的压降小，更有利于设备正常地工作和性能发挥。

3）稳定性：只有电源电压稳定，才能使设备输出稳定。X 线机电源电压的波动范围一般都应 $\leq \pm 10\%$。在 X 线机的供电线路上，不允许并联会引起电源电压发生大范围波动（波动 $> \pm 10\%$）的和不定期使用的大负载，如电梯、引风机、卷扬机等。因此，X 线机最好使用专用的供电电力变压器。

（2）电源频率：电源频率是 X 线机电路设计时的一个重要参数。X 线机中，许多电路和元件的工作特性与电源频率有关。如谐振式磁饱和稳压器（早期工频 X 线机中用于灯丝加热的电源变压器），当电源频率高于额定值时，稳压器输出电压偏高；当电源频率低于额定值时，稳压器输出电压则偏低。再如旋转阳极 X 线管，阳极的转速与电源频率成正比。为此，选定电源时，必须考虑电源频率是否与设备的要求相符。国产X线机的电源频率均按50Hz设计，其允许误差为≤±0.5Hz。进口X线机的电源频率多为60Hz，其允许误差为≤±0.5Hz。不过随着逆变电源技术的普及，X线机对电源频率的要求也相对降低，一般50Hz和60Hz电源都可以适用。

（3）电源容量：电源容量是指为X线机提供电源的专用供电变压器的容量，其单位是千伏安（kVA）。在选择供电变压器容量时，既要保证X线机在满载时的输出准确稳定，又要避免供电变压器低负荷状态运行，因为变压器在空载或低负荷时的无功损耗要远大于满载时的无功损耗。

X线机的输出功率因临床使用要求的不同，可从几百瓦至几十千瓦，高者甚至可达上百千瓦。除小型5kW左右及以下的X线机可由市电电网直接供电外，大、中型X线机都需专用的供电电力变压器供电，其电路连接如图8-6所示，将供电变压器初级接成三角形直接与输电网相接，次级接成星形，经变压器变压后在次级即可得到线电压380V、相电压220V的X线机供电电源。这种独立供电电源的方式一般不受医院其他大型负载设备的影响，电压波动较小，内阻恒定，在X线机曝光时线电压下降较小，可保证设备的正常运转和效能的发挥。

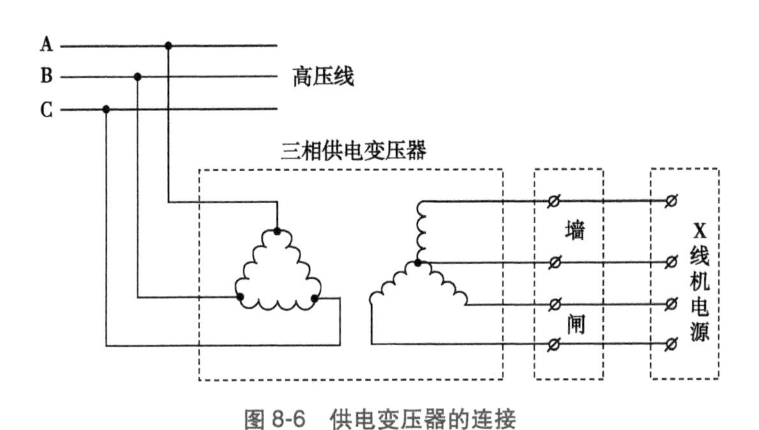

图8-6 供电变压器的连接

1）X线机的工作状态：就X线机的工作特点而言，其工作状态可分为连续低负荷状态和瞬时高负荷状态两种。分析掌握这两种状态，不仅能加深对X线机工作特性的理解，而且可为选择合适的供电变压器提供理论依据。

连续低负荷状态：连续低负荷状态包括X线机空载状态和透视工作状态。开机后不产生X线的状态称为空载状态，此时仅电源变压器、控制电路、X线管灯丝和所选择的附属装置得电，这些部件及其电路的耗电量称为空载消耗，开机后空载消耗始终存在。中型X线机，空载消耗一般为0.5~1kW。X线机透视曝光时的状态称为透视工作状态。透视管电压一般在90kV以下，管电流在1mA左右，输出功率一般不超过80W。即使透视时用微焦点旋转阳极X线管，则旋转阳极驱动电路工作，其电功率消耗也大致在350W左右，仍属于低负荷状态。另外，透视曝光虽有间断，但每次透视曝光时间多在5秒以上，甚至十几秒，这与摄影曝光时间相比，仍可认为是连续的。可见，空载耗电和透视用电都是连续低负荷用电。

瞬时高负荷状态：瞬时高负荷状态是指X线机摄影曝光时的状态。摄影曝光时，X线管、摄影控制电路、旋转阳极启动电路、灯丝加热电路以及相应的各附属装置都要消耗电功率，其中主要是X线管的输出功率。该功率依据 X 线机摄影时所选用的曝光参数不同而不同。每台 X 线机在其技术规格书中都给出了额定输出功率,按 GB 9706.3—2000 的规定,在摄影曝光时间不小于 100ms,管电压在 100kV(或者最接近 100kV)时,所能输出的最大功率值。中型 X 线机的输出功率一般为 10~40kW,大型 X 线机一般为 40~100kW。摄影曝光的时间很短,一般在 1s 以内,最长不超过 5s,因此摄影曝光状态属于瞬时高负荷状态。

综上所述,X 线机对电源容量的要求,应以满足 X 线机摄影曝光时最大输出功率为依据。在设计供电电源时,其供电变压器的容量必须与 X 线机摄影曝光时的最大输出功率相匹配。

2）单台 X 线机电源容量的计算:X 线机所需电源容量在 X 线机说明书中都有规定,也可根据 X 线机说明书中提供的资料加以计算,其方法是:根据设备的最大输出功率 P_X 和其他电器件所需要消耗的电功率 P_0,求出整机在输出时所需要消耗的最大总功率,即

$$P_B=P_X+P_0 \tag{8-1}$$

式中,P_B 表示整机在输出时需要消耗的最大总功率,P_X 表示 X 线机设备的最大输出功率,P_0 为其他电器件所需要消耗的电功率。

由于摄影曝光时间大都在 5s 以内,属瞬时负荷。而变压器具有允许瞬时过负荷的特性,即在短时间内过负荷可达 200%。根据这一特点,供电变压器的最大输出功率 P_A 可按 X 线机整机曝光输出时最大总功率的一半来计算,即

$$P_A=\frac{1}{2}P_B \tag{8-2}$$

式中,P_A 表示供电变压器的最大输出功率,P_B 表示整机在曝光输出时需要消耗的最大总功率。

例如,安装一台数字胃肠机,其电源变压器容量计算如下:

X 线机的额定最大输出功率 $P_X=80\text{kW}$,即摄影曝光时间 100ms 时,管电压 100kV 下,最大输出的管电流为 800mA。

电源变压器、开关电源、控制电路各元件、X 线管灯丝耗电功率以及旋转阳极启动运转等各电器件的耗电功率之和一般在 0.5~1.0kW,取最大值,所以 $P_0=1\text{kW}$。

X 线机在输出时的整机最大总功率为

$$P_B=P_X+P_0=80\text{kW}+1\text{kW}=81\text{kW}$$

则供电变压器的最大输出功率应为

$$P_A=\frac{1}{2}P_B=40.5\text{kW}$$

实际上变压器还会消耗 10%~20%的无功功率,考虑一定的余量,取 20%;则数字胃肠机的供电变压器的容量应为 40.5kW/0.8≈50kVA。

3）多台 X 线机电源容量的计算:医院往往不只使用一台 X 线机,不可能为每台 X 线机都专设一个专用供电变压器,只能采用多台 X 线机共用一个供电变压器的方法。其供电变压器的容量应按每台设备所需容量的总和设计。例如,3 台数字胃肠机共用一个供电变压器时,每台设备所需的供电变压器容量为 50kVA,那么供电变压器的总容量 $P_A=50\text{kVA}\times3=150\text{kVA}$。

4）电源容量不足对X线机的影响：对于工频X线机，kV值是间接预示的。当电源容量不足时，曝光期间供电电源内部将有很大的电压降，致使X线机供电电压不足，由此实际kV值远低于预示kV值，造成X线输出量明显降低，直接影响摄影成像效果。严重时，设备电源落闸，不能工作。对于高频X线机，摄影曝光时的kV是闭环控制的，供电电源的不足将会使闭环调节控制系统出现故障，致使曝光中止，严重时还会损坏功率器件。

（4）电源内阻与电源线

根据国家规范《医疗建筑电气设计规范》JGJ 312—2013第6.3.4条医用X射线设备供电线路的导体截面，应符合下列规定：①单台设备专用线路，应满足单台设备对电源内阻或电源压降的要求；②多台设备共用一个供电回路时，其导线截面，应按供电条件要求的内阻最小值或电源压降最小值加大一级确定导线截面。

1）电源内阻的定义：电源内阻包括电源变压器内阻、电源导线电阻和电气元器件阻抗（空气开关、接触器、连接端子等）三部分，即

$$R_m = R_0 + R_L + R_q \tag{8-3}$$

式中，R_m为电源内阻，R_0为供电变压器内阻，R_L为电源线电阻，即供电变压器输出端至X线机电源闸间的导线所具有的电阻，R_q为电气元器件阻抗。

电路上只要有电阻存在，当电流通过时就会在电阻两端产生电压降，其数值与电流成正比，即

$$\Delta U = I_L R_m \tag{8-4}$$

式中，ΔU表示电压降，I_L表示电流，R_m为电源内阻。

由全电路欧姆定律可知，闭合回路中，其端电压等于电源电动势与电源内部压降之差，即

$$U = E - \Delta U \tag{8-5}$$

式中，U表示端电压，E表示电源电动势，ΔU表示电压降。

可见，若电源内阻增大，其输出端电压必然降低。

X线机是瞬时大功率负载，在摄影曝光时，其供电电流很大。比如中型X线机的供电电流在几十安培，大型X线机可达上百安培，因此很小的电源内阻，就会引起很大的电压降。轻者使X线输出量不准确、摄影效果差或使X线机某些元件、某些电路不能正常工作，重者将使某些元件损坏。

2）电源线横截面积的计算

由于电源线电阻一般占到电源总内阻的一半或一半以上，通常我们无法改变电源总电阻中的供电变压器内阻R_0和电气元器件阻抗R_q的大小。如表8-2所示，由于供电变压器的容量和其内阻是一一对应的，当供电变压器的容量选定后，电源总内阻的大小仅与电源线的电阻有关，所以控制电源线缆的线径是我们控制电源内阻的主要手段。

表8-2　变压器的内阻

变压器的容量（kVA）	5	7.5	10	15	20	25	30
变压器的内阻（Ω）	0.3	0.15	0.1	0.07	0.05	0.04	0.02

电源线的电阻为

$$R_L=\rho\frac{L}{S} \tag{8-6}$$

式中，R_L 为电源线电阻，ρ 为电源线金属材料的电阻率，L 为电源线的长度，S 为电源线的横截面积。

可见，在电源线金属材料一定的情况下，电源线的电阻与长度成正比，与横截面积成反比。在供电变压器的容量选定后，调整电源内阻的方法就只能是改变电源线的长度即供电变压器至 X 线机间的距离，或改变电源线的横截面积。在实际工作中，电源线的选择原则是：①电源线的阻值 $R_L \leqslant R_m - R_0 - R_q$，即不大于 X 线机所要求的电源内阻 R_m（也即电源总内阻）与电源变压器内阻 R_0 以及电气元器件阻抗 R_q 之差；②电源线能安全通过 X 线机最大负载时的电流。

X 线机摄影时，由于曝光时间很短，其电流可视为瞬时电流，因此供电导线横截面积可适当减小。

3）电源内阻的测量：电源内阻不能直接用欧姆表进行测量，需用专用电源内阻测试仪。在无专用测试仪表时，可用电压降法测量，其电路连接如图 8-7 所示。

图中 R 为 1 个大功率电阻器，当电源电压为 220V 时，R 可选在 5～10Ω；若电源电压为 380V，R 可选在 10～15Ω。V 为内阻较大的永磁式电压表，A 为电流表，S 为电源闸。S 闭合前，电压表指数为空载电压 V_0。S 闭合后，闭合回路有电流 I_L 流过电阻 R 和电流表 A，此时电压表指数为 V_1，电源总内阻 R_m 引起的电压为 V_0-V_1。所以，R_m 可由下式求出：

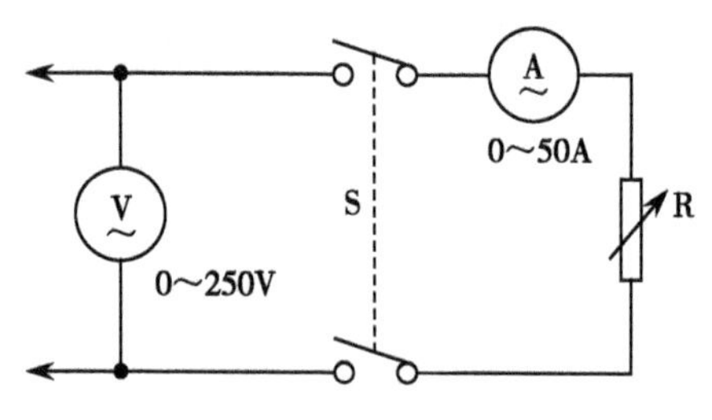

图 8-7　电源内阻的测量

$$R_m=\frac{V_0-V_1}{I_L} \tag{8-7}$$

式中，R_m 表示电源总内阻，V_0 表示空载电压，V_1 表示电压表指数，I_L 表示闭合回路电流。

例如，测得的 $V_0=220V$，$V_1=210V$，$I_L=40A$，则：

$$R_m=(220-210)/40=0.25(\Omega) \tag{8-8}$$

2. 对接地装置的要求

（1）触电

触电是指人体触及带电体，从而使电流通过人体的现象。触电对人体的伤害程度，不仅与通过人体的电流大小有关，而且与电流通过人体的途径、时间长短、电源频率的高低以及人体触电部位的状况有关，电流通过心脏和呼吸系统最危险。人体电阻因人而异，就是同一个人的不同部位也不一样，同一部位在不同情况下，如干湿程度不同时，其人体电阻也会有很大差别。

根据《GB 16895.24—2005/IEC 60364-7-710：2002 建筑物电气装置　第 7-710 部分：特殊装置或场所的要求——医疗场所》及其他相关国家规范的设计的要求：X 线机须要有防触电保护和急停装置，其电路示意连接如图 8-8 所示，安装时必须严格按此规定执行，处理好每一个细节，以防患者和工作人员不小心接触到 X 线机外壳而发生触电事故。

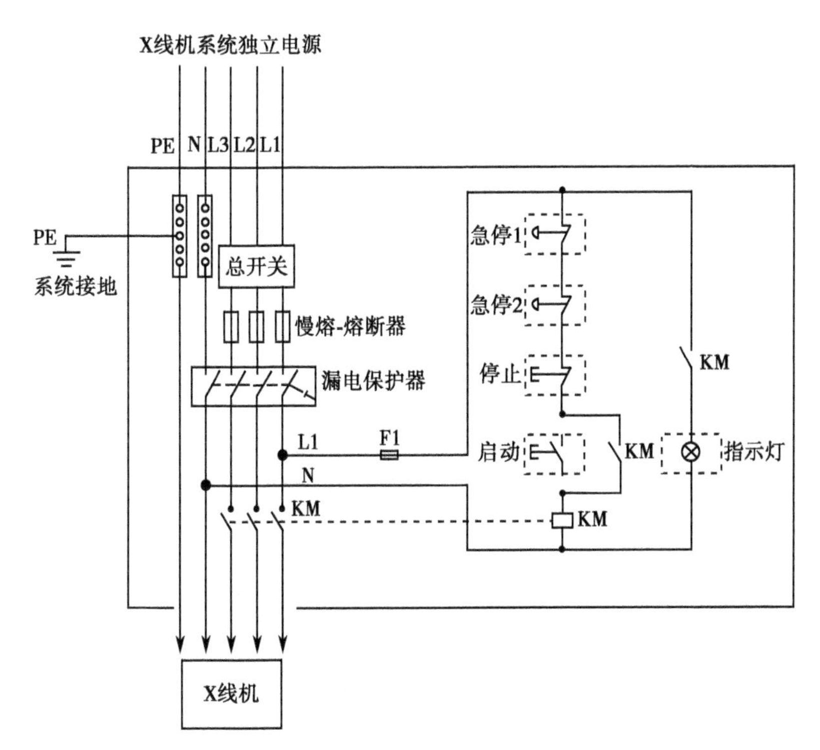

图 8-8　现场配电箱电路图
KM 为接触器

(2) 接地的原理和意义

1) 接地的原理

X 线机接地的原理分为工作接地和保护接地。①工作接地:将电路中的某一点与大地做电气上的连接,如高压变压器次级中心端接地、某些直流电源的公共端接地等;②保护接地:将 X 线机不带电的各金属外壳,以及与金属外壳相连的金属部件与接地装置之间做良好的连接,其原理其实就是并联分流,当人体电阻远大于接地电阻时,流过人体的电流就越小,所以接地电阻值应越小越好。

2) 接地的意义

X 线机接地的意义有:①工作接地:为保证某些电路的工作;②保护接地:一旦某些电器绝缘破坏或者被击穿使外壳带电时,由于人体电阻远大于接地电阻,短路电流可通过接地装置流向大地,从而使人体触及带电外壳时免受电击,起到安全保护作用。

(3) 接地的方式分别是联合接地和独立接地

1) 所谓联合接地又称共用接地系统,就是将同一大楼内所有设备的接地与大楼内的其他接地系统(如:电力、防雷、弱电等接地)统一接入一个共同的接地系统。当强大的雷电电流流入大地时,大地的电位随即升高,因为所有地线都连接在一起,设备的地电位跟随大地一起升高,地与地之间不存在电位差,就不会因雷击而损坏设备。

2) 独立接地是指对需接地的设备分别建立单独的接地系统,各接地网之间要有足够的距离,其优点在于各接地系统之间不会产生干扰,这对于通讯系统来说非常关键,特别是电磁环境特别恶劣的情况下。缺点是独立的计算机通讯系统,在雷电瞬时电压很高时,各接地系统点的电位可能相差很大,其设备元件容易损坏。相对于共同接地方式,采用独立接地的计算机网络系统遭遇雷击的几率高,同时独立接地对设计和施工都带来一定的困难。

(4) 配电系统的接地形式

常用的接地形式有以下三种:

1) 三相四线

即:TN-C系统,如图8-9所示。一般用途最广的低压输电方式是三相四线制,采用三根相线加零线供电,零线由变压器中性点引出并接地,电压为380/220V,取任意一根相线加零线构成220V供电线路,供一般家庭用(可称之为照明电);三根相线间电压为380V,一般供电机等设备使用(可称之为动力电)。

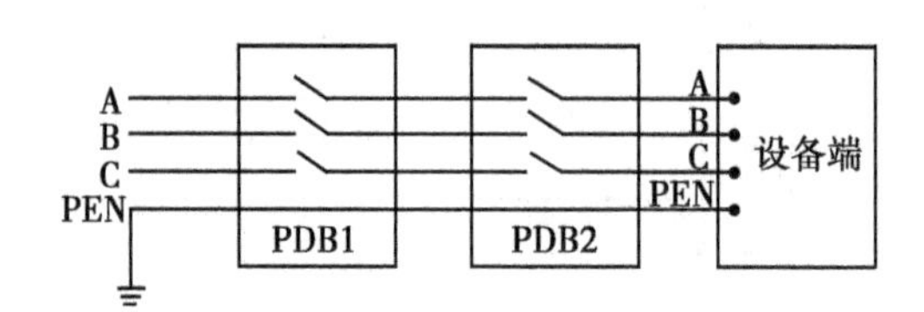

图8-9 TN-C系统接地形式
A,B,C为三相;PEN为中性线;PDB为配电箱

2) 三相五线

即:TN-S系统,如图8-10所示。三相五线制比三相四线制多一根地线,用于安全要求较高、设备要求统一接地的场所。

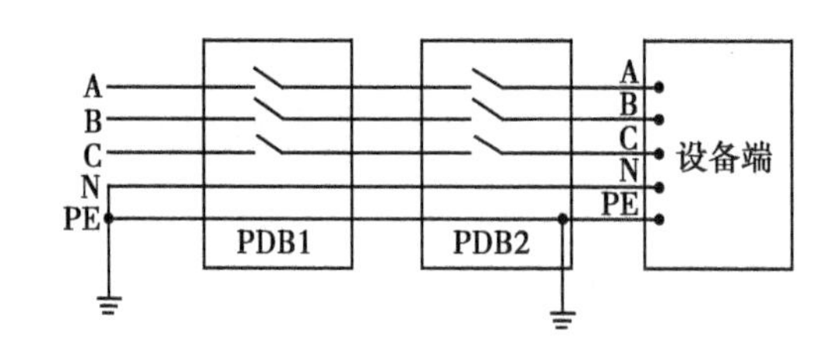

图8-10 TN-S系统接地形式
A,B,C为三相;N为零线;PE为地线;PDB为配电箱

三相五线制的学问就在于这两根"零线"上,在比较精密电子仪器的电网中使用时,如果零线和接地线共用一根线的话,对于电路中的工作零点是会有影响的,虽然理论上它们都是0电位点,但如果偶尔有一个电涌脉冲冲击到工作零线,而这时零线和地线却没有分开,比如这种脉冲是因为相线漏电引起的,再如有些电子电路中如果零点漂移现象严重的话,那么电器外壳就可能会带电,可能会损坏电气元件的,甚至损坏电器,造成人身安全的危险。

零线和地线的根本区别在于:①零线N:一个构成工作回路,回电网;②地线:一个起保护作用叫做保护接地,回大地。在电子电路中这两个概念是要区别开来的,在要求较高的场合中,这两根线需要分开接。实际中还有一种三相六线的接法,除工作零线,保护接地外,还专门另配一根接地线,这根接地线是跟设备保护接地线分开来接的,不与其他任何线相接,是用做对仪器设备的保护,因为电气件的损坏往往只有几微秒的时间,所以要将泄漏的电流更快地引回大地,需要仪器直接接地。

3）TT 系统接地形式：拥有独立的接地体，从该接地体引出该局部接地保护系统的保护线 PE，该 PE 和系统的 N 线无连接点，如图 8-11 所示。

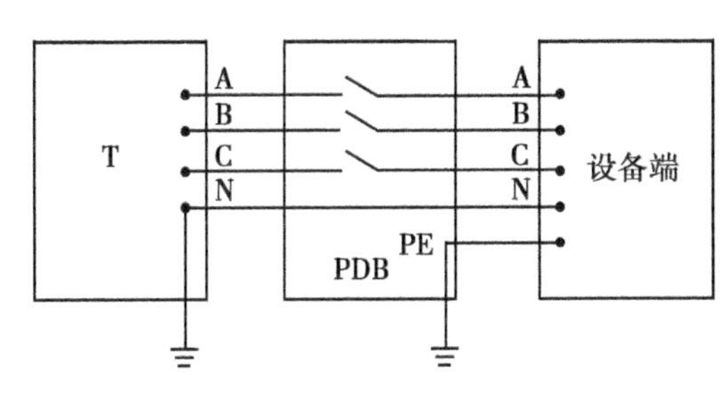

图 8-11 TT 系统接地形式
T 为电力变压器；N 为零线；PE 为地线；PDB 为配电箱

综上建议：医疗设备电源系统应采用 TN-S 系统供电，宜采用联合接地的方式。但是，目前很多进口医疗设备厂家仍然要求设置独立的接地装置，这是由于欧洲国家的低压配电系统采用 TT 系统（即保护接地系统），而我国低压配电系统采用 TN 系统（即保护接零系统），TN 系统不需要设置独立的设备接地系统，TT 系统要求系统接地与设备接地相互独立，这些都不符合中国国情，而且我国多个相关规范《建筑物防雷设计规范》《民用建筑电气设计规范》《建筑与建筑群综合布线系统工程设计规范》以及国际标准化组织国际电工委员会（IEC）等均极力倡导采用共用接地系统。

根据国家规范《民用建筑电气设计规范》JGJ/T 16—2008 其中的：

第 12.7.4.3 条规定：电子设备接地电阻值除另有规定外，一般不宜大于 4Ω，并采用一点接地方式。电子设备接地宜与防雷接地系统共用接地体。但此时接地电阻不应大于 1Ω。若与防雷接地系统分开，两接地系统的距离不宜小于 10m。

第 12.7.6.4 条和第 12.7.6.5 条规定：凡需设置保护接地的医疗设备，如低压系统已是 TN 型式，则应采用 TN-S 系统供电。医疗电气设备功能性接地电阻值应按设备技术要求决定。在一般情况下，宜采用共用接地方式，如须采用单独接地，则应符合第 12.7.4.3 规定的两接地系统的距离要求。

另外，国家规范《医用建筑电气设计规范》JGJ 312—2013 其中的：

第 9.3.1 条规定：医疗场所配电系统的接地形式严禁采用 TN-C 系统。

医疗电气设备如采用独立接地，当其自身发生接地故障或建筑物遭受雷击时，在设备和人身安全方面存在问题，如采用 TT 系统，应加装额定电流为 30mA 的剩余电流保护器，并大幅降低接地电阻值。

（5）接地装置：接地装置是连接电器与大地间的过渡装置，是专为泄放接地短路电流而设置的，它由接地电极（接地体）和接地线两部分组成。

1）接地电极：也称为探针，是直接埋入地下并与地壤接触良好的导体或几个导体的组合。该电极可用铜板、钢管或圆钢制成。若用铜板制作，其面积应>0.25m^2，厚度应>3mm；若用钢管、圆钢制作，其直径应>50mm，长度应>2m。图 8-12 是用铜板、圆钢制作的接地电极式样。

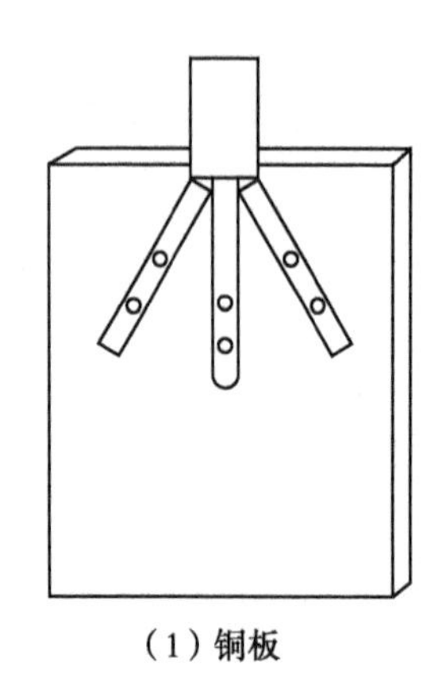
(1) 铜板

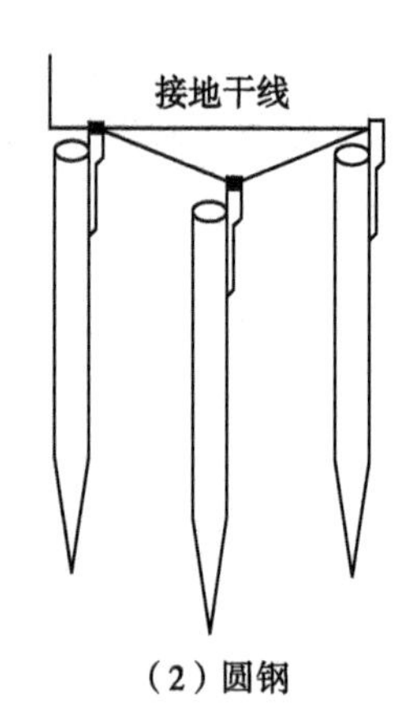

(2) 圆钢

图 8-12　接地电极的两种种形式

2) 接地线:是连接接地电极与 X 线机金属外壳间的金属导线。此线用横截面积≥$4mm^2$的多股铜线或用横截面积≥$12mm^2$的多股铁丝均可。接地线与接地电极应焊接牢固,构成一体。

(6) 接地电极的埋设:接地电极应埋设在建筑物以外 3m,地下深度应>1. 5m。其具体埋设方法是:若接地电极采用水平埋设,则应挖一深度>1. 5m、面积大于接地电极面积的地槽,将接地电极平放下去,焊牢接地线,埋好即可。若接地电极采取垂直埋设,可先在地下挖 1 个深度为 1m 的矩形沟,然后将接地电极打入地下,上端露出沟底 0. 1~0. 3m,以便焊接接地线。焊接时,必须用电焊或气焊,其接触面积一般≥$10cm^2$。

接地电极周围应放置木炭、食盐等吸水物质(图 8-13),以保证接地电极周围湿润,导电良好。接地线应敷设地下进入机房,与设备各金属外壳相连接,或通过地线分线板与设备各金属外壳相连接,如图 8-14 所示。

(7) 接地电阻:X 线机的外壳接地后,通过大地构成接地回路。该回路自然也存在电阻,称为接地电阻。接地电阻包括四部分:①接地线电阻;②接地电极电阻;③接地电极与土壤之间的过渡电阻;④土壤的溢流电阻。当机壳带电时,就有电流流入大地,此电流称为接地电流 I。接地电流是从接地电极向四周流散的,如图 8-15 所示。由于离接地电极越远,电流通过的横截面积越大,电流密度越小,到达一定距离时,电流密度即可视为零。因此,离接地电极近处的电阻大,电压降也大;远处的电阻小,电压降也小,在距接地电极 15~20m 处电压降已极小,其电位可视为零。

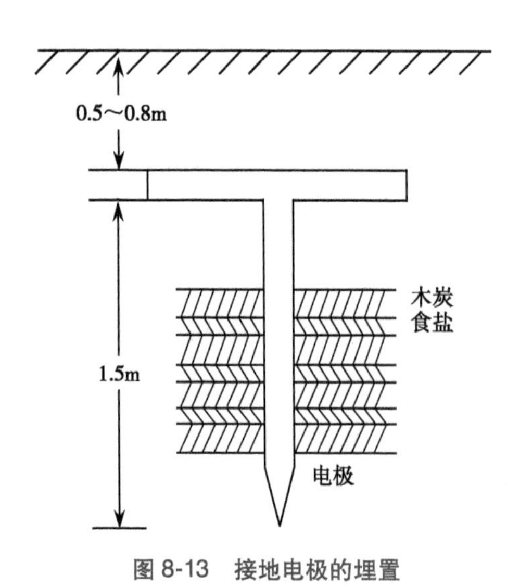

图 8-13　接地电极的埋置

由于接地线和接地电极的电阻很小,通常可忽略不计,接地电极与土壤之间的过渡电阻也很小,因此接地电阻主要是土壤的溢流电阻,也就是从接地电极到零电位之间的土壤电阻。

在进行接地电阻的实际测量时,因为距接地电极 20m 处的电位为零,所以,只要测量从接地电极起至 20m 处这一范围内的土壤电阻就可以了。

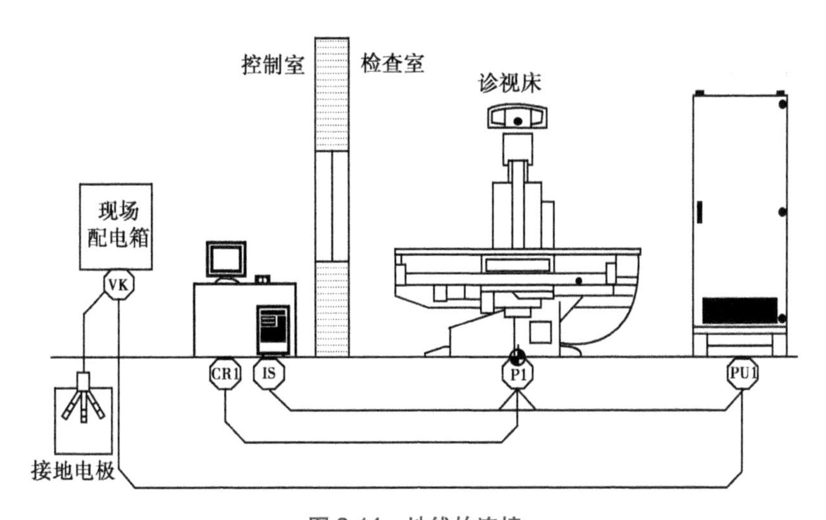

图 8-14　地线的连接
VK 现场配电箱;CR1 操作控制台;IS 图像处理器;P1 电动床;PU1 高压发生器

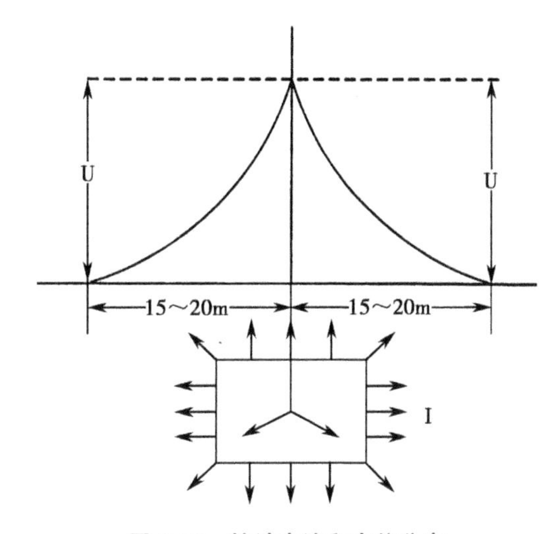

图 8-15　接地电流和电位分布

(8) 接地电阻的测量:我国规定 X 线机的接地电阻应<4Ω,在完成接地装置的埋设后,必须对接地电阻进行测量。常用的方法有直接测量法和间接测量法两种。

1) 直接测量法:用接地电阻测量仪直接测出接地电阻。现以 ZC-8 型接地电阻测量仪为例,说明其测量方法。图 8-16 是 ZC-8 型接地电阻测量仪外形图。

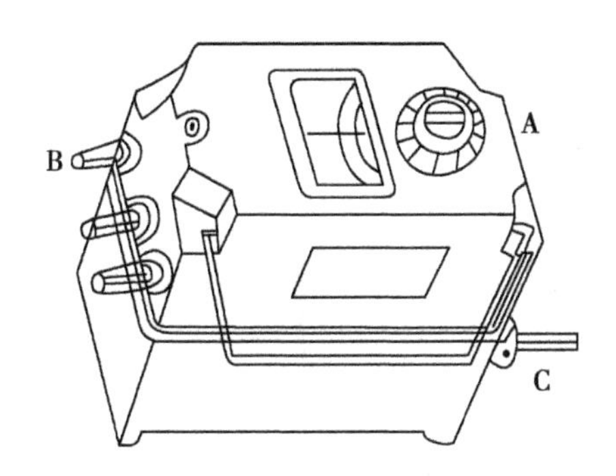

图 8-16　接地电阻测量仪
A 为测量标度盘旋钮;B 为接线端子;C 为发电机摇柄

这种测量仪的端钮分 3 个和 4 个两种。如图 8-17A 所示，3 个端钮的标记分别是 E、P、C，测量接地电阻时，E 接接地电极 E′，P 接电位辅助电极 P′，C 接电流辅助电极 C′。如图 8-17B 所示，4 个端钮的标记是 C_2、P_2、P_1 和 C_1，做一般接地电阻测量时，C_2 和 P_2 应短路后再与 E′ 相接，P_1 和 C_1 的接线方法同三端钮式。

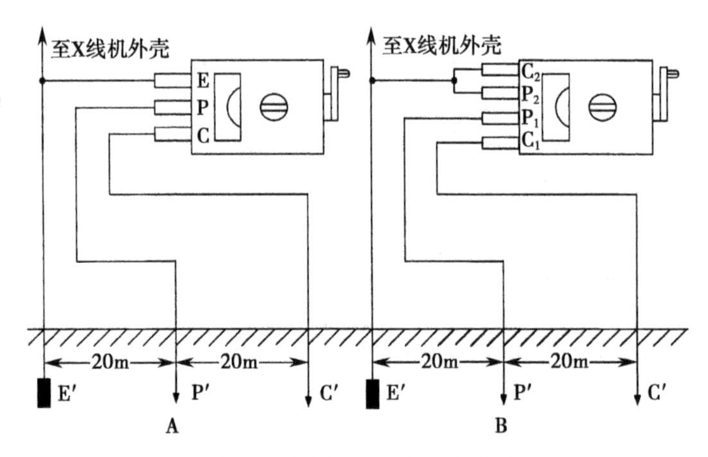

图 8-17　接地电阻测量仪接线图

进行接地电阻测量时，首先沿直线在距接地电极 20m 处和 40m 处将电位探针和电流探针打入地下，按上述方法将 E′、P′和 C′分别与 E、P、C 或 C_2、P_2、P_1、C_1 相连接，然后对仪表进行调零，使指针指在红线上。将倍率开关放在最大倍数上，缓慢摇动发电机手柄，同时调动“测量刻度盘”，直至指针停在中心红线上方。当检流计接近平衡时，加快发电机转速至额定值即 120r/min，调节“测量刻度盘”使指针稳定地指在红线位置，即可读出接地电阻数值。

若“测量刻度盘”的读数<1，应将倍率开关放在较小的一档，重新测量。

2）用电压表和电流表间接测量接地电阻：这种方法的测量电路如图 8-18 所示。当开关 K 闭合后，电流表测出线路电流 I，高内阻电压表测出接地电极 E 与电位探测极 T 之间的电压 U，接地电阻 R_X 即为接地电极 E 与电位探测极 T 之间的电阻，可由下式计算：

$$R_x = U/I \tag{8-9}$$

式中，I 表示电流表测出线路电流，U 表示高内阻电压表测出的电压。

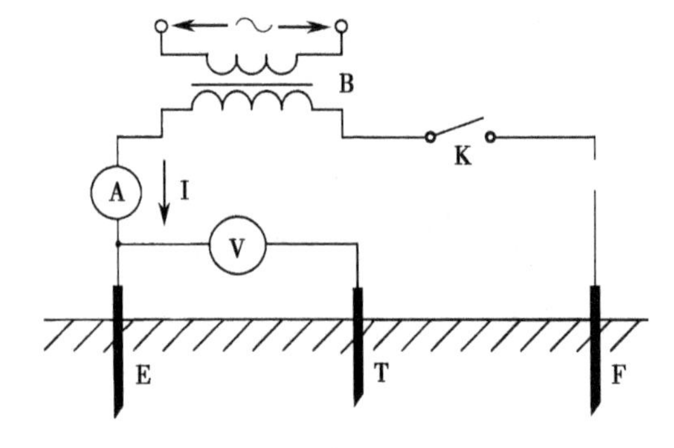

图 8-18　用电压表电流表测接地电阻

B 为隔离变压器；E 为接地体；T 为探测电极；F 为辅助电极

采用该法测量接地电阻时，其电压表要用高内阻电压表，以保证读数精确，其线路电源一般规定为交流电。由于用电单位常用的 220V 或 380V 交流电源，都是采用中心点直接接地的方式，如果将电源直接接入测量线路，就会造成接地短路，产生的短路电流可能使仪表损坏。因此，测量时必须用隔离变压器使测量电路与供电电源隔离。该隔离变压器无特殊要求，只要能提供一个适当的交流电压即可。

3）在无测量仪表时，作为日常检查的一种简易方法，可用一个 220V、100W 的灯泡对接地状况进行粗略估计。方法是：将灯泡的一端接接地线，另一端接电源的火线。观察灯泡亮度情况，若亮度正常，说明接地良好；若亮度不足，说明接地电阻过大；若亮度很暗，说明接地电阻太大或接地线断路。

（三）开箱清点验货

一台 X 线机由许多部件装置组成，大到检查床、控制台、吊架等，小到螺钉、螺母等，缺少任何一件，都将给设备的安装增加困难。设备到货后，必须进行认真细致地检查，以确保机件无缺、无错、无损。

1. 开箱

设备到货后应及时组织开箱。进口机器必须要在国家商检工作人员的监督下进行。

（1）开箱前的检查：首先检查箱体是否按放置标记方向正确放置；防倾斜和防震标贴是否正常，箱体有无破损、明显雨淋的痕迹；箱体上的设备标名是否与合同相符等，如问题，应立刻组织有关方面人员一起开箱，检查箱内物品的伤损情况，分清责任，及时处理。

（2）开箱地点的选择：除大型包装箱因受机房门的限制不能整箱进入机房外，凡能进入室内的各包装箱，都应尽可能地运进室内开箱，这样既使搬运比较方便，又可防止开箱后机件的丢失和碰损。

（3）开箱方法：开箱时，箱体不可倒置。凡用铁钉封装的都应采用开箱器，凡用木螺钉封装的都应采用螺丝刀开启，且不可用开箱器或锤子冲击箱体，以防震坏部件。开箱后，取出装箱单，以备清点。

2. 清点验货

清点验货应按下述要求进行：

（1）逐箱清点、单物相符：根据装箱单上开列的部件名称和数量，逐箱逐件核对。有些机件，特别是连接电缆，其外观无明显差别，但功能不同，因而检验时不能只数件数，而应看其编号。

（2）细心核查以及时发现短发/错发/货损："短发"是指缺少部件或大部件上缺少小零件，如发生器里面的功率板部件、立式胸片架的配重模块、各种固定螺钉等。"错发"是指发错或多发部件。"货损"不但是指明显的损坏，而且包括机件变形、生锈、加工不标准等方面。影像增强器或平板探测器、监视器等精密易碎部件虽然在包装和运输中都有特殊保护，但因皆属易碎昂贵物品，必须重点检查，如温度控制标贴是否变色或温度控制仪记录的极限值是否超标，并做好记录，如果变色或超标请参照技术手册做相应的处理或测试，以检验部件的好坏。

（3）X 线管的检验：X 线管是玻璃易损昂贵部件，必须重点检验。应对 X 线管管套进行检查，看各封口处（如管套封口、窗口、插座处）是否有渗油、漏油现象，管套内有无较大气泡。其方法是：将管套平放（窗口向上），去除 X 线管窗口上的滤过板，用手搬起管套轻轻晃动。若管子已碎，可听到碎片的声音，然后将球管一端慢慢抬高，观察窗口下有无气泡游走或存留，这样反复几次即可。

三、机件布局

X 线机各机件在机房内的布局是安装的重要环节，一定要严格按照项目规划设计的图纸布局。

（一）布局前确认

1. 运输通道及机房硬件的确认

（1）设备搬运的运输通道已开通，通道的尺寸、平整度和承重符合要求；设备搬运电梯的载重量和内部尺寸符合要求；如有必要，预约专业起重公司，负责设备的卸货、搬运及定位。设备卸货及搬运工具已明确并已备妥。

（2）检查装修后机房门洞的净尺寸符合设备搬运要求，以及内部的长度、宽度和净高与规划方案图一致；设备的电缆沟、电缆桥架及穿电缆的墙孔（或楼板孔）已完成并符合要求。

（3）固定天轨的钢结构已完成，安装孔已打好。位置、尺寸和要求与规划方案一致。水平度达到安装要求，实测最大误差满足设计要求，以及钢梁上方具备安装所需的工作空间；设备的混凝土基础已完成，位置、尺寸和要求与规划方案一致，表面平整，无装饰层，并已养护三周以上。

（4）放射防护的铅玻璃窗、铅门等已完成。

（5）设备远程服务需要的网络已经申请到位，所有的附属设备（如：高压注射器、激光相机、工作站等）已抵达现场，设备接口符合要求。

（6）室内温度/湿度表（要求指针式）和吸尘器已具备，机房内的空调机已安装完毕并可按需要投入运行。室内已清洁，房间可锁闭。

（7）如有冷水机，冷水机安装准备工作已经就绪。

2. 现场电源及配电箱的确认

（1）医院总配电房至本设备主机的专用电源电缆已铺设，并接入本机房专用配电箱，配电箱至主机的电源电缆已按要求备妥（有些厂家设备自备）。

（2）确认现场配电箱是否符合设计要求，如：电源参数已测量并符合要求，并填入电源检查表格中；空气开关，保险丝容量大小，漏电保护器，启动和关闭按钮，紧急停止按钮已按要求完成，并已完成通电和符合调试要求。

（3）主机的接地线符合相关要求并已由当地电业部门检测合格，接地电阻符合设备安装要求；检查室门上的射线曝光指示灯及门联锁装置已具备。

（4）机房内具有可供连续使用的照明条件和供电（如：交流 220V 插座）。

（二）机件定位准确

X 线机的机件（组件）按其安装要求，可分为变距部件和定距部件两类。变距部件如高压发生器、控制台和某些辅助装置等，它们的位置根据连接导线的长度在一定范围内可变动。定距部件如天轨与地轨、立柱天轨与影像增强器（I. I）天轨等，它们自身和相互之间的距离都有严格的规定，其相互间的位置不可随意更改。由此机件定位准确就是指定距部件必须按规定数据准确定出位置，其方法如下：

1. 确定基准点 基准点是指所有定距部件之间的距离皆以此点为基准而确定，通常多以天轨中心或床中心作为基准点。以床中心为基准点的示例如图 8-19 所示，需要根据基准点和设计数据找出床的定位模板的位置，如图 8-20 所示。

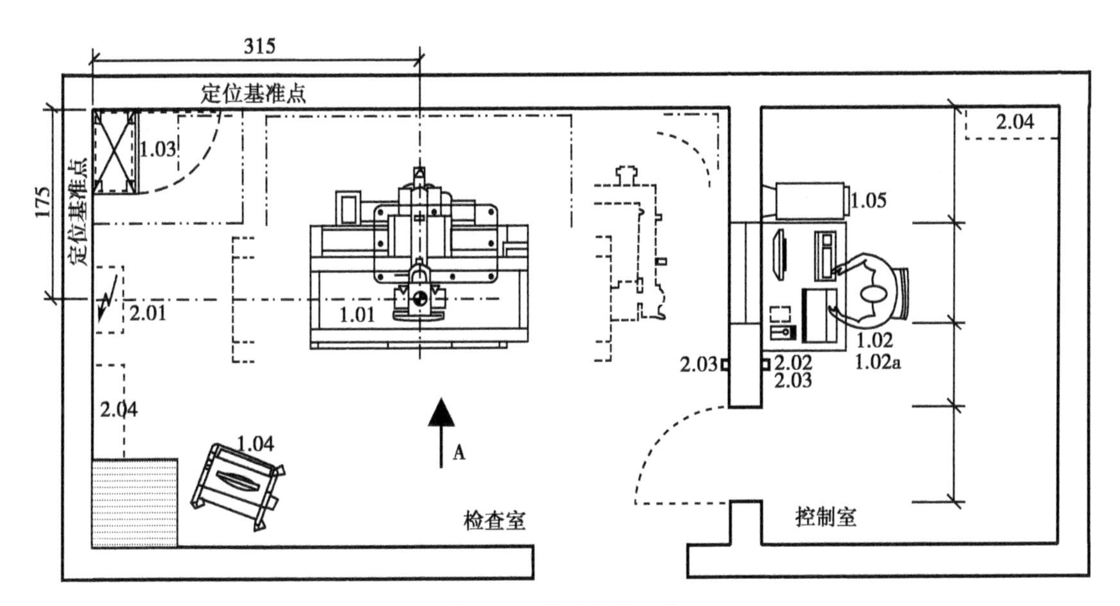

图 8-19 基准点的定位

表示基准点，即机房内医疗设备安装定位参考点

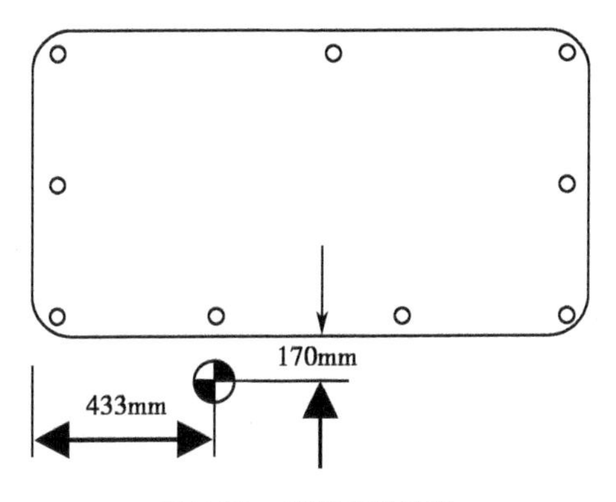

图 8-20 床基座的定位

以床中心为基准点时，基准点应当偏离机房中心线的一侧，以留出较大的空间，方便患者就诊和工作人员操作。

2. 确定天花板安装部件的定距位置 以天轨基准线为基准，用两点定直线的方法，按照设备说明书和机房设计图纸提供的数据，标出安装施工线。

3. 确定地面上安装部件的定距位置 以天轨中心为基准，用铅坠定位法，确定天花板上组件与地面组件的相对位置，并标出安装施工线。

4. 认真复核 定位工作结束后，应由他人复核，以保证定位的可靠性。

四、机件安装

各机件的安装应遵循先固定定距部件、再固定变距部件的原则。

（一）X 线管支撑装置的安装

X 线管支撑装置是 X 线机机械结构的主体，可以分为：立柱式支撑装置，悬吊式支撑装置。

1. 立柱式支撑装置的安装　立柱式支撑装置可分为双地轨式、天地轨式和附着立柱式三种。

（1）天轨安装：按照已经完成的 X 线机房布局图进行天轨安装。若天轨仅承担导向作用，且天花板或楼板较平、高度适当、天轨固定方便，则可用螺钉将天轨直接固定在天花板上，如图 8-21（a）；若天花板或楼板不平整，则需加 3～5cm 厚、10～15cm 宽的垫板，将天轨固定在垫板上，然后将垫板固定在天花板上。但是对木结构的吊顶，可加木龙骨，一方面找平吊顶，另一方面提高吊顶的负重，如图 8-21（b）；若天花板或楼板高度已超过立柱高度，则需加过梁，将天轨固定在过梁上，过梁嵌入墙壁的深度应>10cm，如图 8-21（c）。

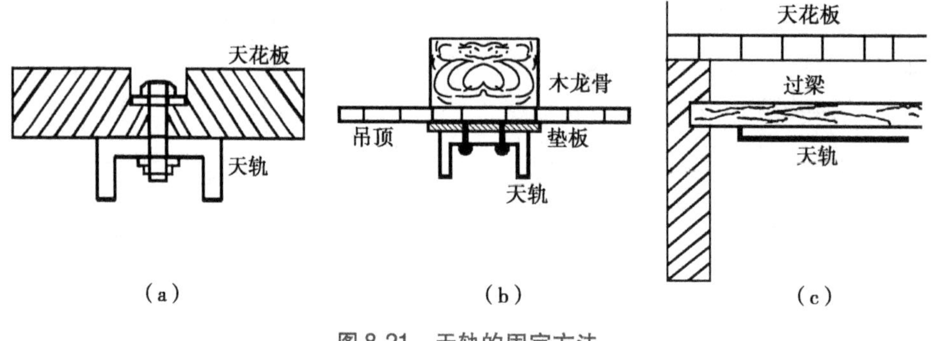

图 8-21　天轨的固定方法

（2）地轨安装：地轨的长度一般在 4m 左右，需根据地面的结构与平整状况来采取适当措施以保证地轨的水平。如图 8-22 所示（a），若地面是木制地板，一般比较平整，则可将地轨用木螺钉直接固定在地板上。如图 8-22 所示（b）若为水泥地面，一般都不太平整，则可加厚为 3～5cm，略宽和略长于地轨的垫板，先把垫板固定在地面上，然后将地轨固定在垫板上。垫板固定前，先沿地轨布局线在地面上等距离（1m 左右）开好 10cm×10cm×10cm 的地坑，坑中心放入木桩，坑内周围用水泥灌实，并与地面平齐，待水泥干后即可用木螺钉将垫板固定在木桩上。固定时，先固定地面高的地方，地面较低处用合适厚度的木板条垫平，使垫板保持水平。全部固定后，用水泥将垫板与地面间的空隙填实。双地轨安装时，除注意地轨的水平外，还应特别注意两条地轨间的距离，使两条地轨始终保持平行。

另外，也可用冲击电钻在水泥地面上钻孔，用膨胀螺栓固定垫板，可以用上述同样方法在地面较低处用合适厚度的木板条使垫板保持水平，然后再把地轨固定在垫板上。

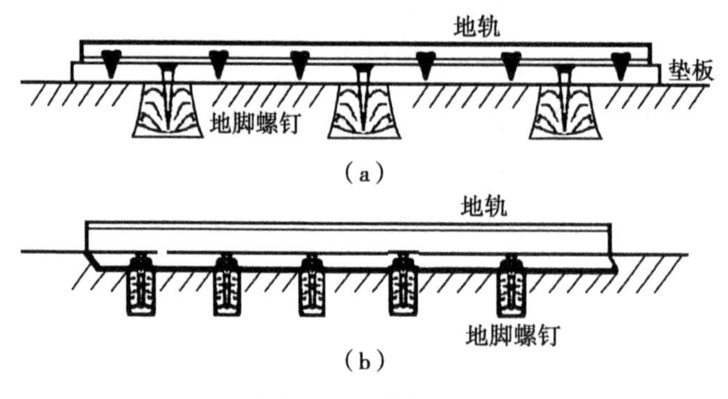

图 8-22　地轨的固定

（3）立柱安装：立柱在安装时要求垂直牢靠，上下移动轻巧平稳，其他各向运动灵活自如。

为防止发生像X线管坠落这样的严重事故，所有X线机组件均有安全保护装置。当发生钢丝绳断裂时，安全保护装置立即起防坠作用，使X线管不能往下掉落，以确保设备和人身安全。例如有些X线机采用双钢丝绳结构的安全保护装置，一根紧吃力，另一根稍松不吃力，当吃力的钢丝绳断裂时，另一根不吃力的钢丝绳就开始负重，并触发开关告知系统，从而起到安全保护的作用。安装时，应注意检查安全保护装置是否可靠，并经常检查钢丝绳的完好无损。

在出厂时，一般是把立柱体和底座、横臂和X线管固定架等分别装箱运输的。安装时，应先安装立柱体和底座，紧固后将其放入天地轨内，待可靠后再安装横臂、X线管固定夹、X线管、限束器和高压电缆等部件。

立柱组装后，套筒上下移动应轻便灵活且平衡良好，横臂伸缩移动也应灵活。立柱整体移动时，不得有平衡锤与立柱的撞击声或摩擦声。各锁紧装置应能可靠锁紧，松开以后能使被锁件动作无阻。立柱在天地轨间滑动平稳，无异常噪声和起伏不平现象。

2. 悬吊式支撑装置的安装　悬吊式支撑装置安装在天花板上，它具有可使X线管组件移动范围大、地面整洁的优点。但由于其重量很重，因此安装难度较高，应特别注意安装人员的人身安全和设备的安全。

（1）天轨的安装

1）若楼板高度适当、平整，天轨位置上又没有楼房承重梁的阻挡，可采用直接在楼板上打孔（新建机房则可预埋螺栓或预留螺孔），用铁螺栓穿过天轨、楼板，楼板背面要用铁垫板卧在楼板平面下，然后用螺母固定，待天轨全部水平固定后再用水泥抹平。这种办法多在受房高的限制无法加过梁的情况下使用，但在楼板上打孔比较多，施工难度较大，安装和维修也不方便。

2）在机房高度许可的情况下，宜采用加过梁的方法。安装时，按规定尺寸要求，用固定螺丝将天轨的支撑架紧固在“工”字钢梁上，然后将天轨放在支撑架上，并用软水管或激光水平仪调整两条天轨平行，水平仪调好水平后，用力矩扳手（如50N·m）拧紧固定螺丝。

天轨水平精度非常重要，如果水平度不好，有倾斜，会影响悬吊支撑装置的移动顺畅，甚至会自己滑动撞到操作者和患者。

（2）滑车和滑车架的安装：①将滑车的制动器和伸缩滚轮移到准备位置，抬起滑车架至滑车的正上方，平稳地将其慢慢放下，确保滑车基座上的导向轮正好卡在滑车架的导向轮槽里，然后将滑车基座的伸缩滚轮推入到滑车架的滚轮槽里，并用力矩扳手将固定滚轮的柱头螺丝拧紧并上好规定的力矩，最后在滚轮轴承卡上安全固定卡环。将制动器移到刹车位置，以固定滑车和滑车架，在滑车架上固定并摆放好螺纹管，安装行程感应器。②将滑车架的支撑滚轮的制动器移到准备位置，使用吊葫芦将滑车和滑车架升起，确保滑车架上的导向轮正好卡在滑车架的导向轮槽里，然后将滑车基座的伸缩滚轮推入到滑车架的滚轮槽里，并用力矩扳手将固定滚轮的柱头螺丝拧紧并上好规定的力矩，在滚轮轴承卡上安全固定卡环。将滑车架的制动器移到刹车位置，以固定滑车架和天轨，在天轨上安装行程感应器。③拆下滑车基座的支撑架，松开滑车内的伸缩架止动螺钉，用力将伸缩架拉到最低位，重新上好止动螺钉，此项操作应特别小心，拉动伸缩架时，用力要均衡，在未重新上好止动螺钉前不能松脱,否则将损伤机件和危及操作者安全。需要特别指出的是:伸缩架止动螺钉只有在 X 线管、限束器、高压电缆安装完毕,伸缩架平衡后,方可取下。

（二）诊视床的安装

诊视床体积和重量均较大,一般厂家会把底座和主机分离包装运输,所以安装时先在地基上固定底座,然后将主机安装在底座上。

1. 底座固定　通常采用埋设地脚螺栓或膨胀螺栓固定,如图 8-23(a),直接混凝土安装时使用短的高强度膨胀螺栓,图 8-23(b)对于有混凝土垫层或找平层的地基,要使用更长的高强度膨胀螺栓,以保证膨胀部分在混凝土里面,必须用力矩扳手固定并加相应力矩(如 50N·m),另外还要求床底座保持水平,如不水平还要加垫片调整,如图 8-24。最后要用硅胶封粘四周,以起到防水的作用。

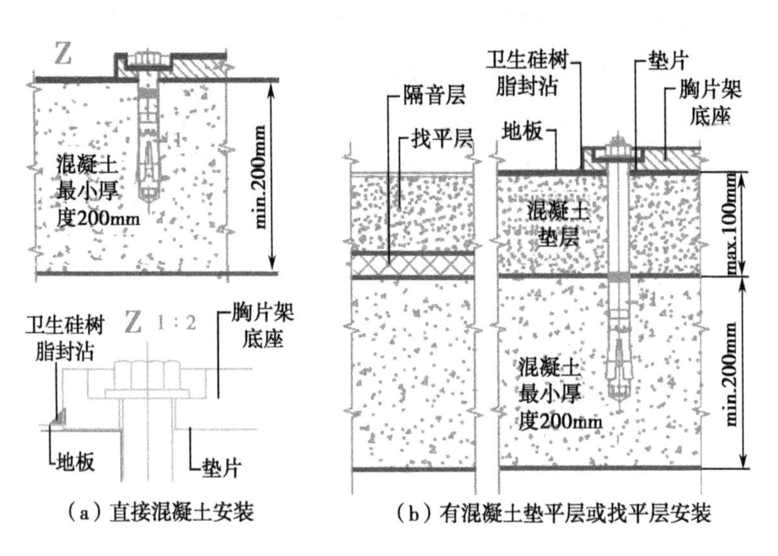

图 8-23　诊断床底座地面固定剖面

2. 主机安装　由于主机重量很大,一般需要支撑架和脚轮配合才能移动和升降,将主机升高到一定高度,用固定轴承将主机连接到底座上。

有些厂家为保护点片装置,将其单独包装。床体固定完成后,再根据点片装置的固定方式,将其安装到滑架上。然后再安装 X 线管、限束器、影像增强器和摄像机或平板探测器等。

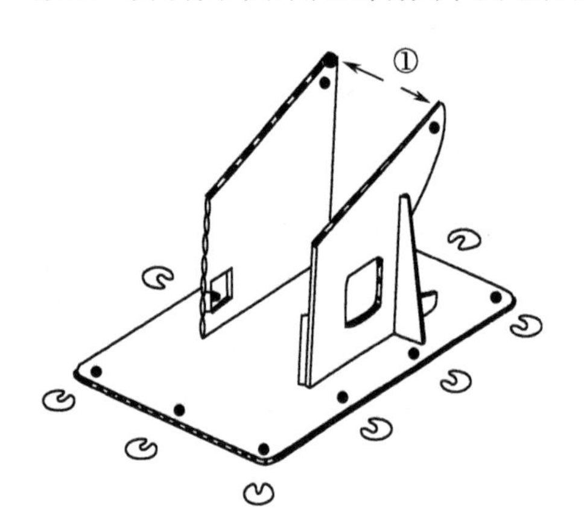

图 8-24　底座水平调整
①:水平测试点位置

（三）摄影床和立式摄影架的安装

1. 摄影床　主要结构由床架、床面板,滤线器,AEC 电离室和托盘支架组成。若是自带立柱摄影床,则组成部件中还应包括立柱。一般立柱和床体部分是分离包装运输的,所以在床体就位后还要装上立柱。

摄影床没有床身转动功能,受力相对平稳,所以,其底座一般采用膨胀螺栓固定,并用力矩扳手按要求的力矩固定。使用随机附带的专用定位模板进行安装定位，底座固定后，将床面和滤线器架的固定装置拆去或松开刹车，此时床面和滤线器应移动灵活，否则应作适当调整。

2. 立式摄影架　由立柱架，滤线器及 AEC 电离室和托盘支架组成，主要用于立位 X 线摄影。安装时应注意以下几点：①一般立式摄影架在机房的位置多设计在摄影床的一端，这样 X 线管转向时最方便。使用随机附带的专用模板进行安装定位，摄影架面板中心线应与摄影床中心线对准。②摄影架与摄影床之间的距离选择应符合客户使用要求（一般已定义 SID 为 115cm、150cm 或 180cm）。③若摄影床面伸出的距离较长，滤线器又能翻转成水平位时，应注意两者配合，以方便某些头颅部位的摄片。④在安装过程中要特别注意保护滤线栅，不可碰压，更不可使其变形。

立式摄影架分为固定式和移动式两种，安装步骤和方法也不完全相同。

（1）固定式立式摄影架：由于摄影架比较高，底面积较小，因此上下两瑞必须固定才能牢固。下端的固定可采用摄影床固定方法，上端应根据离墙壁的距离选择适当的固定措施，通常是用角钢做成适当尺寸的框，一侧固定在墙上，另一侧与摄影架上部结合，起到支撑固定作用。

（2）移动式立式摄影架：又分为滚轮式和轨道式。滚轮式可推到任何位置使用，无需固定。轨道式只能在轨道范围内移动，只要将轨道固定即可。

五、电气连接

各部件安装完毕后，就可进行电气连接。

首先根据系统电路图和连接线两端的编号和被连接体上的对应编号，将连接线按预定布线路径和方向，分别放置在被连接体间的布线槽内。同一走向的连接线调整好长度后用扎线带捆扎。电气连接是一项非常繁琐的工作，应按照接线图认真、仔细地完成。电气连接结束后，应由他人复核。绝对不能出任何差错，否则将会产生严重后果。

注意：高压电缆连接高压发生器与 X 线管时，应特别注意其插头和插座的处理，请参见第三章第二节中的叙述。

六、通电试验与调试

由于目前 X 线机向着大型化、智能化方向发展，计算机技术已经得到广泛、充分的应用。因此，先进的 X 线机都带有计算机软件自检、调试功能，不同类型的 X 线机在具体的通电试验与调试方法上有较大的区别。通常情况下，按照对应的调试作业指导书和技术说明书进行试验和调试，合格后方能投入使用。调试作业指导书和技术说明书是根据医疗器械产品技术要求相关内容编写的。

（一）医疗器械产品技术要求

为规范医疗器械注册管理工作，根据《医疗器械监督管理条例》（国务院令第 650 号），国家食品药品监督管理总局组织制定了医疗器械产品技术要求编写指导原则。

医疗器械产品技术要求的编制应符合国家相关法律法规，可参见表 8-3 医用 X 线机常用引用标准。

表 8-3　医用 X 线机常用引用标准

GB/T 10151—2008	医用诊断 X 射线设备 高压电缆插头、插座技术条件
GB 7247.1—2012	激光产品的安全　第 1 部分:设备分类、要求
GB/T 9969—2008	工业产品使用说明书　总则
GB 9706.1—2007	医用电气设备　第 1 部分:安全通用要求
GB 9706.3—2000	医用电气设备　第 2 部分:诊断 X 射线发生装置的高压发生器安全专用要求
GB 9706.11—1997	医用电气设备　第二部分:医用诊断 X 射线源组件和 X 射线管组件安全专用要求
GB 9706.12—1997	医用电气设备　第一部分:安全通用要求　三、并列标准　诊断 X 射线设备辐射防护要求
GB 9706.14—1997	医用电气设备　第 2 部分:X 射线设备附属设备安全专用要求
GB 9706.15—2008	医用电气设备　第 1-1 部分:通用安全要求　并列标准:医用电气系统安全要求
GB 9706.23—2005	医用电气设备　第 2-43 部分:介入操作 X 射线设备安全专用要求
GB/T 191—2008	包装储运图示标志
GB/T 19042.1—2003	医用成像部门的评价及例行试验　第 3-1 部分:X 射线摄影和透视系统用 X 射线设备成像性能验收试验
GB/T 19042.3—2005	医用成像部门的评价及例行试验　第 3-3 部分:数字减影血管造影(DSA)X 射线设备成像性能验收试验
YY/T 0106—2008	医用诊断 X 射线机通用技术条件
YY/T 1099—2007	医用 X 射线设备包装、运输和贮存
YY/T 0291—2007	医用 X 射线设备环境要求及试验方法
YY 0076—1992	金属制件的镀层分类　技术条件
YY/T 0739—2009	医用 X 射线立式摄影架专用技术条件
YY/T 0740—2009	医用血管造影 X 射线机专用技术条件
YY/T 0741—2009	数字化医用 X 射线摄影系统专用技术条件
YY/T 0742—2009	胃肠 X 射线机专用技术条件
YY/T 0743—2009	X 射线胃肠诊断床专用技术条件
YY/T 0202—2009	医用诊断 X 射线体层摄影装置
YY 0128—2004	医用 X 射线防护装置及用具
YY 91057—1999	医用脚踏开关通用技术条件

（二）X 线机的常规通电试验与调试

一般可分为:①调试前准备;②电气件调试与调整;③机械性能调试。

1. 调试前准备　调试前准备阶段一般包括熟悉设备和安全测试两项内容。

(1) 熟悉设备:熟悉整机的工作程序,对照电路接线图,逐一核对各连接线的编号或标志以及连接紧固程度,避免虚接。表 8-4 为 X 线机重要连接线的常用注字表(可供参考)。

表 8-4　X 线机重要连线的常用注字表

国别	电源进线	高压初级接线	X 线管灯丝初级接线	高压中心点接线
中国	L_1、L_2 001、002	P_1、P_2 V_1、V_2	F_0、F_1、F_2	M、N N、NE
英美	L_1、L_2 M_1、M_2	P_1、P_2 A、AA	F_0、F_1、F_2 R_0、R_1、R_2	MAG
德国	N_1、N_2 150、170	M、V	250、260、280 H_0、H_1、H_2	E、J X、Y
日本	L_1、L_3 S_1、S_2	H_1、H_2 L_1、L_2	C_0、C_1、C_2	N、E N、NE

(2) 安全测试:为了防止设备在正常使用和单一故障状态时发生电击危险,须进行以下安全测试以确认设备的安全性。其中漏电流和电介质测试一般都在出厂前完成。

1) 配电电源箱的再次检查:再次确认启动按钮、关闭按钮和紧急停止按钮是否正常,并检查设备输入端电源参数:如电压,频率及电源内阻是否符合要求,并做好记录。表 8-5 列举了一些设备在不同额定电源下的电压允许范围,以及不同额定电压和额定功率下对电源内阻的要求。

表 8-5　最大电源内阻

额定线电压	允许电压范围	最大电源内阻	
		80kW	65kW
380V	342~418V	0. 09Ω	0. 15Ω
400V	360~440V	0. 11Ω	0. 17Ω
440V	396~484V	0. 14Ω	0. 20Ω
480V	432~528V	0. 16Ω	0. 24Ω

2) 接地电阻的测试:接地电阻是指保护接地端子与已保护接地的所有可触及金属部分之间的阻抗。

①接地电阻的最高限定值需要参照 GB 9706. 1—2007《医用电气设备 第一部分:安全通用要求》的第 18 条:保护接地、功能接地和电位均衡来制定,具体如下:(A) 不用电源软电线的设备,其保护接地端子与已保护接地的所有可触及金属部分之间的阻抗,不应超过 0. 1Ω;(B) 具有设备电源输入插口的设备,在该插口中的保护接地连接点与已保护接地的所有可触及金属部分之间的阻抗,不应超过 0. 1Ω;(C) 带有不可拆卸电源软电线的设备,网电源插头中的保护接地脚和已保护接地的所有可触及金属部分之间的阻抗不应超过 0. 2Ω;(D) 如可触及部分或与其连接的元器件的基本绝缘失效时,流至可触及部分的连续故障电流值限制在某值之下,以致在单一故障状态时外壳漏电流不超过容许值时,除在以上 A~C 条中所述之外的保护接地连接阻抗容许超过 0. 1Ω,并通过检查和测量单一故障状态的外壳漏电流来检验是否符合要求。

②测量方法:如图 8-25 所示,一般发生器主接地点就是设备电源输入端的保护接地点,它与其他的主机设备、显示器推车、显示器等等部件的保护接地点(或者是可触及的、裸露的金属外壳)之间的接地电阻测量可通过下列试验来检验是否符合要求:用 50Hz 或 60Hz、空载电压不超过 6V 的电

流源，产生 25A 或 1.5 倍于设备额定电流，两者取较大的一个(±10%)，在 5~10s 的时间里，在保护接地端子或设备电源输入插口保护接地连接点或网电源插头的保护接地脚(即主接地点)和在基本绝缘失效情况下可能带电的每一个可触及金属部分之间流通(即其他部件的接地点或金属外壳)。

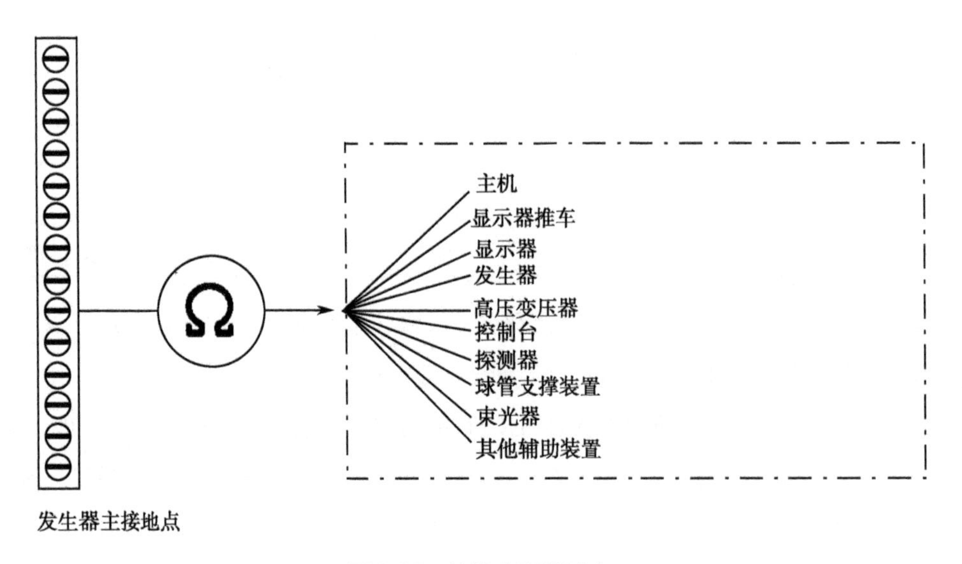

图 8-25　接地电阻测试点

测量上述有关部分之间的电压降，根据电流和电压降确定的阻抗，不应超过所对应的最高限定值。

3) 连续漏电流和患者辅助电流的测试：由于此测试需要设备和大地断开，医院现场没有办法完成，所以一般都在出厂前完成。此外，应用最高额定网电源电压值的 110%来测量漏电流和患者辅助电流。

①连续漏电流是指穿过起防电击作用的电气绝缘的电流，包括：对地漏电流、外壳漏电流、患者漏电流。

对地漏电流：是指网电源部分穿过或跨过绝缘流入保护接地的电流。对地漏电流除了在正常状态下进行测量外，还应在单一故障状态下进行测量，如：每次断开一根电源导线。

外壳漏电流：在正常使用时，从操作者或患者可触及的外壳或外壳部件(应用部分除外，即患者必须接触的部分)，经外部导电连接而不是保护接地导线流入大地或外壳其他部分的电流。外壳漏电流除了在正常状态下进行测量外，还应在单一故障状态下进行测量，如：每次断开一根电源导线；断开一根保护接地导线，对于固定的永久性安装的保护接地导线，不需要进行这一测量。

患者漏电流：从应用部分经患者流入地的电流，或是由于在患者身上出现一个来自外部电源的非预期电压而从患者身体流入地的电流。患者漏电流除了在正常状态下进行测量外，还应在单一故障状态下进行测量，如：每次断开一根电源导线；断开一根保护接地导线，对于固定的永久性安装的保护接地导线，不需要进行这一测量。

②患者辅助电流是指在正常使用时，流经应用部分部件之间的患者的电流，此电流预期不产生生理效应。例如放大器的偏置电流、用于阻抗容积描记器的电流。患者辅助电流除了在正常状态下进行测量外，还应在单一故障状态下进行测量，如：每次断开一根电源导线；断开一根保护接地导线，对于固定的永久性安装的保护接地导线，不需要进行这一测量。

以上测试需要升压柜(即需要将网电压升至 110%的专用设备)和漏电测试仪配合完成测试。

③容许值:在表 8-6 中给出了直流、交流及复合波形的连续漏电流和患者辅助电流的容许值。除非另有说明,其值均为直流或有效值。

表 8-6　连续漏电流和患者辅助电流的容许值　　单位:毫安

电流		B 型		BF 型		CF 型	
		正常状态	单一故障状态	正常状态	单一故障状态	正常状态	单一故障状态
对地漏电流(一般设备)		0.5	1[1)]	0.5	1[1)]	0.5	1[1)]
按注 2)、注 4)的设备对地漏电流		2.5	5[1)]	2.5	5[1)]	2.5	5[1)]
按注 3)的设备对地漏电流		5	10[1)]	5	10[1)]	5	10[1)]
外壳漏电流		0.1	0.5	0.1	0.5	0.1	0.5
按注 3)的患者漏电流	DC	0.01	0.05	0.01	0.05	0.01	0.05
	AC	0.1	0.5	0.1	0.5	0.01	0.05
患者漏电流(在信号输入部分或信号输出部分加网电源电压)		—	5	—	—	—	—
患者漏电流(应用部分部分加网电源电压)		—	—	—	5	—	0.05
按注 5)的患者辅助电流	DC	0.01	0.05	0.01	0.05	0.01	0.05
	AC	0.1	0.5	0.1	0.5	0.01	0.05

备注:

1) 对地漏电流的唯一单一故障状态,就是每次有一根电源导线断开。

2) 设备的可触及部分未保护接地,也没有供其他设备保护接地用的装置,且外壳漏电流和患者漏电流(如适用)符合要求。

例:某些带有屏蔽的网电源部分的计算机。

3) 规定是永久性安装的设备,其保护接地导线的电气连接只有使用工具才能松开,且紧固或机械固定在规定位置,只有使用工具才能被移动。

这类设备的例子是:

X 射线设备的主件,例如 X 射线发生器,检查床或治疗床。

有矿物绝缘电热器的设备。

由于符合抑制无线电干扰的要求,其对地漏电流超过该表第一行规定值的设备。

4) 移动式 X 射线设备和有矿物绝缘的移动式设备。

5) 该表中规定的患者漏电流和患者辅助电流的交流分量的最大值仅是指电流的交流分量。

另外,在正常状态或单一故障状态下,不论何种波形和频率,漏电流有效值不应超过 10mA。

4) 电介质强度测试:电介质强度测试是对具有安全功能的绝缘进行的电击试验。电介质强度是考核电气绝缘的一个重要指标,是考虑当外界电流出现高电压渗入的情况下仍能保证电路对地的良好绝缘。

①基准电压的选取:绝缘层间的基准电压选取是设备在正常使用时,设备施加额定供电电压在

绝缘系统之间所能出现的最大电压，在选取时主要有两种情况：(A) 选绝缘最大电压值的一端，即在正常使用时当设备施加额定供电电压或制造商所规定的电压二者中较高电压时，设备有关绝缘可承受的电压；(B) 选取任何两点间最高电压的算术和，即对两个隔离部分之间或一个隔离部分与接地部分之间的绝缘，基准电压(U)等于两个部分的任何两点间最高电压的算术和。

②对基准电压(U)相应的试验电压：在工作温度和经潮湿预处理及所要求的消毒步骤后，电气绝缘的电介质强度应足以承受在表 8-7 中所规定的试验电压。

表 8-7　试验电压

被试绝缘	对基准电压 U 相应的试验电压（V）					
	$U \leq 50$	$50<U \leq 150$	$150<U \leq 250$	$250<U \leq 1000$	$1000<U \leq 10\,000$	$10\,000<U$
基本绝缘	500	1000	1500	$2U$+1000	U+2000	1)
辅助绝缘	500	2000	2500	$2U$+2000	U+3000	1)
加强绝缘和双重绝缘	500	3000	4000	2($2U$+1500)	2(U+2500)	1)

1) 如有必要，由专用标准规定。
注：正常使用中相应绝缘所受的电压是非正弦交流电时，可用 50Hz 正弦试验电压进行试验。在这种情况下，试验电压值应由该表来确定，基准电压(U)等于测得的电压峰-峰值除以 $2\sqrt{2}$。

③试验电压确定后，调节耐压仪至相应的高压，用高压棒针并带好耐高压绝缘手套对具有安全功能的绝缘体进行承受测试，历时 1 分钟，其间不应发生闪络或击穿，即表示试验通过。

2. 电气件调试与调整　技术性能检验与调整主要包括：①X 线管的高压训练；②X 线管预热和灯丝校准；③mAs 检测与调整；④标称值的检测；⑤平板探测器校准；⑥AEC 剂量调整；⑦ABS 调整。

(1) X 线管的高压训练

新 X 线管或闲置 3 个月以上没有使用的 X 线管，其内部的真空度可能会下降，需要通过打高压对 X 线管内的气体进行电离，以提高 X 线管的真空度，并使真空度轻微不良的 X 线管恢复正常，提高 X 线管的稳定性。一般需要在高电压模式下进行曝光，并且注意曝光间隙需要有一定的时间间隔。一般在 X 线管的规格书中会有该型号 X 线管的高压训练参数，表 8-8 为某型号的 X 线管的高压训练参数。

表 8-8　X 线管的高压训练参数

曝光次数	kV	mAs	等待时间（min）
2	70	100	1
2	90	200	3
2	109	200	3
2	125	65	1
2	150	50	1

在高压训练过程中 X 线管内可能会有轻微的放电声，属于正常现象。但是如果放电较为严重，甚至发生器有报错信息，并且经过多次高压训练后放电现象仍然存在则该 X 线管已经不可以再使用，需要更换新 X 线管。

(2) X线管预热与灯丝校准

1) X线管预热:X线管预热是为了预热X线管的阳极靶盘,冷靶盘在大功率曝光时可能会因为受热不均匀而涨裂。所以在每天开机时,以及X线管在一定时间(3~4小时)没有使用后就需要进行预热。方法是做几次低功率的曝光,时间适当长一些,让靶盘热起来就可以了。

2) 灯丝校准:主要是校准X线管的灯丝发射特性曲线。X线管的灯丝发射特性在X线管的规格书一般以曲线的方式给出,但是实际装机后,曲线中的数据就会有一定的偏差,所以需要进行校准。另外,在使用一段时间后,由于灯丝的蒸发也会导致数据的不准确,故需要进行定期维护校准。

灯丝校准的方法有手动和自动之分,早期的X线机由于自动化程度低,基本都采用手动方式调整,比如为了获得80kV、200mA的曝光输出,先从该型号X线管的灯丝发射特性曲线中查阅得到一个灯丝电流值,假设为4A,则用预设80kV,4A灯丝电流进行曝光,并测量实际输出的mA值,如果偏大则降低灯丝电流,如果偏小则提高灯丝电流,然后再继续曝光,直到输出管电流为200mA为止,最后把这个灯丝电流值写入微机存储器中,以备曝光时候调用。一般每一条灯丝发射特性曲线至少需要做5~10个点,而且规格书中的每一条灯丝发射特性曲线都需要做一遍,所以手动校准的工作量巨大。

随着计算机自动化程度的提高,现在已普遍采用自动化校准,具体方法是:给定一个高压值,比如80kV,再设定灯丝电流从一个很小的值开始,比如2.5A,然后进行曝光,并测量mA值,最后记录下来。紧接着以一定步进继续提高灯丝电流值,再测量mA值并记录,直到灯丝电流值最大;除了80kV以外,还需要做40kV、60kV、100kV、125kV等其他KV值下的灯丝电流和输出mA之间的关系。最终把这个记录下来的数据表格作为曝光时的灯丝电流设定依据。一般情况下,自动校准可以一键完成,整个校准过程需要5~10分钟,校准期间如果没有报错,则表示校准通过。

(3) 电流时间积的检测和调整

电流时间积(mAs)的检测和调整用于调整mAs的准确性,使其偏差≤±10%,方法如下:

1) 介入式毫安秒表测试法:毫安秒表应串接于被测发生器管电流测量电路中或连接于设备技术资料指定检测点,然后设置管电压值,选择合适的mAs进行曝光,测试得到的mAs值与设定值进行比较,如果偏差≥10%,则需要修改相应校准系数,重新曝光直到偏差≤±10%。

2) 非介入毫安秒表测试法:将探头夹在高压电缆的阳极端,离开X线管30cm以上进行曝光,然后设置管电压值,选择合适的mAs进行曝光,测试得到的mA值与设定值进行比较,如果偏差≥10%,则需要修改相应校准系数,重新曝光直到偏差≤±10%。

(4) 标称值的检测

标称值主要有标称kV和标称输出功率。标称kV是指X线机在一定条件下的最高kV值,它分为透视标称kV和摄影标称kV。标称输出功率是指X线机在规定加载时间(一般为0.1秒)内所能输出的最大功率。

1) 透视标称值检测:按X线机的技术条件中所规定的透视标称输出功率,在透视标称kV下进行负荷时间为3分钟的连续曝光,观察有无异常现象。

2) 摄影标称值检测:是在X线机的标称kV下及此时所允许的最高mA和接近100ms曝光时间条件下进行摄影曝光,观察有无异常现象。注意:以上检测均应在X线管允许的容量限制范围内进行。

（5）平板探测器校准

平板探测器校准用于校准平板探测器各像素对 X 射线的响应敏感度，最终使各像素输出响应一致。一般分为暗校准（dark calibration）和 X 线校准（X-ray calibration），前者用于校准像素的本底，即在没有 X 射线输入的情况下，把每一个像素的输出校准为 0；后者是用于校准像素的增益系数以及对失效像素的补偿，即在均匀 X 射线的照射下，调整像素的增益系数值，使各像素的输出值一致，对于失效像素通过周围像素点的补偿得到校准。

1）以下情况下必须进行探测器校准：①系统由调试技术人员首次启动时；②探测器被更换后；③一般每年需要校准一次。

2）校准方法：打开平板探测器校准软件，为了防止未被授权的人员进行操作，需要输入密码，然后所有操作按照计算机对话框的引导下进行，将平板探测器平整地放置在台子上，X 线管的中心线对准平板中心，X 线管与平板距离 SID 为 150cm（按要求），X 线管与平板之间除了嵌插在准直器上的铜板之外，不能有其他任何物体，然后按照提示曝光，此后系统会自动完成校准过程，最后储存校准值，校准完成。

需要注意的是，在校准过程中如果平板探测器的温度超过规定的限度，校准会失败，所以在校准前应当让平板探测器处在工作状态或备用状态，即处于一个稳定的温度环境中至少半小时以上。

（6）自动曝光控制调整

自动曝光控制是通过测量位于影像接收器前端的电离室探测器（或后端的半导体探测器，这种方式常见于乳腺机）的剂量来控制到达胶片的剂量目的，最终使冲洗以后的胶片光密度在 1.0~1.2。虽然各制造商采用的 AEC 校准方法和校准步骤不尽相同，但是基本原理一致。下面就屏片系统和数字化平板探测器的 AEC 校准基本方法和步骤做简要说明。

1）屏片系统的 AEC 校准

①首先需要确认电离室的选择是否正确，即选择胸片架时，是不是对应的胸片架电离室被激活了；选择了摄片床时，对应的摄片床电离室被激活了。

②需要确认电离室测量野的选择是否正确，即左、中、右三个测量野被选择时，是否对应的测量野被激活了。请注意根据胸片架安装位置，左右测量野可能需要交换。

③测量野的平衡度调整，即确认每一个测量野的灵敏度一致。一般采用同一测量条件下，选择单个测量野时，切断的 mAs 是不是一致。如果误差在±(20%+2mAs)之内，则合格，否则需要调整或更换。

④检查后备时间和后备 mAs 功能是否有效，即用铅屏蔽电离室测量野或将限束器关闭，用低 mA 曝光时，后备时间切断曝光；用高 mA 曝光时，后备 mAs 切断曝光。

⑤不同胶片灵敏度切断剂量的调整，临床上有高灵敏度、标准灵敏度、高分辨率三种规格的医用胶片，这三种胶片要达到光密度为 1.0~1.2 时的切断剂量（或 mAs）是不一样的，所以，需要在 15cm 左右的水模体下，调整每一种胶片的切断电压值，使之曝光后的冲洗出的该胶片密度为 1.0~1.2。

⑥kV 响应校准，同一 mAs 下，kV 越高，胶片的光密度越大，但是电离室的输出却是相应较小，这是因为高 kV 越容易穿透电离室而使输出电流较小，故不同的 kV 下，电离室的切断电压需要进行相应的补偿。一般通过调整一些特定的 kV 点（比如 50kV、55kV、65kV、75kV、85kV、95kV、110kV、

130kV等,不同制造商使用的kV点不同)的切点电压值,使之曝光后的胶片光密度为1.0~1.2。需要对不同灵敏度的胶片进行调整。

2) 数字平板探测器系统的AEC校准

DR摄影系统中的自动曝光控制(AEC)也是通过电离室接受到一定的X射线剂量后切断曝光的。其调整原理和步骤基本与胶片的相同,只有灵敏度的校准与胶片不一样,以下就灵敏度校准做一下说明。

平板探测器的标准灵敏度是指在曝光剂量下(如2.5μGy)可获得最优化的图像亮度初始值,即电离室就要在达到该值时通知系统停止曝光。

调整方法:进入电离室剂量调整界面,把剂量仪放在光野的正中心,然后曝光,把剂量仪测量得到的剂量值填入系统,点击保存,系统会自动计算并提示校正是否成功。通过调整后,系统会将电离室输出值与实际剂量值之间建立对应关系,因此,要控制到达平板探测器的照射剂量,就只要通过控制电离室的输出值就能实现。

与胶片不同,一般高灵敏度和高分辨率不需要校准,因为它们的切断剂量分别为1.25μGy和5.0μGy(如指定的曝光剂量2.5μGy),由此只需要将电离室的切断电压减半或加倍即可。

(7) 自动亮度控制系统

自动亮度控制系统目前的发生器系统和图像系统都是数字控制系统,稳定电压值都可以独立设置,所以调节起来比较方便。比如图像系统的自动亮度控制输出值范围(最亮和最暗时的自动亮度控制信号电压值)可以设定为0~10V,也可以设定为-10V~+10V,其实发生器也一样,这就给用户调节带来了便利。比如先设定图像系统输出范围为0~10V,然后在放置标准水模体(一般为15cm左右厚度的水或2mm厚度的铜)后进行手动透视,调节kV或/和mA使图像亮度最佳,读出此时的ABS信号电压值(比如6.5V),将这个6.5V电压值设置到发生器系统中。此后,在自动透视中,发生器会自动调节kV或/和mA使输出图像的亮度稳定到6.5V,即最佳图像亮度。

3. 机械性能调试 机械性能调试主要包括:①系统中心的调整;②系统运动的调整。

(1) 系统中心的调整

系统中心调整是X线管、准直器和成像接收系统的中心在一条直线上,一般是移动各自的固定位置来调节中心的一致性。

系统中心的评价方法:

1) 中心漂移:是指SID最大和最小位置图像中心的漂移量。

检测方法:在最小SID的位置曝光一次,移动SID到最大再曝光一次,两次照射野的中心A和B的距离不能大于规定的值,一般为SID行程的2%,如图8-26所示。

2) 光野与照射野一致性检测:验证指示灯光野与实际照射野周边和中心的一致性。

①检测器材:光野-照射野一致性检测板:25cm×20cm

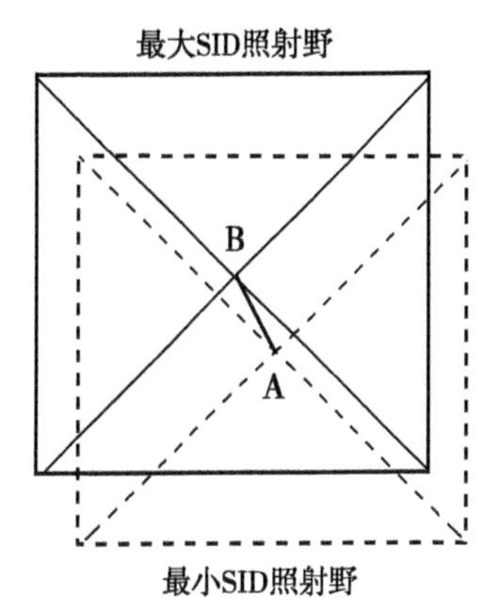

图8-26 SID最大和最小的中心漂移

的铜板，在相互垂直的轴线上标有刻度线并标有 14cm×18cm 的矩形区；暗盒：24cm×32cm。

②检测方法：（A）将光野-照射野一致性检测板放在床面上，调节 SID 为 100cm。关闭室内照明灯，打开指示灯，使限束器的十字交叉线与检测板上的十字线重合，四边与检测板的矩形线重合。如果不能重合，在检测板上记下各边的实际位置。（B）放入暗盒，用适当的曝光条件（如 70kV、10mAs）对检测板摄影，并冲洗胶片。（C）在观片灯上观测实际照射野的大小（通过照片上的刻度线，而不是用尺子测量），计算各边的实际照射野与模拟光野的偏差。（D）沿照片上高密度区作对角线，其交点为照射野的中心，测量该中心与模拟光野中心（十字交叉线）的直线距离，即为中心偏差。（E）检测结果的评价：照射野的中心和四边与模拟光野的中心和四边不得超过 2% 焦片距，偏差过大时应作出相应调整。

③注意事项：（A）实际照射野与模拟光野的偏差与焦片距紧密相关，在评价时应测量并记录实际焦片距。（B）在没有光野-照射野一致性检测板时，也可采用简便的方法，如用大头针、硬币等密度高的物体对指示光野作标记。但要分 2 次曝光，第一次按设定的照射野曝光；第二次要人为地扩大照射野曝光，以免当实际照射野比指示光野小时，在照片上看不到标记物图像，无法对它们之间的偏差进行测量。

3）照射野和影像接收器中心的一致性：是验证实际放射区域和影像接收器中心的一致性，如图 8-27 所示。

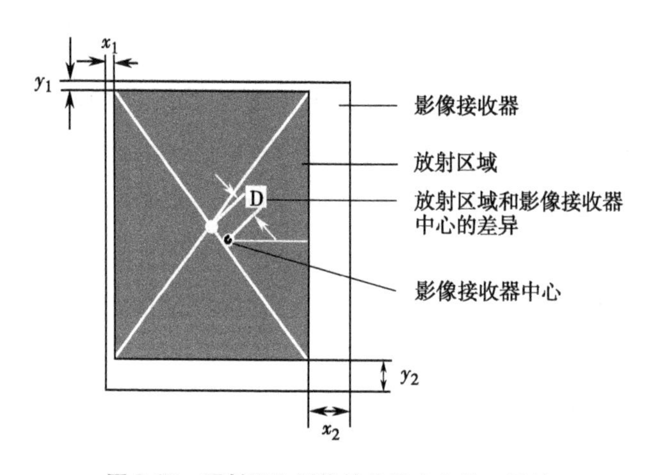

图 8-27　照射野和影像接收器中心的一致性

检测方法：①将 X 线管对准影像接收器，调节适当的 SID 和光野大小；②用适当的曝光条件（如 70kV、10mAs）对检测板摄影；③沿放射区域上高密度区作对角线，其交点为照射野的中心，测量该中心与影像接收器中心的直线距离 D，即为中心偏差，并分别测出 x_1，x_2，y_1，y_2；④检测结果的评价：照射野的中心和四边与影像接收器中心和四边不得超过 1.2% 焦片距，偏差过大时应作出相应调整。

（2）系统运动的调整

系统运动调整主要是指系统运动的主位置、限制位和功能位置的调整，以及运动功能的力矩调整。

1）主位置、限制位和功能位置的调整：①主位置是指系统的参考位置，所有的位置调试依此位置为中心；②限制位置是指系统的机械限制位；③功能位置是指实现某种功能设定的位置，比如：系统需要识别 SID 180cm 的位置，就可以调节相应的电位器模块的位置来实现。一般都是先确定主位置，再调节各个运动部件的限制位置和功能位置。

2）运动功能的力矩调整：是指按照制造商提供的作业指导书来调整各个部件的运动功能，尤其是有具体力矩要求的运动部件，并要确保力矩扳手的有效性。

七、基本操作培训

在设备安装完成后，应对医院的医生、护士和技术人员进行基本操作的培训和常见故障的识别、排除等培训。培训工作非常重要，对保证设备充分高效地发挥效能起着关键性的作用。

一般按照表 8-9 中的培训项目进行基本的操作培训。

表 8-9　设备基础操作培训列表

序号	培训项目内容
1	开关机的方法，开机完成后的状态
2	急停开关的使用方法（设备急停与配电柜急停）
3	所有机械运动操作
4	极限开关的功能讲解
5	临床物料使用方法讲解，如心电图机、高压注射器等临床设备
6	平板校准讲解（操作中注意事项如：放置过滤铜板，移除滤线栅等）
7	患者信息输入和修改，患者查找、患者排序
8	部位选择，曝光条件的选择和改变，电离室功能
9	图像放大、移动、旋转、增加标记、注释、滤过、窗宽窗位、自动窗等
10	图像发送设置及操作，手动发送和自动发送的区别，自动发送的设置方法
11	打印预览，布局设置及放大、移动、打印，不要误选自动打印
12	图像备份及删除
13	工作站功能简单介绍
14	完整的操作流程讲解
15	操作注意事项（运动速度，旋转及运动需到位等）
16	电脑重启和整机重启的注意事项讲解，如必须等所有设备关闭后 5 分钟才能再次重启设备
17	电脑死机情况时应对方法的讲解
18	自动图像切割出错时的处理方法讲解
19	避免运动区域有杂物
20	机器未开启使用之前的保养，温湿度控制的重要性的讲解

八、检测验收

主要技术参数测试与调整完毕后，应对 X 线机进行检测验收。检测验收包括技术验收和临床应用验收两部分。

（一）技术验收

技术验收的内容应按照设备技术说明书、操作手册或合同的要求，检测 X 线机各项技术指标是否都达到了规定的要求。主要包括以下几方面内容。

1. 软、硬件的验收　设备的安装调试已全部完成后须核对本设备的软、硬件与配置清单完全一致性。

2. 安全指标和运行参数　经测试后，系统的所有安全指标和运行参数合格符合出厂标准，测试过程和设备测试合格报告已由用户见证，并已将设备测试合格报告原件移交用户存档。

3. 其他辅助设备的验证　在合同下的其他辅助设备已完成安装调试，性能和参数合格，可正常使用并通过用户验收，如：激光照相机，高压注射器，冷水机，工作站等。

4. 远程诊断系统　有些制造商的医用 X 线机设备带有远程诊断系统，所以还需要安装网络设备，并已开通远程测试功能。

5. 设备操作培训　现场工程师已向用户介绍和演示了合同项目下设备的功能和使用方法，并对用户进行了设备操作培训。

（二）临床应用验收

临床应用验收主要对所购 X 线机进行全面的实际模拟应用操作，对 X 线机的应用功能逐项进行操作验证，凡是设备资料中标明的功能必须全部能够实现；使用体模对 X 线机进行检验；对 X 线机临床图像（X 线屏片图像、激光胶片图像等）质量进行评估。临床应用验收非常重要，决定所购 X 线机能否投入临床应用。

对设备的验收应持慎重态度。当某一项临床参数第一次检测不合格时，应考虑是否受设备质量以外的因素影响。在确定无外在因素影响时，应进行几次重复测量，比较测量结果。如果都不合格，方能判定此临床参数检测不合格。

在进行验收检测时应详细记录，如检测工具的生产商、型号以及检测时 X 线机的各项临床参数。这样才能保证检测结果的可重复性和可信性，当对检测结果有疑问时能有据可查。对每台 X 线机都要建立完整的技术档案。设备的论证选型、安装验收过程中的工作日志、测试结果、技术处理过程记录、安装验收报告等原始记录，连同随机技术资料、设备清单、设备卡片等文件都应整理存档。完整的设备技术档案是设备管理的开始，是设备科学化管理的要求。

点滴积累

1. X 线机安装完毕后，应符合这 3 点要求：①能使工作人员和患者都感到方便，以提高工作效率；②能使 X 线机所具备的各种功能充分发挥，且性能稳定；③能使工作人员、患者以及周围人员接受的 X 线剂量尽可能小。
2. 新 X 线管或闲置 3 个月以上没有使用的 X 线管，其内部的真空度可能会下降，需要通过打高压对 X 线管内的气体进行电离，以提高 X 线管的真空度，并使真空度轻微不良的 X 线管恢复正常，提高 X 线管的稳定性。

第二节　质量控制

一、质量管理概述

X线机的质量管理是指通过一系列有计划的、有系统的行动，以保证X线机为诊断提供最佳影像信息，且使患者和医生接受的X线剂量尽量少。

X线机的质量管理主要包含质量保证（quality assurance，QA）和质量控制（quality control，QC）两项内容。质量保证是指为确认X线机各项功能正常、各项技术指标准确而规定的必须实施的各项评价检测项目、技术要求以及检测结果的评价标准等所进行的一些行政管理上的行动。而质量控制是指为改善X线机性能而对其某些部件、某些电路所进行的一些检测、调试和检修等技术上的行动。从X线机的选购、安装到使用运转的全部期间，都应对X线机实施质量保证。

自20世纪80年代初期，世界卫生组织就起草制定了放射诊断学中的质量保证来阐述质量保证的目的、意义、任务、组织结构、检验方法、人员培训和计划等主要内容。国际辐射防护委员会（International Commission Radiation Protection，ICRP）、国际辐射单位与测量委员会（International Commission on Radiation Units and Measurements，ICRU）于20世纪90年代初分别出版了关于X线机的性能检验规程，确定了对X线机输出量、线束品质、限时器、kV和mA、焦点尺寸、照射野大小、I.I等的检验方法。国际电工委员会（IEC）第62技术委员会中第628分委员会（医用X线机及其附件），建立了一个QA工作组，出版了放射科影像质量保证国际标准，内容包括暗室条件、普通摄影X线机、透视X线机和间接摄影X线机的一致性检验等。标准强调X线机安装后的验收检验、使用期间的常规检验，规定了可接受的标准限值和执行QA计划中一致性检验所需的简易、便宜、快速有效的检验工具。

我国在1993年以中华人民共和国卫生部令（第34号）的形式，颁布了《医用X射线诊断放射卫生防护及影像质量保证管理规定》，对医用X线使用单位许可证的申请与管理、防护、X线诊断的质量保证、放射工作人员的管理与培训等作出了明确规定。国家药品监督管理局重新修订了医用诊断X线机QA标准，并颁布了《医用诊断旋转阳极X射线管电、热及负载特性》《医用诊断X射线机通用技术条件》《医用诊断X射线体层摄影装置》《X射线管组件固有滤过的测定》《医用诊断X射线影像增强器》《医用诊断X射线透视荧光屏》《钨酸钙中速医用增感屏》《医用诊断X射线辐射防护器具及用具》等技术标准。

在对X线机实施质量控制的过程中，所进行的检验分为：①验收检验；②一致性检验；③现状检验。验收检验是指新X线机安装后或现有X线机进行大的改动后，为鉴定X线机与合同的指标是否一致而进行的检验；一致性检验是指为保证X线机在使用运行期间的状况符合规定的标准或者是为了能早期发现X线机组成部件的性能变化而进行的一系列检验；现状检验是指在给定的时刻对X线机的性能所进行的检验。

二、质量控制

（一）质量控制标准

X 线机的质量控制标准分为强制性标准和推荐性标准两种。凡列为国家标准或行业标准的产品标准、安全标准、方法标准和基础标准，一般为强制性标准。属于一般技术业务管理范围性质的标准一般为推荐性标准。目前，我国质量控制标准均为强制性标准。凡医用 X 线机都必须接受强制性检测，以确保 X 线机及其用具的标准化，以提高图像质量，减少辐射剂量。我国目前已有的质量控制国家标准有：医用 X 线机的通用技术条件、安全要求、术语和重要的通用调试方法等；行业标准有：医用 X 线机的用具、附件和 X 线机整机产品等。

（二）主要性能检测方法

《医用诊断 X 射线机通用技术条件》（YY/T 0106—2008），《医用常规 X 射线诊断设备影像质量控制检测规范》（WS 76—2017）等文件对 X 线发生装置、机械辅助装置、X 线测量方法、成像质量评价方法、电器参数标准等提出了详细的要求。现对 X 线机的主要性能参数检测方法介绍如下。

1. 管电压检测 管电压检测主要是检验管电压的准确性和重复性。

（1）准确性：即对管电压设定值和实测值进行比较，偏差应≤±10%。

（2）重复性：即对管电压设定值进行多次重复测量，检查其一致性。

（3）管电压的检测方法，如下：

1）高压分压器法：将高压分压器串接在高压油箱输出端与 X 线管输入端之间，可以在负载条件下直接测量管电压的分压，还可用示波器观察管电压波形，由此可以得到实际的管电压值。

2）高压测试暗盒法：X 线管的电压越高，X 线的穿透力越强。经过一定厚度物质过滤后的 X 线，低能部分减弱，即 X 线被硬化。经过一定程度硬化的 X 线束，吸收衰减规律与单光子相近。高压测试暗盒法就是利用这个原理进行测定的，测量范围是 50～150kVp。

3）非介入式管电压测试法：用非介入式管电压仪或非介入式 X 线综合测量仪进行测定。先将测量仪的探头放在诊视床上，调节其到 X 线管焦点的距离为 100cm，固定 X 线管，调节限束器的模拟光照射野至略大于探头区，然后设置管电压值，选择合适的 mAs 进行曝光，记录测量结果，由此可以获得实测管电压与设定值的偏差。在相同参数下重复曝光，可以测试管电压的重复性。

2. 管电流检测 管电流检测主要是确认管电流的准确性。

（1）准确性：即对管电流设定值和实测值进行比较，偏差应≤±20%。

（2）管电流的检测：各种类型 X 线机的曝光控制系统结构不尽相同，应根据被测设备类型和所具备的测量条件，选用适当的测量方法。

1）介入式毫安表和毫安秒表测试法：毫安表适用于长时间曝光时检测毫安值；毫安秒表主要用于曝光时间较短的情况下检测毫安秒值。毫安表或毫安秒表应串接于被测发生器管电流测量电路中或连接于设备技术资料指定的检测点进行测量。

2）非介入毫安表和毫安秒表测试法：将探头夹在高压电缆的阳极端，离开 X 线管 30cm 以上进行曝光，通过反馈信号测量。

3. 曝光时间检测 曝光时间检测主要是确认曝光时间的准确性。

(1) 准确性:即对曝光时间设定值和实测值进行比较,偏差≤±(10%+1ms)。

(2) 曝光时间的检测:各种类型 X 线机的曝光控制系统结构不尽相同,应根据被测设备类型和所具备的测量条件,选用适当的测量方法。

1) 电秒表法:电秒表也称同步瞬时计时器,由电源、同步电动机、继电器和离合器等组成。电秒表法适用于曝光时间大于 0.2 秒,由主接触器控制曝光时间的 X 线机的空载测试。

2) 数字式计时仪法:数字式计时仪是一种广泛用于测量各种时间的电子仪器,适合于由主接触器控制曝光时间的 X 线机的空载测试。

3) 非介入式曝光时间测定法:采用与管电压测量相同的仪器,可在测量管电压的同时测量曝光时间。

4. 电流时间积的调整和检测 电流时间积(mAs)的调整和检测,前者是调节 mAs 的准确性;后者是输出剂量的线性确认。

(1) 调整 mAs 的准确性,偏差应≤±(10%+0.2mAs),测试方法参见本章第一节中的电流时间积的检测和调整的相关叙述。

(2) 输出剂量的线性检测:当管电压不变时,管电流与曝光时间的乘积便决定了 X 线的输出剂量。用不同管电流与不同曝光时间组合成相同的 mAs 值时,输出剂量相同,即输出剂量与 mAs 值呈线性正比,这一特性称为输出剂量的线性,也称为 mAs 的互换性。对于管电压、管电流和曝光时间单独调节的三钮制 X 线机来说,这一特性对技术人员正确设置曝光条件极为重要。

1) 测量方法:①将剂量仪或探头放在诊视床上,调节其到 X 线管焦点的距离为 100cm,照射野应略大于探头的有效测量面积,并保持照射野中心与探头中心一致;②选择某一适当 kV 和 mAs_1,且采用不同的 mA 与曝光时间的组合,进行多次曝光,求得输出剂量的平均值记为$\bar{K}_1$;再选择相邻一档的 mAs_2,kV 不变,也使用不同的 mA 与曝光时间的组合,进行多次曝光获得输出剂量平均值$\bar{K}_2$,最后根据式 8-10 计算出输出剂量的线性系数 L;③改变 kV 值,重复上述②的测量。

2) 检测结果的评价:从每一设定 mAs 曝光时的输出剂量除以设定 mAs 值,即为单位 mAs 的输出剂量,按下式计算出输出量线性系数 L(相邻两档 mAs 设置):

$$L = \frac{\left|\dfrac{\bar{K}_1}{mAs_1} - \dfrac{\bar{K}_2}{mAs_2}\right|}{\dfrac{\bar{K}_1}{mAs_1} + \dfrac{\bar{K}_2}{mAs_2}} \tag{8-10}$$

式中:$\bar{K}_1$、$\bar{K}_2$分别为 mAs_1、mAs_2曝光时的输出剂量或空气比释动能(mGy),一般要求输出量线性系数 $L \leqslant 0.1$。

5. 半价层的检测 半价层(HVL)又称为半值层。它是指使一束 X 线的强度衰减到其初始值一半时所需要的标准吸收物质的厚度,反映了 X 线的穿透能力和软硬程度。

半价层随 X 线能量的增大而增大,随吸收物质的原子序数、密度的增大而减小。对一定能量的 X 线,其半价层可用不同标准物质的不同厚度来表示。例如,一束 X 线穿过 2mm 标准铜板后,其强度减弱了一半,我们可称这束 X 线的半价层是 2mm 铜。在管电压为 120kV 以下时,常用铝作为表示半价层的物质；在管电压为 120kV 以上时，常用铜作为表示半价层的物质；在管电压为几兆伏以上时，则用铅表示。

（1）检测器材：①平板型电离室或半导体固体探头 X 线剂量仪；②纯度为 99.8%的铝板作为滤过板，要求厚度为 0.1mm、0.2mm、0.5mm、1.0mm、2.0mm 各 2 块，厚度精度为±1%，面积大于 2 倍探头灵敏测量区；③非介入式 kV 计。

（2）测量设置：按照要求将剂量仪或其探头放在 X 线管的下面，滤过板位于 X 线管焦点和剂量仪探头的中间或滤过板距探头≥20cm，以避免散射线对测量的影响。调节 X 线照射野略小于滤过板的面积。

（3）半价层测量：选定某一曝光条件（mA、kV、t）并固定不变，分别在不加滤过板和加不同厚度滤过板（如 1mm、2mm、3mm、4mm）时用剂量仪测量 X 线剂量，在每种滤过条件下，重复测量 3~5 次，记录所有测量结果。

在对数坐标纸上，根据表中数据做出半价层拟合曲线，其中，横坐标为滤过板厚度（mm），纵坐标为衰减比的对数值。在该拟合曲线上求出衰减比为 0.5（即 ln0.5≈-0.7）时对应的滤过板厚度，即为该 kV 下 X 线束的半价层值，以 mmAl 表示。半价层应满足有关标准规定的要求，如果测量结果低于规定的最低要求，则表明 X 线管的总滤过厚度不足，软射线偏高，患者的皮肤吸收剂量偏大，应适当增加 X 线管的滤过厚度。

6. X 线管焦点特性检测　X 线管焦点尺寸是影响影像质量的重要因素之一。当成像设备系统分辨率不能满足临床诊断要求或在 X 线发生装置进行验收检测时，应进行 X 线管焦点的测量。测量方法有针孔成像、平行线对卡和星卡等。

7. 限束器性能的检测　这是 X 线机验收检测和稳定性检测中必须进行的一项工作。限束器性能的好坏直接影响图像质量以及患者的受照剂量，其性能检测包括 X 线照射野与模拟光野一致性检测、照度的检测（包括照度比的检测）、总滤过的测量及漏射线的检测等。

（1）X 线照射野与模拟光野一致性检测（参见本章第一节中的机械性能调试的相关叙述）。

（2）指示光照度检测：验证限束器的模拟光是否能达到规定的光照度要求。

1）检测器材：照度计和剂量仪等。

2）检测方法：①调节焦片距为 100cm，光野为 35cm×35cm；②关闭室内照明灯，拉上窗帘，打开指示光灯，对模拟光野的 4 个象限的光照度分别进行测量，记录测量结果；③每个象限测量 3~5 次，求其平均值。

3）测量结果的评价：当机房周围光线影响很小时，一般要求距离 X 线管焦点 100cm 处光照度>100Lx。

4）注意事项：各象限光照度的重复测量值应在±5%以内变化，如变化超过±5%的波动，应重新测量以确定其原因。

边学边练

X 线管组件的组成部件和基本结构，X 线管的工作原理，X 线管组件的安装与调试方法，X 线管组件的检测项目及其检测项目的检测方法，请见“实训二十　X 线源组件的安装与调试”。

（三）成像质量评价

X 线成像质量评价是进行质量控制的先决条件，需要对评价方法、测试标准和测试方法进行规范，并对影响成像质量的因素进行分析，形成质量综合评价与成像质量评估的准则，对不同类型的 X 线成像装置做出具体的评价参数。

成像质量评价直接影响到诊断与研究的结果，主要是下述三项内容的结合：①临床诊断要求为依据；②物理参数作为客观指标；③成像技术条件作保证。其中，诊断要求包括视野、体位、角度、关键区域、伪影、结构性、对称性、对比性和细节性等方面的要求；物理参数包括调制传递函数（MTF）评价、噪声评价和噪声等价量子数（noise equivalent quanta，NEQ）等；成像技术条件包括剂量、技术参数和防护等。

X 线成像质量取决于成像方法、设备特点、操作者选用的客观与主观成像参数以及被检者的配合等因素。影像质量在客观上受到对比度、模糊度、分辨率、噪声、伪影及畸变等多种因素的综合影响《医用常规 X 射线诊断设备影像质量控制检测规范》（WS 76—2017）文件对成像质量评价方法等提出了详细的要求。下面具体介绍这些评价参数。

1. 对比度　X 线影像对比度是由于人体各种组织、器官对射线的衰减不同，使投射出人体的 X 线强度分布发生变化而形成的，也称主观对比度。在一幅图像中，对比度的形成可以表现为不同的灰度梯度、光密度或颜色，对比度是图像的最基本特征。X 线影像的对比度是以图像内各不同点的光密度差异表示的，其图像对比度的产生与客观对比度、X 射线对比度（主观对比度）、X 线胶片的对比度传递特性及 X 线影像设备的特性有关。

人体内的某一组织要形成可见的影像，至少它与周围组织相比要有足够的客观对比度，它对客观对比度的需求取决于成像方法和成像系统的特性。成像系统的对比度分辨率表现了其将物体的客观对比度转换成图像对比度的能力，通常用低对比度分辨率反映成像系统在感兴趣区内观察细节与背景部分之间，在对比度较低时将一定大小的细节部分从背景中鉴别出来的能力，常用能分辨的最小对比度的数值表示，是评价影像设备性能的重要参数之一。

影响对比度形成的因素有如下几个方面：

（1）胶片与探测器的影响：用同样的射线和被测物进行测试，X 线胶片所产生的图像对比度的大小取决于其感光乳胶的类型、曝光量、处理过程的标准化和灰雾度。因此，要获得一张有较好图像对比度的高质量 X 线照片，就必须正确选取胶片的感光乳胶类型、曝光量和标准化的处理过程。对于数字探测器而言，探测器的 X 线强度、输出特性、各像素响应特性的一致性和原始图像的预处理都对对比度有影响。

（2）被检者的影响：临床诊断用的 X 线在人体中主要是通过光电效应被吸收，不同物质的 X 射线衰减系数与物质密度成正比，与原子序数的 4 次方成正比。因此，在胶片与组织厚度相同的条件下，原子序数大、密度大的组织吸收的 X 线更多。两部分组织的密度和原子序数差别越大，图像对比度也越大。

（3）光子能量（管电压）的影响：穿透被检体的 X 线所产生的图像对比度与 X 线光子能量有关。在诊断用 X 线的能量范围内，X 线与物质的作用主要是光电效应和康普顿散射，它们发生的概率与

X线光子的能量关系很大，因此，可以通过改变光子能量来有效改变影像对比度。

（4）散射线的影响：X线进入被检者体内，一部分被组织吸收和散射，另一部分则穿过身体在成像装置上形成图像。但事实上，由于散射线穿过身体后方向发生改变，这些来自组织本身及任意相邻组织的散射线虽然也能到达胶片，但却造成图像对比度降低。在对较厚的肢体摄影时，这种影响尤为严重，可通过使用限束器、滤线栅等减少散射线，增加图像对比度。

2. 模糊度　理想情况下，物体内每一个小物点的像应为一个边缘清晰的小点。然而，实际上，每个小物点的像均有不同程度的扩展或者说变模糊（失锐）了。通常用小物点的模糊图像的线度表示物点图像的模糊程度，称为模糊度。小物点图像的模糊形状取决于模糊源。在X线摄影过程中，主要有三个方面的因素造成影像的模糊。

（1）运动模糊：X线摄影曝光期间，被检者的自主或不自主运动会产生图像模糊。由于几何投影关系，图像的运动模糊度大于在曝光期间被检者移动的距离，如果被检者肢体的某个部分移动暂时不可避免，可通过缩短曝光时间把运动模糊减至最小。

（2）焦点模糊：X线管焦点尺寸对图像的总模糊度影响很大，从焦点发出的X线光子通过被检部位的每一点，发散并形成物点的模糊图像。焦点模糊度又称几何模糊度，其大小等于焦点的线度和被检部位到检测器距离与焦点到被检部位的比值的乘积。

（3）检测器模糊：如果X线束的检测器输入屏比较厚，那么也会使影像产生模糊。这种类型的模糊一般发生在增感屏、影像增强器输入屏或者是平板探测器的磷光涂层。通过被检者体内某点的X线光子被磷光涂层吸收后转变为可见光，沿X射线方向产生的可见光会发散到磷光涂层周围部分。因此，当可见光再从胶片或荧光屏上出现时，它将覆盖大于原物点的面积，即通过被检者体内每一个物点的X线形成了比原物点大的模糊图像。

由于上述3种模糊源均可使图像变模糊，因此一幅图像的总模糊度就是这3种模糊度的复合。

模糊对图像质量最直接的影响是降低了影像的对比度，进而减低空间分辨率。

3. 空间分辨率　空间分辨率决定了成像系统区分或分开相互靠近的物体的能力，习惯用单位距离内可分辨的线对数目来表示，是评价影像设备性能的重要参数之一。显然，单位距离内可分辨的线对数越多，成像系统的空间分辨率越高，所得图像的模糊度越小。

4. 噪声与信噪比（signal noise ratio，SNR）　图像噪声是指图像中可观察到的光密度随机出现的变化，是各种医学图像的一个重要特征，在图像中的存在可表现为斑点、细粒、网纹或雪花等。常采用信噪比来描述成像系统的噪声水平。信噪比越高，图像质量就越好。

在X线影像中，噪声的主要来源是X线的量子噪声，即X线光子在图像空间或时间上的随机分布。X线量子噪声量与检测器检测到的X射线量成反比，因此也与入射的X线量成反比。胶片的感光度、增感屏与影像增强器屏的吸收转换效率都会影响到图像的噪声；同时，这些检测器本身还存在颗粒噪声。此外，还有来自于视频系统的光、电子噪声等。使用CCD器件作为光电转换单元的设备，将遇到热噪声和暗电流引起的随机噪声，还会因为读出电路引入电荷泵转移噪声。上述噪声的消除可以通过对CCD器件进行制冷，对CCD输出信号进行双采样等技术来实现，也可以在图像处理和后处理过程中通过数学算法来抑制噪声。

5. 伪影　图像伪影是指图像中出现的成像物体本身所不存在的虚假信息。伪影会使图像部分模糊或者被错误理解为解剖特征，造成误诊。不同成像方法均有多种因素会引起图像伪影。在常规X线摄影中，用于吸收散射线的滤线栅的铅条像会出现在胶片上或者荧光屏上形成伪影，通过增加栅密度或使用活动滤线栅并增大曝光剂量的方法来消除这种伪影。在使用数字X线探测器时，若使用滤线栅装置，由于两种器件的空间调制频率不同，将造成调制干涉伪影，这种伪影可以通过对探测器的校正来消除。

6. 畸变（失真）　图像的大小、形状和相对位置如果与被检体存在差异和改变，就称为图像畸变或图像失真。造成图像畸变的因素很多。X线检查中，由于厚的组织器官的不同部分距检测器距离不同，会造成各部分组织影像的不等量放大而发生畸变。被检者组织器官的形状也能造成影像畸变，如当使用CCD器件时，会因为镜头组的校正不佳发生桶形失真或因为过校正而发生枕形失真。另外在使用影像增强器和CRT显示器时，外界磁场干扰也会造成图像扭曲畸形。

除了上述六个方面的图像质量评价参数外，还有图像均匀度等衡量图像质量的参数。很多情况下，被检者所受辐射剂量会直接影响图像质量，某一参数的改变能改善图像质量的某一个特征，但又常常会相反地影响另一个特征，所以必须根据临床检查的具体要求来合理选择。一种优质的成像方法应该是在尽可能低的辐射剂量下获得最优化的图像。

三、不同类型X线机的成像质量评价

（一）屏片系统的增感屏质量评价

在用胶片记录X线摄影穿过人体后的X线强度分布时，胶片上的感光乳剂对X线的利用效率仅为5%左右，其余95%的X线对感光毫无作用。故实际中会在X线胶片前后各夹一块可以高效吸收X射线的荧光薄膜片，X线照射在荧光薄膜上会产生大量荧光，利用此荧光再对X线胶片感光，可大大提高感光效率，这种荧光薄膜片就称为增感屏。增感屏的性能检测通常检测下列参数：

1. 增感系数　对同一张X线胶片在使用增感屏和不使用增感屏情况下，进行两次完全相同参数的分割曝光。每一次曝光的管电压和管电流分别为60kV和50mA固定不变，而曝光时间对于不同胶片从短到长依次不同。然后，将所有曝光后的X线胶片在指定条件下冲洗、晾干，并用密度计测定使用增感屏部分与不适用增感屏部分的胶片密度，在密度（对数）与曝光时间的半对数坐标上作图，得到两条曲线：一条是使用增感屏的胶片密度与曝光时间曲线，记作曲线1；另一条是不使用增感屏的胶片密度与曝光时间的曲线，记作曲线2。分别从这两条曲线上都取出密度为1时所对应的曝光时间t_1和t_2，按公式$k=t_2/t_1$计算出增感系数k。

2. 发光光谱　用一定剂量的稳定的X线激发增感屏，经光电转换装置检测增感屏发出的荧光强度，可直接做出光谱分布图，即该增感屏的发光光谱。

3. 分辨率　将分辨率测试卡粘贴在朝向X线管的暗盒表面上，在焦片距为100cm时，用50mA、

60kV、0.2s 条件进行曝光。待胶片冲洗晾干后，测量照片密度，若照片密度为 0.8~1.5，就可用 10 倍放大镜观察其极限分辨率。

4. 余辉时间　将铅字贴到带有增感屏的暗盒上，在焦片距为 100cm 时，用 100mA、70kV、0.5s 条件进行曝光，30s 后立即在暗盒内装入未曝光的 X 线胶片，5min 后取出冲洗，观察照片上有无铅字图像。

5. 发光均匀性　将 X 线胶片装入带有增感屏的暗盒，在一定的条件下进行曝光。当 X 线照片密度值为 0.8~1.5 时，测任意两点的密度值，其偏差不得超过 0.1。

（二）X 线电视系统的质量评价与控制

现参照行业标准《医用 X 射线图像增强器电视系统性能参数及测量方法》（SJ/T 11094—1996）对 X-TV 的性能参数及测量方法进行介绍。

1. 测量仪器

（1）一般仪器

1）示波器：频带宽度应≥0~20MHz；灵敏度应≥5~10mV/cm；最大时基因素应≥0.5s/cm。

2）秒表。

3）X 线剂量仪所允许的误差应≤±10%。

（2）专用测量卡

1）圆环测量卡：在厚度为 5mm 的铝板上刻出线条深度为 2mm、宽度为 1mm 的圆槽，其圆的直径按表 8-10 所示。

表 8-10　不同 I.I 输入屏尺寸所对应的环形测量卡直径

I.I 输入屏尺寸（mm）	圆环形测量卡直径（mm）	I.I 输入屏尺寸（mm）	圆环形测量卡直径（mm）
350	300±6	230	200±4
310	260±5	150	130±2.5

2）分辨率测试卡：栅条必须是铅或与其等效的材料制造，其厚度为 0.05~0.1mm，且厚度均匀，其长度至少为宽度的 10 倍。吸收率不同的材料之间的占空比为 1∶1。栅条宽度 H 按下式计算：

$$H=\frac{1}{2\cdot L_p} \tag{8-11}$$

式中，L_p 为每毫米线对数；栅条宽度 H 允许误差为 ±10%。

3）对比灵敏度测试卡：由 20mm 厚、纯度为 99% 的铝板制作，铝板内有 10 个孔，其孔径均为 6.5mm，孔深为 0.3~1.4mm。对比灵敏度测试卡如图 8-28 所示，其参数如表 8-11 所示。

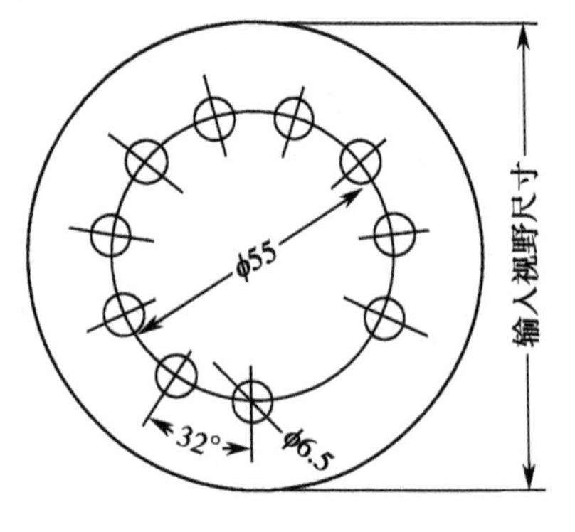

图 8-28　对比灵敏度测试卡示意图

表 8-11　对比灵敏度测试卡的参数

序号	对比灵敏度（%）	孔深（mm）±0.02
1	1.50	0.30
2	1.75	0.35
3	2.10	0.40
4	2.50	0.50
5	3.00	0.60
6	3.50	0.70
7	4.00	0.80
8	5.00	1.00
9	6.00	1.20
10	7.00	1.40

4）图像亮度鉴别等级测试卡：用 20mm 厚、纯度为 99% 的铝材料制作，图像亮度鉴别等级测试卡各阶梯吸收 X 线剂量应是线性变化的，从 0.1～1，如图 8-29 所示。

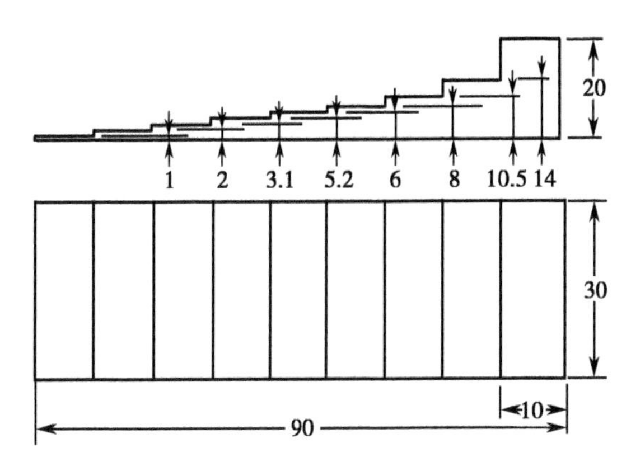

图 8-29　亮度鉴别等级测量卡示意图

其吸收量与各阶梯厚度的关系由下式计算：

$$I = I_0 e^{-\mu d} \tag{8-12}$$

式中，I 为穿透物体后的 X 线强度，I_0 为穿透物体前的 X 线强度，μ 为物体的衰减系数（取 70kV 时的 μ 值），d 为物体厚度。

2. 测量条件

（1）环境条件：温度为 15～35℃；相对湿度为 45%～75%；大气压力为 86～106kPa。

（2）电源：电源电压为（220±7）V；电源频率为（50±0.5）Hz。

（3）所有测试均应在开机 30 分钟后进行。

（4）在测试时，各调节旋钮应置于正常使用位置。

（5）X 线机工作在透视状态，每次连续工作时间不得超过 10 分钟。

（6）X 线管焦点标称尺寸为 1.0。

（7）X 线管焦点与 I.I 输入屏之间的距离为(1000±10)mm。

3. 测试项目、参数要求及方法

X-TV 性能参数的测试方法主要是在 X 线管和 I.I 之间放置用于测试参数的标准测试卡，测试卡靠近 I.I 放置，通过目测标准测试卡的影像或采用相应仪器测试的方法，获得 X-TV 的特性参数。X-TV 性能参数测试方法如图 8-30 所示。

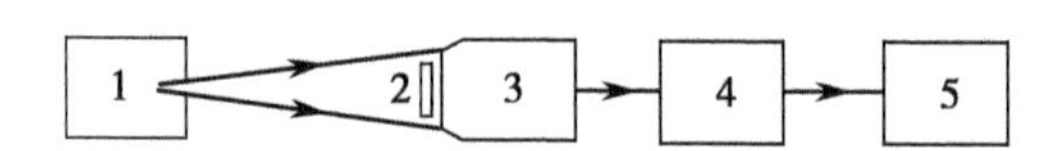

图 8-30　X-TV 性能参数测量方法框图

1. X 线管；2. 测试用标准测试卡；3. 影像增强器；4. 摄像头；5. 监视器

（1）分辨率

1）定义：在沿水平和垂直方向所能分辨的最大线对数。在 X-TV 中，用 lp/cm 或 lp/mm 表示。

2）分辨率标准参数：如表 8-12 所示。

表 8-12　X-TV 分辨率标准

输入屏尺寸（mm）	水平中心分辨率不小于 lp/cm	输入屏尺寸（mm）	水平中心分辨率不小于 lp/cm
350	8	230	12
310	10	150	14

3）测试方法：将圆环测试卡贴放在 I.I 输入面的中心位置。调整 kV、mA 和监视器的亮度、对比度旋钮，用目视法观察监视器屏上应呈现一个完整的圆环图像。将分辨率测试卡贴放在 I.I 输入面的中心位置，并使监视器屏上的分辨率测试卡栅条图像与行扫描线垂直。调整 kV、mA 和监视器的亮度、对比度旋钮，使监视器屏上的图像分辨率最高，用目视法读出能分辨的线对数。

（2）对比灵敏度

1）定义：描述图像最小可见层次的能力。

2）对比灵敏度标准参数≤4%。

3）测量方法：将对比灵敏度测试卡放在 I.I 输入面的中心位置。调整 kV、mA、监视器的亮度和对比度旋钮，使对比灵敏度达到最佳状态。在监视器屏幕上用目视法读取能分辨的测量卡深度最浅的孔，并从表 8-11 中查出相应的对比灵敏度值。

（3）图像亮度鉴别等级

1）定义：在最大和最小亮度（白与黑）之间可区分的亮度层次。

2）图像亮度鉴别等级标准参数应不低于 8 级。

3）测量方法：将图像亮度鉴别等级测试卡贴放在 I.I 输入面中心位置，并在 X 线管侧放置 1mm 厚的铜滤过板。在 70kV 调节 mA、监视器的亮度和对比度旋钮，用目视法在监视器屏幕上读出能分辨的最大图像亮度鉴别等级数。

（4）最低照射剂量率

1）定义：在规定条件下，能满足图像技术要求，在单位时间内所需要的最小X线剂量。

2）最低照射剂量率标准参数，如表8-13所示。

表8-13　X-TV最低照射剂量率

I.I输入屏尺寸（mm）	最低照射剂量率不小于 μR/s	I.I输入屏尺寸（mm）	最低照射剂量率不小于 μR/s
350	50	230	100
310	80	150	224

注：38 771μR/s＝1nC/(kg·s)

3）测试方法：将分辨率测试卡贴放在I.I输入面的中心位置，并使监视器屏上的分辨率测试卡栅条图像与行扫描线垂直。用纯度为98%、厚度为20mm、尺寸大于I.I输入屏直径的铝板作模体。模体与I.I输入屏之间的距离为10~15cm。将X线剂量仪的电离室垂直于X线入射方向，并靠近I.I输入面的中心位置。调整kV、mA和监视器的亮度、对比度旋钮，用目测法观察监视器屏上呈现的分辨率线对数，达到表8-14中的规定值时，即可停止调整kV和mA值。在X线剂量仪上读取剂量率值，该值即为最低照射剂量率。

表8-14　I.I的分辨率

输入屏尺寸（mm）	水平中心分辨率不小于 lp/cm	输入屏尺寸（mm）	水平中心分辨率不小于 lp/cm
350	4	230	8
310	6	150	10

（5）图像亮度稳定度

1）定义：在X-TV透视时，保持图像亮度不变的自动调控能力。

2）图像亮度稳定度标准参数：当模体由10cm厚的铝板再增加一块10mm厚的铝板时，摄像机输出视频信号幅度的变化应≤3dB；时间响应≤3秒。

3）测量方法：X-TV在非自动增益状态下，用示波器测量摄像机输出端的视频信号幅度，用10mm铝板（纯度为98%、厚度20mm、尺寸应大于I.I输入屏的直径）作模体。适当调整kV和mA值，用目视法在示波器屏幕上读出视频信号幅度U_1。再增加一块10mm厚的铝板，用目视法在示波器屏幕上读出视频信号幅度U_2。图像亮度稳定度L(dB)可由下式计算：

$$L=20\lg\frac{U_2}{U_1} \tag{8-13}$$

用与上述规格相同的2块铝板作模体，在X-TV透视过程中，适当调整kV和mA，然后将一块铝板快速地叠放在另一块正在用作模体的铝板上，观察监视器（或示波器）屏幕上的图像（或波形）。在秒表上读出图像（或波形）从闪动到稳定的时间。

（三）CR的成像质量评价与控制

1. 检测项目　根据CR的特性，参考《计算机X射线摄影（CR）质量控制检测规范》（WS 520—2017），除进行常规质量评价检测项目外，CR还需重点检测IP暗噪声、IP响应一致性和重复性、剂量指示校准、IP 响应线性、激光束功能、空间分辨力与分辨力均匀性、低对比度细节检测、空间距离准确性、擦除完全性等检测项目以及 CR 的附属设备性能检测。

2. 评价标准　具体评价标准见表 8-15 CR 系统的专用检测项目与技术要求。

表 8-15　CR 系统的专用检测项目与技术要求

序号	检测项目	验收检测 判定标准	状态检测 判定标准	稳定性检测 判定标准	周期
1	IP 暗噪声	指示值应在规定值内，影像均匀无伪影	指示值应在规定值内，影像均匀无伪影	指示值应在规定值内，影像均匀无伪影	一周
2	IP 响应均匀性和一致性	± 10.0%（单板与多板）内	±10.0%（单板与多板）内	±10.0%（单板与多板）内	半年
3	剂量指示校准	±20.0%（单板）内 ±10.0%（多板）内	±20.0%（单板）内 ±10.0%（多板）内	—	—
4	IP 响应线性	±20.0%内	±20.0%内	—	—
5	激光束功能	无颤动或颤动在±1%像素尺寸内	—	—	—
6	极限空间分辨力	$R_{水平}/f_{Nyquist}>0.9$ $R_{垂直}/f_{Nyquist}>0.9$ 网格影像均匀，无模糊区域，无混叠伪影	$R_{水平}/f_{Nyquist}>0.9$ $R_{垂直}/f_{Nyquist}>0.9$	—	—
7	低对比度细节检测	建立基线值	基线值±2 个细节变化	基线值±2 个细节变化	半年
8	空间距离准确性	±2%内	±2%内	±2%内	半年
9	擦除完全性	不存在铅板幻影，达到暗噪声规定值	—	不存在铅板幻影，达到暗噪声规定值	半年

（1）IP 的暗噪声：无论硬拷贝照片还是软拷贝图像，应该是一幅清晰、均匀一致和无伪影的图像。如果超过两块 IP 影像上发现有不均匀一致或伪影，应对所以 IP 进行该项检测和评价。

（2）IP 响应一致性和重复性：对单幅照片五个点计算平均光密度值或五个影像感兴趣区的平均像素值，所有单点测量值在五点的平均值的±10.0%内一致，则单一 IP 的响应均匀性良好。单块 IP 的五点平均值在三块 IP 总平均值的±10.0%内一致，则三块 IP 的一致性良好。

（3）剂量指示校准：每块 IP 测量空气比释动能与响应空气比释动能应在±20%内一致。每块 IP

响应值与三块 IP 的平均响应值之间的误差应在±10.0%内一致。如果测量超过规定值，应采用生产厂家设定的 IP 剂量指示校准曝光/读取条件重新进行检验。

（4）IP 响应线性：对于单个 IP 在三个不同的曝光档中，测量空气比释动能与响应空气比释动能应在±20%内一致。如果测量超过规定值，应采用生产厂家设定的 IP 响应线性的校准曝光/读取条件重新进行检验。

（5）激光束功能：用钢尺进行曝光成像后，正常情况钢尺边缘在照片或图像整个区域保持直线连续（可用 10~20 倍放大镜观察）。

（6）空间分辨力与分辨力均匀性：用 10 倍~20 倍放大镜在硬或软拷贝影像上观察两个线对卡影像中最大可分辨的线对数目，分别记录水平方向和垂直方向上的该线对数目。从观察影像中测出水平方向和垂直方向上的该线对数目与生产厂家提供该 IP 的极限空间分辨力相比较应大于 90.0%。用一块屏/片摄影用的密着检测板，对已擦除过的同一块 IP，使用相同曝光条件下进行曝光和读取，获取另一幅硬或软拷贝影像。观察整个影像区域，若密着检测板网格的影像呈均匀一致，无模糊区域，无混叠伪影，表明 IP 分辨力均匀性良好。

（7）低对比度细节检测：在观片灯箱上或工作站的监视器上，分别观察硬或软拷贝模体影像，按模体说明书要求，观察和记录模体影像中可探测到最小细节。验收检验应按模体说明书要求判断；对验收检验的数据建立基线值，状态检验和稳定性检验应与基线值进行比较。

（8）空间距离准确性：图像中无畸变，评价 X 和 Y 两个方向上测量的距离与实际物体距离误差在 2%内一致。

（9）擦除完全性：在第二次曝光的图像中没有存在第一次任何图像，表明对第一次曝光擦除完全；否则，证明擦除不完全，需作进一步擦除处理。

3. CR 的附属设备性能检测

（1）激光打印机：可采用 SMPTE（the Society of Motion Picture and Television Engineers，电影和电视工程师协会）检测法或 IEC 检测法。①SMPTE 法：它包括最大和最低密度、密度一致性、图像周边偏差度、非线性偏差度、低对比和高对比分辨率、灰阶水平、补偿处理效果和锐利度等性能检测；②IEC 法：它包括灰阶再现、低对比和高对比分辨率、图像几何特性、线状结构和临床参考图像等性能检测。

（2）图像工作站的显示监视器：可用 SMPTE 测试图形对监视器作多项参数检测和调整。此外，应对监视屏的亮度和亮度均匀性进行检测，还应对观察室中环境照明条件作照度检测。

（3）观片灯：目前，多数 CR 仍以照片形式为医生提供诊断依据。观片灯的 QC 检测也很重要。它包括观片灯的亮度、亮度均匀性、光扩散性以及读片室环境照度等检测。

以上各检测项目如不合格，需进行相应的调整、维修。

（四）DR 的成像质量评价

1. 检测项目　DR 系统是近些年广泛使用的医学设备，根据 DR 的特性，参考《医用数字 X 射线摄影（DR）系统质量控制检测规范》（WS 521—2017），除进行常规质量评价检测项目外，DR 还需重点检测：暗噪声、探测器剂量指示（detector dose indicator，DDI）、信号传递特性（signal transfer property, STP)、响应均匀性、测量误差、残影、伪影、极限空间分辨力、低对比度细节检测、AEC 灵敏度、AEC 电离室之间的一致性、AEC 管电压变化的一致性等检测项目。

2. 评价标准　具体评价标准见表 8-16 DR 系统的专用检测项目与技术要求。

表 8-16　DR 系统的专用检测项目与技术要求

序号	检测项目	验收检测 判定标准	状态检测 判定标准	稳定性检测	
				判定标准	周期
1	暗噪声	像素值或 DDI 在规定值内，或建立基线值，影像均匀无伪影	像素值或 DDI 在规定值内，或基线值 ±50%，影像均匀无伪影	像素值或 DDI 在规定值内，或基线值 ±50%，影像均匀无伪影	三个月
2	探测器剂量指示（DDI）	DDI（10μGy）计算值与测量值 ± 20.0%，DDI 或平均像素值建立基线值	基线值±20.0%	—	—
3	信号传递特性（STP）	$R^2 \geqslant 0.98$	$R^2 \geqslant 0.95$	$R^2 \geqslant 0.95$	三个月
4	响应均匀性	CV≤5.0%	CV≤5.0%	CV≤5.0%	三个月
5	测量误差	±2%内	±2%内	—	—
6	残影	不存在残影或有残影而像素值误差≤5.0%	—	不存在残影或有残影而像素值误差≤5.0%	三个月
7	伪影	无伪影	无伪影	无伪影	三个月
8	极限空间分辨力	≥90.0%厂家规定值，或 ≥ 80.0% $f_{Nyquist}$ 建立基线值	≥90.0%基线值	—	—
9	低对比度细节检测	建立基线值	与基线值比较不超过 2 个细节变化	—	—
10	AEC 灵敏度	建立基线值	基线值±25.0%内	—	—
11	AEC 电离室之间的一致性	±10.0%内	±15.0%内	—	—
12	AEC 管电压变化的一致性	建立基线值	±25%内	—	—

（1）暗噪声：适当调整窗宽和窗位，目视检查影像均匀，不应看到伪影。所获得像素值或 DDI 值应在厂家规定值范围内。如果生产厂家没有提供规定值，则以测量的像素值或记录的 DDI 值建立基线值。

（2）探测器剂量指示（DDI）：验收检测中获得 DDI 平均值作为基线值，状态检测和稳定性检测的值与基线值比较应在±20.0%内一致。如果生产厂家未能提供 DDI 值与入射空气比释动能计算公式，则以在规定的曝光条件下获得影像中感兴趣区域（region of interest，ROI）所计算平均像素值建立基线值，状态检测或稳定性检测的值与基线值比较应在±20.0%内一致。

（3）信号传递特性（STP）：验收检测要求 R^2>0.98，状态检测要求 R^2>0.95。

（4）响应均匀性：像素值的变异系数 CV≤5.0%。

（5）测距误差：用测距软件对水平和垂直两个方向上的铅尺刻度不低于 10cm 的影像测量距离与真实长度进行比较。如果铅尺不能放置在影像探测器表面，应把铅尺放置患者床面中央，获得影像应做距离校正。计算它们的偏差在±2.0%以内。

（6）残影：调整窗宽和窗位，在工作站监视器上目视观察第三次曝光后的空白影像中不应存在第二次曝光影像中残影（一部分或全部）。若发现残影，则利用分析软件在残影区和非残影区各取相同的 ROI 面积获取平均像素值，残影区中平均像素值相对非残影区中平均像素值的误差≤5.0%。

（7）伪影：在工作站监视器上观察影像，适当调整窗宽和窗位，通过目视检查影像探测器的影像不应存在伪影；如果发现伪影，检查伪影随影像移动或摆动情况，若伪影随影像移动或摆动表示来自影像探测器，不移动则表示来自监视器。应记录和描述所观察到的伪影情况。

（8）极限空间分辨力：调整窗宽和窗位，使其分辨力最优化。从监视器上观察出最大线对组数目，在垂直和水平方向上分别与生产厂家保证的极限空间分辨力的规定值比较，应≥90.0%。如果得不到规定值应与 $f_{Nyquist}$ 进行比较，≥80.0%。验收检测的结果作为基线值，状态检测与基线值进行比较（≥90.0%基线值）。

（9）低对比度细节检测：根据在临床上对影像最常使用评价方式观察影像，应调节窗宽和窗位使每一细节尺寸为最优化，在监视器上观察影像细节，并进行记录。验收检测按检测模体说明书要求判断或建立基线值。状态检测与基线值进行比较，不得超过基线值的两个细节变化。

（10）自动曝光控制性能

1）AEC 灵敏度：在验收检测中建立基线值（mA、s，或 mAs，或 DDI 值），状态检测应与基线值在±25.0%内一致。

2）AEC 电离室之间一致性：将每一个电离室的测量值（如 mA、s，或 mAs，或 DDI）进行相互比较，计算平均值最大偏差。验收检测时平均值最大偏差在±10.0%内一致，状态检测时平均值最大偏差在±15.0%内一致。

3）AEC 管电压变化一致性：验收检测时影像探测器在 4 个电压档建立剂量总平均值或 DDI 总平均值作为基线值，状态检测时剂量总平均值或 DDI 总平均值与基线值的最大偏差在±25.0%内。

边学边练

X 线机图像质量检测的主要项目及各主要检测项目的检测方法，影响 X 线机图像质量的因素以及 X 线机图像质量的评价，请见“实训二十一　X 线机图像质量性能检测”。

（五）DSA 的成像质量评价与控制

除了可以采用上述介绍的对常规 X 线机的检测方法外，对 DSA 还有其一些特定的检测。《医用成像部门的评价及例行试验　第 3-3 部分：数字减影血管造影（DSA）X 射线设备成像性能验收试验》（GB/T 19042.3—2005）这些检测需要标准透视分辨率检测卡和剂量仪，还需要一套特别的模体和插件，包括 X 线衰减模体、空白插件、血管模拟插件、低对比线对插件、对比度线性插件和伪影检测插件等。

1. 空间分辨率　是指对相邻高对比度物体或血管的分辨率。可用 MTF 来描述，但 MTF 的测量非常复杂，通常采用以 lp/mm 表征的标准条形线对测试卡来测量。影响 DSA 空间分辨率的因素主要有 I.I 本身的性能参数、系统几何放大倍数、X 线管焦点尺寸和 X-TV 的性能与参数等。

检测方法：先把 DSA 几何放大系数调整为 125。用 15cm 厚的均匀模体模拟患者制作蒙片，然后把标准条形线对测试卡置于模体中，通过 X-TV 观察测试卡的图像。由于受电视扫描线的影响，在平行、垂直以及和扫描线呈 45°的 3 个方向上的分辨率是不同的，因此检测时应在此 3 个方向上分别测量分辨率；在经过减影和未经减影的情况下分别测量 DSA 的分辨率。测量用线对测试卡的最大分辨率应为 5lp/mm。

2. 低对比度分辨率　人体血管直径不同，注射对比剂后，不同直径血管中对比剂的浓度不同，即密度不同。由于 DSA 采用图像处理技术，对含有低浓度对比剂的血管也能较好地成像，因此，相对于常规 X-TV 透视、摄影 X 线机来讲，DSA 的低对比度分辨率有很大提高。DSA 的低对比度分辨率主要受几何放大倍数、像素大小、X 线的质和量等因素的影响，是主要的检测内容之一。

检测方法：把空白插件插入 15cm 厚的均匀衰减模体中，使用临床常用几何条件，制作蒙片图像。保持成像条件不变（如 kV、mA、t 等），在空白插件位置插入血管模拟插件或低对比线对测试插件，制作减影图像。改变模体厚度并重复以上操作，在监视器上观察减影图像，调节观察条件（如窗宽和窗位等）使图像最清晰。

3. 对比度均匀度与空间均匀度

（1）对比度均匀度（contrast uniformity）：若被 X 线摄影的血管直径是一致的，并且对比剂的浓度是均匀的，在减影图像中显示的血管直径及对比度就应是均匀的。影响对比度均匀度下降的因素主要有 X 线的散射和视频图像中的杂波。

检测方法：使用阶梯状模体，分别插入空白插件和血管模拟插件，获得蒙片和模拟血管的减影图像。检测中必须使用对数放大器，模拟血管应与模体的阶梯垂直，然后再加上骨模体，分别取得蒙片和血管的减影图像。

（2）空间均匀度（spacial uniformity）：它是指在 I.I 成像野内，系统的放大系数是一致的。由于 X-TV 及成像系统中光学系统的非线性会引起图像失真，导致空间均匀度变坏。空间均匀度在图像定量测试中非常重要。

检测方法：把空白插件和血管模拟插件先后插入均匀模体（非阶梯状模体），分别得到蒙片和血管减影图像。测量图像中心和边缘的血管尺寸应相等，否则应对 DSA 进行检修。

4. 对比度线性　DSA 的对数处理电路的优点之一是它能使图像的对比度与碘对比剂的厚度成

正比，而不受 X 线剂量的影响。对比度线性（contrast linearity）依赖于 DSA 中对数处理电路的调整是否适当、摄像部分的线性和 A/D 的线性。

检测方法：使用均匀模体和对比度线性插件来获得减影图像。在图像上测量 6 个含碘对比剂区域的平均密度值。在图纸上，以碘的质量厚度（mg/cm）为横坐标、以平均密度值为纵坐标作图，碘的质量厚度和平均密度值应呈线性关系。

5. X 线辐射剂量　在 DSA 中，X 线辐射剂量直接影响图像质量。在保证图像质量的前提下，即保证 I. I 输入屏剂量的同时，要考虑到患者与工作人员接受 X 线剂量的大小。在 DSA 工作中，要进行 I. I 输入屏、患者、医生三方面的 X 线辐射剂量检测，使其都达到相应的要求。X 线辐射剂量的检测与常规的 X-TV 透视机检测方法相同。

以上各检测项目如不合格，需进行相应的调整、维修。

6. 伪影　处于正常工作状态的 DSA，减影图像中的高对比度结构影像（如骨、金属等）应完全被减去，否则会产生伪影。伪影主要是由于患者的运动、X 线管输出剂量的不稳定性、X-TV 的不稳定性和 I. I 电源电压不稳定性等因素引起的。

检测方法：将伪影检测插件插入均匀模体中，对其进行减影成像，成像持续时间应大于临床常规应用时间。图像中应除噪声之外看不到任何结构，如在整个图像或部分图像中可看见小孔，则说明 DSA 工作不正常，应进行检修。

点滴积累

1. X 线机的质量管理是指通过一系列有计划的、有系统的行动，以保证 X 线机为诊断提供最佳影像信息，且使患者和医生接受的 X 线剂量尽量少。
2. X 线成像质量评价是进行质量控制的先决条件，需要对评价方法、测试标准和测试方法进行规范，并对影响成像质量的因素进行分析，形成质量综合评价与成像质量评估的准则，对不同类型的 X 线成像装置做出具体的评价参数。

第三节　维护

X 线机属大型贵重精密医疗设备，必须加强对 X 线机的维护，保证 X 线机的正常运转，延长 X 线机的使用寿命，提高 X 线机的使用效率。

根据《医用电气设备　医用电气设备周期性测试和修理后测试》（YY/T 0841—2011）的相关要求，X 线机的维护大致可分为：正确使用、日常保养和定期维护三个方面。

一、正确使用

对于任何 X 线机，正确使用是最好的维护。

1. 明确使用原则　①X 线机操作使用人员必须是经过专门培训、具有一定专业基础知识、熟悉设备结构和性能的专业技术人员；②各类 X 线机的结构及性能差别很大，各有自己的使用说明和操作规程，操作使用者必须严格遵守；③曝光前应根据室内温度情况和设备结构特点，确定适当的预热时间。在室温较低时，防止突然大容量曝光，以防损坏 X 线管；④曝光过程中应注意观察操作控制台显示的参数信息、状态信息和提示信息等各类信息，留意倾听高压发生器控制柜、床控制柜等各种电器件的声音，以便及时发现故障；⑤留意机械运动部件在运动过程中是否有异常的声响；⑥严禁 X 线管超容量使用，要尽可能避免不必要的曝光。

2. 遵守操作规程　操作规程是为保证 X 线机的正常工作，并根据 X 线机的结构及性能特点而编制出的一整套规范的操作步骤。由于不同 X 线设备结构上的差异，其操作规程也迥异。通用的操作规程主要有：①在开机前需要检查运动部件周围是不是有阻碍物，如果是则移除；②检查所有紧急停止按钮是不是被按下了，如果是则需要复位；③操作控制台和操作键盘上确认没有安放笔、书本、文件等任何物品；④合上墙上电源分配箱电源，并开机，等待机器进入待机状态；⑤如非急诊患者，则根据流程先进行 X 线管预热操作，注意在曝光前必须确认机房中没有人员，并关闭机房门；⑥预热完成后，可接受投照患者，先录入患者信息，然后给患者摆位，紧接着根据摄影部位要求调节参数，最后曝光；⑦曝光完成后，安排患者离开机房；⑧继续下一个患者；⑨下班时关机，并关闭墙上电源分配箱电源。

3. 谨慎操作　防止用力过猛和强烈震动，特别是 X 线管支持装置、点片装置等，移动时更应谨慎小心，以防因碰撞而损坏 X 线管、影像增强器、平板探测器等易碎器件或贵重器件。

二、日常保养

日常保养包括每日一次、每周一次、每月一次的检查，以及设备操作说明书的“功能及安全检查”章节中所要求的检查。通常情况下，这些常规功能的检查是由临床操作人员来执行的。

日常保养工作一般可分为：工作环境的控制和保持、功能及安全检查、主要部件的日常保养的三个方面。

（一）工作环境的控制和保持

主要包括：机房温湿度的控制和清洁卫生的保持。

1. 机房温湿度的控制　X 线机的机件受潮后，轻者生锈造成机械部件活动不灵、电路参数改变，重者使电器元件发霉变质、绝缘性能降低而发生漏电，造成电击事故；机房温度过高和过低会影响到温度敏感器件的性能参数，特别是影像增强器和平板探测器的性能参数，进而影响成像质量的稳定性。因此应采取有效措施保持适宜的温湿度，如采用除湿机和空调搭配使用。如发现设备受潮，须经干燥处理后，方可开机工作。

2. 清洁卫生的保持　保持设备清洁，防止尘土侵入机内，是日常保养的重要环节。尘土侵入机内，久而不除，会使某些元器件接触不良，如继电器接点间的接触不良等；也会使某些元器件短路，如裸露的元器件短路等。坚持每日工作时，先对设备和室内进行清洁处理。除尘时最好用吸尘器，少用或不用湿布擦拭。

（二）功能及安全检查

主要包括：①接地是否良好；②管套有无漏油现象；③管套温度；④设备运转是否正常；⑤钢丝绳有无断股等。若发现异常，应立即停机，进行修复或更换。

（三）主要部件的日常保养

1. 机械部件的日常保养

（1）轴承：应经常检查诊视床、立柱等活动部分轴承的灵活度，有无异常摩擦音和卡顿现象，并定期在轴承轨道上涂润滑油，以减少磨损。

（2）电镀部分：应经常用油布擦拭以防锈；喷漆或烤漆部件禁止火烤、碰撞，以防漆皮脱落。

（3）钢丝绳：应经常检查各部件的钢丝绳是否有“断股”现象。

（4）限位开关：应经常检查各种限位开关位置和功能是否正常，以防机械运动超出极限范围。

（5）紧固件：应经常检查各机件固定用的螺钉、螺母、销钉是否有松脱现象，及时紧固。

（6）床面：应保持床面清洁、干燥。

2. 高压发生器及组合机头的日常保养

（1）保持绝缘油的绝缘性能：为保持高压发生器及机头的绝缘性能，在没有故障时不得随便打开高压油箱。这是因为绝缘油暴露于空气中会吸收空气中的水分而使其绝缘性能下降。

（2）更换绝缘油：当需要换新绝缘油时，应检查新油的性能，要求其绝缘强度≥25kV/2.5mm，而组合机头内绝缘油的绝缘强度应≥30kV/2.5mm。

（3）防潮、防锈：如果机房不是木板地，最好将高压发生器放置在一个特制的木制底座上，以便防潮、防锈。

（4）更换脱水凡士林：高压插座、插头之间必须填充硅脂或脱水凡士林，以防止高压经空气间隙对机壳放电。如果连续工作时间过长或室温增高时，其硅脂或脱水凡士林将会受热膨胀溢出，此时必须将插头拔出，将原有的硅脂或脱水凡士林清除干净，并用乙醚擦拭干净，重新涂上硅脂或脱水凡士林，方能继续使用。

（5）注意机头管套温度：组合式机头体积小，其热量集中且散热条件差，故在使用中应注意机头管套的温度，不要长时间连续工作，以防X线管阳极靶面因过热而损坏，或使高压部件击穿。

（6）观察机头管套：要经常观察机头管套是否有漏油或渗油现象，并定期观察机头窗口内是否有气泡存在，若有上述现象，应及时处理。

3. 高压电缆的日常保养

（1）防潮、防热、防压：受潮、受热、受压都将使高压电缆的绝缘性能降低，易被高压击穿。

（2）防腐蚀：要避免绝缘油侵蚀高压电缆。

（3）防止过度弯曲：避免高压电缆过度弯曲。

（4）经常观察插头：高压电缆插头内的填充物，多由松香和绝缘油混合制成，在X线管组件端常因受热熔化流出，故应时常检查，及时处理。

（5）紧固情况：X线管管套是借高压电缆的金属网而接地的。要经常检查高压电缆两端的金属喇叭口与X线管和高压发生器的紧固情况。曝光时，如听到“吱吱”的静电放电声，应首先检查此处。

4. X线管的日常保养

（1）防震动：X线管在运输和使用中应特别注意防震、防碰。由于阳极端较重，且工作中阳极将产生大量的热，因此在运输与使用中应平放或让阳极端朝下。

（2）注意曝光间隔：有必要延长 X 线机曝光之间的间歇，以冷却 X 线管，管套表面温度不宜超过 50～60℃。

（3）观察窗口：X 线管管套内要保持足量的绝缘油，要经常通过窗口观察管套内是否有气泡存在，如有，应及时处理。观察 X 线管焦点是否在窗口的中心，否则将会影响透视或摄影效果。

（4）听声音：在高压产生过程中时，若有放电声，应立即停止工作，进行修理。

5. 平板探测器的保养

（1）表面清洁：平板探测器的外表面必须使用柔软的棉布擦洗，注意一定要在防静电环境下擦洗。常用的擦洗液有 100%的异丙醇，或者是 95%的乙醇加 5%甲醇。

（2）检查空气对流风扇：空气对流风扇是为了仪器设备的散热，当风扇上布满灰尘时，空气对流效果就会下降，导致无法正常散热，故需要定期检查。一般使用真空吸尘器进行清理。

三、定期维护

X 线机在使用过程中，为了保证系统的正常、安全运行，除了一般的日常保养外，还应进行全面的定期维护，以便及时排除故障隐患，延长设备的使用寿命。通常 1～2 年进行一次定期维护。

定期维护工作必须由合格的并且经过授权的维修工程师实施。合格的工程师指那些接受过相关训练的或是在实践中已经获得了必要经验的工程师；经过授权的工程师指那些已经获得了制造商授权可以进行系统维护工作的工程师。

在开始定期维护工作之前，需要指定一名工作人员，专门负责确保已经执行了某项检查和维护工作，并将所有的执行文件、证明文件存档，因为在某些国家或地区，相关监察部门会要求院方出示这些文件或证明。

一般情况下，制造商也可以为设备提供全面完善的预防性检测及系统维护的服务。

定期维护通常以表格的形式列出维护计划，表格中每一项维护内容均含有一个介绍性的解释说明，维护工程师需按照维护计划内容逐条执行，并由工作人员确认结果。关于这些维护工作的全部内容和详细说明可以从制造商的提供的维修维护文档中获得。

整个维护计划可以分为：①安全检查；②预防性维护；③质量及功能测试；④更换与安全相关的易磨损部件四个方面。

1. 安全检查　为了确保系统的安全性，安全检查内容和步骤可参考表 8-17 进行，按内容可分为一般检查、电气检查、机械检查、功能检查。一般情况下，如检查结果不理想，应采取预防性措施或进行维修。

表 8-17　安全检查执行工作步骤的列表

对象或功能	原因	检查内容
	一般检查	
整个系统	患者和操作人员安全	目视检查系统（封罩）有无损坏或锐利的边缘
电缆和布线	保护患者及操作人员避免发生电击	目视检查电缆和布线是否有安全隐患
附件	患者安全	安全隐患检查

续表

对象或功能	原因	检查内容
系统的放射防护设备	保护患者及工作人员避免发生放射性损伤	检查所有的放射防护设备是否配置得当。比如检查下半身放射屏蔽板、上半身放射屏蔽板以及天吊屏蔽罩等是否安装或破损
操作文件	防止错误操作以保证患者、操作人员和设备的安全	检查有无
警告须知	防止错误操作以保证患者、操作人员和设备的安全	检查有无必须提供的明显的警告标签以提醒用户在系统操作中要注意的事项
可插入的熔断器	对患者、操作人员以及系统的保护	检查所有不使用工具即可接触到的可插入熔断器,确定是否符合厂商指定的规格(标称值和熔断机制)
用户界面	防止错误操作以保证患者、操作人员和设备的安全	检查操作符号的可读性
电气检查		
电子安全	保护患者及操作人员避免发生电击	接地电线阻抗测量; 设备漏电测量; 患者漏电流测量; 根据国家性法规对完整系统进行检测
机械检查		
壁挂式和落地式安装	对患者、操作人员以及系统的保护	安装(目视检查)
牵拉和支持电缆	对患者、操作人员以及系统的保护	检查磨损及损耗情况
传动装置	确保电力传输及安全的功能	检查导轨滚轮的磨损、张力、运动情况及其功能
系统运动(手动)	控制系统关闭的机械设备安全性	对制动保持以及末端停止进行检查
可移动组件	对患者、操作人员以及系统的保护	对电缆引入、运动行为以及其他适用功能进行的制动检查
附件	患者和操作人员安全	功能以及运行状态检查
用户界面	防止错误操作以保证患者、操作人员和设备的安全	检查有无损坏
易磨损的安全相关部件	对患者、操作人员以及系统的保护	检查有无损坏

续表

对象或功能	原因	检查内容
	功能检查	
紧急制动装置	避免由于操作错误引起的系统功能障碍及对患者造成挤压	在激活紧急制动装置以后，会关闭系统功能
控制装置及警告指示器	提醒操作人员相关系统状态以及系统超负荷工作情况	下列显示器的功能：辐射、透视、X 线管的负载、阻断、碰撞限制处的系统运动
系统运动	对患者、操作人员以及系统的保护	移动的安全停止
碰撞保护	防止系统组件损坏	在碰撞区（比如接近天花板、墙壁或地面的区域）内系统运动的自动停止
功能测试	防止系统组件损坏	所有组件的最终功能测试

注：全系统的维护间隔 24 个月。

2. 预防性维护　进行预防性维护的目的就是为了将无法预料的系统故障降至最低，从而可以保证系统长期安全有效地运行。表 8-18 列举了预防性维护所要执行的一般工作步骤和内容，检查结果通过记录及分特征性数值来确定部件的受磨损程度，在适当情况下，须采取必要的预防措施或进行维修。

表 8-18　预防性维护执行工作步骤和内容

对象或功能	原因	检查内容
整个系统	预防性措施用于避免以下情况的发生： 安全隐患、 过热、 磨损、 图像伪影	运行数据的检查； 检查电缆表皮以及电缆连接是否发生损坏； 清洁检查过程中掉落的造影剂、血液以及消毒剂，特别是不易触及到的区域； 检查并清洁空气循环通道，如果使用冷却剂冷却的 X 线管，需要检查冷却剂； 检查并清洁光纤连接器之间的光传递通路； 将异物去除，例如：定位辅助设备以及注射用针头； 上漆以避免发生腐蚀及感染； 对手动操作机械部件的运动力量进行检查，如床面板，悬吊架等； 对电机的驱动特性、加速及减速运动进行检查； 确保所有的组件运动顺畅的措施； 检查和分析磨损部位； 阅读并分析错误日志文件； 修复细微的部件外壳损坏

注：全系统的维护间隔 24 个月。

3. 质量及功能测试　用于对系统是否满足已经确定的特征进行检查。图像质量测试用于确定图像质量与原始状态的差异，比如分辨率、对比范围、最小对比度、图像信号，有时也要检查数字减影血管造影的图像质量，一般参考下列表 8-19 检查若出现差异，必须采取适用的预防性措施或进行维修。

表 8-19 质量及功能测试执行工作步骤的列表

对象或功能	原因	检查内容
电源线连接	来自线路电源的无限功率主要用于最大系统负荷时的电源供应（电能输入会因发生氧化及遭受腐蚀而受到限制，这些情况会导致曝光波动以及系统关闭）	内部阻抗
真空组件：X 线管	确保符合系统规格说明（真空组件发生老化）	图像质量
射束几何，定中心，射束准直	遵守规格说明和法律法规[1]，以便将患者及工作人员受到的辐射降至最低	将中央射线定位至图像接收器的中心位置上； 辐射野的大小与图像接收器的大小一致或是光视野的大小与辐射野的大小一致
放射剂量	遵守规格说明和法律法规[1]，以便将患者及工作人员受到的辐射降至最低	下列情况下的剂量率/中断剂量检查[2]： 透视； 在所有操作模式下采集
细节判断	符合规格说明以及相关法律的要求[1]，确保图像质量	下列情况下的分辨率[2]： 透视； 在所有操作模式下采集
图像对比	符合规格说明以及相关法律的要求[1]，确保图像质量	下列情况下的对比度和动态范围[2]： 透视； 在所有操作模式下采集
DSA 设备[2]	符合规格说明以及相关法律的要求[1]，确保图像质量	DSA 序列；DSA 序列；对比敏感度、动态范围、算法、减影和伪影
断层设备[2]	符合规格说明以及相关法律的要求[1]，确保图像质量	X 线断层摄影模式的断层扫描高度、分辨率、形状以及断层方式的准确性，图像模糊程度
图像显示	符合规格说明以及相关法律的要求[1]，确保图像质量	配置显示器的亮度、聚焦和几何学
图像伪影	符合规格说明以及相关法律的要求[1]，确保图像质量	在全部现有的应用程序技术中图像显示有严重的图像伪影
剂量测量设备[2]	遵守规格	检查显示的准确性
图像归档系统	符合规格说明以及相关法律的要求[1]，确保图像质量	复制灰阶、几何图像特征、分辨率、光密度、伪影

注：1. “1”代表必须要遵守 DHHS 以及不同国家的具体法规；
2. “2”代表取决于系统配置；
3. 全系统的维护间隔 24 个月。

4. 更换与安全相关的易磨损部件　在一定的时间间隔内必须要对发生磨损与安全相关的部件进行更换，表8-20举了三个易磨损部件需要更换的例子。

表8-20　更换与安全相关的易磨损部件的例子

对象或功能	原因	所要进行更换的部件	间隔
X线管立柱	磨损能够导致电缆破裂或磨开	钢索	2年
立时胸片架	磨损能够导致电缆破裂或磨开	钢索	2年
三维悬吊	磨损会导致弹簧断开或支撑电缆破裂或磨开	带有钢缆的弹簧控制装置	8年

四、检修

（一）检修原则

X线机的检修原则是：①检修者必须具备检修X线机的专业知识和一定的检修经验；②检修者应对所检修的X线机的说明书及有关资料数据进行认真的阅读和了解，掌握操作程序、机械结构原理、电路工作原理和各电路元件的工作程序，熟悉有关数据，如X线管的型号、规格、电子元件及电路参数、稳压范围、变压器的变比等；③全面详细地了解故障发生时的情况和现象，如故障发生的时间、发生故障时所使用的技术条件、有无响声、气味以及控制台显示的错误代码等；④综合分析，制订检修计划，切忌无计划地“盲动”检修。检修完毕，应对设备进行试验和必要的调整，并填写检修记录，如表8-21所示。

表8-21　检修记录表

X线机型号	故障现象	检查结果	修理记录
XG-200	曝光时，mA表指针冲满，kV表指针下跌，烧保险丝	阳极高压电缆插头击穿	更换插头
检修人员	验收人员	修理日期　　年　月　日	

（二）注意事项

检修时应注意如下事项：

1. 制订并执行检修计划　应按检修计划，逐步进行检查，并根据具体情况灵活掌握。如发现新的情况，应根据电路原理，先进行分析，然后修订检修计划，继续进行检查。

2. 所用仪表精度要高　检修中用的仪表精度要高，至少不低于设备所用仪表的等级，以免测量误差大，干扰检修工作。

3. 检修工具规格要全　各种检修工具如螺丝刀、钳子、扳手等，其规格要尽量多一些，以适应不同规格机件的拆装，避免被拆机件受伤或损坏。在带电情况下检查电路时，使用的工具如仪表测试笔、夹子线、螺丝刀等，其暴露的金属部分应尽量少，以免造成短路。如没有专用工具，可用普通工具加套塑料管或橡胶管自制，如图8-31所示。

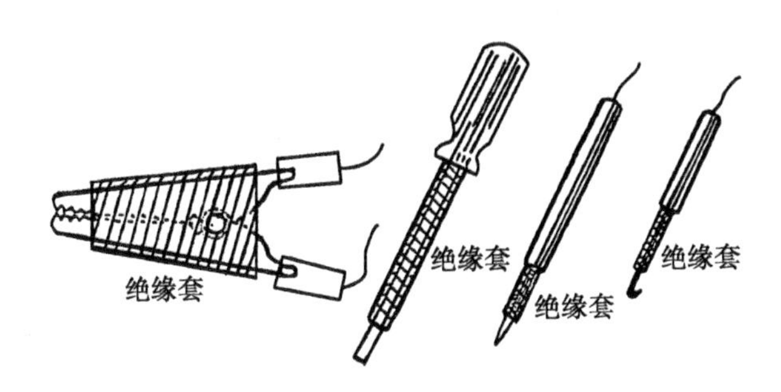

图 8-31 自制绝缘工具

4. 拆卸导线应编号 检修中，凡编号不清者要重写，以免复原时错线错位，造成新故障。

5. 妥善放置拆下的零件、螺钉、螺母 对拆下的零件、螺钉、螺母等，都要分别放置，不可乱丢，检修之后应及时装上，特别是高压发生器、X 线管组件内不得有螺钉、垫圈、棉纱等任何异物存留，以免高压放电，损坏 X 线管和其他部件。

6. 拆下高压初级连接线 在检修低压电路和进行高压电路的检查测量时，必须将高压初级连接线拆下，并将高压发生器两端高压初级接线柱短路，以防发生电击事故。当高压发生时，不允许在高压电路内进行检查。除专用高压测试仪器外，不得进行高压电路测量。

7. 高压电缆对地放电 带高压电缆或有高压电容的 X 线机，由于电容储电的作用，曝光后，高压电缆插头上的金属插脚仍有很高的电位，需将插脚对地放电后，方可接触，否则会发生高压电击事故，甚至危及人身安全。

8. 注意防护 检修中应注意防护，必须进行透视或摄影试验时，应将限束器全部关闭或用铅皮、铅围裙将 X 线管组件窗口遮盖。

9. 一次性故障现象观察 当遇到短路故障时，如高压击穿、设备漏电、电流过大等情况，应避免进行重复试验。非试不可者，应选择低条件，一次将故障现象观察清楚。若反复试验，将使故障扩大或造成元件的完全损坏。

10. 元件更换 重要元件如 X 线管、高压整流硅堆、晶体管等，应以同规格的更换。对于电阻器，只要阻值相同，瓦数等于或大于原电阻器的同类产品都可以。对于电容器，只要容量相同而耐压值等于或大于原电容器的同类产品都可以。

点滴积累

1. X 线机属大型贵重精密医疗设备，必须加强对 X 线机的维护，保证 X 线机的正常运转，延长 X 线机的使用寿命，提高 X 线机的使用效率。
2. X 线机的维护大致可分为：正确使用、日常保养和定期维护三个方面。
3. 对于任何 X 线机，正确使用是最好的维护。
4. 日常保养通常是由临床操作人员来执行的。
5. 定期维护工作必须由合格的并且经过授权的维修工程师实施。

目标检测

1. X 线机安装调试包含哪些内容？

2. 简述通电试验与调试的主要内容。

3. 简述训练 X 线管的原因。

4. X 线成像质量评价参数有哪些？

5. X 线机日常保养的内容有哪些？

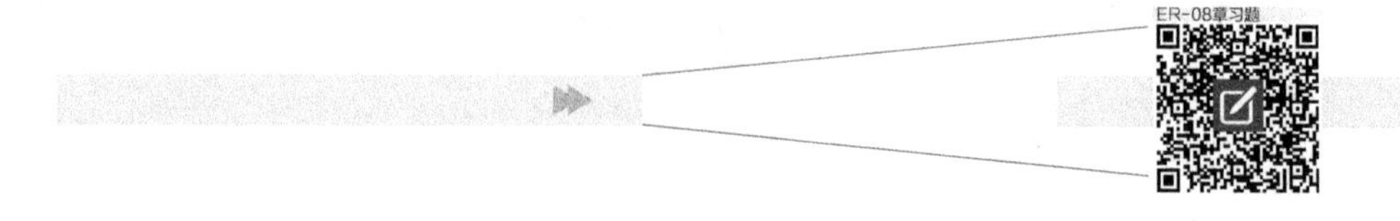

实训部分

实训一　X 线机的认识与操作

一、实训目的

1. 认识 X 线机的整体结构，了解 X 线机的组成，增加感性认识，为理论学习打下基础。

2. 初步了解 X 线机的基本功能，提高学习 X 线机的自觉性。

3. 熟悉 X 线机的基本操作。

二、实训内容

1. X 线机的一般情况介绍。

2. X 线发生装置的认识。

3. X 线机辅助设备的认识。

4. X 线机的防护与 X 线机的改进。

5. X 线机的基本操作。

三、实训设备

X 线机整机。

四、实训步骤

1. 介绍 X 线机的一般情况，包括产地、功率、功能、安装时间、工作任务和使用情况。

2. 认识 X 线发生装置，包括控制台、高压发生器、高压电缆、X 线管。

3. 认识 X 线机辅助设备，包括摄影床及滤线器、诊视床、荧光屏及点片装置、天地轨及立柱、直线体层装置或多轨迹体层床、影像增强及电视系统。

4. 接通 X 线机电源，将电源电压调至标准处，分别作透视、普通摄影、点片摄影、滤线器摄影、体层摄影试验。

五、实训提示

1. 通过认识 X 线发生装置，掌握 X 线机的基本结构。

2. 通过认识 X 线辅助装置，熟悉 X 线管的支持装置、诊视床、摄影床等设备。

3. 通过X线机的基本操作，了解X线机的临床应用，熟练掌握X线机的管电压、管电流、摄影时间的调整。

六、实训思考

1. X线机使用过程中的注意事项有哪些？
2. X线机的管电压、管电流、摄影时间的调整需要符合什么原则？
3. X线机的临床应用有哪些？

实训二　X线管认知、常见故障分析与维护

一、实训目的

1. 掌握X线管外观检查的方法。
2. 学会更换X线管的方法。

二、实训内容

1. X线管的外观检查。
2. X线管灯丝加热实验。
3. 更换固定阳极X线管。

三、实训设备

实训分组进行，每组需以下设备：
1. 固定阳极X线管及阳极、阴极。
2. 旋转阳极X线管及阳极、阴极。
3. 固定阳极X线管管套（带高压插座）。
4. 乙醚或四氯化碳250ml。
5. 防护用品（铅屏风、铅眼镜等）。
6. 自耦调压器一台或一号1.5V干电池两节。
7. 散热体、变压器油、电工工具、万用表、纱布若干。

四、实训步骤

1. 从阳极、阴极和玻璃管壳三方面检查X线管的外观。

（1）检查X线管的玻璃外壳是否有裂纹、划伤、杂质和气泡，注意观察阴极端引线处、阳极柄与玻璃连接处的情况。距离窗口较远的直径小于1mm的气泡，以及管壳上的水纹线和轻微划痕擦伤，不影响正常使用。

(2) 观察阴极灯丝绕制是否均匀,是否有变形、断路现象,螺旋管状灯丝与四周是否有相碰现象。观察阳极靶面是否光滑,有无麻点、粗糙、龟裂现象,铜体与阳极头有无明显间隙。

(3) 观察玻璃管内有无异物,金属部分有无氧化、锈蚀现象。

2. 进行X线管灯丝加热实验:先用万用表欧姆挡测试灯丝是否通路,一般灯丝直流电阻为2Ω左右。然后按灯丝加热规格,用自耦调压器调准3V交流电源(或两节1.5V一号干电池串联)直接给灯丝供电,若此时全段灯丝均匀燃亮,无明显暗区,则说明灯丝质量较好。

旋转阳极X线管还应进行阳极启动试验,阳极启动时不应有过大的噪声和摩擦,靶盘不应有明显的荡摆现象。切断电源后,一般阳极旋转延续时间在数分钟以上。

3. 将旧X线管从管套内拆卸下来。

(1) 将管套两端的外盖拆下,把膨胀器固定螺丝松开,取出胀缩器,从管头内倒出变压器油。

(2) 拆卸阴极端。先卸下阴极端的引线和阴极固定胶木,并记录大、小焦点接线位置。

(3) 拆卸阳极端。固定阳极的X线管阳极柄上装有散热体,散热体与高压插座相连。拆卸时,先托住X线管,再将散热体与高压插座固定螺钉松脱,即可将X线管从管套的阳极端取出。

4. 将新X线管安装到管套内。

(1) 用乙醚或四氯化碳将管套内部和X线管擦拭干净。

(2) 将散热体固定在阳极柄上。

(3) 将X线管放入管套内,调整X线管位置,使阳极焦点面中心与放射窗口中心重合后,先固定阳极,后固定阴极。

(4) 将阳极和阴极的连接线接好,注意检查大、小灯丝引线是否与插座标记一致。一切无误后封装,但应留出注油孔,待注油后封装。

(5) 注油、排气、封装。

五、实训提示

1. 通过X线管的外观检查,掌握固定阳极X线管、旋转阳极X线管的结构及各部分的作用,并学会从外观上判断出X线管的质量。

2. 通过X线管灯丝加热实验,学会判断X线管灯丝质量的方法。

3. 通过更换固定阳极X线管实验,了解X线管管套的结构,学会更换X线管的方法。

六、实训思考

1. 诊断X线管的存放和使用过程中应注意哪些事项?

2. 初次使用或搁置较长时间后再次使用的X线管,在使用之前应注意什么问题?

3. 更换X线管时需注意哪些问题?

实训三　高压发生装置认知与故障分析

一、实训目的

1. 掌握高压发生装置内部结构。
2. 熟悉高压发生装置中各元件之间的电路连接。
3. 熟练掌握高压电缆的连接要点。
4. 初步具备高压元件的故障分析能力。

二、实训内容

1. 观察认识高压元器件。
2. 辨析高压元器件之间的连接电路。
3. 高压硅堆装卸练习。
4. 高压电缆连接练习。

三、实训设备

实训分组进行,每组需以下设备:

1. 高压油箱 1 个。
2. 高压电缆 2 根。
3. 常用电工工具。

四、实训步骤

1. 认识高压发生器顶盖上的各种标记的意义,如高压插座及其标记等。

2. 松开高压发生器顶盖固定螺丝,将高压部件连同固定架抬出油箱。稍微转动一个角度后,再将固定架搁在油箱上。

3. 识别各高压元件及其所处位置。

4. 对照电路图找出各高压元件的电路连接线走向。

5. 装卸高压硅堆并判断其极性和好坏。

6. 将高压电缆插头和插座用乙醚清洁处理,在插头和插座表面涂以脱水凡士林,然后将高压电缆插入插座内,注意插入前应将插楔对准楔槽,然后用固定环固定。

五、实训提示

1. 通过高压元部件的识别,掌握高压发生器的组成部件。

2. 通过对照电路找出各高压元件的电路连接线走向,初步培养电路识别能力。

3. 装卸高压硅堆并判断其极性和好坏等操作，初步学会X线机元件故障存在的原因及一般维修技术。

六、实训思考

1. 高压发生装置认知与故障分析中应注意什么问题？
2. 如何进行高压电缆的连接？
3. 灯丝变压器次级大焦点引线和小焦点引线、公用引线与阴极高压插座插脚如何连接？

实训四　工频X线机电源电路调试及维修

一、实训目的

1. 掌握工频X线机电源电路的结构和工作原理。
2. 掌握工频X线机电源电路调试方法。
3. 初步具备工频X线机电源电路故障的基本判断和排除能力。

二、实训内容

1. 工频X线机电源电路组成结构，包括电源进线、熔断保护、通断控制、电源调节、电源指示和自耦变压器等器件。
2. 工频X线机电源电路的基本电路结构和特点。
3. 工频X线机两种电源220V和380V的接法。
4. 直观法体会工频X线机电源电路的工作状态。
5. 参照X线机服务手册识别工频X线机电源电路故障并排除。
6. 指导归纳工频X线机电源故障发生的原因及一般维修方法。

三、实训设备

实训分组进行，每组需以下设备：

1. 工频X线机自耦变压器1个。
2. 工频X线机电源交流接触器JC_0(220V)1个。
3. 电源开关(250V、0.8A)2个。
4. 熔断器(220V、40A)。
5. 电压表(0~500V)1个。
6. 导线(或鳄鱼夹线)若干。
7. 常用电工工具、万用表。

四、实训步骤

1. 识别工频 X 线机电源电路的相关器件。

2. 实际动手进行电源电路连接,观察电源电路正常工作状态。

3. 发现工频 X 线机电源电路故障,并进行故障定位与维修。

4. 进行电源电压的调整操作。

五、实训提示

1. 通过对工频 X 线机电源电路相关器件的识别,掌握电源电路组成部件。

2. 通过对电源电路的熟悉,掌握工频 X 线机电源电路工作原理。

3. 通过对工频 X 线机电源电路故障识别操作,初步学会查阅设备技术资料及相关控制电路图。

4. 通过对工频 X 线机电源电路故障定位、排除等操作,初步学会工频 X 线机电源电路故障产生的原因及电源电路的一般维修技术。

5. 通过工频 X 线机电源电路参数测试,掌握大功率电源线和器件的选用原则以及两种电源接线控制的方式。

六、实训思考

1. 简述工频 X 线机电源电路故障可能涉及的部件。

2. 工频 X 线机电源电路维修中应注意什么问题?

3. 如何进行工频 X 线机电源电路参数测试?

4. 如何利用万用表测试交流接触器?

实训五　管电流控制系统调试及维修

一、实训目的

1. 掌握管电流控制电路组成部件。

2. 掌握管电流控制电路工作原理。

3. 掌握管电流控制电路调试方法。

4. 初步具备管电流控制电路故障的基本判断和排除能力。

二、实训内容

1. 管电流控制电路组成结构,包括管电流调整部分、稳定部分、补偿部分和保护部分。

2. 管电流控制电路的基本电路结构和特点。

3. 管电流控制电路是调节、稳定、补偿、保护和控制的方法。

4. 观察管电流控制电路的正常工作状态。

5. 参照X线机服务手册识别管电流控制电路故障并排除。

6. 指导归纳管电流控制电路故障发生原因及一般维修方法。

三、实训设备

实训分组进行,每组需以下设备:

1. 具有测试界面的管电流控制电路工作台。

2. 工频X线机鼠笼电阻1个。

3. 工频X线机自耦变压器1个。

4. 空间电荷补偿变压器1个。

5. 磁饱和稳压器1个。

6. 大、小焦点灯丝变压器各1个。

7. 毫安表(0~250mA)1个。

8. 导线(或鳄鱼夹线)若干。

9. 常用电工工具、万用表。

四、实训步骤

1. 识别管电流控制电路的相关器件。

2. 实际动手进行线路连接、管电流稳定电路和调节控制电路参数测试,观察管电流电路正常工作状态。

3. 发现管电流控制电路故障,并进行故障定位与维修。

五、实训提示

1. 通过对管电流控制电路相关器件的识别,掌握管电流电路组成部件。

2. 通过对管电流调节操作,掌握管电流调节原理。

3. 通过对供电电压调节,掌握谐振式磁饱和稳压器的工作原理。

4. 通过对管电流控制电路故障识别操作,掌握管电流控制系统构成。

5. 通过对管电流控制电路故障定位、排除等操作,初步学会管电流控制电路的故障原因及管电流电路的一般维修技术。

6. 通过管电流控制电路参数测试,掌握管电流调试的方法和技巧以及重要性。

六、实训思考

1. 简述管电流控制电路故障可能涉及的部件。

2. 管电流控制电路维修中应注意什么问题?

3. 如何进行管电流控制电路参数测试和参数调节?

4. 如何进行管电流补偿和保护？

实训六 管电压控制电路调试及维修

一、实训目的

1. 掌握管电压控制电路组成部件。
2. 掌握管电压控制系统的结构及工作原理。
3. 掌握管电压控制系统的预示值及补偿方法。
4. 初步具备管电压控制电路故障的基本判断和排除能力。

二、实训内容

1. 管电压控制电路为高压初级电路，设有管电压（千伏）调节器、管电压控制装置、管电压补偿电路、管电压预示电路及保护电路等。

2. 管电压控制电路的基本电路结构和特点。
3. 管电压控制电路是如何调整和控制的。
4. 观察管电压控制电路的正常工作状态，测试工作点。
5. 参照X线机服务手册识别管电压控制电路故障并排除。
6. 指导归纳管电压控制电路故障发生的原因及一般维修方法。

三、实训设备

实训分组进行，每组需以下设备：

1. 具有测试界面的管电压控制电路工作台。
2. 工频X线机自耦变压器1个。
3. 电源开关（250V、0.8A）2个。
4. 工频X线机千伏补偿电阻若干。
5. 千伏电压表（0~125kV）1个。
6. 导线（或鳄鱼夹线）若干。
7. 常用电工工具、万用表。

四、实训步骤

1. 识别管电压控制电路的相关器件。
2. 实际动手进行线路连接，参数测试，观察管电压控制电路正常工作状态。
3. 发现管电压控制电路故障，并进行故障定位与维修。
4. 进入发生器调试模式，进行管电压控制系统的调整操作。

五、实训提示

1. 通过对管电压控制电路相关器件的识别，掌握管电压控制电路组成部件以及工频X线机工作原理。

2. 通过对管电压控制电路故障识别操作，掌握管电压控制程序。

3. 通过对管电压控制电路故障定位、排除等操作，初步掌握管电压控制电路发生故障的原因及电源电路的一般维修技术。

4. 通过管电压控制电路参数测试，初步掌握X线机系统构成和电器控制方法。

六、实训思考

1. 简述管电压控制电路故障可能涉及的部件。

2. 管电压控制电路维修中应注意什么问题？

3. 如何进行管电压控制电路参数测试？

4. 如何进行管电压控制、调节、补偿和保护？

5. 在管电压控制系统故障判断时，如何利用万用表测试管电压控制系统？

实训七　过载保护系统参数调试及维修

一、实训目的

1. 掌握过载保护系统的工作原理。

2. 掌握过载保护系统的组成部件。

3. 掌握过载保护系统的额定条件及调整方法。

4. 具备过载保护系统故障的基本判断和排除能力，明确过载保护系统的重要意义。

二、实训内容

1. 过载保护系统的组成结构，包括管电压过载保护、管电流过载保护及曝光时间过载保护。

2. 过载保护系统采样、控制和保护的原理。

3. 管电压、管电流及曝光时间三参数正常时，测试过载保护系统的工作状态，观察控制过程。

4. 管电压、管电流及曝光时间三参数分别过载时，测试过载保护系统的工作状态，观察控制过程。

5. 参照电路图识别过载保护系统故障并排除。

6. 指导归纳过载保护系统故障发生的原因及一般维修方法。

三、实训设备

实训分组进行，每组需以下设备：

1. 具有测试界面的组合式多功能过载保护系统工作台。
2. 具有外部过载保护系统接口的 X 线机(拆掉高压初级,用假负载)。
3. 空间电荷补偿变压器 1 个。
4. 常用电工工具、万用表。
5. 隔离变压器 1 个。
6. 导线(或鳄鱼夹线)若干。

四、实训步骤

1. 识别过载保护系统的组成结构。
2. 实际动手进行线路连接,过载保护系统正常工作测试,观察控制过程。
3. 管电流、管电压和曝光时间分别过载时,测试过载保护系统状态,观察控制过程。
4. 发现过载保护系统故障,并进行故障定位与维修。
5. 进入发生器调试模式,进行过载保护系统的调整操作。

五、实训提示

1. 通过过载保护系统器件的识别,掌握过载保护系统组成部件。
2. 通过过载保护系统测试操作,掌握过载保护系统控制原理。
3. 通过管电压、管电流和曝光时间分别过载调节,掌握过载保护系统的工作原理和控制过程。
4. 通过对过载保护系统故障识别,初步学会过载保护系统的故障原因判别及掌握过载保护系统的维修技术。
5. 明确过载保护系统的意义及重要性。

六、实训思考

1. 简述过载保护系统的控制原理。
2. 过载保护系统调试中应注意什么问题?
3. 如何进行过载保护系统参数采集和参数调节?
4. 如何进行过载保护系统功能扩展?

实训八　X 线机空载调试

一、实训目的

1. 掌握工频 X 线机透视功能控制过程及原理。
2. 掌握工频 X 线机普通摄影功能控制过程及原理。
3. 掌握工频 X 线机滤线器摄影功能控制过程及原理。

4. 掌握工频X线机透视点片功能控制过程及原理。
5. 掌握透视、普通摄影、滤线器摄影及点片控制功能互锁。

二、实训内容

1. 透视功能控制的电路组成、结构和原理以及与其他功能的互锁。
2. 普通摄影功能控制的电路组成、结构和原理以及与其他功能的互锁。
3. 滤线器摄影功能控制的电路组成、结构和原理以及与其他功能的互锁。
4. 透视点片功能控制的电路组成、结构和原理以及与其他功能的互锁。
5. 观察各个控制功能的工作状态。

三、实训设备

实训分批分组进行,需以下设备及工具:
1. 具有测试界面的X线机。
2. 透视工作状态观察接口板。
3. 摄影工作状态观察接口板。
4. 常用电工工具、万用表、示波器。

四、实训步骤

1. 识别透视控制功能涉及的器件,观察工作过程,测试相应参数。
2. 识别普通摄影和滤线器摄影控制功能涉及的器件,观察工作过程,测试相应参数。
3. 识别透视点片控制功能涉及的器件,观察工作过程,测试相应参数。

五、实训提示

1. 通过透视控制功能的观察和测试,掌握识别透视控制功能的组成部件、电路原理及故障分析。

2. 通过摄影控制功能的观察和测试,掌握识别摄影控制功能的组成部件、电路原理及故障分析。

3. 通过滤线器摄影控制功能的观察和测试,掌握识别滤线器摄影控制功能的组成部件、电路原理及故障分析。

4. 通过透视点片控制功能的观察和测试,掌握识别透视点片控制功能的组成部件、电路原理及故障分析。

六、实训思考

1. 如何设计透视控制功能参数测试和故障检测流程图?
2. 如何设计摄影控制功能参数测试和故障检测流程图?

3. 如何设计滤线器摄影控制功能参数测试和故障检测流程图？

4. 如何设计透视点片控制功能参数测试和故障检测流程图？

实训九　高频 X 线机管电压控制电路调试

一、实训目的

1. 掌握高频 X 线机管电压电路的组成部件。

2. 掌握高频 X 线机主电路的基本结构以及 PFM、PWM 的控制原理。

3. 熟悉高频 X 线机管电压控制电路的组成要素。

4. 初步具备高频 X 线机管电压控制与调节电路故障的基本判断能力和排除能力。

二、实训内容

1. 高频 X 线机管电压的电路组成结构，包括控制板、逆变板、高压变压器、高压整流滤波、高压电缆和 X 线管等部件。

2. 高频 X 线机管电压控制与调节主电路的基本电路结构。

3. 参照高频 X 线机安装维修手册识别管电压控制电路故障，并排除。

4. 归纳高频 X 线机管电压控制与调节电路故障存在的原因及基本维修技术。

三、实训设备

实训分组进行，每组配以下设备及工具：

1. X 线高频高压发生器一台，如 Indico 100 发生器。

2. 高压电缆一付。

3. X 线管一个。

4. 放置 X 线管的射线防护装置一个。

5. 常用电工工具、万用表。

四、实训步骤

1. 识别高频 X 线机控制柜内与管电压控制相关的器件。

2. 实际动手操作机器，发现管电压过高故障，并进行故障定位与维修。

五、实训提示

1. 通过对管电压控制相关器件的识别，掌握组成高频 X 线机管电压电路的部件。

2. 通过对高频 X 线机管电压过高故障识别操作，初步学会查阅设备技术资料及相关控制电路图。

3. 通过对高频X线机管电压过高故障定位、排除等操作,初步学会高频X线机管电压控制与调节电路故障存在的原因及基本维修技术。

六、实训思考

1. 简述管电压故障可能涉及的部件及电路。
2. 管电压故障维修中应注意什么问题?

实训十　高频X线机管电流控制电路调试

一、实训目的

1. 掌握高频X线机管电流电路组成部件。
2. 掌握高频X线机灯丝控制主电路的基本结构以及PWM的控制原理。
3. 掌握高频X线机空间电荷补偿的方式及管电流校准的概念。
4. 初步具备高频X线机灯丝加热电路故障的基本判断能力和排除能力。

二、实训内容

1. 高频X线机管电流的电路组成结构,包括控制板、灯丝板、灯丝变压器、高压电缆和X线管等部件。
2. 高频X线机灯丝主电路的基本电路结构。
3. 高频X线机如何使用软件实现空间电荷补偿。
4. 高频X线机管电流校准的方法。
5. 参照高频X线机安装维修手册识别灯丝控制电路故障,并排除。
6. 归纳高频X线机灯丝电路故障存在的原因及灯丝电路的基本维修技术。

三、实训设备

实训分组进行,每组需以下设备及工具:
1. 具有调试界面的X线高频高压发生器一台,如Indico 100发生器。
2. 高压电缆一付。
3. X线管一个。
4. 放置X线管的射线防护装置一个。
5. 常用电工工具、万用表。

四、实训步骤

1. 识别高频X线机内与管电流控制相关的器件。

2. 实际动手操作机器,发现灯丝加热故障,并进行故障定位与维修。

3. 进入发生器调试模式,进行管电流校准的操作。

五、实训提示

1. 通过对管电流控制相关器件的识别,掌握高频 X 线机管电流电路组成部件。

2. 通过对高频 X 线机灯丝加热故障识别操作,初步学会查阅设备技术资料及相关控制电路图。

3. 通过对高频 X 线机灯丝加热故障定位、排除等操作,初步学会高频 X 线机灯丝控制电路的故障存在的原因及灯丝控制电路的基本维修技术。

4. 通过高频 X 线机管电流校准的调试操作,掌握使用软件实现空间电荷补偿的控制方式。

六、实训思考

1. 简述灯丝故障可能涉及的部件及电路。

2. 灯丝故障维修中应注意什么问题?

3. 如何进行管电流校准的操作?

4. 在灯丝故障判断时,如何利用万用表测试 X 线管灯丝?

实训十一　高频发生器的操作、构成和原理

一、实训目的

1. 通过学习高频发生器组成结构,熟悉高频发生器的基本工作原理。

2. 熟悉高频发生器各部分的功能和相互之间的关系。

3. 掌握曝光参数的取值方式。

4. 学会高频 X 线高压发生器的基本曝光操作,掌握一点、两点、三点技术模式的 X 线摄影模式,认识 X 线摄影解剖程序。

5. 初步学会看使用说明书。

二、实训内容

1. 高频发生器的组成结构。

2. 曝光参数的取值方式。

3. 操作界面各按钮的功能,理解三种技术模式的曝光。

4. X 线摄影解剖程序。

5. 学会看使用说明书,完成基本的曝光操作。

三、实训设备

实训分组进行,每组需以下设备及工具:

1. X 线高频高压发生器一台,如 Indico 100 发生器。
2. 高压电缆一付。
3. X 线管一个。
4. 放置 X 线管的射线防护装置一个。
5. 常用电工工具。

四、实训步骤

1. 实际动手操作高频发生器,认识操作面板各按钮及指示灯含义,熟悉操作方法。
2. 查阅使用说明书,完成三种技术模式的参数调节、完成解剖程序 X 线摄影操作,完成一次曝光准备及曝光操作。
3. 调节操作面板上的曝光参数,理解各曝光参数的取值方式。
4. 关机后打开高频 X 线机柜,识别柜内主要器件。

五、实训提示

1. 通过对操作面板各功能区的按钮及指示灯操作与观察,了解 X 线设备通用的符号和标志。
2. 通过实际操作,掌握国家相关标准规定的各曝光参数的取值方式。
3. 通过查阅使用说明书并进行实际操作,学会三种技术模式的摄影操作、学会使用解剖程序进行 X 线摄影操作。
4. 通过观察高频 X 线机控制柜内的主要器件,熟悉高频 X 线机的构成及工作原理。

六、实训思考

1. 简述高频 X 线发生器的主要电路结构及工作原理。
2. 简述使用解剖程序进行 X 线摄影操作步骤。
3. 阐述管电压、管电流、加载时间、电流时间积参数的取值方式。
4. 为什么在进行 AEC 曝光操作时必须选对影像接收器?
5. 分别阐述进行三种技术模式的摄影操作步骤。

实训十二　高频发生器的安装、调试及维修

一、实训目的

1. 借助发生器安装维修手册,学会高频发生器基本功能的电气安装。

2. 掌握编程模式调试高频发生器的方法。
3. 掌握专用软件调试高频发生器的方法。
4. 熟悉高频发生器透视功能的软件及硬件调试方法。
5. 学会X线主机与外部其他电路接口的安装与调试。
6. 借助发生器安装维修手册,学会高频发生器故障的初步判断。

二、实训内容

1. 查阅发生器安装维修手册。
2. 高频发生器基本功能的电气安装。
3. 使用编程模式调试发生器。
4. 使用专用软件调试发生器。
5. 透视功能的调试。
6. 发生器接口电路的安装与调试。
7. 高频发生器的故障判断。

三、实训设备

实训分组进行,每组需以下设备及工具:
1. 具有调试界面的高频高压发生器一台,如Indico 100发生器。
2. 高压电缆一付。
3. X线管一个。
4. 高压发生器电源电缆一根、旋转阳极定子线一根。
5. 放置X线管的射线防护装置一个。
6. 带COM口的计算机一台。
7. 灯座一个、灯泡一个、电线若干。
8. 常用电工工具、万用表。

四、实训步骤

1. 借助发生器安装维修手册,对高频发生器进行安装连线。
2. 开机,如发现故障,根据故障提示查阅发生器安装维修手册,进行故障判断及修复。
3. 进入调试模式,对发生器的各功能进行调试。
4. 在计算机上安装专用的调试软件,发生器与计算机连机,使用专用软件调试发生器。
5. 借助发生器安装维修手册,调试透视功能。
6. 安装并调试安全门灯。

五、实训提示

1. 通过对高频发生器的安装操作,掌握高频X线机安装技术。

2. 通过对高频发生器的调试操作,掌握高频 X 线机使用调试界面及专用软件的调试方法。

3. 通过对高频 X 线机透视功能调试操作,熟悉透视 ABS 功能及调试方法,了解脉冲透视的同步信号。

4. 通过对安全门灯的安装与调试,掌握 X 线机接口电路的安装及调试的基本方法。

5. 通过查阅发生器维修手册,掌握依据故障提示进行高频发生器故障判断方法。

六、实训思考

1. 简述高频发生器的安装连线情况。

2. 本实训中使用的高频发生器编程模式能进行哪些设置?

3. 查阅安装维修手册,阐述本实训中使用的高频发生器安全门灯及安全门锁的具体连线位置及连线方法。

4. 查阅安装维修手册,阐述本实训中使用的高频发生器能使用的 ABS(或 ABC)反馈信号种类,及各种信号的接入方法。

实训十三　X 线增强电视系统的安装调试

一、实训目的

1. 熟悉 X 线增强电视系统的组成器件。

2. 熟悉影像增强器的结构原理和信号转换过程。

3. 学会 X 线增强电视系统的安装调试。

二、实训内容

1. X 线增强电视系统的组成结构,包括影像增强器、光路、摄像机、监视器等部件。

2. X 线增强电视系统的安装,包括电视系统自身器件连接、供电连接、与 X 线机的连接。

3. 监视器的调整。

4. 圆光栅的调整。

5. 图像清晰度的调整。

6. 影像增强器可变视野的调整。

三、实训设备

实训分组进行,每组需以下设备:

1. 具有调试界面的 X 线增强电视系统。

2. 正常工作在透视状态的 X 线机。

3. X 线安全防护装置。

4. 常用电工工具、万用表、示波器。

5. 视频信号发生器。

四、实训步骤

1. 识别 X 线增强电视系统组成器件、结构和注意事项。

2. 实际手动安装机器,发现每个器件的工作状态和特征,并进行故障定位确定、分析调整和维修方法。

3. 进入参数调试模式,进行图像校准的操作。

五、实训提示

1. 通过 X 线增强电视系统相关器件的识别,掌握 X 线增强电视系统电路组成部件。

2. 通过监视器影像参数调整,理论联系实际,初步学会影响监视器参数的原因及相关控制单元的作用。

3. 通过影像增强器参数调整,理论联系实际,初步学会影响影像增强器参数的原因及相关控制单元的作用。

4. 通过整机参数综合测试,使学生掌握 X 线增强电视系统信号流程,掌握各器件制约关系。

六、实训思考

1. 简述监视器灰度过暗可能涉及的部件及电路。

2. X 线增强电视系统故障维修中应注意什么问题?

3. 如何进行圆光栅校正的操作?

4. 如何利用示波器测试监视器行、场扫描信号并观察波形?

实训十四　计算机 X 线摄影系统的操作与维护

一、实训目的

1. 掌握计算机 X 线摄影系统的操作。

2. 掌握计算机 X 线摄影系统的组成部分及完成的功能。

3. 掌握图像读取系统的组成及各部分完成的功能。

4. 初步了解图像读取系统的常见故障、解决方法和日常保养。

二、实训内容

1. 计算机 X 线摄影系统的操作。

2. 认识 CR 系统组成部分:信息采集系统、图像读取系统、图像处理计算机及图像显示记录系统。

3. 图像读取系统中电源系统、计算机系统、输入缓冲区、暗盒开启/关闭装置、IP板传输装置、激光扫描和读出装置、擦除装置和输出缓冲区的位置和完全的功能。

4. 日常保养的内容和方法。

三、实训设备

实训分组进行，每组需以下设备：

1. CR系统1台。
2. X线机1台。
3. 影像板清洁剂。
4. 纱布、乙醇。
5. 24V、100W卤素灯。
6. 常用电工工具、万用表。

四、实训步骤

1. 操作CR系统为体模照相。
2. 实际动手打开图像读取系统，了解各部分的功能。
3. 对图像读取系统进行保养。

五、实训提示

1. 通过操作CR系统，掌握CR系统的组成部分。
2. 通过影像板卡板故障的解决，掌握图像读取系统的机械结构。
3. 通过对图像的后处理操作，掌握各种后处理技术。

六、实训思考

1. 影像板是如何擦除信息的？擦除不干净或无法擦除的故障发生在哪里？
2. 影像板掉板的故障一般是如何引起的？
3. 慢扫描方向上竖条伪影一般是如何产生的？怎样解决？

实训十五　数字X线摄影系统的操作与维护

一、实训目的

1. 掌握数字X线摄影系统的操作。
2. 掌握数字X线摄影系统的组成部分及完成的功能。

3. 掌握数字X线摄影系统的特殊机械结构。

4. 了解数字X线摄影系统的图像后处理技术，尤其是多频域处理技术。

二、实训内容

1. 数字X线摄影系统的操作。

2. 认识数字X线系统的组成部分：数字探测器系统、数据采集控制与图像处理计算机、X线机的机械结构和辅助装置。

3. 软件的安装、系统参数的备份与恢复。

4. 探测器的校准。

三、实训设备

实训分组进行，每组需以下设备：

1. DR系统1台。

2. 安装软件1套。

3. CD空白盘1张。

4. 校准用2.0mm铝块。

四、实训步骤

1. 操作DR系统为体模照相。

2. 实际动手备份系统参数；重新安装软件；恢复系统参数。

3. 对探测器进行校准。

五、实训提示

1. 通过操作DR系统，掌握DR系统获取图像的流程。

2. 通过操作DR系统，了解特殊的X线机的机械结构和辅助装置。

3. 通过对探测器进行校准，掌握探测器校准的步骤。

六、实训思考

为什么要进行探测器的校准？

实训十六　激光相机的结构与操作

一、实训目的

1. 了解激光相机的结构和功能。

2. 熟悉激光相机的操作方法。

3. 学会激光相机的连机方法。

4. 学会激光相机关键部件的维护方法。

二、实训内容

1. 剖析激光相机各部分结构及其功能。

2. 激光相机的连机训练。

3. 激光相机的操作训练。

4. 装取胶片盒练习。

5. 激光相机关键部件的清洁训练。

三、实训设备

实训分组进行,每组需以下设备:

1. 干式激光相机 1 台。

2. 存有数字化图像的主机 1 台。

3. 专用擦镜纸或专用擦拭布。

4. 无水乙醇。

四、实训步骤

1. 实训前应熟读激光相机使用手册。

2. 打开激光相机机盖,对照使用手册查找和观察各部分结构:供片盒、传输滚轴、激光头、曝光仓、加热鼓、自动图像质量控制组件。

3. 观察完毕后盖上机盖,将激光相机与主机进行连接。

4. 激光相机开机后,对照使用手册熟悉操作界面及各键功能。

5. 进行装入、取出供片盒练习。

6. 按照使用手册指示,对激光相机实施自动图像质量配准。

7. 通过操作对比度、最大密度调节按钮进行手动图像质量配准。

8. 关闭电源,按照使用手册要求,打开激光相机机盖,用浸有少量无水乙醇的专用擦镜纸或擦拭布轻轻擦拭激光头。

9. 安装好设备。

五、实训提示

1. 通过对激光相机各部分结构的观察分析,熟悉它们各自的功能。

2. 通过激光相机操作界面的认识,进一步熟悉整体功能。

3. 通过自动和手动进行图像质量配准,理解激光相机图像配准的原理。

4. 通过对激光头的清洁，掌握激光相机维护方法。

六、实训思考

1. 激光相机由哪几部分组成？
2. 图像质量配准的含义是什么？
3. 应怎样对激光头进行清洁？

实训十七　诊视床的结构分析与调试

一、实训目的

1. 熟悉诊视床的功能和结构。
2. 熟悉掌握诊视床的操作技能。
3. 熟悉掌握诊视床各部分性能分析方法。
4. 学会运用诊视床工作原理对其运动性能进行调试。

二、实训内容

1. 学会操作诊视床。
2. 床身转动传动链分析。
3. 直立位、水平位和最大负角度位的定位功能调试。
4. 床面和点片架极限位调试。
5. SID 调试。
6. 压迫器位置和压迫力调试。

三、实训设备

实训分组进行，每组需以下设备：

1. 床上 X 线管型遥控诊视床 1 台。
2. 螺丝刀、扳手等常用装配工具。
3. 卷尺、弹簧拉力计等常用测量工具。

四、实训步骤

1. 实训前应熟读诊视床调试手册。
2. 识别诊视床操作台控制面板各开关、控制键、按钮和手柄的功能。
3. 诊视床运动功能操作练习。
4. 根据诊视床转动的传动装置，写出其传动链。

5. 根据诊视床调试手册,分别调试床身直立位、水平位和最大负角度位的定位元件位置。

6. 调试床身转动极限保护开关位置并固定。

7. 分析床面和点片架移动的传动装置。

8. 分别调整床面和点片架极限开关和极限保护开关位置并固定。

9. 测量X线管焦点至影像接收面距离(SID),调整X线管组件升降极限开关位置并固定。

10. 将压迫器降到最低点,测量压迫点至床面板距离,并调整极限开关位置。

11. 用弹簧拉力计测量压迫器的压迫力,并调整滑动变阻器阻值。

五、实训提示

1. 通过对诊视床的操作练习,掌握其使用功能。

2. 通过对诊视床各传动结构的分析,了解机械传动的基本概念,并学会写传动链。

3. 通过对诊视床各定位功能和限位功能的调试,掌握其性能要求。

4. 通过本实训项目,了解诊视床结构设计和机电控制设计的基本原理;学会根据产品安装调试手册,对各部分功能按步骤进行调试。

六、实训思考

1. 简述诊视床控制台操作面板上各符号的含义。

2. 行业标准对诊视床转动功能有怎样的规定?

3. 定位和限位有何区别?

4. 极限开关和极限保护开关功能上有何区别?

5. 一般对压迫器有怎样的要求?

实训十八　点片摄影装置的分析与调试

一、实训目的

1. 熟悉点片摄影装置的行业标准。

2. 熟悉暗盒式点片摄影装置的功能和结构。

3. 掌握暗盒式点片摄影装置功能实现的方法。

4. 学会暗盒式点片摄影装置的调试方法。

二、实训内容

1. 操作暗盒式点片摄影装置各步骤。

2. 分析研究点片摄影装置机电控制方法。

3. 分割片程序调试。

4. 滤线栅安装练习。

三、实训设备

实训分组进行,每组需以下设备:

1. 具备暗盒式点片摄影装置的遥控诊视床 1 台。
2. 螺丝刀、扳手等常用装配工具。
3. 卷尺等常用测量工具。

四、实训步骤

1. 实训前应熟悉诊视床调试手册。
2. 了解诊视床操作台控制面板上各种片规及分割片功能。
3. 选取一种规格的暗盒,进行装片、进片、出片练习。
4. 进行整片的模拟摄影练习。
5. 选取一种分割片功能,进行分割片模拟摄影练习。
6. 分析暗盒夹紧方法。
7. 分析暗盒滑车和分割板传动方法。
8. 分析片规识别方法。
9. 选定一种片规和分割片功能进行调试。
10. 滤线栅参数识别。
11. 滤线栅安装练习。

五、实训提示

1. 通过对点片摄影装置的分析和调试,巩固对相关行业标准的掌握。
2. 通过对暗盒式点片摄影装置的模拟摄影操作,了解临床使用要求。
3. 通过对暗盒式点片摄影装置的功能和结构分析,了解其机电控制方法,巩固相关理论知识。
4. 通过对暗盒式点片摄影装置分割片程序的调试,理解设计思路,掌握调试技能。
5. 通过对滤线栅的安装,掌握其性能参数和使用要求。
6. 本实训项目,掌握点片摄影装置的临床使用要求,熟悉结构设计和机电控制设计的基本原理;学会根据产品安装调试手册,对点片摄影装置各部分功能按步骤进行安装和调试。

六、实训思考

1. 简述点片摄影装置的行业标准。
2. 暗盒被纵横向夹紧的方法是什么?
3. 简述暗盒滑车纵横向移动的传动链。
4. 暗盒在曝光位是怎样定位的?

5. 片规是如何被识别的?

6. 滤线栅栅板表面应标明哪些主要参数?

7. 滤线栅使用应注意哪些问题?

实训十九　乳腺 X 线摄影系统的半价层测试

一、实训目的

1. 掌握实训中使用的剂量测试仪对乳腺 X 线摄影系统不同靶面/滤过的剂量测试方法。

2. 熟悉国家相关标准对乳腺 X 线摄影系统不同靶面/滤过半价层的评估要求。

3. 学会乳腺 X 线摄影系统半价层测量方法。

4. 学会看剂量测试仪的使用说明书,完成剂量测试。

二、实训内容

1. 查阅剂量测试仪的使用说明书,对应不同靶面/滤过的对测试仪器进行设置。

2. 按第七第三节的相关内容,按步骤测试。

3. 记录测试数据,并计算不同靶面/滤过的半价层。

三、实训设备

1. 乳腺 X 线摄影系统一台。

2. 有半价层直接测试功能的综合性辐射输出测试仪一台。

3. 乳腺 X 线摄影系统半价层测量滤片,不小于 80mm×80mm 铝质薄片,铝纯度不低于 99.9%,厚度为 0.1mm,6 片以上。

四、实训步骤

1. 查阅剂量测试仪说明书,把测试仪设置到相应靶面/滤过的测试状态。

2. 按第七章第三节相关内容,按步骤测试,并把测试数据填入实训表 1 中。

3. 按式 7-1,计算半价层,并填入实训表 1 中。

4. 判断数据是否达标。

5. 使用有半价层测试功能的综合性辐射输出测试仪测量半价层,并与上述测试数据比较。

6. 按上述步骤测试第二种靶面/滤过的半价层,并记录。

五、数据记录

实训表 1　半价层测试记录表

靶面/滤过		
无铝片曝光剂量 K_0(mGy)		
0.1mm 铝片曝光剂量(mGy)		
0.2mm 铝片曝光剂量(mGy)		
0.3mm 铝片曝光剂量(mGy)		
0.4mm 铝片曝光剂量(mGy)		
0.5mm 铝片曝光剂量(mGy)		
0.6mm 铝片曝光剂量(mGy)		
铝片衰减后，比 $K_0/2$ 稍小的剂量 K_1(mGy)		
K_1 对应的铝片厚度 d_1(mm)		
铝片衰减后，比 $K_0/2$ 稍大的剂量 K_2(mGy)		
K_2 对应的铝片厚度 d_2(mm)		
按式(7-1)计算的 *HVL*(mmAl)		
WS 522-2017 状态检测半价层要求(mmAl)		
测试数据判定，是否符合 WS 522-2017 要求		
综合辐射输出测试仪的 *HVL* 读数(mmAl)		
两种测试数据的误差(mmAl)		

六、实训思考

为何不同靶面/滤过的半价层不一样？

实训二十　X 线源组件的安装与调试

一、实训目的

1. 掌握 X 线源组件的组成部件、基本结构和工作原理。
2. 掌握 X 线源组件的安装与调试方法。
3. 熟悉 X 线源组件的检测项目。
4. 学会 X 线源组件各检测项目的检测方法。

二、实训内容

1. X 线源组件安装。
2. 半价层的检测。
3. X 线管焦点、限束器和影像接收器中心同一直线检验。
4. 限束器性能的检测。

三、实训设备

1. 医用 X 线机整机 1 台。

2. 非介入式 kV 计 1 台。

3. 平板型电离室或半导体固体探头 X 线剂量仪 1 台。

4. 纯度为 99.8% 的铝板作为滤过板，要求厚度为 0.1mm、0.2mm、0.5mm、1.0mm、2.0mm 各 2 块，厚度精度为±1%，面积大于 2 倍探头灵敏测量区。

5. 光野-照射野一致性检测板 25cm×20cm 的铜板，厚度为 2mm，在相互垂直的轴线上标有刻度线，并标有 14cm×18cm 的矩形区。

6. 暗盒 8″×10″。

四、实训步骤

1. 识别 X 线源组件相关的部件。

2. 半价层的检测。

3. X 线管焦点、限束器和成像中心同一直线检验。

4. 限束器性能的检测。

五、实训提示

1. 通过组装 X 线源组件，了解 X 线管、限束器的安装要求和方法。

2. 通过半价层的检测，理解 X 线质的含义、软硬程度和 X 线的穿透能力。

3. 通过 X 线管焦点、限束器和成像中心同一直线检验，理解 X 线中心的含义及调试方法。

4. 通过限束器性能的检测，掌握限束器的作用，理解其性能的好坏直接影响图像质量以及患者的受照剂量。其性能检测包括 X 线照射野与限束器光野一致性检测、照度的检测（包括照度比的检测）、总滤过的测量及漏射线的检测等。

六、实训思考

1. 简述拆卸、安装 X 线源组件的注意事项。

2. 如半价层测量结果低于标准规定的最低要求时，应如何处理？

3. 如 X 线管焦点、限束器和影像接收器中心不在同一直线，应如何处理？

4. 简述限束器的作用和使用注意事项。

实训二十一　X 线机图像质量性能检测

一、实训目的

1. 掌握 X 线机图像质量检测的主要项目。

2. 掌握各主要检测项目的检测方法。

3. 熟悉影响 X 线机图像质量的因素。

4. 初步具备评价 X 线机图像质量的能力。

二、实训内容

1. 空间分辨率测试。

2. 对比灵敏度测试。

3. 图像亮度鉴别等级测试。

4. 最低照射剂量测试。

三、实训设备

1. 数字 X 线机一台。

2. 分辨率测试卡。

3. 对比灵敏度测试卡。

4. 1mm 厚的铜过滤板。

5. 图像亮度鉴别等级测试卡。

6. 模体。

7. X 线剂量仪电离室。

8. 直接影像探测器。

9. 监视器。

四、实训步骤

1. 空间分辨率测试。

2. 对比灵敏度测试。

3. 图像亮度鉴别等级测试。

4. 最低照射剂量测试。

五、实训提示

通过对影响图像质量的几个主要参数的测试,找出影响它们的因素。

六、实训思考

1. 简述影响图像质量的因素。

2. 如何获得优质 X 线机图像?

参考文献

[1] 徐小萍. 医用 X 线机应用与维护[M]. 北京:人民卫生出版社,2011.

[2] 秦维昌. 医学影像设备学[M]. 北京:人民军医出版社,2006.

[3] 石明国. 医学影像设备学[M]. 北京:高等教育出版社,2008.

[4] 黄祥国,李燕. 医学影像设备学[M]. 第 3 版. 北京:人民卫生出版社,2014.

[5] 韩丰谈,朱险峰. 医学影像设备学[M]. 第 2 版. 北京:人民卫生出版社,2010.

[6] 王晓庆. 医用 X 射线机工程师手册[M]. 北京:中国医药科技出版社,2009.

[7] WS 518—2017. 乳腺 X 射线屏片摄影系统质量控制检测规范[S]. 中华人民共和国国家卫生和计划生育委员会,2017.

[8] WS 522—2017. 乳腺数字 X 射线摄影系统质量控制检测规范[S]. 中华人民共和国国家卫生和计划生育委员会,2017.

[9] YY/T 0794—2010. X 射线摄影用影像板成像装置专用技术条件[S]. 国家食品药品监督管理局,2010.

[10] IEC61223-3-2, Evaluation and routine testing in medical imaging departments-Part 3-2: Acceptance tests-Imaging performance of mammographic X-ray equipment[S]. The International Electrotechnical Commission, 2007.

[11] CPI Indico 100 X-ray generator sevice manual[M].

医用 X 线机应用与维护课程标准

（供医疗器械类专业用）